양자중력으로 가는 길

고리양자중력이론 입문

윤종국 지음

KYOWOO

P·R·E·F·A·C·E

서 문

양자중력이론은 일반상대성이론과 양자역학의 통합이론으로서 현대 이론물리학의 난제 중 하나이며 아직도 미완성인 이론이다. 일찍이 초끈이론이 유력한 양자중력이론으로서 주목을 받았지만 이는 '초대칭'이나 '끈' 또는 '여분의 차원' 등과 같이 기존의 물리학이 설명하지 못하는 새로운 가설에 의존해야 할 뿐만 아니라 배경독립성이 결여되었다는 점에서 극복해야할 여러 과제를 안고 있는 실정이다.

이와는 대조적으로, 유력한 양자중력이론의 또 하나의 후보인 고리양자중력이론은 그 역시 극복해야할 또 다른 과제가 있음에도 불구하고 전통적인 고전 상대론과 양자역학 이외의 어떤 추가적인 가설에도 의존하지 않으며 배경독립적인 이론이라는 점에서 '중력장의 정준양자화'를 충실히 구현하여 나름의 중요한 성과를 보이고 있는 유일한 이론이라고 할 수 있다.

이 책은 학부 수준의 기본적인 물리학적 배경지식을 가진 사람이 고리양자중력이론의 개요를 이해하고 그 가치와 의미를 음미할 수 있도록 하는 것을 목표로 하고 있다.

이를 위해 본문의 내용을 크게 3부로 구성하였는데, 먼저 1부에서는 맥스웰의 전자기이론, 특수상대론 및 일반상대론의 주요내용들과 고전적 양자역학, 양자장이론 등을 다루고 있다. 2부에서는 중력장의 정준양자화를 위해 필요한 사전지식으로서 일반상대론의 여러 가지 포말리즘들과 게이지이론을 소개한다. 3부에서는 고리양자중력이론의 구조를 소개하여 시간과 공간이 어떻게 정준 양자화될 수 있는지를 보여주고 그 중요한 응용사례로서 고리양자우주론을 소개한다.

이 책의 구성상의 기본적인 흐름은 R. Gambini와 J. Pullin의 명저인 'A first course in loop quantum gravity (2011)'을 모델로 따랐으며, 본문에서 설명한 내용보다 한 층 더 깊이 알고 싶은 독자들을 위해 가능한 많은 각주를 이용하여 해당부분에 대한 참고문헌을 소개하였다.

이 책에서 발견될 수 있는 표기법상의 오류나 내용상의 부족한 점이 있다면 전적으로 저자의 불찰과 무지에서 비롯된 것임을 밝히며 독자들의 넓은 아량을 바랄뿐이다.

끝으로 이 책이 출판될 수 있도록 배려해 주신 교우사의 남궁양 부장님과 초고의 편집 작업에 많은 도움을 준 유홍규 선생님, 김민지 선생님, 서정현 선생님, 윤지수 선생님, 정경우 선생님에게 깊은 감사를 드린다. 또한 늘 고마운 아내와 사랑스러운 도현이에게 이 책을 바친다.

교원골에서

목 차

PART 01 ▌ 상대론과 양자역학

목 차

PART 02 | 일반상대성이론의 여러 가지 포말리즘

C·O·N·T·E·N·T·S

목 차

목 차

PART 03 ▌ 고리양자중력이론

C·O·N·T·E·N·T·S

목차

부록

PART 01 상대론과 양자역학

제1장 서론: 양자중력이론의 필요성과 고리양자중력이론

제2장 특수상대성이론과 전자기학

제3장 일반상대성이론

제4장 양자역학과 양자장이론

제1장 서론: 양자중력이론의 필요성과 고리양자중력이론

현대 물리학의 양대 기둥이라고 할 수 있는 상대성이론과 양자역학은 지난 100여 년간 인류에게 자연현상의 실체에 대한 실로 놀라운 얘기를 들려주었다.

상대성 이론을 통해 우리는 우주의 기원과 진화에 대해 더 많은 것을 알게 되었고 시공간의 실체에 대한 우리의 기존지식을 완전히 새롭게 재구성하게 되었으며, 양자역학을 통해 미시적인 스케일에서 일어나는 물질 현상을 양자(quanta)들의 생성과 소멸의 관점에서 확률적으로 기술해야 함을 알게 되었다.

이와 같은 두 이론의 성과를 바탕으로 오늘날 인류는 GPS 기술을 활용하고 반도체를 통한 각종 전자산업을 발전시키는 등 많은 기술적 진보를 이루어 왔다.

그러나 두 이론의 성공적인 발전에도 불구하고 우리는 일반상대성이론과 양자역학이 태생적으로 서로 양립할 수 없는 이론적 배경을 갖고 있다는 매우 불편한 진실에 직면해 있는 것도 사실이다. 구체적으로, 일반상대성이론에서 시공간의 물리적 실체에 해당하는 중력장(gravitational field)은 부드럽게 이어진 동역학적 실체[1]로서 시간에 따른 그 전개 과정이 결정론적으로 기술된다[2]. 따라서 이러한 고전적 중력장은 양자역학에서의 다른 양자장(quantum field)들과 같은 '알갱이(field quanta)' 구조를 가질 수 없다.

반면에 양자역학, 특히 양자장이론(QFT: Quantum field theory)에서는 모든 동역학적 장[3](dynamical field)들이 정준양자화 과정(canonical quantization)을 통해 양자화 되고 그 결과 '알갱이(quanta)' 구조를 가지며, 이와 같이 양자화 된 알갱이 상태(quantum states)들의 동역학은 확률론적으로 기술됨을 밝히고 있다. 뿐만 아니라, 양자역학에서의

---

1) [Rovelli1] p. 9의 1.1.3절, pp. 77~78의 2.4.2절.

2) 시간 변수 t_0에서의 공간 Σ_{t_0}에서 $g_{\mu\nu}$와 $\dfrac{\partial g_{\mu\nu}}{\partial t}$의 값이 초기조건으로 주어지면, 적당히 고정된 좌표계(예를 들면 조화좌표계)에 대하여 이후 모든 t에 대한 Σ_t상의 $g_{\mu\nu}$가 결정된다.(여기서 좌표계를 고정해야 하는 이유는 일반상대론의 미분동형에 대한 게이지 불변성에 기인한 것이다. 자세한 내용은 [이철훈] pp. 194~196 참고) 즉, 아인슈타인의 장 방정식은 다음과 같은 코쉬문제로 재해석 할 수가 있다.
"주어진 초기조건 $\gamma_{ij}(0)$, $(\partial_t\gamma_{ij})(0)$을 만족하는 $\dfrac{\partial^2\gamma_{ij}}{\partial t^2} = \mathrm{F}_{ij}\left(\gamma_{kl}, \dfrac{\partial\gamma_{kl}}{\partial x^m}, \dfrac{\partial\gamma_{kl}}{\partial t}, \dfrac{\partial^2\gamma_{kl}}{\partial x^m\partial x^n}\right)$의 해를 모든 $t>0$에 대하여 구하여라." ([Eric] 참고)

3) 전자나 쿼크, 힉스입자 등과 같은 자연계의 기본입자(fermion field+scalar(Higgs) field)들에 해당하는 '**물질장**(matter field)'과 전자기력, 약력, 강력에 해당하는 '**힘장**(force field=bosonic field=gauge field)'을 포함한다.

'시간'과 '공간'은 외부적인 변수들(external variables)로서 취급되며 이를 고정된 시공간(Minkowski spacetime)의 좌표로 사용하여 이론을 전개해 나간다. 예를 들어 $\phi(t, \vec{x})$와 같은 표현에서 $t, \vec{x}$ 등은 ϕ의 정역학 또는 동역학을 기술하기 위한 일종의 '매개변수(parameter)' 또는 '첨자(index)'의 역할만 할 뿐이며 그 자체를 동역학적 장의 일종으로 취급하지 않는다.

이처럼 태생적으로 다른 이론적 배경을 갖는 두 이론이지만 언뜻 생각하기에 양자역학이 필요한 미시세계의 소립자들은 질량이 매우 작아 중력의 효과를 거의 배제할 수 있는 반면,[4] 중력이 중요한 역할을 하는 거시세계를 상대성 이론으로 설명할 때는 양자역학의 효과를 거의 무시할 수 있으므로, 실제로 두 이론을 통해 물리현상을 이해하고 설명하는 데에는 별다른 문제가 발생하지 않을 것이라고 생각할 수도 있다.

그러나 몇 가지 이유에서 우리는 일반상대성이론과 양자역학이 일관되게 양립할 수 있는 양자중력이론이 반드시 필요하다는 것을 알 수 있다.

첫째, 우리우주의 기원을 설명하는 빅뱅이론에서의 초기우주나 블랙홀과 같은 천체에 대한 연구는 모두 중력현상이 매우 중요한 역할을 하는 초고에너지를 가지면서 동시에 양자역학적 효과를 고려해야 하는 초미시의 스케일인 세계를 대상으로 하고 있다. 즉 우주의 기원을 밝히고 블랙홀과 같은 천체를 제대로 이해하기 위해서는 중력이론과 양자이론이 함께 고려되고 일관되게 적용될 수 있어야 하는데 이것은 양자중력이론이 필수적임을 의미한다.

둘째, 앞서 언급한 바와 같이 양자장이론에서는 자연계에 존재하는 4가지 기본 힘 즉, 전자기력, 약력[5], 강력[6], 중력 중 앞의 세 힘을 나타내는 동역학적 장(dynamic field)들이 각각 정준 양자화 과정을 통해 양자화 될 수 있고 이를 통해 비로소 이 힘들의 물리적 실체에 대한 올바른 이해가 가능함을 밝히고 있는데 이러한 맥락은 중력장이라는 동역학적 장 역시 '양자화' 과정을 통해 이해되어야 함을 강력히 시사하고 있다.([Rovelli1] p. 4)

셋째, 서로 다른 두 이론이 하나의 통합이론으로 발전하는 과정에서 물리학의 혁신적인

---

4) 전자와 양성자 간에 작용하는 중력은 둘 사이에 작용하는 전자기력보다 약 10^{-40}배 정도 작다.

5) 핵자(양성자, 중성자 등)들의 붕괴에 관여하는 힘. 이 힘은 자발적 대칭성 붕괴(SSB: Spontaneous Symmetry Breaking)와 힉스 메카니즘을 통해 전자기력과 자연스럽게 통합될 수 있는데 이에 관한 이론이 전자기 약력(Electroweak theory)이론이다. 글래쇼, 와인버그, 살람 세 사람은 이 이론에 대한 공로로 1979년 노벨 물리학상을 수여했다.

6) 핵자들의 결합에 관여하는 힘을 말하며, 이에 대한 양자장이론이 양자 색역학(QCD: quantum chromodynamics)이다.

진보가 이루어져 왔다는 점을 상기할 필요가 있다.

일찍이 뉴턴은 갈릴레이의 지상에서의 운동역학과 케플러의 천체역학을 통합적으로 이해할 수 있는 뉴턴역학을 통해 물리학의 커다란 발전을 이루었는데 이 과정에서 만유인력이라는 중요한 개념이 탄생했다, 이 후 맥스웰은 전기현상과 자기현상에 대한 여러 이론들을 맥스웰방정식을 통해 전자기학이라는 통합이론으로 발전시켰고 이 과정에서 전기력과 자기력이 전자기력으로 통합되는 한편 빛을 전자기파로 이해할 수 있게 되었다.

아인슈타인은 이러한 맥스웰의 방정식과 뉴턴의 역학을 통합하여 특수상대론적 역학을 완성하였고 이 과정에서 시간과 공간의 통합이 이루어져 시공간(spacetime)이라는 새로운 물리적 개념이 도입되었다. 뿐만 아니라 질량과 에너지도 통합적인 관점에서 서로 변환 가능함을 알게 되었고 따라서 질량과 에너지는 각각 따로 보존되는 양이 아니라 둘을 합한 양이 보존된다는 것도 알게 되었다.

특수상대성이론은 디락(P. Dirac)에 의해 다시 양자역학과 통합되어 양자장이론을 탄생시켰는데, 이 양자장이론을 통해 자연계에 존재하는 3가지 힘인 전자기력, 약력, 강력을 하나의 개념으로 통합하는 수학이론인 대통일장 이론(GUT: Grand Unification Theory)이 정립될 수 있었다[7]. 이와 같은 통합의 관점에서 볼 때, 중력이론인 일반상대성 이론과 양자역학이 서로 양립할 수 있는 통합이론인 양자중력이론을 통해 이 같은 통합이론이 요구되는 빅뱅이나 블랙홀과 같은 우주론의 여러 문제들뿐만 아니라 일반상대론에서의 특이점 문제, 양자장론에서의 무한대에 관한 문제 등에 대한 새로운 해법을 기대할 수도 있을 것이다.

이 책에서 다루고자 하는 고리양자중력이론(LQG: Loop Quantum Gravity)은 이상과 같은 통합이론에 대한 요구에 부응하여 '중력장에 대한 정준양자화'를 시도한 이론이다[8].

아직 이론적으로 해결해야 할 문제와 실험적인 검증이 남아있긴 하지만, 양자장이론에서 등장하는 무한대의 문제가 나타나지 않으면서 블랙홀의 엔트로피 계산을 포함한 열역학을 성공적으로 설명할 수 있으며 빅뱅이라는 시공간의 특이점이 없는 양자우주론을 제시하는 등 현재까지 고리양자중력이론이 성취한 이론적 성과는 매우 주목할 만하다고 할 수 있다.([Rovelli1] p. 372)

---

7) GUT는 아직 실험적으로 완전히 검증을 통과한 이론은 아니다.([Griffith 2], p. 406)

8) 고리양자중력이론은 4가지 기본 힘에 대한 통합이론이 아니라 중력이론과 양자역학에 대한 통합 즉, '중력장의 정준 양자화'에 대한 통합이론이다.([Rovelli1] p. 13) 사실 중력은 이미 일반상대론에 의해 '힘'이라기보다는 시공간의 기하학적 발현(geometric manifestation)으로 간주되고 있다.

무엇보다 고리양자중력이론의 가장 큰 성과는 정준양자화 과정을 통해 물리적 공간이 최소 단위의 알갱이 구조를 가지며 이러한 알갱이들로 이루어진 '그물망(spin network)'의 양자중첩 상태가 곧 물리적 공간의 양자적 실체임을 이론적으로 도출해 낸 것이라고 할 수 있다.([Rovelli1] p. 20)

또한 기존의 양자장이론이 대부분 고정된 시공간을 무대로 한 섭동이론에 의존하고 있는데 비해 고리양자중력이론은 이처럼 배경이 되는 고정된 시공간을 전제로 하지 않고 오히려 시공간 자체를 중력장이라는 동역학적 장으로 간주하고 이에 대한 양자화를 비 섭동적인 방법으로 시도하고 있다는 점에서 아인슈타인의 일반상대론이 알려준 시공간의 본질에 대한 핵심적인 교훈을 충실하게 반영한 이론이라고 할 수 있다.

이러한 '배경 독립성(background independence)'은 초 미시적인 스케일에서 시공간의 양자적 본질을 밝혀줄 강력한 이론으로서 고리양자중력이론이 주목 받는 또 하나의 이유이기도 하다.

제 2 장 특수상대성이론과 전자기학

2.1 관성계와 절대공간

지상의 물체의 운동과 천체의 운동을 통합적으로 기술하는 뉴턴의 제 2운동방정식이 특정한 관찰자의 좌표계에서 가장 간결한 형태로 표현된다는 것은 매우 주목할 만한 사실이다.

실제로, 질량이 m인 물체에 작용하는 힘이 $\vec{F}$이고 이때의 가속도가 $\vec{a}$이면 뉴턴의 운동방정식은 다음과 같이 간결하게 표현된다.

$$\vec{F} = m\vec{a}$$

이 특정관찰자의 좌표계를 **'관성계**(inertial frame)'라고 하는데, 위 식에 의하면 $\vec{F}=0$일 때 $\vec{a}=0$이다. 즉 '관성의 법칙'이 성립하는 좌표계가 관성계이다.[9)]

만일 관성계가 아닌 좌표계에서 뉴턴의 제 2운동법칙을 기술하면 위 식과 같이 간단한 형태가 아니라 코리올리의 힘(Coriolis force)이나 원심력(Centrifugul force)등과 같은 가상의 겉보기 힘(fictitious force)들을 포함한 복잡한 형태가 된다.[10)]

이를 보다 구체적으로 설명하기 위해, 기준관성계(혹은 절대공간)에 대해 시각 t에서의 위치좌표가 $\vec{R}(t)=(x'(t), y'(t), z'(t))$이고 매순간 각속도 벡터 $\vec{\omega}(t)$에 의한 자전을 하는 임의의 관찰자의 좌표계에서 질량 m인 물체의 위치 벡터가 $\vec{r'}$이고 속도 및 가속도 벡터는 각각 $\vec{v'}\left(=\dfrac{d\vec{r'}}{dt}\right)$, $\vec{a'}\left(=\dfrac{d\vec{v'}}{dt}\right)$이라 하자. 이 때 기준관성계에서 이 물체의 변위 $\vec{r}$는 $\vec{r}=\vec{R}+\vec{r'}$ 이므로 기준관성계에서 물체에 작용하는 힘을 나타내는 벡터를 $\vec{F}$라 하면 뉴턴의 제 2운동법칙에 의하여

---

9) 뉴턴역학에서의 관성계는 '절대공간'에 대해 등속도 직선운동을 하는 관찰자의 좌표계로 이해 할 수 있다. 여기서 '절대공간'이란 우주에 존재하는 모든 물질 또는 에너지들을 제거했을 때 남은 텅 빈 공간 그 자체에 물리적 실체성을 부여한 개념으로, 뉴턴은 이를 전제로 자신의 역학체계를 전개해 나갔다. 한편 뉴턴역학에서 '절대시간'은 절대공간의 모든 위치에서 동일하게 흐르는 시간을 말하며, 절대공간과 절대시간은 상호작용을 하지 않을 뿐 아니라, 그 안의 어떤 물질 및 에너지와도 상호작용을 하지 않는 비활동적 물리적 실체로 간주된다.

10) [Fowles] p. 118의 식 (5.13), p. 121의 식 (5.14) 참고.

$$\vec{F} = m\frac{d^2\vec{r}}{dt^2} \equiv m\vec{a}$$

이다.

만일 $\vec{A} = \dfrac{d^2\vec{R}}{dt^2}$, $\dot{\vec{\omega}} = \dfrac{d\vec{\omega}}{dt}$로 두면 위 뉴턴의 제 2운동법칙은 다음과 같이 다시 쓸 수 있다.11)

$$\vec{F} - m\vec{A} - 2m\vec{\omega}\times\vec{v}' - m\dot{\vec{\omega}}\times\vec{r}' - m\vec{\omega}\times(\vec{\omega}\times\vec{r}') = m\vec{a}'$$

(이 식에서 $\vec{A}, \vec{\omega}$ 및 $\dot{\vec{\omega}}$ 등은 물체의 실제 운동과는 관계없고 이를 기술하는 좌표계의 운동상태에 의존하는 양들임에 유의할 것.)

$\vec{F} = m\vec{a}$는 $\vec{F}, \vec{a}$ 및 m의 간단한 관계식임에 비해 위 식은 $\vec{F}, \vec{r}', \vec{v}', \vec{a}'$ 및 m사이의 복잡한 관계식을 나타내고 있음을 알 수 있다.

이와 같이 절대공간에서 관성계는 매우 특별한 의미를 갖는 좌표계라 할 수 있다.

여기서 한 가지 주목할 점은 절대공간이 특정 관성계를 다른 관성계와 구별해서 인식하지 않는다는 것이다. 다시 말해서 뉴턴의 제 2운동방정식 $\vec{F}(t) = m\ddot{\vec{x}}(t)$는 모든 관성계의 관찰자에 대해 동일한 형태로 기술되고 따라서 갈릴레이 시공간 좌표변환식에 대해 형식불변이다. 즉, $t' = t$, $x' = x - vt$, $y' = y$, $z' = z$에 대해 다음이 성립한다.

$$\vec{F}'(t') = m\ddot{\vec{r}}'(t') \Leftrightarrow \vec{F}(t) = m\ddot{\vec{r}}(t)$$

따라서 뉴턴역학에서는 갈릴레이의 상대성원리(Principle of Galilean relativity)가 성립한다. 그러나, 전자기학을 기술하는 맥스웰(Maxwell) 방정식은 전자기파의 속력 c가 특정 관성계에 관계없이 항상 $c = 3\times10^8 m/s$임을 예견하고 있는데, 이는 맥스웰의 방정식이 갈릴레이 변환식에 대해 형식불변일 수가 없음을 의미한다.

이에 대해 아인슈타인은 모든 역학법칙뿐 아니라 전자기 현상도 특정관성계의 선택에 관계없이 동일하게 관찰되고 따라서 동일한 형태의 방정식으로 기술되어야 한다고 생각했는데 이는 두 관성계 사이의 시공간 좌표변환식이 갈릴레이 변환식이 아닌 새로운 변환식으로 표현되어야 함을 의미한다. 이 새로운 좌표변환식이 바로 특수상대성이론에서의 로

11) 좌변의 세 번째 항은 코리올리 힘을, 네 번째 항은 '횡력(transverse force)'을, 다섯 번째 항은 '원심력'을 나타낸다.([Fowles], p. 121)

렌츠변환식으로서 두 관성계 사이의 상대속도가 빛의 속력에 비해 매우 느린 경우는 근사적으로 갈릴레이 변환식과 동일한 형태가 된다.

2.2 특수상대성이론

2.2.1 로렌츠 부스트(Lorentz boost)

한 관성계 S에 대하여 $x^1(=x)$[12)]축 방향으로 일정한 속도로 운동하는 다른 관성계 S'가 있다고 하자. 이때 $L(0)=0$(단, $0=(0,0,0,0)$)을 만족하는[13)] 두 관성계 사이의 시공간 좌표 변환식

$L:\mathbb{R}^4\to\mathbb{R}^4$, $L(x^0, x^1, x^2, x^3)=(x^{0'}, x^{1'}, x^{2'}, x^{3'})$ (단, $x^0=ct$, $x^{0'}=ct'$)

을 구하기 위해 아인슈타인은 다음 두 가지를 핵심 가정으로 전제하였다.

➲ 특수상대론의 핵심가정

① 상대성의 원리: 모든 관성계는 서로 동일한 물리법칙을 갖는다.

② 광속도 불변의 법칙: 진공에서의 빛의 속도는 광원과 관찰자의 상대속도에 관계없이 항상 일정하다.

위 핵심가정 ①에 의하면, 관성계 S 에서 등속도 직선운동을 하는 물체의 운동은 관성계 S'에서도 등속도 직선운동을 하는데 이를 이용하여 L이 다음과 같은 형태의 행렬로 나타나는 선형함수임을 보일 수 있다[14)].

$$L=\begin{pmatrix} k & l & 0 & 0 \\ m & n & 0 & 0 \\ 0 & 0 & 1 & 0 \\ 0 & 0 & 0 & 1 \end{pmatrix} \qquad \cdots (2.1)$$

---

12) 특별한 언급이 없는 경우 $(x^0, x^1, x^2, x^3)=(ct, x, y, z)$이다.

13) 일반적인 경우는 변환식 L을 $L-L(0)$로 재정의 하면 되므로 일반성을 잃지 않고 $L(0)=0$임을 가정할 수 있다. 한편, S'이 S에 대하여 x축을 따라 운동하는 경우에는 핵심가정 ①을 이용한 [TW]의 논의에 의해 $y'=y, z'=z$임을 쉽게 보일 수 있고 이에 의하여 $L(0)=0$은 명제 $(x^0, x^1)=(0,0) \Leftrightarrow (x^{0'}, x^{1'})=(0,0)$과 동치임을 보일 수 있다.

14) L이 연속일 조건조차 필요하지 않다. [Baird], [윤종국] 참고.

또 핵심가정 ②에 의하면 $-(x^0)^2+(x^1)^2=0 \Leftrightarrow -(x^{0'})^2+(x^{1'})^2=0$이 성립하는데 이와 함께 L이 선형함수라는 사실을 이용하면, 모든 x^0, x^1에 대하여 다음이 성립함을 보일 수 있다.

$$-(x^{0'})^2+(x^{1'})^2=-(x^0)^2+(x^1)^2 \qquad \cdots (2.2)$$

뿐만 아니라 위 (2.1)과 (2.2)를 만족시키는 L은 다음을 만족시킨다는 것은 쉽게 확인할 수 있다.

$$-(\Delta x^0)^2+(\Delta x^1)^2=-(\Delta x^{0'})^2+(\Delta x^{1'})^2,\ x^{2'}=x^2,\ x^{3'}=x^3 \qquad \cdots (2.3)$$

역으로, (2.3)을 만족시키는 변환식 L은 (2.1)과 (2.2)를 만족시킨다.

또한 위 (2.3)은 다음과도 동치이다. (즉, 스칼라 내적을 보존한다.)

$$-x_1^{0'}x_2^{0'}+x_1^{1'}x_2^{1'}=-x_1^0x_2^0+x_1^1x_2^1,\ x^{2'}=x^2,\ x^{3'}=x^3 \qquad \cdots (2.4)$$

만일 $\Delta\tau^2 \equiv -(c\Delta t)^2+(\Delta x^1)^2+(\Delta x^2)^2+(\Delta x^3)^2$로 정의 하고 이를 시공간상의 두 사건[15]사이의 '간격(Interval)'이라고 부르면, 핵심가정 ①, ②를 만족시키는 변환식 L은 간격 $\Delta\tau^2$을 보존함을 알 수 있다[16].

만일 S'이 S에 대해 $\mathbb{R}^3$의 임의의 방향 $v=\sum_{i=1}^{3}v^ie_i$(e_i는 $\mathbb{R}^3$의 표준기저)를 따라 운동하는 상황이라면, v방향을 x축 방향으로 하는 $\mathbb{R}^3$의 새로운 직교좌표계의 표준기저 $\{f_1, f_2, f_3\}$에 대해 지금까지의 논의를 그대로 진행시킬 수 있다. 이때 식 (2.1)은 이 표준기저 $\{f_1, f_2, f_3\}$와 x^0축 방향의 단위벡터 e_0를 이용하여 나타낸 선형함수 L의 행렬표현이다. 따라서 만일 선형함수 L을 표준기저 $\{e_0, e_1, e_2, e_3\}$에 대해 행렬로 표현하면 식 (2.1)과는 다른 형태의 행렬로 나타날 것이고, $x^{2'}=x^2$, $x^{3'}=x^3$도 더 이상 성립하지 않을 것이다. 그러나 정규직교기저 $\{f_1, f_2, f_3\}$에 의한 공간좌표를 정규직교기저

---

15) 시공간 좌표계상의 한 점을 **'사건**(event)'이라고 부르는데 이는 좌표계의 선택과 무관한 개념이다.

16) 역으로, 간격 $\Delta\tau^2$을 보존하고 $L(0)=0$인 **'로렌츠 변환식'** $L:\mathbb{R}^4\to\mathbb{R}^4$의 모임은 **'로렌츠 군**(Lorentz group)'을 이루는데, 이 군에 속하는 **'로렌츠 부스트**(Lorentz boost)'에 의해 두 관찰자의 시공간 좌표변환이 이루어지면 핵심가정 ①이 만족됨을 확인할 수 있고, 맥스웰의 전자기 방정식($\partial_\mu F^{\nu\mu}=4\pi J^\nu$, $\partial_{[\mu}F_{\nu\lambda]}=0$)과 뉴턴의 운동방정식($f^\mu=\dfrac{dp^\mu}{d\tau}$)이 로렌츠 부스트에 대해 형식불변임을 보일 수 있으므로 핵심가정 ②도 만족된다.

$\{e_1, e_2, e_3\}$에 의한 공간좌표로 옮기는 직교변환에 의해 $(\Delta x^1)^2+(\Delta x^2)^2+(\Delta x^3)^2$의 값은 변화지 않으므로 L이 간격 $\Delta\tau^2$을 보존한다는 사실도 변하지 않는다. 이는 스칼라 내적에 대해서도 마찬가지이므로 결국 L이 간격(또는 스칼라 내적)을 보존하는 (선형)함수라는 사실은 변하지 않는다.

이제, $L(0)=0$이고 간격 $\Delta\tau^2$을 보존하는 변환식

$$L: \mathbb{R}^4 \to \mathbb{R}^4,\ L(x^0, x^1, x^2, x^3) = (x^{0'} x^{1'}, x^{2'}, x^{3'})$$

의 구체적인 형태에 대해 알아보자.(여기서 L이 선형이라는 가정은 하지 않았다.)

먼저 $L(0)=0$이면서 간격 $\Delta\tau^2$을 보존한다는 것은 $L(0)=0$이면서 스칼라 내적을 보존한다는 것과 동치이고 이때 L은 선형임을 보일 수 있으므로 $x^{\mu'} = \Lambda^{\mu'}_{\mu} x^{\mu}$[17]인 4×4행렬 $\Lambda = \left(\Lambda^{\mu'}_{\mu}\right)$ (단, $\Lambda^{\mu'}_{\mu}$는 Λ의 μ'행 μ열)이 존재한다.

이제 대각원소가 순서대로 $-1, 1, 1, 1$인 대각행렬을 $\eta = (\eta_{\mu\nu})$로 표기하면 다음이 성립한다.

$$\begin{aligned}
&-(\Delta x^0)^2+(\Delta x^1)^2+(\Delta x^2)^2+(\Delta x^3)^2 = -(\Delta x^{0'})^2+(\Delta x^{1'})^2+(\Delta x^{2'})^2+(\Delta x^{3'})^2 \\
&\Leftrightarrow\ \eta_{\mu\nu}\Delta x^{\mu}\Delta x^{\nu} = \eta_{\mu'\nu'}(\Lambda^{\mu'}_{\alpha}\Delta x^{\alpha})(\Lambda^{\nu'}_{\beta}\Delta x^{\beta}) \\
&\Leftrightarrow\ \eta_{\mu\nu} = \eta_{\mu'\nu'}\Lambda^{\mu'}_{\mu}\Lambda^{\nu'}_{\nu}\text{[18]}\ (\text{즉, } \eta = \Lambda^{T}\eta\Lambda) \qquad \cdots (2.5)
\end{aligned}$$

위 식 (2.5)는 16개의 미지수 Λ^{α}_{β}에 대한 16개의 방정식이므로 이를 대수적으로 풀면 L을 나타내는 행렬 Λ를 구할 수 있다.

실제로 해를 구해보면 Λ는 다음 i), ii), iii)에 해당하는 행렬들의 적당한 합성임을 알 수 있는데 이 해들로 이루어진 해집합을 '**로렌츠 군**(Lorentz group)'이라 부르고 $O(1,3)$로 표기한다.

i) 공간에서의 세 좌표축에 대한 회전이동 :

---

17) 여기서 우리는 Einstein summation notation을 사용하고 있다. 즉, 반복된 첨자에 대한 합을 계산할 때 기호 $\sum$을 생략한다. 예를 들면 $x^{i'} = \sum_{i=1}^{3}\Lambda^{i'}_{i}x^{i} \equiv \Lambda^{i'}_{i}x^{i}$ 또는 $\sum_{\mu,\nu=0}^{3}\eta_{\mu\nu}\Delta x^{\mu}\Delta x^{\nu} \equiv \eta_{\mu\nu}\Delta x^{\mu}\Delta x^{\nu}$와 같다.

18) 이 식은 $\eta_{\mu\nu}$가 (0,2)-텐서임을 의미한다.(2.2.5절)

$$\begin{pmatrix} 1 & 0 & 0 & 0 \\ 0 & \cos\theta & \sin\theta & 0 \\ 0 & -\sin\theta & \cos\theta & 0 \\ 0 & 0 & 0 & 1 \end{pmatrix}, \cdots, \begin{pmatrix} \cos\theta & \sin\theta & 0 & 0 \\ -\sin\theta & \cos\theta & 0 & 0 \\ 0 & 0 & 1 & 0 \\ 0 & 0 & 0 & 1 \end{pmatrix} \ (\theta \in \mathbb{R})$$

ii) 임의의 벡터 $v=(v_x, v_y, v_z)$방향의 '**로렌츠 부스트**(Lorentz boost)'[19] :

$$\begin{bmatrix} ct' \\ x' \\ y' \\ z' \end{bmatrix} = \begin{bmatrix} \gamma & -\beta_x\gamma & -\beta_y\gamma & -\beta_z\gamma \\ -\beta_x\gamma & 1+(\gamma-1)\frac{\beta_x^2}{\beta^2} & (\gamma-1)\frac{\beta_x\beta_y}{\beta^2} & (\gamma-1)\frac{\beta_x\beta_z}{\beta^2} \\ -\beta_y\gamma & (\gamma-1)\frac{\beta_y\beta_x}{\beta^2} & 1+(\gamma-1)\frac{\beta_y^2}{\beta^2} & (\gamma-1)\frac{\beta_y\beta_z}{\beta^2} \\ -\beta_z\gamma & (\gamma-1)\frac{\beta_z\beta_x}{\beta^2} & (\gamma-1)\frac{\beta_z\beta_y}{\beta^2} & 1+(\gamma-1)\frac{\beta_z^2}{\beta^2} \end{bmatrix} \begin{bmatrix} ct \\ x \\ y \\ z \end{bmatrix}$$

(단, $\beta = v/c$, $\gamma = \dfrac{1}{\sqrt{1-(v/c)^2}}$)

특별히, $\beta_y = \beta_z = 0$인 경우 $v_x/c = \tanh\phi$로 두면 다음과 같은 x축 방향의 로렌츠 부스트를 얻는다.

$$\begin{pmatrix} \cosh\phi & -\sinh\phi & 0 & 0 \\ -\sinh\phi & \cosh\phi & 0 & 0 \\ 0 & 0 & 1 & 0 \\ 0 & 0 & 0 & 1 \end{pmatrix} \ (\phi \in \mathbb{R}) \qquad \cdots (2.6)$$

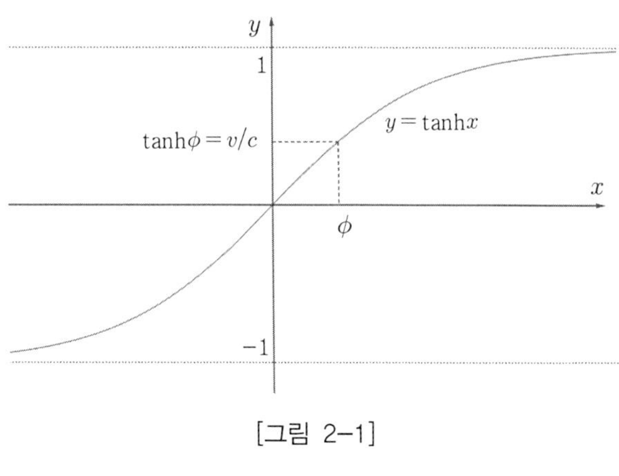

[그림 2-1]

19) 임의의 회전축에 대한 공간회전은 세 좌표축에 대한 공간회전들의 합성으로 나타낼 수 있지만 로렌츠 부스트의 경우는 임의의 방향의 두 로렌츠 부스트의 합성이 새로운 로렌츠 부스트가 되지 못할 수가 있다. 따라서 공간회전들의 집합은 군($SO(3)$)을 이루지만 로렌츠 부스트들만의 모임은 군을 이루지 못한다.([WiKi] 참고)

iii) 공간 혹은 시간 반전 :

$$\begin{pmatrix} -1 & 0 & 0 & 0 \\ 0 & 1 & 0 & 0 \\ 0 & 0 & 1 & 0 \\ 0 & 0 & 0 & 1 \end{pmatrix}, \begin{pmatrix} 1 & 0 & 0 & 0 \\ 0 & -1 & 0 & 0 \\ 0 & 0 & 1 & 0 \\ 0 & 0 & 0 & 1 \end{pmatrix}, \begin{pmatrix} 1 & 0 & 0 & 0 \\ 0 & 1 & 0 & 0 \\ 0 & 0 & -1 & 0 \\ 0 & 0 & 0 & 1 \end{pmatrix}, \begin{pmatrix} 1 & 0 & 0 & 0 \\ 0 & 1 & 0 & 0 \\ 0 & 0 & 1 & 0 \\ 0 & 0 & 0 & -1 \end{pmatrix}$$

➲ 참고[20]

포앙카레 군:= $\left\{ x^{\mu} \to \Lambda^{\mu'}_{\mu} x^{\mu} + C^{\mu'} \mid \eta = \Lambda^{\mathrm{T}} \eta \Lambda, (C^{\mu'}) \in \mathbb{R}^4 \right\} \equiv P(1,3)$

로렌츠 군[21]:= $\left\{ x^{\mu} \to \Lambda^{\mu'}_{\mu} x^{\mu} \mid \eta = \Lambda^{\mathrm{T}} \eta \Lambda \right\} \equiv O(1,3)$(= 위 i) ~ iii)의 합성들)

정규 로렌츠군:= $\left\{ x^{\mu} \to \Lambda^{\mu'}_{\mu} x^{\mu} \mid \eta = \Lambda^{\mathrm{T}} \eta \Lambda, \det(\Lambda) = 1 \right\} \equiv SO(1,3)$(=위 i) ~ ii)의 합성들)

$$P(1,3) > O(1,3) > SO(1,3)$$

특히, 위 식 (2.6)이 나타내는 x축 방향의 로렌츠 부스트에 의한 변환을 v, γ 를 사용하여 다시 쓰면 다음과 같다.

$$\begin{pmatrix} x^{0'} \\ x^{1'} \end{pmatrix} = \begin{pmatrix} ct' \\ x' \end{pmatrix} = \begin{pmatrix} \gamma & -\frac{v}{c}\gamma \\ -\frac{v}{c}\gamma & \gamma \end{pmatrix} \begin{pmatrix} ct \\ x \end{pmatrix}, \quad y' = y, \quad z' = z$$

즉,

$$\begin{cases} t' = \gamma(t - \frac{vx}{c^2}) \\ x' = \gamma(x - vt) \end{cases}, \quad y' = y, \quad z' = z$$

이다.

만일 $\frac{v}{c} \ll 1$인 경우라면 위 변환식은 고전역학에서의 갈릴레이 변환식으로 근사시킬수 있음을 알 수 있다.

---

20) [WiKi] 참고.

21) 넓은 의미에서 로렌츠 군에 속하는 변환을 '**로렌츠 변환**'이라고 부르고, 좁은 의미에서는 로렌츠 부스트들을 '**로렌츠 변환**'이라고 부르기도 한다.

즉, $\frac{v}{c} \ll 1$일 때 로렌츠 부스트 (2.6)은 근사적으로 다음과 같은 갈릴레이 변환식과 같다.

$$\begin{cases} t' = t \\ x' = x - vt \end{cases}, \ y' = y, z' = z$$

이 갈릴레이 변환식에서 v의 물리적 단위가 속력과 같고 두 관성계의 관찰자 사이의 상대속도의 역할을 한다는 것을 상기할 때, 로렌츠 부스트에서의 v도 같은 의미로 해석할 수 있음을 알 수 있다.

한편, 핵심가정 ①, ②를 만족시키는 변환식 L은 (2.1)과 같은 형태의 선형함수이고 특히 $y' = y, z' = z$이 성립하므로 위 i)과 같은 공간회전을 포함할 수가 없다. 또 $\frac{v}{c} \ll 1$일 경우 갈릴레이 변환식에 근사해야 하므로 iii)과 같은 시간 또는 공간의 반전을 포함할 수 없음을 알 수 있다.

이상을 종합할 때, **핵심가정 ①, ②를 만족시키는 변환식 L은 식 (2.6)과 같은 로렌츠 부스트의 형태일 수밖에 없다.**

2.2.2 시공간에서의 쌍곡 회전변환

3차원 공간 $\mathbb{R}^3$에서 z-축에 대한 xy-평면상의 회전이동을 생각해 보자.

이 회전이동에 의해 점 (x^1, x^2, x^3)이 $(x^{1'}, x^{2'}, x^{3'})$으로 옮겨진다고 할 때 다음이 성립함을 알 수 있다.

$$\sum_{i=1}^{2} (\Delta x^i)^2 = \sum_{i=1}^{2} (\Delta x^{i'})^2 \ , \ x^{3'} = x^3$$

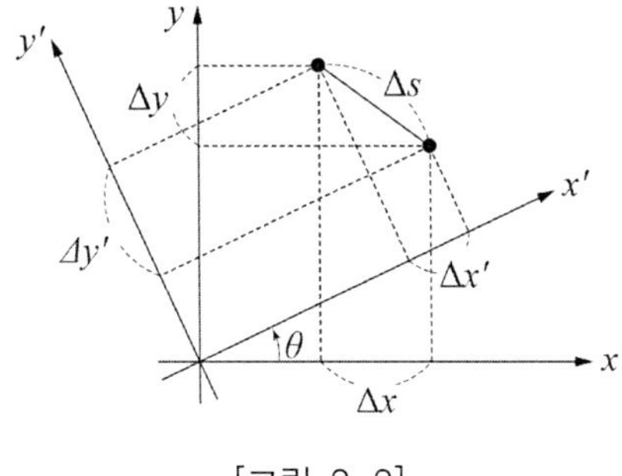

[그림 2-2]

만일 $\Delta s^2 := \sum_{i=1}^{2}(\Delta x^i)^2$로 정의하면 위 식은 이 회전이동이 Δs^2을 보존함을 의미한다.

일반적으로 변환 $L:\mathbb{R}^2 \to \mathbb{R}^2$, $L(x,y)=(x',y')$이 $L(0)=0$이고 항상 $\Delta x'^2+\Delta y'^2 = \Delta x^2+\Delta y^2$을 만족하면(즉, 등장사상이면) L은 회전이동, x축 대칭이동, y축 대칭이동들의 적당한 합성으로 표현할 수 있음이 잘 알려져 있다.

특히 z-축에 대한 회전이동인 경우 변환 L은 다음 행렬 $\Lambda = \left(\Lambda_i^{i'}\right)$에 의해 표현될 수 있다.

$$(\Lambda_i^{i'}) = \begin{pmatrix} \cos\theta & \sin\theta & 0 \\ -\sin\theta & \cos\theta & 0 \\ 0 & 0 & 1 \end{pmatrix}, \quad x^{i'} = \Lambda_i^{i'} x^i$$

한편, 특수상대성이론에서의 핵심가정 ①을 이용하면 $x^{2'}=x^2$, $x^{3'}=x^3$임을 알 수 있고 ([TW]의 논의에 의하여), 공간의 균질성으로부터 $x^{0'}=x^{0'}(x^0,x^1)$, $x^{1'}=x^{1'}(x^0,x^1)$ 역시 쉽게 알 수 있으므로 관성계 S, S' 사이의 좌표변환식 L 에서 x^2, x^3 좌표를 생략하고 $L:\mathbb{R}^2\to\mathbb{R}^2$, $L(x^0,x^1)=(x^{0'},x^{1'})$으로 표기하는 것이 편리하다.

이때, 공간에서와 마찬가지로 시공간 좌표계에 대한 로렌츠 변환 $L:(t,x)\mapsto(t',x')$에 대해서도 다음이 성립한다.

정리 2.1

$L(0)=0$인 변환 $L:(ct,x)\to(ct',x')$이 항상 $-c^2\Delta t'^2+\Delta x'^2 = -c^2\Delta t^2+\Delta x^2$을 만족시키기 위한 필요충분조건은 L이 다음 세 변환의 적당한 합성으로 표현가능하다는 것이다.

i) 로렌츠 부스트: $\begin{pmatrix} t' \\ x' \end{pmatrix} = \begin{pmatrix} \gamma & -\gamma v/c^2 \\ -\gamma v & \gamma \end{pmatrix}\begin{pmatrix} t \\ x \end{pmatrix} \quad \left(\gamma = \dfrac{1}{\sqrt{1-(v/c)^2}}\right)$

ii) 공간 대칭: $\begin{pmatrix} t' \\ x' \end{pmatrix} = \begin{pmatrix} 1 & 0 \\ 0 & -1 \end{pmatrix}\begin{pmatrix} t \\ x \end{pmatrix}$

iii) 시간 대칭: $\begin{pmatrix} t' \\ x' \end{pmatrix} = \begin{pmatrix} -1 & 0 \\ 0 & 1 \end{pmatrix}\begin{pmatrix} t \\ x \end{pmatrix}$

위 i)에서 $|v|/c = \tanh\phi$로 두면 로렌츠 부스트를 다음과 같이 표현할 수 있음을 상기하자.

$$\begin{pmatrix} x^{0'} \\ x^{1'} \end{pmatrix} = \begin{pmatrix} \cosh\phi & -\sinh\phi \\ -\sinh\phi & \cosh\phi \end{pmatrix} \begin{pmatrix} x^{0} \\ x^{1} \end{pmatrix} \quad (\phi \in \mathbb{R})$$

따라서 특수상대론의 핵심가정 ①, ②를 만족시키는 로렌츠 부스트는 본질적으로 시공간 좌표계에서의 쌍곡 회전변환에 해당함을 알 수 있다.

2.2.3 동시성의 상대성, 시간지연, 길이수축

로렌츠 부스트를 통해 두 관성계 S, S'사이의 시공간 좌표변환식을 살펴보면 두 관찰자 사이에 '동시'라는 개념이 절대적이지 않음을 알 수 있다.

즉, 아래 [그림 2-3]에서 두 사건 E_1, E_2에 대하여 S에게는 두 사건이 동시에 일어난 것이지만 S'에게는 E_2가 먼저 일어나고 나중에 E_2이 일어난 것이 된다.

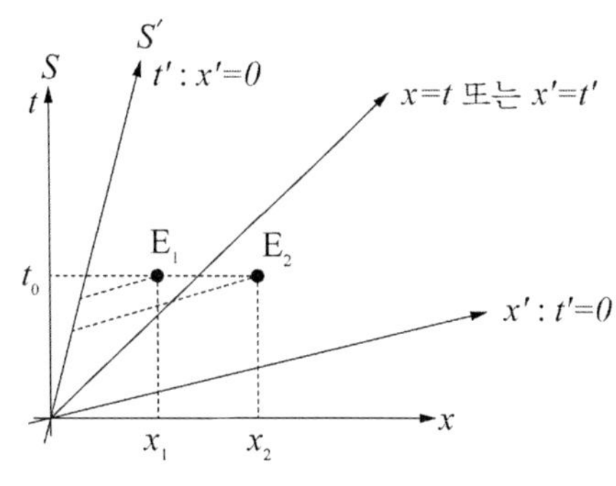

[그림 2–3 동시성의 상대성($c \equiv 1$)]

이러한 동시성의 상대성은 특수상대성 이론에 의한 '시간지연'이나 '길이수축' 등(아래 [그림 2-4 a, b] 참고)과 관련된 역설적으로 보이는 상황들을 야기하지만(예를 들어, 시간지연의 상대성이나 사다리역설 등) 이들은 모두 시공간 좌표계상에서 모순 없이 설명되는 것들임을 알 수 있다.

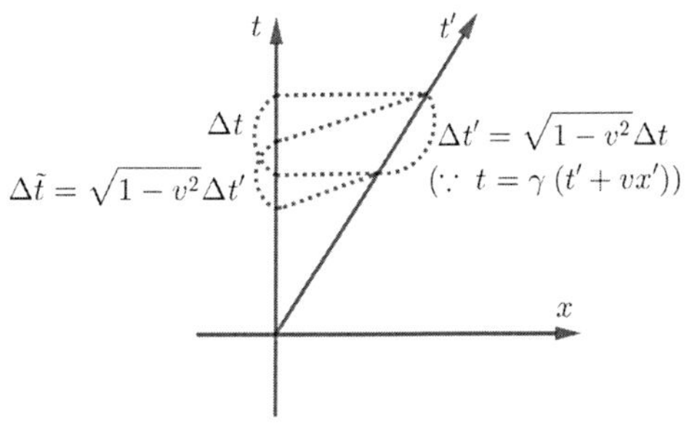

[그림 2-4 (a): 시간지연]

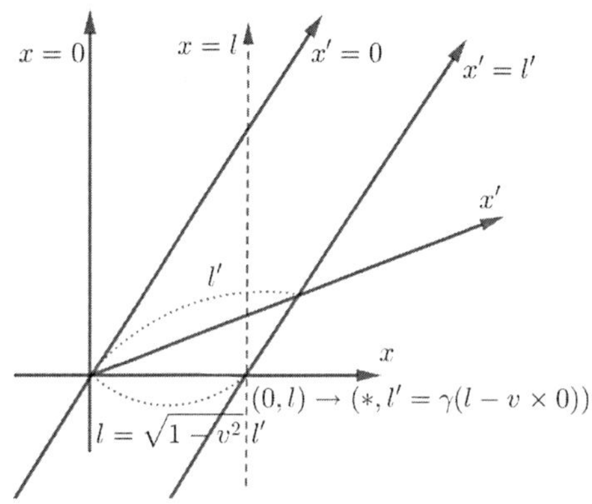

[그림 2-4 (b): 길이수축]

한편, 로렌츠 부스트에서는 $ct' = \gamma(ct - \frac{v}{c}x)$와 같이 시간 좌표 t와 공간좌표 x가 빛의 속력 c를 통해 상호연산이 가능한 양으로 다루어져 서로 영향을 주고 있다.

이는 시간과 공간이 서로 영향을 주지 않은 독립적인 물리량이 아니라 **'시공간(spacetime)'**이라는 하나의 구조물(structure) 속에 서로 얽혀 영향을 주는 것으로 이해되어야 함을 의미한다.

참고로, 만일 $c = 1$인 단위체계를 사용하면 시공간 좌표계 $(x^0(=ct), x^1, x^2, x^3)$에서 $x^0 = t$가 되고, 이 때 원래 $x^\mu(\mu = 0, 1, 2, 3)$는 모두 같은 단위를 가지므로 결국 t, $x^i(i = 1,2,3)$의 값들은 같은 단위를 갖는 물리량으로 볼 수 있다. 이처럼 시간과 공간을 나타내는 물리량을 같은 단위로 다루게 되면 속력과 같은 물리량은 단위가 없어지게 될 뿐 아니라, 특수상대론적 역학 에너지 공식 $E^2 = m^2c^4 + p^2c^2 = m^2 + p^2$(식 (2.9) 참고)으로부터 질량 m과 운동량 p의 단위는 모두 에너지 E의 단위와 같아지게 됨을 알 수 있다. 나아가 만일 플랑크 상수 $\hbar$에 대해서도 $\hbar \equiv 1$인 단위체계를 선택하면 모든 물리량을 에너지 단위 E 하나로 다룰 수 있는데 이러한 단위체계를 **'자연 단위체계(Natural Unit System)'**라고 부른다.

2.2.4 특수상대론적 역학

관성계 S의 좌표계 (x^0, x^1, x^2, x^3)에서 네 성분으로 이루어진 물리량 $A=(A^{\mu})\equiv(A^0, A^1, A^2, A^3)$이 로렌츠 부스트 $x^{\mu'}=\Lambda^{\mu'}_{\mu}x^{\mu}$에 대하여 다음과 같이 좌표변환될 때, A를 '**4-벡터**'라고 부른다.[22)]

$$A^{\mu'}=\Lambda^{\mu'}_{\mu}A^{\mu} \quad {}^{23)}$$

4-벡터의 한 예로서, 관성계 S에서 운동하는 한 물체의 경로가 매개변수 λ를 통해 $(x^{\mu}(\lambda))$로 나타난다고 할 때 $U^{\mu}:=\frac{dx^{\mu}}{d\lambda}$로 정의되는 물리량 $U=(U^{\mu})$는 4-벡터가 되는데 이는 다음 계산을 통해 확인할 수 있다.

$$\Lambda^{\mu'}_{\mu}U^{\mu}=\Lambda^{\mu'}_{\mu}\frac{dx^{\mu}}{d\lambda}=\frac{d(\Lambda^{\mu'}_{\mu}x^{\mu})}{d\lambda}=\frac{dx^{\mu'}}{d\lambda}=U^{\mu'}$$

(위 식의 두 번째 등식에서 우리는 $\Lambda^{\mu'}_{\mu}$가 두 관찰자 S, S'사이의 상대속도에만 의존하고 λ에는 의존하지 않는다는 사실을 이용하였다.)

위 예에서 한 좌표계에서 물체의 운동을 나타내는 곡선 $(x^{\mu}(\lambda))$를 그 물체의 '**세계선**(worldline)'이라고 부르고 이 세계선에 대해 정의된 4-벡터 (U^{μ})를 '**4-속도 벡터**'라고 부른다.

이제 두 4-벡터 A, B 사이의 내적을 다음과 같이 정의하자.

$$A\cdot B\equiv\eta_{\mu\nu}A^{\mu}B^{\nu}=-A^0B^0+A^1B^1+A^2B^2+A^3B^3$$

이 때 4-벡터 A의 '**특성**(character)'을 다음과 같이 정의한다.([그림 2-5])

$$\begin{cases} A\cdot A>0\Rightarrow A:\text{공간을 닮은}(spacelike)\text{벡터} \\ A\cdot A<0\Rightarrow A:\text{시간을 닮은}(timelike)\text{벡터} \\ A\cdot A=0\Rightarrow A:\text{빛을 닮은}(lightlike)\text{벡터} \end{cases}$$

---

22) $\Lambda(v)^{-1}=\Lambda(-v)$를 이용하여 (A^{μ})가 4-벡터이면 $(A^{\mu'})$도 4-벡터임을 보일 수 있다.

23) 좌표평면에서의 회전이동에 의한 좌표변환식이 $x^{i'}=C^{i'}_{i}x^{i}$일 때 (x^{i})좌표계에서의 벡터 (A^1, A^2)가 $(x^{i'})$-좌표계에서는 $A^{i'}=C^{i'}_{i}A^{i}$에 의해 표현된다. 마찬가지로 시공간에서의 두 4-벡터 (A^{μ}), $(A^{\mu'})$는 관찰자의 좌표계에 따라 다르게 표현되는 동일한 물리량을 의미한다.

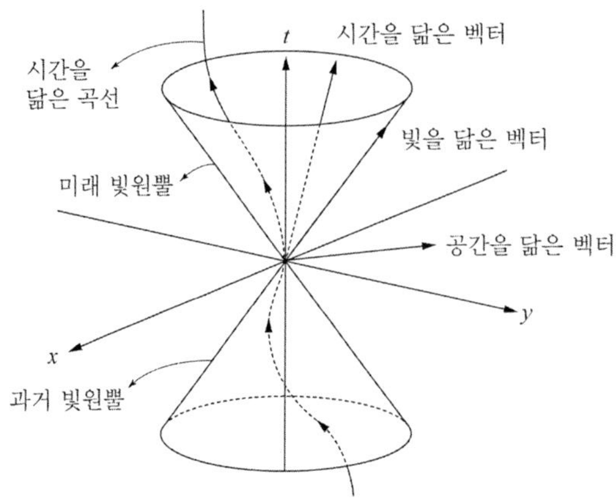

[그림 2-5 빛원뿔과 4-벡터들]

같은 방식으로, 세계선 $(x^{\mu}(\lambda))$에 대하여 4-속도벡터 (U^{μ})가 항상 시간을 닮은 벡터이면 곡선 $(x^{\mu}(\lambda))$를 **'시간을 닮은 곡선'**이라고 부르고, 4-속도벡터 (U^{μ})가 항상 빛을 닮은 벡터이면 곡선 $(x^{\mu}(\lambda))$를 **'빛을 닮은 곡선'**이라고 부른다. 이때 빛의 경로는 언제나 빛을 닮은 세계선으로 나타나고, 질량이 있는 물체는 그 속력이 $c=1$보다 클 수 없으므로 시간을 닮은 세계선을 따라 운동한다는 것을 알 수 있다. 또, 시간을 닮은 곡선 또는 빛을 닮은 곡선을 **'인과적(causal) 곡선'**이라고 부르기도 한다.

한편, 4-벡터의 내적이 좌표변환에 대해 불변인 것은 다음과 같이 확인할 수 있다.

$$A' \cdot B' = \eta_{\mu'\nu'} A^{\mu'} B^{\nu'} = \eta_{\mu'\nu'} (\Lambda^{\mu'}_{\mu} A^{\mu})(\Lambda^{\nu'}_{\nu} B^{\nu}) = (\Lambda^{\mathrm{T}} \eta \Lambda)_{\mu\nu} A^{\mu} B^{\nu} = \eta_{\mu\nu} A^{\mu} B^{\nu} = A \cdot B$$

따라서 위에서 정의한 4-벡터의 특성도 좌표계의 변환에 대해 불변임을 알 수 있다.

다음으로 시간을 닮은 곡선 $\gamma: (x^{\mu}(\lambda))\,(0 \le \lambda \le \lambda_0)$에 대하여 **'고유시간(proper time)'** $\Delta\tau_{고유}$를 다음과 같이 정의하자.

$$\Delta\tau_{고유} := \int_0^{\lambda_0} \sqrt{-\eta_{\mu\nu} \frac{dx^{\mu}}{d\lambda} \frac{dx^{\nu}}{d\lambda}}\, d\lambda$$

충분히 작은 $d\lambda$에 대해서 $\gamma(\lambda) = (x^{\mu})$와 $\gamma(\lambda + d\lambda) = (x^{\mu} + dx^{\mu})$사이의 물체의 운동은 근사적으로 등속도 직선운동으로 볼 수 있으므로, $d\lambda$동안의 물체 자신의 좌표계를 (근사적으로) 관성계로 볼 수 있다. 이 때 물체 자신의 시간좌표 τ의 변화량 $d\tau_{고유}$와 공간좌표변화량 $(0,0,0)$에 대한 간격 $-d\tau_{고유}^2$ (단, $c=1$)은 로렌츠 부스트에 대한 불변량으로서 관성계 (x^{μ})의 좌표변화량에 의한 간격 $\eta_{\mu\nu}dx^{\mu}dx^{\nu}$와 같다고 볼 수 있다.[24] 따라서 위 적분식에서

$$\begin{aligned}\int_0^{\lambda_0}\sqrt{-\eta_{\mu\nu}\frac{dx^{\mu}}{d\lambda}\frac{dx^{\nu}}{d\lambda}}\,d\lambda &= \int\sqrt{-\eta_{\mu\nu}dx^{\mu}dx^{\nu}} \\ &= \int_0^{\tau_0}\sqrt{-(-d\tau_{고유}^2+0^2+0^2+0^2)} \\ &= \int_0^{\tau_0}d\tau_{고유} = \tau_0\end{aligned}$$

임을 알 수 있다.

즉, $\Delta\tau_{고유}$**는 물체 자신의 입장에서 운동이 일어나는 동안 경과한 시간** τ_0**을 무한히 작은 구간인** $d\tau$**로 나눈 뒤 이를 관성계** (x^{μ})**에서의 간격** $\eta_{\mu\nu}dx^{\mu}dx^{\nu}$**를 통해 계산해서 다시 합한 것**이라 할 수 있다.

만일 처음부터 시간을 닮은 곡선 $x^{\mu}(\lambda)$에서 매개변수 λ를 이 물체의 고유시간 τ로 잡고 이 곡선의 4-속도 벡터를 $U^{\mu}\equiv\frac{dx^{\mu}}{d\tau}$라 하면 다음을 알 수 있다.

$$U\cdot U=\eta_{\mu\nu}U^{\mu}U^{\nu}=\eta_{\mu\nu}\frac{dx^{\mu}}{d\tau}\frac{dx^{\nu}}{d\tau}=-1$$

위 식의 세 번째 등식은 $d\tau^2=-\eta_{\mu\nu}dx^{\mu}dx^{\nu}$의 양변을 $d\tau^2$으로 나누면 쉽게 얻을 수 있다. 또는 U^{μ}가 4-벡터라는 사실과 $d\tau$시간동안 물체의 좌표계 $(x^{\mu'})$를 근사적인 관성계로 볼 수 있다는 사실을 이용하면 다음과 같이 계산할 수도 있다.

$$U\cdot U=\eta_{\mu'\nu'}U^{\mu'}U^{\nu'}=\eta_{\mu'\nu'}\frac{dx^{\mu'}}{d\tau}\frac{dx^{\nu'}}{d\tau}=-\frac{d\tau}{d\tau}\frac{d\tau}{d\tau}=-1$$

실제로 $(x^{\mu}(\tau))=(ct(\tau),\,x^1(\tau),\,x^2(\tau),\,x^3(\tau))$의 4-속도 벡터 (U^{μ})는

$$U^{\mu}=\frac{dx^{\mu}}{d\tau}=\frac{dx^{\mu}}{dt}\frac{dt}{d\tau}=\gamma\frac{dx^{\mu}}{dt}$$

로부터 다음과 같음을 알 수 있다.

---

24) 따라서 $d\tau_{고유}=\sqrt{-\eta_{\mu\nu}dx^{\mu}dx^{\nu}}=\sqrt{1-v^2}\,dt$를 얻는다.

$$(U^{\mu})=(\gamma c,\ \gamma\vec{v})\ \ (\text{단, } \vec{v}=\left(\frac{dx^1}{dt},\ \frac{dx^2}{dt},\ \frac{dx^3}{dt}\right),\ \ \gamma=\frac{1}{\sqrt{1-(v/c)^2}}\ )$$

한 관찰자 S가 자신에 대해 정지해 있는 물체의 질량을 측정했을 때 얻는 값을 그 물체의 '**정지질량**'이라고 부른다. 정지질량이 $m_0(>0)$인 물체가 관찰자 S에 대해 세계선 $(x^{\mu}(\tau))$를 따라 운동할 때 S에 대한 이 물체의 '**에너지-운동량 벡터**' P^{μ}는 다음과 같은 4-벡터로 정의된다.

$$P^{\mu}\equiv m_0\frac{dx^{\mu}}{d\tau}=(m_0\gamma c,\ m_0\gamma\vec{v})\ \ (\text{단, } m_0>0) \qquad \cdots (2.7)$$

만일 정지질량이 m_0인 물체가 어느 순간에 관성계의 관찰자 S'와 함께 관찰자 S에 대해 속도 $\vec{v}=(v,\ 0,\ 0)$으로 운동한다면 이 순간에 관찰자 S'에 대한 이 물체의 에너지-운동량 벡터는 $(m_0c,0,0,0)$이다. 그런데 관찰자 S'은 관찰자 S에 대하여 속도 $\vec{v}=(v,0,0)$로 운동하고 있으므로 관찰자 S에 대한 이 물체의 에너지-운동량 벡터는 다시 $(P^{\mu})=(m_0\gamma c,\ m_0\gamma v,\ 0,\ 0)$가 되는데, 이것은 관찰자 S 가 관찰자 S' 에 대해 $-\vec{v}$의 속도로 운동하고 있다는 사실과 (P^{μ})가 4-벡터라는 사실을 이용하여 다음과 같이 확인할 수도 있다.

$$\begin{pmatrix} P^0 \\ P^1 \\ P^2 \\ P^3 \end{pmatrix}=\begin{pmatrix} \gamma & \frac{v}{c}\gamma & 0 & 0 \\ \frac{v}{c}\gamma & \gamma & 0 & 0 \\ 0 & 0 & 1 & 0 \\ 0 & 0 & 0 & 1 \end{pmatrix}\begin{pmatrix} m_0c \\ 0 \\ 0 \\ 0 \end{pmatrix}$$

$$S \qquad \overset{-\vec{v}}{\longleftarrow} \qquad S'$$

이제 일반적으로 속도 $\vec{v}$로 운동하고 있는 정지 질량이 m_0인 물체에 대하여 식 (2.7)에서 정의한 에너지-운동량 벡터 P^{μ}의 각 성분들의 물리적인 의미를 알아보자.

먼저, $v/c\ll 1$ (단, $v=|\vec{v}|$)인 경우에 $P^0=m_0\gamma c\ \sim \left(m_0+\frac{m_0}{2}\left(\frac{v}{c}\right)^2\right)c$ 이므로 이 경우 P^0c 는 근사적으로 다음과 같다.

$$P^0 c \sim m_0 c^2 + \frac{1}{2} m_0 v^2$$

이 값의 물리적 단위는 에너지와 같고 특히 위 두 번째 항은 물체의 고전적 운동에너지를 나타내고 있음을 알 수 있다. 이로부터 우리는 다음과 같이 '**상대론적 총에너지**' E를 정의한다.

$$E := P^0 c = \gamma m_0 c^2 = \frac{m_0 c^2}{\sqrt{1-(v/c)^2}}$$

특히, $v = 0$인 경우 $E = m_0 c^2$이 되는데 이를 '**상대론적 정지 에너지**'라고 부른다.

또 두 성분 $P^0 = \gamma m_0 c$와 $P^{0'} = m_0 c$를 비교해 보면 물체에 대해 정지해 있는 관찰자 S'와 물체가 v의 속도로 운동하고 있는 관찰자 S 사이에 다음과 같은 변화가 있음을 알 수 있다.

$$m_0 \mapsto \frac{m_0}{\sqrt{1-(v/c)^2}}$$

위 식은 물체가 정지해 있을 때의 정지질량과 운동하고 있을 때의 질량이 관찰자에게 각각 다르게 관찰됨을 의미한다고 해석할 수 있다. 이때 속도 $\vec{v}$에 따른 물체의 '**상대론적 질량**' $m(\vec{v})$를 다음과 같이 정의한다.

$$m(\vec{v}) := \frac{m_0}{\sqrt{1-(v/c)^2}} \quad (\text{단, } m_0 > 0)$$

한편, 에너지-운동량 벡터의 나머지 세 성분을 '**3-운동량 벡터**'라고 부르고 $\vec{P}$로 표기한다. 즉,

$$\vec{P} := \gamma m_0 \vec{v} \left(= m_0 \frac{dx^i}{d\tau}\right) \quad (\text{단, } m_0 > 0)$$

이다.

실험 결과 상대론적 질량과 3-운동량 벡터는 입자들의 충돌전후 항상 보존됨이 밝혀졌는데[25] 이는 에너지-운동량 벡터 P^μ가 보존량임을 의미하며, 상대론적 질량과 3-운동량

벡터가 각각 고전역학에서의 물체의 질량과 운동량의 개념에 해당함을 의미한다.

이제 '**4-가속도 벡터**'와 '**4-힘 벡터**'를 각각 다음과 같이 정의한다.

$$\text{4-가속도 벡터: } a^{\mu} \equiv \frac{dU^{\mu}}{d\tau}\left(= \frac{d^2x^{\mu}}{d\tau^2}\right)$$

$$\text{4-힘 벡터: } f^{\mu} \equiv m_0 a^{\mu}\left(= \frac{dP^{\mu}}{d\tau}\right) \qquad \cdots (2.8)$$ [26]

위 식 (2.8)은 뉴턴의 운동방정식에 대한 특수상대론적 표현으로 볼 수 있는데, 이를 통해 기술되는 상대론적 역학과 관련하여 다음 몇 가지를 언급할 수 있다.

① $\vec{f} := \dfrac{d\vec{P}}{dt}$를 '**상대론적 3-힘 벡터**'라고 부르는데, 계산을 통해 $\vec{f} \cdot \vec{v} = \dfrac{d(\gamma m_0 c^2)}{dt}$ 임을 확인 할 수 있다[27]. 따라서 $dE = \vec{f} \cdot \vec{v}\,dt = \vec{f} \cdot d\vec{s}$ 이므로 $\vec{f}$는 고전역학에서의 힘 벡터에 대응되는 개념으로 볼 수 있다.

② $f^{\mu} = 0$일 때 $E = \gamma m_0 c^2$와 $\vec{P}$가 보존된다. 즉,

$$f^{\mu} = 0 \;\Leftrightarrow\; P^{\mu}\text{가 보존}$$

이다.

③ $\dfrac{dP^{\mu'}}{d\tau} = \Lambda^{\mu'}_{\mu}\dfrac{dP^{\mu}}{d\tau}$ 이므로 $f^{\mu'} = 0 \Leftrightarrow f^{\mu} = 0$이다. 즉,

$$P^{\mu'}\text{가 보존} \Leftrightarrow P^{\mu}\text{가 보존}$$

이다.

④ $f^{\mu} = \left(\gamma\dfrac{d(\gamma m_0 c)}{dt}, \gamma\dfrac{d\vec{P}}{dt}\right) = \gamma\left(\dfrac{d(E/c)}{dt}, \vec{f}\right)$로 쓸 수 있다.

⑤ $\eta_{\mu\nu}(m_0 U^{\mu})(m_0 U^{\nu}) = -m_0^2 = -E^2 + |\vec{P}|^2$으로부터 다음 에너지 공식을 얻는다.

---

25) [Firk] p. 4 참고.

26) 등식 $\eta_{\mu\nu}U^{\mu}U^{\nu} = -1$의 양변을 τ에 대해 미분하면 $f \cdot U = 0$를 얻는다. 따라서 f는 자유도 3을 갖는다.

27) [Longair] p. 418 참고.

$$E = \sqrt{m_0^2 + |\vec{P}|^2} \qquad \cdots (2.9)$$

임의의 관성계 S의 좌표계 (x^μ)에서 빛, 즉 광자의 운동은 항상 등속도 직선운동으로 관찰되므로 매개변수 λ를 이용한 빛의 세계선 $\gamma(\lambda) = (x^\mu(\lambda))$은 $\dfrac{d^2x^\mu}{d\lambda^2} = 0$을 만족시키는 직선(휘어진 시공간에서의 측지선(geodesic)에 해당)으로 표현된다. 이처럼 시공간에서 한 세계선 $\gamma(\lambda) = (x^\mu(\lambda))$의 가속도 벡터가 0이 되도록 하는 매개변수 λ를 '**아핀 매개변수**(affine parameter)'라고 부르는데(휘어진 시공간에서는 측지방정식 $D_{\gamma'}\gamma' = 0$을 만족하도록 하는 매개변수에 해당) 두 아핀 매개변수 λ, σ 사이에는 항상 선형변환 $\lambda = a\sigma + b$의 관계식이 성립한다는 것을 다음 등식으로부터 쉽게 알 수 있다.($D_{\gamma'}\gamma' = 0$ 의 경우는 [Carroll] p. 109 참조)

$$\frac{d^2x^\mu}{d\sigma^2} = \frac{d}{d\sigma}\left(\frac{dx^\mu}{d\sigma}\right) = \left(\frac{d\lambda}{d\sigma}\right)^2 \frac{d^2x^\mu}{d\lambda^2} + \left(\frac{d^2\lambda^\mu}{d\sigma^2}\right)\frac{dx^\mu}{d\lambda}$$

일반적으로 $m_0 > 0$인 입자의 세계선을 표현할 때는 고유시간 τ를 매개변수로 선택하는 것이 여러 가지로 편리하지만, 빛의 세계선을 $\dfrac{d^2x^\mu}{d\lambda^2} = 0$이 성립하는 직선 $\gamma(\lambda) = (x^\mu(\lambda))$로 나타낼 때는 아핀 매개변수 λ를 다음이 성립하도록 선택하는 것이 편리하다.[28)]

$$E \equiv h\nu = \frac{dx^0}{d\lambda} = \left|\frac{d\vec{x}}{d\lambda}\right|$$

(단, ν는 관찰자 S가 측정한 광자의 진동수, h는 플랑크 상수)

이 때 구체적으로 $\gamma(\lambda)$는 다음과 같은 형태가 된다.

$$\gamma(\lambda) = (E\lambda + t_0, P^i\lambda + x_0^i),\ |\vec{P}| = E$$

매개변수 λ의 이러한 선택은 고전 전자기이론에 의해 관성계의 관찰자 S의 입장에서 진동수가 ν인 광자의 에너지가 $h\nu$이고 운동량은 $\dfrac{h\nu}{c}\left(=\dfrac{h}{\lambda}\right)$임이 잘 알려져 있음을 상기할 때 매우 자연스러운 것이라 할 수 있으며, 결과적으로 광자의 경우 에너지-운동량 벡터

---

28) [Carroll] p. 110, [O'Neill] p. 178

P^{μ}를 다음과 같이 정의할 수 있게 한다.

$$P^{\mu} \equiv \frac{dx^{\mu}}{d\lambda}$$

만일 $t = E\lambda + t_0$를 이용하여 λ를 t의 함수로 나타내면 위 P^{μ}는 다음과 같이 다시 쓸 수 있음을 확인할 수 있다.

$$P^{\mu}(= (E, P^{i})) = E\frac{dx^{\mu}}{dt}$$

광자의 경우는 $|\overrightarrow{P}| = E$이므로 위 식 (2.9)의 관점에서 '광자의 정지질량'(광자가 정지하는 경우는 없으므로 사실 이는 다소 오해를 야기할 수 있는 표현이다.) m_0을 계산하면 $m_0 = 0$을 얻는다. 이것은 정지 질량이 m_0인 입자의 상대론적 에너지가 $\frac{m_0}{\sqrt{1-v^2}}$로 표현되고 광자의 경우 모든 관성계에서 $v = 1$로 관측되므로 $\frac{m_0}{\sqrt{1-c^2}} = \frac{m_0}{0} = h\nu$가 성립하기 위해서는 $m_0 = 0$이라야 한다는 논리와도 잘 부합한다.

이제 이상의 논의를 종합하여 $m_0 \geq 0$인 입자의 에너지-운동량 벡터 (P^{μ})를 다음과 같이 표현할 수 있다. (단, $c \equiv 1$)

$$P^{\mu} = \begin{cases} (E, \overrightarrow{P}) = (m_0\gamma, m_0\gamma\overrightarrow{v}) = E\frac{dx^{\mu}}{dt} & (m_0 > 0) \\ (E, E\overrightarrow{u}) = E\frac{dx^{\mu}}{dt} \ (\text{단}, |\overrightarrow{u}| = 1) & (m_0 = 0) \end{cases} \quad \cdots (2.10)$$

2.2.5 4-듀얼벡터와 텐서

관성계 S의 좌표계 (x^0, x^1, x^2, x^3)에서 네 성분으로 이루어진 물리량 $A = (A_{\mu}) \equiv (A_0, A_1, A_2, A_3)$이 로렌츠 부스트 $x^{\mu'} = \Lambda^{\mu'}_{\mu} x^{\mu}$에 대하여 다음과 같이 좌표변환 될 때, A를 **4-듀얼벡터**[29]라고 부른다.

---

29) 듀얼벡터를 'Covariant 4-vector'라고 부르기도 한다. ([Weinberg1] p. 35)

$$A_{\mu'} = \Lambda^{\mu}_{\mu'} A_{\mu} \ (\text{단, } \Lambda^{\mu}_{\mu'}\text{는 } \Lambda^{-1}\text{의 } \mu\text{행 } \mu'\text{열})$$

참고로 다음을 상기하자.

$$x^{\mu'} \equiv \Lambda^{\mu'}_{\mu} x^{\mu} \Leftrightarrow \frac{\partial x^{\mu'}}{\partial x^{\mu}} = \Lambda^{\mu'}_{\mu} \ : \text{행렬 } \Lambda\text{의 } \mu'\text{행 } \mu\text{열}$$

$$x^{\mu} \equiv \Lambda^{\mu}_{\mu'} x^{\mu'} \Leftrightarrow \frac{\partial x^{\mu}}{\partial x^{\mu'}} = \Lambda^{\mu}_{\mu'} \ : \Lambda^{-1}\text{의 } \mu\text{행 } \mu'\text{열}(\neq \Lambda\text{의 } \mu\text{행 } \mu'\text{열})$$

4-벡터나 4-듀얼벡터의 일반화된 개념으로 볼 수 있는 '(n,m)-**텐서**' $A^{\mu_1 \cdots \mu_n}_{\nu_1 \cdots \nu_m}$의 각 아래첨자는 4-듀얼벡터와 같은 방식으로, 위 첨자는 4-벡터와 같은 방식으로 좌표계에 따른 변환을 한다. 예를 들면 다음과 같다.

$$A^{i'j'}_{k'l'} = \Lambda^{i'}_{i} \Lambda^{j'}_{j} \Lambda^{k}_{k'} \Lambda^{l}_{l'} A^{ij}_{kl}$$

4-벡터와 4-듀얼벡터에 대한 다음 세 가지 사실을 언급할 필요가 있다.

① 4-벡터 (A^{μ})에 대하여 $A_{\mu} \equiv \eta_{\mu\nu} A^{\nu}$로 정의하자. 즉, 다음과 같다.

$$A_0 = -A^0, \ A_i = A^i \ (i = 1,2,3)$$

이때 A_{μ}가 4-듀얼 벡터임을 다음과 같이 확인할 수 있다.

$$\begin{aligned} \Lambda^{\mu}_{\mu'} A_{\mu} &= \Lambda^{\mu}_{\mu'} (\eta_{\mu\nu} A^{\nu}) = (\eta \Lambda^{-1})_{\nu\mu'} A^{\nu} \\ &= (\Lambda^{\mathrm{T}} \eta)_{\nu\mu'} A^{\nu} = (\eta \Lambda)_{\mu'\nu} A^{\nu} \ \ (\because \Lambda^{\mathrm{T}} \eta \Lambda = \eta) \\ &= \eta_{\mu'\lambda'} \Lambda^{\lambda'}_{\nu} A^{\nu} = \eta_{\mu'\lambda'} A^{\lambda'} = A_{\mu'} \end{aligned}$$

또, 두 4-벡터 A, B 에 대하여 다음이 성립한다.

$$A_{\mu} B^{\mu} = \eta_{\mu\nu} A^{\nu} B^{\mu} = A \cdot B$$

한편, 위에서 정의된 A_{μ}에 대하여 $A^{\mu} = \eta^{\mu\nu} A_{\nu}$(단, $\eta^{\mu\nu} := \eta^{-1}$의 μ행 ν열$(= \eta_{\mu\nu})$)이 성립함을 알 수 있다.

② 두 미분연산자 $\dfrac{\partial}{\partial x^{\mu'}}$, $\dfrac{\partial}{\partial x^{\mu}}$를 각각 $\partial_{\mu'}, \partial_{\mu}$으로 표기하면 다음이 성립한다.

$$\partial_{\mu'} = \Lambda^{\mu}_{\mu'}\partial_{\mu} \quad \left(\because \frac{\partial f}{\partial x^{\mu'}} = \frac{\partial x^{\mu}}{\partial x^{\mu'}}\frac{\partial f}{\partial x^{\mu}} = \Lambda^{\mu}_{\mu'}\frac{\partial f}{\partial x^{\mu}} \right)$$

따라서 4-듀얼 벡터 A_{μ}에 대하여, $A_{\mu\nu} \equiv \partial_{\mu}A_{\nu}$로 정의하면 다음이 성립한다.

$$A_{\mu'\nu'} = \partial_{\mu'}A_{\nu'} = (\Lambda^{\mu}_{\mu'}\partial_{\mu})(\Lambda^{\nu}_{\nu'}A_{\nu}) = \Lambda^{\mu}_{\mu'}\Lambda^{\nu}_{\nu'}A_{\mu\nu}$$

즉, $A_{\mu\nu} \equiv \partial_{\mu}A_{\nu}$는 (0,2)-텐서가 됨을 알 수 있다.

③ 위 ②에서와 마찬가지로 $\partial^{\mu'} = dx^{\mu'}$, $\partial^{\mu} = dx^{\mu}$로 각각 표기하면 다음이 성립한다.

$$\partial^{\mu'} = \Lambda^{\mu'}_{\mu}\partial^{\mu} \quad \left(\because dx^{\mu'} = d(\Lambda^{\mu'}_{\mu}x^{\mu}) = \Lambda^{\mu'}_{\mu}dx^{\mu}\right)$$

따라서 4-벡터 A^{μ}에 대하여, $A^{\mu\nu} \equiv \partial^{\mu}A^{\nu}$로 정의하면 다음이 성립한다.

$$A^{\mu'\nu'} = \partial^{\mu'}A^{\nu'} = (\Lambda^{\mu'}_{\mu}\partial^{\mu})(\Lambda^{\nu'}_{\nu}A^{\nu}) = \Lambda^{\mu'}_{\mu}\Lambda^{\nu'}_{\nu}A^{\mu\nu}$$

즉, $A^{\mu\nu} \equiv \partial^{\mu}A^{\nu}$는 (2,0)-텐서가 됨을 알 수 있다.

한편, 4-벡터 (v^{μ})에 대하여 미분연산자 $v^{\mu}\partial_{\mu}$를 대응시킬 수 있는데 이때 다음을 알 수 있다.

$$v^{\mu'}\partial_{\mu'} = \Lambda^{\mu'}_{\mu}v^{\mu}\Lambda^{\nu}_{\mu'}\partial_{\nu} = \delta_{\nu\mu}v^{\mu}\partial_{\nu} = v^{\mu}\partial_{\mu}$$

따라서 $v^{\mu}\partial_{\mu}$는 좌표변환에 대해 그 형태가 불변이고 이는 (v^{μ})와 $(v^{\mu'})$이 동일한 미분연산자를 서로 다른 좌표계로 표현한 것임을 의미한다. 이는 마치 좌표평면 $\mathbb{R}^2$에서 회전이동에 의한 좌표변환식이 $x^{i'} = C^{i'}_{i}x^{i}$일 때 동일한 벡터 A가 (x^{i})-좌표계에서는 (A^1, A^2)로 표현되고 $(x^{i'})$-좌표계에서는 $A^{i'}(= C^{i'}_{i}A^{i})$에 의해 표현되는 것과 같다. 마찬가지로 4-벡터 (v^{μ})에 대응하는 동일한 미분연산자 $v \equiv v^{\mu}\partial_{\mu} = v^{\mu'}\partial_{\mu'}$가 (x^{μ})-좌표계에서는 4-벡터 (v^{μ})로 표현되고 $(x^{\mu'})$-좌표계에서는 4-벡터 $(v^{\mu'})$로 표현되는 것으로 볼 수 있다.

이때 미분연산자 $v^{\mu}\partial_{\mu}$를 시공간 $\mathbb{R}^4 = \{(x^0, x^1, x^2, x^3) \mid x^{\mu} \in \mathbb{R}\}$에서의 '**접벡터**(tangent vector)'라고 부르고 '$v = v^{\mu}\partial_{\mu}$'로 표기한다.

같은 방식으로, 4-듀얼 벡터 (v_{μ})에 대응하는 미분형식 $v_{\mu}\partial^{\mu}(= v_{\mu'}\partial^{\mu'})$을 시공간 $\mathbb{R}^4 = \{(x^0, x^1, x^2, x^3) | x^{\mu} \in \mathbb{R}\}$에서의 '**듀얼벡터**'라고 부르고 '$v^* = v_{\mu}\partial^{\mu}$'로 표기한다.

일반적으로 v, w가 접벡터이면 두 실수 a, b에 대하여 $av + bw$도 접벡터임을 확인할 수 있다. 따라서 접벡터들의 집합은 벡터공간을 이루는데 이를 시공간 $\mathbb{R}^4$의 '**접공간**(tangent space)'이라고 부르고 $T\mathbb{R}^4$로 표기한다. 즉,

$$T\mathbb{R}^4 = \{v^{\mu}\partial_{\mu} | (v^{\mu})\text{는 좌표계 } (x^{\mu})\text{에서의 } 4-\text{벡터}\}$$
$$\left(= \{v^{\mu'}\partial_{\mu'} | (v^{\mu'})\text{는 좌표계 } (x^{\mu'})\text{에서의 } 4-\text{벡터}\}\right)$$

이다.[30]

마찬가지로 시공간 $\mathbb{R}^4$의 듀얼 벡터 $v_{\mu}\partial^{\mu}$들로 이루어진 벡터공간을 '**듀얼공간**'이라고 부르고 $(T\mathbb{R}^4)^*$로 표기한다.

참고로, 접벡터 ∂_{μ}는 시공간 $\mathbb{R}^4$에서 다음과 같이 미분형식과 같은 기능을 할 수 있다.

$$\partial_{\mu} : T\mathbb{R}^4 \to \mathbb{R} \ , \ \partial_{\mu}(\partial_{\nu}) := (\eta_{\mu\alpha}\partial^{\alpha})(\partial_{\nu}) = \eta_{\mu\nu} (= \langle \partial_{\mu}, \partial_{\nu} \rangle)$$

이러한 맥락에서 $\partial_{\mu} \equiv \eta_{\mu\alpha}\partial^{\alpha}$로 쓸 수 있는데, 이로부터 다음이 성립한다.

$$\eta^{\mu\beta}\partial_{\mu} \equiv \eta^{\mu\beta}(\eta_{\mu\alpha}\partial^{\alpha}) = \delta_{\beta\alpha}\partial^{\alpha} = \partial^{\beta}$$

일반적으로 다음과 같이 쓸 수 있다.

$$(T\mathbb{R}^4)^* \ni v^* = v_{\mu}\partial^{\mu} = (\eta_{\mu\nu}v^{\nu})\partial^{\mu} \equiv v^{\nu}\partial_{\nu} = v \in T\mathbb{R}^4$$

30) 4-벡터 (v^{μ})들과 4-벡터 $(v^{\mu'})$들 사이에는 Λ를 통한 1-1 대응관계가 있음을 상기할 것.

2.3 맥스웰의 전자기이론

2.3.1 전하-전류 4-벡터: $(J^{\mu}) = (\rho, \vec{J})$

관성계의 한 관찰자가 전하를 띤 입자들의 시스템을 기술 할 때 다음 두 가지 물리량이 중요한 역할을 한다.

i) ρ : 전하밀도(단위부피당 전하량)

ii) $\vec{J}$: 전류밀도(단위시간당 단위 단면을 통과하는 전하량과 그 이동방향(⊥단면)을 나타내는 벡터)

예를 들어, 관성계 S_0에 대하여 길이가 l이고 단면의 넓이가 A인 도선 안에 분포하고 있는 전하량 q가 정지해 있다면 이 관성계에서의 전하밀도 ρ_0와 전류밀도 $\vec{J}_0$는 각각 다음과 같이 나타난다.

$$\rho_0 = \frac{q}{A \cdot l} \ , \ \vec{J}_0 = 0$$

만일 관성계 S'이 S_0에 대해 $\vec{v} = (v, 0, 0)$의 속도로 운동하고 있다면 S'의 입장에서 전하밀도 ρ'과 전류밀도 $\vec{J}'$은 특수상대론적 길이수축 효과를 고려하여 다음과 같이 계산된다.[31)]

$$\rho' = \frac{q}{A(\sqrt{1-v^2}\, l)} = \frac{\rho_0}{\sqrt{1-v^2}} \quad \text{32)}$$

$$\vec{J}' = \frac{I(=\text{전류})}{A(=\text{단면적})}\left(-\frac{\vec{v}}{|\vec{v}|}\right) = \frac{-\rho' \cdot A \cdot v \Delta t}{\Delta t \cdot A} = -\rho' \vec{v} = \frac{-\rho_0 \vec{v}}{\sqrt{1-v^2}}$$

따라서 두 관성계 S_0, S' 사이의 로렌츠 부스트 $\Lambda(\vec{v})$에 대하여 $(J^{\mu}) := (\rho, \vec{J})$는 다음과 같이 좌표변환함을 알 수 있다.

---

31) [Feynman] 13-11 참고. 수학적으로 보다 간결한 논의는 이 장 끝부분의 [참고 1]을 참고.

32) 전하량 q는 관성계 관찰자에 무관한 상수(scalar)이다. 만일 그렇지 않다면 전기적으로 중성인 철 덩어리를 가열하면 전자의 운동속도가 달라지고 철 덩어리는 전하를 띠게 되는데 이는 실험적으로 일어나지 않는다.([Feynman] 13-8)

$$S_0 \text{ 의 } J_0^\mu = (\rho_0, 0, 0, 0) \xmapsto{\Lambda(\vec{v})} (\gamma\rho_0, -\gamma\rho_0 v, 0, 0) = S' \text{ 의 } J^{\mu'} = \Lambda_\mu^{\mu'} J^\mu$$

이것은 두 관성계 사이에 에너지-운동량 벡터가 다음과 같이 좌표변환하는 것과 완전히 동일한 형태이다.

$$P^\mu = (m_0, 0, 0, 0) \rightarrow (m_0\gamma, -m_0\gamma v, 0, 0) = P^{\mu'} = \Lambda_\mu^{\mu'} P^\mu$$

보다 일반적으로, 도선에 대해 정지해 있는 관찰자 S_0에 대해, $\vec{v_1} = (v_1, 0, 0)$의 속도로 운동하는 관찰자 S 와 $\vec{v_2} = (v_2, 0, 0)$의 속도로 운동하는 관찰자 S'를 생각하자. 이때 각각의 관찰자에 대한 전하밀도와 전류밀도를

$$J_0^\mu,\ J^\mu = (\rho, J_x, 0, 0),\ J^{\mu'} = (\rho', J_x', 0, 0)$$

등으로 나타내면 위 논의에 의해 다음과 같이 쓸 수 있다.

$$\begin{cases} (J^\mu) = \begin{pmatrix} \cosh\phi_1 & -\sinh\phi_1 \\ -\sinh\phi_1 & \cosh\phi_1 \end{pmatrix} (J_0^\mu) \quad (\text{단, } v_1 = \tanh\phi_1) \\ \\ (J^{\mu'}) = \begin{pmatrix} \cosh\phi_2 & -\sinh\phi_2 \\ -\sinh\phi_2 & \cosh\phi_2 \end{pmatrix} (J_0^\mu) \quad (\text{단, } v_2 = \tanh\phi_2) \end{cases}$$

위 식으로부터 다음을 얻는다.

$$\begin{aligned} (J^{\mu'}) &= \begin{pmatrix} \cosh\phi_2 & -\sinh\phi_2 \\ -\sinh\phi_2 & \cosh\phi_2 \end{pmatrix} \begin{pmatrix} \cosh(-\phi_1) & -\sinh(-\phi_1) \\ -\sinh(-\phi_1) & \cosh(-\phi_1) \end{pmatrix} \begin{pmatrix} \rho \\ J_x \end{pmatrix} \\ &= \begin{pmatrix} \cosh(\phi_2-\phi_1) & -\sinh(\phi_2-\phi_1) \\ -\sinh(\phi_2-\phi_1) & \cosh(\phi_2-\phi_1) \end{pmatrix} \begin{pmatrix} \rho \\ J_x \end{pmatrix} \end{aligned}$$

여기서 만일 관찰자 S에 대한 S'의 속도 벡터 $\vec{v} = (v, 0, 0)$를 특수상대론의 속도 변환 공식을 사용하여 구하면 $\tanh(\phi_2 - \phi_1) = \dfrac{v_2 - v_1}{1 - v_1 v_2} = v$가 되므로 결론적으로 다음과 같이 쓸 수 있다.

$$\begin{pmatrix} \rho' \\ J_x' \end{pmatrix} = \begin{pmatrix} \gamma & -\gamma v \\ -\gamma v & \gamma \end{pmatrix} \begin{pmatrix} \rho \\ J_x \end{pmatrix} \quad \text{즉, } J^{\mu'} = \Lambda_\mu^{\mu'} J^\mu$$

이는 위에서 정의한 $(J^\mu) = (\rho, \vec{J})$**가 4-벡터임**을 의미한다.

2.3.2 게이지 변환과 4-벡터 포텐셜: $(A^{\mu})=(\phi,\ \overrightarrow{A})$

진공상태에서 적당한 전하와 전류가 주어졌을 때 이에 따라 형성되는 전기장 $\overrightarrow{E}$ 와 자기장 $\overrightarrow{B}$가 만족하는 네 개의 편미분 방정식은 다음과 같이 **'맥스웰 방정식'**으로 표현된다.

$$\begin{cases} \overrightarrow{\nabla}\times\overrightarrow{B}-\partial_t\overrightarrow{E}=4\pi\overrightarrow{J} \\ \overrightarrow{\nabla}\cdot\overrightarrow{E}=4\pi\rho \\ \overrightarrow{\nabla}\times\overrightarrow{E}+\partial_t\overrightarrow{B}=0 \\ \overrightarrow{\nabla}\cdot\overrightarrow{B}=0 \end{cases} \quad \cdots (2.11)$$

여기서, 잘 알려진 포앙카레 보조정리를 위 (2.11)의 세 번째와 네 번째 식에 적용하면 다음을 얻는다.

$$\begin{cases} \overrightarrow{\nabla}\cdot\overrightarrow{B}=0 \Rightarrow \overrightarrow{B}=\overrightarrow{\nabla}\times\overrightarrow{A} \text{ 인 } \overrightarrow{A}\text{가 존재한다.} \\ \overrightarrow{\nabla}\times\overrightarrow{E}+\partial_t\overrightarrow{B}=0 \Rightarrow \overrightarrow{E}=-\partial_t\overrightarrow{A}-\overrightarrow{\nabla}\phi \text{ 인 } \phi\text{가 존재한다.} \end{cases} \quad \cdots (*)$$

이때 만일 $\overrightarrow{A}$, ϕ를 임의의 함수 Ψ에 대하여 다음과 같이 재 정의하여도 $\overrightarrow{E}$, $\overrightarrow{B}$의 표현은 달라지지 않는다. 즉,

$$\begin{cases} \overrightarrow{A}' := \overrightarrow{A}+\overrightarrow{\nabla}\Psi \\ \phi' := \phi-\partial_t\Psi \end{cases} \Rightarrow \begin{cases} \overrightarrow{B}=\overrightarrow{\nabla}\times\overrightarrow{A}' \\ \overrightarrow{E}=-\partial_t\overrightarrow{A}'-\overrightarrow{\nabla}\phi' \end{cases}$$

이다.

또, 역으로 $(\phi_1,\overrightarrow{A_1})$, $(\phi_2,\overrightarrow{A_2})$가 각각 위 $(*)$를 만족시키면 적당한 함수 Ψ에 대하여 다음이 성립함을 쉽게 확인할 수 있다.

$$\overrightarrow{A_1}=\overrightarrow{A_2}+\overrightarrow{\nabla}\Psi,\quad \phi_1=\phi_2-\partial_t\Psi$$

이는 위 $(*)$를 만족시키는 $(A^{\mu}):=(\phi,\overrightarrow{A})$를 선택할 때 다음과 같은 변환에 의한 자유도가 존재하며 이러한 변환을 통해 맥스웰 방정식이 기술하는 전자기이론이 달라지지 않음을 의미한다.

$$A_\mu \mapsto A_\mu{}' := A_\mu + \partial_\mu \Psi \text{ (단, } A_\mu = \eta_{\mu\nu} A^\nu) \qquad \cdots (2.12)$$

식 (2.12)에서처럼 A^μ의 선택에 허용되는 자유도를 표현하는 변환식을 '**게이지 변환식**'이라고 부른다.

실제로 (2.12)에서 함수 Ψ를 잘 잡아서 A^μ를 선택하면 이론의 전개과정이 간결하고 계산이 편리해지는 장점을 누릴 수 있는데 그 중 하나가 아래의 '**로렌츠 게이지**'라고 할 수 있다.

➲ 로렌츠 게이지

주어진 $\vec{A}$, ϕ에 대하여 다음을 만족하는 함수 Ψ를 찾을 수 있다.

$$\vec{\nabla} \cdot \vec{A}' = -\partial_t \phi' \quad (\Leftrightarrow \partial_\mu A^\mu = 0) \text{ (단, } A_\mu{}' = A_\mu + \partial_\mu \Psi) \qquad \cdots (2.13)$$

이러한 로렌츠 게이지가 가능한 이유는 다음과 같이 살펴볼 수 있다.[33)]

$$\begin{aligned} (2.13) &\Leftrightarrow \vec{\nabla} \cdot (\vec{A} + \vec{\nabla}\Psi) + \partial_t(\phi - \partial_t \Psi) = \vec{\nabla} \cdot \vec{A} + \nabla^2 \Psi + \partial_t \phi - \partial_t^2 \Psi = 0 \\ &\Leftrightarrow \nabla^2 \Psi - \partial_t^2 \Psi = -(\vec{\nabla} \cdot \vec{A} + \partial_t \phi) \qquad \cdots (2.14) \end{aligned}$$

즉, 로렌츠 게이지 조건을 만족하기 위해서는 함수 Ψ가 위 (2.14)와 같은 비동차(inhomogeneous) 파동방정식을 만족하면 되는데 초기조건을 만족하는 이러한 함수가 유일하게 존재한다는 것은 편미분방정식론에서 잘 알려진 사실이다.

이제 이와 같은 로렌츠 게이지를 선택하여 다음을 증명해 보자.[34)]

정리 2.2 ▎ 로렌츠 게이지에 대한 A^μ의 운동방정식

로렌츠 게이지 조건을 만족하는 A^μ에 대하여 다음이 성립한다.

$$\partial_\mu \partial^\mu A^\nu = -4\pi J^\nu \quad (\partial^\mu \equiv \eta^{\mu\nu} \partial_\nu)$$

[증명] 맥스웰 방정식 (2.11)의 두 번째 식으로부터 다음을 얻는다.

---

33) [Marsden] p. 524.
34) [Feynman] p. 18-10.

$$\overrightarrow{\nabla}\cdot\overrightarrow{E}=4\pi\rho \Rightarrow \overrightarrow{\nabla}\cdot(-\overrightarrow{\nabla}\phi-\partial_t\overrightarrow{A})=4\pi\rho$$

$$\Rightarrow -\nabla^2\phi-\partial_t(\overrightarrow{\nabla}\cdot\overrightarrow{A})=4\pi\rho \Rightarrow -\partial_t^2\phi+\nabla^2\phi=-4\pi\rho \qquad \cdots ①$$

한편, 맥스웰 방정식 (2.11)의 첫 번째 식으로부터 다음을 얻는다.

$$\overrightarrow{\nabla}\times\overrightarrow{B}-\partial_t\overrightarrow{E}=4\pi\overrightarrow{J} \Rightarrow \overrightarrow{\nabla}\times(\overrightarrow{\nabla}\times\overrightarrow{A})-\partial_t(-\overrightarrow{\nabla}\phi-\partial_t\overrightarrow{A})=4\pi\overrightarrow{J}$$

여기서 공식 $\overrightarrow{\nabla}\times(\overrightarrow{\nabla}\times A)=\overrightarrow{\nabla}(\overrightarrow{\nabla}\cdot A)-\nabla^2 A$을 사용하면 다음을 얻는다.

$$-\nabla^2 A+\overrightarrow{\nabla}(\overrightarrow{\nabla}\cdot A)+\partial_t(\overrightarrow{\nabla}\phi)+\partial_t^2 A=4\pi\overrightarrow{J}$$

로렌츠 게이지 조건을 이용하여 좌변을 정리하면 다음과 같다.

$$-\partial_t^2\overrightarrow{A}+\nabla^2\overrightarrow{A}=-4\pi\overrightarrow{J} \qquad \cdots ②$$

따라서 ①, ②를 합쳐 쓰면, $\partial_\mu\partial^\mu A^\nu=-4\pi J^\nu$이다. ■

위 정리 2.2와 관련하여 다음 몇 가지 언급을 할 필요가 있다.

① 일반적으로, 주어진 전하-전류 4-벡터 $J^\mu=(\rho,\overrightarrow{J})$에 대하여 로렌츠 게이지 조건과 $(*)$를 만족시키면서 위 운동방정식의 해가 되는 A^ν는 유일하게 결정되지 않는다. 이 때 A^ν의 선택에 대한 자유도는 $\partial_\mu\partial^\mu\Psi=0$을 만족시키는 적당한 함수 Ψ에 대하여 다음과 같은 변환을 허용하는 것임을 쉽게 확인할 수 있다.

$$A_\mu \mapsto A_\mu+\partial_\mu\Psi$$

② 위 정리 2.2의 증명을 거꾸로 진행시켜보면 다음과 같은 사실을 알 수 있다. 즉, 주어진 $J^\mu=(\rho,\overrightarrow{J})$에 대하여 로렌츠 게이지 조건을 만족시키면서 위 운동방정식의 해가 되는 $\hat{A}^\nu=(\hat{\phi},\overrightarrow{\hat{A}})$를 하나 선택하고 이로부터

$$\overrightarrow{\hat{B}}:=\overrightarrow{\nabla}\times\overrightarrow{\hat{A}}, \quad \overrightarrow{\hat{E}}:=-\partial_t\overrightarrow{\hat{A}}-\overrightarrow{\nabla}\hat{\phi}$$

로 정의하면 $\overrightarrow{\hat{B}},\overrightarrow{\hat{E}}$는 동일한 ρ, $\overrightarrow{J}$에 대한 $\overrightarrow{B},\overrightarrow{E}$의 맥스웰 방정식 (2.11)을 만족시킨다. 이것은 주어진 초기조건에서 항상 $\overrightarrow{\hat{B}}=\overrightarrow{B}$, $\overrightarrow{\hat{E}}=\overrightarrow{E}$임을 의미하고 따라서 위 ①에 의하여 $\partial_\mu\partial^\mu\Psi=0$을 만족시키는 적당한 함수 Ψ에 대해 $\hat{A}_\mu=A_\mu+\partial_\mu\Psi$ 이

성립한다고 할 수 있다.

③ 만일 $\hat{A}^{\nu'} := \Lambda^{\nu'}_{\nu} A^{\nu}$으로 정의하면 $\hat{A}^{\nu'}$ 역시 로렌츠 게이지 조건을 만족하고 좌표계 $(x^{\mu'})$에서의 전하-전류 4-벡터 $J^{\nu'}$에 대해 위 운동방정식을 만족한다는 것을 다음과 같이 확인할 수 있다.

$$\partial_{\nu'}\hat{A}^{\nu'} = \partial_{\nu'}(\Lambda^{\nu'}_{\nu} A^{\nu}) = \partial_{\nu} A^{\nu} = 0$$
$$\partial_{\mu'}\partial^{\mu'}\hat{A}^{\nu'} = \partial_{\mu'}\partial^{\mu'}(\Lambda^{\nu'}_{\nu} A^{\nu}) = -4\pi(\Lambda^{\nu'}_{\nu} J^{\nu}) = -4\pi J^{\nu'}$$

따라서 위 ②에 의하여 좌표계 $(x^{\mu'})$에서 $\hat{A}^{\nu'}$와 $A^{\nu'}$은 서로 게이지 변환관계가 있음을 알 수 있다. 이러한 게이지 변환의 자유도를 이용하여 $A^{\nu'} = \Lambda^{\nu'}_{\nu} A^{\nu}$ 으로 재정의하면 (A^{μ})를 4-벡터로 다룰 수 있는 편리함을 누릴 수 있다. 이와 같은 맥락에서 앞으로 (A^{μ})를 4-벡터로 간주하고 **'4-벡터 포텐셜'**이라고 부른다.

④ 위 ③의 논의로부터 정리 2.2의 운동방정식이 로렌츠 변환에 대해 불변임이 자명하다.

2.3.3 맥스웰 방정식의 로렌츠 불변성

맥스웰 방정식이 로렌츠 변환에 대해 불변임을 살펴보도록 하자.
먼저 임의의 두 벡터 $\vec{A}$, $\vec{B}$에 대하여 다음과 같은 표기법을 소개하자.

$$(\vec{A}\times\vec{B})^i = \epsilon^{ijk} A_j B_k$$
$$\left(\text{단, } \epsilon^{ijk} = \begin{cases} +1, & (ijk): \text{even} \\ -1, & (ijk): \text{odd} \end{cases}, \ A_i = \delta_{ii'} A^{i'} = A^i\right)$$

이 표기법을 사용하여 맥스웰 방정식을 다시 쓰면 다음과 같음을 알 수 있다.

$$\begin{cases} \begin{cases} \vec{\nabla}\times\vec{B} - \partial_t\vec{E} = 4\pi\vec{J} \\ \vec{\nabla}\cdot\vec{E} = 4\pi\rho \end{cases} \\ \begin{cases} \vec{\nabla}\times\vec{E} + \partial_t\vec{B} = 0 \\ \vec{\nabla}\cdot\vec{B} = 0 \end{cases} \end{cases} \Leftrightarrow \begin{array}{ll} \begin{cases} \epsilon^{ijk}\partial_j B_k - \partial_0 E^i = 4\pi J^i \\ \partial_i E^i = 4\pi J^0 \end{cases} & \cdots (2.14) \\ \begin{cases} \epsilon^{ijk}\partial_j E_k + \partial_0 B^i = 0 \\ \partial_i B^i = 0 \end{cases} & \cdots (2.15) \end{array}$$

만일 $F_{\mu\nu} := \partial_{\mu} A_{\nu} - \partial_{\nu} A_{\mu} (= -F_{\mu\nu})$로 정의하고 $\vec{E} = -\vec{\nabla}\phi - \partial_t\vec{A}$, $\vec{B} = \vec{\nabla}\times\vec{A}$ 임을 이용하면 $F_{\mu\nu}$가 다음과 같음을 알 수 있다.

$$F_{\mu\nu}=\begin{pmatrix} 0 & -E_1 & -E_2 & -E_3 \\ E_1 & 0 & B_3 & -B_2 \\ E_2 & -B_3 & 0 & B_1 \\ E_3 & B_2 & -B_1 & 0 \end{pmatrix}$$

이 때, 정의에 의해 $F^{\mu'\nu'}=\Lambda^{\mu'}_{\mu}\Lambda^{\nu'}_{\nu}F^{\mu\nu}$ (단, $F^{\mu\nu}=\eta^{\mu\lambda}\eta^{\nu\sigma}F_{\lambda\sigma}$)이 성립함을 확인할 수 있는데 이는 한 관찰자 S 에게 관찰되는 $\vec{E}$, $\vec{B}$와 다른 관찰자 S'에게 관찰되는 $\vec{E}'$, $\vec{B}'$가 어떻게 서로 관련되어 있는지를 알려준다. (S에게 $\vec{B}=0$이어도 S'에게는 $\vec{B}'\neq 0$일 수가 있다.)

이제 $F^{\mu\nu}$ 또는 $F_{\mu\nu}$를 이용하여[35] 위 (2.14)의 두 식과 (2.15)의 두 식을 각각 아래와 같이 다시 쓸 수 있다.

$$\begin{cases} (2.14)\text{ 의 두 식} \\ (2.15)\text{ 의 두 식} \end{cases} \Leftrightarrow \begin{cases} \partial_\mu F^{\nu\mu}=4\pi J^\nu & \cdots (2.16) \\ \partial_{[\mu}F_{\nu\lambda]}=0 & \cdots (2.17) \end{cases}$$

(여기서 $\partial_{[\mu}F_{\nu\lambda]} := \partial_\mu F_{\nu\lambda}+\partial_\lambda F_{\mu\nu}+\partial_\nu F_{\lambda\mu}$이다.)

만일 A_μ가 로렌츠 게이지 조건을 만족하는 경우라면

$$\partial_\mu F^{\nu\mu}=\partial_\mu(\partial^\nu A^\mu-\partial^\mu A^\nu)=\partial^\nu(\partial_\mu A^\mu)-\partial_\mu\partial^\mu A^\nu=-\partial_\mu\partial^\mu A^\nu$$

이므로 위의 식 (2.16)은 $\partial_\mu\partial^\mu A^\nu=-4\pi J^\nu$가 됨을 알 수 있고 따라서 [정리 2.2]가 성립함을 다시 한 번 확인 할 수 있다.

또 식 (2.17)의 좌변에 $F_{\mu\nu}=\partial_\mu A_\nu-\partial_\nu A_\mu$을 실제로 대입해 보면 그 값이 0이 됨을 쉽게 알 수 있다. 즉, 맥스웰 방정식의 세 번째와 네 번째에 해당하는 식 (2.17)은 $F_{\mu\nu}$ (즉, $\vec{E}$, $\vec{B}$)와 A_μ의 관계 즉, $F_{\mu\nu}=\partial_\mu A_\nu-\partial_\nu A_\mu$ 로부터 자동으로 성립됨을 알 수 있다.

뿐만 아니라, 위 (2.16)과 (2.17)로부터 맥스웰 방정식이 로렌츠 변환식에 대해 불변임을 쉽게 알 수 있다.

---

35) $F^{\mu\nu}=\eta^{\mu\lambda}\eta^{\nu\sigma}F_{\lambda\sigma}$, $F^{0i}=E^i$, $F^{ij}=\epsilon^{ijk}B_k$ 임을 상기.

2.3.4 미분형식의 관점

맥스웰 방정식을 미분형식의 관점에서 기술하면 보다 간결하게 그 구조를 이해 할 수 있는 장점이 있다.

먼저 A_μ에 대응하는 1-형식 A를 다음과 같이 정의하자.

$$A := A_\mu dx^\mu \quad (\text{단}, (A_\mu) = (\phi, \vec{A}))$$

또, $F_{\mu\nu} = \partial_\mu A_\nu - \partial_\nu A_\mu$에 대응하는 2-형식 F 와 G를 다음과 같이 정의하자.

$$\begin{cases} F := dA = \dfrac{1}{2} F_{\mu\nu} dx^\mu \wedge dx^\nu \\ G := \dfrac{1}{2} G_{\mu\nu} dx^\mu \wedge dx^\nu \end{cases}$$

단, 여기서 $F_{\mu\nu}$와 $G_{\mu\nu}$는 각각 다음과 같이 주어진다.[36]

$$(F_{\mu\nu}) = \begin{pmatrix} 0 & -E_1 & -E_2 & -E_3 \\ E_1 & 0 & B_3 & -B_2 \\ E_2 & -B_3 & 0 & B_1 \\ E_3 & B_2 & -B_1 & 0 \end{pmatrix}, \qquad (G_{\mu\nu}) = \begin{pmatrix} 0 & B_1 & B_2 & B_3 \\ -B_1 & 0 & B_3 & -E_2 \\ -B_2 & -E_3 & 0 & E_1 \\ -B_3 & E_2 & -E_1 & 0 \end{pmatrix}$$

한편 3-형식 J를 다음과 같이 정의하자.

$$J := \frac{1}{3!} \epsilon_{\mu\nu\lambda\zeta} J^\mu dx^\nu \wedge dx^\lambda \wedge dx^\zeta \qquad (\text{단}, (J^\mu) = (\rho, \vec{J}))$$

이때 두 식 (2.16)과 (2.17)은 각각 다음과 같이 쓸 수 있다.[37]

$$dG = J, \qquad dF = 0$$

예를 들어 (2.17)과 위 두 번째 식이 동치인 것은 다음과 같이 확인해 볼 수 있다.

$$dF = \frac{1}{2} dF_{\nu\lambda} \wedge dx^\nu \wedge dx^\lambda = \frac{1}{2} \partial_\mu F_{\nu\lambda} dx^\mu \wedge dx^\nu \wedge dx^\lambda \equiv \frac{1}{3!} (dF)_{\mu\nu\lambda} dx^\mu \wedge dx^\nu \wedge dx^\lambda$$

---

36) G는 호지 스타(Hodge Star) 작용소 $*: \Lambda^p V \to \Lambda^{n-p} V$를 이용하여 $G = *F$로 정의할 수도 있다. 여기서 작용소 $*$는 듀얼 벡터공간 $V^*(=\Lambda V)$에서 양의 향을 갖는 정규직교기저 $\{e^i\}$에 대하여 다음과 같이 정의된다: $e^{i_1} \wedge \cdots \wedge e^{i_p} \overset{*}{\mapsto} \epsilon_{i_1 \cdots i_n} \eta^{i_1 i_1} \eta^{i_2 i_2} \cdots \eta^{i_p i_p} e^{i_{p+1}} \wedge \cdots \wedge e^{i_n}$

37) [Göckeler] p. 44 참고.

$$(\text{단, } (dF)_{\mu\nu\lambda}(=(d^2A)_{\mu\nu\lambda}) := \frac{1}{2}(\partial_\mu F_{\nu\lambda} + \partial_\lambda F_{\mu\nu} + \partial_\nu F_{\lambda\mu}) = \frac{1}{2}\partial_{[\mu}F_{\nu\lambda]})$$

따라서 $dF = \frac{1}{3!}\frac{1}{2}\partial_{[\mu}F_{\nu\lambda]}dx^\mu \wedge dx^\nu \wedge dx^\lambda$ 이므로 (2.17)과 $dF=0$은 동치임을 알 수 있다. 참고로 $dF=d(dA)=0$은 F의 정의로부터 자동으로 성립한다.

2.3.5 $U(1)$ – 게이지이론의 관점

맥스웰의 전자기이론은 일종의 $U(1)$-게이지이론으로 볼 수 있다.

실제로 게이지 변환 $A_\mu \mapsto A_\mu + \frac{1}{e}\partial_\mu \theta$ (단, e는 전자의 전하량(<0))은 미분형식의 관점에서 $A \mapsto A + \frac{1}{e}d\theta$로 볼 수 있는데 이 변환식의 양변에 ie를 곱하면 다음과 같다.

$$ieA \mapsto ieA + i\,d\theta \qquad \cdots (2.18)$$

만일 $\widetilde{A} := ieA \ (\in u(1) = \{ix \mid x \in \mathbb{R}\})$로 정의하면 위 (2.18)은 다음과 같이 다시 쓸 수 있다.

$$\widetilde{A} \mapsto e^{i\theta}\,\widetilde{A}\,e^{-i\theta} + e^{-i\theta}d(e^{i\theta}) \qquad \cdots (2.19)$$

일반적으로, 고전적인 맥스웰의 전자기이론을 양자화하면 **'양자전기역학**(QED)'이라고 불리는 일종의 양자장이론을 얻게 되는데 이 이론을 통해 전자와 같은 '페르미온장(fermion field 또는 Dirac field)' $\Psi : \mathbb{R}^4 \to \mathbb{C}^4$ 와 '가상광자장(virtual photon field, 전자기력을 매개하는 게이지 보존)' A_μ의 상호작용을 기술할 수 있다. 이 때 위 (2.19)는 $U(1)$-게이지이론인 양자전기역학의 맥락에서 자연스럽게 등장한다. 구체적으로, 양자전기역학을 기술하는 라그랑지안 L은 다음과 같이 정의된다.38)

---

38) [Das] p. 347 참고. $\gamma^0 = \begin{pmatrix} I & 0 \\ 0 & -I \end{pmatrix}$, $\gamma^i = \begin{pmatrix} 0 & \sigma_i \\ -\sigma_i & 0 \end{pmatrix}$이고 $\overline{\Psi} = \Psi^+\gamma^0 = (\Psi_1^*, \Psi_2^*, -\Psi_3^*, -\Psi_4^*)$ (단, $z=a+ib \in \mathbb{C}$에 대하여 z^*는 공액복소수 $a-ib$이다.)이다. ([Griffith2] pp. 235~236) 여기서 σ_i는 2×2 파울리 행렬로서 $\sigma_1 = \begin{pmatrix} 0 & 1 \\ 1 & 0 \end{pmatrix}$, $\sigma_2 = \begin{pmatrix} 0 & -i \\ i & 0 \end{pmatrix}$, $\sigma_3 = \begin{pmatrix} 1 & 0 \\ 0 & -1 \end{pmatrix}$이다. 또 임의의 복소행렬 (z_{ij})에 대하여 헤르미트 공액(Hermitian conjugate 또는 수반(adjoint))행렬 $(z_{ij})^+$는 $(z_{ij})^+ \equiv (z_{ij}^*)^\top$이다. 한편, $\overline{\Psi}(\gamma^\mu D_\mu \Psi)$는 $\sum_{\alpha,\beta}\overline{\Psi}_\alpha(\gamma^\mu)_{\alpha\beta}D_\mu\Psi_\beta$로 계산된다.

$$L = -\frac{1}{4}F_{\mu\nu}F^{\mu\nu} + i\overline{\Psi}(\gamma^{\mu}D_{\mu}\Psi) - m\overline{\Psi}\Psi \text{(단, } \gamma^{\mu}\text{는 } 4\times 4 \text{ 파울리 행렬)} \quad \cdots (2.20)$$

여기서 $D_{\mu}\Psi := (\partial_{\mu} - \widetilde{A_{\mu}})\Psi$ (cf. 식 (7.4))이고 $\widetilde{A_{\mu}}$는 국소적 $U(1)$-게이지 변환 $\Psi \mapsto \Psi' := \Psi\, e^{i\theta(x)}$에 대해 게이지 변환

$$\widetilde{A} \mapsto \widetilde{A}' := e^{i\theta}\widetilde{A}\, e^{-i\theta} + e^{-i\theta}d(e^{i\theta}) \qquad \cdots (2.19)'$$

를 따른다. (cf. 식 (7.5)) 이때,

$$D_{\mu}'\Psi' := (\partial_{\mu} - \widetilde{A_{\mu}}')\Psi' = (\partial_{\mu} - \widetilde{A_{\mu}} - e^{-i\theta}de^{i\theta})(\Psi e^{i\theta}) = e^{i\theta}D_{\mu}\Psi$$

가 성립하고 (2.12)로부터

$$\delta F_{\mu\nu}(= F_{\mu\nu}' - F_{\mu\nu}) = \partial_{\mu}(\delta A_{\nu}) - \partial_{\nu}(\delta A_{\mu}) = \frac{1}{e}(\partial_{\mu}\partial_{\nu}\theta - \partial_{\nu}\partial_{\mu}\theta) = 0$$

이므로 위 (2.20)의 라그랑지안 L은 국소적 $U(1)$-게이지 변환 $\Psi \mapsto \Psi' := \Psi\, e^{i\theta(x)}$에 대해 불변임을 알 수 있다.

참고

1. J^{μ}의 엄밀한 정의

전류 밀도 3-벡터 $\vec{J}$의 고전적 정의를 살펴보면 '전하밀도×전하의 이동 속도'와 같음을 알 수 있다. 이것은 3차원 운동량의 고전적 정의가 '입자의 질량×입자의 이동 속도'인 것과 비교될 수 있다. 따라서 특수상대론에서 에너지-운동량 4-벡터를 $P^{\mu} \equiv m_0 \dfrac{dx^{\mu}}{d\tau} = (m_0\gamma c, m_0\gamma\vec{v})$로 정의하듯이 상대론적 전하-전류 4-벡터도 다음과 같이 정의할 수 있다.

$$J^{\mu}(\tau) \equiv \rho_0 \frac{dx^{\mu}}{d\tau} = (\rho_0\gamma c, \rho_0\gamma\vec{v})$$

(단, ρ_0는 정지관찰자의 전하밀도, $x^{\mu}(\tau)$는 전하의 세계선)

이때, J^{μ}가 4-벡터임을 쉽게 알 수 있고, 좌표변환에 따른 이 4-벡터의 변환은 P^{α}의

좌표변환의 형태와 완전히 일치한다. 따라서 이 정의는 앞의 2.3.1절에서의 정의와 완전히 일치한다.

참고로, 전하를 띤 N개의 입자들의 시스템에 대한 J^μ의 수학적인 정의를 소개하면 다음과 같다.([Weinberg1] p. 39)

$$\vec{J}(\vec{x},t) \equiv \sum_{n=1}^{N} e_n \delta^3(\vec{x}-\vec{x_n}(t))\frac{d\vec{x_n}(t)}{dt}, \quad J^0(\vec{x},t) \equiv \sum_{n=1}^{N} e_n \delta^3(\vec{x}-\vec{x_n}(t))$$

(단, e_n은 n 번째 입자의 전하량으로 스칼라이고, $\vec{x_n}(t)$는 시각 t일 때 n 번째 입자의 위치를 나타내는 벡터이다.)

위의 두 정의는 다음과 같이 한 개의 식으로 표현할 수 있다.

$$J^\mu(x) \equiv \sum_{n=1}^{N} e_n \delta^3(\vec{x}-\vec{x_n}(t))\frac{dx_n^\mu(t)}{dt}$$

이 때 다음이 성립한다.39)

① J^μ는 4-벡터이다. (cf. 3.4.1절의 ①, ②)

② $\vec{\nabla}\cdot\vec{J}(\vec{x},t) = -\partial_t J^0(\vec{x},t)\,(\Leftrightarrow \frac{\partial}{\partial x^\mu}J^\mu(x)=0)$이 성립한다.

(전류밀도 보존의 법칙, cf. 3.4.1절의 ③)

③ $Q \equiv \int d^3x J^0(x)\left(=\sum_{n=1}^{N} e_n\right)$로 정의하면 $\frac{dQ}{dt}=0$ 이다. (총 전하량 보존의 법칙)

④ Q는 로렌츠 부스트에 대해 불변이다. (즉, Q는 스칼라이다.)

2. 오일러-라그랑지 방정식으로서의 맥스웰 방정식

앞서 소개한 양자전기역학의 라그랑지안 (2.20)으로부터 다음과 같이 **'작용**(action)' $S[A,\Psi,\overline{\Psi}]$를 정의하자.

$$S[A,\Psi,\overline{\Psi}] = \int L\,dx^4 = \int dx^4\left\{(\overline{\Psi}(i\gamma^\mu\partial_\mu - m)\Psi - \frac{1}{4}F_{\mu\nu}F^{\mu\nu} - J_\mu A^\mu\right\}$$

(단, $F_{\mu\nu} = \partial_\mu A_\nu - \partial_\nu A_\mu$ 40), $J^\mu = -e\overline{\Psi}\gamma^\mu\Psi$)

작용 $S[A,\Psi,\overline{\Psi}]$에 대해 $\overline{\Psi}$방향과 A^μ방향으로 각각 오일러-라그랑지 방정식을 구하면

39) 증명은 [Weinberg1] p. 40 참고.

40) 이 정의로부터 맥스웰방정식의 세 번째와 네 번째인 (2.17)이 자동으로 성립함을 상기할 것.

다음과 같이 '**디락방정식**'과 '**맥스웰 방정식**'을 각각 얻는다.41)

$$\partial_\mu\left(\frac{\partial L}{\partial(\partial_\mu \overline{\Psi})}\right)=\frac{\partial L}{\partial \overline{\Psi}} \;\Leftrightarrow\; \left[\gamma^\mu i D_\mu - m\right]\Psi = 0$$

$$\partial_\mu\left(\frac{\partial L}{\partial(\partial_\mu A_\nu)}\right)=\frac{\partial L}{\partial A_\nu} \;\Leftrightarrow\; \partial_\mu F^{\nu\mu} = J^\nu$$ 42)

3. 전자기장에서 운동하는 입자의 운동방정식

고전 전자기이론에 의하면 전자기장에서 운동하는 전하량 e인 입자의 시스템을 기술하는 라그랑지안은 다음과 같이 정의된다.

$$L(\vec{x}, \dot{\vec{x}}, t) \equiv \frac{1}{2}m\sum_{i=1}^{3}\dot{x}_i\dot{x}_i - e\phi(\vec{x}, t) + \frac{e}{c}\sum_{i=1}^{3}\dot{x}_i A_i(\vec{x}, t)^2$$

여기서 오일러-라그랑지 방정식 $\frac{d}{dt}\left(\frac{\partial L}{\partial \dot{x}_i}\right) - \frac{\partial L}{\partial x_i} = 0$을 구하면 다음과 같다.43)

$$m\frac{d^2\vec{x}}{dt^2} = e\vec{E} + \frac{e}{c}\vec{v}\times\vec{B}$$

참고로, 위 L에서 q_i에 대한 정준 공액 운동량 p_i는 다음과 같이 구할 수 있다.

$$p_i = \frac{\partial L}{\partial \dot{x}_i} = m\dot{x}_i + \frac{e}{c}A_i$$

따라서 $\dot{x}_i = \frac{1}{m}(p_i - \frac{e}{c}A_i)$임을 이용하면 해밀토니안 H는 다음과 같이 쓸 수 있다.

$$H = x_i p_i - L = \frac{1}{2m}(p_i - \frac{e}{c}A_i)(p_i - \frac{e}{c}A_i) + e\phi$$

41) [Das] p. 287, [Greiner] p. 151 참고.
42) 라그랑지안 (2.20)은 맥스웰 방정식 (2.11)에 나타나는 계수 4π를 1로 바꾼 형태에 대한 것이다.
43) [송희성] pp. 28~30 참고.

제3장 일반상대성이론

3.1 서론

3.1.1 등가원리와 국소적 근사이론으로서의 특수상대론

1905년에 발표된 아인슈타인의 특수상대성이론은 빛의 속력에 대한 풀리지 않던 의문을 해결해 주었고 나아가 시간과 공간에 대해 완전히 새로운 인식을 제공했음에도 불구하고 실험적으로 그 타당성을 입증해 온 기존의 뉴턴의 중력이론과 심각한 이론적 갈등을 겪고 있었다. 이러한 갈등은 다음 두 가지로 살펴볼 수 있다.

첫째는 중력의 즉각적 작용에 대한 것이다.

뉴턴의 중력이론에 의하면 질량이 각각 m_1, m_2이고 거리가 r인 두 물체사이에 작용하는 중력은 $F=\frac{Gm_1m_2}{r^2}$이고 이때 만일 어느 순간 m_1이 사라져 $m_1=0$가 되면 그 즉시 m_2에 작용하는 힘이 0이 되어야 한다. 그러나 특수상대성이론에서 기준관성계에 대해 속도 v로 운동하는 물체의 상대론적 질량은 $m(v)=\frac{m_0}{\sqrt{1-v^2}}$으로 표현되고 이로부터 빛을 포함한 어떤 물체도 빛보다 빨라지도록 가속시킬 수 없음을 알 수 있는데 이것은 어떤 정보도 빛보다 빨리 전달될 수 없음을 의미한다. 따라서 한 위치에서 물체가 사라진 사건의 물리적 효과가 즉각적으로(빛보다 빨리) 다른 물체에게 전달될 수 있는 방법은 물리적으로 존재하지 않는다.

둘째는 관성계의 물리적 실재성에 대한 것이다.

뉴턴역학에서 관성의 법칙이란 '외부에서 힘이 작용하지 않으면 물체는 자신의 운동 상태를 그대로 유지한다'는 것이다. 따라서 관찰자의 좌표계가 관성의 법칙이 성립하는 관성계에 해당하는지를 판별하려면 자신의 계(system) 안의 물체에 아무런 '외력을 가하지 않고' 그 운동 상태가 유지되는지를 살펴보아야한다. 그러나 관찰자의 물리계 외부에 존재하는 다른 물질들에 의한 '중력'의 영향을 배재할 수 없는 한 그 물체에 외력을 가하지 않은 상태를 관찰할 수는 없다.

특수상대성이론이 관성계의 관찰자에 의해 기술된 시공간 이론임을 상기해 볼 때, 이는 중력을 배제할 수 없는 상황에서의 특수상대성이론이 그 자체로 완전한 이론일 수가 없음을 의미한다.

그렇다면 중력이 존재하는 물리계에서 관성계는 현실적으로 구현될 수 없는 것일까? 또 관성계에서의 특수상대성이론을 보다 완전한 이론으로 확장시켜 중력현상을 모순 없이 일관되게 설명할 수 있을까?

이러한 문제들에 대한 해결의 실마리는 아인슈타인의 '등가원리'를 통해 주어진다.

여기서 잠시 등가원리에 대해 살펴보기 위해 주어진 물체의 관성질량과 중력질량의 정의를 상기해 보자.

관성질량의 경우, 각 물체에 1N에 해당하는 힘을 가했을 때 그 물체가 경험하는 속도의 변화 즉 가속도가 a라면 그 물체의 관성질량을 $1/a$로 정의한다. 한편 **중력질량**의 경우, 관성질량이 1인 한 물체 A를 기준으로 정하고 이 물체로부터 1 m 떨어진 곳에 한 물체를 놓았을 때 물체 A로 인해 이 물체가 경험하는 중력의 크기 f를 만유인력 상수 G로 나눈 값을 이 물체의 중력질량으로 정의한다.

이처럼 주어진 물체의 관성질량 m_a와 중력질량 m_g는 그 정의 자체가 다르므로 항상 같은 값으로 나타날 이유가 없다.

그럼에도 불구하고 실험적으로 확인할 수 있는 사실[44]은 적당한 만유인력 상수 G의 값을 선택했을 때 관성질량이 항상 중력질량과 같아진다는 것이다. 이는 지표면 상에서 자유 낙하하는 물체가 그 물체의 관성질량 값에 관계없이 항상 $9.8\,m/s^2$의 가속도를 경험한다는 갈릴레이의 실험결과로도 확인할 수 있다.

즉, 뉴턴의 운동법칙 $m_g\vec{g}=m_a\vec{a}$ (단, $\vec{g}$는 지표면에서 $m_g=1$인 물체에 작용하는 중력을 나타내는 상수벡터이다. 따라서 $m_g\vec{g}$는 중력질량이 m_g인 물체에 작용하는 중력을 나타낸다.)에서 m_a에 관계없이 $|\vec{a}|=\frac{m_g}{m_a}|\vec{g}|\equiv 9.8\,m/s^2$임이 갈릴레이의 실험으로 확인되고 이로부터 $\frac{m_g}{m_a}$가 상수임을 알 수 있다. 따라서 만유인력 상수 G의 값을 적당히 선택하면 $m_g=m_a$가 되도록 할 수 있는데[45] 이를 **'등가원리'**라고 부른다.

---

44) 10^{-12}자릿수까지 실험적으로 확인.([D'Inverno] p. 127)
45) [D'Inverno] p. 127.

이처럼 균질한 중력장 $\vec{g}$에서 자유낙하 하는 두 물체는 질량에 관계없이 동일한 중력 가속도를 경험하므로, 이 같은 중력장 속에서 자유낙하 하는 관찰자는 자신의 주변에 있는 물체에 힘을 가하지 않는 한 그 물체의 운동 상태가 그대로 유지되는 것을 관찰할 수 있게 되고[46] 이러한 의미에서 이 관찰자는 관성계의 관찰자로 볼 수 있다.([그림 3-1])

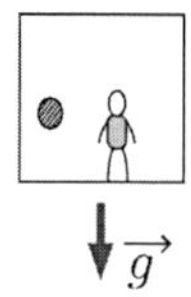

[그림 3-1]

만일 중력장이 균질하지 않더라도 자유낙하 하는 관찰자의 한없이 가까운 근방만을 살펴본다면 '근사적으로'[47] 균질한 중력장에서와 거의 같은 일이 벌어지므로 이 경우 이 관찰자는 '국소적 관성계'의 관찰자로 볼 수 있다.([그림 3-2])

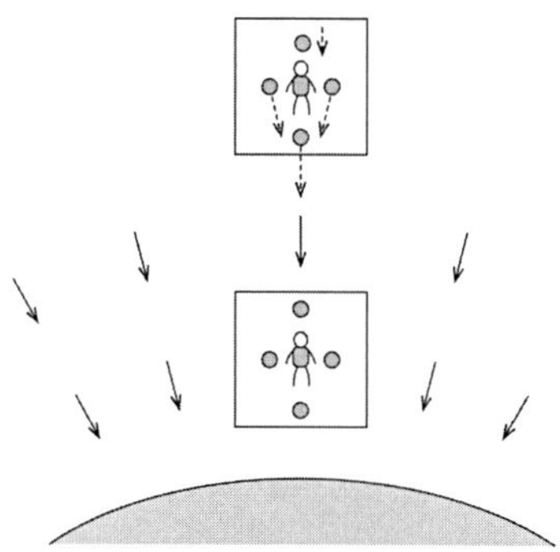

[그림 3-2]

위에서 언급한 것처럼, 등가원리에 의해 균질한 중력장 $\vec{g}$에서 자유낙하 하면서 중력가속도를 경험하는 관찰자가 자신의 근방에서 마치 중력이 거의 존재하지 않는 '무중력' 상태를 경험할 수 있는데 이는 기준 관성계[48]에 대하여 등속도 직선운동을 하는 (특수상대

46) 예를 들어, 들고 있던 물체를 가만히 놓은 채 외력을 가하지 않으면 그 물체가 자신에 대해 정지해 있음을 관찰할 수 있다.

47) 예를 들어, 부드러운 곡선위의 한 점에서의 접선은 그 점 근방에서 '근사적으로' 원래 곡선에 거의 일치하는 것으로 볼 수 있다. 이때 '근사적으로'는 '1차 근사'를 의미한다.

48) 특수상대론에서 기준관성계에 해당하는 시공간을 '**민코프스키 시공간**'이라고 부른다. 이 시공간의 각 위치에 정지해 있는 모든 관찰자에 대해 길이의 측정과 시간의 흐름이 동일하다는 점에서 민코프스키 시공간은 뉴턴 역학에서의 '절대공간' 및 '절대시간'과 같은 성격을 갖는다고 할 수 있다. 또 민코프스

론의) 임의의 관성계의 관찰자의 상황과 일치한다.

마찬가지로 균질한 중력장 $\vec{g}$에서 정지해 있는 관찰자는 자신의 주변에서 중력이외의 외력이 작용하지 않는 모든 물체가 $\vec{g}$라는 동일한 가속도 운동을 하는 것을 관찰하게 되는데(등가원리에 의해) 이는 기준 관성계에서 $-\vec{g}$의 가속도로 운동하는 관찰자가 자신의 주변의 물체가 외력을 받지 않았을 때 동일하게 $\vec{g}$의 가속도 운동을 하는 것을 관찰하게 되는 것과 같은 상황이라고 할 수 있다.([그림 3-3])

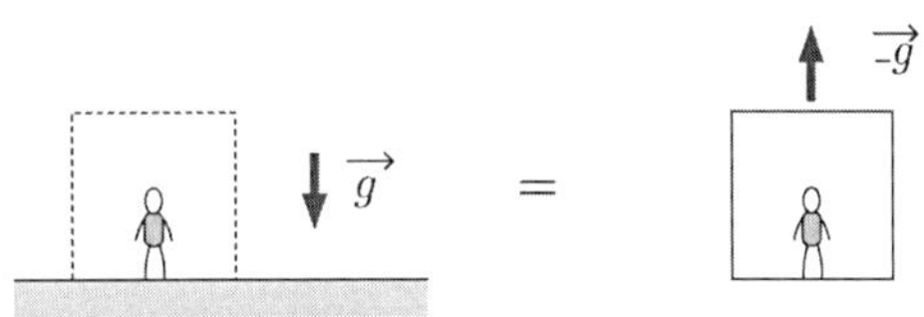

[그림 3–3]

일반적으로 균질한 중력장 $\vec{g}$에서 임의의 가속도 $\vec{a}(t)$의 운동을 하는 관찰자는 $t=t_0$와 $t=t_0+dt$사이에 자신의 국소적 주변에서 중력이외의 외력이 작용하지 않은 모든 물체가 근사적으로 $\vec{g}-\vec{a}(t_0)$의 균질한 가속도 운동을 하는 것을 관찰할 수 있는데 이는 균질한 중력장 $\vec{g}-\vec{a}(t_0)$에서 '정지해 있는'[49] 관찰자와 같은 상황이다. 따라서 앞에서처럼 이는 기준관성계에서 $-\vec{g}+\vec{a}(t_0)$의 가속도로 운동하는 관찰자가 자신의 주변의 물체가 외력을 받지 않았을 때 동일하게 $\vec{g}-\vec{a}(t_0)$의 가속도 운동을 하는 것을 관찰하게 되는 것과 같은 상황이 된다.

결론적으로, **기준관성계에 대하여 가속도 운동을 하는 관찰자가 기술하는 시공간은, 임의의 중력장에 있는 관찰자가 기술하는 시공간의 '국소적 근사'에 해당한다**고 할 수 있다.

따라서 **기준관성계에 대하여 등속도 직선운동을 하는 관성계의 관찰자가 기술하는 시공간 이론인 특수상대성 이론을 일반화 하여 기준관성계에서 가속도 운동을 하는 관찰자가 기술하는 시공간 이론으로 확장하면 이것은 임의의 중력장에 있는 관찰자가 기술하는 시공간 이론인 일반상대성 이론의 국소적 근사이론이 됨을 알 수 있다.**

키 시공간에서 등속도 직선운동을 하는 두 관성계의 관찰자 사이에 '공간'과 '시간'의 개념은 서로 상대적이지만, 시공간의 두 사건 사이에 정의되는 '간격(interval)'은 모두 동일하게 관찰된다는 점에서 이 민코프스키 시공간은 절대적 실체성을 갖는다고 할 수 있다. ([Green] p. 62의 표 참고.)

49) 여기서는 '관찰자의 공간좌표 $x^i(i=1,2,3)$가 관찰자의 시간좌표 $x^0=t$에 대해 상수인'으로 이해할 수 있다.

3.1.2 휘어진 시공간

임의의 중력장이 있는 (휘어진) 시공간에서 이 관찰자 S의 좌표계를 (x^{μ})라 하자. 이때 한 사건 p 주위에서 이 시공간의 기하학(geometry)에 대한 국소적 정보를 근사적으로 기술하기 위해 등가원리를 적용하고 이를 좌표계 (x^{μ})로 표현하는 과정은 다음과 같이 비유될 수 있다.[50)]

접선의 기하학 → 곡선의 기하학	특수상대론 → 일반상대론
xy-좌표평면에서 **곡선** $C: y = x^2$ 이 주어졌을 때 한 점 $(1,1)$ 주위에서 이 곡선의 모습을 근사적으로 기술하기 위해, 점 $(1,1)$에서 이 곡선의 **접선**을 생각한다.	**임의의 중력장이 있는 시공간** M이 주어졌을 때 한 사건 p 주위에서 이 시공간의 기하학을 근사적으로 기술하기 위해, p 주위의 중력장을 근사적으로 균일한 것으로 보고 이 균일한 중력장 $\vec{g}$ 에서 자유낙하 하는 **국소적 관성계** (ξ^{α})를 생각한다.
이 접선을 처음에 주어진 xy-좌표계를 이용해 $y = 2x - 1$로 나타내면 **(1,1)에서 x 좌표가 dx 만큼 변할 때 곡선 C 에서의 y좌표는 $2dx$ 만큼 변한다**는 사실을 알 수 있다.	관성계 (ξ^{α})에서 $-\vec{g}$의 가속도 운동을 하는 관찰자의 좌표계(즉, 근사적으로 처음에 주어진 S의 (x^{μ})-좌표계)를 통해 빛의 휘어짐이나 중력에 의한 시간지연, 측지선의 방정식 등을 알 수 있다. 이는 **사건 p에서 dx^{μ}만큼 변할 때 (x^{μ})-좌표계에 의한 시공간 상의 '간격(interval)' $g_{\mu\nu}(p)dx^{\mu}dx^{\nu}$ 와 그 변화율 $\partial g_{\mu\nu}(p)$에 대한 정보**를 얻는 것에 해당한다.

50) 유의할 점은, 만일 국소적 관성계 (ξ^{α})를 이용하여 p에서 시공간 메트릭 $\hat{g}_{\alpha\beta}$의 값의 순간변화율을 계산하면 0을 얻는다는 것이다. (정규직교좌표계에서는 $\hat{g}_{\alpha\beta}(p) = \eta$, $\partial\hat{g}_{\alpha\beta}(p) = 0$임에 유의) 이것은 곡선 C 위의 점 $(1,1)$에서의 접선을 $\hat{x}$ 축으로 하는 $\hat{x}\hat{y}$-좌표계에서 이 접선의 방정식이 $\hat{y} = 0$으로 표현되고 따라서 $d\hat{x}$에 대한 이 곡선에서의 $\hat{y}$ 좌표의 변화가 0임을 얻는 것과 같다. 따라서 $\hat{x}\hat{y}$-좌표계로부터 xy-좌표계로 변환하여 접선을 표현하는 것이 곧 등가원리를 이용하여 (ξ^{α})-좌표계로부터 (x^{μ})-좌표계로 변환하여 p 주위의 국소적 시공간을 근사적으로 기술하는 것에 해당한다고 볼 수 있다. 한편, 곡선 C의 한 점 $(1,1)$에서의 1차근사인 접선 $y = 2x - 1$에 대한 정보만으로는 이 점에서 곡선 C의 곡률에 대한 정보를 알 수 없듯이, 한 사건 p에서의 국소적 관성계에서 가속운동을 하는 관찰자의 기술만으로 이 시공간의 p에서의 곡률을 알 수는 없다. 왜냐하면 곡선 C의 점 $(1,1)$에서의 곡률은 이 점 주변에서 '접선의 변화율'에 대한 정보에 의해 주어지듯이, 사건 p에서의 곡률 역시 이 사건 주위의 메트릭의 변화율 $\partial g_{\mu\nu}$의 변화율, 즉 $g_{\mu\nu}$의 2계 미분에 대한 정보에 의해 주어지기 때문이다.

이를 구체적으로 살펴보기 위해, 기준 관성계(즉, 민코프스키 시공간, 주 48) 참고)에서 $-\vec{g}$ 의 가속도 운동을 하는 엘리베이터 속의 관찰자를 생각해 보자.

① 공간의 휘어짐

기준관성계의 관찰자 S에게 직진하는 것으로 관찰되는 빛은 $-\vec{g}$의 가속운동을 하는 관찰자 $\bar{S}$ 에게는 휘어지면서 진행하는 것으로 관찰된다. ([그림 3-4])

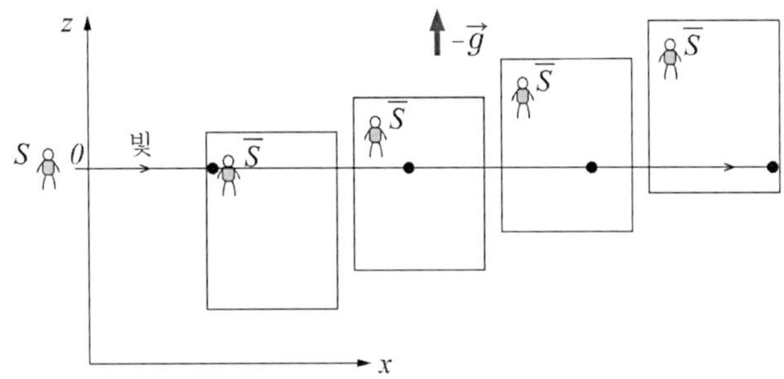

[그림 3-4 (a): S의 관점]

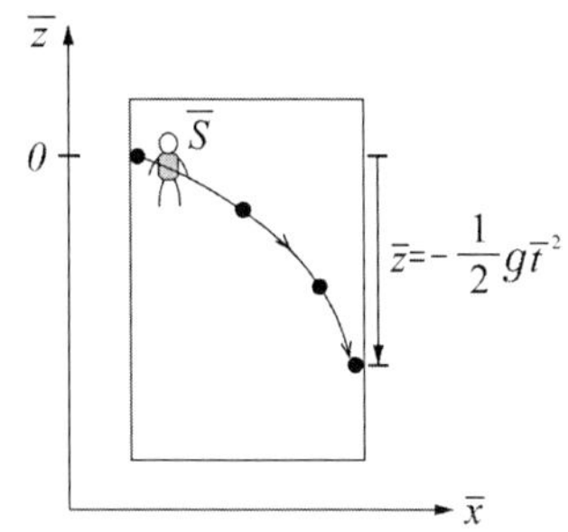

[그림 3-4 (b): $\bar{S}$의 관점]

구체적으로, 두 관찰자 S, $\bar{S}$가 서로의 시계를 똑같이 0으로 맞춘 후 $\bar{S}$가 $-\vec{g}$의 가속도 운동을 시작했다고 하자. 이 때 $|\vec{g}| \ll 1$이고 $\bar{S}$의 속도는 아직 크지 않아서 두 관찰자 사이에 특수상대론적 시간지연효과나 길이수축효과 등은 무시할 수 있다고 하자. 즉, 두 관찰자 S, $\bar{S}$사이의 고유시간 $t, \bar{t}$ $(t, \bar{t} \ll 1)$는 근사적으로 같고 ($\bar{t} = \int_0^t \sqrt{1-v^2}\, dt$에서 $v \ll 1$이므로), x축 방향뿐 아니라 z방향으로도 근사적으로 같은 고유길이 ($d\bar{z} = \sqrt{1-v^2}\, dz \sim dz$
$d\bar{z} = \sqrt{1-v^2}\, dz \sim dz$)를 관찰한다고 할 수 있다.

이 때 S의 입장에서 시각 $t=0$일 때 $z=0$에서 수평으로 들어온 빛이 t초 동안 진행한 수평거리와 수직거리는 (t, x, z) 좌표계를 이용하여 각각 $x = ct$, $z = 0$으로 관찰되므로 특수상대론적 효과를 무시하고 로렌쯔 변환 대신 갈릴레이 변환식 $t = \bar{t}, x = \bar{x}$, $z - \frac{1}{2}gt^2 = \bar{z}$를 이용하면 $\bar{S}$에 의해 관찰된 빛의 경로는 $\bar{z} = -\frac{g}{2c^2}\bar{x}^2$을 따라 휘어지는 것으로 관찰된다.[51] (여기서 g의 값이 클수록 즉, 중력이 더 클수록 빛이 더 많이 휘어

---

51) [그림 3-4 (b)]에서와 같이 중력장 $\vec{g}$ 속에 정지해 있는 관찰자 $\bar{S}$의 좌표계 (t, x, y, z)에 대해(‾ 를 생략) 시공간의 메트릭은 다음과 같이 나타난다.([Petkov] p. 4, [MTW] p. 173, [권영헌] pp.

짐에 유의할 것)

이는 두 관찰자 S, $\overline{S}$ 사이에 특수상대론적 효과를 무시한다 해도 등가원리에 의해 기준관성계에서 가속도 운동을 하는 관찰자 $\overline{S}$는 관성계의 관찰자 S와 달리 빛이 휘어진 경로를 따라 이동함을 관찰하게 된다는 것을 의미한다. 따라서 등가원리에 의해 균질한 중력장 $\vec{g}$에서 정지해 있는 관찰자는 위의 관찰자 $\overline{S}$와 마찬가지로 빛이 휘어지는 것을 관

107~109, [이철훈] p. 99)

$$c^2 d\tau^2 = -\left(1 + g\,z/c^2\right)^2 c^2 dt^2 + dx^2 + dy^2 + dz^2$$

이 메트릭에 대한 측지선의 방정식의 정확한 표현에 대해서는 주 81)을 참고할 것. 이로부터 빛의 휘어진 경로도 쉽게 계산할 수 있다. 한 가지 유의할 점은 균일한 중력장 $\vec{g}$에서 정지해 있는 관찰자에게도 공간은 편평(flat)한 것으로 관찰된다는 사실인데 이는 엘리베이터의 위쪽에서 수평으로 들어온 빛이 아래쪽에서 수평으로 들어온 빛과 같은 모양의 포물선 궤도를 그리며 절대 만나지 않는다(즉 평행선 공리가 성립한다)는 사실로부터도 유추할 수 있다. 실제로 위 메트릭을 갖는 시공간의 곡률은 0이다.([Munoz] p. 3 참조) 일반적으로, **관성계에서의 가속도 운동이 시공간을 휘게 하지는 않는다**.(곡률은 좌표계의 선택과 무관하다) 그러나 **중력은 시공간을 휘게 할 수 있다**.([Klauber1] p. 12, [Klauber2])

한편, 위 메트릭에서 알 수 있듯이 $\overline{S}$의 입장에서 $z(\neq 0)$위치에서 수평으로 들어오는 순간의 빛의 '**좌표속력**(coordinate velocity)' dx/dt는 c와 다르다.([Petkov] pp.4~5) 그러나 위 [그림 3-4 b]에서 $z=0$(즉, $\overline{S}$의 위치)에서 빛이 수평으로 들어오는 순간에는 $dy=dz=0,\ dx=c\,dt$이므로 $dx/dt=c$이고 이는 위 메트릭에서 $z=0,\ dy=dz=0,\ d\tau=0$을 대입하여 얻는 결과와 일치한다. 즉, 관찰자 $\overline{S}$ 에 대한 빛의 '**고유속력**(proper velocity)'은 여전히 c가 된다.

참고로 위 메트릭으로부터 중력에 의한 시간지연을 자연스럽게 유도할 수 있다. 즉, $z=z_1$, $z=z_2$ $(z_1<z_2)$에 위치한 두 관찰자 S_1, S_2의 고유시간을 각각 $d\tau_1, d\tau_2$라 하면 다음이 성립한다.

$$\begin{aligned} d\tau_1/d\tau_2 &= (1+gz_1/c^2)/(1+gz_2/c^2) \sim \left(1+g\,z_1/c^2\right)\left(1-gz_2/c^2\right) \\ &\sim 1 - g\,H/c^2 \ (\text{단},\ H = z_2 - z_1) \end{aligned}$$

이는 뒤의 [그림 3-6 (a)]에서 $\Delta t_A < \Delta t_B$가 성립함을 의미하는데 이 때 한 가지 유의할 점은 이처럼 관찰자 $\overline{S}$의 좌표계에서 중력에 의한 시간지연이 나타난다는 것이 곧 이 시공간이 휘어져 있음을 의미하는 것은 아니라는 것이다. 예를 들어 유클리드 평면의 경우 극좌표계 (r,θ)를 선택하여 리만 메트릭을 표현하면 $ds^2 = dr^2 + r^2 d\theta^2$이 된다. 이 때 이 좌표계에서 직선 $r=r_2$ 위의 두 점 $(r_2,\theta_2^1), (r_2,\theta_2^2)$ $(\theta_2^1<\theta_2^2)$에서 각각 직선 $r=r_1\,(r_1<r_2)$ 위의 두 점 $(r_1,\theta_2^1), (r_1,\theta_2^2)$을 향해 곧은 경로 '$\theta \equiv$상수'를 따라 움직였다고 했을 때 $\Delta s_1 (= r_1 \Delta\theta) < \Delta s_2 (= r_2 \Delta\theta)$가 성립한다는 사실이 곧 유클리드 평면이 휘어져 있음을 의미하지 않는 것과 같다. 사실 극좌표계에서 이러한 현상이 벌어지는 것은 어떤 의미에서 θ-좌표축이 휘어져 있기 때문이지 공간 자체가 휘어졌기 때문은 아니다. 즉 좌표축의 선택에 따른 겉보기 효과일 뿐이며 공간의 본질적인 기하학을 반영하는 현상은 아닌 것이다. 실제로, 공간의 기하학적 성질을 직관적으로 잘 반영하고 있는 직교좌표계의 경우 이러한 겉보기 현상이 일어나지 않는다. 이 같은 맥락에서 위 메트릭에 사용된 $\overline{S}$의 좌표계는 정규좌표계가 아님에 유의할 필요가 있다. 예를 들어, 1차근사를 했을 때 $g_{tt} \sim -(1+2gz/c^2) \neq -1$이다. 정규좌표계로 (즉, 자유낙하 하는 관찰자의 좌표계로) 균일한 중력장 $\vec{g}$의 시공간의 메트릭을 나타내면 등가원리에 의해 당연히 $\eta_{\mu\nu}$라야 한다.(주 82) 참고)

찰할 수 있다.

이처럼 균질한 중력장에서 빛이 휘면서 진행한다는 사실로부터, 구 모양의 천체 주위의 균질하지 않은 중력장에서 서로 다른 세 지점을 잇는 빛의 경로가 [그림 3-5]와 같이 나타날 수 있음을 유추 할 수 있는데, 이는 천체 주위의 공간이 더 이상 유클리드 공간에서와 같이 편평하지 않고 휘어져 있음을 의미하는 것으로 해석할 수 있다. (삼각형의 내각의 합이 π보다 크고 평행선 공리가 성립하지 않는다는 사실에 유의할 것)

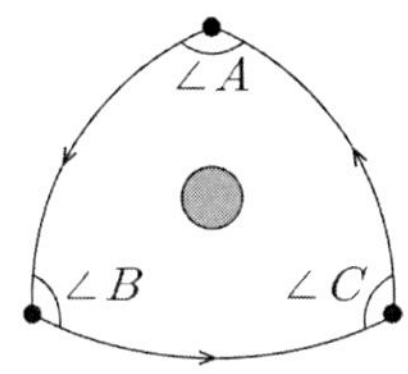

[그림 3-5: $\angle A + \angle B + \angle C > \pi$]

② 시공간의 휘어짐

균일한 중력장 $\vec{g}$가 있는 공간에서 시간의 흐름이 위치에 따라 동일하게 흘러가는지를 알아보자. $\vec{g}$방향인 $-z$축을 따라 $z=H$와 $z=0$인 위치에 있는 두 관찰자를 각각 A와 B라 하고 관찰자 A가 자신의 시계로 측정했을 때 Δt_A간격으로 관찰자 B를 향해 빛 신호를 보낸다고 하자.([그림 3-6 (a)])

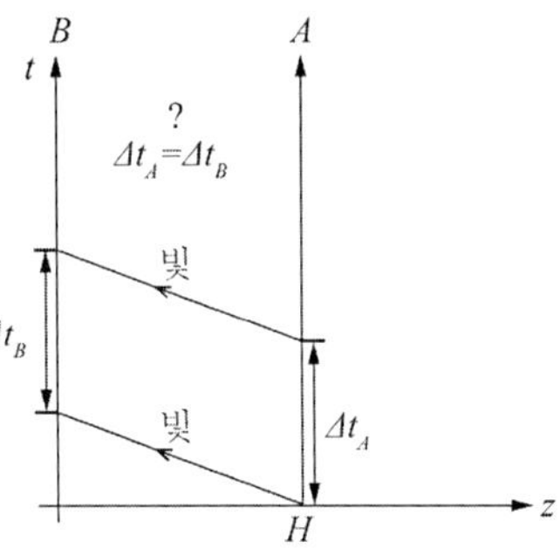

[그림 3-6 (a)] 중력장 속의 관찰자의 관점

이 때 관찰자 B가 자신의 받은 빛 신호의 간격을 자신의 시계로 측정한 것을 Δt_B라고 하면 Δt_B는 Δt_A와 같다고 할 수 있을까? 만일 두 관찰자의 위치에서 시간의 흐름이 동일하다면 Δt_B는 Δt_A와 당연히 같아야 할 것이다.

등가원리를 적용하여 이를 알아보기 위해 기준관성계 (t,z)에서 시각 $t=0$에 $-\vec{g}$의 가속도 운동을 시작한 높이 H의 엘리베이터를 생각하고 이 엘리베이터의 꼭대기와 바닥에 각각 관찰자 A, B가 있다고 하자. 여기서 앞의 ①에서와 같이 $|\vec{g}| \ll 1$이고 $\Delta t_A \ll 1$이어서 이 엘리베이터의 속도는 아직 충분히 작고 빛 신호의 간격도 충분히 작아서 기준관성계의 관찰자 S와 A (또는 B) 사이에 특수상대론적 시간지연효과나 길이 수축 등의 효과는 무시할 수 있다고 가정하자. 이제 이 엘리베이터의 꼭대기에 있는 관찰자 A가 $t=0$ 와 $t=\Delta t_A$에 이 엘리베이터의 바닥에 있는 관찰자 B를 향해 빛 신호를 보낸다고 하자. 또 관찰자 B는 두 빛 신호를 각각 $t=t_1$과 $t=t_1+\Delta t_B$에 받았다고 하자. ([그림 3-6 (b)])

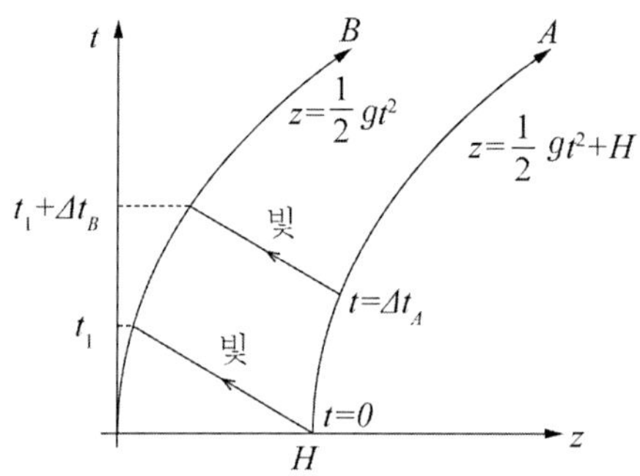

[그림 3-6 (b)] 기준 관성계 S의 국소적 관점

이 때 두 번의 빛 신호를 보내는 동안의 관찰자 A의 고유시간은 특수상대론을 고려하여 $\int_0^{\Delta t_A} \sqrt{1-v_A^2(t)}\,dt$와 같이 계산해야 하지만 앞서 가정한 것처럼 $v_A(t) \ll 1$이므로 이 고유시간은 Δt_A로 나타낼 수 있다. 마찬가지로 두 번의 빛 신호를 받는 동안의 관찰자 B의 고유시간도 Δt_B로 나타낼 수 있다. (즉, 관찰자 S와 A (또는 B)사이의 특수상대론에 의한 시간지연효과는 무시할 수 있다. 물론 이 경우 서로에 대해 정지해 있는 A, B 사이에도 특수상대론적 시간지연효과는 없지만 '좌표계의 가속운동(즉 중력)'에 의한 시간지연효과가 여전히 남아 있음을 다음 논의를 통해 확인하게 될 것이다.)

이제 구체적인 계산을 위해 중력장 $\vec{g}$가 충분히 약한 중력장으로 $gH \ll c^2$, $g\Delta t_A \ll c$, $g\Delta t_B \ll c$를 만족한다고 하고 A, B의 세계선을 각각 S의 관성 좌표계에서 $z_A =$

$\frac{1}{2}gt^2+H$와 $z_B=\frac{1}{2}gt^2$로 나타내자. 이 때 S에 의한 다음과 같은 분석이 가능하다.

첫 번째 신호가 A에서 B까지 가는데 t_1만큼의 시간이 걸렸고 이때 빛 신호의 이동거리는 ct_1이므로 다음이 성립한다.

$$z_A(0)-z_B(t_1)=H-\frac{1}{2}gt_1^2=ct_1$$

또 두 번째 신호가 A에서 B까지 가는데 $(t_1+\Delta t_B)-\Delta t_A$만큼의 시간이 걸렸고 이때 빛 신호의 이동거리는 $c(t_1+\Delta t_B-\Delta t_A)$이므로 다음이 성립한다.

$$z_A(\Delta t_A)-z_B(t_1+\Delta t_B)=\left(H+\frac{1}{2}g\Delta t_A^2\right)-\frac{1}{2}g(t_1+\Delta t_B)^2=c(t_1+\Delta t_B-\Delta t_A)$$

따라서 위 두 식에서 t_1을 소거하면 다음을 얻는다.

$$\left(\frac{1}{2}g\Delta t_A+c\right)\Delta t_A=\left(\frac{1}{2}g\Delta t_B+\sqrt{c^2+2gH}\right)\Delta t_B$$

이 식에서 양변을 c로 나눈 후 위의 약한 중력장의 가정($gH\ll c^2$)하에 $\Delta t_A, \Delta t_B$에 대한 1차 계수(order)항만 취하면 다음을 얻는다.

$$\Delta t_A=\left(1+\frac{gH}{c^2}\right)\Delta t_B$$

따라서 Δt_A는 Δt_B보다 $1+\frac{gH}{c^2}$배 크다고 할 수 있다. 여기서 특수 상대론적 시간지연 효과를 무시하여 Δt_A와 Δt_B는 각각 관찰자 A의 고유시간과 관찰자 B의 고유시간으로 근사할 수 있음을 상기하면 결론적으로 관찰자 A의 시간은 관찰자 B의 시간보다 $1+\frac{gH}{c^2}$배 빨리 흘러간다고 할 수 있다. 다시 말해서 관찰자 B의 시간은 관찰자 A의 시간보다 $1-\frac{gH}{c^2}$배 천천히 흘러간다고 할 수 있는데 이는 특수상대론에서의 시간지연과는 전혀 관계가 없는 것으로서 가속운동을 하는 좌표계에서 일어나는 현상을 국소적으로 살펴본 결과이다.(H, Δt_A, Δt_B 등이 충분히 작은 양이였음을 상기) 이로부터 등가원리에 의해 중력장이 있는 시공간에 대한 국소적 근사이론을 얻을 수 있고 결론적으로 중력이 있는 시공간에서는 '중력에 의한 시간 지연'이 있음을 알 수 있다.

이제 시공간의 기하학적인 관점에서 이상의 논의가 갖는 의미를 살펴보기 위해 균일한 중력장 대신 보다 현실적인 상황에서 위 논의에서와 같은 실험을 했을 때 나타나는 결과를 일반상대성이론에 근거하여 기술해 보자.

먼저 공간을 z-축만의 1차원으로 가정했을 때, 다음 [그림 3-7 (a)]는 중력이 없는 시공간(즉, 민코프스키 시공간)에 있는 관성계의 관찰자 S 의 tz-시공간을 나타낸 것이고 [그림 3-7 (b)]는 위치 $z=0$에 놓인 질량 M 인 천체에 의해 중력장이 $\phi(z)=-\dfrac{GM}{z}$ 으로 주어지는 상황에서 이 천체로부터 무한히 멀리 떨어져 사실상 중력을 전혀 느끼지 못하는 관찰자 $\overline{S}$의 tz-좌표시공간52)을 나타낸 것이다. 여기서 관찰자 $\overline{S}$는 형식적으로 '$z=\infty$'에서 자유낙하하는 (이 경우 정지해 있는) 국소적 관성계의 관찰자로 볼 수 있다.

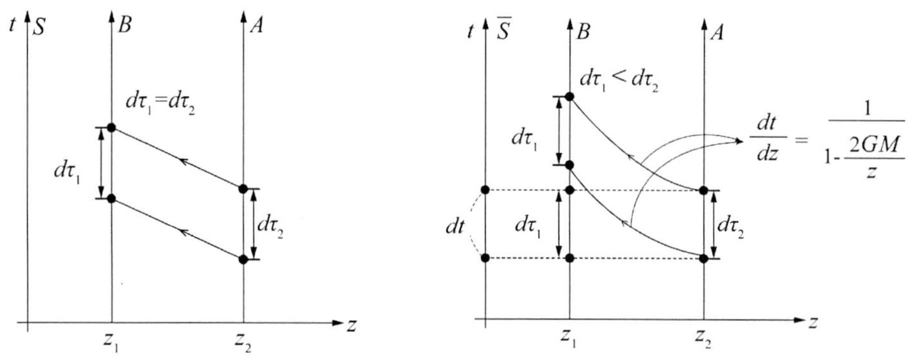

[그림 3-7 (a)] [그림 3-7 (b)]

이 때 일반상대성이론을 이용하여 앞의 논의에서와 같이 관찰자 A, B 사이의 빛 신호 전달에 관한 실험을 두 관찰자 $S, \overline{S}$ 의 좌표계를 이용하여 엄밀하게 다시 기술하면 다음과 같은 사실을 확인할 수 있다.

---

52) 편의상 $\overline{t}\,\overline{z}$ 대신 tz를 사용하였다. 이 시공간의 메트릭은 천체에 의한 중력장이 충분히 약하다는 가정 하에 다음과 같이 나타난다.([Carroll] p. 147)

$$c^2d\tau^2=-(1+2\phi(z)/c^2)c^2dt^2+(1-2\phi(z)/c^2)dz^2(\text{단, } \phi(z)=-GM/z)$$

이 때, $d\tau_1/d\tau_2=\sqrt{1+2\phi(z_1)/c^2}\,/\sqrt{1+2\phi(z_2)/c^2}\sim(1+\phi(z_1)/c^2)(1-\phi(z_2)/c^2)$
$\sim 1-(\phi(z_2)-\phi(z_1))/c^2\sim 1-gH/c^2$

이고 따라서 앞의 논의결과를 재확인 할 수 있다.

먼저 위 [그림 3-7 (a)]에서와 같이 $z=z_2$에 정지해 있는 관찰자 A가 $d\tau_2$간격으로 $z=z_1$에 정지해 있는 관찰자 B를 향해 두 번의 빛 신호를 보내면 두 빛 신호의 세계선은 서로 평행한 직선으로 나타나고 B가 두 빛 신호를 받은 시간간격 $d\tau_1$를 자신의 시계로 읽으면 $d\tau_2 = d\tau_1$임을 확인할 수 있다.

한편, 동일한 상황을 중력이 있는 시공간의 관찰자 $\overline{S}$의 좌표계에서 다시 기술하면 [그림 3-7 (b)]에서와 같이 두 빛 신호의 세계선이 직선이 아닌 곡선으로 나타날 뿐만 아니라 $d\tau_1(=\sqrt{1-2GM/z_1}) < d\tau_2(=\sqrt{1-2GM/z_2})$와 같이 중력에 의한 시간지연이 나타나게 된다.[53] 일종의 국소적 관성계로 볼 수 있는 관찰자 $\overline{S}$의 입장에서 기술한 좌표 시공간에서 이와 같은 시간지연이 일어나 결과적으로 [그림 3-7 (b)]와 같은 시공간의 기하학적 구조를 야기한다는 사실은 이 시공간이 더 이상 민코프스키 시공간과 같이 '편평한' 시공간이 아니라 어떤 의미에서 '휘어짐'이 있는 시공간임을 의미한다고 볼 수 있다. (cf. 주 82))

한 가지 유의 할 점은 민코프스키 시공간에서의 가속도운동 자체가 시공간을 휘게 만드는 것은 아니라는 것이다.[54]

이와 관련하여 잘 알려진 역설 중 하나가 에른페스트 역설인데 이는 회전하는 원판에 대한 다음의 모순에 대한 것이다. ([Gu], [Klauber1], [Klauber2] 참고)

정지해 있을 때 반지름이 R인 원판의 중심에 있는 관성계의 관찰자 S에 대하여 이 원판이 z-축을 기준으로 각속도 ω로 회전하기 시작했다고 하자.

이때 원판의 둘레를 이루는 각 점들은 S에 대해 속도 $R\omega$로 운동하고 있으므로 특수상대론적 길이수축효과로 인해 이 점들에서 회전방향의 극소 길이 dl에 대하여 $\sqrt{1-(R\omega)^2}$ 배만큼의 길이 수축이 일어난다. 결과적으로 S에 의해 관찰되는 회전하는 원판의 둘레의 길이는 $2\pi R\sqrt{1-(R\omega)^2}$ $(<2\pi R)$가 되는데 여기서 유의 할 점은 원판의 반지름에 대해서는 길이수축이 일어나지 않기 때문에(운동방향의 수직방향으로는 길이수축이 일어나지 않으므로) 여전히 R로 관찰된다는 것이다.

따라서 S에 의해 관찰되는 회전하는 원판은 반지름이 R이면서 둘레의 길이는 $2\pi R\sqrt{1-(R\omega)^2}$인 공간이 된다.[55] 이는 이 회전하는 원판 S가 편평한 유클리드 공간이

53) 보다 자세한 설명은 [Carroll] pp. 53~54, p. 217 참고.

54) 시공간의 곡률은 좌표계의 선택과 무관함을 상기할 것.

라면 성립할 수 없는 모순으로 보인다. 그렇다면 이 원판은 편평하지 않은 휘어진 공간일까? 이를 살펴보기 위해 앞서 ①에서와 같이 관성계에서 가속도 $-\vec{g}$ 로 운동하는 엘리베이터 안의 관찰자가 수평으로 직진하면서 엘리베이터를 통과하는 두 빛을 관찰했을 때 이들이 휘어지기는 하지만 여전히 만나지 않은 것으로부터 이 관찰자의 공간은 여전히 평행선 공리가 성립하는 유클리드 공간임을 알 수 있었듯이, 원판위에 고정된 한 관찰자가 회전하는 원판을 통과하면서 지나가는 두 직선을 관찰하면 두 직선이 휘어지는 것으로 관찰되기는 하지만 여전히 두 경로는 만나지 않음을 확인할 수 있다. 따라서 원판위에서도 여전히 평행선 공리가 성립하고 이로부터 **회전하는 원판은 공간적으로 편평한 유클리드 공간임**을 알 수 있다.56)

그렇다면 회전하는 원판의 시공간은 어떻게 이해해야 할까? 이 문제는 상당히 미묘하고 복잡한 내용을 포함하고 있는데 이는 본질적으로 회전하는 원판의 시공간이 갖는 다음과 같은 특징에 기인한다.

즉, 회전하는 원판이 나타내는 시공간에서는 원판위에 정지해 있는 모든 관찰자가 공유할 수 있는 '동시'의 개념이 존재하지 않는 특이한 성질을 갖고 있고57) 따라서 어느 '순간'에 원판 전체의 기하학적인 형태를 묘사하는 것이 불가능한 특징을 갖고 있다.

예를 들어 어느 '순간'의 원판전체의 기하학적인 형태를 알아보기 위해 반지름과 둘레의 길이를 측정할 때는 원판의 반지름과 둘레 상에 정지해 있는 원판 위의 많은 관찰자들이 '동시에' 자신의 위치에 대한 좌표를 읽고(즉, 원판이 정지해 있고 xy-좌표공간이 z-축을 기준으로 회전하고 있다고 생각해도 같은 상황이므로 원판 위에 고정된 각 관찰자는 주어진 '순간'에 자신의 위치를 통과하는 xy-좌표공간상의 좌표를 읽는 것이다.) 이로부터 얻은 데이터를 기반으로 원판의 반지름과 둘레의 길이를 알아낼 수 있다. (이는 마치 특수상대성 이론의 길이 수축 현상에서 x-축을 따라 오른쪽으로 움직이는 막대의 양 끝에 있는 두 사람이 '동시에' 자신의 x좌표를 읽어서 (두 사람의 입장에서는 x-좌표축이 왼쪽으로 움직이고 있으므로) 얻은 두 값의 차로부터 자신들이 서있는 막대의 길이를 알

---

55) 한편, S로부터 거리 $r(0<r<R)$만큼 떨어진 원판위의 위치에 놓인 시계는 S의 시계보다 $\sqrt{1-(r\omega)^2}$ 배 느리게 가므로 원판위의 각 위치에서의 시간의 흐름이 연속적으로 달라지는 현상이 나타나게 된다.

56) 즉, geodesic deviation이 일어나지 않는다. [Klaber1] pp. 6~8 참고.

57) 엄밀하게 표현하면, 원판위에 정지해 있는 관찰자들의 observer field U 에 대한 rest space(surface of simultaneity)가 존재하지 않는다.(관련 참고자료로 [O'neill] p. 358, [Gu] p. 16, [Rindler] pp. 184~186등이 있다.)

아내는 것과 같다.) 그런데 회전하는 원판의 경우는 이렇게 원판위에 정지한 모든 관찰자들에게 공통적으로 적용 가능한 '동시'의 개념이 불가능하므로 이로부터 '대역적 시간(global time)'을 정의할 수가 없고 따라서 어느 순간에 위와 같은 방식으로 원판의 반지름과 둘레에 대한 물리적인 정보를 얻을 수가 없는 것이다.[58)]

일반적으로 시공간의 '휘어짐'은 중력의 양상에 따라 결정되는 시공간의 본질적인 기하학적 성질이며 관찰자의 좌표계의 선택에 영향을 받는 개념은 아니다.

따라서 '편평한' 민코프스키 시공간에서 가속운동을 하는 관찰자[59)]의 좌표계로 기술된 시공간이라고 해서 시공간이 '휘어지는' 것은 아니다.

다만, 등가원리에 의해 **'편평한' 민코프스키 시공간에서 가속운동을 하는 관찰자의 좌표계로 기술된 시공간은 중력에 의해 휘어진 시공간의 한 사건 주위의 기하학적 형태를 국소적으로 근사하고 있음**에 유의해야 한다.(마치 한 점에서의 접선이 국소적으로 그 점 주변의 곡선을 근사하고 있듯이. 그러나 그 점에서 곡선의 휘어짐을 그 점에서의 접선에 대한 정보만으로 알아낼 수 없음에 유의해야 한다. 주 50) 참고)

실제로, 일반상대성 이론은 등가원리를 바탕으로 (중력을 만드는) 물질의 에너지 분포가 시공간의 기하학적 곡률과 어떻게 관계되는지를 다음과 같은 방정식을 통해 제시하고 있다.

$$Ric_{\mu\nu} - \frac{1}{2} S g_{\mu\nu} = 8\pi G\, T_{\mu\nu}$$

58) 자세한 논의는 [Klauber1] 의 2.3절 내용 참고할 것.

59) 위 논의에서의 관찰자 S는 본질적으로 관성계에서 원점을 중심으로 각속도 ω로 원 운동하는 관찰자로 볼 수 있다. 왜냐하면 이처럼 원 운동하는 관찰자는 자신이 정지해 있고 좌표공간이 반대방향으로 원 운동하는 것으로 볼 수 있고 따라서 원판에 중심에 정지해 있으면서 회전하는 좌표공간을 관찰하는 관찰자와 동등하기 때문이다.

3.2 공미분, 평행이동 그리고 커넥션

3.2.1 메트릭(g)과 커넥션(Γ)

임의의 중력장에 있는 관찰자 S의 좌표계를 (x^0, x^1, x^2, x^3)라 하고 이 시공간에서 임의의 가속도 운동을 하는 물체의 고유시간 $d\tau_{고유}$를 계산해 보자.

만일 물체의 고유시간이 $\tau = \tau_0$인 순간 이 물체와 같은 위치에 있으면서 자유낙하 하는 국소적 관성계의 관찰자 S'의 좌표계를 $(\xi^0, \xi^1, \xi^2, \xi^3)$라 하고 $\tau = \tau_0$일 때 $\xi^\mu = 0$이라고 하면 이 물체의 세계선 γ는 두 관찰자 S, S'의 좌표계로 각각 다음과 같인 나타낼 수 있다.([그림 3-8])

S의 좌표계: $\gamma_S(\tau) = (x^0(\tau), x^1(\tau), x^2(\tau), x^3(\tau))$

S'의 좌표계: $\gamma_{S'}(\tau) = (\xi^0(\tau), \xi^1(\tau), \xi^2(\tau), \xi^3(\tau))$ (단, τ는 물체의 고유시간)

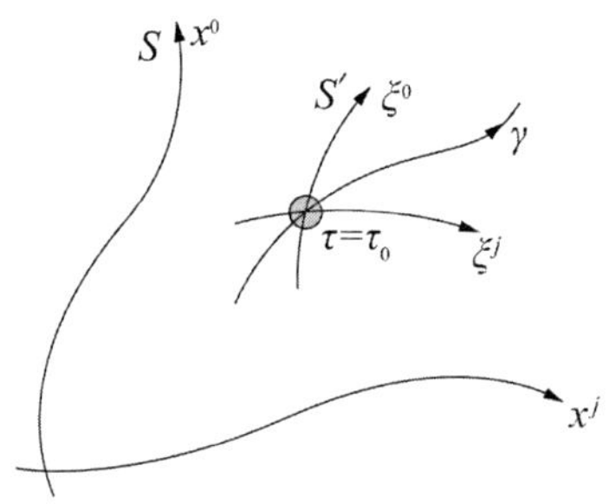

[그림 3-8]

이 때 S'의 좌표계로 $\xi^0 = 0$일 때(또는 $\tau = \tau_0$일 때) 물체의 고유시간 $d\tau_{고유}$는 다음과 같이 쓸 수 있다.

$$d\tau_{고유}\big|_{\tau_0} = \sqrt{(d\xi^0)^2 - (d\xi^1)^2 - \cdots - (d\xi^3)^2} \quad \left(= \sqrt{1 - \sum\left(\frac{d\xi^i}{d\xi^0}\right)^2} d\xi^0 = \sqrt{1 - v^2}\, d\xi^0\right)$$

여기서 관계식 $d\xi^\mu = \dfrac{\partial \xi^\mu}{\partial x^\alpha} dx^\alpha$를 이용하여 위 식을 다시 쓰면 다음과 같다.

$$d\tau^2_{\text{고유}}|_{\tau_0} = -\sum_{\mu,\nu}\eta_{\mu\nu}d\xi^\mu d\xi^\nu = -\sum_{\mu,\nu,\alpha,\beta}\eta_{\mu\nu}\frac{\partial\xi^\mu}{\partial x^\alpha}\frac{\partial\xi^\nu}{\partial x^\beta}dx^\alpha dx^\beta = -\sum_{\alpha,\beta}g_{\alpha\beta}\,dx^\alpha dx^\beta$$ 60)

위에서 $g_{\alpha\beta} \equiv \eta_{\mu\nu}\frac{\partial\xi^\mu}{\partial x^\alpha}\frac{\partial\xi^\nu}{\partial x^\beta}$의 정의는 특정 국소적 관성계 S'에 의존하지 않는데 이를 확인하기 위해 먼저 $\tau = \tau_0$ 인 순간에 이 물체와 같은 위치에 있는 또 다른 국소적 관성계의 좌표계를 $(\xi^{0'}, \xi^{1'}, \xi^{2'}, \xi^{3'})$라 하자. 즉, $p := (\xi^\mu(\tau_0)) = (\xi^{\mu'}(\tau_0))$이다.

이 때 위와 마찬가지로 $d\tau_{\text{고유}}|_{\tau_0} = \sqrt{(d\xi^{0'})^2 - (d\xi^{1'})^2 - \cdots - (d\xi^{3'})^2}$ 이 성립하므로 같은 계산을 진행하면 다음을 얻는다.

$$d\tau^2_{\text{고유}}|_{\tau_0} = -\sum_{\mu,\nu,\alpha,\beta}\eta_{\mu\nu}\frac{\partial\xi^\mu}{\partial x^\alpha}\frac{\partial\xi^\nu}{\partial x^\beta}dx^\alpha dx^\beta \quad = -\sum_{\mu',\nu',\alpha,\beta}\eta_{\mu'\nu'}\frac{\partial\xi^{\mu'}}{\partial x^\alpha}\frac{\partial\xi^{\nu'}}{\partial x^\beta}dx^\alpha dx^\beta$$

위 식은 $(dx^\alpha|_{\tau=\tau_0})_\alpha$에 대한 항등식이므로 다음이 성립함을 알 수 있다.

$$g_{\alpha\beta}[\xi] = \eta_{\mu\nu}\frac{\partial\xi^\mu}{\partial x^\alpha}\frac{\partial\xi^\nu}{\partial x^\beta} \quad = \eta_{\mu'\nu'}\frac{\partial\xi^{\mu'}}{\partial x^\alpha}\frac{\partial\xi^{\nu'}}{\partial x^\beta} = g_{\alpha\beta}[\xi']$$

따라서 주어진 좌표계 (x^μ)에 대하여 $g_{\alpha\beta}$는 시공간 상의 위치 p에만 의존하는 함수로 볼 수 있는데 이 때 $(g_{\alpha\beta})_{\alpha,\beta}$를 좌표계 (x^μ)에 대한 시공간의 '**메트릭**(metric)'이라고 부른다.

한편, 위 논의는 중력을 완전히 배제한 대역적 관성계 대신 중력장 속의 현실적인 두 관찰자 S, S'을 통해 물체의 고유시간을 표현한 것이다. 만일 특별히 위 관찰자 S가 관찰자 S'와 같은 경우에는 다음이 성립함을 알 수 있다.

$$\xi_{\alpha\beta}(p) = \eta_{\mu\nu}\frac{\partial\xi^\mu}{\partial\xi^\alpha}\frac{\partial\xi^\nu}{\partial\xi^\beta} = \eta_{\alpha\beta} \qquad \cdots (3.1)$$

또, 국소적 관성계 S'는 대역적 관성계의 1차 근사로 볼 수 있으므로 다음이 성립한다.

---

60) $\xi^0 = 0$일 때, $\frac{\partial\xi^\mu}{\partial x^\alpha}\frac{\partial}{\partial\xi^\mu} = \frac{\partial}{\partial x^\alpha}$, $\frac{\partial\xi^\nu}{\partial x^\beta}\frac{\partial}{\partial\xi^\nu} = \frac{\partial}{\partial x^\beta}$이고 3.2.2절에서 정의할 내적의 정의에 의하여 $\left\langle \frac{\partial}{\partial\xi^\mu}, \frac{\partial}{\partial\xi^\nu} \right\rangle = \eta_{\mu\nu}$이므로 $\left\langle \frac{\partial}{\partial x^\alpha}, \frac{\partial}{\partial x^\beta} \right\rangle = \eta_{\mu\nu}\frac{\partial\xi^\mu}{\partial x^\alpha}\frac{\partial\xi^\nu}{\partial x^\beta} = g_{\alpha\beta}$임을 알 수 있다.

$$\frac{\partial \xi_{\alpha\beta}}{\partial x^{\gamma}}(p) \overset{(1계)}{=} \frac{\partial \eta_{\alpha\beta}}{\partial x^{\gamma}} = 0 \qquad \cdots (3.2)$$

따라서 시공간 상의 한 점 p에서의 국소적 관성계는 위의 (3.1)과 (3.2)를 만족하는 좌표계라고 할 수 있는데 이를 수학적으로는 점 p에서의 '**정규 좌표계**(normal coordinate system)'라고 부른다. 등가원리는 이러한 정규좌표계가 항상 존재한다는 것을 말하고 실제로 수학적으로도 각 사건 p에서 이러한 좌표계의 존재를 증명할 수도 있다.[61)]

다음으로 이 물체가 자유낙하할 때의 운동방정식을 구해보자.

먼저 국소적 관성계 S'의 좌표계에서 다음이 성립한다.

$$\left.\frac{d^2\xi^{\alpha}}{d\tau^2}\right|_{\tau_0} = 0 \quad (\alpha = 0,\ 1,\ 2,\ 3)$$

따라서 $\tau = \tau_0$일 때 다음과 같이 계산할 수 있다.

$$0 = \frac{d^2\xi^{\alpha}}{d\tau^2} = \frac{d}{d\tau}\left(\frac{d\xi^{\alpha}}{d\tau}\right) = \frac{d}{d\tau}\left(\frac{d\xi^{\alpha}}{dx^{\mu}}\frac{dx^{\mu}}{d\tau}\right) = \frac{d^2x^{\mu}}{d\tau^2}\frac{\partial\xi^{\alpha}}{\partial x^{\mu}} + \frac{dx^{\mu}}{d\tau}\frac{\partial^2\xi^{\alpha}}{\partial x^{\mu}\partial x^{\nu}}\frac{dx^{\nu}}{d\tau}$$

위 식의 양변에 $\dfrac{\partial x^{\mu'}}{\partial \xi^{\alpha}}$를 곱한 후 $\displaystyle\sum_{\alpha=0}^{3}\frac{\partial\xi^{\alpha}}{\partial x^{\mu}}\frac{\partial x^{\mu'}}{\partial\xi^{\alpha}} = \delta_{\mu\mu'}$을 이용하면 $\alpha = 0,\ 1,\ 2,\ 3$일 때 다음을 얻는다.

$$\frac{d^2x^{\alpha}}{d\tau^2} + \Gamma^{\alpha}_{\mu\nu}(p)\frac{dx^{\mu}}{d\tau}\frac{dx^{\nu}}{d\tau} = 0 \ \ (\text{단},\ p = \gamma_S(\tau_0),\ \Gamma^{\alpha}_{\mu\nu} = \frac{\partial x^{\alpha}}{\partial\xi^{\lambda}}\frac{\partial^2\xi^{\lambda}}{\partial x^{\mu}\partial x^{\nu}})^{62)} \qquad \cdots (3.3)$$

위 식은 임의의 τ_0에 대해 적용되는 식이며, 이 때 위 $g_{\alpha\beta}$에서와 같은 방식으로 $\Gamma^{\alpha}_{\mu\nu}(p)$는 특정한 국소적 관성계 (ξ^{α})의 선택에 무관함을 보일 수 있고[63)] 따라서 $\Gamma^{\alpha}_{\mu\nu}$ 역시 좌표계 (x^{μ})와 시공간의 사건 p에 의존하는 함수로 볼 수 있다. 이 때 $\left\{\Gamma^{\alpha}_{\mu\nu}\right\}_{\alpha,\,\mu,\,\nu}$를

---

61) [Gallot] p. 90 또는 [O'neill] pp. 72~73 참고. 일반적으로, 곧 정의하게 될 $\Gamma^{\alpha}_{\beta\gamma}$에 대하여 다음의 관계식이 성립한다: $\Gamma^{\alpha}_{\lambda\mu} = \dfrac{1}{2}g^{\nu\alpha}\left\{\dfrac{\partial g_{\mu\nu}}{\partial x^{\lambda}} + \dfrac{\partial g_{\lambda\nu}}{\partial x^{\mu}} - \dfrac{\partial g_{\mu\lambda}}{\partial x^{\nu}}\right\}$, $\dfrac{\partial g_{\mu\nu}}{\partial x^{\lambda}} = \Gamma^{\rho}_{\lambda\mu}g_{\rho\nu} + \Gamma^{\rho}_{\lambda\nu}g_{\rho\mu}$. 따라서 **위** (3.2)**는** $\Gamma^{\alpha}_{\beta\gamma}(p) = 0$ **또는** $D_{\partial_{\alpha}|_p}\partial_{\beta} = 0$ **와 동치이다.**

62) 일반적으로 게이지이론에서 $\Gamma^{\alpha}_{\mu\nu} = \Gamma^{\alpha}_{\nu\mu}$일 때 '**뒤틀림이 없다**(torsion free)'고 한다. 식 (3.3)에서의 정의에 의해 $\Gamma^{\alpha}_{\mu\nu}$는 뒤틀림이 없다.

좌표계 (x^{μ})에 대한 '**커넥션**(connection)'이라고 부른다.

위 (3.3)식은 $-\Gamma^{\alpha}_{\mu\nu}(p)\dfrac{dx^{\mu}}{d\tau}\dfrac{dx^{\nu}}{d\tau}=\dfrac{d^2x^{\alpha}}{d\tau^2}$ 로 다시 쓸 수 있는데 여기서 커넥션 $\Gamma^{\alpha}_{\mu\nu}$를 통해 나타나는 좌변은 가속하는 좌표계에서 등장하는 일종의 '가상의 힘(fictitious force)'을 나타내는 것으로 해석할 수 있다.

참고로, 위 4개의 방정식 (3.3)을 푼 뒤 τ를 소거하면 3차원 공간에서의 이 물체의 경로를 $(x^1(t), x^2(t), x^3(t))$ (단, $t=x^0$)의 형태로 나타낼 수도 있다.

만일 이 물체가 정지질량이 0인 빛인 경우에는 고유시간 τ를 사용할 수 없고 대신 $\lambda=\xi^0$로 두고[64] 매개변수 λ를 이용하여 빛의 세계선을 $\gamma_{S'}(\lambda)=(\xi^0(\lambda)(=\lambda),\ \xi^1(\lambda),\ \xi^2(\lambda),\ \xi^3(\lambda))$로 표현하면 관성계에서 빛의 세계선은 직선으로 나타나므로 여전히 다음이 성립한다.

$$\left.\frac{d^2\xi^{\alpha}}{d\lambda^2}\right|_{\lambda=0}=0\ \ (\alpha=0,\,1,\,2,\,3)$$

따라서 $\lambda=0$일 때 위와 같은 방법으로 다음 방정식이 만족됨을 알 수 있다.

$$\frac{d^2x^{\alpha}}{d\lambda^2}+\Gamma^{\alpha}_{\mu\nu}(p)\frac{dx^{\mu}}{d\lambda}\frac{dx^{\nu}}{d\lambda}=0\ \ (\alpha=0,\,1,\,2,\,3) \qquad \cdots (3.4)$$

동일한 매개변수 λ를 아핀 매개변수로 이용하여 이 빛의 세계선 $\gamma(\lambda)$를 다른 국소적 관성계 $(\xi^{\mu'})$에서 $(\xi^{\mu'}(\lambda))$와 같이 나타낼 수 있다. 따라서 임의의 $\lambda_0(\neq 0$, 즉 $\gamma(\lambda_0)\neq p)$에 대해서도 $\gamma(\lambda_0)=(\xi^{\alpha'}(\lambda_0))=(0,\,0,\,0,\,0)$, $\left.\dfrac{d^2\xi^{\alpha'}}{d\lambda^2}\right|_{\lambda_0}=0$을 만족하는 국소적 관성계 $(\xi^{\mu'})$를 이용하면 위 (3.4)와 동일한 형태의 방정식을 얻게 되고 이 때 $\Gamma^{\alpha}_{\mu\nu}$가 좌표계 (x^{μ})에 대해 시공간의 각 사건에서 정의된 함수임을 상기하면 위 식 (3.4)는 모든 λ에 대해서도 적용되는 식임을 알 수 있다.

또 위 방정식 (3.4)를 푼 뒤에 λ를 소거하면 이 빛의 경로를 $(x^1(x^0), x^2(x^0), x^3(x^0))$

---

63) $g_{\alpha\beta}$에서와 같이 $\left.\dfrac{d^2\xi^{\alpha'}}{d\tau^2}\right|_{\tau_0}=0$를 이용하여 식 (3.3)과 동일한 형태의 방정식을 유도할 수 있다.

64) [Weinberg1] p. 71.

의 형태로 나타낼 수도 있다.

식 (3.4)에서 $\Gamma^{\alpha}_{\mu\nu}(p) \neq 0$이면 관찰자 S의 좌표계에서 빛의 경로는 직선이 아닌 곡선으로 관찰됨을 알 수 있다. 물론 앞서 3.1.2 절에서 언급한 바와 같이 특정 좌표계에서 빛의 경로가 휘어진다고 해서 필연적으로 이 시공간이 '휘어져'있다고 말 할 수는 없다. 그러나 만일 어떤 좌표계에서 $\Gamma^{\alpha}_{\mu\nu} \equiv 0$이면[65] 이는 빛의 경로가 항상 직선으로 나타남을 의미하고 따라서 이 시공간은 평행선 공리를 만족하는 민코프스키의 시공간으로 볼 수 있다. 이것은 **함수 $\Gamma^{\alpha}_{\mu\nu}$가 어떤 의미에서 시공간의 '휘어짐'에 대한 정보를 갖고 있음**을 의미한다.

한편, 중력장에서 자유낙하 하는 질량이 있는 물체나 정지질량이 0인 빛의 세계선은 이 시공간에서 각각 (3.3), (3.4)와 같이 동일한 방정식을 만족한다. 이는 민코프스키 시공간에서 직선으로 나타나는 세계선은 모두 $\gamma'' \equiv 0$을 만족하는 것과 같다. 이때 질량이 있는 물체의 초기조건은 $g_{\alpha\beta}(p)\dfrac{dx^{\alpha}}{d\tau}\Big|_{\tau_0}\dfrac{dx^{\beta}}{d\tau}\Big|_{\tau_0} < 0 \ (\Leftrightarrow \langle \gamma_S{}'(p), \gamma_S{}'(p) \rangle < 0)$을 만족하고, 빛의 세계선에 대한 초기조건은 $g_{\alpha\beta}(p)\dfrac{dx^{\alpha}}{d\lambda}\Big|_{\lambda=0}\dfrac{dx^{\beta}}{d\lambda}\Big|_{\lambda=0} = 0 \ (\Leftrightarrow \langle \gamma_S{}'(p), \gamma_S{}'(p) \rangle = 0)$을 만족한다는 것이 차이점이라고 할 수 있다.[66]

참고로, 미분기하학의 잘 알려진 결과에 의하면 $\Gamma^{\lambda}_{\mu\nu}$와 $g_{\mu\nu}$는 다음과 같은 관계식을 만족한다.[67]

$$\Gamma^{\alpha}_{\lambda\mu} = \frac{1}{2}g^{\nu\alpha}\left\{\frac{\partial g_{\mu\nu}}{\partial x^{\lambda}} + \frac{\partial g_{\lambda\nu}}{\partial x^{\mu}} - \frac{\partial g_{\mu\lambda}}{\partial x^{\nu}}\right\}$$

따라서 Γ는 g에 의해 유일하게 결정된다.

---

65) 한 점 $p = \gamma(\lambda_0)$에서 정규 좌표계(x^{μ})를 선택하면 (즉, 국소적 관성계를 선택하면) 항상 $\Gamma^{\alpha}_{\mu\nu}(p) = 0$이 되게 할 수 있다.(주 61)) 이 때 식 (3.4)에 의해 $\dfrac{d^2x^{\alpha}}{d\lambda^2}\Big|_{\lambda=\lambda_0} = 0$이지만 그렇다고 이 빛의 세계선이 직선이 되는 것은 아니다. 즉, 한 점에서 $\Gamma^{\alpha}_{\mu\nu}(p) = 0$이라고 해서 세계선이 직선이 되는 것은 아니다.

66) 이 초기조건들은 자동으로 이 후의 모든 τ 또는 λ에서도 성립하게 된다. 즉, $\gamma' \langle \gamma', \gamma' \rangle \equiv 0$이다.

67) [Weinberg1] pp. 74~75.

3.2.2 접공간과 내적

중력장에서의 임의의 두 관찰자 S, S'의 좌표계를 각각 (x^μ), $(x^{\mu'})$라 하면 두 좌표계 사이의 좌표변환식을 $x^{\mu'} = x^{\mu'}(x^0, \cdots, x^3)$으로 나타낼 수 있다.

이 때 다음이 성립한다.

$$\begin{cases} dx^{\mu'} = \Lambda^{\mu'}_{\mu} dx^\mu, \ (\text{단}, \ \Lambda^{\mu'}_{\mu} = \dfrac{\partial x^{\mu'}}{\partial x^\mu}: \text{행렬 } \Lambda \text{의 } \mu' \text{행 } \mu \text{열}) \\ \dfrac{\partial}{\partial x^{\mu'}} = \Lambda^{\mu}_{\mu'} \dfrac{\partial}{\partial x^\mu}, \ (\text{단}, \ \Lambda^{\mu}_{\mu'} = \dfrac{\partial x^\mu}{\partial x^{\mu'}}: \text{행렬 } \Lambda^{-1}\text{의 } \mu\text{행 } \mu' \text{열}) \end{cases}$$

여기서 참고로 다음과 같은 표기법을 소개하기로 하자.

$$\partial^\mu \equiv dx^\mu, \ \partial_\mu \equiv \frac{\partial}{\partial x^\mu}$$

중력이 있는 임의의 시공간 상의 한 사건 p에 대하여 4개의 실수로 이루어진 벡터 $v(p) = (v^\mu(p))$가 좌표변환에 대해 $v^{\mu'}(p) = \Lambda^{\mu'}_{\mu} v^\mu(p)$와 같이 변환되면 $v(p)$를 **'사건 p에서의 4-벡터'**라고 부른다. 마찬가지로 $w(p) = (w_\mu(p))$가 좌표변환에 대해 $w_{\mu'}(p) = \Lambda^{\mu}_{\mu'} w_\mu(p)$와 같이 변환되면 $w(p)$를 **'사건 p에서의 4-듀얼벡터'**라고 부른다.

이때 사건 p에 대해 $v^\mu(p)\dfrac{\partial}{\partial x^\mu}|_p (\equiv v^\mu(p)\partial_\mu|_p)$로 정의되는 미분작용소를 p에서의 **'접벡터'**라고 부르고 이러한 접벡터들이 이루는 벡터공간을 사건 p에서의 **'접공간'**이라고 부른다.

또 같은 방식으로 $w^\mu(p)dx^\mu|_p (\equiv w_\mu(p)\partial^\mu|_p)$로 정의되는 1-형식(1-form)을 p에서의 **'듀얼벡터'**라고 부른다. 이와 같이 정의된 접벡터와 듀얼벡터는 좌표계의 선택과 무관함을 2.2.5절에서와 같은 방법으로 쉽게 확인할 수 있다. 즉, 다음과 같다.

$$v^\mu(p)\partial_\mu|_p = v^{\mu'}(p)\partial_{\mu'}|_p, \qquad w_\mu(p)\partial^\mu|_p = w_{\mu'}(p)\partial^{\mu'}|_p$$

만일 위에서 v^μ, w_μ가 각각 시공간 좌표계에서 정의된 함수인 경우라면 다음과 같이 시공간에서 정의된 **'벡터장'** V 와 **'듀얼벡터장'** w를 얻을 수 있다.

$$V \equiv v^\mu \partial_\mu, \ V(p) = v^\mu(p)\,\partial_\mu|_p$$

$$w \equiv w_\mu \partial^\mu, \;\; w(p) = w^\mu(p)\,\partial^\mu|_p$$

이제 각 사건 p에서 두 접벡터의 **'내적'** $\langle\ ,\ \rangle$을 다음과 같이 정의한다.

$$\langle V(p), W(p) \rangle \equiv g_{\mu\nu}(p)\,V^\mu(p)\,W^\nu(p) \;\; \left(\text{단}, \; g_{\mu\nu} = \eta_{\mu\nu}\frac{\partial \xi^\mu}{\partial x^\alpha}\frac{\partial \xi^\nu}{\partial x^\beta}\right) \quad \cdots (3.5)$$

이를 이용하면 두 벡터장 V, W 에 대하여 $\langle V, W \rangle(p) := \langle V(p), W(p) \rangle$로 정의할 수 있고, 이때 $\langle V, W \rangle$는 시공간의 각 사건에서 정의된 함수로 볼 수 있다.

참고로, 위 정의에 따르면 다음이 성립함을 알 수 있다.

$$\langle \partial_\mu, \partial_\nu \rangle = g_{\mu\nu}$$

한편, 사건 p에서의 국소적 관성계의 좌표계 (ξ^μ)에 대하여 사건 p에서

$$\frac{\partial \xi^\mu}{\partial x^\alpha}\frac{\partial}{\partial \xi^\mu} = \frac{\partial}{\partial x^\alpha}, \;\; \frac{\partial \xi^\nu}{\partial x^\beta}\frac{\partial}{\partial \xi^\nu} = \frac{\partial}{\partial x^\beta}$$

이므로 $g_{\alpha\beta} = \left\langle \frac{\partial}{\partial x^\alpha}, \frac{\partial}{\partial x^\beta} \right\rangle = \left\langle \frac{\partial}{\partial \xi^\mu}, \frac{\partial}{\partial \xi^\nu} \right\rangle \frac{\partial \xi^\mu}{\partial x^\alpha}\frac{\partial \xi^\nu}{\partial x^\beta} = \eta_{\mu\nu}\frac{\partial \xi^\mu}{\partial x^\alpha}\frac{\partial \xi^\nu}{\partial x^\beta}$이 성립한다.

따라서 $\left\langle \frac{\partial}{\partial \xi^\mu}, \frac{\partial}{\partial \xi^\nu} \right\rangle = \eta_{\mu\nu}$임을 알 수 있는데 이는 앞의 식 (3.1)의 내용과도 일치한다.

중력장에서의 임의의 두 관찰자 S, S'의 좌표계 (x^μ), $(x^{\mu'})$사이의 좌표변환에 대하여

$$g_{\mu'\nu'} = \eta_{\alpha\beta}\frac{\partial \xi^\alpha}{\partial x^{\mu'}}\frac{\partial \xi^\beta}{\partial x^{\nu'}} = \eta_{\alpha\beta}\left(\frac{\partial \xi^\alpha}{\partial x^\mu}\frac{\partial x^\mu}{\partial x^{\mu'}}\right)\left(\frac{\partial \xi^\beta}{\partial x^\nu}\frac{\partial x^\nu}{\partial x^{\nu'}}\right) = g_{\mu\nu}\Lambda^\mu_{\mu'}\Lambda^\nu_{\nu'} \quad \cdots (3.6)$$

이 성립하므로 이로부터 위 (3.5)에서 정의된 두 접벡터의 내적은 좌표계의 선택과 무관하게 정의됨을 알 수 있다. 즉,

$$g_{\mu\nu}V^\mu W^\nu = g_{\mu'\nu'}V^{\mu'}W^{\nu'}$$

이다.

벡터장이나 듀얼 벡터장의 일반화된 개념으로 볼 수 있는 **'(n,m)-텐서'** $\left(T^{\mu_1 \cdots \mu_n}_{\nu_1 \cdots \nu_m}\right)$는 각 좌표계 (x^μ)에 대한 nm개의 함수들의 모임으로서 각 아래첨자는 4-듀얼벡터와 같은 방식으로, 위 첨자는 4-벡터와 같은 방식으로 좌표계에 따른 변환을 한다. 예를 들면 다음

과 같다.

$$T^{i'j'}_{k'l'} = \Lambda^{i'}_{i} \Lambda^{j'}_{j} \Lambda^{k}_{k'} \Lambda^{l}_{l'} T^{ij}_{kl}$$

이와 같이 (n,m)-텐서들의 모임으로 이루어진 벡터공간을 $\mathfrak{T}^n_m$ 으로 표기한다. 예를 들어 벡터장 V와 듀얼 벡터장 w에 대하여 $V^{\mu} \in \mathfrak{T}^1_0$, $w_{\mu} \in \mathfrak{T}^0_1$이다.

또 위 (3.6)에 의하여 **$g_{\mu\nu}$는 (0,2)-텐서**임을 알 수 있다. 즉, $g_{\mu\nu} \in \mathfrak{T}^0_2$이다[68].

이를 이용하면 시공간에서 정의된 간격 $d\tau^2 = g_{\mu\nu}dx^{\mu}dx^{\nu}$는 좌표계의 선택에 무관하게 정의됨을 알 수 있다. 즉,

$$g_{\mu\nu}dx^{\mu}dx^{\nu} = g_{\mu'\nu'}dx^{\mu'}dx^{\nu'}$$

이다.

또, $g^{\mu\nu} := g^{-1}$의 μ행 ν열로 정의하면 (즉, $g^{\lambda\mu}g_{\mu\nu} = \delta^{\lambda}_{\nu}$) $g^{\mu\nu}$가 $(2,0)$-텐서가 된다는 것을 같은 방법으로 보일 수 있다. 즉,

$$g^{\lambda'\mu'} = \Lambda^{\lambda'}_{\sigma} \Lambda^{\mu'}_{\nu} g^{\sigma\nu}$$

이고 따라서 $g^{\mu\nu} \in \mathfrak{T}^2_0$ 이다.

➲ 텐서의 예들

① 벡터장 $V^{\mu}\partial_{\mu}$에 대하여 $V_{\mu} \equiv g_{\mu\nu}V^{\nu}$로 정의하면 $V_{\mu}\partial^{\mu}$는 듀얼벡터장이 된다.

(증명) $V_{\mu'}(= g_{\mu'\nu'}V^{\nu'}) = \Lambda^{\mu}_{\mu'}V_{\mu}$을 다음과 같이 보이면 된다.

$$V_{\mu'} = g_{\mu'\nu'}V^{\nu'} = (\Lambda^{\mu}_{\mu'}\Lambda^{\nu}_{\nu'}g_{\mu\nu})(\Lambda^{\nu'}_{\sigma}V^{\sigma}) = \Lambda^{\mu}_{\mu'}g_{\mu\nu}\delta^{\nu}_{\sigma}V^{\sigma} = \Lambda^{\mu}_{\mu'}(g_{\mu\nu}V^{\nu}) = \Lambda^{\mu}_{\mu'}V_{\mu}$$

[참고] 반대로, 주어진 듀얼 벡터장 $V_{\mu}\partial^{\mu}$에 대하여 $V^{\mu} \equiv g^{\mu\nu}V_{\nu}$로 정의하면 $V^{\mu}\partial_{\mu}$는 벡터장이 됨을 위와 같이 확인할 수 있다. 이때, $g_{\mu\nu}V^{\nu} = g_{\mu\nu}(g^{\nu\lambda}V_{\lambda}) = \delta^{\lambda}_{\mu}V_{\lambda} = V_{\mu}$이므로, 결과적으로 임의의 듀얼벡터장 V_{μ}는 항상 적당한 벡터장 V^{μ}에 대하여 $V_{\mu} = g_{\mu\nu}V^{\nu}$로 나타낼 수 있음을 알 수 있다. 즉, $\mathfrak{T}^0_1$과 $\mathfrak{T}^1_0$은 서로 일대일 대응 관계

68) 참고로, $\Gamma^{\lambda}_{\mu\nu}$는 텐서가 아니다. ([Weinberg1] p. 100)

69) 스칼라와 0을 제외하고 모든 좌표계에서 같은 성분 값을 갖는 유일한 텐서이다.([Weinberg1] p. 95)

에 있다.

② 관계식 $\delta^{\rho'}_{\sigma'} = \dfrac{\partial x^{\rho'}}{\partial x^{\mu}} \dfrac{\partial x^{\nu}}{\partial x^{\sigma'}} \delta^{\mu}_{\nu}$ 로부터 $\delta^{\mu}_{\nu} \in \mathfrak{I}^1_1$ 임을 알 수 있다.69)

참고로 두 텐서의 곱도 새로운 텐서가 된다. 즉, 만일 $(i) \equiv (i_1, \cdots, i_n)$ 과 같이 표기하기로 하면 다음이 성립함을 쉽게 알 수 있다.

$$T^{(i)}_{(p)} \in \mathfrak{I}^n_m,\ S^{(j)}_{(q)} \in \mathfrak{I}^{n'}_{m'} \ \Rightarrow\ T^{(i)}_{(p)}\, S^{(j)}_{(q)} \in \mathfrak{I}^{n+n'}_{m+m'}$$

또, 주어진 텐서 $T^{(\mu)}_{(\nu)} \in \mathfrak{I}^n_m$ 에 대해 '**축약**(contraction)' $c_{k,l}\left(T^{(\mu)}_{(\nu)}\right)$ $(0 \le k, l \le 3)$은 다음과 같이 정의된다.

$$c_{k,l}\left(T^{(\mu)}_{(\nu)}\right) := \sum_{\mu_k = 0}^{3} \delta^{\nu_l}_{\mu_k} T^{\mu_1, \cdots, \mu_n}_{\nu_1, \cdots, \nu_m} \in \mathfrak{I}^{n-1}_{m-1}$$

예를 들면 다음과 같다.

$$c_{1,2}\left(T^{\mu_1, \mu_2}_{\nu_1, \nu_2}\right) = \sum_{\mu = 0}^{3} T^{\mu, \mu_2}_{\nu_1, \mu}$$

특히, $T^{\mu}_{\nu} \in \mathfrak{I}^1_1$의 경우 $c_{1,1}(T^{\mu}_{\nu}) = \sum_{\mu=0}^{3} T^{\mu}_{\mu}$ 인데 이는 행렬 $T = (T^{\mu}_{\nu})$의 '**대각합**(trace)'과 같음을 알 수 있다. 즉, $c_{1,1}(T^{\mu}_{\nu}) = \mathrm{tr}(T)$이다.

일반적으로 시공간 M의 각 점 p에서의 접공간 T_pM과 듀얼 공간 T_pM^*, 그리고 좌표계 $(U, (x^{\mu}))$에 대하여 다음과 같은 다중 선형(multi-linear) 함수

$$\begin{aligned} &\partial_{\mu_1}|_p \otimes \cdots \otimes \partial_{\mu_n}|_p \otimes dx^{\nu_1}_p \otimes \cdots \otimes dx^{\nu_m}_p : \\ &T_pM^* \times \cdots \times T_pM^* (n\text{ 개}) \times T_pM \times \cdots \times T_pM (m\text{ 개}) \ \rightarrow\ \mathbb{R} \end{aligned}$$

를 정의할 수 있다. 즉, $\omega_i = (\omega_i)_{\mu}\, dx^{\mu}_p\ (i = 1, \cdots, n)$, $v_j = v^{\nu}_j \partial_{\nu}|_p\ (j = 1, \cdots, m)$일 때,

$$\begin{aligned} &\left(\partial_{\mu_1}|_p \otimes \cdots \otimes \partial_{\mu_n}|_p \otimes dx^{\nu_1}_p \otimes \cdots \otimes dx^{\nu_m}_p\right)(\omega_1, \cdots, \omega_n, v_1, \cdots, v_m) \\ &:= \omega_1(\partial_{\mu_1}|_p) \otimes \cdots \otimes \omega_n(\partial_{\mu_n}|_p) \otimes dx^{\nu_1}_p(v_1) \otimes \cdots \otimes dx^{\nu_m}_p(v_m) \end{aligned}$$

$$= (\omega_1)_{\mu_1} \cdots (\omega_n)_{\mu_n} v_1^{\nu_1} \cdots v_m^{\nu_m}$$

이 때, 만일 p에서의 (n,m)-텐서 공간 $(\mathfrak{I}_p)^n_m(M)$을

$$(\mathfrak{I}_p)^n_m(M) \equiv T_pM \otimes \cdots \otimes T_pM\,(n\text{개}) \otimes T_pM^* \otimes \cdots \otimes T_pM^*\,(m\text{개})$$
$$:= \{T_p : T_pM^* \times \cdots \times T_pM^*\,(n\text{개}) \times T_pM \times \cdots \times T_pM\,(m\text{개}) \to \mathbb{R} \mid T_p \text{는 다중 선형함수}\}$$

로 정의하면[70] 이는 벡터공간을 이루고 위에서 도입한 다중 선형함수들의 집합

$$\left\{\partial_{\mu_1}|_p \otimes \cdots \otimes \partial_{\mu_n}|_p \otimes dx_p^{\nu_1} \otimes \cdots \otimes dx_p^{\nu_m}\right\}_{\vec{\mu},\vec{\nu}} \text{ (단, } \vec{\mu} = (\mu_1,\cdots,\mu_n),\ \vec{\nu} = (\nu_1,\cdots,\nu_m))$$

이 이 벡터공간의 기저를 이룬다는 것을 쉽게 확인할 수 있다.

따라서 임의의 원소 $T_p \in (\mathfrak{I}_p)^n_m(M)$은 다음과 같은 형태로 표현된다.

$$T_p \equiv \sum T^{\mu_1 \cdots \mu_n}_{\nu_1 \cdots \nu_m}(p)\, \partial_{\mu_1}|_p \otimes \cdots \otimes \partial_{\mu_n}|_p \otimes dx_p^{\nu_1} \otimes \cdots \otimes dx_p^{\nu_m}$$

이제 M의 각 국소좌표계 $(U, (x^\mu))$에 대하여 다음과 같은 함수 $T|_U$를 생각할 수 있다.

$$T|_U : U \to \bigcup_{p \in U} (\mathfrak{I}_p)^n_m(M)\ ,\ \ T(p) := T_p$$

즉, U에서 정의된 $T|_U$는 다음과 같이 표현된다.

$$T|_U = \sum T^{\mu_1 \cdots \mu_n}_{\nu_1 \cdots \nu_m}\, \partial_{\mu_1} \otimes \cdots \otimes \partial_{\mu_n} \otimes dx^{\nu_1} \otimes \cdots \otimes dx^{\nu_m}$$

이 때 만일 $\left(T^{\mu_1 \cdots \mu_n}_{\nu_1 \cdots \nu_m}\right) \in \mathfrak{I}^n_m$이면 위 식은 좌표변환에 대해 불변이고 따라서 T는 M 전

---

70) 대수적으로, R이 가환(commutative)이고 단위원 1_R을 갖는 환(ring)일 때, 두 R-모듈(module) V, W의 **텐서곱**(tensor product) $V \otimes W$는 다음과 같이 정의할 수 있다.
먼저, $F(V \times W)$를 곱집합 $V \times W$의 원소들로 생성되는 자유 R-모듈(free R-module)이라 하고 N을 다음과 같은 원소들로 생성되는 $F(V \times W)$의 부분 R-모듈이라고 하자.

$$(v_1 + v_2, w) - (v_1, w) - (v_2, w),\ (v, w_1 + w_2) - (v, w_1) - (v, w_2),$$
$$(av, w) - a(v, w),\ (v, aw) - a(v, w)\ (\text{단, } a \in R, v, v_1, v_2 \in V, w, w_1, w_2 \in W)$$

이 때 상(quotient) R-모듈 $F(V \times W)/N$ 을 $V \otimes W$로 정의하고 $v \otimes w \equiv (v, w) + N$으로 표기한다.

체에서 잘 정의된다. 즉, 이 경우 $T: M \to \bigcup_{p \in M} (\mathfrak{T}_p)^n_m (M) =: \mathfrak{T}^n_m (M)$이다. 여기서 $\mathfrak{T}^n_m(M)$ 은 '**M 상의 (n,m)-텐서 공간**'이라고 부른다.

이 때, 시공간 M에서 정의된 n개의 듀얼 벡터장 $\omega_i = (\omega_i)_\nu dx^\nu$ $(i = 1, \cdots, n)$와 m개의 벡터장 $V_j = V_j^\nu \partial_\nu$ $(j = 1, \cdots, m)$에 대하여 $T(\omega_1, \cdots, \omega_n, V_1, \cdots, V_m)$의 값은 다음과 같다.

$$T(\omega_1, \cdots, \omega_n, V_1, \cdots, V_m) = \sum T^{\mu_1 \cdots \mu_n}_{\nu_1 \cdots \nu_m} (\omega_1)_{\mu_1} \cdots (\omega_n)_{\mu_n} V_1^{\nu_1} \cdots V_m^{\nu_m} \in C^\infty(M)$$

만일 M에서 정의된 모든 벡터장들의 공간을 $\mathfrak{X}(M)(=\mathfrak{T}^1_0)$로 표기하고, 모든 듀얼 벡터장들의 공간을 $\Omega^1(M)(=\mathfrak{T}^0_1)$으로[71] 표기하면 위 식으로부터 T를 다음과 같은 $C^\infty(M)$-선형함수로 이해할 수도 있다.

$$T: \ \Omega^1(M) \times \cdots \Omega^1(M)(n\text{개}) \times \mathfrak{X}(M) \times \cdots \times \mathfrak{X}(M)(m\text{개}) \to C^\infty(M)$$

보통, (n,m)-텐서 $\left(T^{\mu_1 \cdots \mu_n}_{\nu_1 \cdots \nu_m}\right)$에 의해 위와 같이 정의되는 T를 $\left(T^{\mu_1 \cdots \mu_n}_{\nu_1 \cdots \nu_m}\right)$와 동일시하여 다음과 같이 표기하기도 한다.

$$T = \left(T^{\mu_1 \cdots \mu_n}_{\nu_1 \cdots \nu_m}\right): M \to \mathfrak{T}^n_m(M)$$

실제로 T와 $\left(T^{\mu_1 \cdots \mu_n}_{\nu_1 \cdots \nu_m}\right)$의 대응관계는 다음과 같이 표현될 수 있다.

$$T^{\mu_1 \cdots \mu_n}_{\nu_1 \cdots \nu_m} = T(dx^{\mu_1}, \cdots, dx^{\mu_n}, \partial_{\nu_1}, \cdots, \partial_{\nu_m})$$

결론적으로, 시공간 M에서 정의된 모든 (n,m)-텐서 $T = \left(T^{\mu_1 \cdots \mu_n}_{\nu_1 \cdots \nu_m}\right): M \to \mathfrak{T}^n_m(M)$들의 집합은 다음과 같이 표현할 수 있다.

$$\{T: \Omega^1(M) \times \cdots \Omega^1(M)(n\text{개}) \times \mathfrak{X}(M) \times \cdots \times \mathfrak{X}(M)(m\text{개})$$
$$\to C^\infty(M) \mid T\text{는 다중 } C^\infty(M)-\text{ 선형}\}$$

---

71) $\mathfrak{X}(M)$는 $C^\infty(M)$-모듈(module)로 이해 할 수 있고 이 때, $\Omega^1(M)$은 $\mathfrak{X}(M)$의 듀얼 모듈이 된다. 즉, $\Omega^1(M) = \mathfrak{X}(M)^*$이다. 일반적으로, 단위원을 갖는 가환 환(commutative ring) R과 두 R-모듈 V, W에 대하여 $V \otimes W^* \simeq \text{End}(W, V) = \{f: W \to V \mid f\text{는 } R-\text{선형}\}$이 성립한다.

3.2.3 공미분과 평행이동

① 공미분의 정의

일반적인 좌표계 (x^μ)로 표현되는 시공간에서 벡터장 $V=(V^\nu)$이 주어졌다고 하자. 이때 벡터장 V의 x^μ-축 방향으로의 순간 변화율을 $\partial_\mu V^\nu \left(= \dfrac{\partial V^\nu}{\partial x^\mu}\right)$로 정의할 수 있을까?

여기에는 다음과 같은 2가지 문제가 발생할 수 있다.

첫째, 도함수의 정의

$$\frac{\partial V^\nu}{\partial x^\mu} = \lim_{\epsilon \to 0} \frac{1}{\epsilon} \{ V^\nu(x^0, \cdots, x^\nu + \epsilon, \cdots, x^3) - V^\nu(x^0, \cdots, x^3) \}$$

을 이용할 때 $V^\nu(x^0, \cdots, x^\nu+\epsilon, \cdots, x^3) - V^\nu(x^0, \cdots, x^3)$를 계산하게 되는데 이때 두 벡터의 시점이 일치하지 않으므로 유클리드 공간에서는 자연스럽게 벡터 $V^\nu(x^0, \cdots, x^\nu+\epsilon, \cdots, x^3)$을 점 $(x^0, \cdots, x^3)$으로 '평행이동'한 후 두 벡터의 차를 계산하는 방식을 취하게 된다. 그러나 유클리드 공간이 아닌 일반적으로 휘어진 공간의 경우는 이러한 벡터의 평행이동을 어떻게 정의해 주어야 할지에 대한 문제가 발생한다.

둘째, 모든 μ, ν에 대하여 $\dfrac{\partial V^\nu}{\partial x^\mu} \equiv 0$이면 (x^μ)의 함수로서 V^μ는 상수함수가 된다. 즉, 좌표계 (x^μ)의 관찰자 입장에서 벡터장 V^μ는 좌표에 대해 '변화가 없는' 벡터장이 된다. 그러나 또 다른 좌표계 $(x^{\mu'})$의 관찰자 입장에서 계산해보면 일반적으로

$$\frac{\partial V^{\nu'}}{\partial x^{\mu'}} = \left(\frac{\partial x^\mu}{\partial x^{\mu'}} \frac{\partial}{\partial x^\mu} \right) (\Lambda^{\nu'}_\nu V^\nu) = \frac{\partial x^\mu}{\partial x^{\mu'}} \frac{\partial \Lambda^{\nu'}_\nu}{\partial x^\mu} V^\nu + \frac{\partial x^\mu}{\partial x^{\mu'}} \frac{\partial V^\nu}{\partial x^\mu} \Lambda^{\nu'}_\nu \neq 0$$

이고 따라서 $V^{\nu'}$은 좌표계 $(x^{\mu'})$에서 '변화가 있는' 벡터장이 된다.

원론적으로 벡터의 '미분'은 벡터의 변화를 알아보는 도구라야 하는데, 좌표계와 무관하게 잘 정의된 벡터 $V = V^\mu \partial_\mu = V^{\mu'} \partial_{\mu'}$의 변화가 좌표계 (x^μ)에 대해서는 없고 좌표계 $(x^{\mu'})$에 대해서는 있다는 것은 $\partial_\mu V^\nu$가 매우 '불편한' 미분임을 의미한다.

그런데 민코프스키 시공간에서는 $\partial_{\mu'} V^{\nu'} = \Lambda^{\mu'}_\mu \Lambda^{\nu'}_\nu \partial_\mu V^\nu$이 성립하고 따라서 위와 같은

'불편함'이 발생하지 않는다는 사실에 유의하면 결국 위의 문제는 $\dfrac{\partial V^{\nu}}{\partial x^{\mu}}$이 $\mathfrak{I}_1^1$에 속하지 않기 때문에 발생한 것으로 볼 수 있다. 이제 지금까지의 논의를 좀 더 일반적으로 다음과 같이 정리하여 기술해보자.

벡터장 $V = V^{\mu}\partial_{\mu}$의 $W = W^{\nu}\partial_{\nu}$방향으로의 미분을 $D_W V$ 로 표기하고

$$(D_W V)^{\mu} \equiv W^{\nu}(\partial_{\nu} V^{\mu})$$

로 정의하면

$$D_W V = W^{\nu}(\partial_{\nu} V^{\mu})\partial_{\mu} \neq W^{\nu'}(\partial_{\nu'} V^{\mu'})\partial_{\mu'} \qquad \cdots (3.7)$$

이므로 벡터장의 미분 $D_W V$이 좌표계와 무관하게 정의되지가 않음을 알 수 있다.

그러나 위 (3.7)로부터 만일 $\partial_{\mu} V^{\nu} \in \mathfrak{I}_1^1$ 이었다면 $D_W V$가 좌표계와 무관하게 정의될 수 있음을 알 수 있고 이 경우 $(D_W V)^{\nu} \in \mathfrak{I}_1^0$ 이다. 그러나 실제로는 $\partial_{\mu} V^{\nu} \notin \mathfrak{I}_1^1$이고 따라서 $(D_W V)^{\nu} \notin \mathfrak{I}_1^0$ 임을 알 수 있다. 그 결과 시공간의 한 세계선 γ 를 따라 정의된 벡터장 V^{ν}의 변화 여부가 관찰자에 의존하는 개념이 된다. 즉, 좌표계 (x^{μ})의 관찰자에게는 $D_{\gamma'} V = 0$이고 좌표계 $(x^{\mu'})$의 관찰자에게는 $D_{\gamma'} V \neq 0$가 가능해진다.

그렇다면 어떻게 좌표계와 무관한 방식으로 벡터장의 미분 $D_W V$를 정의할 수 있을까? 먼저 앞서 정의한 $\Gamma^{\lambda}_{\mu\nu}$의 좌표계에 따른 다음 변환식을 생각해 보자.72)

$$\Gamma^{\lambda'}_{\mu'\nu'} = \frac{\partial x^{\lambda'}}{\partial x^{\zeta}}\frac{\partial x^{\tau}}{\partial x^{\mu'}}\frac{\partial x^{\sigma}}{\partial x^{\nu'}}\Gamma^{\zeta}_{\tau\sigma} - \frac{\partial x^{\zeta}}{\partial x^{\nu'}}\frac{\partial x^{\sigma}}{\partial x^{\mu'}}\frac{\partial^2 x^{\lambda'}}{\partial x^{\zeta}\partial x^{\sigma}} \qquad \cdots (3.8)$$

위 (3.8)를 이용하면 $V^{\mu} \in \mathfrak{I}_1^0$에 대해 다음을 쉽게 보일 수 있다.73)

$$\frac{\partial V^{\mu'}}{\partial x^{\lambda'}} + \Gamma^{\mu'}_{\lambda'\kappa'} V^{\kappa'} = \frac{\partial x^{\mu'}}{\partial x^{\nu}}\frac{\partial x^{\zeta}}{\partial x^{\lambda'}}\left(\frac{\partial V^{\mu}}{\partial x^{\zeta}} + \Gamma^{\nu}_{\zeta a} V^{a}\right) \qquad \cdots (3.9)$$

따라서 만일 $D_{\mu} V^{\nu} \equiv \partial_{\mu} V^{\nu} + \Gamma^{\nu}_{\mu\lambda} V^{\lambda}$로 정의하면 위 (3.9)로부터 $D_{\mu} V^{\nu} \in \mathfrak{I}_1^1$임을 알 수 있다.

---

72) [Weinberg1] p.102 참고.
73) [Weinberg1] p.103 참고.

이를 이용하여 일반적으로 $V = V^{\mu}\partial_{\mu}$, $W = W^{\nu}\partial_{\nu}$에 대하여 다음과 같이 정의하자.

$$D_W V := \left(W^{\nu} D_{\nu} V^{\mu}\right)\partial_{\mu} \quad (\text{단, } D_{\mu} V^{\nu} \equiv \partial_{\mu} V^{\nu} + \Gamma^{\nu}_{\mu\lambda} V^{\lambda}) \qquad \cdots (3.10)$$

위 (3.10)에서 정의된 $D_W V$를 벡터장의 '**공미분**(covariant derivative)'이라고 부른다. 이 때 $D_{\nu} V^{\mu} = \left(D_{\partial_{\nu}} V\right)^{\mu}$이고 일반적으로 $D_W V^{\mu} = (D_W V)^{\mu}$임을 확인할 수 있다.

이제 위에서 정의된 $D_W V$가 좌표계에 무관하게 정의됨을 다음과 같이 확인할 수 있다.

$$\begin{aligned} W^{\nu'}\left(D_{\nu'} V^{\mu'}\right)\partial_{\mu'} &= \left(\Lambda^{\nu'}_{\nu} W^{\nu}\right)\left(\Lambda^{\mu'}_{\tau}\Lambda^{\sigma}_{\nu'} D_{\sigma} V^{\tau}\right)\left(\Lambda^{\mu}_{\mu'}\partial_{\mu}\right) \\ &= \left(\Lambda^{\nu'}_{\nu}\Lambda^{\mu'}_{\tau}\Lambda^{\sigma}_{\nu'}\Lambda^{\mu}_{\mu'}\right)\left(W^{\nu} D_{\sigma} V^{\tau}\right)\partial_{\mu} = \left(W^{\nu} D_{\nu} V^{\mu}\right)\partial_{\mu} \end{aligned}$$

특별히 다음이 성립한다.

$$D_{\partial_{\mu}}\partial_{\nu} (= D_{\mu}\partial_{\nu}) = (D_{\mu}\delta^{\sigma}_{\nu})\partial_{\lambda} = (\partial_{\mu}(\delta^{\lambda}_{\nu}) + \Gamma^{\lambda}_{\mu\sigma}\delta^{\sigma}_{\nu})\partial_{\lambda} = \Gamma^{\lambda}_{\mu\nu}\partial_{\lambda}$$

또 벡터장의 공미분은 다음 2가지 성질을 갖는다는 것을 쉽게 확인할 수 있다.

1. $D_{fW} V = f D_W V$
2. $D_W(f V) = W[f] V + f D_W V$

② 공미분과 평행이동

앞서 3.2.1절에서 우리는 시공간 속을 '곧게' 나아가는 빛의 경로를 나타내는 세계선 γ가 좌표계 (x^{μ})에 대해 방정식 (3.4)를 만족함을 살펴보았다. 즉,

$$\frac{d^2x^{\alpha}}{d\lambda^2} + \Gamma^{\alpha}_{\mu\nu}\frac{dx^{\mu}}{d\lambda}\frac{dx^{\nu}}{d\lambda} = 0 \qquad \cdots (3.4)'$$

이다.

위 식에서 만일 $V^{\mu} \equiv \dfrac{dx^{\mu}}{d\lambda}$라 두면[74] 다음과 같이 다시 쓸 수 있다.

$$(3.4)' \iff \frac{d}{d\lambda} V^{\alpha} + \Gamma^{\alpha}_{\mu\nu} V^{\mu} V^{\nu} = 0 \iff (\partial_{\mu} V^{\alpha} + \Gamma^{\alpha}_{\mu\nu} V^{\nu}) V^{\mu} = 0$$

---

74) 연쇄법칙에 의해 $V^{\mu'} = \dfrac{dx^{\mu'}}{d\lambda} = \dfrac{\partial x^{\mu'}}{\partial x^{\nu}}\dfrac{dx^{\nu}}{d\lambda} = \Lambda^{\mu'}_{\nu} V^{\nu}$이므로 $V^{\mu} \in \mathfrak{T}^0_1$ 이다.

$$\Leftrightarrow V^{\mu} D_{\mu} V^{\alpha} = D_{V^{\mu}\partial_{\mu}} V^{\alpha} = D_V V = D_{\gamma'} \gamma' = 0$$

즉, 시공간 속에서 속도벡터의 변화 없이 '곧게' 나아가는 빛의 세계선 γ 는 $D_{\gamma'}\gamma' = 0$을 만족함을 알 수 있는데 이는 공미분 $D_W V$ 이 시공간 속에서 벡터장 V의 W 방향으로의 변화율을 나타내는 도구라는 사실과 잘 부합한다고 할 수 있다.

참고로, 곡선 γ와 같이 $D_{\gamma'}\gamma' = 0$를 만족하면서 시공간 속을 '곧게' 나아가는 곡선을 '**측지선**(geodesic)'이라고 부른다.

일반적으로, 벡터장 $V^{\mu}(\sigma)$가 곡선 $\gamma(\sigma) = (x^{\mu}(\sigma))$를 따라 $D_{\gamma'} V = 0$을 만족할 때 벡터장 $V^{\mu}(\sigma)$는 γ를 따라 '**평행**(parallel)'하다고 부른다. 이 때 다음 계산을 살펴보자.

$$D_{\gamma'} V^{\mu} = D_{\frac{d\gamma^{\alpha}}{d\sigma}\partial_{\alpha}} V^{\mu} = \frac{d\gamma^{\alpha}}{d\sigma} D_{\alpha} V^{\mu} = \frac{d\gamma^{\alpha}}{d\sigma}\left(\partial_{\alpha} V^{\mu} + \Gamma^{\mu}_{\alpha\beta} V^{\beta}\right) = \frac{dV^{\mu}(\sigma)}{d\sigma} + \Gamma^{\mu}_{\alpha\beta}\frac{d\gamma^{\alpha}}{d\sigma} V^{\beta}$$

따라서 벡터장 $V^{\mu}(\sigma)$가 γ를 따라 평행하다는 것은 다음 방정식을 만족함을 의미한다.

$$\frac{dV^{\mu}(\sigma)}{d\sigma} + \Gamma^{\mu}_{\alpha\beta}\frac{d\gamma^{\alpha}}{d\sigma} V^{\beta} = 0 \qquad \cdots \ (3.11)$$

위 (3.11)은 4개의 선형인 1계 상미분 연립방정식으로서 초기조건 $V^{\mu}(0)$만 주어지면 항상 그 해가 존재한다. 따라서 γ 위의 한 사건 p에서 주어진 벡터 $V(0)$를 초기조건으로 하여 위 (3.11)을 풀면 γ를 따라 $V(0)$와 평행인 벡터장 $V(\sigma)$를 얻게 되는데 이때 벡터 $V(0)$를 벡터 $V(\sigma)$로 옮기는 것을 '**γ를 따라 평행이동**(parallel transport)'한다고 한다.

참고로, 위 (3.11)은 벡터장 V가 곡선 γ 위에서만 정의되었을 때도 의미를 갖는다. 따라서 곡선 γ를 따라 평행인 벡터장은 γ 위에서만 정의된 벡터장일 수도 있다. 이처럼 γ 위에서만 정의된 백터장에 대해 위 (3.11)의 좌변을 특별히 $\frac{DV^{\mu}}{d\sigma}$로 표기하기도 한다.

이제 공미분과 평행이동과의 관계에 대해 살펴보기로 하자.

좌표계 (x^{μ})에서 정의된 벡터장 (V^{μ})에 대해 $p = (x^{\mu})$에서의 공미분 $D_{\mu} V^{\nu}$ 를 벡터장의 평행이동을 이용해서 표현하기 위해 먼저 곡선 $\gamma(\sigma) = (x^0, \cdots, x^{\mu} + 1 - \sigma, \cdots, x^3)$를 생각하자. 이때 $\gamma(1) = p$이고, 충분히 작은 양수 ϵ에 대해 $p_{\epsilon} = (x^0, \cdot\cdot, x^{\mu} + \epsilon, \cdot\cdot, x^3)$ $(= \gamma(1 - \epsilon))$이라고 하자. 또, $P_{\gamma}^{a \mapsto b}(V)$는 벡터 $V(\gamma(a))$를 γ를 따라 $\gamma(a)$에서 $\gamma(b)$로

평행이동한 것이라고 하자. 이 때 만일 $\widetilde{V}^{\nu}(p) := [P_{\gamma}^{1-\epsilon\mapsto 1}(V)]^{\nu}$로 정의하면 식 (3.1)에 의하여 다음과 같이 쓸 수 있다.[75]

$$\widetilde{V}^{\nu}(p) = V^{\nu}(p_{\epsilon}) + \epsilon \Gamma^{\nu}_{\mu\beta}(p_{\epsilon}) V^{\beta}(p_{\epsilon}) + O(\epsilon^2)$$

이로부터 다음과 같이 계산할 수 있다.

$$\begin{aligned} \lim_{\epsilon\to 0} \frac{[P_{\gamma}^{1-\epsilon\mapsto 1}(V)]^{\nu} - V^{\nu}(p)}{\epsilon} &= \lim_{\epsilon\to 0} \frac{1}{\epsilon}\left\{ V^{\nu}(p_{\epsilon}) - V^{\nu}(p) + \epsilon \Gamma^{\nu}_{\mu\beta}(p_{\epsilon}) V^{\beta}(p_{\epsilon}) \right\} \\ &= \partial_{\mu} V^{\nu} + \Gamma^{\nu}_{\alpha\beta} V^{\beta} = D_{\mu} V^{\nu} \end{aligned}$$

따라서 평행이동을 이용하면 공미분 $D_{\mu} V^{\nu}$의 정의를 다음과 같이 자연스럽게 해석할 수 있다.

$$D_{\mu} V^{\nu} = \lim_{\epsilon\to 0} \frac{[P_{\gamma}^{1-\epsilon\mapsto 1}(V)]^{\nu} - V^{\nu}(p)}{\epsilon}$$

③ 듀얼벡터 및 텐서의 공미분

식 (3.10)에서 정의된 벡터장에 대한 공미분을 '자연스러운' 방식으로 임의의 텐서에 대한 공미분으로 확장할 수 있는데, 이 때 요구되는 '자연스러움'은 다음과 같다.

i) 공미분 $D_X : \mathfrak{I}^n_m \to \mathfrak{I}^n_m$는 선형변환($\mathbb{R}$-linear)이다.

ii) 함수 f에 대해서는 $D_k f = \partial_k f$이다.

iii) 공미분 $D_X : \mathfrak{I}^n_m \to \mathfrak{I}^n_m$은 곱의 법칙을 만족한다. 즉, 다음이 성립한다.

$$D_k\left(T^{(i)}_{(p)} S^{(j)}_{(q)}\right) = \left(D_k T^{(i)}_{(p)}\right) S^{(j)}_{(q)} + T^{(i)}_{(p)}\left(D_k S^{(j)}_{(q)}\right)$$

iv) 공미분과 축약은 순서를 바꿀 수 있다. 즉, 다음이 성립한다.

$$D_X\left(c_{k,l}\left(T^{(\mu)}_{(\nu)}\right)\right) = c_{k,l}\left(D_X T^{(\mu)}_{(\nu)}\right)$$

위 4가지를 만족시키는 확장된 공미분 $D_X : \mathfrak{I}^n_m \to \mathfrak{I}^n_m$이 유일하게 결정된다는 사실이

---

75) $\dfrac{d\gamma^{\alpha}}{d\sigma} = \begin{cases} 0 & (\alpha \neq \mu) \\ -1 & (\alpha = \mu) \end{cases}$임에 유의.

알려져 있는데 예를 들어 $w_\mu \in \mathfrak{I}_1^0$에 대한 공미분이 어떻게 표현되는지 알아보자.

임의의 $v^\mu \in \mathfrak{I}_0^1$에 대하여 함수 $v^\mu w_\mu (= c_{1,1}(v^\mu w_\nu))$의 공미분은 위 ii)에 의하여 다음을 만족해야 한다.

$$D_\nu (v^\mu w_\mu) = \partial_\nu (v^\mu w_\mu) \qquad \cdots (3.12)$$

그런데 위 (3.12)식의 좌변은 iii), iv)에 의하여 다음과 같이 계산할 수 있다.

$$D_\nu (v^\mu w_\mu) = (D_\nu v^\mu) w_\mu + v^\mu D_\nu w_\mu = (\partial_\nu v^\mu + \Gamma_{\nu\rho} v^\rho) w_\mu + v^\mu D_\nu w_\mu$$

따라서 (3.12)의 우변을 곱의 법칙을 이용하여 전개한 후 좌변과 비교하면 다음을 얻는다.

$$D_\mu w_\nu = \partial_\mu w_\nu - \Gamma^\lambda_{\mu\nu} w^\lambda$$

다른 형태의 텐서들에 대해서도 같은 계산을 적용할 수 있는데 몇 가지 예를 들면 다음과 같다.

$$D_k T^i_j = \partial_k T^i_j + \Gamma^i_{kp} T^p_j - \Gamma^p_{kj} T^i_p \qquad \cdots (3.13)$$

$$D_k T_{ij} = \partial_k T_{ij} - \Gamma^p_{ki} T_{pj} - \Gamma^p_{kj} T_{ip} \qquad \cdots (3.14)$$

$$D_k T^{ij} = \frac{\partial T^{ij}}{\partial x^k} + \Gamma^i_{kp} T^{pj} + \Gamma^j_{kp} T^{ip} \qquad \cdots (3.15)$$

일반적으로 위 i)~ iv)를 만족시키는 '텐서의 공미분'은 다음과 같이 표현된다.[76)]

$$\begin{aligned} D_k T^{(i)}_{(j)} &= \partial_k T^{(i)}_{(j)} - T^{(i)}_{j j_2 \cdots j_q} \Gamma^j_{k j_1} - \cdots - T^{(i)}_{j_1 \cdots j_{q-1} j} \Gamma^j_{k j_q} \\ &+ T^{i i_2 \cdots i_p}_{(j)} \Gamma^{i_1}_{ki} + \cdots + T^{i_1 \cdots i_{p-1} i}_{(j)} \Gamma^{i_p}_{ki} \end{aligned}$$

예를 들어 메트릭 텐서 $g_{\mu\nu} \in \mathfrak{I}_2^0$의 경우 위 (3.14)에 의해 다음이 성립한다.

$$D_\lambda g_{\mu\nu} = \partial_\lambda g_{\mu\nu} - \Gamma^\rho_{\lambda\mu} g_{\rho\nu} - \Gamma^\rho_{\lambda\nu} g_{\rho\mu}$$

한편 정의에 의해 $g_{\mu\nu} = \dfrac{\partial \xi^\alpha}{\partial x^\mu} \dfrac{\partial \xi^\beta}{\partial x^\nu} \eta_{\alpha\beta}$ 인데 이 식의 양변을 x^λ로 미분하고 $\dfrac{\partial^2 \xi^\alpha}{\partial x^\mu \partial x^\nu} =$

76) [Gallot] p. 70 또는 [Dubrovin] p. 282의 정리 28.2.6 참고.

$\Gamma^{\lambda}_{\mu\nu}\dfrac{\partial \xi^{\alpha}}{\partial x^{\lambda}}$ 를 이용하면77) 다음을 얻는다.

$$\frac{\partial g_{\mu\nu}}{\partial x^{\lambda}} = \Gamma^{\rho}_{\lambda\mu}\frac{\partial \xi^{\alpha}}{\partial x^{\rho}}\frac{\partial \xi^{\beta}}{\partial x^{\nu}}\eta_{\alpha\beta} + \Gamma^{\rho}_{\lambda\nu}\frac{\partial \xi^{\alpha}}{\partial x^{\mu}}\frac{\partial \xi^{\beta}}{\partial x^{\rho}}\eta_{\alpha\beta} = \Gamma^{\rho}_{\lambda\mu}g_{\rho\nu} + \Gamma^{\rho}_{\lambda\nu}g_{\rho\mu}$$

따라서 $D_{\lambda}g_{\mu\nu} = 0$임을 알 수 있다.

또 $\delta^{\mu}_{\lambda} = g^{\mu\nu}g_{\nu\lambda}$ 을 이용하면 $0 = D_{\rho}\delta^{\mu}_{\lambda} = g_{\nu\lambda}D_{\rho}g^{\mu\nu}$이므로 이로부터78) $D_{\rho}g^{\mu\nu} = 0$도 성립함을 알 수 있다.

따라서 iii), iv)에 의해 임의의 듀얼 벡터 v_{μ}에 대하여 다음이 성립함을 쉽게 확인할 수 있다.

$$D_{\lambda}(g^{\mu\nu}v_{\nu}) = g^{\mu\nu}D_{\lambda}v_{\nu}$$

이제 위 결과들을 이용하면 두 벡터장 $V = (V^{\mu})$, $W = (W^{\nu})$에 대하여 다음이 성립함을 보일 수 있다.79)

$$D_{\nu}\langle V, W\rangle = \langle D_{\nu}V, W\rangle + \langle V, D_{\nu}W\rangle$$

또 벡터장 V^{μ}, W^{μ}가 곡선 γ를 따라 평행할 때 다음이 성립함을 알 수 있다.

$$\gamma'\langle V, W\rangle = \langle D_{\gamma'}V, W\rangle + \langle V, D_{\gamma'}W\rangle = 0$$

이로부터 곡선 γ를 따라 평행한 두 벡터장의 내적은 보존됨을 알 수 있다.

참고

유클리드 공간과 같이 편평한 공간에서는 한 점 P에서 특정 방향으로 직선을 그으면 이 직선 위에 있는 P 부근의 점들이 이 방향으로 P '옆에 놓인 점'들이 된다.

그렇다면 일반적으로 휘어진 (시)공간에서 한 점 P에 대해 v^{μ}방향으로 '옆에 놓인 점'들

---

77) $\Gamma^{\lambda}_{\mu\nu} = \dfrac{\partial x^{\lambda}}{\partial \xi^{\alpha}}\dfrac{\partial^2 \xi^{\alpha}}{\partial x^{\mu}\partial x^{\nu}}$의 양변에 $\dfrac{\partial \xi^{\beta}}{\partial x^{\lambda}}$를 곱하여 얻을 수 있다.

78) 행렬 $(g_{\nu\lambda})$가 가역임을 이용.

79) $D_{\nu}\langle V, W\rangle = D_{\nu}(g_{\mu\lambda}V^{\mu}W^{\lambda}) = g_{\mu\lambda}(W^{\lambda}D_{\nu}V^{\mu} + V^{\mu}D_{\nu}W^{\lambda}) = \langle D_{\nu}V, W\rangle + \langle V, D_{\nu}W\rangle$

을 어떻게 기술해야 할까? 이에 대한 가장 자연스러운 답은 P에서 v^μ방향으로 '곧바로' 움직이는 측지선 γ에 대해 γ 위에 있는 $P=\gamma(0)$ 주위의 점들을 'P에서 v^μ방향으로 옆에 놓인 점들'이라고 정의하는 것이다.([그림 3-9])

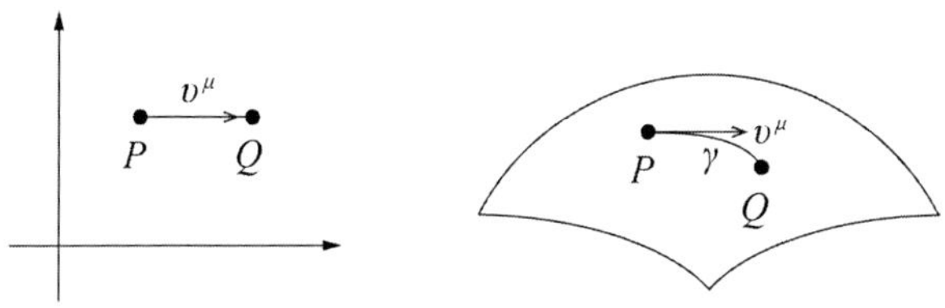

[그림 3-9]

이때 측지선 γ는 방정식 $(D_{\gamma'}\gamma')^\mu = \frac{d^2\gamma^\mu}{d\sigma^2} + \Gamma^\mu_{\nu\lambda}\frac{dx^\nu}{d\sigma}\frac{dx^\lambda}{d\sigma} = 0$에 의해 결정되고, 이 방정식은 다시 $\Gamma^\mu_{\nu\lambda}$에 의해 결정된다. 따라서 함수 $\Gamma^\mu_{\nu\lambda}$는 시공간 상에서 특정방향으로 서로 옆에 놓인 점들을 '연결'시켜주는 역할을 한다. 이것이 함수 $\Gamma^\mu_{\nu\lambda}$를 '커넥션(connection)'이라고 부르는 이유라고 할 수 있다.[80)]

3.3 곡률

임의의 좌표계 (x^μ)에 대한 메트릭 $g_{\mu v}$가 주어졌을 때 이로부터 이 시공간의 '휘어짐'을 어떻게 정의할 수 있을까? 민코프스키 시공간의 경우는 서로 평행한 두 측지선이 모두 직선의 형태로 나타나고 따라서 평행선 공리를 만족시키지만 공간에서의 직교좌표계 (x,y,z) 또는 구면좌표계 (r,θ,ϕ)의 선택에 따라 다음과 같이 메트릭 $g_{\mu\nu}$가 서로 다른 형태로 표현될 수 있다.

$$d\tau^2 = -dt^2 + x^2 + y^2 + z^2 = -dt^2 + dr^2 + r^2(d\theta^2 + \sin^2\theta d\phi^2)$$

또 다른 예로서, 균질한 중력장 $\vec{g}$ 속에 정지한 관찰자 S를 생각해보자.

앞서 3.1.2의 주 51)에서 소개한 바와 같이 이 시공간의 메트릭을 $z=0$에 있는 S의 좌표계 $(x^\mu)=(t,x,y,z)$로 표현하면 다음과 같다. $(c=1)$

80) [Jost] p. 104.

$$d\tau^2 = -(1+gz)^2 dt^2 + dx^2 + dy^2 + dz^2$$ 81)

한편, 같은 시공간에서 $\vec{g}$의 가속도로 자유낙하 하는 관찰자 S'의 입장에서는 이 시공간이 전체적으로 관성계와 완전히 동일하다는 것이 등가원리이므로 이 시공간은 본질적으로 민코프스키 시공간과 동일하다고 할 수 있다.

따라서 주어진 시공간에서 **특정좌표계를 이용하여 표현한 메트릭 $g_{\mu\nu}$가 $\eta_{\mu\nu}$와 다르다고 해서 이 시공간이 민코프스키와 같은 '편평한' 시공간이 아니라고 말할 수는 없다.**[82)]

일반적으로, 주어진 좌표계 (x^{μ})로 표현된 메트릭 $g_{\mu\nu}$에 대하여 적당한 좌표계 $(x^{\mu'})$를 찾아서 $g_{\mu'v'} = \eta_{\mu'v'}$가 될 수 있도록 할 수 있는지의 문제는

$$\frac{\partial x^{\mu}}{\partial x^{\mu'}}\frac{\partial x^{\nu}}{\partial x^{\nu'}}g_{\mu\nu} = \eta_{\mu'\nu'} \quad (\text{또는 } g_{\mu\nu} = \frac{dx^{\mu'}}{dx^{\mu}}\frac{dx^{\nu'}}{dx^{\nu}}\eta_{\mu'\nu'})$$ 83)

---

81) 이 때 측지선의 방정식은 다음과 같이 주어진다. ($\alpha(z) := 1+gz$, [Munoz] pp. 2, 7)

$$\frac{d^2x^{\mu}}{d\tau^2} + \Gamma^{\mu}_{\nu\lambda}\frac{dx^{\nu}}{d\tau}\frac{dx^{\lambda}}{d\tau} = 0 \Leftrightarrow \begin{cases} \dfrac{d^2t}{d\tau^2} + 2\dfrac{\alpha'(z)}{\alpha(z)}\dfrac{dt}{d\tau}\dfrac{dz}{d\tau} = 0 & \left(\Rightarrow \dfrac{dt}{d\tau} = \dfrac{k}{\alpha^2(z)},\ k>0\text{는 적분상수}\right) \\ \dfrac{d^2z}{d\tau^2} + \alpha(z)\alpha'(z)\left(\dfrac{dt}{d\tau}\right)^2 = 0 & (\Rightarrow \text{빛의 경우 경로가 휘어진다.}) \\ \dfrac{d^2x}{d\tau^2} = \dfrac{d^2y}{d\tau^2} = 0 \end{cases}$$

82) **예외적으로**, 시공간 속에서 자유낙하하는 관찰자의 위치 p에서의 정규좌표계(normal coordinate system)가 있다. 이 좌표계에서 각 좌표축은 모두 p를 출발하는 측지선이고 ([O'neill, p. 71]), p에서 각 좌표축방향은 모두 수직이다. 이 때, **시공간의 곡률이 0이면** $\exp_p : B_{\epsilon(o)}(\subseteq (T_pM, \eta_{\mu\nu})) \to M$은 국소적 등장사상(local isometry)이 되고 따라서 **정규좌표계로 표현된 메트릭은 $\eta_{\mu\nu}$가 되어야 한다**. 이 사실의 증명은 [O'neill] pp. 216~217의 내용을 이용하여 다음과 같이 보일 수 있다: 먼저 $v \in B_{\epsilon}(o)$와 $w \in T_v(B_{\epsilon}(o)) \simeq T_pM$ 에 대해

$$\gamma_s(t) = \exp_p(t(v+sw)),\ J(t) = \left.\frac{\partial \gamma_s}{\partial s}\right|_{s=0} = d\exp_p(tw)$$

로 정의하자. 이 때 곡률이 0이므로 J는 야코비방정식 $\dfrac{\partial^2 J}{\partial t^2} = 0$을 만족한다. 이제 $\{e_{\mu}\}$를 T_pM의 정규직교기저라 하고 이 기저를 $\gamma_0(t)$를 따라 평행이동한 것을 $\{e_{\mu}(t)\}$라 하자.
이 때 $J(t) = a^{\mu}(t)e_{\mu}(t)$, $w = w^{\mu}e_{\mu}$로 두면 위 야코비방정식에 의해 $J(t) = (w^{\mu}t)e_{\mu}(t)$로 쓸 수 있다. 따라서 $d\exp_p(w) = w^{\mu}e_{\mu}(1)$가 된다. 같은 방법으로 $u \in T_v(B_{\epsilon}(o)) \simeq T_pM$, $u = u^{\mu}e_{\mu}$에 대해 $d\exp_p(u) = u^{\mu}e_{\mu}(1)$이다. 이로부터 다음을 계산할 수 있다.

$$\langle d\exp_p(w), d\exp_p(u)\rangle_g = w^{\mu}u^{\nu}\langle e_{\mu}(1), e_{\nu}(1)\rangle = w^{\mu}u^{\nu}\langle e_{\mu}, e_{\nu}\rangle = w^{\mu}u^{\nu}\eta_{\mu\nu} = \langle w, u\rangle_{\eta}$$

따라서 $\exp_p : (B_{\epsilon}(o), \eta) \to (M, g)$는 국소적 등장사상이다. (증명 끝)
일반적으로, '곡률이 상수이면 국소적으로 메트릭이 결정된다.'([O'neill] p. 223 Corollary 15)

을 만족하는 함수 $x^{\mu'} = x^{\nu'}(x^0, \cdots, x^3)$을 찾는 것과 같은 문제인데 이는 매우 어려운 편미분방정식 문제라고 할 수 있다.[84)]

이제 주어진 좌표계 (x^μ)로 표현된 메트릭 $g_{\mu\nu}$로부터 시공간의 휘어짐을 나타내는 '곡률'을 어떻게 좌표계의 선택과 무관하게 정의하는지를 알아보자.

3.3.1 리만곡률텐서

만일 $\Gamma^\nu_{\mu\lambda} \equiv 0$이면 정의에 의하여 $D_\mu v^\nu = \partial_\mu v^\nu$가 되고, 따라서 $[D_\mu D_\nu - D_\nu D_\mu]v^\nu = 0$이 성립한다. 그러나 $\Gamma^\nu_{\mu\lambda} \neq 0$인 일반적인 경우는 $[D_\mu D_\nu - D_\nu D_\mu]v^\nu = 0$ 대신 다음과 같이 계산된다.

$$[D_\mu D_\nu - D_\nu D_\mu]v^\lambda = (\partial_\mu \Gamma^\lambda_{q\nu} - \partial_\nu \Gamma^\lambda_{q\mu} + \Gamma^\lambda_{p\mu}\Gamma^p_{q\nu} - \Gamma^\lambda_{p\nu}\Gamma^p_{q\mu})v^q$$

위 식의 우변에서 $R^\lambda_{q\mu\nu} := \partial_\mu \Gamma^\lambda_{q\nu} - \partial_\nu \Gamma^\lambda_{q\mu} + \Gamma^\lambda_{p\mu}\Gamma^p_{q\nu} - \Gamma^\lambda_{p\nu}\Gamma^p_{q\mu}$로 정의하자. 이 때 $R^\lambda_{q\mu\nu} \in \mathfrak{T}^1_3$임을 증명하기 위해[85)] 먼저 다음과 같이 작용소 R을 정의하자.

$$R: \mathfrak{T}^1_0 \times \mathfrak{T}^1_0 \times \mathfrak{T}^1_0 \to \mathfrak{T}^1_0 \ , \ (v, w, u) \mapsto R(v, w, u) := D_v D_w u - D_w D_v u - D_{vw - wv} u$$

이때 R이 $C^\infty(M)$-선형임을 쉽게 확인할 수 있다. 특별히 다음이 성립한다.

$$R(fv, gw, hu) = fghR(v,w,u) \ \text{(단, } f, g, h\text{는 } C^\infty \text{ 함수)}$$

따라서 좌표계 (x^μ)에 대해 다음과 같이 쓸 수 있다.

$$R(v, w, u)^l = v^i w^j u^k R(\partial_i, \partial_j, \partial_k)^l = v^i w^j u^k ((D_i D_j - D_j D_i)\partial_k)^l = v^i w^j u^k R^l_{kij}$$

같은 방법으로 좌표계 $(x^{\mu'})$에 대해

$$R(v, w, u)^{l'} = v^{i'} w^{j'} u^{k'} R^{l'}_{k'i'j'} = (\Lambda^{i'}_i \Lambda^{j'}_j \Lambda^{k'}_k v^i w^j u^k) R^{l'}_{k'i'j'}$$

이고 $R(v,w,u) \in \mathfrak{T}^1_0$ 에 의해 $R(v,w,u)^{l'} = \Lambda^{l'}_l R(v,w,u)^l = \Lambda^{l'}_l v^i w^j u^k R^l_{kij}$이다.

---

83) 이 방정식은 조건 $g_{\mu\nu} dx^\mu dx^\nu = \eta_{\mu'\nu'} dx^{\mu'} dx^{\nu'}$로부터 주어진다.

84) 결론부터 말하자면 이 방정식의 해가 국소적으로 존재하기 위한 필요충분조건은 곡률이 국소적으로 0인 것이다.(본문의 [정리 3.1] 참고. [Rosenberg] p. 57에도 이 문제와 그 증명을 다루고 있다.)

85) 또는 $\Gamma^\lambda_{q\nu}$의 좌표변환공식을 이용하여 직접 증명할 수 도 있다.

이로부터 $R^{l'}_{k'i'j'} = \Lambda^i_{i'}\Lambda^j_{j'}\Lambda^k_{k'}\Lambda^{l'}_l R^l_{ijk}$ 임을 쉽게 확인 할 수 있다.

위에서 정의된 $(1,3)$-텐서 R^l_{kij}를 **'리만곡률텐서'**라고 부른다.

정리 3.1[86] ▌ 다음은 모두 동치이다.

① 적당한 좌표계 (x^μ)에 대하여 $g_{\mu\nu} \equiv \eta_{\mu\nu}$이다.(즉, 시공간이 '편평'하다)

② 적당한 좌표계 (x^μ)에 대하여 $\Gamma^\nu_{\mu\lambda} \equiv 0$이다.

③ 적당한 좌표계 (x^μ)에 대하여 $R^\lambda_{q\mu\nu} \equiv 0$이다.

[증명] ⅰ) ①⟹②: 관계식 $\Gamma^\alpha_{\lambda\mu} = \dfrac{1}{2}g^{\nu\alpha}\left\{\dfrac{\partial g_{\mu\nu}}{\partial x^\lambda} + \dfrac{\partial g_{\lambda\nu}}{\partial x^\mu} - \dfrac{\partial g_{\mu\lambda}}{\partial x^\nu}\right\}$에 의하여 $g_{\mu\nu} \equiv \eta_{\mu\nu}$이면 $\Gamma^\nu_{\mu\lambda} \equiv 0$임이 자명하다.

ⅱ) ②⟹①: $\Gamma^\nu_{\mu\lambda} \equiv 0$이면 공미분의 정의 $D_\mu V^\nu \equiv \partial_\mu V^\nu + \Gamma^\nu_{\mu\lambda}V^\lambda$에 의하여 임의의 벡터장 X에 대해 $D_X\partial_\mu = 0$이다. 또 시공간의 한 사건 p에서 $\langle e_\alpha, e_\beta \rangle = \eta_{\alpha\beta}$인 정규직교기저 $\{e_0, \cdots, e_3\}$를 선택하면 $e_\alpha = a^\mu_\alpha \partial_\mu|_p$ 인 실수 a^μ_α 들이 존재한다. 이 때 $x^\mu = a^\mu_\alpha x^\alpha$ 에 의해 정의되는 새로운 좌표계 (x^α)에 대하여 $\dfrac{\partial}{\partial x^\alpha} = \dfrac{\partial x^\mu}{\partial x^\alpha}\dfrac{\partial}{\partial x^\mu} = a^\mu_\alpha \dfrac{\partial}{\partial x^\mu}$이므로 $e_\alpha = \partial_\alpha|_p$이다. 여기서 $E_\alpha := a^\mu_\alpha \partial_\mu = \partial_\alpha$ 로 정의하면 벡터장 E_α $(\alpha = 0,1,2,3)$는 모두 $D_X E_\alpha = 0$ 을 만족하고 따라서 임의의 벡터장 X에 대해 $X\langle E_\alpha, E_\beta \rangle = 0$이다. 즉 $\langle E_\alpha, E_\beta \rangle$는 상수이고 $\langle e_\alpha, e_\beta \rangle = \eta_{\alpha\beta}$이므로 $\langle E_\alpha, E_\beta \rangle \equiv \eta_{\alpha\beta}$이다.

따라서 다음이 성립한다.

$$g_{\alpha\beta} = \langle \partial_\alpha, \partial_\beta \rangle = \langle E_\alpha, E_\beta \rangle \equiv \eta_{\alpha\beta}$$

ⅲ) ②⟹③: 이것은 리만곡률텐서의 정의 $R^\lambda_{q\mu\nu} = \partial_\mu \Gamma^\lambda_{q\nu} - \partial_\nu \Gamma^\lambda_{q\mu} + \Gamma^\lambda_{p\mu}\Gamma^p_{q\nu} - \Gamma^\lambda_{p\nu}\Gamma^p_{q\mu}$로부터 자명하다.

ⅳ) ③⟹②: 이 증명은 1계 편미분방정식 이론의 '프로베니우스(Frobenius)'정리를 이용하는데 여기서는 생략하기로 한다[87]. ■

---

86) [D'Inverno] pp. 78~85에 관련된 보다 많은 내용이 소개되어 있다. 예를 들어, 위 정리의 ①~③은 **'평행이동이 경로에 무관하다'**는 것과 동치이다.

참고

i) 위 정리에서 ①, ②는 한 좌표계에서 이것이 성립한다고 해서 다른 좌표계에서도 역시 이것이 성립한다고 할 수 없다. 그러나 ③에서는 $R^{\lambda}_{q\mu\nu}$가 (1,3)-텐서이므로 한 좌표계에서 $R^{\lambda}_{q\mu\nu} \equiv 0$이 성립하면 모든 다른 좌표계에서도 ③이 성립한다.[88] 즉, ③은 다음과 동치이다.

③′ 모든 좌표계 (x^{μ})에 대하여 $R^{\lambda}_{q\mu\nu} \equiv 0$이다.

이제 ③ (⇔ ③′)⇔ ② ⇔ ①이므로 ③이 성립하면 적당한 좌표계 (x^{μ})에 대하여 $g_{\mu\nu} \equiv \eta_{\mu\nu}$이 성립한다고 할 수 있다. 이 때, 주 82)의 논의에 의해 이러한 좌표계의 한 예가 정규좌표계가 됨을 알 수 있는데 이것은 다음과 같은 논의를 통해서도 재확인할 수 있다.

먼저 ③이 성립하는 경우에 사건 p에서 $g_{\mu\nu}(p) = \eta_{\mu\nu}$, $\partial g_{\mu\nu}(p) = 0$을 만족하는 정규좌표계 (x^{μ})를 선택하면 이 좌표계에 대하여도 $R^{\lambda}_{q\mu\nu} \equiv 0$이 된다. 한편, 카르탕(Cartan)의 정리에 의해 정규좌표계로 (적어도 해석적인(analytic)) 메트릭 $g_{\mu\nu}$는 $o = \exp_p^{-1}(p)$ 근방에서 다음과 같이 표현할 수 있다.([Rosenberg] p. 83)

$$g_{\mu\nu}(x) = \eta_{\mu\nu} + {}^{2}A_{\mu\nu\lambda\rho}x^{\lambda}x^{\rho} + {}^{3}A_{\mu\nu\alpha\beta;\gamma}x^{\alpha}x^{\beta}x^{\gamma} + \cdots$$

(단, ${}^{k}A_{\mu\nu\cdots}$는 곡률텐서 $R_{\mu\nu\lambda\rho}$와 그 공미분 $DR, \cdots, D^{k-2}R$들로 이루어진 다항식의 점 P에서의 값이다.)

따라서 $R^{\lambda}_{q\mu\nu} \equiv 0$이면 ${}^{k}A_{\mu\nu\cdots} \equiv 0$이고 위 카르탕의 정리에 의해 p 근방에서 $g_{\mu\nu} \equiv \eta_{\mu\nu}$임을 알 수 있다. 사실, 이와 같은 의미로 '**곡률과 곡률의 모든 공미분들에 의해 국소적으로 (해석적인) 메트릭이 결정된다.**'고 할 수 있다.([Berger] p. 250)

ii) 시공간에서 속도벡터를 바꾸지 않고 곧바로 나아가는 물체의 세계선인 측지선 $x^{\mu}(\tau)$의 방정식은 $\dfrac{d^2x^{\mu}}{d\tau^2} + \Gamma^{\mu}_{\nu a}\dfrac{dx^{\nu}}{d\tau}\dfrac{dx^{a}}{d\tau} = 0$인데 여기서 $\Gamma^{\mu}_{\nu a} \equiv 0$이면 $\dfrac{d^2x^{\mu}}{d\tau^2} = 0$가 된다. 즉, 모든 측지선이 직선의 형태로 나타나므로 이는 곧 이 시공간이 민코프스키 시공간과 동일함을 의미한다.

---

87) 관심 있는 독자는 [Moretti]의 Appendix A를 참고.

88) 이 경우 방정식 $R^{\lambda}_{q\mu\nu} = 0$은 'tensorial' 또는 'general covariant' 하다고 말한다.

3.3.2 리만곡률텐서의 기하학적 의미

리만곡률텐서의 기하학적 의미는 다음 두 가지 측면에서 살펴볼 수 있다.

① 벡터의 평행이동

아래 [그림 3-10]과 같이 좌표계 (x^μ)의 한 점 $p=(p^0,p^1,p^2,p^3)$에서 x^μ-좌표축, x^ν-좌표축 및 두 곡선

$$\alpha^\lambda(t)=\begin{cases} t, & \lambda=\nu \\ p^\mu+\sqrt{\epsilon}, & \lambda=\mu \\ p^\lambda, & \lambda\neq\mu,\nu \end{cases} \quad , \quad \beta^\lambda(t)=\begin{cases} t, & \lambda=\mu \\ p^\nu+\sqrt{\epsilon}, & \lambda=\nu \\ p^\lambda, & \lambda\neq\mu,\nu \end{cases}$$

로 만들어진 평행사변형을 생각하자.

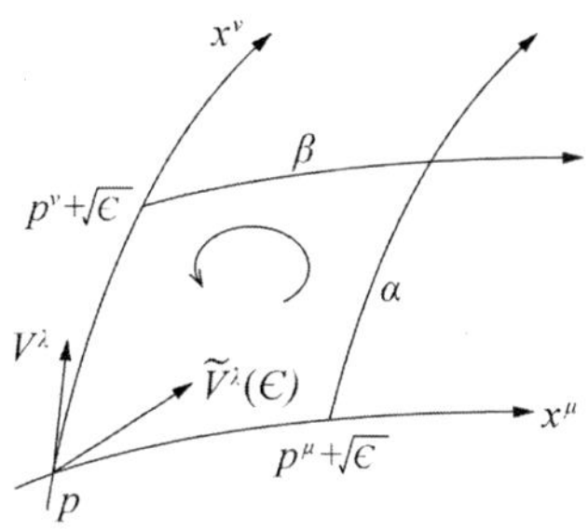

[그림 3-10]

점 p에서의 한 벡터 V^λ를 이 평행사변형을 따라 한 바퀴 평행이동 시킨 뒤 다시 p로 돌아 왔을 때 얻어진 벡터를 $\widetilde{V}^\lambda(\epsilon)$이라 하면 다음이 성립함을 보일 수 있다[89].

$$\left((D_\mu D_\nu - D_\nu D_\mu)V^\lambda=\right)R^\lambda_{l\mu\nu}\,V^l=\lim_{\epsilon\to 0}\frac{\widetilde{V}^\lambda(\epsilon)-V^\lambda}{\epsilon}\equiv\left[R(\partial_\mu,\partial_\nu)V\right]^\lambda \quad \cdots (3.16)$$

위 (3.16)을 통해 리만곡률텐서가 단힌 곡선을 따라 벡터를 평행이동했을 때 처음 벡터와 얼마나 달라지는지를 나타내는 양임을 알 수 있다.

② 측지편향(geodesic deviation)

시공간 상의 점 p에서 서로 수직인 두 단위벡터 u,χ에 대하여 다음과 같이 함수

89) 증명은 [Wald] pp. 37~38 참고. 위 (3.16)의 마지막 표현은 6.1절의 식 (6.1)을 참고할 것.

$F(s,t)$를 정의하자.

먼저 점 p에서 χ방향으로의 측지선을 $\gamma(s)\,(0 \le s \le a)$라 하고, 벡터 u를 γ를 따라 $\gamma(s)$까지 평행이동 시킨 것을 u_s라 하자. 점 $\gamma(s)$에서 u_s방향으로의 측지선을 $\sigma_s(t)$ $(0 \le t \le b)$라 하고 함수 $F(s,t) := \sigma_s(t)$로 정의하자. 이 때

$$\chi(t) := \left.\frac{\partial F(s,t)}{\partial s}\right|_{s=0}, \quad u(t) := \left.\frac{\partial F(0,t)}{\partial t}\right|_{s=0} = \sigma_0{}'(t)$$

로 정의하면 다음이 성립한다.[90)]

$$(D_u D_u \chi)^{\alpha} = -R^{\alpha}_{\beta\gamma\delta} u^{\beta} \chi^{\gamma} u^{\delta} \; (= (-R(\chi, u)u)^{\alpha}) \; (\text{단}, R(X, Y)Z \equiv R(X, Y, Z))$$

위 식은 간략하게 다음과 같이 표현할 수도 있다.

$$\chi'' = -R(\chi, u)u \qquad \cdots (3.17)$$

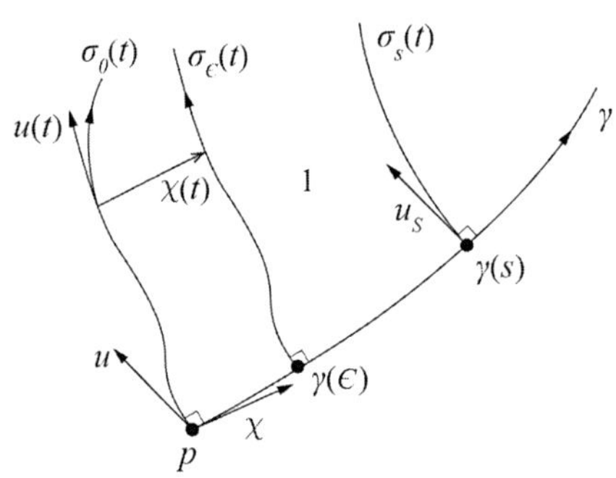

[그림 3-11]

위 (3.17)은 특별히 u가 시간을 닮은 벡터이고 χ가 공간을 닮은 벡터일 때 다음과 같은 물리적인 의미를 갖는다.

측지선 $\sigma_s(t)\;(0 \le s \le a)$는 시공간상의 각 사건 $\gamma(s)$에서 같은 방향으로 자유낙하 하는 물체들의 세계선을 나타내고 이 때, $\sigma_0(t)$상의 벡터장 $\chi(t) = \lim_{\epsilon \to 0} \frac{1}{\epsilon}(\sigma_\epsilon(t) - \sigma_0(t))$는 σ_0를 따라 자유낙하하는 관찰자 S와 충분히 가까운 거리 ϵ에서[91)] σ_ϵ를 따라 자유낙하하는 물체 m의 변위를 나타낸다. 따라서 $\chi''(t)$는 S의 고유시간이 t일 때 물체 m과 관찰

90) 증명은 [O'neill] p. 216 참고.
91) 예를 들어 $\epsilon = 1\,\text{nm}$ (나노미터).

자 S 사이에 작용하는 힘을 나타내는데, 이처럼 가까운 위치에서 각각 자유낙하 하는 두 물체사이에 작용하는 힘을 '**기조력**(tidal force)'이라고 부른다. 결론적으로 식 (3.17)은 리만곡률텐서의 물리적 의미를 기조력의 관점에서 보여주고 있다.

3.3.3 리치곡률과 스칼라곡률

리치곡률 $Ric_{\mu\nu}$와 스칼라곡률 S는 각각 다음과 같이 정의 된다.

$$Ric_{\mu\nu} := R^{\lambda}_{\mu\lambda\nu},^{92)} \quad S := g^{\mu\nu} Ric_{\mu\nu}$$

여기서 $Ric_{\mu\nu} \in \mathfrak{T}^0_2$이고 S는 시공간에서 정의된 함수임을 알 수 있다.

이 두 곡률의 의미를 살펴보기 위해 먼저 다음과 같이 '**섹션별 곡률**(sectional curvature)' K 를 정의하자.

정의 3.1 ▎

시공간상의 한 사건 p에서 $\langle u,u \rangle \langle v,v \rangle - \langle u,v \rangle^2 \neq 0$인 두 벡터 u, v에 대하여 섹션별 곡률 $K(u,v)$를 다음과 같이 정의한다.

$$K(u,v) = \frac{\langle R(u,v)v, u \rangle}{\langle u,u \rangle \langle v,v \rangle - \langle u,v \rangle^2}$$

참고

i) 네 실수 a, b, c, d 에 대하여 $\overline{u} = au + bv$, $\overline{v} = cu + dv$일 때 다음이 성립한다.[93)]

$$K(u,v) = K(\overline{u}, \overline{v})$$

ii) 사건 p에서 한 정규좌표계 (x^μ)를 잡으면 좌표벡터 $\{\partial_\mu\}$가 p에서 정규직교기저를 이룬다. 이 때 서로 수직인 두 벡터 $u = \partial_\mu$, $\chi = \partial_\nu$에 대하여 앞서 측지편향을 소개할

92) 이 식은 아인슈타인 표기법에 의해 $Ric_{\mu\nu} = \sum_{\lambda=0}^{3} R^{\lambda}_{\mu\lambda\nu}$을 의미하는데 여기서 $\lambda = \nu$이면 리만곡률텐서의 정의에 의해 $R^{\lambda}_{\mu\lambda\nu} = 0$이므로 $Ric_{\mu\nu} = \sum_{\lambda \neq \nu} R^{\lambda}_{\mu\lambda\nu}$로 이해 할 수 있다.

93) 증명은 [O'neill] p. 77 참고.

때와 같은 방식으로 $\chi(t)$를 정의하면 다음을 확인할 수 있다.

가) $u=\partial_0, \chi=\partial_i(i=1,2,3)$일 때:

$$K(\chi, u)=\frac{\langle R(\chi, u)u, \chi\rangle}{\langle \chi,\chi\rangle\langle u,u\rangle-\langle \chi,u\rangle^2}=\langle \chi'', \chi\rangle$$

나) $u=\partial_i$, $\chi=\partial_j(i, j=1,2,3)$일 때:

$$K(\chi, u)=\frac{\langle R(\chi, u)u, \chi\rangle}{\langle \chi,\chi\rangle\langle u,u\rangle-\langle \chi,u\rangle^2}=-\langle \chi'', \chi\rangle$$

이제 섹션별 곡률을 통해 리치곡률과 스칼라곡률의 의미를 살펴보자.

먼저, 사건 p에서 임의의 좌표계 (x^μ)에 대해 벡터 $u=(u^\mu)$가 주어졌을 때

$$Ric(u):=Ric_{\mu\nu}u^\mu u^\nu$$

로 정의하자. 이 때 $Ric(u)$는 좌표변환에 대해 불변이다.

만일 u가 시간을 닮은 단위벡터이면 p에서 $\partial_0=u$인 한 정규좌표계 (x^α)를 잡고 좌표벡터들을 $\{\partial_\alpha\}=\{\partial_0, \partial_i\}_{i=1,2,3}$으로 표기할 때 다음과 같이 $Ric(u)$를 계산할 수 있다.

$$\begin{aligned} Ric(u) &= Ric_{\alpha\beta}u^\alpha u^\beta (=\boldsymbol{Ric_{00}}) = R^\gamma_{\alpha\gamma\beta}(\partial_0)^\alpha(\partial_0)^\beta \\ &= R^\gamma_{\alpha\gamma\beta}(\partial_0)^\alpha(\partial_0)^\beta(\partial_\gamma)^\gamma = -\sum_{i=1}^{3}\langle D_{\partial_0}D_{\partial_0}\partial_i, \partial_i\rangle \\ &= -\sum_{i=1}^{3}\boldsymbol{K(\partial_0, \partial_i)} \end{aligned}$$

만일 u가 공간을 닮은 단위벡터인 경우이면 p에서 $\partial_1=u$인 한 정규좌표계를 잡고 좌표벡터 $\{\partial_a\}$에 대해 다음과 같이 $Ric(u)$를 계산할 수 있다.

$$\begin{aligned} Ric(u) &= Ric_{\alpha\beta}u^\alpha u^\beta (=\boldsymbol{Ric_{11}}) = R^\gamma_{\alpha\gamma\beta}(\partial_1)^\alpha(\partial_\gamma)^\gamma(\partial_1)^\beta \\ &= \langle D_{\partial_1}D_{\partial_1}\partial_0, \partial_0\rangle - \langle D_{\partial_1}D_{\partial_1}\partial_2, \partial_2\rangle - \langle D_{\partial_1}D_{\partial_1}\partial_3, \partial_3\rangle \\ &= \boldsymbol{K(\partial_1, \partial_0)+K(\partial_1, \partial_2)+K(\partial_1, \partial_3)} \end{aligned}$$

한편, p에서의 정규좌표계 (x^α)와 그 좌표벡터 $\{\partial_\alpha\}_{\alpha=0,1,2,3}$에 대해 다음을 알 수 있다.

$$S(p) = -Ric_{00} + \sum_{i=1}^{3} Ric_{ii} = \sum_{i=1}^{3} K(\partial_0, \partial_i) + \sum_{i=1}^{3}\left(\sum_{\beta \neq i} K(\partial_i, \partial_\beta)\right) = \sum_{\alpha \neq \beta} K(\partial_\alpha, \partial_\beta)$$

3.4 에너지-운동량 텐서

3.4.1 특수상대론적 정의[94)]

특수상대성 이론이 적용되는 기준 관성계 즉, 민코프스키 시공간에서 주어진 시각 t일 때 각 위치 $\overrightarrow{x_n}(t)$ $(n = 1,2,3,\cdots)$에 정지질량이 $m_n > 0$인 입자가 에너지-운동량 4-벡터 $(P_n^\alpha(t))_{\alpha = 0,1,2,3}$을 가지고 있는 계(system)가 있다고 하자.

이 때 이 계의 **'에너지-운동량 텐서'** $T^{\alpha\beta}(\vec{x}, t)$ $(0 \le \alpha, \beta \le 3)$은 다음과 같이 정의된다.

$$\begin{cases} T^{\alpha 0}(\vec{x}, t) := \sum_n P_n^\alpha(t) \delta^3(\vec{x} - \overrightarrow{x_n}(t)) \\ T^{\alpha i}(\vec{x}, t) := \sum_n P_n^\alpha(t) \dfrac{dx_n^i(t)}{dt} \delta^3(\vec{x} - \overrightarrow{x_n}(t)) \quad (i = 1,2,3) \end{cases} \qquad \cdots (3.18)$$

위 (3.18)은 다음과 같이 한 개의 식으로 표현할 수도 있다.

$$T^{\alpha\beta}(\vec{x}, t) := \sum_n P_n^\alpha(t) \frac{dx_n^\beta(t)}{dt} \delta^3(\vec{x} - \overrightarrow{x_n}(t)) \quad (\text{단, } x_n^0(t) \equiv t) \qquad \cdots (3.19)$$

만일 식 (2.10)을 이용하여 $P_n^\alpha(t) = E_n \dfrac{dx_n^\alpha(t)}{dt}$로 표기하고 이를 위 (3.19)에 대입하면 다음과 같은 표현을 얻는다.

$$T^{\alpha\beta}(\vec{x}, t) = \sum_n \frac{P_n^\alpha(t) P_n^\beta(t)}{E_n} \delta^3(\vec{x} - \overrightarrow{x_n}(t)) \qquad \cdots (3.19)'$$

이제 에너지-운동량 텐서의 여러 가지 특징과 의미에 대해 살펴보기로 하자.

① $T^{\alpha\beta} = T^{\beta\alpha}$ $(0 \le \alpha, \beta \le 3)$이 성립한다.

---

94) [Weinberg1] pp. 43~48을 참고하였음.

이것은 위 (3.19)′으로부터 자명하지만 다음과 같은 방법으로도 재확인 할 수 있다.

즉, 위 (3.19)와 $\delta^4(x-x_n(t_0)):=\delta(t-t_0)\delta^3(\vec{x}-\vec{x_n}(t_0))$를 이용하여 다음과 같이 $T^{\alpha\beta}$의 형태를 바꾸어 쓰면 $T^{\alpha\beta}=T^{\beta\alpha}$이 자명해 진다.

$$\begin{aligned}T^{\alpha\beta}(\vec{x},t) &= \int dt_0 \sum_n P_n^\alpha(t_0)\frac{dx_n^\beta(t_0)}{dt_0}\delta^4(x-x_n(t_0)) \\ &= \int d\tau \sum_n P_n^\alpha(\tau)\frac{dx_n^\beta(\tau)}{d\tau}\delta^4(x-x_n(\tau)) \\ &= \int d\tau \sum_n \frac{dx_n^\alpha(\tau)}{d\tau}\frac{dx_n^\beta(\tau)}{d\tau}\delta^4(x-x_n(\tau)) \qquad \cdots (3.20)\end{aligned}$$

② $T^{\alpha\beta}$는 (0,2)-텐서이다.

이것을 보이기 위해서는 위 (3.20)에 의해 $\delta^4(x-x_n(\tau))$가 스칼라임을 다음과 같이 보이면 충분하다. 즉, 로렌츠 부스트 $\Lambda: x \mapsto x'$와 스칼라 함수 $f:\mathbb{R}^4\to\mathbb{R}$에 대하여 다음이 성립한다.

$$\begin{aligned}\int f(x)\delta^4(x'-x'_n(\tau))d^4x &= \int f(x')\delta^4(x'-x'_n(\tau))(\det\Lambda)d^4x' \\ &= f(x'_n(\tau)) = f(x_n(\tau)) = \int f(x)\delta^4(x-x_n(\tau))d^4x\end{aligned}$$

따라서 $\delta^4(x'-x'_n(\tau))=\delta^4(x-x_n(\tau))$이다.

③ $G^\alpha(\vec{x},t):=\sum_n \delta^3(x-\vec{x_n}(t))\frac{dP_n^\alpha(t)}{dt}$일 때 $\frac{\partial}{\partial x^\beta}T^{\alpha\beta}=G^\alpha$이 성립한다.[95)]

이는 다음 계산을 통해 확인할 수 있다.

$$\frac{\partial}{\partial x_i}T^{\alpha i}(\vec{x},t)=\sum_n P_n^\alpha(t)\frac{dx_n^i(t)}{dt}\frac{\partial}{\partial x^i}\delta^3(\vec{x}-\vec{x_n}(t))$$

95) 어떤 의미에서 G^α는 ‘힘의 밀도’를 나타내는 양으로 볼 수 있다.

$$= -\sum_n P_n^\alpha(t) \frac{dx_n^i(t)}{dt} \frac{\partial}{\partial x_n^i} \delta^3(\vec{x} - \vec{x_n}(t))$$

$$= -\sum_n P_n^\alpha(t) \frac{\partial}{\partial t} \delta^3(\vec{x} - \vec{x_n}(t))$$

$$= -\frac{\partial}{\partial t} T^{\alpha 0}(\vec{x}, t) + \sum_n \frac{dP_n^\alpha(t)}{dt} \delta^3(\vec{x} - \vec{x_n}(t))$$

참고로, 위 두 번째 등식에서 다음을 이용하였다.

$$\frac{d}{dx}\delta(x - x_n) = \lim_{h \to 0} \frac{\delta(x + h - x_n) - \delta(x - x_n)}{h} = -\lim_{h \to 0} \frac{\delta(x - (x_n - h)) - \delta(x - x_n)}{-h}$$

$$= -\lim_{t \to 0} \frac{\delta(x - (x_n + t)) - \delta(x - x_n)}{t} = -\frac{d}{dx_n}\delta(x - x_n)$$

참고

i) 계를 구성하는 입자들이 모두 자유운동(free motion)을 하는 경우라면 위 ③의 G^α의 정의에서 $\frac{dP_n^\alpha(t)}{dt} = 0$이므로 $G^\alpha \equiv 0$이다. 따라서 위 ③에서의 식은 다음과 같이 표현된다.

$$\frac{\partial}{\partial x^\beta} T^{\alpha\beta} = 0 \qquad \cdots (3.21)$$

이 식은 다시 다음과 같이 쓸 수 있다.

$$\frac{\partial}{\partial t} T^{\alpha 0} + \frac{\partial}{\partial x^i} T^{\alpha i} = 0 \qquad \cdots (3.22)$$

위 (3.22)에서 $T^{\alpha 0}$와 $T^{\alpha i}$는 각각 정의 (3.18)에서 볼 수 있듯이 **'에너지-운동량 밀도'**와 **'에너지-운동량 밀도의 흐름'**을 나타내는 양으로 해석할 수 있다. 따라서 식 (3.22)는 유체역학에서 유체의 질량밀도 ρ와 질량밀도의 흐름을 나타내는 $\rho\vec{v}$를 통해 유체의 질량에 대한 보존법칙을 나타내는 다음 식과 같은 형태임을 알 수 있다.

$$\frac{\partial}{\partial t}\rho + \vec{\nabla} \cdot (\rho\vec{v}) = 0 \qquad \cdots (3.23)$$

실제로, 공간의 임의의 유한한 영역 $\Omega(\subset \mathbb{R}^3)$에 대하여 위 (3.23)을 적분하면 다음을 얻는다.

$$\int_\Omega \overrightarrow{\nabla} \cdot (\rho\vec{v})dvol = -\frac{\partial}{\partial t}\left(\int_\Omega \rho\, dvol\right) \qquad \cdots (3.24)$$

위 (3.24)의 좌변은 발산정리에 의해 $\int_{\partial\Omega} \rho\vec{v}\, dS$와 같고 이는 단위시간당 Ω의 경계인 $\partial\Omega$를 빠져나간 유체의 질량과 같고, 우변은 단위시간당 Ω 내부에 있는 유체의 질량의 감소량을 나타내므로 결국 (3.24)는 Ω를 빠져나간 유체의 양만큼 Ω 내부의 유체의 질량이 감소한다는 것을 보여주고 있다.

이와 마찬가지로 위 식 (3.22)로부터 공간의 임의의 유한한 영역 $\Omega(\subset \mathbb{R}^3)$를 빠져나간 에너지-운동량 텐서의 양만큼 Ω 내부의 에너지-운동량 텐서의 양이 감소한다는 것을 알 수 있다.

특히, $P_n^0(t)$는 시각 t일 때 n번째 입자의 상대론적 에너지(단, $c=1$)를 나타내고, $(P_n^i(t))_{i=1,2,3}$은 시각 t일 때 n번째 입자의 상대론적 3-운동량을 나타내므로 위 (3.21)은 다음과 같이 나누어 해석할 수 있다.

$$\frac{\partial}{\partial x^\beta}T^{0\beta} = 0 \ \text{: 상대론적 에너지 보존}$$

$$\frac{\partial}{\partial x^\beta}T^{i\beta} = 0\,(i=1,2,3) \ \text{: 상대론적 3-운동량 보존}$$

ii) 만일 자유입자들이 각 지점에서 서로 충돌하면서 작용-반작용에 의해 운동량을 서로 주고 받는 상황이라 해도 각 충돌 지점에서 총 운동량의 변화는 없으므로[96], 이 경우도 $G^\alpha \equiv 0$임을 알 수 있다. 즉, 시각 t일 때 일어난 c번째 충돌에 관여하는 입자들에 대한 운동량의 합을 $\sum_{n\in c} P_n^\alpha(t)$로 나타내면 이는 보존량이 된다. 따라서 $\overrightarrow{x_c}(t)$를 시각 t일 때 c번 째 충돌이 일어나는 위치라고 하면 다음이 성립한다.([그림 3-12])

$$G^\alpha(\vec{x},t) = \sum_c \delta^3(\vec{x} - \overrightarrow{x_c}(t))\frac{d}{dt}\sum_{n\in c} P_n^\alpha(t) = 0$$

96) 2.2.4절에서 에너지-운동량 벡터 P^μ이 충돌 전후에 보존됨을 설명하였다.

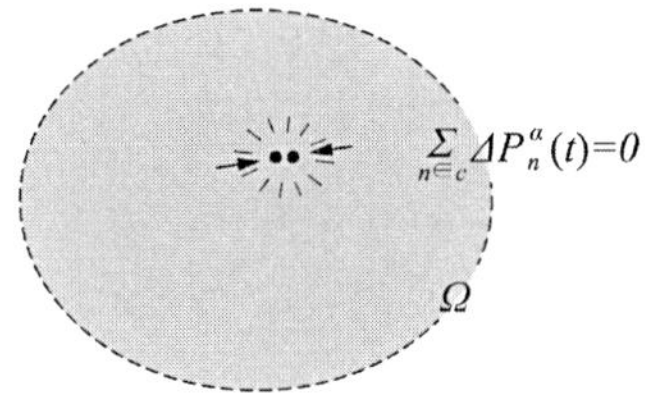

[그림 3-12]

한편, 만일 계를 구성하는 자유입자들이 전하를 띤 경우라면 서로 떨어진 먼 거리에서 운동량을 주고받는 '원격 충돌'이 일어날 수 있는데 이 경우에 영역 Ω에서 $G^\alpha \neq 0$일 수 있고 공간의 특정한 영역 Ω의 경계를 출입하는 입자가 없으면서 Ω내부에서의 에너지-운동량이 증가 혹은 감소할 수도 있다.([그림 3-13] 참조)

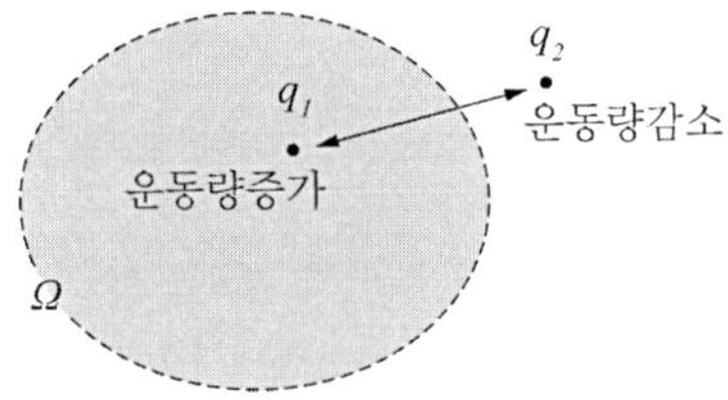

[그림 3-13]

그러나 이와 같이 전하를 띤 두 입자 q_1, q_2 사이에 전자기 상호작용과 같은 원거리 상호작용이 있는 경우에는 광자(photon)가 $\partial\Omega$를 출입하고[97] 있다는 사실이 고려되어야 한다. 사실 양자장론에 의하면 입자는 일종의 '물질장(matter field)'로 이해할 수 있고 특별히 전하를 띤 입자의 물질장들이 주고받는 전자기적 상호작용은 전자기장이라는 '힘장(force field)'에 해당하는 양자(quanta)인 광자(photon)를 매개로 이루어진다. 따라서 위의 상황에서는 질량을 가진 입자로 구성된 물리계 외에 정지질량이 없는 광자들로 구성된 물리계에 대한 에너지-운동량 텐서 $T_{em}^{\alpha\beta}$ 도 함께 고려하여 총 에너지-운동량의 보존을 살펴보아야 한다.

실제로 광자들로 구성된 전자기장의 물리계에 대한 에너지-운동량 텐서는 다음과 같이 정의된다.

$$T_{em}^{\alpha\beta} := F_\gamma^\alpha F^{\beta\gamma} - \frac{1}{4}\eta^{\alpha\beta}F_{\gamma\delta}F^{\gamma\delta}$$

97) 엄밀하게는 Ω 내부에서 소멸(또는 생성)하고 Ω 외부에서 생성(또는 소멸)한다고 볼 수 있는데 이는 양자장론에서 '전파인자(propagator)'를 통해 이론적으로 기술된다.

위 식에서 특별히, $T_{em}^{00} = \frac{1}{2}(E^2+B^2)$, $T_{em}^{i0} = \frac{1}{2}(\vec{E}\times\vec{B})_i$ 임을 알 수 있다.

이제 입자와 같은 물질에 의한 물질장과 복사(radiation) 즉, 빛과 같은 전자기장에 의한 힘장으로 이루어진 에너지-운동량 텐서를 $T^{\alpha\beta} := \sum_n P_n^\alpha \frac{dx_n^\beta}{dt}\delta^3(\vec{x}-\vec{x_n}(t)) + T_{em}^{\alpha\beta}$ 로 두고 계산을 진행하면 $\partial_\alpha T^{\alpha\beta}=0$을 얻을 수 있음이 알려져 있다.[98]

3.4.2 $T^{\alpha\beta}$의 물리적 의미

① 극소영역에서의 $T^{\alpha\beta}$의 평균값

물리계를 이루는 전 공간을 가로, 세로, 높이의 길이가 충분히 작은 무한소량 즉 $\delta x, \delta y, \delta z$인 직육면체 Ω_n $(n=1,2,3,\cdots)$들로 잘게 분할하여 각 직육면체 Ω_n의 내부마다 물리계를 구성하는 입자 한 개가 포함되어 있도록 하자. 시각 t일 때 Ω_n의 내부에 있는 입자의 위치를 $\vec{x_n}(t)$라 할 때 식 (3.19)에서 정의된 $T^{\alpha\beta}(\vec{x},t)$에 대한 Ω_n에서의 평균값 $\widetilde{T_n^{\alpha\beta}}(t)$는 다음과 같이 표현된다.

$$\widetilde{T_n^{\alpha\beta}}(t) = \frac{1}{\delta\Omega_n}\int_{\Omega_n} T^{\alpha\beta}(\vec{x},t)\,dvol \quad (\text{단, } \delta\Omega_n = \delta x\delta y\delta z)^{99)}$$

이 때 식 (3.19)에 의해 위 식의 우변을 계산하면 다음과 같다.

$$\widetilde{T_n^{\alpha\beta}}(t) = \frac{1}{\delta\Omega_n}P_n^\alpha(t)\frac{dx_n^\beta(t)}{dt}\int_{\Omega_n}\delta^3(\vec{x}-\vec{x_n}(t))dvol = \frac{P_n^\alpha(t)}{\delta\Omega_n}v_n^\beta(t) \quad \cdots (3.25)$$

여기서 $\frac{P_n^\alpha(t)}{\delta\Omega_n}$의 의미를 생각해보자.

$\vec{x_n}(t)$에 위치한 입자 한 개만을 포함하는 극소 영역 Ω_n에 대해, 이 영역 내부의 에너지-운동량 텐서의 α-성분의 총량을 $\delta P_n^\alpha(t)$라 하면 $\delta P_n^\alpha(t) = P_n^\alpha(t)$라고 할 수 있다. 따라

---

98) [Weinberg1] p. 45의 (2.8.13) 참고.

99) 만일 $\delta x, \delta y, \delta z$가 한없이 작아져서 $\Omega_n \to \vec{x_n}(t)$ 이면 $\widetilde{T_n^{\alpha\beta}}(t) \to T^{\alpha\beta}(\vec{x_n}(t),t)$라고 할 수 있다.

서 $\dfrac{P_n^{\alpha}(t)}{\delta\Omega_n}$ 즉, $\dfrac{\delta P_n^{\alpha}(t)}{\delta\Omega_n}$는 극소 영역 Ω_n에서의 에너지-운동량 텐서의 α-성분에 대한 '밀도'를 나타내는 것으로 볼 수 있다. 이를 $\widehat{P_n^{\alpha}}(t)$로 표기하고 $v_n^0(t)=1$임에 유의하면 식 (3.25)는 다음과 같이 다시 쓸 수 있다.

$$\begin{cases}(\widetilde{T_n^{0\beta}}(t))_{\beta=0,1,2,3}=(\widehat{P_n^{0}}(t),\ \widehat{P_n^{0}}(t)v_n^1(t),\ \widehat{P_n^{0}}(t)v_n^2(t),\ \widehat{P_n^{0}}(t)v_n^3(t))\\ (\widetilde{T_n^{i\beta}}(t))_{\beta=0,1,2,3}=(\widehat{P_n^{i}}(t),\ \widehat{P_n^{i}}(t)v_n^1(t),\ \widehat{P_n^{i}}(t)v_n^2(t),\ \widehat{P_n^{i}}(t)v_n^3(t))\ \ (1\le i\le 3)\end{cases} \quad \cdots(3.25)'$$

따라서 $(\widetilde{T_n^{0\beta}}(t))_\beta$**는 극소 영역** Ω_n**에서의 입자의 에너지 밀도** $\widehat{P_n^{0}}(t)$**와 이 에너지 밀도의 흐름(flux)을 나타내는 성분으로 이루어져 있고,** $(\widetilde{T_n^{i\beta}}(t))_\beta$**는 극소 영역** Ω_n**에서의 입자의 운동량의 밀도** $\widehat{P_n^{i}}(t)$**와 이 밀도의 흐름(flux)을 나타내는 성분으로 이루어져 있음**을 알 수 있다.

이제 $T^{\alpha\beta}(\vec{x},t)$의 정의를 다시 생각해보자.

정의 (3.19)에 의해 $\vec{x}\neq\overrightarrow{x_n}(t)$ $(n=1,2,3,\cdots)$이면 $T^{\alpha\beta}(\vec{x},t)=0$이다. 따라서 $T^{\alpha\beta}(\vec{x},t)$가 0이 아닌 값을 갖는 경우는 적당한 n에 대하여 $\vec{x}=\overrightarrow{x_n}(t)$일 때라고 할 수 있는데 이 때 $T^{\alpha\beta}(\overrightarrow{x_n}(t),t)$는 다음과 같이 생각할 수 있다.[100)]

$$T^{\alpha\beta}(\overrightarrow{x_n}(t),t)=\lim_{\Omega_n\to x_n}\widetilde{T_n^{\alpha\beta}}(t)=\lim_{\delta\Omega_n\to 0}\widehat{P_n^{\alpha}}(t)\,v_n^{\beta}(t)$$

따라서 충분히 작은 Ω_n에 대해 근사적으로 다음과 같이 쓸 수 있다.

$$T^{\alpha\beta}(\overrightarrow{x_n}(t),t)\sim\widetilde{T_n^{\alpha\beta}}(t)=\widehat{P_n^{\alpha}}(t)\,v_n^{\beta}(t) \quad \cdots(3.26)$$

사실 위 근사식은 $\delta^3(\vec{x}-\overrightarrow{x_n}(t))$을 다음과 같이 근사시킨 결과로 볼 수도 있다.

---

100) 사실 정의 (3.19)에서의 $T^{\alpha\beta}(\vec{x},t)$는 함수가 아니라 일종의 '범함수(distribution)'이므로 디락-델타 함수처럼 $T^{\alpha\beta}[f]=\int T^{\alpha\beta}f(\vec{x})\,dvol$과 같은 방식으로 다루어야 한다. 여기서 $\vec{x}=\overrightarrow{x_n}(t)$를 대입하는 것은 디락-델타 함수 $\delta(x)$에 $x=0$을 대입하는 것과 같다. 따라서 우리가 본문에서 알아보고자 하는 것은 $T^{\alpha\beta}(\overrightarrow{x_n}(t),t)$의 값 자체가 아니라 이 값의 여러 가지 다른 표현을 통해 나타나는 그 물리적 의미라고 할 수 있다.

$$\delta^3(\vec{x}-\overrightarrow{x_n}(t)) \overset{\delta_n \ll 1}{\sim} f_{\delta_n}(\vec{x}) = \begin{cases} \dfrac{1}{\delta\Omega_n}, & \vec{x} \in \Omega_n \\ 0, & \vec{x} \notin \Omega_n \end{cases} \qquad \cdots (3.27)$$

(단, $\delta_n = \max\{\delta x, \delta y, \delta z\}$)

특별히 위 (3.26)에서 $\beta = 0$인 경우는 $\vec{x} \in \Omega_n$에서 다음이 성립한다.

$$T^{\alpha 0}(\vec{x}, t) \sim \begin{cases} \hat{P}_n^\alpha(t), & \vec{x} = \overrightarrow{x_n}(t) \\ 0, & \vec{x} \in \Omega_n - \{\overrightarrow{x_n}(t)\} \end{cases}$$

이것은 $\widehat{P_n^\alpha}(t)$과 $T^{\alpha\beta}(\vec{x}, t)$의 정의를 이용한 다음 계산결과와도 일관됨을 알 수 있다.

i) $\displaystyle\int_{\Omega_n} \widehat{P_n^\alpha}(t) dvol = \int_{\Omega_n} P_n^\alpha(t) \frac{1}{\delta\Omega_n} dvol = P_n^\alpha(t) \frac{\delta\Omega_n}{\delta\Omega_n} = P_n^\alpha(t)$

ii) $\displaystyle\int_{\Omega_n} T^{\alpha 0}(\vec{x}, t) dvol = \int_{\Omega_n} P_n^\alpha(t) \delta(\vec{x} - \overrightarrow{x_n}(t))\, dvol$

$$= P_n^\alpha(t) \int_{\Omega_n} \delta(\vec{x} - \overrightarrow{x_n}(t)) = P_n^\alpha(t)$$

결론적으로 근사식 (3.26)을 이용하면 각 자연수 n에 대하여 $\vec{x} \in \Omega_n$에서 $T^{\alpha\beta}(\vec{x}, t)$는 다음과 같이 근사적으로 표현될 수 있다.

$$T^{\alpha\beta}(\vec{x}, t) \sim \begin{cases} \hat{P}_n^\alpha(t) v_n^\beta(t) (= \widetilde{T}_n^{\alpha\beta}(t)), & \vec{x} = \overrightarrow{x_n}(t) \\ 0, & \vec{x} \in \Omega_n - \{\overrightarrow{x_n}(t)\} \end{cases}$$

즉, $\vec{x} \in \Omega_n$에서 $T^{\alpha\beta}(\vec{x}, t)$는 본질적으로 $\widetilde{T_n^{\alpha\beta}}(t)$과 동일한 물리적 의미를 갖는 것으로 이해할 수 있다.

고리양자중력(LQG)의 중요한 수학적 결론 중의 하나는 물질이 더 이상 쪼갤 수 없는 소립자 구조를 갖는 것과 마찬가지로 공간도 더 이상 쪼갤 수 없는 양자 구조를 가진다는 것이다. 만일 이러한 전제를 바탕으로 $T^{\alpha\beta}$를 정의한다면 연속적인 $\vec{x}$ 에서의 $T^{\alpha\beta}(\vec{x},t)$를 디락-델타 함수를 포함하는 '범함수(functional, distribution)'의 형태로 정의하는 대신, 플랑크 스케일 단위의 이산적인 공간의 양자인 $\Omega_n (n = 1,2,3,\cdots)$에서의 $T^{\alpha\beta}(\Omega_n, t)$을 $(3.25)'$에서의 $\widetilde{T_n^{\alpha\beta}}(t)$로 정의하는 것이 자연스러울 것이다. 즉, 다음과 같다.

$$T^{\alpha\beta}(\Omega_n,t) \equiv \hat{P}_n^{\alpha}(t)v_n^{\beta}(t)\left(= \frac{P_n^{\alpha}(t)}{\delta\Omega_n}v_n^{\beta}(t)\right) \ (\text{단, } v_n^0(t)=1)$$

② 거시적 스케일에서의 $T^{\alpha\beta}$의 값: 유체역학적 접근

한 개의 은하를 구성하는 항성의 개수는 수천억에서 1조 개에 이르고 우리 우주에서 관측 가능한 은하의 개수는 약 2조개에 이른다고 한다. 또한 은하를 이루는 물질 외에도 복사에너지와 같은 빛의 양자들(photon)을 포함하여 정체가 알려지지 않은 암흑물질, 암흑에너지까지 고려한다면 이처럼 많은 물질 및 에너지들을 각각의 양자 입자 단위로 다루어서는 현실적인 분석이 가능한 우주의 수학적 모델을 구상하는 것이 거의 불가능한 일임을 알 수 있다.

이것은 마치 $1m^3$당 10^{19}개 정도의 기체분자가 들어 있는 대기에서 일어나는 여러 가지 대기 현상을 입자단위로 다루어 각 분자 입자의 질량과 이에 작용하는 힘을 계산하는 것이 거의 불가능한 것과 같은 상황이라고 볼 수 있다. 실제로 대기현상을 수학적으로 모델링하여 분석할 때는 질량이나 힘과 같은 물리량보다는 통계역학적인 접근을 통해 밀도나 압력 등과 같은 물리량을 계산하는 것이 현실적으로 유용하다.

압력의 경우, 대기 중의 기체분자 1개가 $1m$를 진행하는 동안 10^7번 이상의 분자 충돌을 일으킬 정도로 무질서한 운동을 하는데 이를 열운동이라고 한다. 예를 들어 정육면체의 밀폐된 용기에 들어 있는 기체 분자들은 제각기 열운동을 하여 용기의 벽에 부딪히므로 벽면은 평균적으로 일정한 힘을 받게 된다. 이 때 수많은 기체 분자들이 벽면에 수직인 방향으로 단위면적당 작용하는 힘을 기체의 압력으로 정의한다.

마찬가지로 우주를 수많은 은하 또는 복사(radiation) 등의 '구성입자'들로 이루어진 거대한 유체(fluid)로 간주했을 때, 이 구성입자들은 대기 중의 기체분자처럼 평균적으로 매우 짧은 시간 즉 δt동안 거리 δL만큼 자유운동을 하다가 충돌을 하고 다시 자유운동을 하는 것을 반복하는 것으로 볼 수 있다. 이 때 대기 중의 압력과 마찬가지로 이 유체 내부의 압력을 생각할 수 있는데 이를 계산하기 위해 우선 입자들의 열운동을 크게 x-방향, y-방향, z-방향으로 나누어 생각해 보자.

아래 [그림 3-14]과 같이 각 변의 길이가 $\delta x, \delta y, \delta z$인 가상의 직육면체 Ω_n의 내부에서 x-축을 따라 오른쪽 또는 왼쪽 벽면과 탄성충돌을 하며 왕복 운동을 하는 한 입자를 생각하고 한 쪽 벽면과 충돌하기 전 δt시간동안 자유운동을 하는[101] 이 입자의 운동량이 P_n^x

이라고 하자.

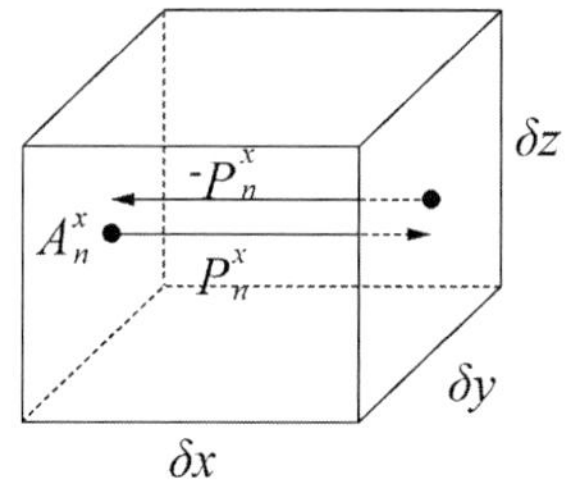

[그림 3-14]

만일 입자가 시각 t일 때 오른쪽 벽면을 출발하여 $t+\delta t$일 때 왼쪽 벽면에 충돌하고 다시 $t+2\delta t$일 때 오른쪽 벽면에 도달한다고 하면 $t < t' < t+2\delta t$일 때 입자가 왼쪽 벽면에 작용한 힘의 함수 $f_n^x(t')$는 수학적으로 $f_n^x(t') = 2P_n^x\delta(t'-t-\delta t)$와 같이 표현할 수 있다. 실제로 이 식은 뉴턴의 제2법칙 즉 '$P(t) = \int f(t)\,dt$'을 만족함을 다음과 같이 확인할 수 있다.

$$P_n^x(t+2\delta t) - P_n^x(t) = 2P_n^x = \int_t^{t+2\delta t} f_n^x(t')dt'$$

이제 [그림 3-14]와 같이 매 $2\delta t$초 마다 한 번씩 왼쪽 벽면에 충돌하면서 힘을 가하는 것은 평균적으로 $\frac{1}{2\delta t}\int_t^{t+2\delta t} f_n^x(t')dt' = \frac{P_n^x}{\delta t} \equiv \widetilde{f_n^x}(t)$의 힘이 일정하게 $2\delta t$초 동안 벽면에 가해지는 것으로 생각할 수 있고 따라서 벽면 A_n^x에 작용하는 압력 $p_n^x(t)$는 다음과 같이 계산할 수 있다.

$$p_n^x(t) = \frac{\widetilde{f_n^x}(t)}{\delta y\,\delta z} = \frac{P_n^x(t)}{\delta t}\frac{\delta x}{\delta x\,\delta y\,\delta z} = P_n^x(t)\frac{\delta x}{\delta t}\frac{1}{\delta x\,\delta y\,\delta z} = \frac{P_n^x(t)}{\delta\Omega_n}v_n^x(t) = \widetilde{T_n^{xx}}(t) \quad 102)$$

101) 입자간 충돌사이에 자유운동을 하는 경로를 '**평균 자유 경로**(mean free path)'라고 하는데 이 길이가 매우 짧으면(또는 δt가 매우 짧으면) 유체의 구성입자들의 열운동은 관찰자에 대해 큰 스케일에서 특정한 방향성이 없어 '등방적(isotropic)'이라고 말 할 수 있고, 이 관찰자에 대해 역시 큰 스케일에서 이 유체는 정지해 있다고 말 할 수 있다. ([Weinberg1] pp. 47~48) 즉, 멀리서 보면 유체와 그 구성성분들이 정지해 있는 것처럼 보이고 아주 가까이에서 보면 유체의 구성성분들이 매우 짧은 거리를 열운동하며 주변의 압력을 만들고 있음을 볼 수 있다.

102) 입자의 상대론적 질량을 m이라고 하면 $p_n^x(t) = \frac{mv_n^x}{\delta\Omega_n}v_n^x > 0$임을 알 수 있다.

즉, $\widetilde{T_n^{xx}}(t)(=T^{xx}(\Omega_n, t))$는 우주를 구성하는 구성입자들의 열운동에 의해 극소영역 Ω_n에서 x-방향으로 가해지는 압력으로 해석할 수 있다.

마찬가지 방법으로 $\widetilde{T_n^{yy}}(t)(=T^{yy}(\Omega_n, t))$와 $\widetilde{T_n^{zz}}(t)(=T^{zz}(\Omega_n, t))$는 각각 y-방향과 z-방향으로 가해지는 압력으로 볼 수 있다.

또 같은 방법으로 $\widetilde{T_n^{xy}}(t)(=T^{xy}(\Omega_n, t))=\dfrac{f_n^x(t)}{\delta x\,\delta z}$이고 이는 y-축에 수직인 면에 단위면적당 작용하는 힘의 x성분을 나타내는 것으로 해석할 수 있는데 이를 '**응력**(shear stress)'이라고 부른다.

결국, $\widetilde{T_n^{ij}}(t)(=T^{ij}(\Omega_n, t))\,(1 \le i, j \le 3)$은 극소영역 Ω_n에서 x^j-축에 수직인 면에 단위면적당 작용하는 힘의 i-성분(압력 또는 응력)을 나타내는 것으로 해석할 수 있다.

한편, $(\widetilde{T_n^{0\beta}}(t))_\beta$는 극소 영역 Ω_n에서의 입자의 에너지 밀도 $\widehat{P_n^0}(t)$와 이 에너지 밀도의 흐름(flux)을 나타내는 성분으로 이루어져 있음을 앞서 언급하였다.

이상과 같이, **우주를 매우 큰 스케일에서 모델링하여 하나의 유체로 다룰 때, 에너지-운동량 텐서 $T^{\alpha\beta}$의 각 성분들은 이 유체의 에너지 밀도와 그 흐름**(flux), **압력 및 응력 등으로 해석할 수 있다**. 이를 정리하면 아래 [그림 3-15]와 같다.

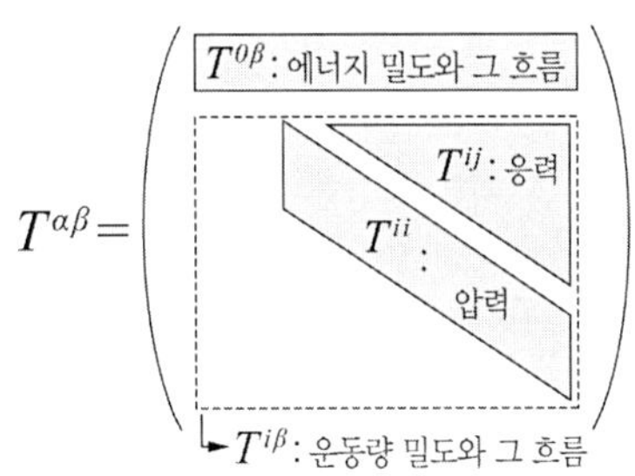

[그림 3-15]

우주를 거시적 스케일에서 유체(fluid)로 모델링할 때, 우주를 구성하는 유체분자(은하, 복사 등)들의 평균 자유 경로(mean free path)의 길이가 매우 짧으면 거시적인 스케일에서 이 유체분자들의 열운동은 특정한 방향성을 보이지 않는 것으로 볼 수 있으며 특정한 관찰자(comoving observer)에 의해 이 우주는 등방적이고 정지해 있는 것으로 관찰된다.

이와 같은 물리적 상황은 '**완전유체**(perfect fluid)'라는 개념을 통해 기술될 수 있는데, 완전유체란 이 유체가 등방적이고 정지해 있는 것으로 관찰되는 한 관찰자에 의해 이 유체의 에너지-운동량 텐서 $T^{\alpha\beta}$가 에너지 밀도 ρ와 압력 p에 의해서만 기술되는 유체를 말한다.[103] 따라서 이 관찰자의 입장에서는 에너지 밀도가 특정방향으로 흘러간다거나 유체에 응력이 작용하는 상황은 관찰되지 않고 x, y, z 각 방향으로의 압력이 모두 같은 값 p를 갖는 것으로 관찰된다.

이 경우 보통 에너지 밀도 ρ는 은하들의 질량에 기인하고, 압력 p는 복사(radiation)에 기인한다. 우리우주의 경우 p는 ρ보다 훨씬 작은 값으로 관찰되는데 특별히 $p=0$인 완전유체를 **'먼지유체(dust)'**라고 부른다.[104]

완전유체에 대해 정지해 있는 정지좌표계의 관찰자 $\widetilde{S}$에 대해 에너지-운동량 텐서 $\widetilde{T}^{\alpha\beta}$는 완전유체의 정의에 의해 다음과 같이 주어진다.

$$\widetilde{T}^{\alpha\beta}=\begin{pmatrix}\rho & 0 & 0 & 0\\ 0 & p & 0 & 0\\ 0 & 0 & p & 0\\ 0 & 0 & 0 & p\end{pmatrix}\equiv \mathrm{diag}(\rho,p,p,p) \qquad \cdots (3.28)$$

이제 $\widetilde{S}$ (혹은 완전 유체)가 $\vec{v}$ 속력으로 움직이는 것으로 관찰되는 관찰자 S를 생각하면 두 좌표계 $\widetilde{S}:(\widetilde{x^{\beta}})$와 $S:(x^{\alpha})$사이에는 로렌츠 변환식 $x^{\alpha}=\Lambda^{\alpha}_{\beta}(v)\widetilde{x^{\beta}}$ (단, $v=|\vec{v}|$)이 성립한다. 따라서 좌표계 $S:(x^{\alpha})$에 대한 에너지-운동량 텐서 $T^{\alpha\beta}$는 다음과 같이 나타낼 수 있다.

$$T^{\alpha\beta}=\Lambda^{\alpha}_{\gamma}(v)\Lambda^{\beta}_{\delta}(v)\widetilde{T}^{\gamma\delta}$$

여기서 위 (3.28)을 이용하여 위 식을 다시 쓰면 다음과 같다.

$$\begin{cases} T^{ij}=p\delta_{ij}+(p+\rho)\dfrac{v_i v_j}{1-v^2} \\ T^{i0}=(p+\rho)\dfrac{v_i}{1-v^2} \\ T^{00}=\dfrac{(\rho+pv^2)}{1-v^2}\end{cases} \qquad \cdots (3.29)$$

만일 완전유체의 속도 4-벡터 (U^{α})를

---

103) [Carroll] p. 34, [Weinberg1] pp. 47~48

104) [O'neill] pp. 341, 350 참고. 먼지유체로 모델링한 우주의 특징에 관해서는 [O'neill] p. 351 참조할 것.

$$U^{\alpha}=\left(\frac{dt}{d\tau},\frac{d\vec{x}}{d\tau}\right)=\left(\frac{1}{\sqrt{1-v^2}},\frac{\vec{v}}{\sqrt{1-v^2}}\right)$$

로 나타내면 위 (3.29)는 $(\eta^{\alpha\beta})=\mathrm{diag}(-1,1,1,1)$을 이용하여 다음과 같이 다시 쓸 수 있다.

$$T^{\alpha\beta}=p\,\eta^{\alpha\beta}+(p+\rho)\,U^{\alpha}U^{\beta} \qquad \cdots (3.30)$$

참고로 완전 유체에 대해 정지해 있는 정지좌표계의 관찰자 $\tilde{S}$에 대해 위 (3.28)의 에너지-운동량 텐서를 이용하면 다음을 계산할 수 있다.

$$p=\frac{1}{3}\sum_{i=1}^{3}T^{ii}=\frac{1}{3}\sum_{n}\frac{|\vec{P}_n|^2}{E_n}\delta(\vec{x}-\vec{x_n})$$

$$\rho=T^{00}=\sum_{n}E_n\,\delta^3(\vec{x}-\vec{x_n})$$

따라서 관찰자 $\tilde{S}$에 대해 완전유체의 구성입자들이 사실상 정지해 있는 먼지유체의 경우는 $|\vec{P_n}|\equiv 0$ 즉, $p=0$이고, 완전유체의 입자들이 빛의 속도에 매우 가까운 상대론적 상황에서는 각 n에 대하여 $E_n\simeq|\vec{P_n}|$이므로 위의 두 식으로부터 $\rho\simeq 3p$임을 알 수 있다.

따라서 민코브스키 시공간에서의 완전유체에 대하여 일반적으로 $0\le p\le\frac{\rho}{3}$이 성립한다고 할 수 있다.([Weinberg1] p. 51) 특별히, $p=0$일 때 먼지유체이고 $p=\frac{\rho}{3}$일 때는 복사(radiation)로 이루어진 완전유체이다.

3.4.3 일반상대론적 정의[105)]

중력이 존재하는 임의의 시공간에서 정지질량이 $m(>0)$인 한 입자의 세계선이 국소좌표계 (x^{μ})에 의해 $(x^{\mu}(\tau))$(단, τ는 입자의 고유시간)로 표현될 때 이 입자의 에너지-운동량 4-벡터 $p^{\mu}(\tau)$는 다음과 같이 정의된다.[106)]

$$p^{\mu}(\tau)\equiv m\frac{dx^{\mu}}{d\tau}$$

105) [Weinberg1] p. 126.

106) [Wald] p. 61.

이때 이 시공간에서 정지질량이 m_n $(n=1,2,\cdots)$인 입자들로 구성된 물리계의 에너지-운동량 텐서 $T^{\alpha\beta}$는 다음과 같이 정의된다.

$$T^{\alpha\beta}(\overrightarrow{x},t) := \sum_n p_n^\alpha(\tau)\frac{dx_n^\beta(\tau)}{d\tau}\delta^3(\overrightarrow{x}-\overrightarrow{x_n}(\tau))\frac{1}{\sqrt{g}} \text{ (단, } g=-\det(g_{\mu\nu})) \cdots (3.31)$$
$$= \sum_n m_n \int \frac{dx_n^\alpha}{d\tau}\frac{dx_n^\beta}{d\tau}\delta^4(x-x_n)\frac{1}{\sqrt{g}}d\tau$$

여기서 $\delta^4(x-x_n)/\sqrt{g}$에 대한 다음 두 가지 사실을 언급할 수 있다.

① 위 정의에서 $\delta^4(x-x_n)\frac{1}{\sqrt{g}}\left(\sim \frac{1}{\delta t\,\delta x\,\delta y\,\delta z\,\sqrt{g}} = \frac{1}{vol_g(\Omega_n)}\right)$는 특수상대론에서의 정의 (3.20)에서 $\delta^4(x-x_n)$와 같은 역할을 한다.

② $\delta^4(x-x_n)/\sqrt{g}$은 스칼라임을 다음과 같이 보일 수 있다[107].

먼저 $g_{\mu'\nu'} = \frac{\partial x^\rho}{\partial x^{\mu'}}\frac{\partial x^\sigma}{\partial x^{\nu'}}g_{\rho\sigma}$의 양변에 행렬식을 취하면 다음을 얻는다.

$$g' = \left|\frac{\partial x}{\partial x'}\right|^2 g \text{ (단, } \left|\frac{\partial x}{\partial x'}\right| \equiv \det\left(\frac{\partial x^\mu}{\partial x^{\mu'}}\right))$$

따라서 $\sqrt{g'}\,d^4x' = \left(\left|\frac{\partial x}{\partial x'}\right|\sqrt{g}\right)\left(\left|\frac{\partial x'}{\partial x}\right|d^4x\right) = \sqrt{g}\,d^4x$이 성립하므로 $\sqrt{g}\,d^4x$은 스칼라임을 알 수 있다[108].

이제 이를 이용하면 스칼라 함수 $f(x)(=f(x'))$에 대하여 다음이 성립함을 알 수 있다.

$$\int f(x)\left(\frac{1}{\sqrt{g'(x')}}\delta^4(x'-x'_n)\right)d^4x$$
$$= \int f(x')\frac{1}{\sqrt{g(x)}}\delta^4(x'-x'_n)d^4x' = f(x_n')\frac{1}{\sqrt{g(x_n')}}$$

107) [Weinberg1] p. 125.

108) 이 사실과 관계식 $1=\int d^4x\,\delta^4(x-x_n) = \int(\sqrt{g}\,d^4x)(\delta^4(x-x_n)/\sqrt{g})$을 이용하면 직관적으로 $\delta^4(x-x_n)/\sqrt{g}$이 스칼라임을 알 수 있다.

$$= f(x_n)\frac{1}{\sqrt{g(x_n)}} = \int f(x)\left(\frac{1}{\sqrt{g(x)}}\delta^4(x-x_n)\right)d^4x$$

따라서 $\delta^4(x-x_n)\frac{1}{\sqrt{g}} = \delta^4(x'-x'_n)\frac{1}{\sqrt{g'}}$ 이다.

한편, 특수상대론에서와 마찬가지로 광자들로 구성된 전자기장의 물리계에서 에너지-운동량 텐서를 다음과 같이 정의할 수 있다.

$$T^{\alpha\beta}_{em} := F^{\alpha}_{\mu}F^{\beta\mu} - \frac{1}{4}g^{\alpha\beta}F_{\nu\lambda}F^{\nu\lambda}$$

이제 입자와 광자(즉, 복사)로 이루어진 물리계에서의 에너지-운동량 텐서 $T^{\alpha\beta}_{total}$은 다음과 같이 정의된다[109].

$$T^{\alpha\beta}_{total} := T^{\alpha\beta} + T^{\alpha\beta}_{em}$$

만일 시공간 상의 한 사건 P에서 한 관찰자 S의 4-속도벡터가 (v^{μ}) (단, $v^{\mu}v_{\mu} = -1$) 일 때, 이 순간 이 관찰자에게 P에서 에너지-운동량 4-벡터가 (p^{μ})인 입자의 상대론적 에너지는 어떻게 관찰될까?

먼저 관찰자 S의 좌표계로서 $\frac{\partial}{\partial \xi^0} = v^{\mu}\partial_{\mu}$인 국소적 관성계 (즉, P에서의 정규좌표계) (ξ^a)를 선택하자. 이 때 P에서 $p^{\mu}\partial_{\mu} = \hat{p}^a\frac{\partial}{\partial \xi^a}$라 하면 다음이 성립한다.

$$\hat{p}^0 = -\left\langle \hat{p}^a\frac{\partial}{\partial \xi^a}, \frac{\partial}{\partial \xi^0}\right\rangle = -\langle p^{\mu}\partial_{\mu}, v^{\nu}\partial_{\nu}\rangle = -p_{\mu}v^{\mu}$$

한편, 입자의 세계선이 국소적 관성계 (ξ^a)에 대해 $(\xi^a(\tau))$로 나타난다면 사건 $P = \xi^a(\tau_0)$에서 $\hat{p}^0 = m\left.\frac{d\xi^0}{d\tau}\right|_{\tau_0}$는 관찰자 S가 이 좌표계 (ξ^a)를 이용해[110] 계산한 이 입

---

109) [Weinberg1] p. 127.

110) 이 표현의 물리적 의미는 '이 순간 자신의 위치에서 자신과 같은 방향으로 움직이면서 자유낙하하는 국소적 관성계의 관찰자 $\hat{S}$을 통해 알아낸'으로 이해할 수 있다. 실제로 관찰자 S와 $\hat{S}$은 $\tau = \tau_0$일 때 1차 계수(order)로서는 구별이 안 되고 입자의 4-운동량 벡터는 좌표계를 이용하여 한 번 미분하여 얻어지는 양이므로 두 관찰자의 입장에서 구한 입자의 4-운동량 벡터는 같다고 볼 수 있다.

자의 상대론적 에너지이므로 결론적으로 $-p_\mu v^\mu$**는 관찰자 S가 이 순간에 관찰한 입자의 상대론적 에너지가 된다**. ([그림 3-16])

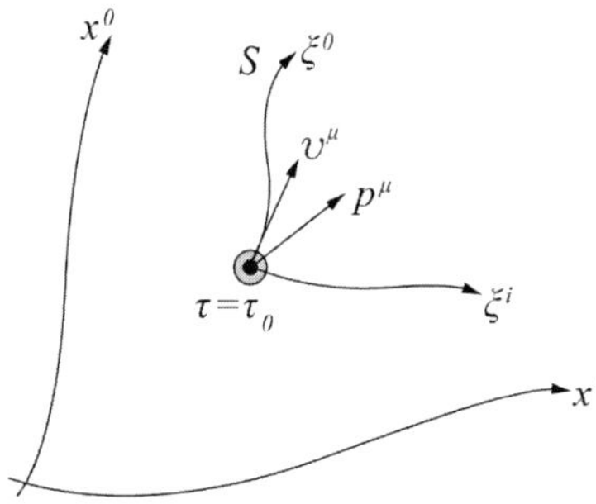

[그림 3-16]

한편 이 관찰자 S에게 시공간 (M, g)에서 정의된 에너지-운동량 텐서의 $(0,0)$-성분 즉, 에너지 밀도는 $T^{\alpha\beta}_{total}$에 대해 어떤 관계식을 만족할까?

먼저 관찰자 S의 좌표계로서 사건 P에서 $\dfrac{\partial}{\partial \xi^{0'}} = v^\mu \partial_\mu$인 국소적 관성계 (즉, P에서의 정규좌표계) $(\xi^{a'})$를 선택하자. 이 때 $(T_{total})_{\alpha\beta}$가 $(0,2)$-텐서이므로 다음이 성립한다.

$$(T_{total})_{0'0'} = \frac{\partial x^\alpha}{\partial \xi^{0'}} \frac{\partial x^\beta}{\partial \xi^{0'}} (T_{total})_{\alpha\beta} \qquad \cdots (3.32)$$

또 $\dfrac{\partial}{\partial \xi^{0'}} = \dfrac{\partial x^\mu}{\partial \xi^{0'}} \dfrac{\partial}{\partial x^\mu} = v^\mu \dfrac{\partial}{\partial x^\mu}$이므로 $\dfrac{\partial x^\mu}{\partial \xi^{0'}} = v^\mu \, (\mu = 0,1,2,3)$임을 알 수 있고 이로부터 위 (3.32)는 다음과 같이 다시 쓸 수 있다.

$$(T_{total})_{0'0'} = v^\alpha v^\beta (T_{total})_{\alpha\beta}$$

이 때, 사건 P에서 $T^{0'0'}_{total} = \eta^{0'\alpha'} \eta^{0'\beta'} (T_{total})_{\alpha'\beta'} = (T_{total})_{0'0'}$이고, $v_\alpha v_\beta T^{\alpha\beta}_{total} = v^\alpha v^\beta (T_{total})_{\alpha\beta}$이므로 $T^{0'0'}_{total} = v_\alpha v_\beta \, T^{\alpha\beta}_{total}$이 성립한다.

즉, **사건 P 에서 속도 4-벡터가 (v^μ) (단, $v^\mu v_\mu = -1$)인 관찰자 S에 의해 관찰되는 에너지-운동량 텐서의 $(0,0)$-성분 즉, 에너지 밀도는 $v_\alpha v_\beta \, T^{\alpha\beta}_{total}$과 같음을 알 수 있다.**[111]

---

111) $T^{\alpha\beta}$의 정의 (3.31)에서 $T^{00} = \sum_n \int \dfrac{p_n^0 p_n^0}{m_n} \delta^4(x - x_n)/\sqrt{g}\, d\tau$인데, 여기서 m_n과 $\delta^4(x - x_n)/\sqrt{g}$

이제 민코프스키 시공간에서 (3.30)과 같이 정의된 완전유체의 에너지-운동량 텐서를 임의의 시공간 M에서 다음 2가지 원리가 만족되도록 다시 정의해보자.[112)]

① **일반공변의 원리**(Principle of general covariance): $T^{\alpha\beta}$가 모든 관찰자(좌표계)에 대해 같은 형태(tensorial form)가 되도록 한다.

② **대응원리**(Corresponding Principle): 중력이 없는 민코프스키 시공간에서는 정의 (3.30)과 같은 형태가 되도록 한다.

위 ①, ②를 만족시키는 '가장 간단한' 형태의 $T^{\alpha\beta}$는 다음과 같이 정의될 수 있다.

$$T^{\alpha\beta} := pg^{\alpha\beta} + (p+\rho)U^{\alpha}U^{\beta} \qquad \cdots (3.33)$$

(단, U^{μ}는 관찰자에 대한 완전유체의 4-속도벡터)

일반적으로 특수상대론에서 성립하는 관계식을 위 ①, ②를 유지하면서 일반상대론에서 성립하도록 일반화하는 방법은 유일하지 않다. 예를 들어 특수상대론에서 에너지 보존 법칙을 나타내는 관계식 $\partial_{\mu}T^{\mu\nu}=0$을 일반상대론에서의 관계식 $D_{\mu}T^{\mu\nu}=0$으로 일반화할 수도 있지만[113)] 대신 (적어도 수학적으로는) 민코프스키 시공간에서 $R^{\nu}_{\mu\rho\lambda}=0$임을 이용하여 $D_{\mu}T^{\mu\nu}+g^{\mu\sigma}R^{\nu}_{\mu\rho\lambda}D_{\sigma}T^{\rho\lambda}=0$으로 일반화할 수도 있다.

따라서 이와 같은 일반화의 과정에서 우리는 일종의 '오컴의 면도날'과 같은 다음의 원칙을 설정해야 할 필요가 있다.[114)]

은 스칼라이고 관찰자 S에게 각 입자의 에너지 $p_n^{0'}\left(=m_n\dfrac{dx^{0'}}{d\tau}\right)$는 $-p_n^{\mu}v_{\mu}$로 관찰되므로, 관찰자 S에게 에너지 밀도 $T^{0'0'}$는 $v_{\alpha}v_{\beta}T^{\alpha\beta}$로 관찰됨을 재확인할 수 있다.

112) [D'Inverno] pp. 131~132 참고.

113) $d\tau^2=-dt^2+a(t)^2dS_{\kappa}^2$일 때 위 (3.33)의 $T^{\mu\nu}$에 대한 에너지-운동량 보존법칙 $D_{\mu}T^{\mu\nu}=0$은 $\nu=0$(에너지 보존)일 때 $\rho'(t)=-3\dfrac{a'(t)}{a(t)}(\rho(t)+p(t))$이 되고, $\nu=1,2,3$(운동량 보존)일 때 $\partial_i p=0$이 된다.([Carroll] pp. 118~119)
또, $g_{\mu\nu}=\eta_{\mu\nu}$인 특수상대론에서 $p=0$인 경우(즉, 먼지유체인 경우) 에너지-운동량 보존법칙인 $\partial_{\mu}T^{\mu\nu}=0$는 $\nu=0$(에너지 보존)일 때 **'연속방정식'** $\rho'(t)+\mathrm{div}(\rho\vec{U})=0$이 되고, $\nu=1,2,3$(운동량 보존)일 때 **'나비어-스톡스 방정식'**에 해당하는 $\rho\left[\dfrac{\partial\vec{U}}{\partial t}+(\vec{U}\cdot\vec{\nabla})\vec{U}\right]=0$이 된다.

114) [D'Inverno] pp. 131 참고.

➲ **최소중력결합의 원칙**(Principle of minimal gravitational coupling)
특수상대론에서의 관계식을 일반상대론에서의 관계식으로 일반화할 때, 곡률텐서를 포함하는 불필요한 양을 추가하지 않는다.

참고로, 진공에너지를 포함하는 아인슈타인 텐서 $G_{\mu\nu} = Ric_{\mu\nu} - \frac{1}{2}g_{\mu\nu}S + \Lambda g_{\mu\nu}$의 경우는 이것이 에너지 보존법칙인 $D_\mu G^{\mu\nu} = 0$을 만족시키면서 메트릭 $g_{\mu\nu}$의 두번째 미분까지만을 포함하는 4차원 공간의 유일한 텐서임이 밝혀져 있다.([Lovelock])

3.5 아인슈타인 방정식: 라그랑지안 포말리즘

이 절에서는 라그랑지안 포말리즘을 통해 아인슈타인의 장 방정식을 유도해 보자.

먼저, 중력장(gravitational field)만이 기여하는 '작용(action)'을 $S_G[g_{\mu\nu}]$로 표기하고, 물질장(matter field) $M_{\mu\nu}$와 중력장 $g_{\mu\nu}$의 상호작용(coupling)에 의한 작용(action)을 $S_M[g_{\mu\nu}, M_{\mu\nu}]$로 표기하자.

이 때 아인슈타인의 장방정식을 유도하기 위한 작용 $S[g_{\mu\nu}]$는 다음과 같이 정의된다.

$$S[g_{\mu\nu}] := S_G[g_{\mu\nu}] + S_M[g_{\mu\nu}, M_{\mu\nu}] \qquad \cdots (3.34)$$

여기서 $S_G[g_{\mu\nu}]$는 '**아인슈타인-힐베르트 작용**'이라고 불리며 구체적으로 다음과 같이 주어진다.

$$S_G[g_{\mu\nu}] = \frac{1}{16\pi G}\int S\sqrt{g}\,d^4x \equiv \int d^4x\,\mathcal{L}_G \qquad \cdots (3.35)$$

(단, $\mathcal{L}_G = \mathcal{L}_G(g_{\mu\nu}, \partial g_{\mu\nu}, \partial^2 g_{\mu\nu})$이다.)

이제 범함수의 미분(functional derrivative)을 이용하여 $\delta S[g_{\mu\nu}]$를 구하면 다음을 얻을 수 있다[115].

115) 구체적인 계산은 [이철훈] p. 192 참고.

$$\delta S = \frac{1}{16\pi G}\int d^4x\,\sqrt{g}\,(Ric_{\mu\nu} - \frac{1}{2}Sg_{\mu\nu})\delta g_{\mu\nu}(x) + \delta S_M \qquad \cdots (3.36)$$

여기서 잠시 양자장론에서 전기장과 중력장의 상호작용을 기술하는 작용 $S_M[g_{\mu\nu}, F_{\mu\nu}]$가 다음과 같이 표현된다는 사실에 주목해 보자.

$$S_M[g_{\mu\nu}, F_{\mu\nu}] = \int d^4x\,\sqrt{g}\,(\frac{1}{4}g^{\mu\rho}g^{\nu\sigma}F_{\mu\nu}F_{\rho\sigma})$$

이 때 범함수의 미분을 이용하여 $\delta g_{\mu v}$에 대한 δS_M을 계산해 보면 다음을 얻을 수 있다[116].

$$\delta S_M = -\frac{1}{2}\int d^4x\,\sqrt{g}\,(F^{\mu}_{\rho}F^{\nu\rho} - \frac{1}{4}g^{\mu\nu}F_{\rho\sigma}F^{\rho\sigma})\,\delta g_{\mu\nu}(x) = -\frac{1}{2}\int d^4x\,\sqrt{g}\,T^{\mu\nu}_{em}\,\delta g_{\mu\nu}(x)$$

따라서 다음을 알 수 있다.

$$T^{\mu\nu}_{em}(x) = -2\frac{1}{\sqrt{g}}\frac{\delta S_M}{\delta g_{\mu v}(x)}$$

이제 이와 같은 맥락으로 식 (3.36)의 δS_M 부분을 표현하기 위해 $T_{\mu\nu}(x)$를 다음과 같이 정의해 보자.

$$T_{\mu\nu}(x) \equiv -2\frac{1}{\sqrt{g}}\frac{\delta S_M}{\delta g_{\mu\nu}(x)}$$

이로부터 δS_M은 다음과 같이 표현된다.

$$\delta S_M = -\frac{1}{2}\int d^4x\,\sqrt{g}\,T_{\mu\nu}\delta g_{\mu\nu}(x)$$

이제 위 (3.36)은 다음과 같이 쓸 수 있다.

$$\delta S = \frac{1}{16\pi G}\int d^4x\,\sqrt{g}\,(Ric_{\mu\nu} - \frac{1}{2}Sg_{\mu\nu} - 8\pi G T_{\mu\nu})\delta g_{\mu\nu}(x)$$

결론적으로 (3.34)에서 정의된 $S[g_{\mu v}]$에 대한 오일러-라그랑주 방정식은 다음과 같음을 알 수 있다.

---

116) 구체적인 계산은 [이철훈] p. 194 참고.

$$Ric_{\mu\nu} - \frac{1}{2} g_{\mu\nu} S = 8\pi G T_{\mu\nu} \qquad \cdots (3.37)$$

위 (3.37)을 '**아인슈타인의 장 방정식**(field equation)'이라고 부른다. 이 식은 뉴턴 역학에서 시각 t일 때의 질량 밀도 함수 $\rho_t(\vec{x})$에 대한 중력 포텐셜 함수 $\phi_t(\vec{x})$가 다음 관계식을 만족시키는 것과 비교될 수 있다.

$$\nabla^2 \phi_t = 4\pi G \rho_t \qquad \cdots (3.38)$$

위 (3.38)에서 좌변은 공간에 대한 미분만을 포함하는데 이는 공간의 한 위치에서의 ρ_t의 값의 변화가 '즉각적으로' (3.38)을 통해 모든 위치에서의 ϕ_t의 값에 반영됨을 의미한다. 물론 이것은 어떤 정보도 빛보다 빨리 전달될 수 없다는 특수상대론의 결과에 위배된다. 반면에 (3.37)의 좌변은 시간과 공간에 대한 두 번까지의 미분을 포함하고 있고 실제로 이 방정식의 해를 분석해보면 공간의 한 위치에서의 $T_{\mu\nu}$의 시간에 따른 변화가 모든 위치에서 즉각적으로 이 방정식의 해인 $g_{\mu\nu}$를 변화시키는 것이 아니라, 빛의 속도로 전파되는 '**중력파**'라는 파동의 형태로 $g_{\mu\nu}$의 변화를 일으키는 것을 알 수 있다.

3.6 아인슈타인 방정식의 해들

3.6.1 슈바르츠실트 시공간과 블랙홀

시공간 $\mathbb{R} \times (\mathbb{R}^+ \times S^2) = \{(t,r,\theta,\phi) \mid t \in \mathbb{R}, r > 0, 0 \le \theta < 2\pi, 0 \le \phi \le \pi\}$[117]에서 $T^{\mu\nu} \equiv 0$(즉, 진공)일 때, 구면대칭(spherical symmetric)[118]이면서 아인슈타인의 장방정식 (3.37)을 만족시키는 메트릭 $g_{\mu\nu}$는 다음과 같음이 알려져 있다.

$$c^2 d\tau^2 = -(1 - \frac{r_S}{r}) c^2 dt^2 + (1 - \frac{r_S}{r})^{-1} dr^2 + r^2 (d\theta^2 + \sin^2\theta d\phi^2) \quad (\text{단, } r_S = \frac{2GM}{c^2}) \qquad \cdots (3.39)$$

117) [O'neill] p. 365.

118) 이는 원점에 대한 모든 회전이동 $F \in SO(3)$이 M의 등장사상이 됨을 의미한다. 즉, $F^* g = g$이다.

이 해가 발견된 것은 1916년 1차 대전의 러시아 전선에서 전투 중이던 칼 슈바르츠실트 (K. Schwarzschild)에 의해서였는데 안타깝게도 그는 이 해를 발견한지 몇 달 후 전쟁 중에 얻은 희귀병으로 사망하였다.

일반상대론이 발표된지 얼마 안되어 발견된 이 해의 심오한 의미(특히, 블랙홀과 관련하여)를 제대로 이해하기 시작한 것은 한참 후에 Kruskal(1960)과 Szekeres(1960)에 의해서이다.[119] 이처럼 아인슈타인, 바일(Weyl), 에딩턴 등 당대의 물리학자들이 이 해의 진정한 의미를 파악하지 못한 이유의 핵심은 **'좌표계의 선택에 의한 효과'**와 **'좌표계의 선택과 무관한 실제 물리적 효과'**를 혼동한데 기인한다. 예를 들어 (3.39)에서의 r의 값은 원점으로부터의 실제 물리적 거리를 나타내는 값이 아니라 단순히 '수학적인 좌표값'으로 이해해야 한다. 이제 이 해에 대한 몇 가지 특징을 살펴보도록 하자.

① 식 (3.39)에서 $M=0$이면 민코프스키 시공간의 메트릭이 되고, $r\to\infty$이면 민코프스키 시공간의 메트릭에 수렴한다.

② $r=r_S$에서 dr^2의 계수가 무한대가 되는 일이 발생하여 메트릭이 '특이점(singularity)'을 갖는 것처럼 보이지만 이는 단지 좌표계의 선택에 따른 현상일 뿐 이 시공간이 $r=r_S$인 영역에서 물리적으로 실재하는 특이점을 갖은 것을 의미하지는 않는다. 이는 $\mathbb{R}^2$의 (r,θ) 좌표계에서 $ds^2=dr^2+r^2\cos\theta d\theta^2$로 표현된 메트릭이 $r=0$에서 특이점을 가지지만(메트릭이 양의 정부호를 갖지 않음) 이는 좌표계를 (x,y)로 바꾸어 $ds^2=dx^2+dy^2$로 표현함으로써 없앨 수 있는 특이점이라는 사실과 같은 맥락으로 이해할 수 있다. 실제로 위 (3.39)에서도 좌표계를 적당히 바꿈으로써 $r=r_S$에서 이러한 특이점이 나타나지 않도록 할 수 있다[120].

그럼에도 불구하고 $r=r_S$인 영역은 다음과 같은 특이한 성질을 갖는 시공간의 한 영역임에 유의할 필요가 있다.

---

119) [Pullin] p. 34.

120) 시공간상의 초평면(hypersurface) Σ 위의 각 점에서 Σ와 수직인 벡터가 시간을 닮은(공간을 닮은/빛을 닮은) 벡터일 때, Σ는 **'공간을 닮은(시간을 닮은/빛을 닮은) 초평면'**이라고 부른다. (3.39)에서 좌표계를 적당히 바꾸어 조사해보면 슈바르츠실트 시공간에서 $r=r_S$인 영역에 해당하는 초평면은 빛을 닮은 초평면임을 알 수 있다. 이 때 이 초평면상의 곡선(즉, 세계선) $\gamma(t)=(t,r_S,\theta_0,\phi_0)$의 4-벡터 $\gamma'(t)=(1,0,0,0)$은 빛을 닮은 벡터이다. 실제로 사건 $\gamma(t_0)$에서 자유낙하하는 국소적 관성계의 관찰자 $\overline{S}$의 입장에서 세계선 $\gamma(t)$는 빛의 속도로 움직이는 빛의 세계선으로 관찰된다. ([그림 3-18])

즉, '원점에서 충분히 멀리 떨어진'(혹은 $r \sim \infty$ 인) 관찰자 S_∞가 원점을 향해 던진 물체가 $\theta \equiv \theta_0$, $\phi \equiv \phi_0$를 유지하면서 똑바로 원점을 향해 떨어진다고 하자. 이 때 이 물체에서 출발하여 관찰자 S_∞에게 도달한 빛을 통해 관찰자 S_∞은 이 물체의 모습을 지켜볼 수 있다. 그러나 이 물체를 출발하여 관찰자 S_∞에게 도달하는 빛의 세계선을 $(t, r(t), \theta_0, \phi_0)$라 하면 식 (3.39)에 의해 $\frac{dr}{dt} = (1 - \frac{r_S}{r})$이 성립하고 이 때 만일 r이 r_S에 한없이 가까워지면 $\frac{dr}{dt}$은 0에 한없이 가까워짐을 알 수 있다. 이러한 상황은 [그림 3-17]로 표현할 수 있고, 이로부터 관찰자 S_∞은 영원히 이 물체가 $r = r_S$에 도달하는 것을 볼 수 없음을 알 수 있다. 이런 이유로 $r = r_S$에 해당하는 공간적 영역을 '**사건 지평선**(event horizon)'이라고 부른다.

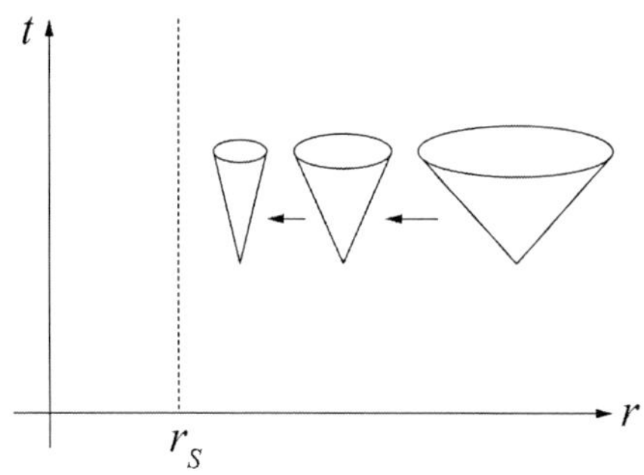

[그림 3-17]

만일 좌표계를 적당히 바꾸어 $r \leq r_S$인 영역에서의 빛원뿔의 모습을 조사해보면 [그림 3-18]과 같이 나타나는데 이 때 이 영역에서 출발한 어떤 빛도 이 영역 밖으

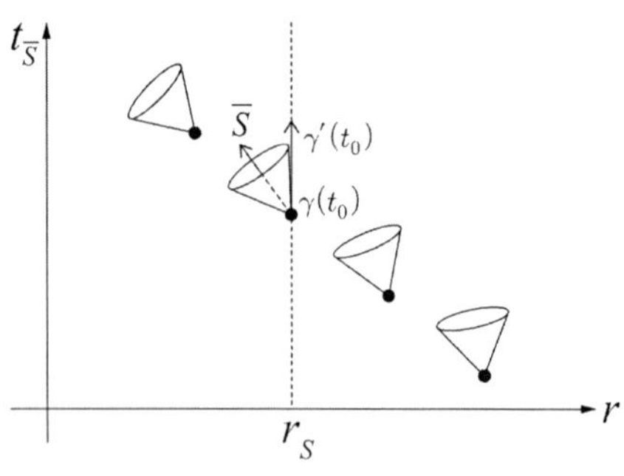

[그림 3-18]

로 빠져 나올 수가 없음을 알 수 있다. 이런 이유로 $r \le r_S$에 해당하는 공간적 영역을 '**블랙홀**(black hole)'이라고 부른다.

③ 슈바르츠실트 메트릭 (3.39)은 $r=0$에서 다시 dt^2의 계수가 무한대가 되는 '특이점'을 갖는데 이 특이점은 좌표변환으로도 피할 수 없는, 이 시공간이 물리적으로 갖게 되는 특이점이다. 실제로 계산을 통해 여기서의 시공간의 곡률이 무한대로 발산함을 확인할 수 있다.

④ 충분히 질량이 큰 별이 수명을 다 한 후에 별 내부에서 핵융합 반응이 더 이상 일어나지 않으면 복사에 의한 압력이 중력에 의한 별의 수축을 더 이상 막을 수가 없어 붕괴되고 만다. 이 때 별이 $r=r_S$보다 작은 수준까지 붕괴하게 되면 결국 블랙홀이 되고 만다.

3.6.2 프리드만-워커 시공간과 빅뱅

각 시간좌표 t에 대하여 $\frac{\partial}{\partial t}$에 수직이면서[121] 공간적으로 균질(homogeneous)하고[122] 등방적(isotropic)인 초평면 Σ_t를 갖는 시공간의 메트릭은 다음과 같은 형태로 표현됨이 알려져 있다.

$$d\tau^2 = -dt^2 + a(t)^2\left(\frac{dr^2}{1-\kappa r^2} + r^2(d\theta^2 + \sin^2\theta\, d\phi^2)\right) \quad (\text{단, } \kappa = -1, 0, 1) \quad \cdots (3.40)$$[123]

위 (3.40)로 표현된 메트릭을 갖는 시공간을 '**프리드만-워커 시공간**'이라고 부른다.

현재 우주배경복사(Cosmic Microwave Background Radiation)는 약 2.72°K로서 평균온도 T_0와 (θ,ϕ) 방향에서의 온도 $T(\theta,\phi)$에 대해 $(T(\theta,\phi)-T_0)/T_0 \simeq 10^{-5}$정도 수준에서 등방적임이 확인되고 있다. 또 우리우주를 구성하는 은하들의 이동속도는 빛의 속도에 비해 거의 무시할 수 있는 수준으로 서로 정지해 있는 것으로 가정할 수 있고 전자기파에 의한 복사도 매우 미미한 수준[124]임을 감안하면 우리우주의 완전유체 모델에서 압

---

121) 따라서 Σ_t는 공간을 닮은 초평면이다.

122) 엄밀하게 표현하면, 임의의 두 점 $p, q \in \Sigma_t$에 대하여 $F(p)=q$인 등장사상(isometry) $F: \Sigma_t \to \Sigma_t$가 존재함을 의미한다.

123) 여기서 함수 $a(t)$는 에너지-운동량 텐서 $T^{\alpha\beta}$와 아인슈타인의 장 방정식에 의해 결정된다.

력 p는 거의 0에 가깝다고 할 수 있다. 즉, 우리우주는 '먼지유체(dust)' 가깝다고 할 수 있고 따라서 에너지-운동량 텐서 $T^{\alpha\beta}$의 성분 중 유일하게 에너지 밀도 $\rho(t)$[125]만이 고려 대상이 된다. 만일 (3.40)에서 $\kappa=0$이면 $d\tau^2=-dt^2+a(t)^2(dx^2+dy^2+dz^2)$이 되는데 이 경우 먼지유체 모델하에서 아인슈타인의 장 방정식을 풀면 $a(t)=t^{2/3}$을 얻는다. 이 때 $t=0$에서 특이점이 발생하는데 이는 좌표변환으로도 극복할 수 없는 시공간 자체의 특이점이다(실제로 곡률이 무한대로 발산한다). 이와 같은 현상은 $\kappa=\pm1$인 프리드만-워커 시공간을 포함하는 보다 일반적인 시공간 모델에서도 나타난다는 것이 1970년대 스티븐-호킹에 의해 밝혀졌다.

한편 (3.40)에서 함수 $a(t)$는 공간의 스케일에 대한 시간적 변화를 나타내는 것으로 해석할 수 있는데 이 값이 0이 된다는 것은 공간이 한 점으로 수렴함을 의미한다. 즉, $t=0$인 순간 '**빅뱅**'이 일어난 것으로 해석할 수 있다.

참고로, 고리양자중력이론(LQG)을 우주론에 적용하면, 이와 같은 특이점을 제거할 수 있지만 그럼에도 불구하고 고전적인 빅뱅의 근처에서 시공간이 매우 큰 곡률을 갖는 것은 피할 수 없다. 이는 매우 높은 온도의 물질이 존재했던 시기이며, 이런 물질들로부터 발생한 복사(radiation)가 오늘날 우리가 관측하는 우주배경복사이다.

아인슈타인은 정적인 우주를 설명하기 위해 자신의 장 방정식의 우변에 새로운 항인 $\frac{\Lambda}{8\pi G}g_{\mu v}$을 추가하였다. 여기서 Λ는 '**우주상수**(cosmological constant)'라고 불리는데 1929년에 허블에 의해 우주가 팽창하고 있음이 밝혀지자, 아인슈타인은 정적인 우주를 설명하기 위해 이 우주상수를 도입한 것을 '일생 최대의 실수'라고 후회했다고 한다. 그러나 1998년 우주의 팽창이 감속팽창이 아닌 가속팽창이라는 사실이 발견되자 이를 설명하기 위해 다시 우주상수 Λ가 필요하게 되었는데 이 우주상수에 의한 에너지-운동량 텐서의 새로운 항을 만들어내는 물질의 정체는 아직 밝혀지지 않고 있다. 현재 양자장 이론에서 진공상태의 양자장에 대한 에너지-운동량 텐서(이를 보통 '**진공에너지**(vacuum energy)'라고 부른다)를 우주상수의 후보로 보기도 하지만 양자장이론에 의해 대략 계산된 이 에너지의 값은 관측된 양($\rho_\Lambda\sim5.96\times10^{-27}\,\mathrm{kg/m^3}$)보다 10^{120}배나 크다는 문제점이 있다.

---

124) 깜깜한 밤하늘의 우주공간을 생각해 보면 된다.
125) 주로 은하들의 질량에 기인한다.

제4장 양자역학과 양자장이론

4.1 양자역학

4.1.1 양자가설

19C말에서 20C초에 이르면서 파동현상의 일종인 전자기파로 알려진 빛의 입자적 성질(예를 들어 광전효과, 콤프턴효과 등)이 밝혀지고, 전자와 같은 입자가 간섭이나 회절과 같은 파동적 성질을 갖는다는 것이 실험적으로 관측되었다. 이와 같은 실험결과는 기존의 뉴턴역학으로 설명이 불가능한 것들로서 이를 위한 새로운 물리학인 양자역학의 탄생을 촉발하였다. 양자역학의 기본적인 구조는 다음과 같은 '양자가설'에 바탕을 두고 있다.[126)]

① **상태공간**(Kinematical Hilbert Space)

시각 t일 때, 주어진 물리적 시스템의 상태는 내적이 주어진 한 완비공간 즉, 힐베르트 벡터공간 $\mathcal{H}$에 속하는 한 벡터 $|\Psi(t)\rangle$에 의해 기술된다. 이 때 힐베르트 공간 $\mathcal{H}$를 '**상태공간**(state space)'이라고 부르고 벡터 $|\Psi(t)\rangle$를 '**상태벡터**(state vector)'라고 부른다.

② **관측량**(Observables)**과 작용소**(Operator)

시스템의 동역학을 기술하기 위한 고전역학적 변수인 $\vec{x}=(x_1, x_2, x_3)$과 그 공액 운동량(conjugate momentum) $\vec{p}=(p_1, p_2, p_3)$은 양자역학에서 각각 힐베르트 공간 $\mathcal{H}$에서 정의된 선형 헤르미트 작용소[127)](Hermitian operator) $\hat{x}_i$, $\hat{p}_i$에 대응되고, 이 작용소들은 다음과 같은 '**교환관계**(commutation relation)'를 만족한다.

$$[\hat{x}_i, \hat{p}_j] = i\hbar\delta_{ij} \quad \cdots (4.1)$$ [128)]

---

126) [송희성] p. 367.

127) 작용소 $A:\mathcal{H}\to\mathcal{H}$가 $\langle Av|w\rangle = \langle v|Aw\rangle\ \forall v,w\in\mathcal{H}$를 만족할 때, 즉 $A^+ = A$일 때 헤르미트 작용소라고 한다. 일반적으로 $Av=\lambda v$이면 $\langle Av|v\rangle = \overline{\lambda}\langle v|v\rangle$, $\langle v|Av\rangle = \lambda\langle v|v\rangle$이므로 헤르미트 작용소의 고윳값 λ는 실수라야 한다.

128) 해밀토니안(Hamiltonian) 고전역학에 의하면 시각 t일 때 (q_i, p_i)로 이루어진 위상공간(phase spcae) $(T\mathbb{R}^n)^*$에서 정의된 두 함수 $f(p_i, q_i, t), g(p_i, q_i, t)$에 대하여 $\{f,g\}_{P.B}:=\sum_{i=1}^{n}\left(\frac{\partial f}{\partial q_i}\frac{\partial g}{\partial p_i}-\frac{\partial f}{\partial p_i}\frac{\partial g}{\partial q_i}\right)$로

또 x_i와 p_j들로 표현되는 고전적인 관측량 $F(x_i, p_j)$는 양자역학에서 작용소 $F(\hat{x}_i, \hat{p}_j)$에 대응한다. (작용소 $F(\hat{x}_i, \hat{p}_j)$는 줄여서 $\hat{F}$로 표기하기도 한다.)

③ 상태벡터의 시간적 전개: 슈뢰딩거 방정식

주어진 물리적 시스템의 상태를 나타내는 벡터 $|\Psi(t)\rangle$의 시간에 따른 변화는 그 시스템의 해밀토니안 함수 $H(x_i, p_j)$에 대응하는 작용소 $H(\hat{x}_i, \hat{p}_j)$를 이용하여 다음과 같은 미분방정식으로 표현된다.

$$i\hbar\frac{\partial}{\partial t}|\Psi(t)\rangle = H(\hat{x}_i, \hat{p}_j)|\Psi(t)\rangle \qquad \cdots (4.2)$$

④ 관측값과 고유치

관측량 F를 측정할 때 얻어지는 관측값은 작용소 $\hat{F}= F(\hat{x}_i, \hat{p}_j)$의 고유치 $a_1, a_2, \cdots$중 하나로만 나타난다. 이 때 각 고유치에 해당하는 고유벡터 $|a_i\rangle$[129)]들은 힐베르트 공간 $\mathcal{H}$

정의 된다. 또 '**정준 1-형식**(canonical 1-form)' $\theta := \sum_{i=1}^{n} p_i dq_i \in (T\mathbb{R}^n)^*$에 대하여 '**심플렉틱 2-형식**(symplectic 2-form)' ω를 $\omega := d\theta = \sum_{i=1}^{n} dp_i \wedge dq_i$로 정의하면 ω가 비퇴화(nondegenerate)라는 사실로부터 $T\mathbb{R}^n \to (T\mathbb{R}^n)^*$, $v \mapsto \omega(v, \ )$가 1-1 대응임을 알 수 있고 이로부터 주어진 함수 f에 대해 항상 $\omega(X_f, \ ) = -df$을 만족시키는 벡터장 X_f가 존재함을 보일 수 있다.

실제로 $X_f = -\sum_{i=1}^{n}\frac{\partial f}{\partial q_i}\frac{\partial}{\partial p_i} + \sum_{i=1}^{n}\frac{\partial f}{\partial p_i}\frac{\partial}{\partial q_i}$로 표현되며 이 때, $\{f,g\}_{P.B} = \omega(X_f, X_g)$임을 확인할 수 있다.

한편 $\{q_i, p_i\}_{P.B} = \delta_{ij}$이고, 주어진 시스템의 해밀토니안 함수 H에 대하여 '**해밀턴의 운동방정식**'은

$$\dot{q}_i = \frac{\partial H}{\partial p_i} = \{q_i, H\}_{P.B}, \quad \dot{p}_i = -\frac{\partial H}{\partial q_i} = \{p_i, H\}_{P.B}$$

로 표현된다.(일반적으로는 $\frac{d}{dt}f(p,q,t) = \{f, H\}_{P.B} + \frac{\partial f}{\partial t}$임을 확인할 수 있다.) 여기서 만일 $X_H = \dot{q}_i\frac{\partial}{\partial q_i} + \dot{p}_i\frac{\partial}{\partial p_i}$로 표현하고 $(T\mathbb{R}^n)^*$상에서 위 해밀턴의 방정식을 풀면 X_H의 적분곡선(Integral curve) $(q(t), p(t))$를 구할 수 있는데 이는 시각 t일 때 물체의 위치와 운동량을 알 수 있음을 의미한다. 특별히, 해밀턴의 운동방정식에 의해 항상 $dH(X_H) = 0$이 성립함에 유의해야 한다. 즉, **물체의 운동은 항상 에너지 보존을 만족시키는 방식으로 일어난다**. 한편 위 양자가설 ②에서 $\{x_i, p_j\}_{P.B} = \delta_{ij}$이 양자역학의 $\frac{1}{i\hbar}[\hat{x}_i, \hat{p}_j] = \delta_{ij}$에 대응하는 것으로 볼 수 있다.

의 '완비 정규기저(complete (또는 maximal) orthonaomal basis)'의 역할을 한다.[130] 또, 관측값이 a_i인 경우 관측과 동시에 시스템의 상태는 $|\Psi\rangle$에서 $|a_i\rangle$로 바뀐다.

⑤ 관측값의 확률적 해석

물리적 시스템이 $|\Psi(t)\rangle$인 상태에 있을 때 시각 t에 관측량 F를 측정하여 a_i의 관측값을 얻을 확률은 $|\langle a_i|\Psi(t)\rangle|^2$이다.

4.1.2 양자역학의 구조

① 위의 양자가설 ④에 의하여 임의의 상태벡터 $|\Psi(t)\rangle$는 다음과 같이 전개할 수 있다.

$$|\Psi(t)\rangle = \sum_i c_i|a_i\rangle \ \ (\text{단, } c_i = \langle a_i|\Psi(t)\rangle) \qquad \cdots (4.3)$$

이 때 양자가설 ⑤에 의하여 $|c_i|^2$은 시스템이 $|\Psi(t)\rangle$인 상태에서 관측량 F를 측정할 때 관측값 a_i를 얻을 확률로 해석할 수 있다.

또, 위 (4.3)은 다음과 같이 표현할 수도 있다.

---

129) 즉, $\hat{F}|a_i\rangle = a_i|a_i\rangle$이다.

130) 이 양자가설은 '디락의 포말리즘'([Madrid] p. 6) 또는 데이비드 봄(D. Bohm)의 'The expansion postulate([Bohm] pp. 218~223)을 따른 것이다. 일반적으로 $\hat{x}$와 같은 작용소의 고유벡터들이 $\mathcal{H}$에 속하지 않기 때문에 이 같은 포말리즘이 수학적으로 엄밀하게 기술되기 위해서는 힐베르트 공간 $\mathcal{H}$를 확장하여 이 고유벡터들이 속하는 보다 큰 공간을 정의해 주어야 한다.
이것은 소위 'Gelfand triplet' 또는 'Rigged Hilbert space'이라고 불리는 $\Phi \subset \mathcal{H} \subset \Phi^\times$를 통해 수학적으로 엄밀히 기술될 수 있는데, 여기서 Φ는 $\mathcal{H}$의 한 조밀 부분공간(dense subspace)으로서(구체적인 정의는 [Madrid] pp. 7~8, p.14 참조) $\hat{x}(\Phi) \subseteq \Phi$, $\hat{p}(\Phi) \subseteq \Phi$, $\hat{H}(\Phi) \subseteq \Phi$를 만족시키며, $\Phi^\times$는 Φ에서 정의된 안티-선형 범함수(anti-linear functional)들의 공간 즉,

$$\Phi^\times := \{F : \Phi \to \mathbb{R} \mid F(a\phi + b\psi) = \bar{a}F(\phi) + \bar{b}F(\psi)\ \forall \phi, \psi\}$$

이다.('디락 표기법'으로는 $\langle a\phi + b\psi|F\rangle = \bar{a}\langle\phi|F\rangle + \bar{b}\langle\psi|F\rangle$를 만족하는 범함수들의 공간이라고 할 수 있다.) 이 때, 일반화된 스펙트럴 정리에 의하면 **한 작용소 $A : \mathcal{H} \to \mathcal{H}$가 Φ상에서 자기수반(self adjoint)이면 $\Phi^\times$는 A의 '일반화된 고유벡터'들로 구성된 완비 정규직교기저를 포함한다. 특별히, $\hat{x}$의 고유벡터 $|x\rangle$들은 $\Phi^\times$에 속한다.** (자세한 내용은 [Antoine] p. 7, [Atkinson] p. 3, [Madrid] 등을 참고). 여기서 '일반화된 고유벡터'는 다음과 같이 기술될 수 있다: 헤르미트 작용소 $A : \mathcal{H} \to \mathcal{H}$에 대하여 $A(\Phi) \subseteq \Phi$일 때, $A : \mathcal{H} \to \mathcal{H}$는 $A^\times : \Phi^\times \to \Phi^\times$, $(A^\times F)(\phi) := F(A(\phi))$ $(\phi \in \Phi,\ F \in \Phi^\times)$로 확장하여 정의될 수 있고 이 때, 고윳값 λ에 해당하는 '일반화된 고유벡터' $\xi_\lambda \in \Phi^\times$는 $A^\times(\xi_\lambda(\phi)) = \lambda\xi_\lambda(\phi)\ (\forall \phi \in \Phi)$ (또는 디락 표기법으로 $\langle\phi|A^\times(\xi_\lambda)\rangle = \lambda\langle\phi|\xi_\lambda\rangle$)로 정의 된다.

$$I= \sum_i |a_i\rangle\langle a_i| \text{ (단, } I\text{는 항등사상)} \qquad \cdots (4.3)'$$

관측량 A를 여러 번 측정했을 때 얻는 평균값(또는 기댓값) $\langle \hat{A} \rangle$은 양자가설 ④, ⑤에 의해 다음과 같이 계산된다.

$$\begin{aligned}\langle \hat{A} \rangle &= \sum_i a_i |\langle a_i | \Psi \rangle|^2 = \sum_i \langle \Psi | a_i \rangle a_i \langle a_i | \Psi \rangle \\ &= \sum_i \langle \Psi | \hat{A} | a_i \rangle \langle a_i | \Psi \rangle = \left\langle \Psi | \hat{A} \left(\sum_i |a_i\rangle\langle a_i| \right) \Psi \right\rangle \\ &= \langle \Psi | \hat{A} | \Psi \rangle\end{aligned}$$

② 디락 포말리즘에 의한 표기법으로 $|x\rangle, |p\rangle$는 각각 $\hat{x}, \hat{p}$의 고윳값 x, p에 해당하는 고유벡터로서 $\mathcal{H}$에서 다음과 같은 의미로 완비 정규기저의 역할을 한다.

$$|\Psi\rangle = \int dx |x\rangle\langle x|\Psi\rangle = \int dp |p\rangle\langle p|\Psi\rangle \quad (^\forall \Psi \in \mathcal{H})\text{ 131)} \qquad \cdots (4.4)$$

이 때, $\Psi(x) := \langle x | \Psi \rangle$를 **'위치 표현(position representation)에 의한 파동함수'**라 부르고, 마찬가지로 $\Psi(p) := \langle p | \Psi \rangle$를 **'운동량 표현(momentum representation)에 의한 파동함수'**라 부른다.132)

이때 $\Psi(x') = \langle x' | \Psi \rangle = \int \langle x' | x \rangle \langle x | \Psi \rangle dx = \int \Psi(x) \langle x' | x \rangle dx$로부터 다음을 알 수 있다.

$$\langle x' | x \rangle = \delta(x' - x) \qquad \cdots (4.5)$$

같은 방법으로 $\langle p' | p \rangle = \delta(p' - p)$이다.

또, $\langle x | \hat{x} | x' \rangle = x' \langle x | x' \rangle = x' \delta(x - x') \ (= x\,\delta(x - x'))$이므로 다음을 알 수 있다.

---

131) [Madrid] p. 20 의 주 [40] 참고.

132) Distribution 이론에서 함수 $f(x) \in L^2(\mathbb{R})$를 테스트 함수(test function)들의 공간 Φ에서 정의된 범함수 $\tilde{F} \in \Phi'$로 간주할 때 $\tilde{F}(\phi) := \langle f | \phi \rangle = \int \phi(x) \overline{f(x)}\, dx$와 같이 정의한다. 이를 위치 표현(position representation)에 의한 디락 표기법을 이용하여 $\langle f | \phi \rangle = \int dx \langle f | x \rangle \langle x | \phi \rangle$로 다시 쓸 수 있다. 또 여기서 만일 $\xi_x := \langle x | \in \Phi'$로 표기하면 이를 다시 $\langle f | \phi \rangle = \int dx\, \xi_x(\phi) \overline{\xi_x(f)}$로 쓸 수 있다.([Antoine] p. 7)

$$\langle x\,|\,\hat{x}\,|\,\Psi\rangle = \int \langle x\,|\,\hat{x}\,|\,x'\rangle\langle x'\,|\,\Psi\rangle dx' = \int x'\,\delta(x-x')\Psi(x')\,dx' = x\Psi(x)$$

한편, 양자가설 ②의 $[\hat{x},\hat{p}] = i\hbar$ 을 이용하면 다음을 보일 수 있다.[133)]

$$\langle x\,|\,\hat{p}\,|\,x'\rangle = \frac{\hbar}{i}\frac{d}{dx}\delta(x-x')$$

이를 이용하면 일반적으로 다음이 성립함을 알 수 있다.

$$\langle x\,|\,\hat{p}\,|\,\Psi\rangle = \int dx'\langle x\,|\,\hat{p}\,|\,x'\rangle\langle x'\,|\,\Psi\rangle = \int dx'\frac{\hbar}{i}\frac{d}{dx}\delta(x'-x)\Psi(x') = \frac{\hbar}{i}\frac{d}{dx}\Psi(x) \quad \cdots (4.6)$$

(위 세 번째 등식에서 $\frac{d}{dx}\delta(x'-x) = -\frac{d}{dx'}\delta(x'-x)$을 이용하였다[134)]).

즉, 작용소 $\hat{p}$가 파동함수 $\Psi(x)$에 작용할 때 $\hat{p} \leftrightarrow \frac{\hbar}{i}\frac{d}{dx}$ 의 대응관계가 성립한다고 할 수 있다. 이 대응관계를 좀 더 엄밀히 기술하면 $\hat{p} \leftrightarrow \frac{\hbar}{i}\frac{d}{dx} + f(x)$ ($f(x)$는 임의의 실함수)가 되는데 이때 $f(x)$만큼의 자유도는 기저의 변경(회전 변환) $|x\rangle \mapsto |\tilde{x}\rangle = e^{ig(x)/\hbar}|x\rangle$ (단, $g(x) = \int^{x} f(x')dx'$)에 따른 자유도로 이해할 수 있으며 실제로 다음이 성립함을 보일 수 있다.

$$\langle \tilde{x}\,|\,\hat{p}\,|\,\Psi\rangle = \left[-i\hbar\frac{d}{dx} + f(x)\right]\Psi(\tilde{x})$$

위 식이 성립함을 보이기 위해 먼저 $\Psi(\tilde{x}) = \langle \tilde{x}\,|\,\Psi\rangle = e^{-ig(x)/\hbar}\langle x|\Psi\rangle = e^{-ig(x)/\hbar}\Psi(x)$로 바꾸어 쓴 뒤 위 우변을 계산하면 $e^{-ig(x)/\hbar}\left(-i\hbar\frac{d}{dx}\right)\Psi(x)$가 되는 것을 확인 할 수 있는데 이는 $e^{-ig(x)/\hbar}\langle x\,|\,\hat{p}\,|\,\Psi\rangle$ 즉, 위 식의 좌변인 $\langle \tilde{x}\,|\,\hat{p}\,|\,\Psi\rangle$임을 알 수 있다.

참고로 $\langle \tilde{x}\,|\,\hat{x}\,|\,\tilde{x}'\rangle = \langle x|\hat{x}|x'\rangle = x\delta(x-x')$이므로 다음이 성립한다.

$$\langle \tilde{x}\,|\,\hat{x}\,|\,\Psi\rangle = \int \langle \tilde{x}\,|\,\hat{x}\,|\,\tilde{x}'\rangle\langle \tilde{x}'\,|\,\Psi\rangle\,d\tilde{x}' = x\Psi(\tilde{x})$$

---

133) [송희성] pp. 376~381 참고.

134) 증명은 3.4.1의 ③ 또는 [Shankar] p. 61 참조.

③ 두 상태벡터 $|\Psi_1\rangle, |\Psi_2\rangle$에 대하여 다음이 성립한다.

$$\langle \Psi_1 | \Psi_2 \rangle = \int \langle \Psi_1 | x \rangle \langle x | \Psi_2 \rangle dx = \int \overline{\Psi_1(x)} \Psi_2(x) dx$$

한편 관측량 F의 고윳값 a가 연속스펙트럼을 가질 때, 양자가설 ⑤는 다음과 같이 해석되어야 한다.

'F의 관측값이 구간 $[a, a+da]$에 속할 확률은 $|\langle a | \Psi \rangle|^2 da (= |\Psi(a)|^2 da)$이다.'

특별히, $\int |\Psi(a)|^2 da = 1$이다.

따라서 관측값 F의 기댓값 $\langle \hat{F} \rangle$는 다음과 같이 계산할 수 있다.

$$\begin{aligned}\langle \hat{F} \rangle &= \int a |\langle a | \Psi \rangle|^2 da = \int \langle \Psi | a \rangle a \langle a | \Psi \rangle da \\ &= \int \langle \Psi | \hat{F} | a \rangle \langle a | \Psi \rangle da = \langle \Psi | \hat{F} | \Psi \rangle\end{aligned}$$

이 때 기댓값의 시간에 대한 변화는 양자가설 ③을 이용하여 다음과 같이 기술될 수 있다.[135)]

$$\frac{d}{dt} \langle \hat{F} \rangle = \frac{i}{\hbar} (\langle \Psi | \hat{H} \hat{F} | \Psi \rangle - \langle \Psi | \hat{F} \hat{H} | \Psi \rangle) = \frac{i}{\hbar} \langle \Psi | [\hat{H}, \hat{F}] | \Psi \rangle = \frac{i}{\hbar} \langle [\hat{H}, \hat{F}] \rangle$$

따라서 **해밀토니안 작용소와 서로 교환 가능한(즉, $[\hat{H}, \hat{F}] = 0$인) 작용소에 해당하는 관측량은 시간에 따라 변하지 않는 보존량임**을 알 수 있다.

또, $\hat{F} = \hat{x}$인 경우는 양자가설 ②의 (4.1)을 이용하여 다음이 성립함을 알 수 있다.

$$\begin{aligned}\frac{d}{dt} \langle \hat{x} \rangle &= \frac{i}{\hbar} \langle [\hat{H}, \hat{x}] \rangle = \frac{i}{\hbar} \left\langle \left[-\frac{\hat{p}^2}{2m} + V(\hat{x}), \hat{x} \right] \right\rangle \\ &= -\frac{i}{2m\hbar} \langle [\hat{p}, \hat{x}] \hat{p} + \hat{p} [\hat{p}, \hat{x}] \rangle = \frac{\langle \hat{p} \rangle}{m}\end{aligned}$$

(위 세 번째 등식에서 $[\hat{A}\hat{B}, \hat{C}] = \hat{A}[\hat{B}, \hat{C}] + [\hat{A}, \hat{C}]\hat{B}$를 이용하였다.)

한편, $\hat{F} = \hat{p}$인 경우도 마찬가지로 다음이 성립한다.

---

135) 이를 '**에른페스트**(Ehrenfest)**의 정리**'라고 부른다.

$$\frac{d}{dt}\langle \hat{p} \rangle = \frac{i}{\hbar}\langle [\hat{H}, \hat{p}] \rangle = \frac{i}{\hbar}\left\langle \left[-\frac{\hat{p}^2}{2m} + V(\hat{x}),\ \hat{p} \right] \right\rangle$$
$$= \frac{i}{\hbar}\langle [V(\hat{x}), \hat{p}] \rangle = \left\langle -\frac{\partial V}{\partial x} \right\rangle$$

(위 마지막 등식에서 $\left(V(\hat{x})\hat{p} - \hat{p}\,V(\hat{x})\right)\Psi(x) = \left(-\frac{\hbar}{i}\frac{\partial V}{\partial x}\right)\Psi(x)$임을 이용하였다.)

따라서 관측량의 기댓값들은 뉴턴 역학의 고전적인 운동방정식을 만족함을 알 수 있다.

④ $\hat{p}$의 고윳값 p에 해당하는 고유벡터 $|p\rangle$에 대하여, $\hat{p}|p\rangle = p|p\rangle$이므로 위 (4.6)에 의해 $\frac{\hbar}{i}\frac{d}{dx}\langle x|p\rangle = p\langle x|p\rangle$이 성립한다. 이로부터 다음을 알 수 있다.

$$\langle x|p\rangle = e^{ipx/\hbar} \qquad \cdots (4.8)$$

⑤ 상태벡터 $|\Psi(t)\rangle$를 $t=0$에서 테일러 급수전개를 하면 다음을 얻는다.

$$|\Psi(t)\rangle = \sum_{k=0}^{\infty}\frac{t^k}{k!}\frac{d^k}{dt^k}\bigg|_{t=0}|\Psi(t)\rangle \overset{(4.2)}{=} \sum_{k=0}^{\infty}\frac{t^k}{k!}\left(-\frac{i}{\hbar}H\right)^k|\Psi(0)\rangle$$
$$= \sum_{k=0}^{\infty}\frac{1}{k!}\left(-\frac{i}{\hbar}tH\right)^k|\Psi(0)\rangle = e^{-H/\hbar}\,|\Psi(0)\rangle$$

여기서 **'시간전개 작용소'** $U(t) := e^{-itH/\hbar}$를 정의하면 다음과 같이 쓸 수 있다.

$$|\Psi(t)\rangle = U(t)|\Psi(0)\rangle \qquad \cdots (4.9)$$

⑥ 상태벡터 $|\Psi(t)\rangle$와 헤르미트 작용소 $\hat{A}$에 대하여 기댓값 $\langle \hat{A} \rangle = \langle \Psi(t)|\hat{A}|\Psi(t)\rangle$를 위 ⑤의 결과를 이용하여 다음과 같이 표현해 보자.

$$\langle \Psi(t)|\hat{A}|\Psi(t)\rangle = \langle \Psi(0)e^{iHt}|\hat{A}|e^{-iHt}\Psi(0)\rangle \quad (\text{단, } \hbar \equiv 1)$$

여기서 만일 $\hat{A}_H(t) := e^{iHt}\hat{A}e^{-iHt}$, $|\Psi\rangle_H := e^{iHt}|\Psi(t)\rangle (= |\Psi(0)\rangle)$로 정의하면 위 식은 다음과 같이 다시 쓸 수 있다.

$$\langle \Psi(t)|\hat{A}|\Psi(t)\rangle = \langle \Psi(0)e^{iHt}|\hat{A}|e^{-iHt}\Psi(0)\rangle = {}_H\langle \Psi|\hat{A}_H(t)|\Psi\rangle_H$$

즉, 관측량의 기댓값은 작용소 $\hat{A}_H(t)$와 상태벡터 $|\Psi\rangle_H$를 통해 기술할 수가 있다. 뿐만 아니라 양자가설 ②의 (4.1)도 여전히 다음과 같은 형태로 성립함을 알 수 있다.

$$\left[\hat{x}_{iH}(t),\ \hat{p}_{jH}(t)\right] = i\hbar\delta_{ij} \quad \cdots (4.1)'$$

또 작용소 $\hat{A}_H(t)$는 다음과 같은 운동방정식을 만족시킨다.

$$\frac{d}{dt}\hat{A}_H(t) = \frac{1}{i\hbar}[\hat{A}_H(t), \hat{H}] \quad \cdots (4.2)'$$

이처럼 물리적 관측량(Observable)을 시간에 따라 변하는 동역학적 작용소(dynamical operator) $\hat{A}_H(t)$로 나타내고, 상태벡터를 시간에 따라 변하지 않는 정역학적 벡터(kinematical vector)인 $|\Psi_H\rangle$로 나타낸 후, (4.1)$'$과 같이 작용소 사이의 교환 관계를 정의하고 운동방정식 (4.2)$'$를 만족하는 작용소 $\hat{A}_H(t)$의 동역학을 통해 양자역학을 기술하는 것을 '**하이젠베르크 묘사**(Heisenberg Picture)'라고 부른다. 이와는 달리 4.1.1절에서와 같이 물리적 관측량을 시간에 따라 변하지 않는 작용소 $\hat{A}$으로 나타내고, 상태벡터 $|\Psi(t)\rangle$를 운동방정식 (4.2)를 만족시키는 동역학적 변량으로 다루어 양자역학을 기술하는 것을 '**슈뢰딩거 묘사**(Schrodinger Picture)'라고 부른다.

슈뢰딩거 묘사에 비해 하이젠베르크 묘사는 양자역학이 '**정준양자화과정**(canonical quantization process)' 즉, 해밀토니안 고전역학에서의 $\{x_i, p_j\}_{P.B}$ 을 작용소 $\frac{1}{i\hbar}\left[\hat{x}_i, \hat{p}_j\right]$으로 변환시키는 형식적 과정을 통해 얻어질 수 있음을 보다 잘 드러내고 있다. 즉 양자역학에서 작용소로 나타내어진 관측량들 사이의 교환 관계와 운동방정식이 해밀토니안 고전역학과 정확히 다음과 같이 대응되고 있음을 보여 준다.

i) 교환 관계: $\{x_i, p_j\}_{P.B} = \delta_{ij} \quad \leftrightarrow \quad \frac{1}{i\hbar}\left[\hat{x}_{iH}, \hat{p}_{jH}\right] = \delta_{ij} \quad \cdots (4.1)''$

ii) 운동방정식: $\begin{cases} \dot{x}_i = \dfrac{\partial H}{\partial x_i} = \{x_i, H\}_{P.B} \\ \dot{p}_i = -\dfrac{\partial H}{\partial p_i} = \{p_i, H\}_{P.B} \end{cases} \leftrightarrow \begin{cases} \dfrac{d}{dt}\hat{x}_{iH}(t) = \dfrac{1}{i\hbar}\left[\hat{x}_{iH}, H\right] \\ \dfrac{d}{dt}\hat{p}_{iH}(t) = \dfrac{1}{i\hbar}\left[\hat{p}_{iH}, H\right] \end{cases} \quad \cdots (4.2)''$

참고로, 시각 t에 입자의 위치를 측정하는 하이젠베르크 작용소 $\hat{x}_H(t)$의 고윳값 x에

대한 (정규직교기저를 이루는) 고유벡터는 $|x,t\rangle_H$로 표기한다. 즉, 다음과 같다.

$$\hat{x}_H(t)|x,t\rangle_H = x\,|x,t\rangle_H$$

여기서 고유벡터 $|x,t\rangle_H$는 시각 t에 입자의 위치가 x인 상태벡터이고[136] 이 때 위치를 측정하면 관측값 x를 얻게 된다.

만일 위 식을 $e^{i\hat{H}t}\,\hat{x}\,e^{-i\hat{H}t}|x,t\rangle_H = x\,|x,t\rangle_H$ 로 다시 쓰고 양변에 $e^{-i\hat{H}t}$를 취하면 다음을 얻는다.

$$\hat{x}\,(e^{-i\hat{H}t}|x,t\rangle_H) = x\,e^{-i\hat{H}t}|x,t\rangle_H$$

따라서 $e^{-i\hat{H}t}|x,t\rangle_H = |x\rangle$이고[137] 결과적으로 다음과 같이 쓸 수 있다.

$$|x,t\rangle_H = e^{i\hat{H}t}|x\rangle$$

---

136) $|x,t\rangle_H$에서의 t는 시스템의 동역학을 기술하는 매개변수가 아니라 각 시각 t에서 $\{|x,t\rangle_H\}$가 $\mathscr{H}$의 기저를 이룬다는 사실을 알려주는 정역학적 매개변수임에 유의해야한다. 즉, 하이젠베르크 묘사에서는 상태벡터 $|x,t\rangle_H$의 시간에 따른 변화를 기술하는 운동방정식은 존재하지 않는다. 반면에 슈뢰딩거 묘사에서의 상태벡터 $|\Psi(0)\rangle = |x\rangle$는 슈뢰딩거 방정식을 통해 시간에 따라 $|\Psi(t)\rangle = e^{-i\hat{H}t}|x\rangle$와 같이 동역학적으로 변해간다. 이 때 $e^{-i\hat{H}t}|x\rangle$는 $t=0$일 때 $|x\rangle$였던 상태벡터가 시간 t가 지난 후 시스템의 해밀토니안을 따라 변한 상태를 나타내는 벡터로서, 시각 t일 때 입자의 위치가 x인 상태를 나타내는 하이젠베르크 벡터 $|x,t\rangle_H$와는 다름에 유의해야 한다. (일반적으로 $[\hat{x},\hat{H}]\neq 0$이므로 $\hat{x}(e^{-i\hat{H}t}|x\rangle)\propto|x\rangle$가 아니다. 즉, $e^{-i\hat{H}t}|x\rangle$ 는 $\hat{x}$의 고윳값 x에 대한 고유벡터가 아니다.)
따라서 두 묘사에서 상태벡터의 차이는 표기법상으로 '시각 t를 포함하는가(또는 의존하는가)'의 여부라기보다는 동역학적인 대상인가 정역학적인 대상인가(즉 운동방정식이 존재하는가)의 여부라고 할 수 있다. ([Mackenzie] p. 34의 주)를 참고할 것. 참고로 [Griener] p. 339에서는 $\{|x,t\rangle_H\}$를 'moving basis'라고 부르고 있다.)
한편, ${}_H\langle x,t|\Psi\rangle_H = \langle x|e^{-i\hat{H}t}|\Psi(0)\rangle = \langle x|\Psi(t)\rangle = \Psi(t,x)$(단, $\hbar\equiv 1$) 로 쓸 수 있으므로 '형식적으로' 이 식의 양변을 t에 대해 미분하여 다음과 같이 계산하는 경우도 있다.

$$\frac{d}{dt}{}_H\langle x,t|\Psi\rangle_H = \frac{d}{dt}\Psi(t,x) = \frac{1}{i}\langle x|\hat{H}\Psi(t)\rangle = \frac{1}{i}\langle x|e^{-i\hat{H}t}\hat{H}|\Psi\rangle_H = \frac{1}{i}\langle x,t|\hat{H}|\Psi\rangle_H$$

즉, $i\frac{d}{dt}{}_H\langle x,t| = {}_H\langle x,t|\hat{H}$ $\left(\Leftrightarrow \frac{d}{dt}|x,t\rangle_H = -\frac{1}{i}\hat{H}|x,t\rangle_H\right)$ 이므로 '브라벡터'(일종의 작용소로 볼 수 있다) ${}_H\langle x,t|$는 슈뢰딩거 방정식에 의해 시간에 따라 변한다고 말하는 경우도 있다. 이 경우 ${}_H\langle x,t| = e^{-i\hat{H}t}{}_H\langle x,0|$로 표현되고 이는 본문에서의 $|x,t\rangle_H = e^{i\hat{H}t}|x\rangle$과 동치이다. ([Kleinert] p. 69) 물론 이 경우에도 $|x,t\rangle_H$의 시간의존성이 동역학적인 의미를 갖는 것은 아님에 유의해야한다.

137) 엄밀하게는 $e^{-i\hat{H}t}|x,t\rangle_H = e^{i\delta}|x\rangle$인데 여기서 $e^{i\delta}\equiv 1$로 선택했다.

또, ${}_H\langle x',t'| = \langle x'|e^{-i\hat{H}t'}$이므로 다음이 성립한다.

$$ {}_H\langle x',t'|x,t\rangle_H = \langle x'|e^{-i\hat{H}(t'-t)}|x\rangle $$

⑦ 공간에 대한 평행이동을 나타내는 작용소 $T(a)$를 다음과 같이 정의하자.

$$ T(a)|x\rangle := |x+a\rangle $$

이 때, $|\Psi_a\rangle := T(a)|\Psi\rangle$로 정의하면 다음을 계산할 수 있다.

$$ \begin{aligned} |\Psi_a\rangle = T(a)|\Psi\rangle &= T(a)\int dx\,|x\rangle\langle x|\Psi\rangle \\ &= \int dx\,T(a)|x\rangle\langle x|\Psi\rangle = \int dx\,|x+a\rangle\langle x|\Psi\rangle \\ &= \int dx'\,|x'\rangle\Psi(x'-a)\ \ (\text{단, } x'=x+a) \end{aligned} $$

위 식의 양변에 $\langle x|$ 를 취하면 다음을 계산할 수 있다.

$$ \begin{aligned} \langle x|\Psi_a\rangle\,(=\langle x|T(a)\Psi\rangle) = \Psi(x-a) &\sim \Psi(x) - a\frac{d}{dx}\Psi(x) \qquad (\text{단, } a \ll 1) \\ &= \Psi(x) + \left(\frac{-i}{\hbar}\right)\left(-i\hbar\frac{d}{dx}\right)a\Psi(x) \\ &= \langle x|\Psi\rangle + \left\langle x\left|-\frac{ia\hat{p}}{\hbar}\Psi\right.\right\rangle = \left\langle x\left|\left(I-\frac{ia\hat{p}}{\hbar}\right)\Psi\right.\right\rangle \end{aligned} $$

따라서 다음을 얻는다.

$$ T(a) = \lim_{n\to\infty} T(a/n)^n = \lim_{n\to\infty}\left(I-\frac{ia\hat{p}}{n\hbar}\right)^n = e^{-ia\hat{p}/\hbar} $$

참고로, 위 세 번째 등식에서 다음을 이용하였다.

$$ \lim_{n\to\infty}\left(I-\frac{ia\hat{p}}{n\hbar}\right)^n = \lim_{n\to\infty}\sum_{k=0}^{n} {}_nC_k\left(-\frac{ia\hat{p}}{n\hbar}\right)^k = \lim_{n\to\infty}\sum_{k=0}^{n}\left\{\frac{n!}{(n-k)!\,n^k}\frac{1}{k!}\left(-\frac{ia\hat{p}}{\hbar}\right)^k\right\} = e^{-ia\hat{p}/\hbar} $$

4.1.3 단순조화진동(Simple Harmonic Oscillation, SHO)

4.1.1절에서 소개한 양자가설의 중요한 적용사례로서 단순조화진동을 소개하기로 하자.

탄성 계수가 k인 용수철 끝에 질량 m인 물체가 매달려 있다고 할 때 이 시스템의 해밀토니안 함수는 $H=\frac{p^2}{2m}+k\frac{q^2}{2}$(단, p는 운동량, q는 변위)로 주어진다.

여기서 만일 $\omega^2 := k/m$, 그리고 $\begin{cases} Q := \sqrt{m\omega/\hbar}\, q \\ P := \sqrt{1/m\hbar\,\omega}\, p \end{cases}$ 로 정의하면 위 해밀토니안 함수는

$$H=\hbar\,\omega(P^2+Q^2)/2$$

로 다시 쓸 수 있다.

이 때 4.1.1절의 양자화 과정을 통해 P와 Q를 각각 작용소 $\hat{P}, \hat{Q}$로 바꾼 뒤 교환관계

$$[\hat{Q},\, \hat{P}]=i$$

를 부여할 수 있다.[138)]

이제 $\hat{H}=\hbar\omega(\hat{P}^2+\hat{Q}^2)/2$의 고윳값 a에 해당하는 고유벡터 $|\Psi_a\rangle$에 대한 'Q-표현 파동함수'를 $\Psi_a(Q)(=\langle Q|\Psi_a\rangle)$라 하면 다음이 성립함을 알 수 있다.

$$\frac{1}{2}\left[-\frac{d^2}{dQ^2}+Q^2\right]\Psi_a(Q)=a\Psi_a(Q)$$

a가 음이 아닌 정수일 때 이 미분방정식의 해 $\Psi_a(Q)$가 존재한다는 사실이 알려져 있는데,[139)] 여기서는 각 고윳값 a에 대한 $\hat{H}$의 고유공간이 1차원임을 살펴보기로 하자.

이를 위해 먼저 위 미분방정식을 다음과 같이 바꾸어 쓰자.

$$\frac{d^2\Psi_a}{dQ^2}-(Q^2-2a)\Psi_a(Q)=0$$

여기서 만일 $|Q|\to\infty$이면 위 식은 미분 방정식 $\frac{d^2\Psi_a}{dQ^2}-Q^2\Psi_a(Q)=0$에 가까워지므

---

138) $\{Q, P\}_{P.B}=\frac{1}{\hbar}$이므로 양자화 과정을 통해 $\frac{1}{i\hbar}[\hat{Q}, \hat{P}]=\frac{1}{\hbar}$임에 유의.

139) 각주 141) 참고.

로 $|Q|$가 충분히 클 때 이 미분 방정식의 해는 근사적으로 $\Psi_a(Q) = A\,Q^m e^{\pm Q^2/2}$ (단, $m \in \mathbb{R}$)에 가까워짐을 다음과 같이 확인할 수 있다.

$$\Psi_a{}''(Q) = A\,Q^{m+2} e^{\pm Q^2/2}\left[1 \pm \frac{2m+1}{Q^2} + \frac{m(m-1)}{Q^4}\right]$$

$$\xrightarrow{Q \to \infty} A\,Q^{m+2} e^{\pm Q^2/2} = Q^2 \Psi_a(Q)$$

여기서 $\Psi_a(Q) = A\,Q^m e^{Q^2/2}$의 경우는 $|Q| \to \infty$일 때 $|\Psi_a(Q)|$이 한없이 커지므로 물리적 파동함수로 적합하지 않고 따라서 $|Q| \to \infty$일 때 $\Psi_a(Q) \sim A\,Q^m e^{-Q^2/2}$임을 알 수 있다.[140)]

특별히, $|Q| \to \infty$일 때 $\Psi_a(Q) \to 0$, $\Psi_a{}'(Q) \to 0$이다. **(즉, $|\Psi_a\rangle$는 'bound state'이다.)**

이제, 두 파동함수 $\Psi_a(Q)$, $\Phi_a(Q)$가 고윳값 a에 대해

$$\hat{H}|\Psi_a\rangle = a|\Psi_a\rangle, \quad \hat{H}|\Phi_a\rangle = a|\Phi_a\rangle$$

라고 가정하자. 즉,

$$\frac{1}{2}\left[-\frac{d^2}{dQ^2} + Q^2\right]\Psi_a(Q) = a\Psi_a(Q), \qquad \cdots ①$$

$$\frac{1}{2}\left[-\frac{d^2}{dQ^2} + Q^2\right]\Phi_a(Q) = a\Phi_a(Q) \qquad \cdots ②$$

이다. 이 때 ①$\times \Phi_a -$ ②$\times \Psi_a$ 로부터 다음을 얻는다.

$$\Psi_a \frac{d^2\Phi_a}{dQ^2} - \Phi_a \frac{d^2\Psi_a}{dQ^2} = 0$$

즉,

$$\frac{d}{dQ}\left(\Psi_a \frac{d\Phi_a}{dQ} - \Phi_a \frac{d\Psi_a}{dQ}\right) = 0$$

이다.

140) [Shankar] p. 191.

따라서 $\Psi_a \frac{d\Phi_a}{dQ} - \Phi_a \frac{d\Psi_a}{dQ} = C$ (단, $C \in \mathbb{C}$) 임을 알 수 있다.

이 때 $|Q| \to \infty$ 이면 $\Psi_a(Q) \to 0, \Psi_a'(Q) \to 0, \ \Phi_a(Q) \to 0, \Phi_a'(Q) \to 0$ 임을 이용하면 $C = 0$을 얻는다.

즉,

$$\frac{d\Psi_a}{\Psi_a} = \frac{d\Phi_a}{\Phi_a}$$

이 성립하고 이로부터 $\ln \Psi_a(Q) = \ln \Phi_a(Q) + D \ (D \in \mathbb{C})$이 성립함을 알 수 있다.

따라서

$$\Phi_a(Q) = e^D \Psi_a(Q)$$

또는

$$|\Phi_a\rangle = e^D |\Psi_a\rangle \quad (D \in \mathbb{C}) \qquad \cdots (4.10)$$

이 성립한다.

결과적으로, **고윳값 a에 해당하는 $\hat{H}$의 고유공간은 1차원 벡터공간임**을 알 수 있다.[141)]

지금부터는 디락(P. Dirac)에 의해 도입된 새로운 방법에 따라 고윳값 a가 가질 수 있는 값을 조사해 보도록 하자. 먼저 다음 두 작용소를 정의한다.

$$\hat{a} := \frac{1}{\sqrt{2}}(\hat{Q} + i\hat{P}), \ \hat{a}^+ := \frac{1}{\sqrt{2}}(\hat{Q} - i\hat{P})$$

---

141) 본문의 논의는 [Shankar] p. 176의 정리 15를 참고하였다. 이 정리의 내용은 다음과 같다.

'There is no degeneracy in 1-dimensional bound state'

참고로, 각 고윳값 $a = (n + 1/2)\hbar\omega (n = 0, 1, 2, \cdots)$에 해당하는 파동함수 $\Psi_n(q)(= \langle q|\Psi_n\rangle)$는 다음과 같이 주어진다.

$$\psi_n(q) = \left(\frac{m\omega}{\pi\hbar}\right)^{1/4} \frac{1}{\sqrt{2^n n!}} H_n(\xi) e^{-\xi^2/2}$$

(단, 여기서 $\xi = \sqrt{\frac{m\omega}{\hbar}} q$이고, $H_n(\xi)$은 '**에르미트 다항식**(Hermite polynomial)'으로서 다음과 같이 정의 된다 : $H_n(\xi) = (-1)^n e^{\xi^2} (\frac{d}{d\xi})^n e^{-\xi^2}$)

참고로 $\hat{a}^+$를 '**생성작용소**(creation operator 또는 raising operator)'라고 부르고, $\hat{a}$를 '**소멸작용소**(annihilation operator 또는 lowering operator)'라고 부른다.

이때 $[\hat{Q}, \hat{P}] = i$를 이용하면 다음을 알 수 있다.

$$[\hat{a}, \hat{a}^+] = 1$$

또 $\hat{H}$는 다음과 같이 다시 쓸 수 있다.

$$\hat{H} = \frac{\hbar\omega}{2}(\hat{P}^2 + \hat{Q}^2) = \frac{\hbar\omega}{2}(\hat{a}\hat{a}^+ + \hat{a}^+\hat{a}) = \frac{1}{2}(2\hat{a}^+\hat{a} + 1)\hbar\omega \equiv \left(\hat{N} + \frac{1}{2}\right)\hbar\omega$$

위에서 $\hat{N} \equiv \hat{a}^+\hat{a}$으로 정의하였고 '**수 작용소**(Number operator)'라고 부른다. 이 작용소가 헤르미트(Hermitian)임은 자명하다.

이제 $\hat{N}$의 고윳값 $n(\in \mathbb{R})$에 대응하고 크기가 1인 고유벡터를 $|n\rangle$이라 하자.

즉, $\hat{N}|n\rangle = n|n\rangle$이다.[142)]

이 때 다음을 확인 할 수 있다.

$$0 \le \| \hat{a}|n\rangle \|^2 = \langle n|\hat{a}^+\hat{a}|n\rangle = \langle n|\hat{N}|n\rangle = n\langle n|n\rangle = n$$

따라서 $n \ge 0$이고 $n = 0$이면 $\hat{a}|n\rangle = 0$임을 알 수 있다.

한편, 다음 계산으로부터 $\hat{a}|n\rangle$과 $\hat{a}^+|n\rangle$은 각각 $\hat{N}$의 고윳값 $n-1$과 $n+1$에 해당하는 고유벡터임을 알 수 있다.

$$\hat{N}\hat{a}|n\rangle = (\hat{a}^+\hat{a})\hat{a}|n\rangle = (\hat{a}\hat{a}^+ - 1)\hat{a}|n\rangle = \hat{a}(\hat{N} - 1)|n\rangle = (n-1)\hat{a}|n\rangle$$

$$\hat{N}\hat{a}^+|n\rangle = (\hat{a}^+\hat{a})\hat{a}^+|n\rangle = \hat{a}^+(\hat{a}^+\hat{a} + 1)|n\rangle = \hat{a}^+(\hat{N} + 1)|n\rangle = (n+1)\hat{a}^+|n\rangle$$

또 만일 $\hat{N}|n_1\rangle = n|n_1\rangle$, $\hat{N}|n_2\rangle = n|n_2\rangle$이면

$$\left(\hat{H}/\hbar\omega - \frac{1}{2}\right)|n_1\rangle = n|n_1\rangle, \quad \left(\hat{H}/\hbar\omega - \frac{1}{2}\right)|n_2\rangle = n|n_2\rangle$$

---

142) 일반적으로 헤르미트 작용소 A의 서로 다른 두 고윳값 $n, n'(\in \mathbb{R})$에 대하여
$A|n\rangle = n|n\rangle$, $A|n'\rangle = n'|n'\rangle$이면
$0 = \langle n|A|n'\rangle - \langle n|A|n'\rangle = n\langle n|n'\rangle - n'\langle n|n'\rangle = (n-n')\langle n|n'\rangle$로부터
$\langle n|n'\rangle = 0$임을 알 수 있다. 따라서 $\||n\rangle\| = 1$로 정규화하면 $\langle n|n'\rangle = \delta_{nn'}$임을 알 수 있다.

로부터

$$\hat{H}|n_1\rangle = \left(n+\frac{1}{2}\right)\hbar\omega\,|n_1\rangle, \quad \hat{H}|n_2\rangle = \left(n+\frac{1}{2}\right)\hbar\omega\,|n_2\rangle$$

이므로 (4.10)에 의해 $|n_1\rangle = c\,|n_2\rangle$($c$는 상수)이다.

즉, 각 n에 대한 작용소 $\hat{N}$의 고유공간은 1차원이다.

따라서 $\hat{a}^+|n\rangle = C|n+1\rangle$, $\hat{a}|n\rangle = D|n-1\rangle$ (C, D는 상수)로 둘 수 있음을 알 수 있다. 이때 다음을 얻는다.

$$n = \langle n|\hat{a}^+\hat{a}|n\rangle \left(= \|\,\hat{a}|n\rangle\|^2\right) = |D|^2\langle n-1|n-1\rangle = |D|^2$$

$\|^2) = |D|^2\langle n-1|n-1\rangle = |D|^2$

따라서 $D \equiv \sqrt{n}$ 이다.[143]

마찬가지로,

$$1+n = \langle n|\hat{a}\hat{a}^+|n\rangle \left(= \|\,\hat{a}^+|n\rangle\|^2\right) = |C|^2\langle n+1|n+1\rangle = |C|^2$$

로부터 $C \equiv \sqrt{n+1}$를 얻는다.

결론적으로 다음과 같이 쓸 수 있다.

$$\hat{a}^+|n\rangle = \sqrt{n+1}\,|n+1\rangle, \quad \hat{a}|n\rangle = \sqrt{n}\,|n-1\rangle$$

이를 이용하면

$$\hat{a}^+|0\rangle = |1\rangle,\ (\hat{a}^+)^2|0\rangle = (\hat{a}^+)^2|1\rangle = \sqrt{2}\,|2\rangle,$$

$$(\hat{a}^+)^3|0\rangle = \hat{a}^+(\sqrt{2}\,|2\rangle) = \sqrt{2\cdot 3}\,|3\rangle, \cdots, (\hat{a}^+)^p|0\rangle = \sqrt{p!}\,|p\rangle$$

이므로 일반적으로

$$|p\rangle = \frac{1}{\sqrt{p!}}(\hat{a}^+)^p|0\rangle \quad (p = 0, 1, 2, 3, \cdots)$$

임을 알 수 있다. 같은 방법으로

---

143) 대수적으로는 $D = \sqrt{n}\,e^{i\delta}$로 쓸 수 있고, 이 때 $e^{i\delta}$ 만큼의 자유도가 있지만 여기서는 $e^{i\delta} \equiv 1$로 선택한다. C에 대해서도 마찬가지.

$$\hat{a}\,|n\rangle = \sqrt{n}\,|n-1\rangle,\ \hat{a}^2\,|n\rangle = \sqrt{n}\,a|n-1\rangle = \sqrt{n(n-1)}\,|n-2\rangle, \cdots$$

로부터 다음을 알 수 있다.

$$\hat{a}^p|\,n\rangle = \begin{cases} |\,n\rangle \quad (p=0) \\ \sqrt{n(n-1)\cdots(n-p+1)}\,|\,n-p\rangle \quad (p=1,2,3,\cdots) \end{cases} \quad \cdots (4.11)$$

특별히, n이 0이상의 정수일 때, $\hat{a}^n|n\rangle = \sqrt{n!}\,|0\rangle$ 이다.

한편, 주어진 $\hat{N}$의 고윳값 n에 대해 $\hat{a}\,|n\rangle$, $\hat{a}^2\,|n\rangle, \cdots, \hat{a}^p\,|n\rangle, \cdots$들은 모두 $\hat{N}$의 고윳값 $n-1, n-2, \cdots, n-p$에 해당하는 고유벡터들이므로 $\hat{N}$의 고윳값이 0에 의해 아래로 유계되기 위해서는 적당한 p에 대해 $\hat{a}(\hat{a}^p|n\rangle) = 0$ 이라야 한다. ($\|\,\hat{a}\,|n\rangle\,\|^2 = n$ 으로부터 $n \neq 0$이면 $\hat{a}\,|n\rangle$은 항상 정규화가능(normalizable)이므로 이것이 $\{\hat{a}^k\,|n\rangle\,|\,k=0,1,2,\cdots\}$이 유한집합일 수 있는 유일한 조건이다.)

즉, $\hat{a}^p|n\rangle\,(\propto|n-p\rangle)$이 고윳값 0에 해당하는 고유벡터이므로 (4.11)에 의해 $n-p=0$이다. 이때 p가 0 이상의 정수이므로 n도 0 이상의 정수라야 한다. 또 임의의 정수 $n \geq 0$에 대해 $(\hat{a}^+)^n\,|\,0\,\rangle$는 $\hat{N}$의 고윳값 n에 해당하는 고유벡터이다. 따라서 $\hat{N}$은 0 이상의 모든 정수 n을 고윳값으로 갖는다.

이상을 정리하면 다음과 같이 수 작용소 $\hat{N}$의 고유벡터 $\{|\,n\,\rangle\,|\,n=0,1,2,\cdots\}$을 이용하여 단순조화진동을 양자역학적으로 기술할 수 있다.

➲ 수 작용소1: 보존(boson)

단순조화진동의 해밀토니안 작용소 $\hat{H} = \left(\hat{N} + \frac{1}{2}\right)\hbar\omega$는 수 작용소 $\hat{N}$의 고유벡터 $\{|\,n\,\rangle\,|\,n=0,1,2,\cdots\}$가 이루는 정규직교기저에 의해 대각화되고 이때 고윳값은

$$E_0 = \frac{1}{2}\hbar\omega,\ E_1 = \frac{3}{2}\hbar\omega, \cdots,\ E_n = \left(n+\frac{1}{2}\right)\hbar\omega, \cdots$$

으로 표현된다. 즉, 다음과 같다.

$$\hat{H}|\,n\,\rangle = \left(n+\frac{1}{2}\right)\hbar\omega|n\,\rangle \quad (n=0,1,2,\cdots)$$

참고

① 일반적으로 교환관계 $[\hat{a}, \hat{a}^+] = 1$을 만족하는 두 작용소 $\hat{a}, \hat{a}^+$에 대하여 해밀토니안이

$$\hat{H} = \left(\hat{N} + \frac{1}{2}\right)\hbar\omega \ (\text{단, } \hat{N} \equiv \hat{a}^+\hat{a})$$

으로 주어진 시스템이 있다고 하자. 이 때 이 시스템은 단순조화진동임을 다음과 같이 보일 수 있다.

먼저, 작용소 $\hat{Q}, \hat{P}$를 각각 다음과 같이 정의한다.

$$\hat{Q} = \frac{1}{\sqrt{2}}(\hat{a}^+ + \hat{a}), \quad \hat{P} = \frac{i}{\sqrt{2}}(\hat{a}^+ - \hat{a})$$

교환관계 $[\hat{a}, \hat{a}^+] = 1$를 이용하여 $\hat{Q}, \hat{P}$ 사이의 교환관계를 구하면 다음과 같다.

$$[\hat{Q}, \hat{P}] = i$$

또 $\hat{a} = \frac{1}{\sqrt{2}}(\hat{Q} + i\hat{P}),\ \hat{a}^+ = \frac{1}{\sqrt{2}}(\hat{Q} - i\hat{P})$임을 이용하여 $\hat{H}$를 다음과 같이 쓸 수 있다.

$$\hat{H} = \left(\hat{N} + \frac{1}{2}\right)\hbar\omega = \frac{1}{2}(2\hat{a}^+\hat{a} + 1)\hbar\omega = \frac{\hbar\omega}{2}(\hat{a}\hat{a}^+ + \hat{a}^+\hat{a}) = \frac{\hbar\omega}{2}(\hat{P}^2 + \hat{Q}^2)$$

만일, 두 작용소 $\hat{q}, \hat{p}$를

$$\begin{cases} \hat{Q} =: \sqrt{m\omega/\hbar}\ \hat{q} \\ \hat{P} =: \sqrt{1/m\hbar\omega}\ \hat{p} \end{cases} \quad (\text{단, } \omega^2 \equiv k/m)$$

로 정의하면 다음을 얻는다.

$$\hat{H} = \frac{\hat{p}^2}{2m} + k\frac{\hat{q}^2}{2}, \quad [\hat{q}, \hat{p}] = i\hbar$$

따라서 이 시스템이 단순조화진동임을 알 수 있다.

② 안티-교환관계 $[\hat{a}, \hat{a}^+]_+ (\equiv \hat{a}\hat{a}^+ + \hat{a}^+\hat{a}) = 1,\ [\hat{a}, \hat{a}]_+ = [\hat{a}^+, \hat{a}^+]_+ = 0$을 만족하는 두 작용소 $\hat{a}, \hat{a}^+$에 대하여 헤르미트 작용소인 $\hat{N} \equiv \hat{a}^+\hat{a}$의 고윳값과 고유벡터에 대해 알아보자.

먼저 작용소 $\hat{N}$의 고윳값은 0,1뿐이라는 것을 다음과 같이 보일 수 있다.

$$\hat{N}(1-\hat{N})=\hat{a}^{+}\hat{a}\,\hat{a}\,\hat{a}^{+}=0\,(\because \hat{a}\,\hat{a}=0)$$

따라서 $\hat{N}|n\rangle = n|n\rangle$이면 $n(1-n)=0$이 성립하므로 $n=0,1$이다.

만일 $\hat{N}$의 고윳값 0에 대한 고유공간(즉, 바닥상태(ground state)의 공간)이 1차원이면 (예를 들어 $|0\rangle$이 bound state인 경우 (주 141) 참고)) 고윳값 1에 대한 고유공간 $C(1)$도 1차원임을 보일 수 있다. 이를 확인하기 위해 먼저 $|1\rangle \in C(1)$에 대하여 $\hat{N}(\hat{a}|1\rangle)=0$이므로 $\hat{a}|1\rangle = |0\rangle$이 성립함에 유의해보자. 또, 다음이 성립함을 알 수 있다.

$$\hat{a}|0\rangle = \hat{a}(1-\hat{N})|0\rangle = \hat{a}(\hat{a}\,\hat{a}^{+})|0\rangle = 0$$

$$\hat{a}^{+}|1\rangle = \hat{a}^{+}\hat{N}|1\rangle = 0$$

이제 $C(1)$을 생성하는 정규직교기저를 $\{|1_i\rangle \,|\, i=1,2,\cdots,k\}$라 두자.

이 때, $(\hat{N}-1)(\hat{a}^{+}|0\rangle)=(-\hat{a}\,\hat{a}^{+})\hat{a}^{+}|0\rangle=0$으로부터 $\hat{a}^{+}|0\rangle \in C(1)$이므로 다음이 성립한다.

$$\hat{a}^{+}|0\rangle = \sum_i c_i|1_i\rangle \quad (c_i \in \mathbb{C})$$

이제 각 $i\,(1\le i\le k)$에 대하여 다음이 성립한다.

$$|1_i\rangle = \hat{N}|1_i\rangle = \hat{a}^{+}\hat{a}|1_i\rangle = \hat{a}^{+}|0\rangle = \sum_j c_j|1_j\rangle$$

위 식이 모든 i에 대해 성립하기 위해서는 $k=1$일 수 밖에 없다. 따라서 $C(1)$도 1차원이다.

즉, 다음이 성립한다.

$$\hat{a}^{+}|0\rangle = |1\rangle$$

이상을 정리하면 다음과 같다.

➲ 수 작용소2: 페르미온(fermion)

안티-교환관계 $[\hat{a},\hat{a}^{+}]_{+}=1$, $[\hat{a},\hat{a}]_{+}=[\hat{a}^{+},\hat{a}^{+}]_{+}=0$을 만족하는 두 작용소 $\hat{a},\hat{a}^{+}$에 대하여 수 작용소 $\hat{N}\equiv \hat{a}^{+}\hat{a}$ 의 고윳값은 0 또는 1이고 각각에 대응하는

고유벡터 $|0\rangle, |1\rangle$에 대하여 다음이 성립한다. (단, $\dim C(0)=1$로 가정)

$$\hat{N}|n\rangle = n|n\rangle, \ \langle n|m\rangle = \delta_{nm} \ (\text{단, } n,m \in \{0,1\})$$

$$\hat{a}|n\rangle = \sqrt{n}\,|n-1\rangle, \ \hat{a}^{+}|n\rangle = \sqrt{1 \pm n}\,|n+1\rangle \ (\text{단, } n \in \{0,1\})$$

4.2 양자장이론

관성계의 한 관찰자가 빛의 속도에 가깝게 빨리 움직이는 거시적인 물리현상을 설명하기 위해서는 특수상대성이론이 필요하다. 반면에 이 관찰자가 빛의 속도에 비해 충분히 느리게 움직이는 전자와 같은 미시적인 물리현상을 설명하기 위해서는 양자역학이 필요하다.

한편, 만일 이 관찰자가 빛의 속도에 가깝게 빨리 움직이는 미시적인 물리현상을 설명하고자 한다면 특수상대성이론과 양자역학이 모두 필요하게 되는데 불행하게도 두 이론 사이에는 서로 일관되지 않는 이론적 충돌이 존재한다. 예를 들어, 양자역학의 불확정성의 원리에 의하면 닫혀있는 한 물리계의 에너지 값은 지극히 짧은 시간동안 어느 정도의 요동(fluctuation)을 보일 수가 있는데 특수상대론에 의하면 이 에너지의 요동은 곧 질량의 요동을 의미하고 이는 짧은 시간동안 새로운 질량이 생겨나거나 사라짐을 의미하게 된다.

실제로 입자물리학에서의 여러 충돌실험들을 통해 에너지가 질량으로 변환되는 과정에서 전자(electron)와 양전자(positron)가 쌍으로 생성되었다가 쌍으로 소멸하는 등 여러 가지 새로운 소립자들이 생성되거나 소멸하는 것을 확인할 수 있다.

그러나 문제는 기존의 양자역학으로는 이러한 입자의 생성과 소멸을 설명할 방법이 없다는 것이다. 가령 앞의 4.1.3절에서와 같이 단순조화진동을 하는 전자 한 개의 운동을 양자역학으로 설명한다고 해 보자. 이 때 기존의 고전역학으로는 설명할 수 없는 여러 가지 새로운 사실들(예를 들어, 양자화된 에너지나 바닥상태 에너지(ground state energy), 터널링 효과 등)은 양자역학을 통해 설명할 수 있지만 이것은 여전히 한 개의 전자에 대한 이론(즉, 주어진 전자 한 개의 에너지 상태가 양자화 되고, 이 전자가 터널링 효과를 가질 수 있음 등)일 뿐이다. 또 양성자에 충돌한 후 산란되는 전자의 파동함수는 충돌 후에도 여전히 동일한 전자의 파동함수일 뿐이며 이 과정에서 새롭게 생성되는 양전자를 기존의 양자역학으로 설명할 수는 없다.

이와 같은 고전 양자역학의 문제는 '**특수상대론의 질량-에너지 등가관계를 통한 입자의 생성과 소멸을 기술할 수 있는 보다 통합적인 이론**'으로 극복되어야 한다.

양자장이론(quantum field theory, QFT)은 이러한 요구에 부응하는 상대론적 양자역학(relativistic quantum mechanics)이며 소립자 수준에서 일어나는 입자의 생성과 소멸을 설명하는 이론이라고 할 수 있다.

4.2.1 양자장의 도입

본격적으로 양자장이론을 다루기 전에 이 절에서는 먼저 '양자장(quantum field)'의 개념을 자연스럽게 도입하고 그 의미에 대해 생각해 보도록 하자.

앞서 4.1.3절에서 우리는 입자 한 개의 단순조화진동을 양자역학적으로 기술하는 과정을 살펴보았다. 그 결과 해밀토니안 작용소 $\hat{H}$의 고유벡터 $\{|n\rangle | n = 0, 1, 2, \cdots\}$들이 상태공간의 정규직교기저를 이루고 따라서 임의의 상태벡터는 이 고유벡터들의 일차결합으로 표현됨을 알 수 있었다. 특별히 입자의 위치를 나타내는 상태벡터 $|x\rangle$에 대하여 다음이 성립한다.

$$|x\rangle = \sum_n |n\rangle\langle n|x\rangle \qquad \cdots (4.12)$$

위 (4.12)에서 각 $|n\rangle$은 주어진 '**입자 한 개**'가 갖는 에너지 상태를 나타내는 벡터이며 따라서 이 식에서는 입자의 생성이나 소멸을 찾아 볼 수 없다. 그러나 4.1.3절에서 소개한 두 작용소 $\hat{a}^+, \hat{a}$ 을 이용하면 위 (4.12)를 입자의 생성이나 소멸의 관점에서 재해석해 볼 수가 있다. 이를 살펴보기 위해 우선 (4.12)의 우변에 있는 상태벡터 $|n\rangle$을 다음과 같이 생성작용소 $\hat{a}^+$를 이용하여 표현할 수 있었음을 상기해 보자.

$$|n\rangle = \frac{1}{\sqrt{n!}}(\hat{a}^+)^n|0\rangle \qquad \cdots (4.13)$$

여기서 만일 새로운 작용소 $\hat{a}_n^+$ 를 $\hat{a}_n^+ := \frac{1}{\sqrt{n!}}(\hat{a}^+)^n$ 으로 정의하면 위 (4.13)은 다음

과 같이 다시 쓸 수 있다.

$$|n\rangle = \hat{a}_n^+|0\rangle$$

여기서 $|0\rangle$을 **'진공상태**(vacuum state)' 즉, 입자가 전혀 존재하지 않는 양자상태를 나타내는 것으로 재해석144)하고 작용소 $\hat{a}_n^+$를 에너지 상태가 $|n\rangle$인 양자 한 개를 생성시키는 '**생성작용소**(creation operator)'로 재해석145)해 보자. (이 때 $|n\rangle$는 에너지 상태가 $|n\rangle$인 양자 한 개가 생성되어 있는 상태를 나타내는 벡터로 재해석할 수 있다.)

그러면 (4.12)의 우변을 생성작용소 $\hat{a}_n^+$를 이용하여 다음과 같이 다시 쓸 수 있다.

$$|x\rangle = \left(\sum_n \langle n|x\rangle \hat{a}_n^+\right)|0\rangle \qquad \cdots (4.12)'$$

이제 (4.12)와 (4.12)$'$을 각각 $c_n \equiv \langle n|x\rangle$를 이용하여 다음과 같이 다시 표현해 보자.

$$(4.12) : |x\rangle = \sum_n c_n|n\rangle ,$$

$$(4.12)' : |x\rangle = \left(\sum_n c_n \hat{a}_n^+\right)|0\rangle$$

(단, $|c_n|^2$은 주어진 물리계의 양자상태가 $|x\rangle$일 때 에너지 관측값이 E_n일 확률)

여기서 (4.12)$'$의 우변이 입자가 없는 진공상태로부터 입자의 생성을 기술하고 있음에 유의하면 이 식의 좌변인 $|x\rangle$도 같은 방식으로 입자의 생성의 관점에서 해석할 수 있도록 하는 새로운 작용소의 정의가 필요함을 알 수 있다.

이러한 맥락에서 $|x\rangle \equiv \hat{a}_x^+|0\rangle$와 같이 쓰고 이 때 작용소 $\hat{a}_x^+$를 진공상태 $|0\rangle$에서 위치 x에 양자 하나를 생성시키는 역할을 하는 작용소로 해석하면 위 (4.12)$'$를 다음과 같이 다시 쓸 수 있다.

$$\hat{a}_x^+ = \sum_n \Psi_n(x)^* \hat{a}_n^+ \qquad \cdots (4.13)$$

(단, $\Psi_n(x) \equiv \langle x|n\rangle$은 n번째 에너지 고유함수)

---

144) 고전양자역학에서는 주어진 '입자 한 개'의 에너지 바닥상태(ground state)를 나타내었음을 상기.

145) 고전양자역학에서는 주어진 '입자 한 개'의 에너지 상태를 $E_0 = \frac{1}{2}\hbar\omega$에서 $E_n = \left(n + \frac{1}{2}\right)\hbar\omega$로 바꾸는 작용소(raising operator)였음을 상기.

위 (4.13)은 상태벡터들 사이의 관계식 (4.12)가 생성작용소 $\hat{a}_x^+$, $\hat{a}_n^+$들 사이에서도 같은 맥락으로 여전히 성립함을 의미한다.[146)]

만일 위 (4.13)의 양변에 '+ (adjoint)'를 취하면 다음과 같이 쓸 수 있다.

$$\hat{a}_x = \sum_n \hat{a}_n \Psi_n(x) \qquad \cdots (4.14)$$

여기서 $\hat{a}_x$는 위치 x에서 양자 한 개를 소멸시키는 **'소멸작용소**(annihilation)'로, $\hat{a}_n$은 에너지 상태가 $|n\rangle$인 양자 한 개를 소멸시키는 소멸작용소로 해석한다.

이 때 위 (4.14)의 우변은 고전 양자역학에서 슈뢰딩거방정식 $i\hbar\frac{\partial\Psi}{\partial t} = -\frac{\hbar^2}{2m}\nabla^2\Psi + V(x)\Psi$를 만족시키는 임의의 파동함수 $\Psi(x)$에 대하여 다음과 같은 표현이 가능하다는 사실을 연상시킨다.

$$\Psi(t,x)^* = \sum_n a_n(t)^* \Psi_n(x)^* \quad (a_n(t) \in \mathbb{C}) \qquad \cdots (4.15)$$

여기서 $\Psi_n(x)$는 $\left(-\frac{\hbar^2}{2m}\nabla^2 + V(x)\right)\Psi_n(x) = E_n\Psi_n(x)$를 만족하는 $\mathcal{H}$의 정규직교기저함수이다. 따라서 다음이 성립한다.

$$\langle \Psi_n | \Psi_m \rangle = \int dx \Psi_n(x)^* \Psi_m(x) = \delta_{nm}, \quad \sum_n \Psi_n(x)\Psi_n(x')^* = \delta(x - x') \qquad \cdots (4.16)$$

양자장이론에서는 함수 $\Psi(t,x)$를 입자 한 개의 양자상태를 나타내는 파동함수가 아니라 각 위치 x에서 위 슈뢰딩거방정식과 같은 운동방정식을 만족시키는 동역학적 장(dynamical field)**으로 해석하고, 각 위치에서 이 장**(field)**을 구성하는 양자**(quanta)**들이 생성과 소멸을 통해 이 장**(field)**의 양자적 성질을 기술하게 된다.** 이를 위해 위 (4.13)의 좌변에 있는 작용소 $\hat{a}_x^+$를 (4.15)의 좌변에 대응하도록 $\hat{\Psi}(t,x)^+$로 표기하고 $|\Psi(t,x)\rangle := \hat{\Psi}(t,x)^+|0\rangle$를[147)] **'시각 t에 위치 x에서 이 장**(field) **Ψ를 구성하는 양자 한 개가 생성된 상태'**를 나타내는 벡터로 해석한다.[148)]

---

146) [Stetz] p. 18의 (2.41).

147) 뒤에서 이 표기는 $|x,t\rangle$로 바꾸어 사용함. (식 (4.29) 참조)

148) 이처럼 (4.13)의 좌변과 (4.15)의 좌변의 표기법을 서로 대응시키고 이를 통해 (4.17)과 같은 표현을 사용하는 것을 수학적으로 엄밀하게 정당화하려면, 고전적인 동역학적 장을 정준양자화 과정을 통해 양자화한 양자장이 원래 고전적인 장이 만족하는 운동방정식과 동일한 운동방정식을 만족한다

즉, 위 (4.13)와 (4.14)를 각각 다음과 같이 표기한다.

$$\hat{\Psi}(t,x)^{+} = \sum_{n} \hat{a}_{n}^{+}(t)\,\Psi_{n}^{*}(x)\,,\quad \hat{\Psi}(t,x) = \sum_{n} \hat{a}_{n}(t)\,\Psi_{n}(x) \qquad \cdots (4.17)$$

단, 여기서 작용소 $\hat{a}_{n}^{+}$, $\hat{a}_{n}$사이의 교환 관계(commutation relation)는 다음과 같이 정의된다.

$$[\hat{a_n}(t), \hat{a}_{m}^{+}(t)] = \delta_{nm},\ [\hat{a}_{n}(t), \hat{a}_{m}(t)] = [\hat{a}_{n}^{+}(t), \hat{a}_{m}^{+}(t)] = 0 \qquad \cdots (4.18)$$

위 (4.18)과 (4.16)을 이용하여 (4.17)의 작용소 $\hat{\Psi}(t,x)^{+}$, $\hat{\Psi}(t,x)$사이의 교환 관계를 계산하면 다음과 같음을 쉽게 보일 수 있다.

$$[\hat{\Psi}(t,x), \hat{\Psi}(t,x)^{+}] = \delta(x-x'),^{149)} \quad [\hat{\Psi}(t,x), \hat{\Psi}(t,x')] = [\hat{\Psi}(t,x)^{+}, \hat{\Psi}(t,x')^{+}] = 0 \qquad \cdots (4.19)$$

한편, (4.16)을 이용하면 다음 역시 쉽게 보일 수 있다.

$$\hat{a}_{n}(t) = \int dx\,\Psi_{n}(x)^{*}\,\hat{\Psi}(t,x), \quad \hat{a}_{n}^{+}(t) = \int dx\,\Psi_{n}(x)\,\hat{\Psi}(t,x)^{+} \qquad \cdots (4.20)$$

따라서 만일 역으로 작용소 $\hat{\Psi}(t,x)^{+}$, $\hat{\Psi}(t,x)$사이의 교환 관계를 (4.19)와 같이 먼저 '정의'하면 (4.20)을 이용하여 작용소 $\hat{a}_{n}^{+}$, $\hat{a}_{n}$사이의 교환 관계가 (4.18)과 같음을 보일 수 있다.

이처럼 주어진 동역학적 장(dynamical field)을 그것을 구성하는 양자의 입자와 소멸의 관점에서 (4.17)과 같이 작용소로 재정의하고 적당한 교환 관계를 부여한 것을 **'양자화된 장**(quantized field)' 또는 줄여서 **'양자장**(quantum field)'라고 부른다.[150)]

는 것을 보여야 한다. 실제로, 슈뢰딩거 방정식을 만족시키는 비상대론적 양자장의 경우나 스칼라장(클라인-고든 방정식), 디락장(디락 방정식), 전자기장(맥스웰 방정식)등은 모두 **양자화된 장이 원래 고전적 장이 만족하는 운동방정식과 동일한 운동방정식을 만족한다**.([Greiner] p.59, p. 76, p. 123, p. 159)

149) 동역학적 장의 정준 양자화 과정에서 $\Psi(t,x)$의 정준 공액 장(canonical conjugate field) $\pi(t,x)$는 $i\hbar\Psi(t,x)^{*}$임을 보일 수 있다.

150) (4.17)에서 볼 수 있듯이 양자장은 **'입자'**의 생성과 소멸을 나타내는 작용소이며 이 때 이 입자의 생성과 소멸과 관련된 확률진폭에 **'파동함수'** $\Psi_{n}(x)$들이 기여하고 있음을 알 수 있다. 이와 같이 **양자장은 고전적인 '입자'의 개념과 '파동'의 개념을 통합하고 있다**. 즉, (4.17)을 개념적으로 다음과 같이 이해 할 수 있다: '**[양자장]= Σ[입자]×[파동]**'

4.2.2 동역학적 장의 정준양자화

이 절에서는 앞의 4.2.1절에서 도입한 양자장의 개념을 보다 형식적으로 기술해 보자.

우리는 4.1.2절의 ⑥에서 입자의 운동을 기술하는 고전역학의 해밀토니안 포말리즘이 양자역학의 정준양자화과정과 형식적 유사성을 갖고 있음을 언급한 바가 있다.

이제 이와 같은 맥락에서 동역학적인 장(field)에 대한 고전적인 해밀토니안 포말리즘을 이용하여 이 장의 정준양자화가 어떻게 기술될 수 있는지를 간단히 살펴보고자 한다.

이를 위해 우선 주어진 동역학적 장 Ψ의 라그랑지안 L이 다음과 같이 주어졌다고 하자.

$$L(\Psi(t),\dot{\Psi}(t)) \equiv \int d^3\vec{x}\ \mathcal{L}\ (\Psi(t,\vec{x}),\ \vec{\nabla}\Psi(t,\vec{x}),\dot{\Psi}(t,\vec{x}))$$

이 때 Ψ의 '**정준공액장**(canonically conjugate field)' $\Pi(t,\vec{x})$는 다음과 같이 정의된다.

$$\Pi(t,\vec{x}) := \frac{\delta L[\Psi(t),\dot{\Psi}(t)]}{\delta\dot{\Psi}(x)}\left(=\frac{\partial\mathcal{L}}{\partial\dot{\Psi}}(x)\right)$$

한편, 르장드르 변환을 통한 이 장의 해밀토니안 H는 다음과 같이 정의된다.

$$\begin{aligned} H(\Psi,\Pi) &:= \left[\int d^3\vec{x}\,\Pi(x)\dot{\Psi}(x)\right] - L[\Psi(t)\dot{\Psi}(t)] \\ &\equiv \int d^3\vec{x}\,\mathcal{H}\quad (\text{단, } \mathcal{H} := \Pi(x)\dot{\Psi}(x) - \mathcal{L}\,[\Psi(x),\vec{\nabla}\Psi(x),\,\dot{\Psi}(x)]) \end{aligned}$$

이 때 장 Ψ의 동역학을 기술하는 해밀톤의 운동방정식은 위의 해밀토니안 H를 이용하여 다음과 같이 표현할 수 있다. (부록 2.3절 참고)

$$\begin{cases} \dot{\Pi}(x) = -\left.\dfrac{\delta H}{\delta\Psi(x)}\right|_{\Pi} \\ \dot{\Psi}(x) = \left.\dfrac{\delta H}{\delta\Pi(x)}\right|_{\Psi} \end{cases} \qquad\cdots (4.21)$$

일반적으로 두 장 $\phi_t(\vec{x}) \equiv \phi(t,\vec{x})$, $\pi_t(\vec{x}) \equiv \pi(t,\vec{x})$에 대한 범함수(functional) $F(\phi_t,\pi_t)$, $G(\phi_t,\pi_t)$에 대하여 '**포아송 괄호**(poisson bracket)'는 다음과 같이 정의된다.

$$\{F,G\}_{P.B} := \int d\vec{x}^{\,3}\left(\frac{\delta F}{\delta\phi_t(\vec{x})}\frac{\delta G}{\delta\pi_t(\vec{x})} - \frac{\delta F}{\delta\pi_t(\vec{x})}\frac{\delta G}{\delta\phi_t(\vec{x})}\right)$$

이 정의와 위 (4.21)을 이용하면 범함수 $F(t)=F(\Psi(t,\ \vec{x}),\ \Pi(t,\ \vec{x}))$의 운동방정식이 다음과 같이 표현됨을 알 수 있다.

$$\dot{F}(t)=\int d\vec{x}^{\,3}\left(\frac{\delta F}{\delta\Psi_t(\vec{x})}\dot{\Psi}(t,\ \vec{x})+\frac{\delta F}{\delta\Pi_t(\vec{x})}\dot{\Pi}(t,\ \vec{x})\right)=\{F,H\}_{P.B}$$

특별히, 장 $\Psi(t,\vec{x})$, $\Pi(t,\vec{x})$에 대하여 각각 다음이 성립한다.151)

$$\dot{\Psi}(t,x)=\{\Psi(t,x),H(t)\}_{P.B} \qquad \cdots (4.22a)$$

$$\left(=\int dx'^3\frac{\delta\Psi(t,x)}{\delta\Psi(t,x')}\frac{\delta H(t)}{\delta\Pi(t,x')}=\frac{\delta H}{\delta\Pi(t,x)}\right)$$

$$\dot{\Pi}(t,x)=\{\Pi(t,x),H(t)\}_{P.B} \qquad \cdots (4.22b)$$

$$\left(=-\int dx'^3\frac{\delta\Pi(t,x)}{\delta\Pi(t,x')}\frac{\delta H(t)}{\delta\Pi(t,x')}=-\frac{\delta H}{\delta\Psi(t,x)}\right)$$

또 다음도 알 수 있다.

$$\begin{aligned}\{\Psi(t,x),\ \Pi(t,x)\}_{P.B}&=\int dx''^3\frac{\delta\Psi(t,x)}{\delta\Psi(t,x'')}\frac{\delta\Pi(t,x)}{\delta\Pi(t,x'')} \qquad \cdots (4.23a)\\&=\int dx''^3\delta^3(x-x')\delta^3(x'-x'')=\delta^3(x-x')\end{aligned}$$

$$\{\Psi(t,x),\Psi(t,x')\}_{P.B}=\{\Pi(t,x),\Pi(t,x)\}_{P.B}=0 \qquad \cdots (4.23b)$$

이제 이상과 같은 고전적인 장의 해밀토니안 포말리즘을 따라 장의 정준양자화 과정을 다음과 같이 기술할 수 있다.

---

151) 장 $\phi(t,\vec{x})$에 대하여 범함수 $F_x^t(\phi):=\phi(t,x)=\int dx'^3\phi(t,x')\delta^3(x'-x)$을 정의하면(단, 여기서 t,x는 범함수를 표현하는 매개변수로 사용되고 있고 표기법으로 편의상 $\vec{x}$ 대신 x를 쓰고 있다) 다음과 같이 쓸 수 있다.

$$\delta F_x^t(\phi)(=\delta\phi(t,x))=\int dx'^3\frac{\delta F_x^t(\phi)}{\delta\phi(t,x')}\delta\phi(t,x')=\int dx'^3\frac{\delta\phi(t,x)}{\delta\phi(t,x')}\delta\phi(t,x')$$

이로부터 $\dfrac{\delta\phi(t,x)}{\delta\phi(t,x')}=\delta^3(x-x')$임을 알 수 있다.

➲ 고전적 장(classical field)의 정준양자화

1. 주어진 장 $\Psi(t,\vec{x})$의 동역학을 결정하는 라그랑지안(이하 $\vec{x}$를 x로 표기)

$$L(\Psi(t),\dot{\Psi}(t)) \equiv \int d^3x\, \mathcal{L}$$

로부터 정준공액장 $\Pi(t,x) = \dfrac{\partial \mathcal{L}}{\partial \dot{\Psi}}(x)$와 해밀토니안

$$H(\Psi,\Pi) = \int d^3x\, \Pi(x)\dot{\Psi}(x) - L\left[\Psi(t)\dot{\Psi}(t)\right]$$

을 정의한다.

2. 각 위치 x에서 시간 t에 따른 $\Psi(t,x)$와 $\Pi(t,x)$의 값을 각각 동역학적 변량과 그 정준공액운동량으로 보고 이를 작용소 $\hat{\Psi}(t,x)$, $\hat{\Pi}(t,x)$로 바꾼 뒤[152] 다음과 같이 교환 관계를 부여한다.

$$\left[\hat{\Psi}(t,x),\, \hat{\Pi}(t,x')\right]_{\pm} = i\,\delta^3(x-x'), \qquad \cdots (4.23\,a)'$$

$$\left[\hat{\Psi}(t,x), \hat{\Psi}(t,x')\right]_{\pm} = \left[\hat{\Pi}(t,x),\, \hat{\Pi}(t,x')\right]_{\pm} = 0 \qquad \cdots (4.23\,b)'$$

(단, 두 작용소 A, B에 대하여 $[A,B]_{\pm} = AB \pm BA$이다. 여기서 Ψ의 양자(quanta)가 보존일 경우는 $-$, 페르미온일 경우는 $+$를 선택 한다.[153])

3. 두 작용소 $\hat{\Psi}(t,x)$, $\hat{\Pi}(t,x)$의 운동방정식은 작용소 $\hat{H} = H(\hat{\Psi}, \hat{\Pi})$을 이용하여 (보존, 페르미온의 여부에 관계없이) 각각 다음과 같이 '정의'한다.

$$\dot{\hat{\Psi}} = \frac{1}{i\hbar}\,[\hat{\Psi},\, \hat{H}]_{-}, \qquad \dot{\hat{\Pi}} = \frac{1}{i\hbar}\,[\hat{\Pi},\, \hat{H}]_{-} \qquad \cdots (4.22\,ab)'$$

(이 때 이 운동방정식의 해는 $\hat{\Psi}(t,x) = e^{i\hat{H}t}\hat{\Psi}(0,x)e^{-i\hat{H}t}(\hbar \equiv 1)$로 나타낼 수 있음을 쉽게 확인할 수 있다.)

---

152) $\Psi(t,x)^*$와 $\Pi(t,x)^*$는 각각 $\hat{\Psi}(t,x)^+$, $\hat{\Pi}(t,x)^+$로 바꾼다. 이는 하이젠베르크 작용소 $\hat{\Psi}(t,x)$의 고유벡터 $|\Psi,t\rangle$와 이에 해당하는 고윳값 $\Psi(x)$에 대하여 $\hat{\Psi}(t,x)|\Psi,t\rangle = \Psi(x)|\Psi,t\rangle$이고, 이로부터 $\langle\Psi,t|\hat{\Psi}(t,x)^+ = \langle\Psi,t|\Psi(x)^*$이 성립한다는 사실로부터 자연스럽게 이해할 수 있다. 여기서 상태벡터 $|\Psi,t\rangle$는 시각 t에 각 위치 x에서 동역학적 장 Ψ의 값이 $\Psi(x)$인 '장의 상태'를 나타내고, 따라서 $\Psi: \mathbb{R}^3 \to \mathbb{R}$인 경우 $|\Psi,t\rangle$상태에 있을 때 이 시각 t에 x에서 장의 값을 관측하면 $\Psi(x)$를 얻게

➲ 양자장과 생성-소멸작용소

작용소 $\hat{H}=H(\hat{\Psi},\hat{\Pi})$를 위 운동방정식 $(4.22ab)'$의 우변에 대입한 후, 교환관계 $(4.23ab)'$을 이용하여 계산했을 때 얻어지는 작용소 $\hat{\Psi}(t,x)$의 운동방정식이 고전적인 장 $\Psi(t,x)$가 만족하는 운동방정식(오일러-라그랑지 방정식)과 일치하고[154] 이 방정식의 $t=0$일 때의 고전적 해공간 $\Omega\equiv\{\Psi(0,x)\}_{\Psi}$를 생성하는 정규직교기저 $\{\Psi_n(x)\}_n$가 존재할 때, 작용소 $\hat{\Psi}(0,x)$는 $\sum_n \hat{a}_n\Psi_n(x)$와 같이 표현할 수 있다. 이 때, 위 3에 의하여 다음이 성립한다.

$$\hat{\Psi}(t,x)=\sum_n \hat{a}_n(t)\,\Psi_n(x)\,,\ \ \hat{\Psi}(t,x)^+=\sum_n \hat{a}_n^+(t)\,\Psi_n^*(x) \qquad \cdots (4.17)'$$

(단, $\hat{a}_n(t)=e^{i\hat{H}t}\,\hat{a}_n e^{-i\hat{H}t}$이다)

이 때 $\{\Psi_n(x)\}$가 정규직교임을 이용하면 다음을 보일 수 있다.

$$\begin{aligned}\hat{a}_n(t)&=\int d^3x\Psi_n(x)^*\,\hat{\Psi}(t,x)\equiv(\Psi_n,\hat{\Psi}),\\ \hat{a}_n^+(t)&=\int d^3x\Psi_n(x)\hat{\Psi}(t,x)^+\equiv(\hat{\Psi},\Psi_n)\end{aligned} \qquad \cdots (4.24)$$

여기서 (4.24)와 교환관계 $(4.23ab)'$을 이용하면 $\hat{a}_n$, $\hat{a}_m^+$ 사이의 다음과 같은 교환관계를 얻는다.[155]

$$[\hat{a}_n(t),\hat{a}_m^+(t)]_\pm=\delta_{nm},\ [\hat{a}_n(t),\hat{a}_m(t)]_\pm=[\hat{a}_n^+(t),\hat{a}_m^+(t)]_\pm=0 \quad \cdots (4.25)$$

된다. 4.1.2절의 ⑥에서와 같은 이유로 $|\Psi,t\rangle=e^{i\hat{H}t}|\Psi,0\rangle\equiv e^{i\hat{H}t}|\Psi\rangle$로 표현할 수 있다([Greiner] p. 366).

153) 일반적으로 동일한 입자 2개에 대한 파동함수 $\psi(x_1,x_2)$가 $\psi(x_1,x_2)=\psi(x_2,x_1)$을 만족시키면 이 입자를 '**보존**(boson)'이라고 부르고, $\psi(x_1,x_2)=-\psi(x_2,x_1)$를 만족시키면 '**페르미온**(fermion)'이라고 부른다. 주어진 양자장이 보존을 양자로 갖는지 페르미온을 양자로 갖는지는 실험결과를 통해 판단하여 선택할 수 있고, 상대론적 양자장이론의 경우는 이론 자체의 무모순성을 통해 $[\ \ ]_\pm$중 한 쪽을 선택할 수도 있다. 즉 스핀이 정수인 경우는 보존의 이론이, 반정수인 경우는 페르미온의 이론이 모순 없이 일관성을 유지한다.([Greiner] p. 68, p. 128)

154) 페르미온의 경우는 등식 $[A,BC]_-=[A,B]_+C-B[A,C]_+$을 이용하여 $(4.22ab)'$의 우변을 계산할 수 있다. 실제로 계산해 보면 앞서 주 148)에서 언급한 바와 같이 비상대론적 양자장의 경우나 스칼라장, 디락장, 전자기장등은 모두 양자화 된 장이 원래 고전적 장이 만족하는 운동방정식과 동일한 방정식을 만족하고([Greiner] p. 59, p. 66, p. 76, p. 123, p. 159) 각각의 경우 모두 정규직교기저 $\{\Psi_n(x)\}$가 존재한다.

155) 다음 계산을 통하여 두 교환관계가 서로 일관됨을 확인할 수 있다.

참고 Ⅰ 슈뢰딩거 포말리즘과 경로적분(path integral) 포말리즘

이 절의 초반에 소개한 고전적 장의 정준양자화과정은 시간에 의존하는 양자장 $\hat{\Psi}(t,x)$와 시간에 의존하지 않는 상태벡터들의 공간 $\mathcal{H}$에 의해 기술되는 하이젠베르크 묘사를 따르고 있다.

고전 양자역학의 기술방식에 하이젠베르크 묘사 이외에도 슈뢰딩거 묘사나 경로적분에 의한 기술이 있듯이, 양자장 이론도 슈뢰딩거 묘사를 따르거나 경로적분 방식을 따라 기술할 수도 있다.

예를 들어 보존장(boson field)의 경우 두 포말리즘이 각각 어떻게 기술되는지를 간단히 살펴보기로 하자.

1. 슈뢰딩거 포말리즘[156)]

입자의 파동함수 $\Psi(x) = \langle x|\Psi\rangle$와 마찬가지로 '장(field)의 파동함수'를 장 ϕ에 대한 범함수 $\Psi(\phi) \equiv \langle\phi|\Psi\rangle$로 나타내고 이들 간의 내적을 다음과 같이 정의한다.

$$\langle\Psi_1|\Psi_2\rangle = \int D\phi\, \Psi_1^*(\phi)\Psi_2(\phi)$$

(단, $D\phi$는 장 들이 이루는 함수공간의 적당한 척도(measure)이다.)

이 때 $|\Psi(\phi)|^2 D\phi$는 장 ϕ가 자신이 속해있는 함수공간에서 '$[\phi, \phi + D\phi]$'만큼에 해당하는 범위에 속해 있을 확률로 해석된다.[157)]

교환관계 $(4.23ab)'$에 의해, 양자장 $\hat{\phi}(x)(\equiv \hat{\phi}(0,x))$와 그 정준공액장 $\hat{\pi}(x)(\equiv \hat{\pi}(0,x))$에 대한 임의의 작용소 $O(\hat{\phi},\hat{\pi})$가 파동함수 $\Psi(\phi)$에 작용하는 방식은 다음과 같다.

$$O(\hat{\phi},\hat{\pi})\Psi(\phi) = O(\phi(x), \frac{1}{i}\frac{\delta}{\delta\phi(x)})\Psi(\phi)$$

또 시간에 따른 파동함수 $\Psi(t,\phi)$의 변화는 다음과 같은 슈뢰딩거 방정식을 따른다.

$$\begin{aligned}[\hat{\Psi}(x), \hat{\Psi}^+(y)]_\pm &= \Big[\sum_i \hat{a}_i\Psi_i(x), \sum_j \hat{a}_j^+\Psi_j^*(y)\Big]_\pm \\ &= \sum_{i,j}\Psi_i(x)\Psi_j^*(y)\big[\hat{a}_i, \hat{a}_j^+\big]_\pm = \sum_{i,j}\Psi_i(x)\Psi_j^*(y)\delta_{ij} \\ &= \sum_i \langle x|\Psi_i\rangle\langle\Psi_i|y\rangle = \langle x|y\rangle = \delta(x-y)\end{aligned}$$

156) 관련 자료로는 [Jackiw] p.107, 또는 [Huang] pp. 31~35 등이 있다.
157) [Huang] p. 34.

$$i\frac{\partial}{\partial t}\Psi(t,\phi) = H(\phi(x), \frac{1}{i}\frac{\delta}{\delta\phi(x)})\Psi(t,\phi)$$

2. 경로적분 포말리즘

하이젠베르크 작용소인 양자장 $\hat{\phi}(t,x)$의 고유벡터를 $|\phi, t\rangle$로 표기하고 이때의 고윳값을 $\phi(x)$라 하면 다음이 성립한다.

$$\hat{\phi}(t,x)|\phi,t\rangle = \phi(x)|\phi,t\rangle$$

여기서 상태벡터 $|\phi,t\rangle$는 시각 t에 각 위치 x에서 동역학적 장의 값이 $\phi(x)$인 상태를 나타내고, 따라서 장이 함수 $\phi : \mathbb{R}^3 \to \mathbb{R}$에 대해 $|\phi,t\rangle$인 상태에 있을 때 이 시각 t에 x에서 이 장의 값을 관측하면 $\phi(x)$를 얻게 된다.

이 때, 4.1.2절의 ⑥에서와 같은 이유로 다음과 같이 표현할 수 있다.

$$|\phi,t\rangle = e^{i\hat{H}t}|\phi,0\rangle \equiv e^{i\hat{H}t}|\phi\rangle$$

따라서 시각 t'일 때 $|\phi',t'\rangle$이었던 장의 양자상태가 시각 t''일 때 $|\phi'',t''\rangle$으로 관측되는 '**전이진폭**(transition amplitude)' $\langle\phi'',t''|\phi',t'\rangle$은 다음과 같이 표현된다.

$$\langle\phi'',t''|\phi',t'\rangle = \langle\phi''|e^{-iH(t''-t')}|\phi'\rangle$$

구체적인 계산을 통해 위 식은 다음과 같은 형태로 다시 쓸 수 있다.[158)]

$$\langle\phi'',t''|\phi',t'\rangle = N\int_{\phi'}^{\phi''} D\phi\, e^{iS[\phi,t',t'']}$$

(단, $S[\phi,t'',t'] = \int_{t'}^{t''} dt \int d^3x\, \mathcal{L}(\phi,\partial_\mu\phi)$이고, $\phi(t',x) = \phi'(x)$, $\phi(t'',x) = \phi''(x)$ 이다.)

또, $t_1 > t_2 > \cdots > t_n$일 때, 다음이 성립한다.[159)]

$$\langle 0|\hat{\phi}(t_1,x_1)\cdots\hat{\phi}(t_n,x_n)|0\rangle = N\int D\phi\,\phi(t_1,x_1)\cdots\phi(t_n,x_n)e^{iS[\phi,\partial_\mu\phi]}$$

$$(\text{단, } S[\phi,\partial_\mu\phi] = \int d^4x\,\mathcal{L}(\phi,\partial_\mu\phi))$$

158) [Greiner] pp. 366~367 참고.
159) [Greiner] p. 367.

이 식의 우변에 나타난 $\phi(t_i, x_i)$들은 작용소가 아니라 일반적인 숫자들(c-number)로서 서로 교환해도 값이 같아지는데 이것은 위 경로적분의 포말리즘이 보존에 해당하는 것임을 의미한다.
위 슈뢰딩거 포말리즘에서 보존의 교환관계 대신 페르미온의 교환관계를 이용하여 양자장이론을 전개하거나 경로적분의 포말리즘이 페르미온의 경우에도 적용될 수 있도록 하기 위해서는 소위 '그라스만 변수'(Grassmann variable)의 도입이 필요하다. 여기서는 이에 대한 자세한 내용은 생략하기로 한다.[160)]

4.2.3 비상대론적 파동함수의 양자화

비상대론적 양자역학에서 파동함수 $\Psi(t, x)$가 만족시키는 슈뢰딩거 방정식은 라그랑지안 $\mathcal{L}(\Psi, \overrightarrow{\nabla}\Psi, \dot{\Psi}) = i\hbar\Psi^* \dfrac{\partial \Psi}{\partial t} - \dfrac{\hbar^2}{2m}\overrightarrow{\nabla}\Psi^* \cdot \overrightarrow{\nabla}\Psi - V(x)\Psi^*\Psi$ 에 대한 오일러-라그랑주 방정식으로 이해할 수 있다. 이제 이 파동함수 $\Psi(t, x)$를 위 라그랑지안에 의해 기술되는 동역학적 장으로 보고[161)] 4.2.2절에서의 정준양자화 과정에 따라 이를 양자화해 봄으로써 양자장과 관련된 여러 가지 의미와 그 물리적 해석의 개연성 등을 살펴볼 수 있다.

① 양자장의 운동방정식

$\Psi(t, x)$의 정준공액장은 $\Pi(t,x) = \dfrac{\partial \mathcal{L}}{\partial \dot{\Psi}} = i\hbar\Psi(t,x)^*$ 로 주어지고 따라서 이 경우 교환관계 $(4.23a)'$은 다음과 같이 쓸 수 있다.

$$\left[\hat{\Psi}(t,x), \hat{\Psi}(t,x')^+\right]_\pm = \delta^3(x - x') \qquad \cdots (4.23a)''$$

---

160) 보다 자세한 내용은 [Cardy] pp. 63~66 또는 [Jackiw] pp. 123~126 참고.

161) 사실 특수상대론과 양자역학을 통합한 양자장이론의 관점에서 고전적 파동함수 자체는 동역학적 장으로서의 물리적 의미를 갖지 못한다. 실제로 슈뢰딩거 방정식 대신 로렌쯔 변환에 대해 불변인 클라인-고든 방정식을 만족하는 상대론적 파동함수 Ψ 조차도 이를 파동함수로 해석하면 확률 보존 방정식에서 확률밀도 함수의 역할을 하는 $P(t,x)$가 항상 양수가 되지 않는다는 문제에 부딪치게 된다([Schiff] p. 468). 맥스웰 방정식이나 디락 방정식의 경우는 해당하는 장을 고전적 '동역학적 장'으로 보고 이를 양자화하는 것이며 파동함수와는 아무런 관련이 없다. 이런 이유로, 장의 정준양자화를 '제 2 양자화(2nd quantization)'이라고 부르는 것은 순전히 역사적인 이유이며 실제로 장은 본문의 정준양자화과정을 통해 '한 번' 양자화 된다고 할 수 있다.

또 르장드르 변환에 의한 해밀토니안은 다음과 같이 계산된다.[162)]

$$H = \int dx\, \mathcal{H}(x) = \int \Psi^*(x)\left(-\frac{\hbar^2}{2m}\frac{\partial^2}{\partial x^2} + V(x)\right)\Psi(x)\,dx$$

이 때, 만일 $D_x \equiv -\dfrac{\hbar^2}{2m}\dfrac{\partial^2}{\partial x^2} + V(x)$로 정의하면 다음을 계산할 수 있다.

$$\begin{aligned}[\hat{\Psi}(x), \hat{H}] &= \int dx' \left[\hat{\Psi}(x), \hat{\Psi}(x')^+ D_{x'} \hat{\Psi}(x')\right] \\ &= \int dx' \left(\left[\hat{\Psi}(x), \hat{\Psi}(x')\right] D_{x'} \hat{\Psi}(x') + \hat{\Psi}(x') D_{x'} \left[\hat{\Psi}(x), \hat{\Psi}(x')\right]\right) \\ &= D_x \hat{\Psi}(x)\end{aligned}$$

이를 이용하여 $\hat{\Psi}(t,x)$의 운동방정식을 구하면 다음과 같다.

$$i\hbar\frac{\partial}{\partial t}\hat{\Psi}(t,x) = \left(-\frac{\hbar^2}{2m}\nabla^2 + V(x,t)\right)\hat{\Psi}(t,x)$$

따라서 장 작용소 $\hat{\Psi}(t,x)$와 고전적인 장 $\Psi(t,x)$는 같은 운동방정식을 만족한다.

② 총 수 작용소와 포크(Fock) 공간

등식 $\langle \Psi_n | \Psi_m \rangle = \delta_{nm}$을 이용하면 $[\ \ ]_\pm$에 관계없이 다음을 보일 수 있다.

$$\hat{N} := \int \hat{\Psi}^+(x)\hat{\Psi}(x)dx = \int \sum_{i,j} \hat{a}_i^+ \Psi_i^*(x) \hat{a}_j \Psi_j(x) dx = \sum_{i,j} \hat{a}_i^+ \hat{a}_j \delta_{ij} = \sum_i \hat{a}_i^+ \hat{a}_i \equiv \sum_i \hat{N}_i$$

(단, $\hat{\Psi}^+(x) \equiv \hat{\Psi}^+(0,x)$이고, $\hat{N}_i \equiv \hat{a}_i^+ \hat{a}_i$이다).

교환관계 (4.25)로부터 각 $\hat{N}_i$가 음이 아닌 정수 n_i를 고윳값으로 가지며 이 때 고유벡터를 $|n_i\rangle$라 하면 다음이 성립한다.[163)]

$$\hat{N}_i |n_i\rangle = n_i |n_i\rangle, \quad \langle n_i | m_i \rangle = \delta_{n_i m_i}$$

단, 여기서 허용되는 n_i의 값은 다음과 같다.

---

162) 계산과정은 [Greiner] p. 58 참고. 여기서 $\hat{H}$ 는 고전 양자역학의 $\langle \Psi | \hat{H} | \Psi \rangle$ 즉, 에너지의 기댓값에 대응하는 형태임을 알 수 있다.

163) 이하 내용은 [Huang] pp. 10~12를 참고.

$$n_i = \begin{cases} 0, 1, 2, 3, \cdots & (\text{보존}) \\ 0, 1 & (\text{페르미온}) \end{cases}$$

또 고유벡터 $|n_i\rangle$에 대한 $\hat{a}_i, \hat{a}_i^+$의 작용은 다음과 같다. (아래 첨자 i는 생략)

$$\hat{a}|n\rangle = \sqrt{n}\,|n-1\rangle, \quad \hat{a}^+|n\rangle = \sqrt{1 \pm n}\,|n+1\rangle$$

(단, 위에서 +는 보존, −는 페르미온에 해당한다.)

고윳값 0에 해당하는 고유벡터 $|0\rangle$(진공상태(vacuum state)를 나타내는 벡터)는 다음과 같이 정규화된 것으로 가정한다.

$$\langle 0|0\rangle = 1$$

이 때 항상 다음이 성립한다.

$$|n_i\rangle = \frac{1}{\sqrt{n_i!}}\left(\hat{a}_i^+\right)^{n_i}|0\rangle$$

한편, 교환 작용소 $[\ ,\ ]_-$의 대수적 성질을 이용하면[164] (4.25)를 만족하는 두 작용소 $\hat{a}_i$와 $\hat{a}_i^+$에 대하여 다음을 계산할 수 있다.[165]

$$\begin{aligned}\left[\widehat{N}_i, \widehat{N}_j\right]_- &= \left[\hat{a}_i^+\hat{a}_i, \hat{a}_j^+\hat{a}_j\right]_- = \hat{a}_i^+\hat{a}_j^+\left[\hat{a}_i, \hat{a}_j\right]_- + \hat{a}_i^+\left[\hat{a}_i, \hat{a}_j^+\right]_-\hat{a}_j \\ &\quad + \hat{a}_j^+\left[\hat{a}_i^+, \hat{a}_j\right]_- + \left[\hat{a}_i^+, \hat{a}_j^+\right]_-\hat{a}_i\hat{a}_j = 0\end{aligned} \qquad \cdots (4.26)$$

따라서 모든 $\widehat{N}_i$에 대해 공통인 고유벡터(common eigenvector)로 이루어진 정규직교기저 $\{|n_0, \cdots, n_i, \cdots\rangle\}$가 존재하고 이를 다음과 같이 표현할 수 있다.[166]

$$\widehat{N}_i|n_0, \cdots, n_i, \cdots\rangle = n_i|n_0, \cdots, n_i, \cdots\rangle \qquad \cdots (4.27)$$

특별히 $\widehat{N}_i|n_j\rangle \left(\equiv \widehat{N}_i|0, \cdots, n_j, 0, \cdots\rangle\right) = \delta_{ij}n_j|n_j\rangle$이므로 만일 $i \neq j$이면 $\widehat{N}_i|n_j\rangle = 0$이다.

---

164) [송희성] p. 98 참고.

165) 페르미온인 경우도 $\left[\widehat{N}_i, \widehat{N}_j\right]_- = 0$이 성립함에 유의.(이 경우의 계산은 [Kaplunovsky] p. 4 참고)

166) 일반적으로 두 작용소 A, B 에 대하여 $[A,B]_- = 0$이면, 두 작용소에 공통인 고유벡터 $\{|a,b\rangle\}$로 완비 정규직교기저를 만들 수 있다. 이 때 $A|a,b\rangle = a|a,b\rangle$, $B|a,b\rangle = b|a,b\rangle$로 쓸 수 있다.

정규직교기저 $\{|n_0, \cdots, n_i, \cdots\rangle\}$가 생성하는 힐베르트 공간 $\mathcal{H}$을 **'포크 공간'**(Fock Space)이라고 부른다. 고유벡터 $|n_i\rangle$와 마찬가지로 고유벡터 $|n_0, \cdots, n_i, \cdots\rangle$ 역시 진공 상태벡터 $|0\rangle$를 통해 다음과 같이 표현된다.[167)]

$$|n_0, \cdots, n_i, \cdots\rangle = C\prod_k \left(\hat{a}_k^+\right)^{n_k}|0\rangle \quad (\text{단, } C = \left[\prod_k n_k!\right]^{-1/2}) \qquad \cdots (4.28)^{168)}$$

이 때, 교환관계 (4.25)와 식 (4.28)을 이용하여 이 기저들이 정규직교임을 확인할 수도 있다.[169)]

즉, 다음과 같다.

$$\langle n_1', n_2', \cdots | n_1, n_2, \cdots\rangle = \delta_{n_1' n_1}\delta_{n_2' n_2}\cdots \qquad \cdots (4.28)'$$

또, 파동함수 $\Psi_n(x)$가 $\left(-\frac{\hbar^2}{2m}\nabla^2 + V(x)\right)\Psi_n(x) = E_n\Psi_n(x)$를 만족한다는 사실을 이용하면 $[\ ]_\pm$의 $\pm$에 관계없이 다음을 계산할 수 있다.

$$\begin{aligned}\hat{H} &= \int \hat{\Psi}(x)^+\left(-\frac{1}{\partial m}\frac{\partial^2}{\partial x^2} + V(x)\right)\hat{\Psi}(x)\,dx \\ &= \int \sum_i \hat{a}_i^+ \Psi_i^*(x)\left(-\frac{1}{2m}\frac{\partial^2}{\partial x^2} + V(x)\right)\sum_j \hat{a}_j \Psi_j(x)dx \\ &= \int \sum_i \hat{a}_i^+ \Psi_i^*(x)\sum_j \hat{a}_j E_j \Psi_j(x)\,dx = \sum_i \hat{a}_i^+ \hat{a}_i E_i = \sum_i \hat{N}_i E_i \equiv \sum_i \hat{H}_i\end{aligned}$$

(단, $\hat{H}_i \equiv \hat{N}_i E_i$이고 위 네 번째 등식에서 $\int \Psi_i^*(x)\Psi_j(x)dx = \langle\Psi_i|\Psi_j\rangle = \delta_{ij}$를 이용하였다.)

이 때 $\hat{H}|n_i\rangle = (\sum_k \hat{N}_k E_k)|n_i\rangle = n_i E_i|n_i\rangle$이므로 $|n_i\rangle$는 $\hat{H}$의 고윳값 $n_i E_i$에 해당하는 고유벡터가 됨을 알 수 있다. 이를 식 (4.28)에 적용하여 해석하면, **작용소 $\hat{a}_i^+$는 에너지가 E_i인 양자 한 개를 생성**시킴을 알 수 있고, 식 (4.28)로부터 **수 작용소 $\hat{N}_i$는 에너지**

167) [Huang] p. 12.

168) 페르미온인 경우 $C = 1$임을 알 수 있고 교환관계 (4.25)와 식 (4.28)에 의해 다음이 성립함을 알 수 있다: $|n_1, \cdots, n_i, \cdots, n_j, \cdots\rangle = -|n_1, \cdots, n_j, \cdots, n_i, \cdots\rangle$

169) [Das] p. 190 참조.

가 E_i인 양자의 개수를 고윳값으로 가지는 것으로 해석할 수 있다. 실제로 계산을 통하여 다음을 확인 할 수 있다.[170]

$$\hat{a}_i^+ | n_0, \cdots, n_i, \cdots \rangle = (-1)^s \sqrt{1 \pm n_i} \, | n_0, \cdots, n_i + 1, \cdots \rangle,$$

$$\hat{a}_i | n_0, \cdots, n_i, \cdots \rangle = (-1)^s \sqrt{n_i} \, | n_0 \cdots, n_i - 1, \cdots \rangle$$

$$(\text{단, } s = \begin{cases} 0 & (\text{보존인 경우}) \\ \sum_{k<i} n_k & (\text{페르미온인 경우}) \end{cases} \text{이다.})$$

또 **고유벡터** $|n_0, \cdots, n_i, \cdots \rangle$**는 에너지가** E_i**인 양자가** $n_i (i = 0, 1, \cdots)$**개 생성된 상태**를 나타내는 상태벡터로 해석할 수 있다.

또, $\hat{N} | n_0, n_1, \cdots \rangle = (\sum_i \hat{N}_i) | n_0, n_1, \cdots \rangle = (\sum_i n_i) | n_0, n_1, \cdots \rangle$ 이므로 $\hat{N} = \sum_i \hat{N}_i$를 양자장 $\hat{\Psi}$를 구성하는 모든 양자의 총 개수를 나타내는 '**총 수 작용소**(total number operator)' 라고 부른다.

한편, $\hat{N} = \int \hat{\Psi}^+(x) \hat{\Psi}(x) dx$이므로 $(\hat{\Psi}^+ \hat{\Psi})(x)$를 입자의 밀도를 나타내는 '**밀도 작용소** (density operator)'라고 부른다. (고전 양자역학에서의 $|\Psi(x)|^2$에 해당)[171]

만일 $\hat{N}_x := \hat{\Psi}^+(t, x) \hat{\Psi}(t, x)$로 정의하면 교환관계 $(4.23a)''$에 의해 다음을 알 수 있다.

$$\hat{N}_y \hat{\Psi}(t, x)^+ |0\rangle = \delta(x - y) \hat{\Psi}(t, x)^+ |0\rangle$$

여기서 만일 $|x, t\rangle := \hat{\Psi}(t, x)^+ |0\rangle$로 정의하고 이를 시각 t에 위치 x에서 입자 한 개가 생성된 양자상태로 해석하면, 위 식에 의해 $|x, t\rangle$는 작용소 $\hat{N}_y$의 고윳값 $\delta(x - y)$에 대한 고유벡터가 됨을 알 수 있다.

또, (4.26)으로부터 다음을 얻는다.

$$\dot{\hat{N}} = \frac{1}{i\hbar} [\hat{N}, \hat{H}]_- = \frac{1}{i\hbar} \sum_{i, j} [\hat{N}_i, \hat{N}_j]_- E_j = 0$$

---

170) [Huang] p. 11 참고.

171) 입자 한 개의 동역학을 파동함수 $\Psi(x)$로 기술하는 고전양자역학에서 $\int \Psi^*(x) \Psi(x) dx = 1$이 성립한다는 사실과 비교해 볼 때 이 식 우변의 1은 $\mathbb{R}^3$에서 입자를 관측할 총 확률을 나타냄과 동시에 이 파동함수가 표현하는 입자의 총 개수를 나타내는 것이라고 해석할 수 있다.

즉, **양자장을 구성하는 양자의 총 개수는 항상 보존된다.**

한편, 보존 또는 페르미온인 경우, 운동방정식

$$i\hbar \dot{\hat{a}}_i(t)= \left[\hat{a}_i(t), \hat{H}\right]_- = \sum_j E_j\left[\hat{a}_i(t), \hat{a}_j^+(t)\hat{a}_j(t)\right]_- = E_i\hat{a}_i(t)$$ [172]

로부터 다음과 같이 쓸 수 있다.

$$\hat{a}_i(t)= e^{-iE_it/\hbar}\hat{a}_i(0) \equiv e^{-iE_it/\hbar}\hat{a}_i$$

따라서 고전적 장의 정준양자화 3에 의해 $e^{i\hat{H}t}\hat{a}_i e^{-i\hat{H}t} = e^{-iE_it}\hat{a}_i$ (단, $\hbar \equiv 1$)이다.

③ N-입자 시스템과 양자장 이론

양자장 이론은 N개 입자에 대한 고전양자역학과 형식적으로 매우 유사한 구조를 가지고 있다. 이를 살펴보기 위해 다음과 같이 상태벡터 $|x_1, x_2, \cdots, x_n, t\rangle$를 정의하자.

$$|x_1, x_2, \cdots, x_n, t\rangle := \frac{1}{\sqrt{n!}}\hat{\Psi}(x_1,t)^+\hat{\Psi}(x_2,t)^+ \cdots \hat{\Psi}(x_n,t)^+|0\rangle \qquad \cdots (4.29)$$

이 벡터는 **시각 t 에 위치 $x_1, \cdots, x_n$ 에서 입자가 한 개씩 생성된 상태를 나타내는 벡터**로 해석된다. 특히, 보존인 경우와 페르미온인 경우 교환관계 $(4.23a)''$에 의해 각각 다음을 만족함에 유의하자.

$$|x_1, \cdots, x_i, \cdots, x_j, \cdots x_n, t\rangle = \pm|x_1, \cdots, x_j, \cdots, x_i, \cdots x_n, t\rangle \qquad \cdots (4.30)$$

(보존은 $+$, 페르미온은 $-$)

특별히 페르미온인 경우 $x_i = x_j$이면 $|x_1, \cdots, x_i, \cdots, x_j, \cdots x_n, t\rangle = 0$이 되고 이는 페르미온이 파울리의 베타원리를 따른다는 것을 말해준다.

한편 정의 (4.29)와 교환관계 $(4.23a)''$을 이용하면 다음을 보일 수 있다.[173]

172) $[A, BC]_- = B[A, C]_- + [A, B]_-C = -B[A, C]_+ + [A, B]_+C$이다.

173) [Kleinert] p. 51.

$$\langle x_1', \cdots, x_n', t | x_1, \cdots, x_n, t \rangle$$
$$= \begin{cases} \dfrac{1}{n!} \displaystyle\sum_{\sigma \in S_n} \delta(x_1' - x_{\sigma(1)}) \cdots \delta(x_n' - x_{\sigma(n)}) & (\text{보존}) \\ \dfrac{1}{n!} \displaystyle\sum_{\sigma \in S_n} (\operatorname{sgn} \sigma) \delta(x_1' - x_{\sigma(1)}) \cdots \delta(x_n' - x_{\sigma(n)}) & (\text{페르미온}) \end{cases}$$

(단, S_n은 $\{1,2,\cdots,n\}$의 호환을 나타내는 군(group)이다.)

예를 들면 다음과 같다.

$$\langle x_1', t | x_1, t \rangle = \delta(x_1' - x_1)$$

$$\langle x_1', x_2', t | x_1, x_2, t \rangle = \frac{1}{2} \{ \delta(x_1' - x_1) \delta(x_2' - x_2) \pm \delta(x_1' - x_2) \delta(x_2' - x_1) \}$$

따라서 $\{|x_1, x_2, \cdots, x_n, t\rangle\}$는 $\{|n_0, \cdots, n_i, \cdots\rangle\}$와 마찬가지로 시각 t일 때 양자장 작용소의 상태벡터들이 살고 있는 힐베르트 공간 $\mathcal{H}_t$에서 정규직교기저의 역할을 한다.

이제 양자 상태가 $|n_0, \cdots, n_i, \cdots\rangle$일 때 위치 $x_1, \cdots, x_N$ (단, $N = n_0 + n_1 + \cdots$)에서 입자가 한 개씩 생성되어 있을 확률진폭(probability amplitude)을 다음과 같이 '파동함수' Φ로 나타내 보자.

$$\Phi^{(N)}_{[n_0, n_1, \cdots]}(x_1, x_2, \cdots, x_N) = \langle x_1, x_2, \cdots, x_N | n_0, n_1, \cdots \rangle$$

이 때 위 (4.30)에 의해 파동함수 Φ가 보존과 페르미온에 따라 x_i, x_j의 교환에 의한 부호변화를 따른다는 것을 알 수 있다.

또 파동함수 Φ가 다음과 같이 정규화되는 것도 확인 할 수 있다.

$$\int d^3x_1 \cdots d^3x_N \Phi^{(N)*}_{[n_0', n_1', \cdots]}(x_1, \cdots, x_N, t) \Phi^{(N)}_{[n_0, n_1, \cdots]}(x_1, \cdots, x_N, t)$$
$$= \int d^3x_1 \cdots d^3x_N \langle n_0', n_1', \cdots | x_1, \cdots, x_N, t \rangle \langle x_1, \cdots, x_N | n_0, n_1, \cdots \rangle$$
$$= \delta_{n_0 n_0'} \delta_{n_1 n_1'} \cdots$$

따라서 $|\Phi^{(N)}_{[n_0, n_1, \cdots]}(x_1, \cdots, x_N)|^2$은 **시스템의 양자상태가 $|n_0, \cdots, n_i, \cdots\rangle$일 때 위치 $x_1, \cdots, x_N$ 에서 각각 입자가 한 개씩 관측될 확률밀도**를 나타내는 것으로 해석할 수 있다.

한편, 정의 (4.29)와 양자장의 운동방정식 $i\hbar\frac{\partial}{\partial t}\hat{\Psi}(x,t)=\left(-\frac{\hbar^2}{2m}\nabla^2+V(x,t)\right)\hat{\Psi}(x,t)$ 을 이용하면 다음을 쉽게 보일 수 있다.[174)]

$$i\hbar\frac{\partial}{\partial t}\Phi^{(N)}_{[n_0,n_1,\cdots]}(x_1,\cdots,x_N,t)=\sum_i\left(-\frac{\hbar^2}{2m}\overrightarrow{\nabla}_i^2+V(x_i)\right)\Phi^{(N)}_{[n_0,n_1,\cdots]}(x_1,\cdots,x_N,t)$$

즉, 파동함수 Φ는 고전양자역학에서의 N-입자 시스템에 대한 슈뢰딩거 방정식을 만족함을 알 수 있다.

참고로 파동함수 Φ의 구체적인 모습을 간단한 몇 가지 경우에 대해 살펴보면 다음과 같다.

먼저 $n_k=1$이고 $n_i=0\,(i\neq k)$인 경우에 해당하는 Φ를 다음과 같이 표기하고 계산할 수 있다.

$$\begin{aligned}\Phi^{(1)}_k(x_1)&=\langle x_1|0,\cdots,0,1,0,\cdots\rangle=\langle 0|\hat{\Psi}(x_1)\hat{a}^+_k|0\rangle\\&=\sum_i\Psi_i(x_1)\langle 0|\hat{a}_i\hat{a}^+_k|0\rangle=\Psi_k(x_1)\end{aligned}$$

같은 방식으로 $n_{k_1}=n_{k_2}=1$이고 $n_i=0\,(i\neq k_1,k_2)$인 경우는 다음과 같다.

$$\Phi^{(2)}_{k_1k_2}(x_1,x_2)=\frac{1}{2}\left(\Psi_{k_1}(x_1)\Psi_{k_2}(x_2)\pm\Psi_{k_2}(x_1)\Psi_{k_1}(x_2)\right)$$

(보존은 +, 페르미온은 −)

일반적으로는 다음과 같이 표현된다. ([Greiner] p. 64)

$$\Phi^{(n)}_{k_1\cdots k_n}(x_1,\cdots,x_n)=\begin{cases}\dfrac{1}{\sqrt{n_0!\,n_1!\cdots}}\dfrac{1}{n!}\displaystyle\sum_{\sigma\in S_n}\Psi_{k_1}(x_{\sigma(1)})\cdots\Psi_{k_n}(x_{\sigma(n)}) & (\text{보존})\\ \dfrac{1}{\sqrt{n!}}\displaystyle\sum_{\sigma\in S_n}(\operatorname{sgn}\sigma)\Psi_{k_1}(x_{\sigma(1)})\cdots\Psi_{k_n}(x_{\sigma(n)}) & (\text{페르미온})\end{cases}$$

④ 푸리에 변환

양자장 $\hat{\Psi}(x,t)$는 고전적 운동방정식과 동일한 형태의 운동방정식을 만족시키고 이에 따라 표현 (4.17)′이 가능하므로 이를 이용하여 다음을 계산할 수 있다.

---

174) 구체적인 계산은 [Greiner] p. 64 참고.

$$\hat{\Psi}(x,t)=\sum_i \hat{a}_i(t)\Psi_i(x)=\sum_i \hat{a}_i\langle x|i\rangle=\sum_i \hat{a}_i(t)\int\langle x|p\rangle\langle p|i\rangle dp$$

$$=\int\sum_i\langle p|i\rangle\,\hat{a}_i(t)\frac{e^{ipx}}{\sqrt{2\pi}}dp=\frac{1}{\sqrt{2\pi}}\int\hat{a}_p(t)\,e^{ipx}\,dp$$

$$(\text{단, }\ \hat{a}_p(t):=\sum_i\langle p|i\rangle\hat{a}_i\text{이다.})$$

또 위 식을 이용하여 $\hat{a}_p(t)=\frac{1}{\sqrt{2\pi}}\int\hat{\Psi}(t,x)e^{-ipx}dx$임도 알 수 있다.

앞 절에서 우리는 장 작용소(field operator) $\hat{\Psi}(t,x)$를 시각 t에 위치 x에서 양자 한 개를 소멸시키는 작용소 $\hat{a}_x$로 해석할 수 있음을 살펴보았다. 따라서 위 두 식은 두 작용소 $\hat{a}_x$와 $\hat{a}_p$의 관계가 고전 양자역학에서 두 파동함수 $\Psi(x)(=\langle x|\Psi\rangle)$, $\tilde{\Psi}(p)(=\langle p|\Psi\rangle)$사이의 다음관계에 대응한다고 볼 수 있다.

$$\Psi(x)=\frac{1}{\sqrt{2\pi}}\int\tilde{\Psi}(p)e^{ipx}dp,\quad \tilde{\Psi}(p)=\frac{1}{\sqrt{2\pi}}\int\Psi(x)e^{-ipx}dx$$

4.2.4 클라인-고든 장(스칼라 장)의 양자화

① 자유입자의 비상대론적 정준양자화

구간 $\left[-\frac{L}{2},\frac{L}{2}\right]$위를 움직이는 자유입자[175]에 대해 그 운동량을 양자화한 작용소 $\hat{p}$의 고유함수 $\Psi(x)$는 다음을 만족시킨다.

$$\hat{p}\Psi(x)=-i\frac{\partial\Psi}{\partial x}=p\Psi(x)\ \ (\text{단, }\ \hbar\equiv 1)$$

만일 위 방정식의 해 $\Psi(x)=\frac{1}{\sqrt{L}}e^{ipx}$에 '주기적 경계조건(periodic boundary condition)' $\Psi(x)=\Psi(x+L)$을 부여하면[176] $e^{ipx}=e^{ip(x+L)}$이 성립하고 이로부터 $e^{ipL}=1$

175) 예를 들어, 길이가 L인 금속 막대를 자유롭게 움직이는 자유전자 또는 충분히 큰 L(가령, 우리은하의 반경)에 대하여 실험실의 자유전자의 파동함수가 구간 $[-L/2,L/2]$ 밖에서는 0이라고 가정하여 이 구간 밖은 논의에서 배제할 수 있다.(현실적으로 우리가 실험실에서 관찰하는 자유입자를 우리은하 밖에서 발견할 확률은 거의 0이라고 볼 수 있다. ([강주상] p. 103, [Schiff] p. 48))

즉, $pL=2\pi m$ $(m\in\mathbb{Z})$을 얻는데, 이는 운동량이 다음과 같이 양자화됨을 의미한다.

$$p_m = \frac{2\pi m}{L}\ (m\in\mathbb{Z})$$

이때, $\Psi_m(x)=\dfrac{1}{\sqrt{L}}e^{ip_m x}$라 두면 다음을 확인 할 수 있다.

$$\langle\Psi_m|\Psi_{m'}\rangle=\int_{-L/2}^{L/2}dx\,\Psi_m^*(x)\Psi_{m'}(x)=\delta_{mm'}=\begin{cases}1 & (m=m')\\ 0 & (m\neq m')\end{cases}$$

실제로, 운동량 작용소 $\hat{p}$의 고유벡터들로 이루어진 $\left\{\dfrac{1}{\sqrt{L}}e^{ip_m x}\right\}_{m\in\mathbb{Z}}$ 는 힐베르트 공간 $\mathcal{H}$의 완비 정규직교기저를 이룬다.[177]

176) 일반적으로 '경계조건'은 모델링의 상황에 따라 다양하게 나타난다. 예를 들어 길이가 L인 금속 막대 속을 자유롭게 움직이는 자유전자의 경우 이를 거시적으로 모델링하면 이 전자의 포텐셜 함수 $V(x)$를 $V(x)=\begin{cases}0 & (-L/2\le x\le L/2)\\ \infty & (\text{그 외의 경우})\end{cases}$로 생각하고 파동함수 Ψ에 **'상자경계조건'**(box boundary condition) $\Psi(-L/2)=\Psi(L/2)=0$을 부여할 수 있을 것이다. 또 만일 금속막대를 보다 미시적으로 모델링하면 일정한 간격 L마다 규칙적으로 금속이온이 분포한 것으로 보고 각 이온 사이에서 자유롭게 움직이는 자유전자에 대해 **'주기적 경계조건'** $\Psi(x)=\Psi(x+L)$을 부여할 수 있다.
한편, 입자의 운동이 일어나는 스케일보다 L이 충분히 큰 경우, 예를 들어 우리은하의 반경(또는 우주 지평선(cosmological horizon)까지의 거리) L이내의 포텐셜 함숫값이 항상 0인 상황에서 지구의 한 실험실에서 한 자유입자의 운동을 관찰하고 있다고 하자. 이 자유입자는 저 멀리 $x=L$에서의 소위 '경계조건'이 무엇이건 그것에 거의 영향을 받지 않고 포텐셜 함숫값이 0인 실험실(또는 지구)의 물리적 시스템에서 자신의 운동상태를 결정하여 움직일 것이다. 설사 저 멀리 $x=L$에서의 소위 '경계조건'이 급격히 바뀌더라도 그 정보가 지구의 실험실까지 도달하는 데는 꽤 오랜 시간이 걸릴 것이고(L이 우주 지평선까지의 거리라면 이 정보는 영원히 지구에 도달하지 못할 수도 있다) 도달하더라도 이미 자유전자에 대한 모든 실험이 끝난 후일 수도 있다.
따라서 이처럼 충분히 큰 L에 대한 경계조건은 현실적으로는 구간 $[-L/2, L/2]$의 원점 근방을 움직이는 입자의 운동에는 거의 물리적 영향을 미치지 못한다고 볼 수 있다([Schiff] p. 48 참고). 실제로 충분히 큰 L에 대해서는 '상자경계조건'이든 '주기적 경계조건'이든 에너지나 운동량의 양자화에 거의 차이가 없어지고 각 고윳값들이 $L=\infty$인 연속 스펙트럼의 경우에 근사적으로 수렴함을 확인할 수 있다.([강주상] pp. 95~96, [Schiff] p. 48)
그럼에도 불구하고 수학적으로는 주기적 경계조건이 여러 가지로 유용하다. 첫째는 $\hat{p}$의 고유함수의 형태가 $\Psi(x)=e^{ipx}/\sqrt{L}$를 유지할 수 있다. 따라서 임의의 고정된 실수 a에 대하여 $|\Psi(x)|^2=$ $=|\Psi(x+a)|^2\ \forall x$가 성립하고 이는 공간에 대한 평행이동에 대해 자유입자의 운동 상태가 불변임을 (translation invariance) 반영하고 있다. 즉, 한 쪽 끝에서 방향을 바꾸어야 하는 상자경계조건과는 달리 주기적 경계조건에서의 자유입자는 한쪽 방향으로 운동 상태를 바꾸지 않고 끝없이 계속 운동하는 것으로 볼 수 있다. 둘째, 상자경계조건에서는 $\hat{p}$가 헤르미트 작용소(즉, $\hat{p}=\hat{p}^+$)는 되지만 '자기수반 작용소(self-adjoint operator)' (즉, $\hat{p}=\hat{p}^+$이고 $\hat{p}$의 정의역$=\hat{p}^+$의 정의역)가 되지는 못한다. 주기적 경계조건에서는 $\hat{p}$가 자기수반이 되고 따라서 $\hat{p}$의 고유벡터들이 상태벡터들로 이루어진 힐베르트 공간의 완비 정규기저의 역할을 할 수 있음이 보장된다.([Lee] p. 189)

한편 비상대론적 양자역학에서 $[\hat{H},\hat{p}]=[\frac{\hat{p}^2}{2m},\hat{p}]=0$이므로 두 작용소 $\hat{H},\hat{p}$의 공통 고유벡터로써 $\mathscr{H}$의 완비 정규직교기저를 만들 수 있다.

실제로, $\hat{p}|\Psi_k\rangle=p_k|\Psi_k\rangle$일 때 $\hat{H}|\Psi_k\rangle=\omega_k|\Psi_k\rangle$(단, $\omega_k=\frac{p_k^2}{2m}$) 이므로 $\Psi_k(x)=\frac{1}{\sqrt{L}}e^{ip_kx}$는 해밀토니안 작용소 $\hat{H}$에 대한 고윳값 ω_k의 고유벡터가 되고 $\mathscr{H}$의 완비 정규직교기저를 이룬다고 할 수 있다.

이제 앞서 4.2.3의 ①에서 살펴본 바와 같이, 정준양자화 과정에 따라 정의된 비상대론적 양자장 $\hat{\Psi}(t,\vec{x})$는 고전적 파동함수 $\Psi(t,\vec{x})$가 만족시키는 슈뢰딩거 방정식을 동일하게 만족시키므로 다음과 같이 표현할 수 있다.(주 177) 참고)

$$\hat{\Psi}(t,\vec{x})=\frac{1}{\sqrt{V}}\sum_k\hat{a}_{\vec{p}_k}(t)e^{i\vec{p}_k\cdot\vec{x}}\quad\left(\text{단, }\vec{p}_k\in\frac{2\pi}{L}\mathbb{Z}^3,\ V=L^3\right)$$

위 식을 슈뢰딩거 방정식 $i\hbar\frac{\partial}{\partial t}\hat{\Psi}(t,\vec{x})=-\frac{1}{2m}\nabla^2\hat{\Psi}(t,\vec{x})$에 대입하고 $\Psi_k(\vec{x})$의 정규직교성을 이용하면 다음과 같은 $\hat{a}_{\vec{p}_k}(t)$의 운동 방정식을 얻는다.

$$i\hbar\dot{\hat{a}}_{\vec{p}_k}(t)=\omega_k\hat{a}_{\vec{p}_k}(t)$$

따라서 다음과 같이 쓸 수 있다.[178)]

$$\hat{a}_{\vec{p}_k}(t)=\hat{a}_{\vec{p}_k}(0)e^{-i\omega_kt}$$

---

177) 3차원인 경우에는 $[-L/2,L/2]^3$에 대해 $\left\{\frac{1}{\sqrt{L^3}}e^{i\vec{p}\cdot\vec{x}}\,\middle|\,\vec{p}=2\pi\left(\frac{n_x}{L},\frac{n_y}{L},\frac{n_z}{L}\right),n_x,n_y,n_z\in\mathbb{Z}\right\}$가 같은 역할을 한다. 또, 만일 파동함수의 정의역이 유계영역이 아닌 $\mathbb{R}^3$ 전체인 경우는 경계조건이 없으므로 $\left\{\Psi_{\vec{p}}\,\middle|\,\Psi_{\vec{p}}(\vec{x})=\frac{1}{\sqrt{(2\pi)^3}}e^{i\vec{p}\cdot\vec{x}},\ \vec{p}\in\mathbb{R}^3\right\}$가 같은 역할을 하고 이 때, $\langle\Psi_{\vec{p}}|\Psi_{\vec{p}'}\rangle=\delta(\vec{p}-\vec{p}')$이다.

178) 이 결과는 앞서 4.2.3의 식 (4.31)을 유도할 때와 같이 해밀토니안 운동방정식으로부터 다음과 같이 얻을 수도 있음을 상기하자. 즉, $i\hbar\dot{\hat{a}}_i(t)=[\hat{a}_i(t),\hat{H}]_-=\sum_j\omega_j[\hat{a}_i(t),\hat{a}_j^+(t)\hat{a}_j(t)]_-=\omega_i\hat{a}_i(t)$로부터 $\hat{a}_i(t)=\hat{a}_i(0)e^{-i\omega_it/\hbar}$ 이다.

② 자유입자의 상대론적 정준양자화

질량이 m이고 운동량이 p인 자유입자의 상대론적 에너지 ω는 $\omega^2 = p^2 + m^2$에 의해 주어지는데 이를 반영한 고전 양자역학에서의 파동방정식

$$\left(i\frac{\partial}{\partial t}\right)^2 \Psi(t,\vec{x}) = (-\vec{\nabla}^2 + m^2)\Psi(t,\vec{x}) \quad (\hbar \equiv 1)$$

을 **'클라인-고든 방정식'**이라고 부른다.

이 때 이 방정식의 해를 고전 양자역학에서처럼 확률진폭을 나타내는 파동함수로 해석하는 것은 물리적으로 의미를 갖지 못한다는 것이 밝혀졌다.(주 161) 참고)

이제 함수 $\Psi(t,\vec{x})$ 를 파동함수가 아니라 클라인-고든 방정식을 만족시키는 동역학적 장(dynamical field)으로 보고 이를 **'클라인 고든 장'** 또는 **'스칼라 장'**으로 부르기로 한다.

이 때 이 스칼라 장을 정준 양자화 해보자.

이를 위해 먼저 라그랑지안 L을 다음과 같이 정의한다.

$$L(\phi,\dot{\phi}) = \int dx^3 \mathcal{L}(\phi, \partial_\mu \phi) = \int dx^3 \frac{1}{2}\left(\partial_\mu \varphi\, \partial^\mu \phi - m^2\phi^2\right), \ (\hbar = c \equiv 1)$$

이로부터 오일러-라그랑지 방정식 $\frac{\partial \mathcal{L}}{\partial \phi} = \frac{\partial}{\partial x^\mu}\left(\frac{\partial \mathcal{L}}{\partial(\partial_\mu \phi)}\right)$과 정준공액장 $\pi(t,\vec{x}) = \frac{\partial \mathcal{L}}{\partial \dot{\phi}(t,\vec{x})}$를 계산하면 다음을 얻는다.(양자장 이론에서는 관례적으로 $\eta_{\mu\nu} = \mathrm{diag}(+1, -1, -1, -1)$의 표기를 많이 따른다)

$$(\partial^\mu \partial_\mu + m^2)\phi(t,\vec{x}) = 0, \qquad \pi(t,\vec{x}) = \dot{\phi}(t,\vec{x})$$

여기서 르장드르 변환을 통해 해밀토니안 H를 구하면 다음과 같다.

$$H(\phi,\pi) = \int d^3\vec{x}\,(\pi(t,\vec{x})\dot{\phi}(t,\vec{x}) - \mathcal{L}) = \int d^3\vec{x}\,\frac{1}{2}\left(\pi(x)^2 + (\vec{\nabla}\phi(x))^2 + m^2\phi(x)^2\right)$$ [179]

이제 양자장 작용소 $\hat{\phi}(x)$, $\hat{\pi}(x)$에 대한 교환관계를 다음과 같이 부여한다.

179) 여기서 $x \equiv (t, \vec{x})$로 표기하였다. 이하 마찬가지.

$$\begin{cases} [\hat{\phi}(t,\vec{x}),\hat{\pi}(t,\vec{y})]_{-}=i\delta^3(\vec{x}-\vec{y}) \\ [\hat{\phi}(t,\vec{x}),\hat{\phi}(t,\vec{y})]_{-}=[\hat{\pi}(t,\vec{x}),\hat{\pi}(t,\vec{y})]_{-}=0 \end{cases}$$

이 때, 양자장 $\hat{\phi}(x)$과 $\hat{\pi}(x)$의 해밀톤 운동방정식을 각각 계산하여 정리하면 다음 결과를 얻을 수 있다.180)

$$\ddot{\hat{\phi}}(t,\vec{x})=(\vec{\nabla}^2-m^2)\hat{\phi}(t,\vec{x}) \qquad \cdots (4.31)$$

즉, 양자장 $\hat{\phi}(x)$는 고전적인 클라인-고든 장 $\phi(x)$와 동일한 운동방정식을 만족함을 알 수 있고, 따라서 $[-L/2, L/2]^3$에서 주기적 경계조건을 부여했을 때, 다음과 같이 표현할 수 있다.

$$\hat{\phi}(t,\vec{x})=\frac{1}{\sqrt{V}}\sum_k \hat{a}_{\vec{p_k}}(t)e^{i\vec{p_k}\cdot\vec{x}} \quad (\text{단},\ V=L^3) \qquad \cdots (4.32)$$

또 (4.32)를 위 운동방정식 (4.31)에 대입하고 $\left\{\frac{1}{\sqrt{V}}e^{i\vec{p_k}\cdot\vec{x}}\right\}$의 정규직교성을 이용하면 다음과 같은 $\hat{a}_{\vec{p_k}}(t)$의 운동 방정식을 얻는다.

$$\ddot{\hat{a}}_{\vec{p_k}}(t)+\omega_k^2\hat{a}_{\vec{p_k}}(t)=0 \quad (\text{단},\ \omega_k\equiv\sqrt{\vec{p_k}^2+m^2},\ \hbar\equiv 1) \qquad \cdots (4.33)$$

이로부터 다음을 얻는다.

$$\hat{a}_{\vec{p_k}}(t)=e^{i\omega_k t}\hat{a}_{\vec{k}}+e^{-i\omega_k t}\hat{c}_{\vec{k}} \quad (\text{단},\ \vec{k}\equiv\vec{p_k})$$

이제 이 식을 (4.32)에 대입하면 다음을 얻는다.

$$\begin{aligned}\hat{\phi}(t,x) &\equiv \hat{\phi}^{(+)}(t,x)+\hat{\phi}^{(-)}(t,x) \qquad \cdots (4.34)\\ &=\frac{1}{\sqrt{V}}\sum_k e^{i(\vec{k}\cdot\vec{x}-\omega_k t)}\hat{a}_{\vec{k}}+\frac{1}{\sqrt{V}}\sum_k e^{i(\vec{k}\cdot\vec{x}+\omega_k t)}\hat{c}_{\vec{k}}\end{aligned}$$

여기서 $\hat{E}(e^{\mp i\omega t})\equiv i\frac{\partial}{\partial t}e^{\mp i\omega t}=\pm\omega e^{\mp i\omega t}$를 만족한다는 의미에서 $\hat{\phi}^{(+)}(t,x)$는 '양

180) 구체적인 계산은 [Greiner] p. 76 참고.

의 에너지(frequency)'[181]에 해당하는 해로, $\hat{\phi}^{(-)}(t,x)$는 '음의 에너지(frequency)'에 해당하는 해[182]로 해석해 볼 수 있다.[183] 이 결과를 앞서 ①에서의 비상대론적인 경우와 비교해 보면 $\hat{\phi}^{(-)}(t,x)$만큼의 차이가 있음을 알 수 있다. 이제 이 '음의 에너지'에 해당하는 $\hat{\phi}^{(-)}(t,x)$을 어떻게 해석해야 할까?

이 문제의 본질은 **'아래로 유계되어 있지 않은 음의 에너지'**[184]가 입자를 안정적으로 존재할 수 없도록 한다는 데에 있다. 즉, 아래로 유계되어있지 않은 음의 에너지 상태를 받아들이면 안정된(stable) 상태로 존재하려는 입자들은 점점 더 에너지를 잃게 되면서 결국 $-\infty$의 에너지 상태를 향해 끝없이 붕괴해 갈 것이다.(예를 들어, 전자는 끝없이 빛(photon)을 방출하며 붕괴해 갈 것이다.)

일찍이 디락(P. Dirac)은 전자의 운동을 양자역학으로 기술하기 위해 '디락 방정식'을 유도하는 과정에서 이와 같은 '음의 에너지 문제'가 발생한다는 것을 알았는데 그는 이 문제를 해결하기 위해 소위 **'양공(hole)이론'**을 제안하였다.[185] 이 이론에 의하면, 주어진 공간에 전자가 전혀 존재하지 않는 소위 '진공(vacuum)상태'는 실제로 어떤 전자도 존재하지 않는 상태가 아니라, 그 공간이 '음의 에너지 상태의 전자들'로 완전히 채워진 상태로 보아야 한다.(이를 **'디락의 바다(Dirac Sea)'**라고 부른다.) 이 때 양의 에너지를 가진 보통의 전자 한 개가 에너지를 잃고 안정된 상태로 전이하는 과정에서, 파울리의 배타원리에 의해 결코 음의 에너지 상태로 떨어지는 일은 일어나지 않게 된다. 왜냐하면 이미 모든 음의 에너지 상태는 다 채워져 있기 때문에 동일한 에너지 상태에서 두 개의 페르미온이 존재할 수 없기 때문이다.

한편, 만일 음의 에너지를 가진 전자 한 개가 에너지를 얻어 양의 에너지 상태가 되면, 음의 에너지의 바다(Dirac Sea)에 '양공(hole)'이 하나 생성된다. 이 양공은 음의 에너지를 가진 입자의 '결손'이므로 만일 자신이 운동량 $\vec{k}$와 에너지 $-\omega_k$를 가졌다면, 이 입자의 결손이 만들어낸 '양공'은 운동량 $-\vec{k}$와 에너지 ω_k를 갖는 것으로 보아야 한다. 이 양공은 디락에 의해 **'양전자'**(반입자)로 불렸으며 이와 같은 방식으로 전자와 양전자가 **'쌍**

---

181) $\hbar\equiv 1$이므로 ω의 단위는 에너지가 된다.

182) 이 해는 '상대론적 양자화'의 과정에서 미분방정식 (4.33)의 해 공간을 생성하는 완비 정규 기저가 $\left\{e^{\pm i\omega_k t}/\sqrt{2\pi}\right\}$이라는 사실에 의해 필연적으로 나타난 것임에 유의할 필요가 있다.

183) [Stetz] p. 23 참고.

184) $k\to\infty$일 때 $-\omega_k=-\sqrt{k^2+m^2}\to-\infty$이다.

185) [강주상] pp. 454 ~ 455.

생성'한다고 설명하였다. 만일 위와 같이 생성된 전자가 에너지를 잃고 다시 양공으로 인해 비어있는 음의 에너지 상태로 떨어지면 전자와 양전자(양공)가 동시에 소멸하는 '**쌍소멸**'이 일어나게 된다.([그림 4-1])

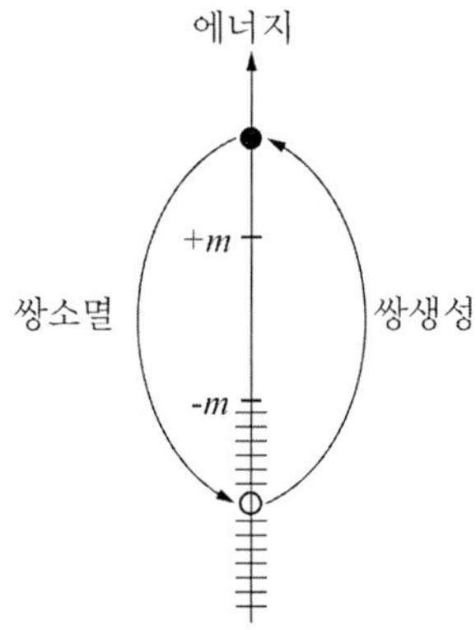

[그림 4-1]

디락의 이와 같은 설명은 반입자의 존재를 예견하는 획기적인 아이디어를 담고 있지만 기본적으로 '파울리의 배타원리'를 따르는 페르미온(예를 들어 전자)에게만 적용이 가능하다. 따라서 오늘날 양자장이론에서는 디락의 아이디어를 적용한 다음과 같은 처방으로 '음의 에너지 문제'를 해결한다.

먼저 $\hat{\phi}^{(-)}(t,\vec{x})$에서 $\vec{k}\mapsto-\vec{k}$로 바꾸어 $\hat{\phi}^{(-)}(t,\vec{x})=\frac{1}{\sqrt{V}}\sum_k e^{i(-\vec{k}\cdot\vec{x}+\omega_k t)}\hat{c}_{-\vec{k}}$로 표현한 뒤 ($\omega_k=\omega_{-k}$임에 유의), 디락의 '양공이론'을 적용하여 에너지가 $-\omega_k$이고 운동량이 $-\vec{k}$인 입자의 '소멸'을 나타내는 작용소 $\hat{c}_{-\vec{k}}$를, 에너지가 ω_k이고 운동량이 $\vec{k}$인 '**반입자의 생성**'을 나타내는 작용소 $\hat{d}^+_{\vec{k}}$로 바꾸는 처방을 한다. (수학적으로는 $\widehat{d_{\vec{k}}}\equiv\hat{c}^+_{-\vec{k}}$로 재정의하는 것에 불과하다.) 이 해석에 따르면 운동량이 $\vec{k}$이고 에너지가 ω_k인 반입자(양공)의 소멸을 나타내는 작용소 $\hat{d}_{\vec{k}}$는 운동량이 $-\vec{k}$ 이고 에너지가 $-\omega_k$인 입자의 생성을 나타내는 작용소 $\hat{c}^+_{-\vec{k}}$에 대응하게 된다. 이것을 그림으로 도식화하면 [그림 4-2]과 같다.

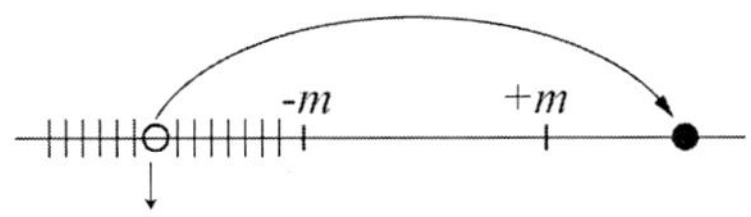

$\hat{c}_{-\vec{k}}$ (에너지가 $-\omega_k$이고 운동량이 $-\vec{k}$인 입자의 소멸)

$\Updownarrow$

$\hat{d}^{+}_{\vec{k}}$ (에너지가 ω_k이고 운동량이 $\vec{k}$인 반입자의 생성)

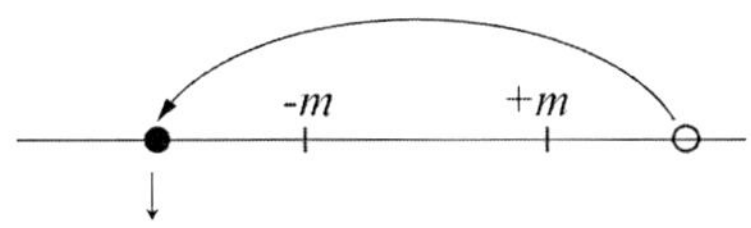

$\hat{c}^{+}_{-\vec{k}}$ (에너지가 $-\omega_k$이고 운동량이 $-\vec{k}$인 입자의 생성)

$\Updownarrow$

$\hat{d}_{\vec{k}}$ (에너지가 ω_k이고 운동량이 $\vec{k}$인 반입자의 소멸)

[그림 4-2]

결론적으로 $\hat{\phi}(t,\vec{x})$는 다음과 같이 상대론적으로 표현 된다[186].

$$\hat{\phi}(t,\vec{x}) = \frac{1}{\sqrt{V}}\sum_k e^{i(\vec{k}\cdot\vec{x}-w_k t)}\hat{a}_{\vec{k}} + \frac{1}{\sqrt{V}}\sum_k e^{-i(\vec{k}\cdot\vec{x}-w_k t)}\hat{d}^{+}_{\vec{k}} \quad \cdots (4.35)$$

$$= \hat{\phi}^{(+)}(t,\vec{x})(\text{입자의 소멸}) + \hat{\phi}^{(-)}(t,\vec{x})(\text{반입자의 생성})$$

특별히, 자신이 자신의 반입자인 경우(힉스입자, π° 중간자 등)는 $\hat{d}^{+}_{\vec{k}} = \hat{a}^{+}_{\vec{k}}$로 쓸 수 있다.

---

186) 식 (4.35)에서 $\hat{\phi}^{(-)}(t,\vec{x})$는 여전히 $+i\omega_k t$ 를 포함하고 있다. 입자 한 개의 역학을 기술하는 고전 양자역학의 관점에서 '파동함수' $\phi^{(-)}(t,\vec{x}) \equiv \frac{1}{\sqrt{V}}\sum_k e^{-i(\vec{k}\cdot\vec{x}-\omega_k t)}d^{+}_{\vec{k}}$ 는 '$+i\omega_k t$'를 포함하는 '음의 에너지 상태'들의 중첩으로 해석되겠지만, 양자장 작용소 $\hat{\phi}^{(-)}(t,\vec{x}) = \frac{1}{\sqrt{V}}\sum_k e^{-i(\vec{k}\cdot\vec{x}-\omega_k t)}\hat{d}^{+}_{\vec{k}}$는 순전히 작용소의 관점에서 양자장 작용소 $\frac{1}{\sqrt{V}}\sum_k e^{i(\vec{k}\cdot\vec{x}-\omega_k t)}\hat{d}_{\vec{k}}$의 헤르미트 공액작용소(Hermitian conjugate)로 해석해야 하고 이 때 $\hat{\phi}_{\vec{k}} \equiv \frac{1}{\sqrt{V}}e^{i(\vec{k}\cdot\vec{x}-\omega_k t)}\hat{d}_{\vec{k}}$가 양의 에너지 ω_k를 갖는 반입자의 '소멸'을 나타내는 작용소이므로 $\hat{\phi}^{+}_{\vec{k}} = \frac{1}{\sqrt{V}}e^{-i(\vec{k}\cdot\vec{x}-\omega_k t)}\hat{d}^{+}_{\vec{k}}$는 양의 에너지 ω_k를 갖는 반입자의 '생성'을 나타내는 작용소로 해석해야 한다.

만일 식 (4.34)인 $\hat{\phi}(t,\vec{x})=\frac{1}{\sqrt{V}}\sum_k e^{i(\vec{k}\cdot\vec{x}-\omega_k t)}\hat{a}_{\vec{k}}+\frac{1}{\sqrt{V}}\sum_k e^{-i(\vec{k}\cdot\vec{x}-\omega_k t)}\hat{c}_{-\vec{k}}$ 에서 작용소 $\hat{\phi}(t,\vec{x})$가 물리적 관측량(Observable)을 나타내는 헤르미트 작용소라면(즉, 전자기장 $\vec{E}(t,\vec{x})$과 같이 $\phi(t,\vec{x})$가 실수 값을 가지면) 조건 $\hat{\phi}(t,\vec{x})^{+}=\hat{\phi}(t,\vec{x})$로부터 $\hat{c}_{-\vec{k}}=\hat{a}^{+}_{\vec{k}}$를 바로 얻을 수도 있다.

이제 이처럼 실수 값을 갖는 스칼라 장 $\hat{\phi}(t,\vec{x})$에서 $L\to\infty$일 때 즉 연속 스펙트럼의 경우를 생각해 보자. 우선, $\vec{x}\in[-L/2,L/2]^3$인 경우에 주기적 경계조건 하에 $\vec{k}\equiv\vec{p_k}\in\frac{2\pi}{L}\mathbb{Z}^3$이므로 운동량 작용소 $\hat{p}$의 고윳값의 공간인 $\vec{k}$-공간에서 이산적인 $\vec{k}$ 값들로 만들어지는 최소 격자의 부피는 $\triangle\vec{k}\equiv\left(\frac{2\pi}{L}\right)^3$이다. 따라서 다음이 성립한다.

$$\sum_k\triangle\vec{k}=\sum_k\frac{(2\pi)^3}{L^3}\xrightarrow[([-L/2,L/2]^3\to\mathbb{R}^3)]{L\to\infty}\int_{\mathbb{R}^3}d^3\vec{k}$$

즉, 다음과 같다.

$$\frac{1}{V}\sum_k\xrightarrow{L\to\infty}\frac{1}{(2\pi)^3}\int_{\mathbb{R}^3}d^3\vec{k}\ \ (\text{단, } V\equiv L^3)$$

이제 다음과 같이 $L\to\infty$일 때 $\hat{\phi}(t,\vec{x})$을 표현해 보자.

$$\begin{aligned}\hat{\phi}(t,\vec{x}) &= \frac{1}{\sqrt{V}}\sum_{k_n}\left(e^{-i(\cdots)}\hat{a}_{k_n}+\cdots\right)\ {}^{187)}\\ &= \frac{1}{\sqrt{V}}\sum_{k_n}\left(e^{-i(\cdots)}\sqrt{2\omega_{\vec{k_n}}}\sqrt{\frac{(2\pi)^3}{V}}\,\hat{a}(\vec{k})|_{\vec{k}=\vec{k_n}}+\cdots\right)\\ &= \frac{1}{V}\sum_{k_n}\left(e^{-i(\cdots)}\sqrt{2\omega_{\vec{k_n}}}\sqrt{(2\pi)^3}\,\hat{a}(\vec{k})|_{\vec{k}=\vec{k_n}}+\cdots\right)\end{aligned}$$

(← $\hat{a}(\vec{k})$는 연속변수 $\vec{k}$에 대해 정의된 작용소로서 $\vec{k}_n$을 포함하는 단위격자에서 $\sqrt{2\omega_{\vec{k_n}}}\sqrt{\triangle\vec{k}}\,\hat{a}(\vec{k})\equiv\hat{a}_{k_n}$이다.[188)])

---

187) 이산적인 $\vec{k}$값들에 대해 $\vec{k}_n\ (n=1,2,\cdots)$으로 표시하였다.

188) [Kleinert] p. 54, p. 17, p. 18 등에서는 표기법 $\hat{a}_{\vec{n}}=\sqrt{\epsilon^3}\,\hat{a}_x|_{x=x_n}$을 사용하였음. $\sqrt{2\omega_{\vec{k}}}$는 (4.36)에서 정규화 상수가 [Peskin]등에서의 형태와 같도록 하기 위한 것으로 본질적으로 중요한 의미는

$$\xrightarrow{L\to\infty} \frac{1}{(2\pi)^3}\int d^3\vec{k}\Big(e^{-i(\cdots)}\sqrt{2\omega_{\vec{k}}}\sqrt{(2\pi)^3}\,\hat{a}(\vec{k})+\cdots\Big)$$

$$= \frac{1}{\sqrt{(2\pi)^3}}\int d^4k\big(e^{-i(\cdots)}\delta(k^2-m^2)\,\hat{a}(k)+\cdots\big)$$ 189) (단, $k=(k^\mu)\equiv(\omega_{\vec{k}},\vec{k})$)

$$= \frac{1}{\sqrt{(2\pi)^3}}\int \frac{d^3\vec{k}}{2\omega_{\vec{k}}}\Big(e^{-i(\cdots)}\sqrt{2\omega_{\vec{k}}}\,\hat{a}(\vec{k})+\cdots\Big)$$

위 등식에서 우리는 $\hat{a}(k):=\sqrt{2\omega_{\vec{k}}}\,\hat{a}(\vec{k})$로 정의하였고, 다음 사실을 이용하였다.

$$\int dk^0\delta(k^2-m^2)|_{k^0>0} = \int d(k^0)^2\left(\frac{dk^0}{d(k^0)^2}\right)\delta\big((k^0)^2-\omega_{\vec{k}}^2\big)|_{k^0>0}$$

$$= \int \frac{d(k^0)^2}{2k^0}\delta\big((k^0)^2-\omega_{\vec{k}}^2\big)|_{k^0>0} = \frac{1}{2\omega_{\vec{k}}}$$

따라서 $\dfrac{d^3\vec{k}}{2\omega_{\vec{k}}}$는 로렌쯔불변인 측도이다.

결론적으로 $\hat{\phi}(t,\vec{x})$는 다음과 같이 표현된다.

$$\hat{\phi}(t,\vec{x}) = \int \frac{1}{\sqrt{(2\pi)^3 2\omega_{\vec{k}}}}d^3\vec{k}\left[\hat{a}(\vec{k})e^{-ik\cdot x}+\hat{a}(\vec{k})^+e^{ik\cdot x}\right] \qquad \cdots (4.36)$$

(단, $k\cdot x\equiv k^0x^0-\vec{k}\cdot\vec{x}$이다.)

없다. 결과론적으로는, $L\to\infty$일 때 $\dfrac{1}{\sqrt{2\omega_{\vec{k}_n}}}\dfrac{\sqrt{V}}{\sqrt{2\pi^3}}\hat{a}_{\vec{k}_n}\to\hat{a}(\vec{k})$라고 할 수 있다.

만일 $(k^\mu)\equiv(\omega_{\vec{k}},\vec{k})$일 때 $\hat{a}(k^\mu):=\sqrt{(2\pi)^3}\sqrt{2\omega_{\vec{k}}}\,\hat{a}(\vec{k})$로 두면 $|k\rangle\equiv\hat{a}(k^\mu)^+|0\rangle=\sqrt{(2\pi)^3}\sqrt{2\omega_{\vec{k}}}\,|\vec{k}\rangle$ (단, $|\vec{k}\rangle:=\hat{a}(\vec{k})^+|0\rangle$이고 $\langle\vec{k},\vec{k}'\rangle:=\delta^3(\vec{k}-\vec{k}')$로 정함. ([Tom] p. 107 의 표기법을 따름))에 대하여 $\langle k|k'\rangle=2(2\pi)^3\omega_{\vec{k}}\delta^3(\vec{k}-\vec{k}')$이 되고 이 때 $\omega_{\vec{k}}\delta^3(\vec{k}-\vec{k}')$은 로렌츠 불변량임을 보일 수 있다(자세한 내용은 4.2.5절 참고).

189) 상대론적 관점에서 $\int d^3\vec{k}$의 $d^3\vec{k}$은 로렌쯔불변인 측도(measure)가 아니다. 따라서 $\int d^3\vec{k}$ 대신 로렌쯔불변인 측도 $\delta(k^2-m^2)|_{k^0>0}dk^4$을 사용한다. 여기서 $k=(k^0,\vec{k})$이고 이 때 $k^0=\omega_{\vec{k}}$이다. 또, $k^2=(k^0)^2-\vec{k}^2$이다. 이때 로렌츠 부스트 $k\xrightarrow{\Lambda}k'$에 대하여 $dk'^4=dk^4$($\because\det\Lambda=1$)이고 $k^2-m^2=k'^2-m^2$임을 쉽게 확인 할 수 있다.

4.2.5 단순조화진동과 스칼라장의 정준양자화

① **이산모델**(phonon)

우리는 앞서 4.1.3절에서 입자 한 개의 단순조화진동을 양자화하는 과정에서 해밀토니안 작용소 $\hat{H}=\frac{\hat{p}^2}{2m}+m\omega^2\frac{\hat{x}^2}{2}$ 을 '인수분해'하여 두 작용소

$$\hat{a}=\sqrt{\frac{m\omega}{2\hbar}}\left(\hat{x}+\frac{1}{m\omega}\hat{p}\right),\ \hat{a}^+=\sqrt{\frac{m\omega}{2\hbar}}\left(\hat{x}-\frac{i}{m\omega}\hat{p}\right)$$

을 정의하였다. 이 때 교환관계 $[\hat{x},\hat{p}]=i\hbar$로부터 $[\hat{a},\hat{a}^+]=1$을 유도한 뒤, 이를 이용하여 수 작용소 $\hat{N}=\hat{a}^+\hat{a}$의 고윳값 $n\in\{0,1,\cdots\}$과 고유벡터 $|n\rangle$을 양자화할 수 있었다. 또 $H=\left(\hat{N}+\frac{1}{2}\right)\hbar\omega$임도 알 수 있었다.

이제 한 개의 입자가 아닌 N개의 입자가 서로 스프링으로 연결된 시스템을 양자화해보자. 참고로, 이러한 시스템을 '**포논**(phonon)'이라 부른다.[190]

[그림 4-3]과 같이 질량 m인 각 입자가 정지상태일 때 위치 $R_j=ja\,(j=1,2,\cdots,N,\ a>0)$에 놓여있다고 하자. 이 때 만일 각 입자들이 탄성계수가 K인 스프링의 복원력에 의해 수평으로 진동을 한다면, 평형상태일 때 R_j에 있던 각 물체의 시각 t일 때의 위치를 $R_j+x_j(t)$로 표현할 수 있다.

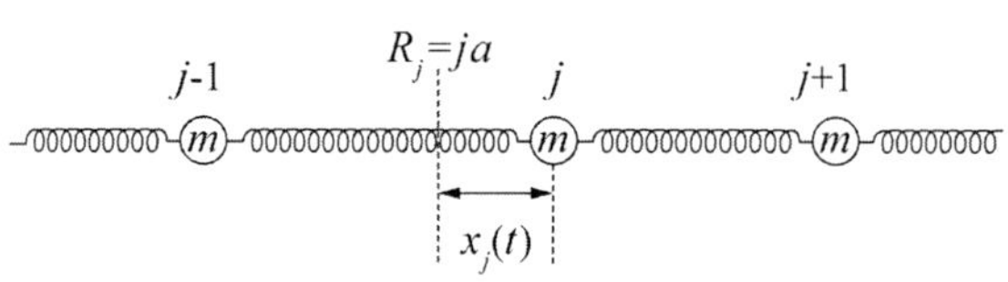

[그림 4-3]

이 때 각각의 j에 대한 변위 x_j와 그 공액 운동량 p_j를 동역학적 변량으로 보고 이들을 각각 양자화하여 다음과 같은 교환관계를 부여할 수 있다.

$$[\hat{x}_j,\hat{p}_{j'}]=i\hbar\delta_{jj'}$$

또 이 시스템에 다음과 같은 '주기적 경계조건'을 부여하자.[191]

---

190) [Tom] pp. 25~26, [Coleman] pp. 23 ~36, [Greiner] pp. 10~20 참고.

$$x_j(t) = x_{j+N}(t) \ \ (j \in \mathbb{Z})$$

이 조건에서의 시스템의 물리적 상황을 그림으로 나타내면 [그림 4-4]가 된다.

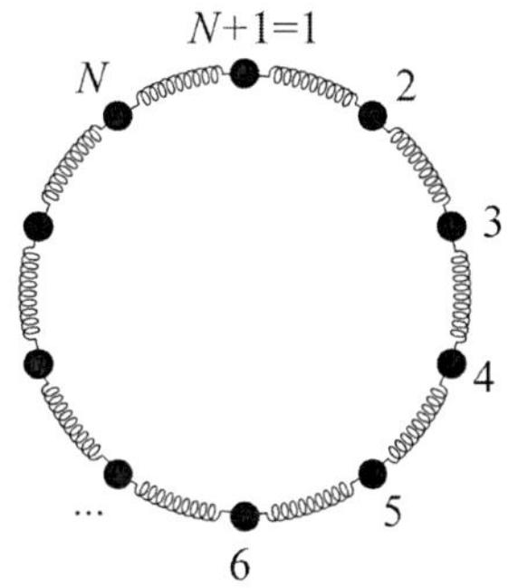

[그림 4-4]

이 때, 이 시스템의 해밀토니안은 다음과 같이 표현된다.

$$\hat{H} = H(\hat{x}_j, \hat{p}_j) = \sum_j \frac{\hat{p}_j^2}{2m} + \frac{1}{2}K\left(\hat{x}_{j+1} - \hat{x}_j\right)^2$$

이제 작용소 $\hat{x}_j, \hat{p}_j$를 다음과 같이 '푸리에 급수전개'를 통해 표현해 보자.

$$\hat{x}_j = \frac{1}{\sqrt{N}} \sum_k \hat{\tilde{x}}_k e^{ikja}, \quad \hat{p}_j = \frac{1}{\sqrt{N}} \sum_k \hat{\tilde{p}}_k e^{ikja} \qquad \cdots (4.37)$$

단, 위 (4.37)이 성립하고 주기적 경계조건 $\hat{x}_j(t) = \hat{x}_{j+N}(t)$이 만족되기 위해서는 $\sum_k$ 에서 k가 취할 수 있는 값에 제한 조건 $e^{ikja} = e^{ik(j+N)a}$을 줄 필요가 있음에 유의하자. 즉, $k = \frac{2\pi m}{Na}$[192] (단, m은 $-\frac{N}{2} < m \le \frac{N}{2}$인 정수[193])가 되어야 한다.

---

191) 입자들 사이의 간격 a에 비해 N이 충분히 큰 경우에 국소적인 특정 입자들에 대한 동역학에만 관심이 있다면 이 입자들과 충분히 멀리 떨어진 곳에서의 '경계조건'은 이 입자들의 동역학에 거의 영향을 미치지 않는다.

192) 여기서의 이산적인 k의 값은 4.2.4절 ①에서의 $p_m = \frac{2\pi m}{L}$ $(m \in \mathbb{Z})$에 해당한다. 또 지금의 Na가 4.2.4절에서의 L의 역할을 하고 있음에 유의.

193) 즉, $m \in I = \left\{\left[-\frac{N}{2}\right]+1, \left[-\frac{N}{2}\right]+2, \cdots, \left[\frac{N}{2}\right]\right\}$ $(|I| = n)$ 이다. 이 때 집합 $A = \{1,2,\cdots,N\}$에 대하여 $\left\{f_k : A \to \mathbb{C} \mid f_k(j) = e^{ikaj}/\sqrt{N}, m \in \mathbb{Z}\right\} = \left\{f_k : A \to \mathbb{C} \mid f_k(j) = e^{ikaj}/\sqrt{N}, m \in I\right\}$(단, $k=$

실제로 k가 이와 같은 값을 취할 때 다음이 성립함을 확인할 수 있다.

$$\sum_j e^{ikja} = \sum_j e^{i\frac{2\pi m}{N}j} = N\delta_{k,0} \qquad \cdots (4.38)$$

$k=0$일 때 위 식이 성립하는 것은 자명하고, $k \neq 0$ (즉, $m \neq 0$)일 때는 다음과 같이 계산하여 위 식을 확인 할 수 있다.

$$\sum_j e^{i\frac{2\pi m}{N}j} = \frac{e^{\frac{2\pi m i}{N}}(1-e^{2\pi m i})}{1-e^{\frac{2\pi m i}{N}}} = 0$$

$\left(-\pi < \dfrac{2\pi m}{N} \leq \pi,\ m \neq 0\right.$이므로 분모가 0이 아님에 유의)

따라서 만일 $\hat{\tilde{x}}_k, \hat{\tilde{p}}_k$를 각각 다음과 같이 정의한 후, 위 (4.38)을 이용하면 푸리에 전개 (4.37)이 성립함을 쉽게 확인 할 수 있다.

$$\hat{\tilde{x}}_k := \frac{1}{\sqrt{N}}\sum_j \hat{x}_j e^{-ikja}, \quad \hat{\tilde{p}}_k := \frac{1}{\sqrt{N}}\sum_j \hat{p}_j e^{-ikja}$$

이 때 교환관계 $\left[\hat{x}_j, \hat{p}_{j'}\right] = i\hbar\delta_{jj'}$를 이용하면 $\hat{\tilde{x}}_k, \hat{\tilde{p}}_k$ 사이의 교환관계도 다음과 같이 계산할 수 있다.

$$\left[\hat{\tilde{x}}_k, \hat{\tilde{p}}_{k'}\right] = \frac{1}{N}\sum_j\sum_{j'} e^{-ikja}e^{-ik'j'a}\left[\hat{x}_j, \hat{p}_{j'}\right] = \frac{i\hbar}{N}\sum_j e^{-i(k+k')ja} = i\hbar\delta_{k,-k'} \qquad \cdots (4.39)$$

이제 푸리에 급수전개 (4.37)을 해밀토니안 $\hat{H} = H(\hat{x}_j, \hat{p}_j)$에 대입한 후 정리하면 다음을 얻는다.[194)]

$$\hat{H} = \sum_k \left[\frac{1}{2m}\hat{\tilde{p}}_k\hat{\tilde{p}}_{-k} + \frac{1}{2}m\omega_k^2\hat{\tilde{x}}_k\hat{\tilde{x}}_{-k}\right] \ \left(\text{단, } \omega_k^2 = \frac{4K}{m}\sin^2\frac{ka}{2}\right) \qquad \cdots (4.40)$$

$\dfrac{2\pi m}{Na}$)임을 확인 할 수 있다. 또, $m, m' \in I$ 일 때 $\langle f_k, f_{k'}\rangle \equiv \sum_j \overline{f_k(j)}f_{k'}(j) = \delta_{kk'}$이 성립한다 ((4.38))는 의미에서 $\{f_k\}_{k\in I}$는 정규직교기저임을 알 수 있다. ([Greiner] p. 12)

194) 이는 식 (4.38)을 이용한 간단한 계산이다. 구체적인 계산과정은 [Tom] pp. 25~26 참고.

또, $\hat{x}_j = \frac{1}{\sqrt{N}}\sum_k \hat{\tilde{x}}_k e^{ikja} = \frac{1}{\sqrt{N}}\sum_k \hat{\tilde{x}}_{-k} e^{-ikja}$, $\hat{x}_j^+ = \frac{1}{\sqrt{N}}\sum_k \hat{\tilde{x}}_k^+ e^{-ikja}$에서 $\hat{x}_j = \hat{x}_j^+$를 이용하면 $\hat{\tilde{x}}_{-k} = \hat{\tilde{x}}_k^+$임을 알 수 있고, 같은 방법으로 $\hat{\tilde{p}}_{-k} = \hat{\tilde{p}}_k^+$임을 알 수 있다.

따라서 이를 이용하여 위 $\hat{H}$는 다음과 같이 다시 쓸 수 있다.

$$\hat{H} = \sum_k \left[\frac{1}{2m}\hat{\tilde{p}}_k \hat{\tilde{p}}_k^+ + \frac{1}{2}m\omega_k^2 \hat{\tilde{x}}_k \hat{\tilde{x}}_k^+\right] \quad \left(\overset{\text{고전}}{\underset{\text{역학}}{\longleftrightarrow}} \quad \sum_k \left[\frac{1}{2m}p_k p_k^* + \frac{1}{2}m\omega_k^2 x_k x_k^*\right] \right) \qquad \cdots (4.40)'$$

이제부터 표기상의 간편성을 위해 $\hat{\tilde{x}}_k$, $\hat{\tilde{p}}_k$의 위 첨자 '~'를 생략하도록 한다.(아래 첨자에 j 대신 k가 있으면 위 첨자 '~'가 생략된 것으로 쉽게 기억할 수 있다.)

만일 $\hat{p}_{-k} = \hat{p}_k^+$임을 이용하여 위 교환관계 (4.39)를 다시 쓰면 다음과 같다.

$$\left[\hat{x}_k, \hat{p}_{k'}^+\right] = i\hbar\delta_{kk'} \qquad \cdots (4.41)$$

이제 4.1.3절에서 $\hat{H}$를 '인수분해'하여 두 작용소 $\hat{a}, \hat{a}^+$를 정의하듯이, 위 $\hat{H}$의 각 k항을 '인수분해'하여 다음과 같이 $\hat{a}_k, \hat{a}_k^+$를 정의한다.

$$\hat{a}_k = \sqrt{\frac{m\omega_k}{2\hbar}}\left(\hat{x}_k + \frac{i}{m\omega_k}\hat{p}_k\right), \quad \hat{a}_k^+ = \sqrt{\frac{m\omega_k}{2\hbar}}\left(\hat{x}_{-k} - \frac{i}{m\omega_k}\hat{p}_{-k}\right) \qquad \cdots (4.42)$$

이 때 위 교환관계 (4.41)을 이용하면 다음을 확인 할 수 있다.

$$\left[\hat{a}_k, \hat{a}_{k'}^+\right] = \delta_{kk'}, \qquad \left[\hat{a}_k^+, \hat{a}_{k'}^+\right] = \left[\hat{a}_k, \hat{a}_{k'}\right] = 0 \qquad \cdots (4.43)$$

또 (4.42)로부터

$$\hat{x}_k = \sqrt{\frac{\hbar}{2m\omega_k}}\left(\hat{a}_k + \hat{a}_{-k}^+\right), \quad \hat{p}_k = \frac{1}{i}\sqrt{\frac{m\hbar\omega_k}{2}}\left(\hat{a}_k - \hat{a}_{-k}^+\right)$$

을 확인 할 수 있고 이를 (4.40)′에 대입하여 $\hat{H} = H(\hat{x}_j, \hat{p}_j)$을 계산하면 다음을 알 수 있다.

$$\hat{H} = \sum_k \frac{\hbar\omega_k}{2}\left(\hat{a}_k\hat{a}_k^+ + \hat{a}_{-k}^+\hat{a}_{-k}\right) = \sum_k \frac{\hbar\omega_k}{2}\left(\hat{a}_k\hat{a}_k^+ + \hat{a}_k^+\hat{a}_k\right) = \sum_k \hbar\omega_k\left(\hat{a}_k^+\hat{a}_k + \frac{1}{2}\right) \qquad \cdots (4.44)$$

여기서, 우리가 4.1.3절의 [참고] ①에서 배운 내용을 위 (4.43)과 (4.44)에 적용하면 이 포논 시스템이 **각 k에 대한 단순조화진동의 독립적인 합성**으로 이루어져 있음을 알 수 있다.

즉, 4.1.3절에서와 같이 헤르미트 작용소 $\hat{X}_k$, $\hat{P}_k$를 각각

$$\hat{X}_k := \sqrt{\frac{\hbar}{2m\omega_k}}\left(\hat{a}_k + \hat{a}_k^+\right),\quad \hat{P}_k := \frac{1}{i}\sqrt{\frac{m\hbar\omega_k}{2}}\left(\hat{a}_k - \hat{a}_k^+\right)$$

로 정의하고 위 해밀토니안 $\hat{H}$를 다시 쓰면 다음과 같음을 알 수 있다.

$$\hat{H} = \sum_k \left[\frac{\hat{P}_k^{\ 2}}{2m} + m\omega_k \frac{\hat{X}_k^{\ 2}}{2}\right] \ ,\ \left[\hat{X}_k, \hat{P}_{k'}\right] = i\hbar\,\delta_{kk'}$$

처음에 주어졌던 포논 시스템은 이웃한 두 입자들끼리 서로 스프링으로 이어져 엄밀한 의미에서는 각각의 입자들이 독립적으로 단순조화진동을 하지는 않는다. 그럼에도 불구하고 이 시스템은 $x_j(\equiv x(j))$와 $p_j(\equiv p(j))$의 정의역(j-공간)이 아닌, 이들을 각각 푸리에 변환을 했을 때 나타나는 $\tilde{x}_k(\equiv \tilde{x}(k))$, $\tilde{p}_k(\equiv \tilde{p}(k))$의 정의역($k$-공간)에서 각 k에 대해 독립적으로 일어나는 단순조화진동들의 합성으로 이해할 수 있다. (여기서 이 단순조화진동과 관련된 작용소는 $\hat{x}_j$(또는 $\hat{x}_k$), $\hat{p}_j$(또는 $\hat{p}_k$)가 아니라 $\hat{X}_k$, $\hat{P}_k$임에 유의.)

결론적으로, 작용소 $\hat{x}_j$는 교환관계 (4.43)을 만족시키는 두 작용소 $\hat{a}_k$, $\hat{a}_k^+$를 이용하여 다음과 같이 나타낼 수 있다.

$$\begin{aligned}\hat{x}_j &= \frac{1}{\sqrt{N}}\sum_k \hat{\tilde{x}}_k e^{ikja} \\ &= \frac{1}{\sqrt{N}}\sum_k \sqrt{\frac{\hbar}{2m\omega_k}}\left(\hat{a}_k + \hat{a}_{-k}^+\right)e^{ikja} \\ &= \frac{1}{\sqrt{N}}\sqrt{\frac{\hbar}{m}}\sum_k \frac{1}{\sqrt{2\omega_k}}\left[\hat{a}_k e^{ikja} + \hat{a}_k^+ e^{-ikja}\right]\end{aligned}$$

위 결과를 4.2.4절의 식 (4.36)과 비교해 보면 포논 시스템이 실수 값을 갖는 스칼라장과 매우 밀접한 관계를 갖고 있음을 알 수 있다.

② 연속모델

이제 위 ①에서 살펴본 이산모델을 약간 수정한 후 이에 해당하는 연속모델이 곧 실수 값을 갖는 스칼라장에 해당한다는 것을 설명해 보자.

먼저 ①에서 설명한 포논 시스템에서 스프링에 매달린 모든 입자가 시각 t일 때 같은 길이만큼 오른쪽으로 이동 했다면 즉, $\hat{x}_{j+1} - \hat{x}_j \equiv 0$이면 이 시스템의 해밀토니안 H에서 포텐셜 에너지에 해당하는 부분은 0이 된다. 그러나 만일 각 입자들이 탄성계수가 K인 스프링에 의해 수평으로 서로 연결되어 있을 뿐만 아니라, 각 입자의 위치 $R_j = ja$에 고정된 탄성계수가 λ인 스프링에 의해서도 연결되어 있어서 입자의 위치가 x_j만큼 변하면 $-\lambda x_i$ 만큼의 복원력이 작용한다고 해 보자([그림 4-5]).

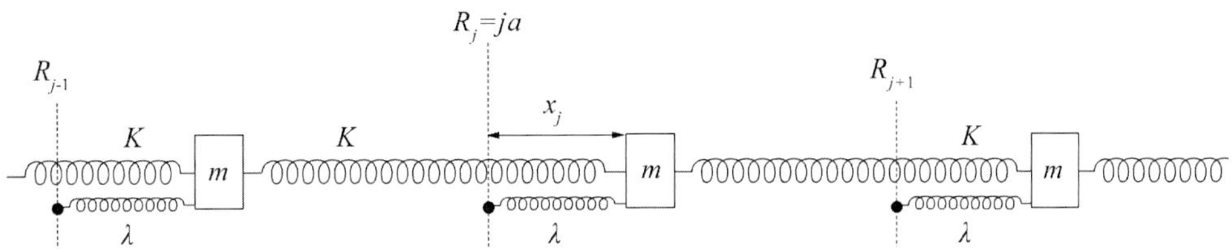

[그림 4-5]

이 경우에는 모든 입자가 시각 t일 때 같은 길이만큼 오른쪽으로 이동하여 $\hat{x}_{j+1} - \hat{x}_j \equiv 0$이라 하더라도, 각 입자들에 작용하는 복원력에 의한 포텐셜 에너지 $\sum_j \frac{1}{2}\lambda x_j^2$이 해밀토니안 H에 포함되게 된다. 따라서 이 시스템의 라그랑지안 L은 다음과 같이 표현된다. (지금부터는 표기법 $x_j(t)$, $p_j(t)$대신 각각 $\phi_j(t)$, $\pi_j(t)$를 쓰기로 한다.)

$$L = L(\phi_j, \dot{\phi}_j) = \sum_j \left[\frac{m}{2}\dot{\phi}_j^2 - \frac{1}{2}K(\phi_{j+1} - \phi_j)^2 - \frac{1}{2}\lambda\phi_j^2 \right] \qquad \cdots (4.45)$$

위 라그랑지안 (4.45)에서

$$m \mapsto a\frac{m}{a}, \ K \mapsto a(Ka),$$

$$(\phi_{j+1} - \phi_j)^2 \mapsto (\phi_{j+1} - \phi_j)^2 / a^2, \quad \lambda \mapsto a\frac{\lambda}{a}$$

으로 바꾸어 쓴 뒤 $a \to 0$, $\mathrm{L} \equiv Na$(스프링의 총 길이)$\to \infty$[195]일 때의 극한을 생각하

195) 단계적으로, '$a \to 0$, L = 일정'으로 하면 이산적인 j-공간이 연속적인 x-공간으로 바뀌고 대신 운동량 k_m-공간은 4.2.4절 ①에서처럼 여전히 이산적인 공간으로 남는다.([Wit] pp. 22~25) 여기서 다시 L $\to \infty$이면 이산적인 k_m-공간도 연속적인 k-공간으로 바뀌게 된다. 본문에서는 두 단계를 한꺼번에 진행하여 곧 바로 연속적인 x-공간과 k-공간으로 바꾸고 있다. ([Coleman] pp. 23 ~36

면, (4.45)의 각 표현들이 다음과 같이 바뀜을 알 수 있다.

$$\sum_j [\cdots] a \mapsto \int [\cdots] dx$$

$$\frac{m}{a} \mapsto \mu(\text{단위길이당 질량})$$

$$Ka = \frac{K(\phi_{j+1} - \phi_j)}{(\phi_{j+1} - \phi_j)/a} = \frac{j\text{번째 스프링에 가해진 힘}}{j\text{번째 스프링의 단위길이당 늘어난길이}}$$

$$\mapsto Y(\text{영의 마듈러스(후크의 법칙)})$$

$$\phi_j \mapsto \phi(x),^{196)} \quad (\phi_{j+1} - \phi_j)^2/a^2 \mapsto (\partial_x \phi)^2$$

$$\frac{\lambda}{a} \mapsto \mu m_0^2 \ (\text{단, } \lambda \equiv m m_0^2,\ m_0\text{는 상수})$$

따라서 $a \to 0$, $\mathrm{L} = Na \to \infty$일 때 위 라그랑지안 (4.45)는 다음의 형태로 수렴한다.

$$L = L(\phi, \dot{\phi}) = \int dx\, \mathcal{L} = \frac{1}{2} \int dx \left[\mu \dot{\phi}^2 - Y(\partial_x \phi)^2 - \mu m_0^2 \phi^2\right] \qquad \cdots (4.46)$$

이 때 이 라그랑지안 (4.46)에 대한 오일러-라그랑주 방정식

$$\frac{\partial}{\partial t}\left(\frac{\partial \mathcal{L}}{\partial \dot{\phi}}\right) + \frac{\partial}{\partial x}\left(\frac{\partial \mathcal{L}}{\partial(\partial_x \phi)}\right) - \frac{\partial \mathcal{L}}{\partial \phi} = 0$$

을 계산하면 다음과 같은 식을 얻는다.

$$\mu \ddot{\phi} - Y(\partial_{xx} \phi) - \mu m_0^2 \phi = 0$$

여기서 적당히 단위를 선택하면 $\mu = Y \equiv 1$로 둘 수 있으므로[197] 위 운동방정식은 3차원의 경우 다음과 같이 클라인-고든 방정식과 같아진다.

(이 책에서는 2.5절에서 $\mathrm{L} \to \infty$을 취하고(참고로, p. 24의 식 (2.72) 위 부분에 $\mathrm{L} = Na$라는 정의가 나옴) 2.6절에서 $a \to 0$을 취하고 있다)). 이러한 '연속화 과정'에서 각각의 이산적인 양(예를 들어, $\frac{m}{a}, \phi_j(t), \frac{\pi_j(t)}{a}$등)에 대응하는 연속적인 양(예를 들어, $\mu, \phi(x,t), \pi(x,t)$등)을 잘 살펴보아야 한다.

196) $\phi_j = \phi(ja)$에서 j는 a에 의존하는 함수 $j(a)$로 볼 수 있고, 이 때 $j(a)a \to x$로 보아야 한다.

197) [Wit] p. 25의 (4.13) 참고.

$$\partial_\mu \partial^\mu \phi - m_0^2 \phi = 0$$

결론적으로 **라그랑지안 (4.45)로 표현되는 물리적 시스템은 정확히 클라인-고든 장의 동역학에 대한 이산적 모델**임을 알 수 있다.

한편, 이산모델에서의 식 (4.45)에서 ϕ_j의 정준 공액 운동량 π_j는 $\pi_j = \dfrac{\partial L}{\partial \dot{\phi}_j} = m\dot{\phi}_j$이므로 이 시스템의 해밀토니안 작용소 $\hat{H}$는 다음과 같이 쓸 수 있다.

$$\hat{H} = H(\hat{\phi}_j, \hat{\pi}_j) = \sum_j \left[\frac{\hat{\pi}_j^2}{2m} + \frac{1}{2} K \left(\hat{\phi}_{j+1} - \hat{\phi}_j \right)^2 + \frac{1}{2} \lambda \hat{\phi}_j^2 \right] \qquad \cdots (4.47)$$

그런데, 연속모델에서의 식 (4.46)에서 ϕ의 정준공액장 π는

$$\pi(x,t) = \frac{\partial L}{\partial \dot{\phi}} = \mu \dot{\phi} \; \left(\xleftarrow{a \to 0} \frac{m}{a} \dot{\phi}_j = \frac{\pi_j(t)}{a} \right)$$

이므로[198] 위 (4.47)에서 $\dfrac{\hat{\pi}_j^2}{2m} \mapsto a \dfrac{\hat{\pi}_j^2 / a^2}{2m/a}$, $K \mapsto a(Ka)$, $\lambda \mapsto a \dfrac{\lambda}{a}$로 바꾸어 쓴 뒤, $a \to 0, N \to \infty$를 취하고 $\mu = Y \equiv 1$인 단위를 선택하면 이산적 라그랑지안 (4.45)가 연속적 라그랑지안 (4.46)으로 수렴할 때와 마찬가지로 이산적 해밀토니안 (4.47)은 다음과 같은 연속적 해밀토니안에 수렴한다. (3차원의 경우로 확장)

$$\hat{H} = \frac{1}{2} \int dx^3 \left[\hat{\pi}^2 + \left(\nabla \hat{\phi} \right)^2 + m_0^2 \hat{\phi}^2 \right] \qquad \cdots (4.48)$$

이 때 작용소 사이의 교환관계는 다음과 같이 표현된다.

$$\begin{cases} [\hat{\phi}(\vec{x}, t), \hat{\pi}(\vec{y}, t)] = i\hbar \delta^3(\vec{x} - \vec{y}) \\ [\hat{\phi}(\vec{x}, t), \hat{\phi}(\vec{y}, t)] = [\hat{\pi}(\vec{x}, t), \hat{\pi}(\vec{y}, t)] = 0 \end{cases} \qquad \cdots (4.49)$$

이제 ①의 포논 시스템에서와 마찬가지 방법으로 (4.37)의 푸리에 전개와 (4.38)을 이용하여 위 (4.47)의 $\hat{H}$를 다음과 같이 바꾸어 쓸 수 있다. (아래에서 ω_k^2 의 값에 m_0^2이 추가되었음에 유의)

198) [Coleman] p. 33 (2.115)과 같은 결과임.

$$\hat{H}=\sum_k\left[\frac{1}{2m}\hat{\tilde{\pi}}_k\hat{\tilde{\pi}}_{-k}+\frac{1}{2}m\omega_k^2\hat{\tilde{\phi}}_k\hat{\tilde{\phi}}_{-k}\right]\ (\text{단, }\ \omega_k^2=\frac{4K}{m}\sin^2\frac{ka}{2}+m_0^2)\quad\cdots(4.50)$$

위 (4.50)의 중괄호 안의 식을 포논 시스템에서와 같은 방법으로 인수분해하여 교환관계 (4.43)을 만족시키는 두 작용소 $\hat{a}_k$, $\hat{a}_k^+$를 (4.42)와 같이 정의하자. 이 때 이로부터 거꾸로 다음을 알 수 있다.

$$\hat{\tilde{\phi}}_k=\sqrt{\frac{\hbar}{2m\omega_k}}(\hat{a}_k+\hat{a}_{-k}^+),\quad \hat{\tilde{\pi}}_k=\frac{1}{i}\sqrt{\frac{m\hbar\omega_k}{2}}(\hat{a}_k-\hat{a}_{-k}^+)\quad\cdots(4.51)$$

위 (4.51)에서 $a\to 0$ 일 때 $\omega_k^2\to k^2+m_0^2$ 임을 다음과 같이 확인 할 수 있다.

$$\begin{aligned}\omega_k^2=\frac{4K}{m}\sin^2\frac{ka}{2}+m_0^2 &\overset{a\ll 1}{\sim}\frac{4K}{m}\left(\frac{ka}{2}\right)^2+m_0^2\\ &=\frac{Ka}{m/a}k^2+m_0^2\xrightarrow{a\to 0}\frac{Y}{\mu}k^2+m_0^2\equiv k^2+m_0^2\end{aligned}\quad\cdots(4.52)$$

따라서 위 (4.50)에서 $\frac{1}{2m}\hat{\tilde{\pi}}_k\hat{\tilde{\pi}}_{-k}\mapsto a\frac{a}{2m}\frac{\hat{\tilde{\pi}}_k}{a}\frac{\hat{\tilde{\pi}}_{-k}}{a}$, $m\mapsto a\frac{m}{a}$으로 각각 바꾸어 쓴 뒤, $a\to 0$, $N\to\infty$를 취하고 $\mu=Y\equiv 1$인 단위를 선택하면, 이산적 해밀토니안 작용소 (4.50)에 해당하는 연속적 해밀토니안 작용소 $\hat{H}$가 다음과 같이 표현됨을 알 수 있다. (아래에서 위 첨자 ~은 생략).

$$\hat{H}=\int\left[\frac{1}{2}\hat{\pi}(k,t)\hat{\pi}(-k,t)+\frac{1}{2}\omega_k^2\hat{\phi}(k,t)\hat{\phi}(-k,t)\right]\ (\text{단, }\ \omega_k^2=k^2+m_0)\quad\cdots(4.53)$$

따라서 위 (4.51)과 마찬가지 방법으로 연속적 모델에서 해밀토니안 (4.53)을 인수분해하여 얻은 $\hat{a}_k$, $\hat{a}_k^+$로부터 다음과 같은 표현이 가능하다.[199)]

---

199) (4.54)에 해당하는 표현은 다음과 같이 얻을 수도 있다.

먼저, $\phi(\vec{x},t)$의 푸리에 변환식 $\phi(\vec{x},t)=\int\frac{dk^3}{\sqrt{(2\pi)^3}}e^{\pm i\vec{k}\cdot\vec{x}}\phi(\pm\vec{k},t)$ (복호 동순) $\cdots(*)$를 오일러-라그랑지 방정식 $\partial_\mu\partial^\mu\phi-m^2\phi=0$에 대입하면 다음을 얻는다.

$$\left[\frac{\partial^2}{\partial t^2}+(\vec{k}^2+m^2)\right]\phi(\pm\vec{k},t)=0$$

즉, $\phi(\pm\vec{k},t)$는 $\vec{k}$-공간에서 ω_k의 진동수로 단순조화진동을 하는 것으로 볼 수 있다. 그런데

$$\hat{\phi}(k,t)=\sqrt{\frac{\hbar}{2\omega_k}}\left(\hat{a}_k(t)+\hat{a}^+_{-k}(t)\right),\quad \hat{\pi}(k,t)=\frac{1}{i}\sqrt{\frac{\hbar\omega_k}{2}}\left(\hat{a}_k(t)-\hat{a}^+_{-k}(t)\right)\ \cdots (4.54)$$

이 때 교환관계 (4.49)에 의하여 두 작용소 $\hat{a}_k$, $\hat{a}_k^+$는 다음과 같은 교환관계를 만족시킨다.

$$\left[\hat{a}_k, \hat{a}^+_{k'}\right]=\delta(k-k'),\quad \left[\hat{a}^+_k, \hat{a}^+_{k'}\right]=\left[\hat{a}_k, \hat{a}_{k'}\right]=0 \qquad \cdots (4.55)$$

이제 (4.37)의 연속적 모델에 해당하는 푸리에 변환식 $\hat{\phi}(\vec{x},t)=\int\frac{dk^3}{\sqrt{(2\pi)^3}}e^{i\vec{k}\cdot\vec{x}}\hat{\phi}(\vec{k},t)$ 에 위 (4.54)를 대입하면 다음을 얻는다. (이제부터 m_0를 m으로, k는 $\vec{p}$(3차원)로 표기한다.)

$$\begin{aligned}\hat{\phi}(\vec{x},t)&=\int\frac{d^3\vec{p}}{\sqrt{(2\pi)^3}}e^{i\vec{p}\cdot\vec{x}}\frac{1}{\sqrt{2\omega_{\vec{p}}}}\left(\hat{a}_{\vec{p}}(t)+\hat{a}^+_{-\vec{p}}(t)\right)\\&=\int\frac{d^3\vec{p}}{\sqrt{(2\pi)^3 2\omega_{\vec{p}}}}\left(\hat{a}_{\vec{p}}(t)e^{i\vec{p}\cdot\vec{x}}+\hat{a}^\pm_{\vec{p}}(t)e^{-i\vec{p}\cdot\vec{x}}\right)\end{aligned}$$

$$\begin{aligned}\hat{\pi}(\vec{x},t)&=\int\frac{d^3\vec{p}}{\sqrt{(2\pi)^3}}e^{ip\cdot\vec{x}}\frac{1}{i}\sqrt{\frac{\omega_{\vec{p}}}{2}}\left(\hat{a}_{\vec{p}}(t)+\hat{a}^+_{-\vec{p}}(t)\right)\\&=\int d^3\vec{p}\sqrt{\frac{\omega_{\vec{p}}}{(2\pi)^3\cdot 2}}\frac{1}{i}\left(\hat{a}_{\vec{p}}(t)e^{i\vec{p}\cdot\vec{x}}-\hat{a}^\pm_{\vec{p}}(t)e^{-i\vec{p}\cdot\vec{x}}\right)\end{aligned}$$

또, (4.54)를 식 (4.53)에 대입하여 $\hat{H}$를 계산하면 다음을 얻는다.[200] (아래에서 $\hbar$ 복원)

$$\hat{H}=\int d^3\vec{p}\,\hbar\,\omega_{\vec{p}}\left\{\hat{a}^\pm_{\vec{p}}\hat{a}_{\vec{p}}+\frac{1}{2}\left[\hat{a}_{\vec{p}},\hat{a}^\pm_{\vec{p}}\right]\right\}=\int d^3\vec{p}\frac{\hbar}{2}\omega_{\vec{p}}\left\{\hat{a}^\pm_{\vec{p}}\hat{a}_{\vec{p}}+\hat{a}_{\vec{p}}\hat{a}^\pm_{\vec{p}}\right\}\ \cdots (4.56)$$

$\phi(\pm\vec{k},t)$는 실수일 필요가 없으므로 즉, $\hat{\phi}(\pm\vec{k},t)$는 헤르미트 작용소일 필요가 없으므로, 고전 양자역학에서 $\hat{x}(t)=\sqrt{\frac{\hbar}{2m\omega_k}}\left(\hat{a}(t)+\hat{a}^+(t)\right)$로 정의하듯이 $\hat{\phi}(\vec{k},t)=\frac{1}{\sqrt{2\omega_{\vec{k}}}}\left(\hat{a}_{\vec{k}}(t)+\hat{a}^\pm_{\vec{k}}(t)\right)$ ($\hbar\equiv 1$)로 정의하는 대신 $\hat{\phi}(\vec{k},t)=\frac{1}{\sqrt{2\omega_{\vec{k}}}}\left(\hat{a}_{\vec{k}}(t)+\hat{a}^+_{-\vec{k}}(t)\right)$로 정의하여 이를 위 (*)에 대입했을 때, $\hat{\phi}(\vec{x},t)=\hat{\phi}^+(\vec{x},t)$를 만족하여 $\hat{\phi}(\vec{x},t)$가 헤르미트 작용소가 되도록 만든다.

200) [Peskin] p. 21 (2.31) 참고.

위 첫 번째 적분식의 두 번째 항인 $\int d^3\vec{p}\frac{1}{2}\hbar\omega_{\vec{p}}\delta(0)=\infty$ (교환관계 (4.55) 참고)는 이론적으로 각 $\vec{p}$에 해당하는 단순조화진동에서의 진공에너지(vacuum energy) $\frac{1}{2}\hbar\omega_{\vec{p}}$의 합으로 해석될 수 있다. 이 때 실험실에서 실제로 관측되는 유한한 에너지 값은 이 ∞를 '기준에너지 값'으로 즉, 0으로 보았을 때 시스템의 에너지가 이것과 얼마나 '차이'가 나는지를 보여주는 것으로 해석할 수 있다. 이와 같은 해석을 보다 수학적으로 기술하기 위해 '**정규순서화**(normal ordering)'이라는 개념을 도입하기도 하는데 이는 둘 이상의 작용소를 곱할 때(각 작용소에 해당하는 고전적 물리량은 실수이므로 순서를 바꾸어 곱해도 같은 양을 얻지만 작용소의 경우는 일반적으로 순서를 바꾸면 서로 다른 작용소가 됨을 상기) 항상 **소멸작용소가 생성작용소의 오른쪽에 위치하도록** 순서를 정하는 것이다.

예를 들어, 위 (4.56)의 $\hat{H}$의 정규순서화(이것을 보통 $:\hat{H}:$ 또는 $N[\hat{H}]$로 표기한다)는 다음과 같다.

$$:\hat{H}:=\int d^3\vec{p}\frac{1}{2}\hbar\omega_{\vec{p}}:\hat{a}^{\pm}_{\vec{p}}\hat{a}_{\vec{p}}+\hat{a}_{\vec{p}}\hat{a}^{\pm}_{\vec{p}}:=\int d^3\vec{p}\,\hbar\omega_{\vec{p}}\hat{a}^{\pm}_{\vec{p}}\hat{a}_{\vec{p}}=\int d^3\vec{p}\,\hbar\omega_{\vec{p}}\hat{N}_{\vec{p}} \cdots (4.57)$$

여기서, 교환관계 (4.55)와 위 식 (4.57)에 의해 우리는 다시 한 번 클라인-고든 장이 $\vec{p}$-공간에서 서로 독립적인 단순조화진동들의 합성으로 나타남을 확인 할 수 있다.

지금부터는 정규순서화된 해밀토니안 $:\hat{H}:$을 전제로 논의를 진행하기로 하고 이를 표기상의 편의를 위해 간단히 $\hat{H}$ 로 표기한다.

먼저, 식 (4.57)과 교환관계 (4.55)를 이용하면 4.2.3절의 ②에서와 같은 방법으로 $\left[\hat{a}_{\vec{p}},\hat{H}\right]=\omega_{\vec{p}}\hat{a}_{\vec{p}}$를 확인할 수 있다.

따라서 $\hat{H}\hat{a}_{\vec{p}}=\hat{a}_{\vec{p}}\left(\hat{H}-\omega_{\vec{p}}\right)$이고 이로부터 $\hat{H}^n\hat{a}_{\vec{p}}=\hat{a}_{\vec{p}}\left(\hat{H}-\omega_{\vec{p}}\right)^n$을 얻는다.

결과적으로 $\hat{a}_{\vec{p}}(t)=e^{i\hat{H}t}\hat{a}_{\vec{p}}e^{-i\hat{H}t}=\hat{a}_{\vec{p}}e^{i(\hat{H}-\omega_{\vec{p}})t}e^{-i\hat{H}t}=\hat{a}_{\vec{p}}e^{-i\omega_{\vec{p}}t}$임을 알 수 있다.

같은 방법으로 $\hat{a}_{\vec{p}}(t)=\hat{a}^{\pm}_{\vec{p}}e^{i\omega_{\vec{p}}t}$이다. 이로부터 다음을 얻는다.

$$\hat{\phi}(x)=\int\frac{d^3\vec{p}}{\sqrt{(2\pi)^3 2\omega_{\vec{p}}}}\left(\hat{a}_{\vec{p}}e^{-ip\cdot x}+\hat{a}^{\pm}_{\vec{p}}e^{ip\cdot x}\right)\Big|_{p^0=\omega_{\vec{p}}}$$

(단, $x=(x^{\mu})=(t,\vec{x}),\ p=(p^{\mu})=(\omega_{\vec{p}},\vec{p}),\ p\cdot x=p^0x^0-\vec{p}\cdot\vec{x}$)

다음으로, 주어진 양자상태에서 양자의 총 수를 나타내는 작용소 $\hat{N}$을 다음과 같이 정의하자.

$$\hat{N} := \int d^3\vec{p}\, \hat{N}_{\vec{p}} = \int d^3\vec{p}\, \hat{a}_{\vec{p}}^{\pm}\, \hat{a}_{\vec{p}}$$

이 때, 교환관계 (4.55)와 등식 $[A, BC]_- = B[A, C]_- + [A, B]_- C$을 이용하여 다음을 보일 수 있다.[201)]

$$[\hat{N}, \hat{H}] = \int d^3p\, \hbar\omega_{\vec{p}}[\hat{N}, \hat{a}_{\vec{p}}^{\pm}\, \hat{a}_{\vec{p}}] = 0$$

따라서 운동방정식 $\dot{\hat{N}} = \frac{1}{i\hbar}[\hat{N}, \hat{H}] = 0$에 의하여 총 입자의 수는 보존됨을 알 수 있다. 즉, 상호작용이 없는 자유입자의 양자장에서는 시스템의 한 양자상태에 포함된 양자의 개수가 시간에 따라 변하지 않는다.[202)] 물론 이것은 상호작용(자체 상호작용 포함)이 있는 경우에는 성립하지 않는다. 왜냐하면 상호작용으로 인해 입자가 새롭게 생성, 소멸되는 과정에서 입자의 총 수가 달라지지 때문이다.[203)] 이 경우 상호작용이 있는 해밀토니안 $\hat{H} = \hat{H}_0 + \hat{H}_I$ 는 작용소 $\hat{N}$과 더 이상 교환가능(commute)하지 않다.

4.2.6 로렌츠 불변성

먼저 진공상태 $|0\rangle$에 작용소 $\hat{\phi}(\vec{x}) \equiv \hat{\phi}(\vec{x}, 0)$을 적용한 $\hat{\phi}(\vec{x})|0\rangle$를 다음과 같이 계산해 보자.

$$\begin{aligned}\hat{\phi}(\vec{x})|0\rangle &= \int \frac{d^3\vec{p}}{\sqrt{(2\pi)^3}} \frac{1}{\sqrt{2\omega_{\vec{p}}}} e^{-i\vec{p}\cdot\vec{x}} \hat{a}_{\vec{p}}^{\pm}|0\rangle \qquad \cdots (4.58)\\ &= \frac{1}{\sqrt{(2\pi)^3}} \int \frac{d^3\vec{p}}{\sqrt{2\omega_{\vec{p}}}} e^{-i\vec{p}\cdot\vec{x}} |\vec{p}\rangle \qquad (\text{단}, |\vec{p}\rangle := \hat{a}_{\vec{p}}^{\pm}|0\rangle)\end{aligned}$$

---

201) 구체적인 계산은 [Das] p. 185 참고.

202) 슈뢰딩거 상태벡터 $|\Psi(0)\rangle = |n_1, n_2, \cdots, n_N\rangle$에 대하여 $|\Psi(t)\rangle = e^{-i\hat{H}t}|\Psi(0)\rangle$이고 $[\hat{N}, \hat{H}] = 0$인데 이를 이용하면 $\hat{N}|\Psi(0)\rangle = (n_1 + \cdots + n_N)|\Psi(0)\rangle$, $\hat{N}|\Psi(t)\rangle = (n_1 + \cdots + n_N)|\Psi(t)\rangle$임을 확인할 수 있다.

203) [Tong] p. 31.

위에서 $|\vec{p}\rangle$은 진공상태에서 운동량이 $\vec{p}$인 입자 한 개가 생성된 양자상태를 나타내고 $\langle \vec{p}|\vec{q}\rangle = \delta^3(\vec{p}-\vec{q})$로써 정규화된 상태벡터이다.[204]

만일 4-벡터 $p=(p^\mu)\equiv(\omega_{\vec{p}},\vec{p})$에 대하여 $\hat{a}_p := \sqrt{(2\pi)^3}\sqrt{2\omega_{\vec{p}}}\,\hat{a}_{\vec{p}}$로 정의하고, 이를 이용하여 $|p\rangle := \hat{a}_p^+|0\rangle = \sqrt{(2\pi)^3}\sqrt{2\omega_{\vec{p}}}\,|\vec{p}\rangle$라 두면 다음이 성립함을 알 수 있다.[205]

$$\langle p|p'\rangle = 2(2\pi)^3\omega_{\vec{p}}\delta^3(\vec{p}-\vec{p}\,') \qquad \cdots (4.59)$$

이 때, $\omega_{\vec{p}}\delta^3(\vec{p}-\vec{p}\,')$이 로렌츠 불변임을 다음과 같이 보일 수 있다.[206]

가령 x^3-방향의 속력 v에 의한 로렌츠 부스트 $(\omega_{\vec{p}},p_3)\overset{\Lambda}{\mapsto}(\omega_{\vec{p}}',p_3')$ (단, $\vec{p}=(0,0,p_3)$)를 생각하면 다음과 같이 쓸 수 있다.

$$\omega_{\vec{p}}' = \gamma(\omega_{\vec{p}} - vp_3),\ \ p_3' = \gamma(p_3 - v\omega_{\vec{p}}) \ \left(\text{단, } \gamma = \frac{1}{\sqrt{1-v^2}}\right)$$

이 때, 역함수가 존재하는 미분가능한 함수 f에 대하여

$$\delta(f(x)-f(x_0)) = = \frac{1}{|f'(x_0)|}\delta(x-x_0)$$

이 성립함[207]을 이용하여 다음을 계산 할 수 있다.(아래에서 $p_3' = f(p_3) := \gamma(p_3 - v\omega_{\vec{p}})$로 둔다)

---

204) 식 $(4.28)'$참고. 우리는 [Tom] p. 102에서의 표기법을 따르고 있다.

205) 연속적 모델의 상대론적 양자장이론에서 상태벡터들의 힐베르트 공간 $\mathcal{H}$(포크 공간)는 다음과 같이 운동량 표현(momentum representation)을 통해 기술할 수 있다.

$$\mathcal{H} = \mathcal{H}_0 \oplus \mathcal{H}_1 \oplus \mathcal{H}_2 \oplus \cdots. \ (\text{단, } \mathcal{H}_0 = \mathbb{C}|0\rangle,\ \mathcal{H}_1 = \langle\{|p\rangle\}\rangle_{\mathbb{C}},\ \mathcal{H}_2 = \langle\{|p_1p_2\rangle\}\rangle_{\mathbb{C}}, \cdots)$$

위에서 $|p_1p_2\rangle := \hat{a}_{p_1}^+\hat{a}_{p_2}^+|0\rangle = (2\pi)^3 4\omega_{\vec{p}_1}\omega_{\vec{p}_2}\hat{a}_{\vec{p}_1}^{\pm}\hat{a}_{\vec{p}_2}^{\pm}|0\rangle$ 와 같이 정의된다.

([Zagermann] pp. 7~8, [Tom] p. 186, [Das] pp. 188~190 (각 참고문헌에서의 표기법이나 정규상수들이 조금씩 다름에 유의))

206) [Peskin] p. 23.

207) 이 식은 다음과 같이 증명할 수 있다. 우선 $y=g(x):=f(x)-f(x_0)$로 둔다. 이 때 다음을 계산할 수 있다.

$$\int_{-\infty}^{\infty} F(x)\delta(f(x)-f(x_0))dx = \int_{-\infty}^{\infty} F(g^{-1}(y))\delta(y)\frac{1}{|f'(x)|}dy = \frac{F(x_0)}{|f'(x_0)|}$$

$$\delta^3(\vec{p}-\vec{q})=\delta^3(\vec{p}\,'-\vec{q}\,')\frac{dp_3'}{dp_3}\Big|_{p_3=q_3}=\delta^3(\vec{p}\,'-\vec{q}\,')\gamma\left(1-v\frac{d\omega_{\vec{p}}}{dp_3}\right)\Big|_{p_3=q_3}$$

$$=\delta^3(\vec{p}\,'-\vec{q}\,')\frac{\gamma}{w_{\vec{p}}}(\omega_{\vec{p}}-vp_3)\Big|_{p_3=q_3}\quad(\leftarrow\omega_{\vec{p}}=\sqrt{p_3^2+m^2})$$

$$=\delta^3(\vec{p}\,'-\vec{q}\,')\frac{\omega_{\vec{p}}'}{\omega_{\vec{p}}}$$

따라서 $\omega_{\vec{p}}\,\delta^3(\vec{p}-\vec{p}\,')$이 로렌츠 불변임을 알 수 있고 이로부터 위 식 (4.59)가 로렌츠 불변임을 알 수 있다. 특히 이로부터 $\dfrac{1}{\sqrt{(2\pi)^3 2\omega_{\vec{p}}}}|p\rangle$이 완비 정규직교기저를 이룸을 알 수 있고, 따라서 다음과 같은 로렌츠 불변식을 얻는다.[208]

$$1=\int\frac{d^3\vec{p}}{(2\pi)^3 2\omega_{\vec{p}}}|p\rangle\langle p|$$

한편, 위 (4.58)에서 $\hat{\phi}(\vec{x})|0\rangle$이 $|\vec{p}\rangle$들의 일차결합 형태로 표현됨을 알 수 있는데 이는 비상대론적 고전 양자역학에서 입자 한 개에 대해 $|\vec{x}\rangle$이 푸리에 변환에 의해 $|\vec{p}\rangle$들의 일차결합 형태로 표현된다는 사실과 매우 흡사함을 알 수 있다. 이것은 상대론적 양자장이론에서 $\hat{\phi}(\vec{x})|0\rangle$**를 시각 $t=0$일 때 위치 $\vec{x}$에 입자 한 개가 생성된 양자상태 $|\vec{x}\rangle$로 해석될 수 있음**을 시사하는 또 하나의 근거를 제시한다.[209]

실제로, 이러한 표기법에 따르면 다음을 확인 할 수 있다.

$$\langle\vec{x}|\vec{p}\rangle\,(=\langle 0|\hat{\phi}(\vec{x})|\vec{p}\rangle)=\int\frac{d^3\vec{q}}{\sqrt{(2\pi)^3 2\omega_{\vec{q}}}}e^{i\vec{q}\cdot\vec{x}}\langle\vec{q}|\vec{p}\rangle=\frac{1}{\sqrt{(2\pi)^3 2\omega_{\vec{p}}}}e^{i\vec{p}\cdot\vec{x}}$$

이 때 위 식은 고전 양자역학에서 비상대론적 입자 한 개에 대해 $\langle\vec{x}|\vec{p}\rangle\propto e^{i\vec{p}\cdot\vec{x}}$의 관계가 성립하는 것과 동일한 형태로 이해할 수 있다.

---

208) 이 식에서 $\dfrac{d^3\vec{p}}{(2\pi)^3 2\omega_{\vec{p}}}$이 로렌츠 불변인 측도임을 상기할 것.(4.2.3절 ②)

209) [Peskin] p. 24.

4.3 파인만의 자유 전파인자(Free Propagator)

이 절에서는 상호작용을 하는 양자장의 동역학(즉, 양자의 생성과 소멸)을 기술하는 데 핵심적인 역할을 하는 파인만의 자유 전파인자에 대해 알아보기로 하자.

먼저 양자장 $\hat{\phi}(x)$에서 $\hat{a}_p^+$가 원래 반입자의 생성을 나타내는 작용소였음을 상기시키기 위해 다시 $\hat{a}_p^+ \mapsto \hat{d}_p^+$로 표기하고 논의를 진행하기로 하고, 양자장 $\hat{\phi}(x) = \hat{\phi}(t, \vec{x})$의 역할을 다음과 같이 나누어 생각해 보자.

$$\hat{\phi}(x) = \int \frac{d^3\vec{p}}{\sqrt{(2\pi)^3 2\omega_{\vec{p}}}} e^{-ip \cdot x} \hat{a}_{\vec{p}} + \int \frac{d^3\vec{p}}{\sqrt{(2\pi)^3 2\omega_{\vec{p}}}} e^{ip \cdot x} \hat{d}_{\vec{p}}^{\pm} \qquad \cdots (4.60)$$

$$\equiv \hat{\phi}_{(-)}(x)\,(x\text{에서 입자의 소멸}) + \hat{\phi}_{(+)}(x)\,(x\text{에서 반입자의 생성})$$

마찬가지로 $\hat{\phi}^+(x)$의 역할도 다음과 같이 나누어 볼 수 있다.

$$\hat{\phi}^+(x) \equiv \hat{\phi}_{(+)}^+(x)\,(x\text{에서 입자의 생성}) + \hat{\phi}_{(-)}^+(x)\,(x\text{에서 반입자의 소멸}) \qquad \cdots (4.61)$$

이제 전파인자를 정의하기에 앞서 먼저 두 작용소 $\hat{A}(x)$, $\hat{B}(y)$에 대해 다음과 같이 정의되는 '**시간 순서화 기호**(Time ordering symbol)' T를 소개하자.[210)]

$$T[\hat{A}(x)\hat{B}(y)] := \begin{cases} \hat{A}(x)\hat{B}(y) & (x^0 > y^0) \\ \hat{B}(y)\hat{A}(x) & (x^0 < y^0) \end{cases}$$

이 때 파인만의 자유 전파인자 $\triangle_F(x-y)$는 다음과 같이 정의 된다.[211)]

$$\triangle_F(x-y) := \langle 0 | T[\hat{\phi}(x)\hat{\phi}^+(y)] | 0 \rangle = \langle 0 | T[\hat{\phi}_{(-)}(x)\hat{\phi}_{(+)}^+(y)] | 0 \rangle \qquad \cdots (4.62)$$

단, 위 정의 (4.62)의 두 번째 등식에서 우리는 다음과 같은 계산을 이용하였다.

---

210) 이 정의는 보존인 경우에 해당하고 페르미온인 경우에는 $x^0 < y^0$일 때 $-\hat{B}(y)\hat{A}(x)$로 바뀐다. ([Tom] p. 156)

211) 상호작용이 있는 시스템에서의 진공상태(ground state)벡터는 $|0\rangle$ 대신 $|\Omega\rangle$로 표기한다. 또 이때의 $\triangle_F(x-y)$는 보통 '**두 점 함수**(2-point function)' 또는 '**그린 함수**(Green function)'라고 부르고 $G(x,y)$로 표기한다. 비유하자면, 무중력상태에서 지면에 수직인 용수철에 매달린 물체가 정지해 있을 때가 $|0\rangle$에 해당하고, 중력이 존재하여 용수철과 중력이 상호작용을 하는 시스템에서 이 물체의 바닥상태(지면으로 좀 더 쳐져 있는 상태)가 $|\Omega\rangle$에 해당한다.

$$\hat{\phi}(x)\hat{\phi}^+(y) = (\hat{\phi}_{(+)}(x) + \hat{\phi}_{(-)}(x))(\hat{\phi}^+_{(+)}(y) + \hat{\phi}^+_{(-)}(y))$$
$$= \hat{\phi}_{(+)}(x)\hat{\phi}^+_{(+)}(y) + \hat{\phi}_{(+)}(x)\hat{\phi}^+_{(-)}(y) + \hat{\phi}_{(-)}(x)\hat{\phi}^+_{(+)}(y) + \hat{\phi}_{(-)}(x)\hat{\phi}^+_{(-)}(y)$$

위 정의 (4.62)는 함수 $\theta(z) = \begin{cases} 1 & z \geq 0 \\ 0 & z < 0 \end{cases}$ 을 이용하여 다음과 같이 다시 쓸 수도 있다.

$$\triangle_F(x-y) = \theta(x^0 - y^0)\langle 0|\hat{\phi}_{(-)}(x)\hat{\phi}^+_{(+)}(y)|0\rangle + \theta(y^0 - x^0)\langle 0|\hat{\phi}^+_{(+)}(y)\hat{\phi}_{(-)}(x)|0\rangle \quad \cdots (4.62)'$$

이제 이 정의의 의미를 다음 두 가지 경우로 나누어 살펴보도록 하자.

i) $x^0 > y^0$일 때:

[1단계] $|\Phi_1\rangle := \hat{\phi}^+_{(+)}(y)|0\rangle$: 진공인 양자상태에서 시각 y^0에 위치 $\vec{y}$에서 입자 한 개가 생성됨

[2단계] $|\Phi_2\rangle := \hat{\phi}_{(-)}(x)|\Phi_1\rangle$: 양자상태 $|\Phi_1\rangle$일 때, 시각 x^0에 위치 $\vec{x}$에서 입자 한 개가 소멸됨

[3단계] $\triangle_F(x-y) = \langle 0|\Phi_2\rangle$: 양자상태 $|\Phi_2\rangle$일 때 입자의 개수가 0일(즉, 진공일) 확률진폭

위의 단계적 해석에서 [1단계] $\mapsto$ [2단계] $\mapsto$ [3단계]가 자연스럽게 연결되기 위해서는 [1단계]와 [2단계]사이에 다음의 [$1\frac{1}{2}$단계]와 같은 해석을 추가하는 것이 필요하다.

[$1\frac{1}{2}$단계]: 시각 y^0에 위치 $\vec{y}$에서 생성된 입자 한 개가 시각 x^0에 위치 $\vec{x}$로 이동 (또는 '전파')

이러한 추가적인 해석212)을 전제로 $x^0 \geq y^0$일 때 파인만의 자유 전파인자는 다음

212) 이와 같은 입자의 '전파'에 해당하는 추가적인 해석에 대해 다음과 같은 질문을 제기할 수 있다. 즉, 시공간 상의 두 점 x, y의 위치에 따라 이 입자의 전파가 빛 보다 빨리 일어 날 수도 (따라서 인과율에 위배될 수도) 있지 않을까? 이와 같은 인과율의 문제는 '물리적 측정'의 관점에서 $(x-y)^2 < 0$일 때 $(\mathbb{C} \ni) [\hat{\phi}(x), \hat{\phi}(y)] = \langle 0|[\hat{\phi}(x), \hat{\phi}(y)]|0\rangle = \langle 0|\hat{\phi}(x)\hat{\phi}(y)|0\rangle - \langle 0|\hat{\phi}(y)\hat{\phi}(x)|0\rangle$이 0이 되는지에

과 같이 해석될 수 있다.

$$\triangle_F(x-y) = \langle 0|\hat{\phi}_{(-)}(x)\hat{\phi}^{+}_{(+)}(y)|0\rangle$$

: **시각 y^0에 위치 $\vec{y}$에서 진공상태로부터 생성된 입자 한 개가 시각 x^0에 위치 $\vec{x}$로 이동(또는 전파(propagation))한 후 소멸하여 진공상태로 돌아갈 확률진폭**

한편, 구체적인 계산을 통해 다음을 확인 할 수 있다.

$$\hat{\phi}^{+}(y)|0\rangle = \int \frac{d^3\vec{p}}{\sqrt{(2\pi)^3 2\omega_{\vec{p}}}} e^{ip\cdot y}|\vec{p}\rangle \quad , \quad \langle 0|\hat{\phi}(x) = \int \frac{d^3\vec{q}}{\sqrt{(2\pi)^3 2\omega_{\vec{p}}}} \langle\vec{q}|e^{-iq\cdot x}$$

따라서 다음과 같다.

$$\begin{aligned}\triangle_F(x-y) &= \langle 0|\hat{\phi}(x)\widehat{\phi^{+}}(y)|0\rangle \\ &= \int \frac{d^3\vec{p}\, d^3\vec{p}}{(2\pi)^3\sqrt{2\omega_{\vec{p}}}\sqrt{2\omega_{\vec{q}}}} e^{i(p\cdot x - q\cdot x)}\delta(\vec{p}-\vec{q}) \\ &= \int \frac{d^3\vec{p}}{(2\pi)^3 2\omega_{\vec{p}}} e^{ip\cdot(y-x)} \qquad \cdots (4.63)\end{aligned}$$

ii) $x^0 < y^0$일 때:

위 i)에서와 같은 방법으로 다음과 같은 해석이 가능하다.

$$\triangle_F(x-y) = \langle 0|\hat{\phi}^{+}_{(+)}(y)\hat{\phi}_{(-)}(x)|0\rangle$$

: **시각 x^0에 위치 $\vec{x}$에서 진공상태로부터 생성된 반입자 한 개가 시각 y^0에 위치 $\vec{y}$로 이동(또는 전파(propagation))한 후 소멸하여 진공상태로 돌아갈 확률진폭**

마찬가지로, 구체적인 계산을 통해 다음을 확인 할 수 있다.

$$\hat{\phi}(x)|0\rangle = \int \frac{d^3\vec{p}}{\sqrt{(*)}}|\vec{p}\rangle\ e^{ip\cdot x}, \quad \langle 0|\hat{\phi}^{+}(y) = \int \frac{d^3\vec{q}}{\sqrt{(*)}} \langle\vec{q}|e^{-iq\cdot y}$$

대한 문제로 이해할 수 있는데, 실제로 양자장이론을 이용하여 계산하면 이것이 0이 됨을 보일 수 있다. ([Peskin] pp. 13~14, pp. 27~31 또는 [Tong] p. 38 이 장에서는 $\eta_{\mu\nu} \equiv \mathrm{diag}(+1,-1,-1,-1)$의 관례를 따르고 있음을 상기) 이 계산의 핵심은 $(x-y)^2 < 0$**일 때 $x \mapsto y$인 입자의 확률 진폭과 $y \mapsto x$인 반입자의 확률 진폭이 정확히 상쇄**된다는 것이다.([Tong] p. 38)

따라서 다음과 같다.

$$\Delta_F(x-y) = \langle 0|\hat{\phi}^+(y)\hat{\phi}(x)|0\rangle = \int \frac{d^3\vec{p}}{(2\pi)^3 2\omega_{\vec{p}}} e^{-ip\cdot(y-x)} \qquad \cdots (4.64)$$

이제 만일 식 $\theta(x^0-y^0) = \lim_{\varepsilon\to 0} i\int_{-\infty}^{\infty}\frac{dz}{2\pi}\frac{e^{-iz(x^0-y^0)}}{z+i\varepsilon}$과[213] 위 (4.63), (4.64)를 이용하여 $\Delta_F(x-y)$을 다시 쓰면 다음과 같음을 확인 할 수 있다[214].

$$\Delta_F(x-y) = \lim_{\varepsilon\to 0}\int\frac{d^4p}{(2\pi)^4}\frac{i}{p^2-m^2+i\varepsilon}e^{-ip\cdot(x-y)}$$

$$(\text{단, } p^2 \equiv (p^0)^2 - \vec{p}^{\,2} = (p^0)^2 - \omega_{\vec{p}}^2 + m^2)$$

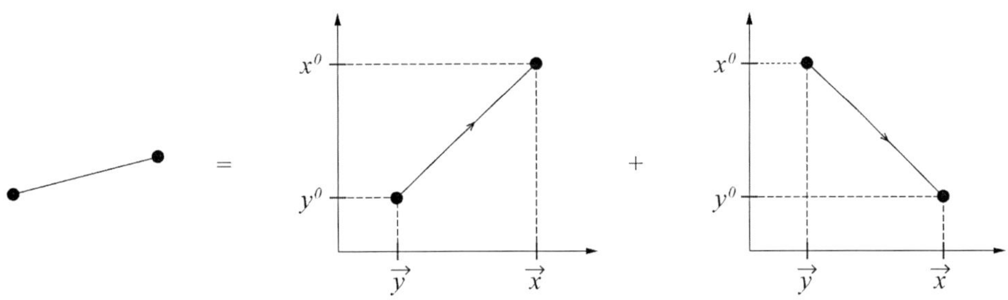

파인만 전파입자 = 〈입자〉 + 〈반입자〉

[그림 4-6]

위 식에서 $\widetilde{\Delta}_F(\vec{p}) := \lim_{\varepsilon\to 0}\frac{i}{p^2-m^2+i\varepsilon}$으로 정의하면 이는 '$\vec{p}$-공간에서의 파인만 자유 전파인자'로 이해 할 수 있다. 즉,

$$\Delta_F(x-y) = \int\frac{d^4p}{(2\pi)^4}\widetilde{\Delta}_F(\vec{p})\,e^{-ip\cdot(x-y)}$$

이다.

---

213) [Das] p. 242.
214) 구체적인 계산은 [Tom] p. 159 참고.

이 때 위 $\widetilde{\Delta}_F(\vec{p})$는 분모가 $p^2 - m^2 = (p^0)^2 - \overrightarrow{p^2} - m^2 \neq 0$, 즉 $p^0 \neq \sqrt{\vec{p}^{\,2} + m^2}$일 때만 의미를 가지는데, 이는 전파인자 $\Delta_F(x-y)$를 통한 입자(또는 반입자)의 '전파'가 일어날 때 입자의 에너지 p^0가 상대론적인 양 $\omega_{\vec{p}} = \sqrt{\vec{p}^{\,2} + m^2}$과 다름을 의미한다.

물리적으로 이것은 에너지-시간의 불확정성 원리를 통해서만 해석이 가능하다. 즉, 전파인자 $\Delta_F(x-y)$를 통한 입자(또는 반입자)의 '생성-전파-소멸'의 과정은 에너지-시간의 불확정성 원리가 허락하는 극히 짧은 시간동안만 에너지보존법칙을 위배하면서 일어날 수 있다. 따라서 이와 같은 과정에 관계된 입자를 실험실에서 실제로 관측하는 것은 불가능하며 다만 확률진폭으로서 입자의 붕괴나 산란 과정에 기여하고 힘을 매개하는 데에 중요한 역할을 하는 것으로 이해되어야 하며 이런 의미에서 이들을 '**가상입자**(virtual particle)'라고 부른다.[215)]

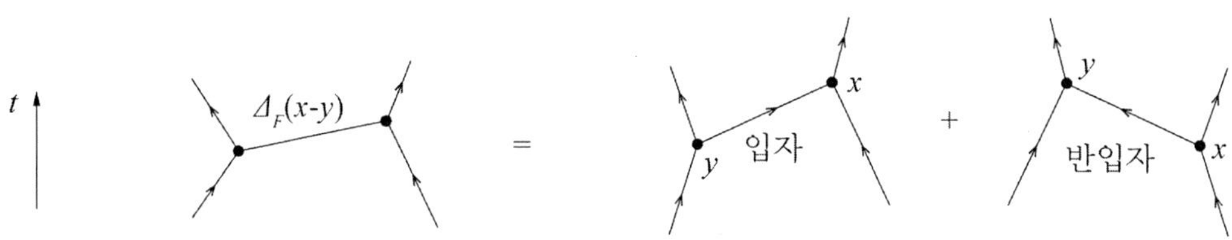

[그림 4-7]

4.4 양자장의 상호작용과 무한대

[그림 4-8]과 같이 충분히 멀리 떨어져 서로 상호작용을 거의 하지 않는 양자장의 두 자유입자(free quanta)가 시간이 지남에 따라 점점 가까워지면서 상호작용을 한 후 결국 산란이 일어나고 이 산란된 입자들이 다시 서로 충분히 멀어지면서 상호작용 없이 자유운동을 하는 상황을 생각해보자.

215) [Tom] p. 160.

〈충돌 전〉 〈충돌 후〉

[그림 4-8]

이 시스템의 해밀토니안 H는 상호작용을 배제한 자유 양자장(free quantum field)에 의한 H_0와 상호작용에 의한 해밀토니안 H'으로 나누어 쓸 수 있다. 즉, $H=H_0+H'$이다.

하이젠베르크 묘사에서는 시스템의 전체 해밀토니안 $H(=e^{-iHt}He^{iHt})$가 시간에 의존하지 않지만, H_0, H'에 각각 해당하는 해밀토니안 작용소는 일반적으로 시간에 의존할 수 있다.([Weinberg2] p. 304 참고. 예를 들어 $e^{-iHt}H_0e^{-iHt}$는 시간에 의존한다.) 즉, 하이젠베르크 묘사에서 다음과 같이 표기할 수 있다.216)

$$\lim_{t\to\pm\infty} H'(t)=0, \quad H=H_0(t)+H'(t)(=H_0(\pm\infty))$$

양자장의 상호작용을 기술할 때에는 슈뢰딩거 묘사나 하이젠베르크 묘사보다는 '**상호작용 묘사**(Interaction Picture)'로 불리는 새로운 기술방식이 유용하다. 두 묘사와 비교할 때 상태벡터 $|\Psi\rangle$와 작용소 Ω에 대한 상호작용 묘사는 다음과 같이 나타난다.

	슈뢰딩거 묘사	하이젠베르크 묘사	상호작용 묘사
상태벡터	$\|\Psi(t)\rangle_S$ (시간에 의존)	$\|\Psi\rangle_H\ (:=e^{iHt}\|\Psi(t)\rangle_S)$ (시간에 독립)	$\|\Psi(t)\rangle_I\ (:=e^{iH_0^{(S)}t}\|\Psi(t)\rangle_S)$ (시간에 의존)
작용소	$\Omega^{(S)}$ (시간에 독립)	$\Omega(t)^{(H)}\ (:=e^{iHt}\Omega^{(S)}e^{-iHt})$ (시간에 의존)	$\Omega(t)^{(I)}(:=e^{iH_0^{(S)}t}\Omega^{(S)}e^{-iH_0^{(S)}t})$ (시간에 의존)

(참고: $H^{(H)}=e^{iHt}H^{(S)}e^{-iHt}=H^{(S)}$이므로 전체 해밀토니안은 $H\equiv H^{(H)}=H^{(S)}$로 표기한다.)

---

216) 이는 고전역학에서 지구에서 충분히 멀리 떨어진($r\sim\infty$) 곳에서 서서히 자유낙하를 시작하는 질량 m인 물체의 에너지가 $E=\dfrac{p(t)^2}{2m}-\dfrac{GMm}{r(t)}$의 형태로 나타나고, 이때 총에너지 E는 보존되지만 '자유운동에너지($\leftrightarrow H_0(t)$)'와 '위치에너지($\leftrightarrow H'(t)$)' 각각은 시간에 따라 변하는 것과 같은 상황으로 볼 수 있다.

이때 다음을 계산할 수 있다.

$$\begin{aligned} i\frac{d}{dt}|\Psi(t)\rangle_I &= e^{iH_0^{(S)}t}(-H_0^{(S)}+i\frac{d}{dt})|\Psi(t)\rangle_S \\ &= e^{iH_0^{(S)}t}(-H_0^{(S)}+H^{(S)})|\Psi(t)\rangle_S \\ &= e^{iH_0^{(S)}t}H'^{(S)}e^{-iH_0^{(S)}t}|\Psi(t)\rangle_I \\ &= H_I'(t)|\Psi(t)\rangle_I \qquad \cdots (4.65) \end{aligned}$$

특히, 위 (4.65)에서 다음과 같은 표현이 가능함에 유의할 필요가 있다.

$$H_I'(t) = e^{iH_0^{(S)}t}H'(\phi(\vec{x},0),\pi(\vec{x},0))e^{-iH_0^{(S)}t} = H'(\phi_{H_0}(\vec{x},t),\pi_{H_0}(\vec{x},t))$$

$$(\text{단, } \phi_{H_0}(\vec{x},t) \equiv e^{iH_0^{(S)}t}\phi(\vec{x},0)e^{-iH_0^{(S)}t}\ ,\ \pi_{H_0}(\vec{x},t) \equiv e^{iH_0^{(S)}t}\pi(\vec{x},0)e^{-iH_0^{(S)}t})$$

또한 위 (4.65)를 통해 다음 두 가지 사실을 알 수 있다.

첫째, 상태벡터 $|\Psi(t)\rangle_I$는 $H_I'(t)$에 의해 시간에 따라 전개된다.

둘째, $t\to\pm\infty$이면 $i\frac{d}{dt}|\Psi(t)\rangle_I \to 0$이다. ($\because H_I'(t) \xrightarrow{t\to\pm\infty} 0$)

이는 $t\to\pm\infty$일 때 상태벡터 $|\Psi(t)\rangle_I$ 가 시간에 거의 의존하지 않는 벡터가 됨을 의미한다. 보다 구체적으로 다음을 확인 할 수 있다.

먼저, 충분히 큰 $|t|$에 대하여 $H \sim H_0(t)$이므로 $H_0^{(S)} = e^{-iHt}H_0(t)e^{iHt} \sim H_0(t)$[217], $H'(t) \sim 0$이라고 할 수 있다. 따라서 $|t|$가 충분히 클 때 다음을 계산할 수 있다.

$$\begin{aligned} |\Psi(t)\rangle_I &= e^{iH_0^{(S)}t}|\Psi(t)\rangle_S = e^{iH_0^{(S)}t}e^{-iHt}|\Psi\rangle_H \\ &= e^{iH_0^{(S)}t}e^{-i(H_0(t)+H'(t))t}|\Psi\rangle_H \end{aligned}$$

---

217) 작용소의 관점에서 이 근사식의 의미는 좌변의 슈뢰딩거 작용소 $H_0^{(S)}$를 충분히 큰 $|t|$에 대한 상태벡터 $|\Psi(t)\rangle_S$에 작용시켜 얻은 기댓값 $_S\langle\Psi(t)|H_0^{(S)}|\Psi(t)\rangle_S$이 하이젠베르크 작용소 $H_0(t)$($|t|$가 충분히 클 때 $H_0(t) \sim H$이므로 $H_0(t)$는 근사적으로 슈뢰딩거 작용소로 볼 수 있다)를 상태벡터 $|\Psi(t)\rangle_S$에 작용시켜 얻은 기댓값 $_S\langle\Psi(t)|H_0(t)|\Psi(t)\rangle_S$에 근사적으로 매우 가깝다고 이해할 수 있다.

$$\xrightarrow{t \to \infty} |\Psi\rangle_H \text{ (시간에 독립)}$$

$$\Omega(t)^{(I)} = e^{iH_0^{(S)}t}\,\Omega^{(S)}\,e^{-iH_0^{(S)}t} \xrightarrow{t \to \pm\infty} \Omega^{(H)}$$

$$H_0^{(I)}(t)(= H_0^{(S)}) \xrightarrow{t \to \pm\infty} H(= H_0(\pm\infty))$$

따라서, 두 입자가 충분히 멀리 떨어져 서로 거의 상호작용 없이 자유운동을 하고 있는 상황에서의 '상호작용 묘사'는 근사적으로 해밀토니안 $H = H_0(\pm\infty)$에 의한 자유 양자장이론의 '하이젠베르크 묘사'로 이해할 수 있음을 알 수 있다. 특별히, 상태벡터 $|\Psi(\pm\infty)\rangle_I$ 는 해밀토니안 $H = H_0(\pm\infty)$에 의한 자유 양자장이론에서의 하이젠베르크 상태벡터 $|\Psi\rangle_H$로 표현할 수 있다.

한편, $U_I(t,t_0) := e^{iH_0 t} e^{-iH(t-t_0)} e^{-iH_0 t}$로 정의하면 다음이 성립한다.

$$U_I(t,t_0)|\Psi(t_0)\rangle_I = U_I(t,t_0)e^{iH_0 t}|\Psi(t_0)\rangle_S = e^{iH_0 t}|\Psi(t)\rangle_S = |\Psi(t)\rangle_I$$

또 (4.65)에 의하여, $i\dfrac{d}{dt}U_I(t,t_0)|\Psi(t_0)\rangle_I = H_I'(t)\,U_I(t,t_0)|\Psi(t_0)\rangle_I$이므로 다음을 알 수 있다.

$$i\frac{d}{dt}U_I(t,t_0) = H_I'(t)\,U_I(t,t_0)$$

이 미분방정식에서 $H_I'(t)$가 시간에 의존함에 유의하여 해를 구하면 다음과 같다[218].

$$\begin{aligned} &U_I(t,t_0) \\ &= 1 - i\int_{t_0}^{t} dt_1 H_I'(t_1) + \cdots + \frac{(-i)^n}{n!} T\left[\int_{t_0}^{t}\cdots\int_{t_0}^{t} dt_1 \cdots dt_n H_I'(t_1)\cdots H_I'(t_n)\right] + \cdots \\ &\equiv T\left[\exp\left(-i\int_{t_0}^{t} dt'\, H_I'(t')\right)\right] \end{aligned}$$

이제 충분히 멀리 떨어진 두 자유입자가 서로 가까워지면서 상호작용을 한 뒤 산란 후

218) 구체적인 과정은 [Das] p.229 참고.

다시 멀어지는 상황에서 초기 상태벡터를 $|\Psi(-\infty)\rangle_I$로, 최종 상태벡터를 $|\Psi(\infty)\rangle_I$로 표현하면 양자장이론의 주된 관심은 다음을 계산하는 것이 된다.

$$_I\langle\Psi(\infty)|U_I(\infty,-\infty)|\Psi(-\infty)\rangle_I$$

특별히, $S\equiv U_I(\infty,-\infty)$로 표기하고 '**$S$-행렬**'이라고 부른다.

4.4.1 자체 상호작용하는 스칼라장

위에서 설명한 상호작용이론의 간단한 예로서, 자체적으로 자신과 상호작용을 하는 스칼라장 ϕ의 경우를 살펴보자.

우선 자체 상호작용을 하는 스칼라장 ϕ의 라그랑지안이 다음과 같이 나타난다고 하자.

$$\mathcal{L}=\mathcal{L}_0+\mathcal{L}_I=\left[\frac{1}{2}\partial_\mu\partial^\mu\phi-\frac{m^2}{2}\phi(x)^2\right]-\frac{\lambda}{4!}\phi(x)^4\ \ (\text{단, }\mathcal{L}_I=-\frac{\lambda}{4!}\phi(x)^4)$$

참고로, 이와 같은 라그랑지안을 통해 상호작용하는 스칼라장 ϕ에 대한 이론을 '**ϕ^4-이론**'이라고 부른다.

여기서 $\pi=\dfrac{\delta\mathcal{L}}{\delta\dot{\phi}}=\dot{\phi}$를 이용하여 르장드르 변환을 하면 다음을 얻는다.

$$\mathcal{H}=\pi\dot{\phi}-\mathcal{L}=\frac{1}{2}\left[\dot{\phi}+(\nabla\phi)^2+m^2\phi^2\right]+\frac{\lambda}{4!}\phi(x)^4\equiv\mathcal{H}_0+\mathcal{H}_I\ \ (\text{단, }\mathcal{H}_I=\frac{\lambda}{4!}\phi(x)^4)$$

이제 가장 간단한 형태의 상호작용의 예로, 4-운동량이 $p=(p^0,\vec{p})$인 한 자유입자가 자체 상호작용을 통해 4-운동량이 $q=(q^0,\vec{q})$인 상태로 '**붕괴**(decay)'하는 과정을 생각해 보자.

우선 4-운동량이 p인 초기 상태벡터 $|p\rangle=|\Psi(-\infty)\rangle_I$와 q인 최종 상태벡터 $|q\rangle=|\Psi(\infty)\rangle_I$를 각각 다음과 같이 나타내자. (4.2.6절 참고)

$$|p\rangle=\sqrt{(2\pi)^3(\omega_{\vec{p}})}\,\hat{a}^{\pm}_{\vec{p}}|0\rangle,\ |q\rangle=\sqrt{(2\pi)^3(\omega_{\vec{q}})}\,\hat{a}^{\pm}_{\vec{q}}|0\rangle \qquad \cdots(4.66)$$

따라서 다음과 같이 쓸 수 있다.

$$_I\langle\Psi(\infty)|U_I(\infty,-\infty)|\Psi(-\infty)\rangle_I=\langle q|S|p\rangle=(2\pi)^3\sqrt{(2\omega_{\vec{p}})}\sqrt{(2\omega_{\vec{q}})}\,\langle 0|\hat{a}_{\vec{q}}S\,\hat{a}^{\pm}_{\vec{p}}|0\rangle$$

이제 다음 각 단계에 따라 상호작용 이론을 적용해 보자.

① [1단계] : S-행렬의 전개

먼저, S-행렬의 정의에서 $\widehat{\mathscr{H}}_I(z) = \dfrac{\lambda}{4!}\hat{\phi}(z)^4$를 대입한 후 다음과 같이 전개한다.

$$
\begin{aligned}
S &= T\left[\exp\left(-i\int d^4z\widehat{H}_I(z)\right)\right]^{219)} \\
&= T\left[1 - i\int d^4z\widehat{H}_I(z) + \frac{(-i)^2}{2}\int d^4y d^4w \widehat{H}_I(y)\widehat{H}_I(w) + \cdots\right] \\
&= T\left[1 - \frac{i\lambda}{4!}\int d^4z\hat{\phi}(z)^4 + \frac{(-i)^2}{2}\left(\frac{\lambda}{4!}\right)^2\int d^4y d^4w \hat{\phi}(y)^4\hat{\phi}(w)^4 + \cdots\right]
\end{aligned}
$$

② [2단계] : $\langle q|S|p\rangle$의 전개

위 [1단계]와 (4.66)의 표현을 이용하여 $\langle q|S|p\rangle$을 다음과 같이 전개한다.

$$
\begin{aligned}
A &\equiv \langle q|S|p\rangle \\
&= (2\pi)^3(2\omega_{\vec{p}})^{1/2}(2\omega_{\vec{q}})^{1/2}\,T\left[\langle 0|\hat{a}_{\vec{q}}\hat{a}^{\pm}_{\vec{p}}|0\rangle + \left(-\frac{i\lambda}{4}\right)\int d^4z\langle 0|\hat{a}_{\vec{q}}\hat{\phi}(z)^4\hat{a}^{\pm}_{\vec{p}}|0\rangle\right. \\
&\quad \left. + \frac{(-i)^2}{2!}\left(\frac{\lambda}{4!}\right)^2\int d^4y d^4w\langle 0|\hat{a}_{\vec{q}}\hat{\phi}(y)^4\hat{\phi}(w)^4\hat{a}^{\pm}_{\vec{p}}|0\rangle + \cdots\right] \\
&\equiv A^{(0)} + A^{(1)} + A^{(2)} + \cdots
\end{aligned}
$$

③ [3단계] : 윅의 정리(Wick's theorem)를 이용하여 A를 계산하고 이에 해당하는 파인만 다이어그램(Feynman diagram) 그리기

먼저 두 작용소 $\hat{A}$, $\hat{B}$에 대하여 이들의 '**축약**(contraction)' $\overline{\hat{A}\hat{B}}$를 다음과 같이 정의하자.

---

219) 저자에 따라서는 이 표현 대신 $\lim_{\eta\to 0^+} T\left[\exp\left(-i\int d^4z\widehat{H}_I^{(\eta)}(z)\right)\right]$ (단, $\widehat{H}_I^{(\eta)}(z) := e^{-\eta|t|}\widehat{H}_I(z)$)을 사용하기도 한다.([Das] pp. 229~233) 이는 상호작용에 의한 해밀토니안이 $|t|$가 충분히 클 때 '0이 되도록'(스위치-Off) 만들어서 '$\exp(i\cdot\infty)$'와 같은 '무한 진동'을 방지하는 역할을 하는 것과 동시에, 계산의 마지막 과정에서 $\eta\to 0$을 취함으로서 상호작용에 의한 해밀토니안 $\widehat{H}_I$가 천천히 부드럽게 '스위치-On' 되도록 하는 처방(prescription)으로 해석할 수 있다. 이런 의미에서 이 처방을 '**단열적 스위치**(adiabatic switch)'라고 부른다.

$$\overbrace{\hat{A}\hat{B}} := \langle 0|T[\hat{A}\hat{B}]|0\rangle$$

이 때 다음과 같은 '**윅의 정리**'가 성립함이 알려져 있다.

$$T[\hat{A}\hat{B}\cdots\hat{Z}] = N[\hat{A}\hat{B}\cdots\hat{Z} + \text{'}\hat{A},\cdots,\hat{Z}\text{ 중 가능한 모든 축약'}]$$

예를 들면 다음과 같다.

$$\begin{aligned} T[\hat{A}\hat{B}\hat{C}\hat{D}] &= N[\hat{A}\hat{B}\hat{C}\hat{D}] + N[\hat{A}^{\bullet}\hat{B}^{\bullet}\hat{C}\hat{D}] + N[\hat{A}^{\bullet}\hat{B}\hat{C}^{\bullet}\hat{D}] + N[\hat{A}^{\bullet}\hat{B}\hat{C}\hat{D}^{\bullet}] \\ &\quad + N[\hat{A}\hat{B}^{\bullet}\hat{C}^{\bullet}\hat{D}] + N[\hat{A}\hat{B}^{\bullet}\hat{C}\hat{D}^{\bullet}] + N[\hat{A}\hat{B}\hat{C}^{\bullet}\hat{D}^{\bullet}] \\ &\quad + N[\hat{A}^{\bullet}\hat{B}^{\bullet}\hat{C}^{\circ}\hat{D}^{\circ}] + N[\hat{A}^{\bullet}\hat{B}^{\circ}\hat{C}^{\bullet}\hat{D}^{\circ}] + N[\hat{A}^{\bullet}\hat{B}^{\circ}\hat{C}^{\circ}\hat{D}^{\bullet}] \end{aligned}$$

(단, $N[\hat{A}\hat{B}\hat{C}^{+}\cdots\hat{X}^{+}\hat{Y}\hat{Z}] \equiv \hat{C}^{+}\cdots\hat{X}^{+}\hat{A}\hat{B}\hat{Y}\hat{Z}$ (즉, '생성 ↔ 소멸'의 배열))

위 윅의 정리에 의하면 다음 두 가지 사실을 쉽게 알 수 있다.

첫째, 양자장이론에서 자주 등장하는 $\langle 0|T[\hat{A}\hat{B}\cdots\hat{Y}\hat{Z}]|0\rangle$[220]와 같은 형태의 확률진폭을 계산할 때 위 윅의 정리를 적용하면, 위 예의 우변에 있는 열 개의 항 중에서 마지막 세 항과 같이 모든 작용소가 짝을 이루어 축약 되지 않은 앞의 일곱 항은 $\langle 0|\cdots|0\rangle$의 계산에서 $\langle 0|\hat{A}^{+}\cdots\hat{Z}|0\rangle$과 같은 형태가 되어 0이 된다.

둘째, $\langle 0|T[\hat{A}\hat{B}\cdots\hat{Y}\hat{Z}]|0\rangle$에 등장하는 작용소의 수가 홀수면 그 값이 0이 된다.

이제 위 [2단계]에서 $A^{(1)}$에 해당하는 $\langle 0|T\left[\hat{a}_q^{-}\hat{\phi}(z)\hat{\phi}(z)\hat{\phi}(z)\hat{\phi}(z)\hat{a}_p^{\pm}\right]|0\rangle$를 윅의 정리를 이용하여 전개해보자. 여기에는 다음 두 가지의 전개 유형이 있다.

① $\hat{a}$-작용소끼리 축약되고 $\hat{\phi}$-작용소끼리 축약되는 경우:
예를 들면 다음과 같은 경우이다.

$$\begin{aligned} &\langle 0|\hat{a}_q^{-\bullet}\hat{\phi}(z)^{\circ}\hat{\phi}(z)^{\circ}\hat{\phi}(z)^{*}\hat{\phi}(z)^{*}\hat{a}_p^{\pm\bullet}|0\rangle \\ &= \langle 0|\hat{a}_q^{-}\hat{a}_p^{\pm}|0\rangle\langle 0|T[\hat{\phi}(z)\hat{\phi}(z)]|0\rangle\langle 0|T[\hat{\phi}(z)\hat{\phi}(z)]|0\rangle \end{aligned}$$

220) 이러한 형태의 확률진폭을 'Vacuum Expectation Value', 줄여서 'VEV'라고 부른다.

$$= \langle 0|\hat{a}_{\vec{q}}\hat{a}^{+}_{\vec{p}}|0\rangle \Delta_F(z-z)\Delta_F(z-z)$$

(단, 위 식에서 $\hat{a}^{+}_{\vec{p}} = \hat{a}^{+}_{\vec{p}}(-\infty)$, $\hat{a}_{\vec{q}} = \hat{a}_{\vec{q}}(\infty)$임을 이용하였다.)

위와 동일한 형태의 축약이 $A^{(1)} = \langle 0|T\left[\hat{a}_{\vec{q}}\hat{\phi}(z)\hat{\phi}(z)\hat{\phi}(z)\hat{\phi}(z)\hat{a}^{+}_{\vec{p}}\right]|0\rangle$의 가운데 4개의 $\hat{\phi}(z)$중 2개를 선택하는 경우의 수만큼 즉, 모두 3개 존재한다.

시공간 상에서의 각 상호작용의 과정에서 입자가 생성되고 이동하고 소멸하는 것에 해당하는 입자의 세계선을 단순화하여 나타낸 것을 **'파인만 다이어그램'**(Feynman diagram)이라고 부르는데 이 경우의 파인만 다이어그램은 아래 [그림 4-9]와 같이 나타낼 수 있다.

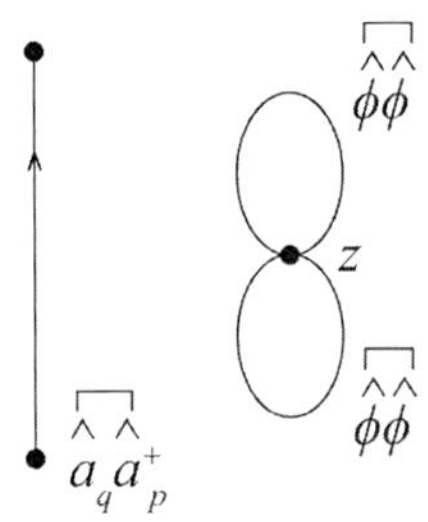

[그림 4-9]

② $\hat{a}$-작용소와 $\hat{\phi}$-작용소가 서로 축약되는 경우:

예를 들면 다음과 같은 경우이다.

$$\langle 0|\hat{a}_{\vec{q}}\hat{\phi}(z)\hat{\phi}(z)\hat{\phi}(z)\hat{\phi}(z)\hat{a}^{+}_{\vec{p}}|0\rangle$$

$$= \langle 0|\hat{a}_{\vec{q}}\hat{\phi}(z)|0\rangle\langle 0|T\left[\hat{\phi}(z)\hat{\phi}(z)\right]|0\rangle\langle 0|\hat{\phi}(z)\hat{a}^{+}_{\vec{p}}|0\rangle$$

$$= \langle 0|\hat{a}_{\vec{q}}\hat{\phi}(z)|0\rangle \Delta_F(z-z)\langle 0|\hat{\phi}(z)\hat{a}^{+}_{\vec{p}}|0\rangle$$

$A^{(1)}$에서 위와 동일한 형태의 축약이 총 12번 일어나는데 이 경우의 파인만 다이어그램은 아래 [그림 4-10]과 같은 '올챙이(Tadpole)' 모양이 된다.

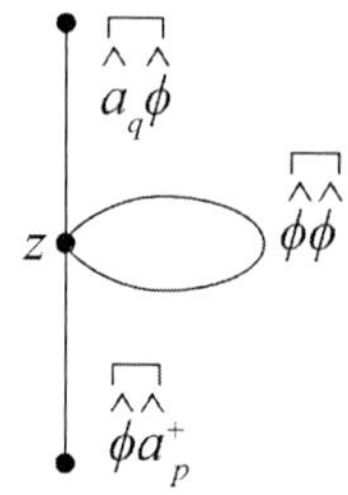

[그림 4-10: 올챙이]

위 ①, ②를 종합하면 $A^{(1)}$의 정규화 인수(Normalizing factor)를 제외한 나머지 부분은 다음과 같이 계산된다.

$$-\frac{i\lambda}{4}\int d^4z\langle 0|T\left[\hat{a}_{\vec{q}}\hat{\phi}(z)^4\hat{a}_{\vec{p}}^{\pm}\right]|0\rangle$$

$$=-\frac{i\lambda}{4}\int d^4z\left[3\langle 0|\hat{a}_{\vec{q}}\hat{a}_{\vec{p}}^{\pm}|0\rangle\Delta_F(z-z)\Delta_F(z-z)\right.$$

$$\left.+12\langle 0|\hat{a}_{\vec{q}}\hat{\phi}(z)|0\rangle\Delta_F(z-z)\langle 0|\hat{\phi}(z)\hat{a}_{\vec{p}}^{\pm}|0\rangle\right]$$

이 때 위 식에서 적분해야 할 함수는 다음 4종류로 나눌 수 있다.

① 들어오는 외부선 (Incoming external line):

$|p\rangle$상태로 들어온 입자가 시각 z^0에 위치 $\vec{z}$에서 소멸하는 과정에 해당하는 부분이다.

$$\overline{\hat{\phi}(z)\hat{a}_{\vec{p}}^{\pm}}=\langle 0|\hat{\phi}(z)\hat{a}_{\vec{p}}^{\pm}|0\rangle=\int\frac{d^3\vec{q}}{\sqrt{(2\pi)^3}\sqrt{(2\omega_{\vec{q}})}}\langle 0|(\hat{a}_{\vec{q}}e^{-iq\cdot z}+\hat{a}_{\vec{q}}^{\pm}e^{-iq\cdot z})\hat{a}_{\vec{p}}^{\pm}|0\rangle$$

$$=\int\frac{d^3\vec{q}}{\sqrt{(2\pi)^3}\sqrt{(2\omega_{\vec{q}})}}\langle 0|\hat{a}_{\vec{q}}e^{-iq\cdot z}|\vec{p}\rangle$$

$$=\int\frac{d^3\vec{q}}{\sqrt{(2\pi)^3}\sqrt{2\omega_{\vec{q}}}}e^{-iq\cdot z}\langle\vec{q}|\vec{p}\rangle$$

$$\propto e^{-ip\cdot z}\quad(\because\ \langle\vec{q}|\vec{p}\rangle=\delta(\vec{p}-\vec{q}))$$

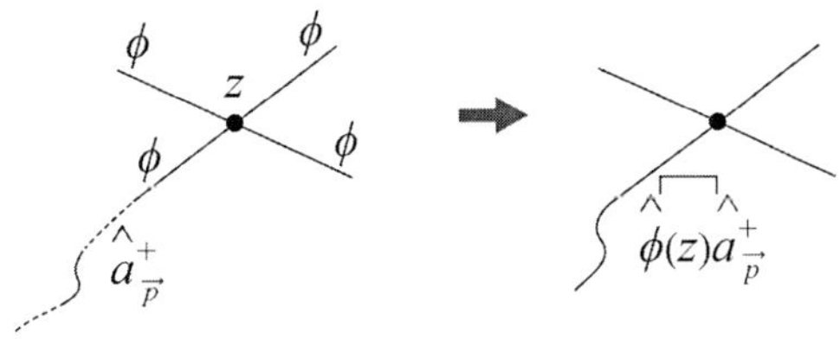

[그림 4-11]

② 파인만의 자유 전파인자(Feynman Propagator):
시공간상의 사건 z에서 가상입자가 생성되었다가 다시 z에서 소멸하는 과정에 해당한다.

$$\triangle_F(z-z) = \lim_{\epsilon \to 0} \int \frac{d^4q}{(2\pi)^4} \frac{ie^{-ip(z-z)}}{q^2 - m^2 + i\epsilon} \; (= i \times \infty!) \quad 221)$$

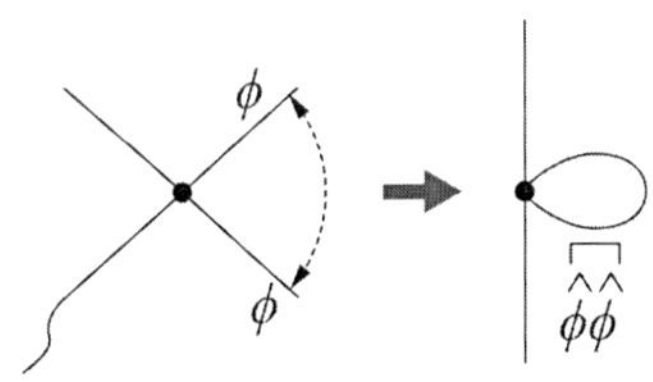

[그림 4-12]

③ 나가는 외부선(Outgoing external line):
시각 z^0에 위치 $\vec{z}$에서 생성된 입자의 최종상태벡터가 $|q\rangle$상태임을 나타내는 부분이다.
①과 마찬가지 방법으로 계산하면 다음을 얻는다.

---

221) $\int d^4k \frac{1}{k^2}$은 무한대로 발산하고, 이 때 이 무한대는 일종의 'Ultraviolet divergence'에 해당한다. 실제로, $\int \frac{d^4k}{(2\pi)^4} \frac{i}{k^2}$의 경우, $k^0 \equiv ik^0_E$ (윅 회전(Wick rotation))으로 두면 $d^4k = id^4k_E$, $k^2 = -k^2_E$ (단, $k_E = (k^0_E, k^i)$, $k^2_E = (k^0_E)^2 + \sum_{i=1}^{3}(k^i)^2$)으로 쓸 수 있고, $r^2 \equiv k^2_E (r > 0)$일 때 다음과 같이 쓸 수 있다.

$$\int \frac{d^4k}{(2\pi)^4} \frac{i}{k^2} = \int_0^\infty \frac{r^3dr}{(2\pi)^4} \frac{1}{r^2} \int_{S^3} d\Omega \propto \int_0^\infty r\,dr = \text{'}\infty\text{'} \quad (\text{단, } \int_{S^3} d\Omega = 2\pi^2 \text{ ([Das] p. 624)})$$

같은 방법으로 $\int \frac{d^4k}{(2\pi)^4} \frac{i}{k^2 - m^2} =$'$\infty$'도 계산할 수 있다.(이 ∞는 적당히 정규화(regularization) 한 후 재 규격화하여 유한한 값을 이끌어 낸다. [Das] p. 624~625)

$$\hat{a}_{\vec{q}}\hat{\phi}(z) \propto e^{iq \cdot z}$$

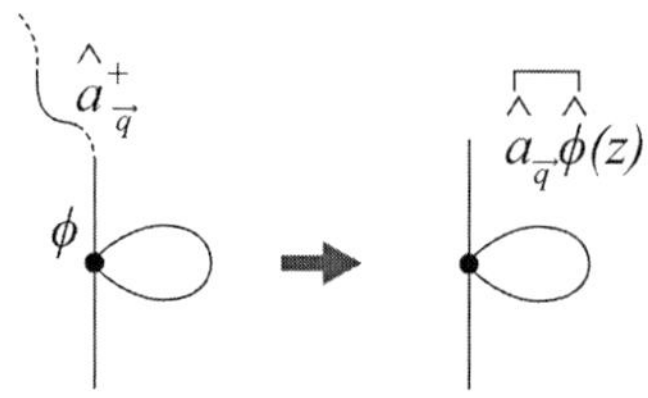

[그림 4-13]

④ 상호작용 없음(No Interaction):

$|p\rangle$상태로 들어온 입자가 아무런 상호작용 없이 $|q\rangle$상태로 나가는 경우에 해당한다.

$$\hat{a}_{\vec{q}}\hat{a}^{\pm}_{\vec{p}} = \langle 0|\hat{a}_{\vec{q}}\hat{a}^{\pm}_{\vec{p}}|0\rangle \propto \delta^3(\vec{p}-\vec{q})$$

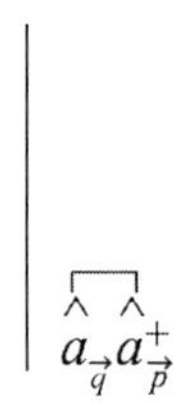

[그림 4-14]

4.4.2 몇 가지 용어와 운동량 표현

위 [3단계]를 따라 $A^{(i)}$의 각 항들을 전개했을 때 나타내는 파인만 다이어그램을 살펴보면 다음과 같은 몇 가지 특징 및 요소들을 확인할 수 있다.[222)]

① 한 개의 연결성분(connected component)으로 이루어진 연결 다이어그램(connected diagram) (예를 들어, [그림 4-15 (a)])과 두 개 이상의 연결성분으로 이루어진 비 연결 다이어그램(disconnected diagram) (예를 들어, [그림 4-15 (b)])

222) [Tom] p. 181.

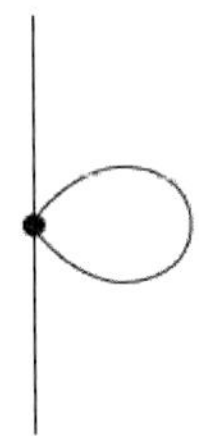

[그림 4-15 (a)]

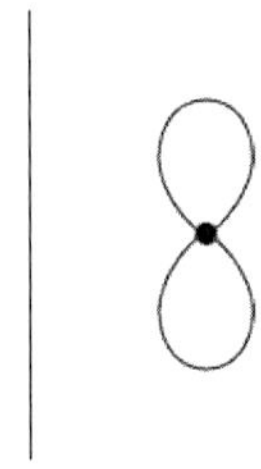

[그림 4-15 (b)]

② 꼭짓점(Vertex): 선분들이 만나 이어지는 접합점으로 여기에서 상호작용이 일어난다.

③ 외부선(External lines): 선분의 한쪽 끝이 꼭짓점 또는 다른 선분과 연결되지 않고 나머지 한쪽 끝만 꼭짓점 1개와 연결된 선분. 이는 실제 세계에서의 상호작용 전과 후에 들어오고 나가는 입자의 운동과 관련된 선분이다.

④ 내부선(Internal line): 두 개의 꼭짓점 z, z'을 연결하는 선으로서 $|p\rangle, |q\rangle$와 직접 연결되지 않은 선. 이들은 상호작용의 과정에서 나타나는 가상입자들의 운동을 나타낸다.

⑤ 진공 다이어그램(Vacuum diagram): [그림 4-16]의 오른쪽 '8자 모양'과 같이 외부선을 갖지 않는 연결 다이어그램으로서 이들은 실제입자의 초기상태나 최종상태와는 연결되지 않고 따라서 전체 $\langle q|S|p\rangle$에는 단지 위상차 ($\langle 0|S|0\rangle \sim e^{i\phi}$) 정도의 영향만 줄 뿐이다.

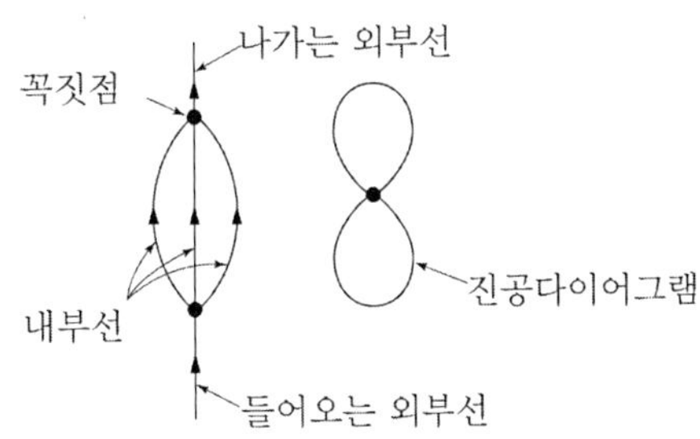

[그림 4-16:파인만 다이어그램]

한편, $A^{(i)}$의 각 항들을 계산할 때 이에 해당하는 파인만 다이어그램을 시공간 상에 나타내어 이를 계산식과 연결짓는 것 보다 4-운동량 k-공간에 나타내어 계산을 진행하는 것이 보다 간결하고 쉬운 측면이 있다. 이 때, 전자를 '**위치 표현**(position representation)'이라 부르고 후자를 '**운동량 표현**(momentum representation)'이라고 부른다.

예를 들어, 앞의 [2단계]에서 $A^{(2)}$에 해당하는 항들 중에 다음을 생각해보자.

$$\lambda^2 \int d^4y\, d^4w \langle 0 | \hat{a}_{\vec{q}} \hat{\phi}(y) \hat{\phi}(y) \hat{\phi}(y) \hat{\phi}(y) \hat{\phi}(w) \hat{\phi}(w) \hat{\phi}(w) \hat{\phi}(w) \hat{a}^{\dagger}_{\vec{p}} | 0 \rangle$$

$$\propto \lambda^2 \int d^4y\, d^4w\, e^{iq \cdot y} \Delta_F(y-w) \Delta_F(y-w) \Delta_F(y-w) e^{-ip \cdot w}$$

위 적분식에서 맨 왼쪽의 $e^{iq \cdot y}$는 '나가는 외부선'에 해당하고, 중간의 $\Delta_F(y-w)$들은 가상입자들의 파인만 전파인자를 나타내는 '내부선', 맨 오른쪽의 $e^{-ip \cdot w}$는 '들어오는 외부선'에 각각 해당한다. ([그림 4-17])

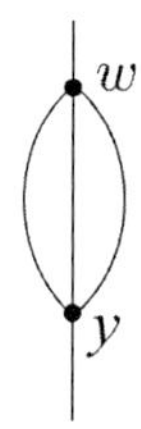

[그림 4-17: 위치 표현]

여기서 만일 $\Delta_F(y-w) = \int \frac{d^4k}{(2\pi)^4} e^{-ik(y-w)} \frac{i}{k^2 - m^2 + i\epsilon}$ ($\lim_{\epsilon \to 0}$ 생략, 이하 마찬가지)를 이용하여 위 식을 다시 쓰면 다음과 같이 정리할 수 있다.[223)]

$$\lambda^2 \int d^4y\, d^4w \langle 0 | \hat{a}_{\vec{q}} \hat{\phi}(y) \hat{\phi}(y) \hat{\phi}(y) \hat{\phi}(y) \hat{\phi}(w) \hat{\phi}(w) \hat{\phi}(w) \hat{\phi}(w) \hat{a}^{\dagger}_{\vec{p}} | 0 \rangle$$

$$\propto \lambda^2 \delta^{(4)}(q-p) \int \frac{d^4k_2}{(2\pi)^4} \frac{d^4k_3}{(2\pi)^4} \frac{i}{k_1^2 - m^2 + i\epsilon} \frac{i}{k_2{}^2 - m^2 + i\epsilon} \frac{i}{k_3{}^2 - m^2 + i\epsilon}$$

$$(\text{단}, k_1 \equiv q - k_2 - k_3)$$

위 식에서 적분 앞에 있는 $\delta^{(4)}(q-p)$는 상호작용의 전체 과정에서 에너지-운동량이 보존됨을 나타내는 것으로 볼 수 있다.

223) [Tom] pp. 184~185.

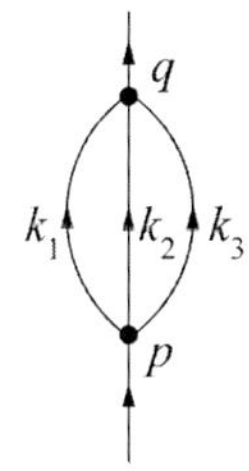

[그림 4-18: 운동량 표현]

위 운동량 표현에 의한 파인만 다이어그램([그림 4-18])과 이에 해당하는 확률진폭식과의 관계를 관찰해 보면 일종의 '규칙'을 발견할 수 있는데 이 같은 규칙에 따르면 예를 들어, 아래 [그림 4-19]의 파인만 다이어그램에 해당하는 확률진폭의 식을 다음과 같이 나타낼 수 있음을 알 수 있다.[224)]

$$[\text{상수}]\cdot\delta^{(4)}(q-p)\lambda^2\int\frac{d^4k_1}{(2\pi)^4}\frac{d^4k_2}{(2\pi)^4}\frac{i}{{k_1}^2-m^2+i\epsilon}\frac{i}{p^2-m^2+i\epsilon}\frac{i}{{k_2}^2-m^2+i\epsilon}$$

$$\propto\left(\int\frac{d^4k_1}{(2\pi)^4}\frac{i}{{k_1}^2-m^2+i\epsilon}\right)\left(\frac{i}{p^2-m^2+i\epsilon}\right)\left(\int\frac{d^4k_2}{(2\pi)^4}\frac{i}{{k_2}^2-m^2+i\epsilon}\right)$$

$$\equiv\Delta_F(0)\widetilde{\Delta}_F(\vec{p})\Delta_F(0)$$

(단, [그림 4-19]에서 각 고리(loop)에 해당하는 파인만 전파인자에 의한 적분식을 위 식에서 $\Delta_F(0)$로 표기하였다.)

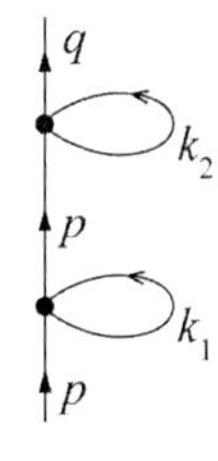

[그림 4-19]

224) 이처럼 k-공간에서의 파인만 다이어그램을 알면 이에 해당하는 확률진폭의 계산식을 쉽게 구현해 낼 수 있다. 이러한 구현과정을 체계적으로 정리한 것을 '**k-공간에서의 파인만 규칙**(Feynman rules)'이라고 부른다. ([Tom] p. 185 참고)

4.5 재규격화(Renormalization)

이상과 같이 확률진폭 $\langle q|S|p\rangle$를 전개하여 계산하는 과정에서 우리는 계산결과가 무한대(∞)로 나타나는 상황을 자주 접하게 되었다. 이 절에서는 이러한 **'무한대의 문제'**를 양자장이론에서 어떻게 다룰 수 있는지에 대해 알아보자.

우선, [그림 4-16]에서의 진공 다이어그램(8자 모양)에 해당하는 무한대는 $\langle q|S|p\rangle$의 전개식 안에서 서로 상쇄되어 사라지기 때문에 사실상 문제가 되지는 않는다.

실제로, 양자장이론에서 잘 알려진 **'LSZ 환원공식**(LSZ reduction formula)'225)에 의하면 다음이 성립한다.

$$\begin{aligned}&\langle p_3\cdots p_n|S|p_1p_2\rangle\\&=\left[i\int d^4x_1e^{ip_1x_1}(\square_1+m^2)\right]\cdots\left[i\int d^4x_ne^{ip_nx_n}(\square_n+m)\right]G^{(n)}(x_1\cdots x_n)\end{aligned}$$

$$(\text{단, } \square_i\equiv\partial_{\mu_i}\partial^{\mu_i}\ (i=1,2,\cdots,n),\ \ G^{(n)}(x_1\cdots x_n)\equiv\langle\Omega|T[\phi_H(x_1)\cdots\phi_H(x_n)]|\Omega\rangle)$$

여기서 **'n-포인트 함수**(n-point function)' $G^{(n)}(x_1\cdots x_n)$은 다시 **'겔만-로우 관계식**(Gell-Mann-Low relation)'에 의해 다음과 같이 표현될 수 있다.

$$G^{(n)}(x_1\cdots x_n)=\frac{\left\langle 0\left|T\left[\phi_{H_0}(x_1)\cdots\phi_{H_0}(x_n)\exp\left\{-i\int_{-\infty}^{\infty}H_x(t)\,dt\right\}\right]\right|0\right\rangle}{\left\langle 0\left|T\left[\exp\left\{-i\int_{-\infty}^{\infty}H_x(t)\,dt\right\}\right]\right|0\right\rangle}$$

여기서 만일 구체적인 계산을 진행하면 다음과 같은 사실을 확인 할 수 있다.226)

$$\begin{aligned}&G^{(n)}(x_1\cdots x_n)\\&=\frac{\sum(n\text{개의 외부선을 갖는 모든 다이어그램})\times e^{\sum(\text{모든 연결 진공 다이어그램})}}{e^{\sum(\text{모든 연결 진공 다이어그램})}}\\&=\sum(n\text{개의 외부선을 갖는 모든 다이어그램})\end{aligned}$$

그러나 [그림 4-10]과 같은 올챙이 형태(Tadpole)의 다이어그램에 해당하는 무한대는

225) [Zagermann] p. 14 또는 [Huang] p. 187.
226) 구체적인 내용은 [Tom] pp. 204~205 참고.

진공 다이어그램처럼 서로 상쇄되어 없어지지 않고 여전히 남아서 문제를 야기한다.

더욱이 전개를 계속하다보면 아래 [그림 4-20]과 같이 올챙이 형태들의 반복이 일어나는 항들이 계속됨을 알 수 있다.

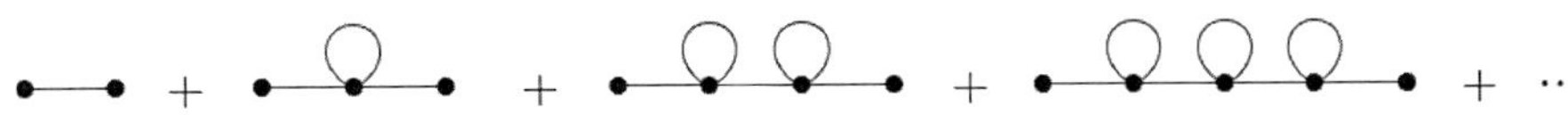

[그림 4-20]

이때, 위 [그림 4-20]의 각 다이어그램에 해당하는 확률진폭을 p-공간에서 계산하여 모두 더하면 다음과 같은 형태가 된다.(표기법은 식 (4.67) 참고)

$$
\begin{aligned}
&\widetilde{\Delta}_F + \widetilde{\Delta}_F \Delta_F(0)\widetilde{\Delta}_F + \widetilde{\Delta}_F \Delta_F(0)\widetilde{\Delta}_F \Delta_F(0)\widetilde{\Delta}_F + \cdots \\
&= \widetilde{\Delta}_F \left(1 + \Delta_F(0)\widetilde{\Delta}_F + (\Delta_F(0)\widetilde{\Delta}_F)^2 + \cdots \right) \\
&= \widetilde{\Delta}_F \frac{1}{1 - \Delta_F(0)\widetilde{\Delta}_F} \\
&= \frac{1}{p^2 - m^2 + i\epsilon}\left[\frac{1}{1 - \dfrac{i\Delta_F(0)}{p^2 - m^2 + i\epsilon}}\right] = \frac{i}{p^2 - \left[m^2 + i\Delta_F(0)\right] + i\epsilon}
\end{aligned}
$$

즉, $m'^2 \equiv m^2 + i\Delta_F(0)$일 때 위 식은 $\lim_{\epsilon \to 0} \frac{i}{p^2 - m'^2 + i\epsilon}$(파인만 자유 전파인자)로 표현할 수 있다. 따라서 **자체 상호작용 $\hat{\phi}(z)\hat{\phi}(z)$에 기인하는 모든 올챙이 모양 다이어그램들의 효과들을 고려하여 더하면 질량(의 제곱)이 '∞'($= -i\Delta_F(0)$) 만큼 빠진 상태에서 상호작용 없이 자유전파되는 형태와 같게 된다.**

이상의 논의로부터 우리는 양자장이론의 '**재규격화**(renormalization)'에 대한 아이디어를 얻을 수 있다. 즉, 처음 시스템의 라그랑지안을 기술할 때 쓰인 질량을 나타내는 매개변수 m은 '∞'에 해당하는 양이었고[227] **실험실에서 실제로 측정되는 유한한 값으로서의 질량은 자체 상호작용의 효과로 인해 '∞'가 제거된 형태 즉, $\sqrt{m^2 + i\Delta_F(0)}$[228]로 해석할 수 있다는 것이다.**[229]

사실 $\langle q|S|p\rangle$를 전개해보면 올챙이 형태뿐만 아니라 다양한 형태의 폐곡선(고리)들을

227) 이와 같은 질량을 'bare mass'라고 부른다.
228) 이와 같은 질량을 'dressed mass'라고 부른다.
229) [Pullin] p. 87, [Tom] p. 291 참고.

만나게 되고 이들은 모두 무한대(∞)를 초래하는 양들이다.($\Delta_F(z-z) = \Delta_F(0) = \infty$ 임을 상기할 것) 여기서 놀라운 사실은 ϕ^4-이론의 경우 이 모든 무한대들이 위에서 언급한 대로 질량 m을 재규격화하고, 결합상수(coupling constant) λ를 재규격화하고, ϕ를 재규격화함으로서 즉,

$$L' = \frac{1}{2}(1+\delta_z)(\partial\phi_r)^2 - \frac{1}{2}(m^2+\delta_m)\phi_r^2 - \frac{1}{4}(\lambda+\delta_\lambda)\phi_r^4$$

과 같이 라그랑지안을 다시 씀으로써 이론이 안고 있는 무한대들이 모두 상쇄되어 사라진다는 것이다.230)

이와 같이 유한개의 매개상수들을 재규격화함으로써 $\langle q|S|p\rangle = A^{(0)} + A^{(1)} + A^{(2)} + \cdots$를 전개할 때 나타나는 모든 무한대들이 서로 상쇄되어 사라지고 결과적으로 실험실에서 확인할 수 있는 유한한 값을 줄 수 있도록 하는 것이 가능한 이론을 **'재규격화가 가능한 이론'**이라고 부른다. 예를 들어 ϕ^4-이론이나 QED등은 재규격화가 가능한 이론이다.

4.5.1 재규격화 과정

재규격화 이론은 기본적으로 입자들의 상호작용(산란(scattering) 또는 붕괴(decay))과 관련한 확률진폭을 섭동적으로 다루어 전개해가는 과정에서 $\Delta_F(0) \sim \int \frac{dk^4}{(2\pi)^4}[\cdots]$ 등과 같이 주로 고리를 포함하는 파인만 다이어그램에서 나타나는 '무한대(∞)'의 문제를 해결하여 이로부터 실험적으로 확인할 수 있는 유한한 값을 이끌어 낼 수 있도록 하는 이론이다. 여기서는 재규격화가 가능한 이론인 ϕ^4-이론을 통해 이러한 재규격화 과정을 단계별로 좀 더 구체적으로 살펴보기로 하자.

[1**단계**] ('Λ-**절단**(cut-off)'**과 정규화**(regularization))

먼저 문제를 일으키는 즉, 무한대를 초래하는 $\int \frac{d^4k}{(2\pi)^4}\left[\frac{i}{k^2-m^2}\right]^n$ 형태의 적분에서 '윅 회전(Wick rotation)' $k^0 \equiv i k_E^0$을 이용하여 $d^4k = id^4k_E$, $k^2 = -k_E^2$ (단, $k_E = (k_E^0, k^i)$,

230) [Peskin] p. 324 (10.18), [Pullin] p. 87.

$k_E^2 = (k_E^0)^2 + \sum_{i=1}^{3}(k^i)^2$)으로 바꾸어 쓴 후, $r^2 \equiv k_E^2\,(r>0)$와 방위각 $\theta_i\,(i=1,2,3)$를 적분 변수로 하여 위 적분을 다시 쓰면 다음과 같은 형태가 된다.231)

$$\int \frac{d^4k}{(2\pi)^4}\left[\frac{i}{k^2-m^2}\right]^n = 2\pi^2\int_0^\infty \frac{r^3dr}{(2\pi)^4}\left[\frac{i}{-r^2-m^2}\right]^n \quad (=`\infty')$$

위 적분에서 $\int_0^\infty \mapsto \lim_{\Lambda\to\infty}\int_0^\Lambda$로 바꾸어 계산232)하는 것을 '**Λ-절단**'이라고 부른다.

이때, $\int_0^\Lambda [\cdots]$에서 $\Lambda\to\infty$일 때 'Λ에 의존하면서 무한대로 발산하는 부분'과 'Λ에 무관하게 유한한 값으로 남아있는 부분'을 각각 찾아 이들을 서로 분리시켜 놓는다.(이 과정을 '**정규화**'(regularization)이라고 한다.)

예를 들면, [그림 4-21]의 올챙이 형태의 파인만 다이어그램에 해당하는 적분에 대해 다음과 같다233).

$$\begin{aligned}\int_0^\infty \frac{d^4k}{(2\pi)^4}\frac{i}{k^2-m^2} &= \lim_{\Lambda\to\infty}\frac{1}{16\pi^2}\left[\Lambda^2 - m^2\ln\frac{\Lambda^2+m^2}{m^2}\right] \\ &= \lim_{\Lambda\to\infty}\frac{1}{16\pi^2}\left[\Lambda^2 - m^2\ln\frac{\Lambda}{m^2} + O(\frac{1}{\Lambda^2})\right]\end{aligned}$$

위 식에서 $\Lambda\to\infty$일 때 $\Lambda^2 - m^2\ln\frac{\Lambda}{m^2} + O(1/\Lambda^2) \to \infty$이다.

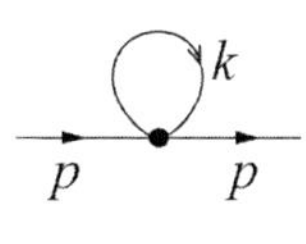

[그림 4-21]

또는 [그림 4-22]의 파인만 다이어그램과 관련한 적분계산에서 다음과 같다.

---

231) 본문의 계산에서 $\int_{S^3} d\Omega = \int_0^\pi d\theta_1 \sin^2\theta_1 \int_0^\pi d\theta_2 \sin\theta_2 \int_0^{2\pi} d\theta_3 = 2\pi^2$ ([Das] p. 624)임을 이용하였다.

232) 이를 바꾸어 표현하면 '$\int_{k_E^2 \le \Lambda^2} dk_E^4$ 을 계산한 뒤 $\lim_{\Lambda\to\infty}$을 취하는 것'으로 볼 수 있고 이는 일종의 'Ultraviolet divergence'를 다루는 처방으로 볼 수 있다.

233) 구체적인 계산과정은 [Das] pp. 624~625, p. 629 참고.

$$\int_0^{\infty} \frac{d^4k}{(2\pi)^4} \frac{i}{k^2-m^2} \frac{i}{k^2-m^2} = \lim_{\Lambda\to\infty} \frac{-i}{16\pi^2}\left[\ln\frac{\Lambda^2+m^2}{m^2}-1\right]$$
$$= \lim_{\Lambda\to\infty} \frac{-i}{16\pi^2}\left[\ln\frac{\Lambda^2}{m^2}+O\left(\frac{1}{\Lambda^2}\right)-1\right]$$

위 식에서 $\Lambda\to\infty$ 일 때 $\ln\frac{\Lambda^2}{m^2}+O(1/\Lambda^2)\to\infty$ 이다.

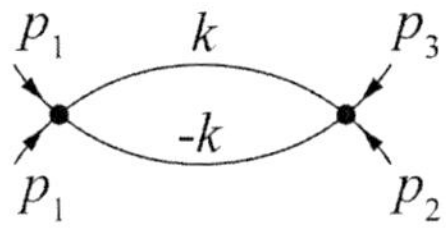

[그림 4-22]

[2단계] (**재규격화와 상쇄항들**(counterterms)[234])

이 단계는 [1단계]에서 Λ-절단을 통해 무한대를 초래하는 항으로 분류된 부분을 상쇄시킬 새로운 항들을 원래의 라그랑지안에 추가하는 과정으로, 이는 원래의 라그랑지안에 나타나는 매개변수들 m_0, λ_0과 장(field) ϕ를[235] '재규격화'하는 것에 해당한다.

구체적으로, 처음 주어진 라그랑지안이 $\mathcal{L} = \frac{1}{2}(\partial_\mu\phi)^2 - \frac{1}{2}m_0^2\phi^2 - \frac{\lambda_0}{4!}\phi^4$일 때 먼저 ϕ를 재규격화하여 $\phi = \sqrt{Z}\phi_r$로 쓰고 이를 $\mathcal{L}$에 대입하면 다음을 얻는다.

$$\mathcal{L} = \frac{1}{2}Z(\partial_\mu\phi_r)^2 - \frac{1}{2}m_0^2 Z\phi_r^2 - \frac{\lambda_0}{4!}Z^2\phi_r^4$$

또 실험실에서 실제로 관측되는 입자의 질량과 결합상수를 각각 m, λ라 할 때 δ_z, δ_m, δ_λ를 각각 다음과 같이 정의하자.

$$\delta_z = Z-1,\ \delta_m = {m_0}^2 Z - m^2,\ \delta_\lambda = \lambda_0 Z^2 - \lambda$$

이제 이들을 이용하여 위 $\mathcal{L}$을 다시 쓰면 다음과 같다.

---

234) [Peskin] p. 324.
235) 이들을 'bare parameter'라고 부른다.

$$\begin{aligned}\mathcal{L} &= \frac{1}{2}(1+\delta_z)(\partial_\mu \phi_r)^2 - \frac{1}{2}(m^2+\delta_m)\phi_r{}^2 - \frac{(\lambda+\delta_\lambda)}{4!}\phi_r{}^4 \\ &= \left[\frac{1}{2}(\partial_\mu \phi_r)^2 - \frac{1}{2}m^2\phi_r{}^2 - \frac{\lambda}{4!}\phi_r{}^4\right] + \left[\frac{1}{2}\delta_z(\partial_\mu \phi_r)^2 - \frac{1}{2}\delta_m \phi_r{}^2 - \frac{\delta_\lambda}{4!}\phi_r{}^4\right]\end{aligned}$$

$\cdots$ (4.68)

위 (4.68)의 앞 세 항은 실험실에서 관측되는 유한한 값의 매개상수(dressed parameter) 및 장(field)을 통해 표현된 라그랑지안으로 볼 수 있고, 뒤의 세 항은 앞의 각 매개상수에 실험실에서 확인되지 않는 무한대에 해당하는 양을 더해주는 역할을 하는 라그랑지안으로 볼 수 있다.[236] 결과적으로 $\mathcal{L}$은 무한대에 해당하는 값을 갖는 매개변수들(bare parameter)과 장을 통해 표현된 라그랑지안인 셈이다.

다시 말해서 처음 주어진 $\mathcal{L}$에 대해 ϕ, m_0, λ_0를 δ_z, δ_m, δ_λ를 통해 적절히 재규격화하여 얻어진 것이 ϕ_r, m, λ이고, 이 때 ϕ, m_0, λ_0 대신 ϕ_r, m, λ를 이용해 처음 주어진 라그랑지안을 다시 쓴 것이 위 (4,68)의 앞 세 항이라고 할 수 있다. 이를 $\mathcal{L}_r$이라 하면 다음과 같다.

$$\mathcal{L}_r = \left[\frac{1}{2}Z(\partial_\mu \phi_r)^2 - \frac{1}{2}m_0^2 Z\phi_r{}^2 - \frac{\lambda_0}{4!}Z^2\phi_r{}^4\right] - \left[\frac{1}{2}\delta_z(\partial_\mu \phi_r)^2 - \frac{1}{2}\delta_m \phi_r{}^2 - \frac{\delta_\lambda}{4!}\phi_r{}^4\right]$$

$\equiv \mathcal{L}_{\text{I}}$ (이론에서 처음 주어진 라그랑지안)

$- \mathcal{L}_{\text{II}}$ ($\mathcal{L}_{\text{I}}$에 의한 무한대들을 상쇄시킬 항들을 갖고 있는 라그랑지안)

$$\begin{aligned}&= \frac{1}{2}(Z-\delta_z)(\partial_\mu \phi_r)^2 - \frac{1}{2}(m_0^2 Z-\delta_m)\phi_r{}^2 - \frac{(\lambda_0 Z^2-\delta_\lambda)}{4!}\phi_r{}^4 \\ &= \frac{1}{2}(\partial_\mu \phi_r)^2 - \frac{1}{2}m^2\phi_r{}^2 - \frac{\lambda}{4!}\phi_r{}^4\end{aligned}$$

[3단계] (무한대의 상쇄와 재규격화 가능)

이제 [2단계]에서 적당히 선택된 $\delta_z = \lim_{\Lambda\to\infty}\delta_z(\Lambda)$, $\delta_m = \lim_{\Lambda\to\infty}\delta_m(\Lambda)$, $\delta_\lambda = \lim_{\Lambda\to\infty}\delta_\lambda(\Lambda)$에 의해(예를 들어 [Das] p. 685) 재규격화된 $\mathcal{L}_r$에 대하여 기존의 섭동이론(perturbative

---

236) 말하자면 $m<\infty$, $m_0=\infty$, $\delta_m=\infty$일 때 $(\infty=)m_0{}^2Z=m^2+\delta_m=m^2+\infty$인 셈이다. [Peskin] p. 325 또는 [Das] p. 683.

theory)을 적용하여 확률진폭 $\langle q|S|p\rangle = A^{(0)} + A^{(1)} + A^{(2)} + \cdots$을 계산하면 모든 $A^{(n)}$의 모든 항들에서 다음과 같은 무한대의 상쇄가 일어난다.

$$\begin{aligned}\int \frac{dk^4}{(2\pi)^4}[\cdots] &= \lim_{\Lambda\to\infty}\int_0^{\Lambda}\frac{dr}{(2\pi)^4}[\cdots] \\ &= \lim_{\Lambda\to\infty}\left[\left(\mathcal{L}_{\mathrm{I}}^{\infty}(\Lambda)+\mathcal{L}_{\mathrm{I}}^{0}\right)-\left(\mathcal{L}_{\mathrm{II}}^{\infty}(\Lambda)+\mathcal{L}_{\mathrm{II}}^{0}\right)\right] \\ &= \mathcal{L}_{\mathrm{I}}^{0}-\mathcal{L}_{\mathrm{II}}^{0}\ \ (\leftarrow \mathcal{L}_{\mathrm{I}}^{\infty}(\Lambda)-\mathcal{L}_{\mathrm{II}}^{\infty}(\Lambda)=0\text{: **무한대의 상쇄**})\end{aligned}$$

(단, 위에서 $\mathcal{L}_{\mathrm{I}}^{\infty}(\Lambda)$는 $\int_0^{\Lambda}\frac{dr}{(2\pi)^4}[\cdots]$에서 $\mathcal{L}_{\mathrm{I}}$에 기인한 양으로서 Λ에 의존하며 $\Lambda\to\infty$일 때 무한대로 발산하는 부분 (예를 들어 [1단계]의 [그림 4-22]에서 $\mathcal{L}_{\mathrm{I}}^{\infty}(\Lambda)=\ln\frac{\Lambda^2}{m^2}+O(1/\Lambda^2)(\to\infty)$)을 나타내고([Das] pp. 683~685 참고), $\mathcal{L}_{\mathrm{I}}^{0}$는 $\int_0^{\Lambda}\frac{dr}{(2\pi)^4}[\cdots]$에서 $\mathcal{L}_{\mathrm{I}}$에 기인한 양으로서 Λ에 의존하지 않으며 따라서 $\Lambda\to\infty$일 때 유한한 값을 유지하는 부분(예를 들어 [1단계]의 [그림 4-22]에서 $\mathcal{L}_{\mathrm{I}}^{0}=-1$)이다. $\mathcal{L}_{\mathrm{II}}$에 대해서도 마찬가지이다.)

이와 같이 재규격화가 가능한 이론에서는 유한개의 매개상수들의 재규격화에 의해 Λ에 의한 무한대가 모두 상쇄되는 기적 같은 일이 일어난다.[237]

참고로 이와 같은 현상은 다음과 같은 간단한 적분연산을 통해서도 확인해 볼 수 있다. 예를 들어 $I(c,\Lambda):=\int_0^{\Lambda}\frac{e^{x+c}}{1+e^{x+c}}dx$ (c는 상수)일 때 상쇄항의 역할을 하는 적분식 $I(0,\Lambda)=\int_0^{\Lambda}\frac{e^{x}}{1+e^{x}}dx$을 생각해 보자. 이 때, $\lim_{\Lambda\to\infty}(I(c,\Lambda)-I(0,\Lambda))=c$임을 확인할 수 있다. 즉, 이 경우에는 $I(c,\infty)=\infty+c$, $I(0,\infty)=\infty$로서 $(\infty+c)-\infty=c$를 얻은 셈이다.

237) [Tom] pp. 286~288 참고.

참고 ▌ 재규격화의 의미[238)]

소위 'bare field' ϕ 또는 'barc parameter' m_0, λ_0등으로 기술된 $\mathcal{L}$ 을 이용한 섭동이론을 전개해서 실험실에서 확인할 수 있는 유의미하고 유한한 값으로서의 '확률진폭'을 계산하는 과정에서 우리는 '무한대'라는 '잘못된' 결론에 부딪쳤다. 이것은 '잘못된 질량'과 '잘못된 결합상수'등을 사용하여 확률진폭을 전개한 결과이며, 따라서 '올바른 질량(dressed mass)'과 결합상수 및 장(field)으로의 조정을 한 뒤 '확률진폭'을 계산해야 하는데 이와 같은 조정이 곧 δ_z, δ_m, δ_λ에 의한 '재규격화'이고 이는 결과적으로 '상쇄 항'들로 '무한대'들을 상쇄하여 없애고 난 후 유한한 값들을 얻어내는 것에 해당한다. 즉, 재규격화의 기본 원리는 다음과 같이 표현된다.

'잘못된 매개변수(bare parameter)'에 의한 계산$(=\infty+\alpha)$
$-$'상쇄항'에 의한 계산$(=\infty)$
$=$'올바른 매개변수(dressed parameter)'에 의한 계산 $(=\alpha)$
$=$ 실험실에서 관측하는 유한하고 올바른 값

예를 들어, 전자의 경우 'bare charge' e_0^-는 무한대$(-\infty)$이지만 진공 중에서 전자, 양전자의 쌍생성과 쌍소멸에 의한 '진공 양극화'(vacuum polarization)가 주는 '차폐효과(screening effect)' 때문에 실제 관측되는 전자의 전하 e^-는 유한한 것으로 볼 수 있다.[239)] ([그림 4-23]) 이것은 QED에서 $e_0^-=\sqrt{Z}\,e^-$로의 재매개화를 통해 기술된다.

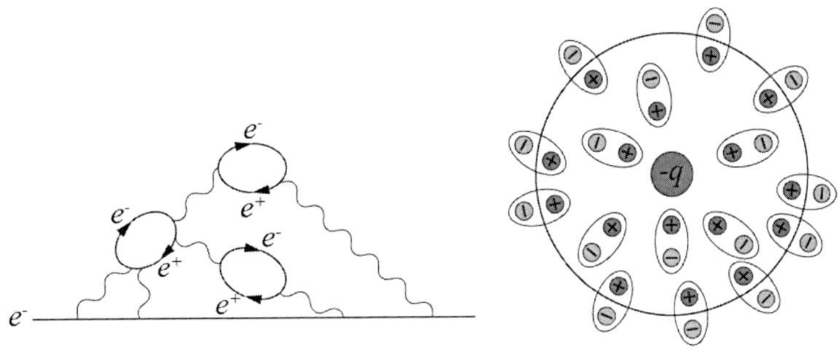

[그림 4-23]

---

238) [Tom] p. 291.
239) [Griffith 2] p. 68.

4.5.2 일반상대론과 재규격화[240)]

이제 재규격화가 가능한 ϕ^4-이론이나 양자 전기동역학(QED)이론, 비가환 게이지이론 등과 같은 대부분의 양자장이론과는 달리 일반상대론에 대해서는 재규격화가 가능한 섭동이론이 불가능한 이유에 대해 살펴보자.

먼저 ϕ^4-이론과 관련된 물리량들의 단위가 갖는 '차원(dimension)'에 대해 살펴보자. ϕ^4-이론에서의 작용 $S \equiv \int d^4x \mathcal{L}$ 은 경로적분 포말리즘에서 다음과 같은 형태로 등장한다.

$$\langle \phi'', t'' | \phi', t' \rangle = N \int_{\phi'}^{\phi''} D\phi \, e^{iS[\phi, t', t'']}$$

따라서 $e^{iS} = 1 + iS + \frac{1}{2!}(iS)^2 + \cdots$ 로부터 S의 단위가 갖는 차원은 0임을 알 수 있다.

한편, 자연 단위체계(Natural Unit System)[241)]에서 $d^4x = dt dx^3$의 차원은 E^{-4} (단, E는 에너지(=질량)단위)이므로 따라서 $\mathcal{L}$ 의 차원은 E^4가 된다. 이것을 $[\mathcal{L}] = 4$로 표기하자.[242)]

이제 $\mathcal{L} = \frac{1}{2}\left[(\partial_\mu \phi)^2 - m^2\phi^2\right] - \lambda \frac{\phi^4}{4!}$에서 $\left[(\partial_\mu \phi)^2\right] = 4$라야 하는데, 이는 $\left[\partial_x \phi\right] = 2$임을 의미하고 따라서 $2 = \left[\frac{\partial \phi}{\partial x}\right] = \left[\frac{\partial}{\partial x}\right] + [\phi] = 1 + [\phi]$이기 위해서는 $[\phi] = 1$이라야 한다. 이로부터 $\left[\lambda\phi^4\right] = [\lambda] + 4[\phi] = [\lambda] + 4 = 4$가 성립하고 따라서 $[\lambda] = 0$이다.

한편, 만일 일반상대성 이론을 섭동이론으로 다루고자 한다면 시공간의 메트릭 $g_{\mu\nu}$를 민코프스키 시공간의 편평한 메트릭 $\eta_{\mu\nu}$에 약간의 변형 $h_{\mu\nu}$ ($|h_{\mu\nu}| \ll 1$)을 준 $g_{\mu\nu} = \eta_{\mu\nu} + h_{\mu\nu}$의 형태로 나타낸 뒤, 아인슈타인-힐베르트 작용(action) $S_{EH}[g]$을 다음과 같이 전개해야 한다.[243)]

---

240) [Zee] pp. 154~157, [Pullin] pp. 87~88.

241) $\hbar = c = 1$이고 다른 모든 물리량의 단위는 에너지의 단위 E의 거듭제곱으로 나타난다. 예를 들어 [길이]=[시간]=−1, [질량]=[에너지]=1, [힘]=2이다.

242) 이 표기법에 따르면 $[x] = -1$이고 $\left[\frac{\partial}{\partial x}\right] = 1$ 이다.

243) [Pullin] p. 87.

$$S_{EH}[g]=\frac{1}{16\pi G}\int d^4x\sqrt{g}\,S(h,\partial h,\partial^2 h)\sim\frac{1}{16\pi G}\int d^4x\left[(\partial h)^2+(\partial h)^2 h+\cdots\right]$$

$$\cdots(4.69)$$

여기서 $[h]=0$ $(\because d\tau^2=g_{\mu\nu}dx^\mu dx^\nu)$이므로 ϕ^4-이론에서의 $[\phi]=1$과 동일한 맥락을 따라가기 위해 $\tilde{h}=\frac{h}{\sqrt{G}}$라 정의하면 $[\tilde{h}]=1$이 된다.$(\because [G]=-2)$

또 이때 $h=\sqrt{G}\tilde{h}$를 위 (4.69)에 대입하면 다음을 얻는다.

$$S_{EH}[\tilde{h}]=\frac{1}{16\pi}\int d^4x\left[(\partial\tilde{h})^2+\sqrt{G}(\partial\tilde{h})^2\tilde{h}+\cdots\right]$$

위 식에서 $\frac{1}{16\pi}\int d^4x(\partial\tilde{h})^2\equiv L_0$는 상호작용이 없는 자유 중력장에 해당하는 부분으로 볼 수 있고 나머지부분은 $\sqrt{G}$를 결합상수로 갖는 자체 상호작용을 기술하는 것에 해당하는 것으로 볼 수 있다.[244)]

여기서 ϕ^4-이론과 비교해 볼 때 한 가지 중요한 차이점은 **결합상수 $\sqrt{G}$의 차원이 0이 아니라 $-1(<0)$이라는** 사실이다.[245)]

따라서 외부선(External line)의 개수가 임의의 l개인 경우에, 입자의 상호작용에 따른 '산란(scattering)' 또는 '붕괴(decay)'에 대한 확률진폭을 Λ-절단(즉, $\lim_{\Lambda\to\infty}\int_{k_E^2\le\Lambda^2}\frac{dk_E^4}{(2\pi)^4}\cdots$)을 통해 $A_\Lambda=A_\Lambda^{(0)}+A_\Lambda^{(1)}+A_\Lambda^{(2)}+\cdots$와 같이 전개했을 때, 각 $A_\Lambda^{(n)}$에는 결합상수 $\sqrt{G}$의 n제곱인 $\sqrt{G}^n$이 나타나고 이때 $[\sqrt{G}^n]=-n$이다. 여기서 $[A_\Lambda^{(n)}]=0(\because A_\Lambda^{(n)}\in\mathbb{C})$이 성립하기 위해서는 $A_\Lambda^{(n)}\propto\sqrt{G}^n\int_0^\Lambda\frac{dr}{(2\pi)^4}\cdots\equiv\sqrt{G}^nF(\Lambda)=\sqrt{G}^n(c_0+c_1\Lambda+\cdots)$

---

244) 이때 L_0를 통해 중력장은 양자(quanta)의 질량이 0이고, 스핀이 2인 텐서장(tensor field)임을 알 수 있다. 또, 이 텐서장의 자유도는 전자기 이론에서와 같이 2로 주어지는데 이는 '중력파'의 '편광'(polarization)상태가 갖는 자유도를 의미한다.([Pullin] P. 88 참고)

245) 어떤 양자장이론이 재규격화 가능인지를 가늠하는 가장 쉬운 방법은 결합상수의 차원이 0보다 작은지 0이상인지를 보는 것이다. 결합상수의 차원이 0보다 작으면 이 이론은 본문에서의 논의에 따라 재규격화 불능임을 알 수 있다.([Tom] p. 293) 이 외에도 '겉보기 발산도(Superficial degree of divergence)' D의 값을 통해 이론의 재규격화 가능여부를 판단하는 방법도 있다.(이에 대해 간단히 아이디어를 얻기 위해서는 [Schmidt] p. 2, [Tom] p. 292, 더 자세하게는 [Peskin] pp. 315~321를 참고)

$\propto \sqrt{G}^n \Lambda^n$의 형태라야 한다.($\because$ $[\sqrt{G}^n \Lambda^i] = i - n(i = 0, 1, 2, \cdots)$은 $i = n$일 때만 0이 된다.)

즉, 다음을 얻는다.

$$A_\Lambda \sim 1 + a_1 \sqrt{G}\Lambda + a_2(\sqrt{G}\Lambda)^2 + \cdots + a_n(\sqrt{G}\Lambda)^n + \cdots \xrightarrow{\Lambda \to \infty} \infty \quad \cdots (4.70)$$

그런데 이 경우에 $\Lambda \to \infty$일 때 나타나는 무한대를 상쇄시키기 위해 필요한 상쇄항의 개수가 무한개가 되는데, 기존의 라그랑지안이 갖고 있는 유한개의 매개변수를 재규격화해서는 이 같은 무한개의 상쇄항을 만들어 낼 수 가 없다.[246)]

따라서 일반상대론은 A가 안고 있는 무한대를 재규격화를 통해 상쇄시킬 수가 없는 '재규격화 불능이론(Non-renormalizable theory)'임을 알 수 있다.

한편, 만일 (4.70)에서 Λ의 상계를 $\Lambda < \frac{1}{\sqrt{G}} \equiv M_{Planck} \sim 10^{19} \times [\text{양성자 질량}]$로 정하면[247)], $\sqrt{G}\Lambda < 1$이므로 A_Λ의 섭동전개에서 뒤의 합들이 0으로 수렴하여 이론이 문제를 일으키지 않는다. 그러나 $\frac{1}{\sqrt{G}}$보다 큰 에너지에서 중력장의 상호작용을 양자장이론으로 다루기 위해서는 이와 같은 섭동적 중력이론을 대체할 새로운 물리이론이 필요하게 된다.[248)]

---

246) ϕ^4-theory에서는 파인만 다이어그램에 대한 파인만 규칙를 잘 분석해 보면 외부선의 개수가 0,2,4개인 경우(, 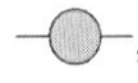, 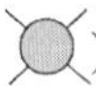)만 무한대의 확률진폭을 준다는 것을 알 수 있다.([Schmidt] p. 2, [Peskin] pp. 315~321) (물론, 0,2,4의 각 경우마다 모든 차수 $A^{(n)}$에서 무한대가 나타나지만 ([Peskin] p. 321)) 이 경우 상쇄 항인  $= i(p^2\delta_z - \delta_m)$과  $= -i\delta_\lambda$에서 $\delta_z, \delta_m, \delta_\lambda$를 적당히 선택하면 ([Peskin] pp. 325~328) 이 무한대를 모두 상쇄시킬 수 있다. 반면, 일반상대론에서는 외부선의 개수가 임의의 $l \in \mathbb{N}$일 때 각각에서 모두 무한대가 나타나므로 이를 모두 상쇄시키기 위해 필요한 상쇄항의 개수도 무한개가 되고 이에 따라 재규격화해야 하는 매개변수의 개수도 무한개가 된다([Das] p. 720).

247) 보통의 실험실에서는 M_{Planck}보다 훨씬 적은 에너지에 해당하는 값들만 관측되고 다루어진다.

248) [Zee] p. 157, [Tom] p. 294.

PART 02

일반상대성이론의 여러 가지 포말리즘

제5장 ADM-포말리즘(3+1 분해)

5.1 시간과 공간의 분리

고리양자중력이론(LQG)은 기본적으로 중력장을 해밀토니안 포말리즘을 따라 정준양자화하는 것을 시도한 이론이다. 이 장에서는 이를 위해 우선 고전적인 해밀토니안 포말리즘을 따라 일반상대론을 다시 기술하는 방법에 대해 살펴보도록 하자.

입자를 기술하는 해밀토니안 역학의 경우 **'주어진 시각 t'**에서의 동역학적 정준변량 $q(t), p(t)$에 대한 해밀토니안 함수 $H(q,p)$를 정의하고 이를 이용하여 운동방정식 $\dot{p}=-\frac{\partial H}{\partial q}$, $\dot{q}=\frac{\partial H}{\partial p}$를 유도하였다.

또 고전적 장(field)의 경우에도 역시 **'주어진 시각 t'**에서의 동역학적 장 $\phi(x)=\phi(\vec{x},t)$와 정준 공액장 $\Pi(x)=\Pi(\vec{x},t)$로부터 해밀토니안 범함수

$$H(\phi(t),\Pi(t))=\int d^3x\mathcal{H}(\phi(\vec{x},t),\nabla\phi(\vec{x},t),\Pi(\vec{x},t))$$

를 정의하고 이를 이용하여 ϕ와 Π에 대한 해밀토니안 운동방정식을 다음과 같이 기술하였다.

$$\dot{\phi}(x)=\frac{\delta H}{\delta\Pi(x)}\bigg|_{\phi},\quad \dot{\Pi}(x)=-\frac{\delta H}{\delta\phi(x)}\bigg|_{\Pi}$$

이처럼 해밀토니안 포말리즘에 의해 동역학을 기술할 때는 주어진 시각 t에서의 동역학적 변량(예를 들어 $\phi(\vec{x},t)$, $\Pi(\vec{x},t)$ 등)과 이 변량들의 해밀토니안 함수 H를 통해 시간에 따른 동역학적 변량들의 변화(즉, $\dot{\phi}(\vec{x},t)$, $\dot{\Pi}(\vec{x},t)$)를 기술하게 된다. 이 때 유의할 점은 **시각 t가 동역학적 변량이 아니라 이러한 변량들의 변화를 나타내기 위해 외부적으로 도입된 일종의 매개변수로서의 역할을 한다**는 사실이다. 특히 고전적 장의 경우 특정 시각 t_0일 때 공간의 모든 위치에서의 장의 값 $\phi(\vec{x},t_0)$을 알면 해밀토니안 운동방정식으로부터 모든 시각 t에서의 장의 값 $\phi(\vec{x},t)$을 기술할 수 있게 된다.

이는 일종의 초깃값 문제에 해당하며[249] 이와 같은 접근방식을 중력장에 적용하면, 특

249) [Wald] p. 255.

정 시각 t_0일 때의 우주공간 Σ_{t_0}의 모든 위치에서의 중력장의 값 $g_{\mu\nu}(\vec{x},t_0)$을 알면 해밀토니안 운동방정식으로부터 임의의 시각 t일 때의 우주공간 Σ_t의 각 위치에서의 중력장의 값 $g_{\mu\nu}(\vec{x},t)$을 기술하는 방식이 된다. 이 때 이와 같은 기술방식이 적용되기 위해서는 시공간 M에서 각 시각 t에 해당하는 우주공간 Σ_t가 3차원 리만 다양체의 형태로 나타나야 한다.

즉, 시공간 M은 $\Sigma\times\mathbb{R}$(단, $\Sigma_t\equiv\Sigma\times\{t\}$)의 형태라야 하고 이러한 의미에서 시공간 M은 동역학적 변량이 아닌 매개변수의 역할을 하는 '시간' $\mathbb{R}$와 '공간' Σ로 분리되어야 한다.

수학적으로 이러한 조건은 시공간 M이 '대역적 쌍곡(globally hyperbolic)'일 때 충족되는데, 대역적 쌍곡인 시공간은 다음과 같이 '코쉬곡면'을 통해 자연스럽게 정의될 수 있다.

정의 5.1

① 시공간 M의 부분집합 S가 있다고 하자. 만일 '더 이상 연장할 수 없는'[250] 모든 시간을 닮은 곡선이 S와 단 한번 반드시 만나면 이 곡면 S를 **코쉬곡면**(Cauchy surface)이라고 부른다.

② 시공간 M에 코쉬곡면이 존재할 때 M을 **대역적 쌍곡**(globally hyperbolic)이라고 부른다.

이 때 다음 정리가 성립한다.

정리 5.1[251]

대역적 쌍곡인 시공간 M은 공간을 닮은[252] 한 코쉬곡면 S를 3차원 미분부분다양체로 갖는다. (즉, S는 M의 3차원 부분다양체로서 매립(embedding)되어 있다.)

이 때 미분동형 $f: M\to S\times\mathbb{R}$가 존재하고 각 $t\in\mathbb{R}$에 대하여 $\Sigma_t := f^{-1}(S\times\{t\})$ (단, $\Sigma_0 = S$)는 서로 미분동형인 시공간 M의 코쉬곡면이다.

---

250) 시간을 닮은 곡선 $\gamma:(a,b)\to M$ 에 대하여 $\lim_{t\to a+}\gamma(t)$와 $\lim_{t\to b-}\gamma(t)$가 M에 존재하지 않으면 γ는 '**더 이상 연장할 수 없다**'고 말한다. ([Beem] p. 61)

251) [Sanchez] p. 2의 정리 1.1 참고.

위 [정리 5.1]에서 '표준 시간좌표함수' $\hat{t}: S\times\mathbb{R}\to\mathbb{R}$, $\hat{t}(p,s):=s$를 이용하면 시공간 M에서의 '**대역적 시간함수**(global time function)' $t: M\to\mathbb{R}$를 $t\equiv\hat{t}\circ f$로 정의할 수 있다.

이 때 각 코쉬곡면 $\Sigma_c\,(c\in\mathbb{R})$는 $t^{-1}(c)$로 이해 할 수 있고, 이는 Σ_c가 대역적 시간이 c인 모든 사건들의 집합임을 의미한다. 특히 $M=\bigcup_{c\in\mathbb{R}}\Sigma_c$로 쓸 수 있는데 이 때 시공간 M은 '**층구조**(foliation)'를 갖는다고 말한다.

여기서 한 가지 유의할 점은 코쉬곡면을 갖는 대역적 쌍곡인 시공간 M에 이와같은 층구조를 부여하는 방법은 미분동형 $f: M\to S\times\mathbb{R}$의 선택에 따라 얼마든지 달라 질 수 있다는 것이다.([그림 5-1]) 즉, $f: M\to S\times\mathbb{R}$의 선택에 따라 대역적 시간함수 $t=\hat{t}\circ f$가 달라지고 이에 따라 $t^{-1}(c)=\Sigma_c(\subset M)$이 달라질 수 있는데 이와 같은 층구조의 다양성은 시공간 M에 내재하는 물리적 특성과는 무관한 것이다.[253)]

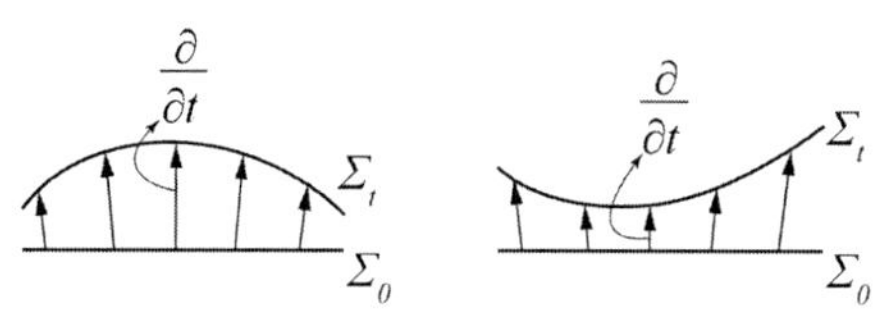

[그림 5-1: f에 따른 M의 서로 다른 층 구조]

한편 미분동형 $f: M\to S\times\mathbb{R}$를 하나 고정하고 $S\times\mathbb{R}$의 좌표벡터 $\frac{\partial}{\partial\hat{t}}$에 대하여 좌표벡터 $\frac{\partial}{\partial t}=(f^{-1})_*\left(\frac{\partial}{\partial\hat{t}}\right)$들을 생각하면 이는 M상에서 시간을 닮은 한 벡터장이 되지만 각 Σ_t에서 이 코쉬곡면에 수직일 필요는 없다.

이제 Σ_t의 각 점에서 코쉬곡면 Σ_t에 수직인 단위벡터장 $n=(n^\mu)$를 생각하고, 시공간 $(M,g_{\mu\nu})$의 임의의 두 벡터장 X, Y 대해 다음과 같이 (0,2)-텐서 h를 정의하자.

$$h(X,Y):=g(X,Y)+g(X,n)g(Y,n)$$

이 때 다음을 확인 할 수 있다.

---

252) 접평면 상의 모든 접벡터가 공간을 닮은 벡터임을 의미한다.

253) [Baez] pp. 413~414, p. 419 참고.

i) h는 쌍선형인 대칭형식이다.

ii) $h(X,n)= g(X,n)+g(X,n)g(n,n)=0$이다.

iii) Σ_t 위의 모든 벡터장 $\widetilde{X},\ \widetilde{Y} \in T\Sigma_t$에 대하여 $h(\widetilde{X},\ \widetilde{Y})= g(\widetilde{X},\widetilde{Y})$이다.

실제로 h는 벡터장 n을 따라 움직이는 관찰자들(즉, 각 Σ_t가 자신의 정지공간(rest space)인 관찰자들)에 대한 Σ_t의 리만 메트릭(Riemannian metric)을 $g_{\mu\nu}$로부터 계산한 것이 된다.[254)]

또, 만일 $M(\simeq S\times\mathbb{R})$의 좌표계를 $x^\mu=(x^i,t)$라 하고 좌표벡터를 $\partial_\mu=\dfrac{\partial}{\partial x^\mu}$라 하면 다음과 같이 표현할 수 있다.

$$\begin{array}{ccccccc}
\underline{h(\partial_\mu,\partial_\nu)} & = & \underline{g(\partial_\mu,\partial_\nu)} & + & \underline{g(\partial_\mu,n^\alpha\partial_\alpha)} & \underline{g(\partial_\nu,n^\beta\partial_\beta)} & (\mu,\nu=0,1,2,3) \\
\| & & \| & & \| & \| & \\
h_{\mu\nu} & & g_{\mu\nu} & & g_{\mu\alpha}n^\alpha & g_{\nu\beta}n^\beta & \\
 & & & & \| & \| & \\
 & & & & n_\mu & n_\nu &
\end{array}$$

즉, 다음과 같다.

$$h_{\mu\nu}=g_{\mu\nu}+n_\mu n_\nu\ (\mu,\nu=0,1,2,3)$$

특히, 위 iii)에 의하여 다음이 성립한다.

$$h_{ij}=g_{ij}\ (i,j=1,2,3)$$

이제 $\partial_t=t^\mu\partial_\mu,\ n=n^\mu\partial_\mu(\Rightarrow(t^\mu)=(1,0,0,0),\ n^i\equiv 0)$에 대해, '**시간경과함수**(Lapse function)' N과 '**위치이동벡터**(shift vector)' $N^i\ (i=1,2,3)$를 다음과 같이 정의하자.

---

254) [Landau] pp. 233~234: 일반적으로 시공간 $(M,g_{\mu\nu})$에서 위치 (x^i)에 벡터장 ∂_t를 따라 움직이는(즉, 좌표계 (t,x^i)에 대해 정지해 있는) 관찰자 S가 시각 t일 때 위치 (x^i+dx^i)까지의 거리를 측정하면 그 값(즉, S의 고유거리)은 다음과 같이 계산된다.

$$dl^2=\gamma_{ij}dx^idx^j\ (\text{단, } \gamma_{ij}=g_{ij}-\frac{g_{0i}g_{0j}}{g_{00}})$$

따라서 S가 n-관찰자인 경우 $g_{0i}=g_{0j}=0$이므로 $\gamma_{ij}=g_{ij}$이다.

$$N := -g(\partial_t, n)\ \left(= -g\left(t^\mu \partial_\mu, n^\nu \partial_\nu\right) = -g_{\mu\nu} t^\mu n^\nu = -t_\nu n^\nu\right)$$
$$N^i := (\partial_t - Nn)^i\ \left(= t^i + \left(g_{\mu\nu} t^\mu n^\nu\right) n^i = t^i + t_\nu h^{\nu i} - g_{\mu\nu} g^{\nu i} t^\mu = t_\nu h^{\nu i}\right)$$

여기서 한 가지 유의할 점은 **위에서 정의된 N이 미분동형 $f: M \to S \times \mathbb{R}$의 선택에 따라, 즉 $\partial_t = \frac{\partial}{\partial t} = (f^{-1})_* \left(\frac{\partial}{\partial \hat{t}}\right)$에 따라 달라질 수 있고, $N^i (i = 1,2,3)$의 값은 Σ_t의 좌표계의 선택에 따라, 즉 미분동형 $\phi: \Sigma_t \to \Sigma_t$, $(x^i) \mapsto (x^{i'})$에 따라 달라질 수 있다는 것이다.**

또 $g(n, \partial_t - Nn) = g(n, \partial_t) - g(n,n)N = -N + N = 0$이므로 $\partial_t - Nn \equiv N^i \partial_i \in T\Sigma_t$임을 알 수 있다. 따라서 다음과 같이 쓸 수 있다.

$$\begin{aligned}\partial_t &= (\partial_t - Nn) + Nn = N^i \partial_i + \left(Nn^i \partial_i + Nn^0 \partial_0\right) \\ &= \left(Nn^i + N^i\right)\partial_i + Nn^0 \partial_0\end{aligned}$$

좌표계 (t, x^i)에 대하여 $\partial_0 = \partial_t$이므로 위 식으로부터 다음을 얻는다.

$$n^0 = \frac{1}{N}\ ,\ n^i = -\frac{N^i}{N}\ (i = 1,2,3)$$

한편, $h_{ij} = g_{ij} + n_i n_j (i, j = 1,2,3)$에서 $h_{ii} = g_{ii} (i = 1,2,3)$이므로 $n_i \equiv 0\ (i = 1,2,3)$이다.

또, $n_\mu n^\mu = -1$로부터 $n_0 n^0 = -1$이고 따라서 $n_0 = -\frac{1}{n^0} = -N$이다.

결과적으로 좌표계 $(x^\mu) = (t, x^i)$에 대하여 다음과 같이 표현할 수 있다.

$$n^\mu = \left(\frac{1}{N}, -\frac{N^i}{N}\right),\ \ n_\mu = (-N,\ 0,\ 0,\ 0) \qquad \cdots\ (5.1)$$

이제 위 (5.1)을 이용하여 다음과 같이 $g_{\mu\nu}$를 얻을 수 있다. (단, $N_i \equiv h_{ij} N^j$, $N^i = h^{ij} N_j$)

$$\begin{aligned}g_{00} &= g(\partial_t, \partial_t) = g\left(N^i \partial_i + Nn,\ N^j \partial_j + Nn\right) = -N^2 + N^i N_i \\ g_{0j} &= g(\partial_t, \partial_j) = g\left(N^i \partial_i + Nn,\ \partial_j\right) = g_{ij} N^i = h_{ij}\left(t^i - Nn^i\right) \\ &= h_{ij}(-N)\left(-\frac{N^i}{N}\right) = h_{ij} N^i \equiv N_j \\ g_{ij} &= h_{ij}\end{aligned}$$

따라서 시공간 M의 메트릭은 다음과 같이 표현된다.

$$d\tau^2 = g_{\mu\nu}dx^\mu dx^\nu = \left(-N^2 + N^i N_i\right)dt^2 + \partial h_{ij}N^i dx^j dt + h_{ij}dx^i dx^j \quad \cdots (5.2)$$

위 메트릭 (5.2)는 다음과 같은 형태로 바꾸어 쓸 수도 있다.

$$d\tau^2 = g_{\mu\nu}dx^\mu dx^\nu = -N^2 dt^2 + h_{ij}\left(dx^i + N^i dt\right)\left(dx^j + N^j dt\right) \quad \cdots (5.2)'$$

위 (5.2)′을 통해 이 메트릭의 기하학적 의미를 다음 [그림 5-2]에서 살펴볼 수 있다.

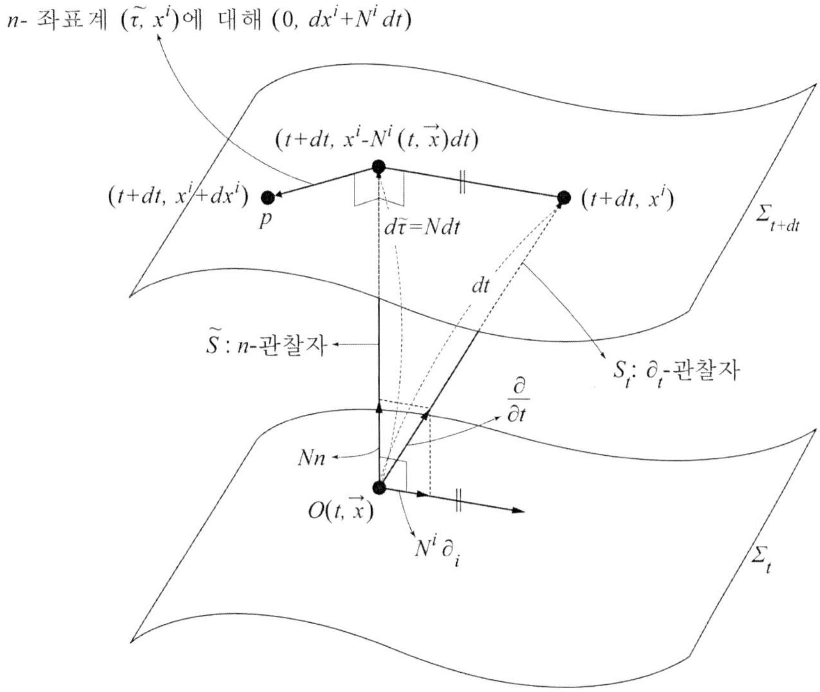

[그림 5-2]

위 [그림 5-2]에서, 점 O에서 Σ_t에 수직인 단위벡터 n은 Σ_t를 자신의 국소적 정지공간(instantaneous rest space)으로 하는 국소적 관성계의 관찰자 $\tilde{S}$의 시간축 단위벡터 $\frac{\partial}{\partial \xi^0}$로 볼 수 있다.

이 때 Σ_t 위의 점 O를 출발하여 벡터장 ∂_t의 적분 곡선(integral curve)을 따라 (즉, 층구조 Σ_t를 따라) 움직이는 관찰자 S_t의 '좌표시간'이 $dt\,(=\int_t^{t+dt}[dt(\partial_t)]\,dt)$[255] 만큼

증가하여 코쉬곡면 Σ_{t+dt}와 만나는 동안, 동일한 층구조 Σ_t 를 따라 시공간 속을 움직이는 관찰자 $\tilde{S}$ 는 자신의 고유시간 $d\tilde{\tau}$ 동안 속도벡터가

$$Nn\left(= -\langle \partial_t, n\rangle n = \left\langle \partial_t, -\frac{\partial}{\partial \xi^0}\right\rangle \frac{\partial}{\partial \xi^0} = \langle \partial_t, \mathrm{grad}\,\xi^0\rangle \frac{\partial}{\partial \xi^0} = d\xi^0(\partial_t)\frac{\partial}{\partial \xi^0}\right)$$

인 세계선 $\gamma(t)$를 따라 이동하여 코쉬곡면 Σ_{t+dt}와 만나게 된다.

이 때 관찰자 $\tilde{S}$의 고유시간 $d\tilde{\tau}$는 $\int_t^{t+dt} |\gamma'(t)| dt = \int_t^{t+dt} d\xi^0(\partial_t) dt = \int_t^{t+dt} N\,dt = N\,dt$로 계산된다. 결론적으로 $N = \frac{d\tilde{\tau}}{dt} = d\xi^0(\partial_t)$이고 이는 **시간 경과함수 N이 층구조 Σ_t에 따른 두 관찰자 S_t 의 좌표시간과 $\tilde{S}$ 의 고유시간 사이의 비율을 나타내는 것으로 해석**됨을 의미한다.

또 dt시간동안 관찰자 S_t 에 대한 $\tilde{S}$의 공간좌표의 변화는 다음과 같다.

$$\int_t^{t+dt} [dx^i(\gamma'(t))] dt = \int_t^{t+dt} [dx^i(Nn)] dt = \int_t^{t+dt} [dx^i(\partial_t - N^j \partial_j)] dt = -N^i dt$$

(위 마지막 등식에서 $dx^i(\partial_t) = 0$, $dx^i(\partial_j) = \delta^i_j$를 이용하였다.)

따라서 Σ_{t+dt}에서 두 관찰자 S_t 와 $\tilde{S}$의 시공간 좌표는 (t, x^i)좌표계로 다음과 같다.

$$S_t : (t+dt, x^i), \quad \tilde{S} : (t+dt, x^i - N^i dt)$$

이제 두 사건 $O(t, x^i)$, $P(t+dt,\ x^i + dx^i)$사이의 간격(interval) $d\tau^2$을 국소적 관성계의 관찰자 $\tilde{S}$ 의 좌표계에서 다음과 같이 계산할 수 있다. ([그림 5-3] 참고)[256]

$$d\tau^2 = -(N dt)^2 + h_{ij}(dx^i + N^i dt)(dx^j + N^j dt)$$

이 식은 위 (5.2)′과 정확히 일치함을 알 수 있다.

---

255) t가 대역적 시간 함수로서 시공간 M의 시간 좌표를 나타내는 함수역할을 하므로 $dt(\partial_t) = \partial_t[t]$는 벡터 ∂_t방향으로의 함숫값 t의 증가율을 나타낸다.

([O'neill] p. 85: $\langle \mathrm{grad} f, X\rangle = df(X) = X[f]$, (단, $\mathrm{grad} f = g^{\mu\nu}\frac{\partial f}{\partial x^\mu}\partial_\nu$))

256) 시간을 닮은 임의의 벡터 $v(\in TM)$를 n-성분과 x^i-성분으로 분해하여, $v = v^0 n + v^i \partial_i$ 로 나타내면 $g_{\mu\nu}v^\mu v^\nu = -(n_\mu n_\nu)(v^\mu v^\nu) + h_{\mu\nu}v^\mu v^\nu = -(n_\mu n_\nu)(v^\mu v^\nu) + h(v^i\partial_i, v^j\partial_j) = -(v^0)^2 + h_{ij}v^i v^j$와 같이 계산된다.

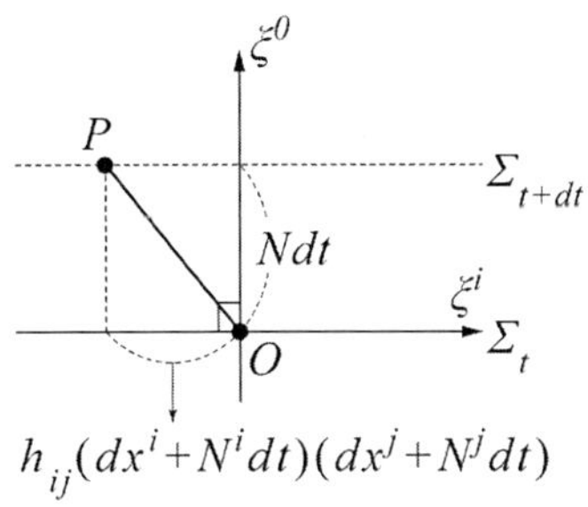

[그림 5-3]

한편, 위 메트릭 (5.2)에 해당하는 행렬 $(g_{\mu\nu})$와 그 역행렬 $(g^{\mu\nu})$은 다음과 같다.257)

$$(g_{\mu\nu})=\begin{pmatrix}-N^2+N_iN^i & N_j \\ N_i & h_{ij}\end{pmatrix},\quad (g^{\mu\nu})=\begin{pmatrix}-\dfrac{1}{N^2} & \dfrac{N^j}{N^2} \\ \dfrac{N^i}{N^2} & h^{ij}-\dfrac{N^iN^j}{N^2}\end{pmatrix}$$

(단, $h^{ik}h_{kj}=\delta_{ij},\ N^i=h^{ij}N_j$)

이로부터 우리는 시공간 M의 메트릭을 나타내는 10개의 중력장 함수 $\{g_{\mu\nu}\}$가 6개의 리만 메트릭 $\{h_{ij}\}$와 3개의 위치이동벡터 함수 $\{N^i\}$와 1개의 시간경과함수 N으로 대치될 수 있음을 알 수 있다. 즉, 다음과 같다.

시공간의 메트릭 $\{g_{\mu\nu}\}$ (10) $\leftrightarrow$ 공간의 메트릭 $\{h_{ij}\}$ (6) + $\{N, N^k\}$ (4)

5.2 (h_{ij}, N, N^k)로 표현되는 일반상대론의 라그랑지안

이 절에서는 3장에서 소개한 아래의 아인슈타인-힐베르트 작용 $S_G[g_{\mu\nu}]$(식 (3.35))을 $g_{\mu\nu}$대신 h_{ij}, N, N^k을 이용하여 나타내어 보자.

---

257) (g^{ij})는 역행렬 $(g^{\mu\nu})$의 (i,j)성분이며 $(g_{ij})(=(h_{ij}))$의 역행렬 (h^{ij})와는 다름을 알 수 있다. 한편, (h^{ij})는 역행렬 $(h^{\mu\nu})$의 (i,j)성분이며 동시에 (h_{ij})의 역행렬이다.

$$S_G[g_{\mu\nu}] = \frac{1}{16\pi G}\int S\sqrt{g}\,d^4x \equiv \int d^4x\,\mathfrak{L}_G$$

$$(\text{단, } \mathfrak{L}_G = \mathfrak{L}_G(g_{\mu\nu}, \partial g_{\mu\nu}, \partial^2 g_{\mu\nu}) = \mathfrak{L}_G(g_{\mu\nu}, \partial_i g_{\mu\nu}, \partial_t g_{\mu\nu}, \partial_i\partial_\lambda g_{\mu\nu}, \partial_t^2 g_{\mu\nu}))$$

이를 위해 먼저 다음 몇 가지 개념과 이와 관련된 정리를 소개할 필요가 있다.

① Σ_t의 외재적 곡률(extrinsic curvature)

코쉬곡면 Σ_t에서 정의된 벡터장과 함수의 공간을 각각 $\mathfrak{X}(\Sigma_t)$, $C^\infty(\Sigma_t)$라 할 때, Σ_t에서의 '**제 2 기본형식**' K는 다음과 같이 정의된다.

$$K : \mathfrak{X}(\Sigma_t)\times\mathfrak{X}(\Sigma_t)\to C^\infty(\Sigma_t),\ \ K(u,v) := g(\nabla_u n, v)$$

이 때 K는 $C^\infty(\Sigma_t)$-쌍선형(bilinear)이고 대칭인 (0,2)-텐서가 됨을 확인할 수 있다.[258)]
또, $K_{ij} \equiv K(\partial_i, \partial_j)$로 표기하면 다음이 성립함이 알려져 있다.[259)]

$$K_{ij} = \frac{1}{2}\mathfrak{L}_n h_{ij}\left(= \frac{1}{2}\frac{1}{N}\left(\dot{h}_{ij} - \mathfrak{L}_{\vec{N}} h_{ij}\right)\right)\ (\text{단, } \dot{h}_{ij} = \mathfrak{L}_{\partial_t} h_{ij}) \qquad \cdots (5.3)$$

(단, 위에서 기호 $\mathfrak{L}_V T$는 벡터 V방향으로의 텐서 T의 리-미분이다.)

위 식 (5.3)의 좌변에서 $K_{ij} = K(\partial_i, \partial_j) = g(\nabla_{\partial_i} n, \partial_j)$는 벡터장 n의 ∂_i 방향으로의 변화율에 대한 정보를 갖고 있는데 이는 코쉬곡면 Σ_t가 시공간 M 속에서 어떻게 휘어있는지를 나타내는 곡률 즉, 외재적 곡률 (extrinsic curvature)을 기술하는 것에 해당한다. 한편, 식 (5.3)의 우변에서 $\mathfrak{L}_n h_{ij}$로부터 코쉬곡면 Σ_t의 접벡터 ∂_i들의 h_{ij}에 의한 '크기'가 n벡터 방향으로 어떻게 변해가는지를 알 수 있다.

따라서 식 (5.3)은 이러한 ∂_i들의 n벡터 방향으로의 크기변화가 코쉬곡면 Σ_t의 왜재적 곡률에 의해 표현될 수 있음을 말하고 있다.[260)] ([그림 5-4])

---

258) [Baez] p. 418.

259) 증명은 [Tavakoli1] (2.15) 참고. $\dot{h}_{ij} = \mathfrak{L}_{\partial_t} h_{ij}$에 대해서는 주 294)를 참고할 것.

260) 참고로, 아래 [그림 a]에서 $(\mathbb{R}^2, g_{ij}(=\delta_{ij}))$의 경우 $P_i, Q_i\,(i=1,2)$ 사이의 '좌표거리'는 dx이고 메트릭 g_{ij}에 의한 '리만거리'는 $ds_1^2 = g_{xx}(P_1)dx^2 = \|\partial_x\|^2(P_1)\,dx^2$, $ds_2^2 = g_{xx}(P_2)dx^2 = \|\partial_x\|^2(P_2)\,dx^2$이고 이때 $\|\partial_x\|^2_{P_1} = \|\partial_x\|^2_{P_2}$이다. 그러나 [그림 b]의 (S^2, g_{ij})의 경우 $P_i, Q_i\,(i=1,2)$ 사이의 좌표거리는 둘 다 dx이지만 메트릭 g_{ij}에 의한 리만거리는 $ds_1^2 = \|\partial_x\|^2(P_1)\,dx^2$, $ds_2^2 =$

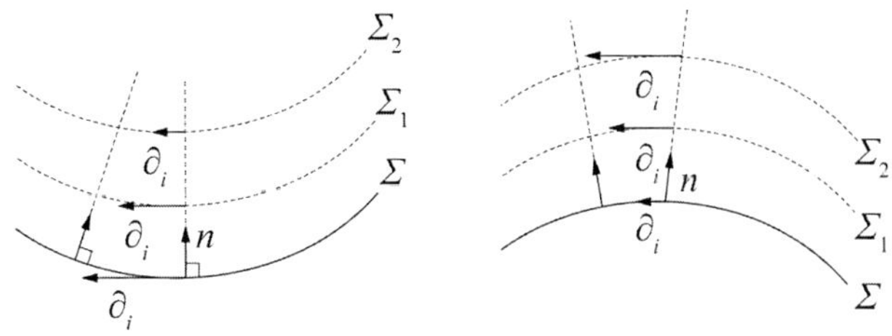

[그림 5-4]

② Σ_t의 내재적 곡률(intrinsic curvature)

코쉬곡면 (Σ_t, h_{ij})는 일종의 리만다양체이고 이 때 리만메트릭 h_{ij}에 의한 Σ_t의 레비-시비타(Levi-Civita) 공미분 $\widetilde{\nabla}$를 $\widetilde{\nabla}_u v := (\nabla_u v)^T$로 정의할 수 있다.261)

이 때 리만다양체 $(\Sigma_t,\ h_{ij},\ \widetilde{\nabla})$에 대해 Σ_t의 리만곡률텐서, 레비-시비타(Levi-Civita) 커넥션, 리치곡률, 스칼라 곡률을 각각 $\widetilde{R}^{\ m}_{ijk}$, $\widetilde{\Gamma}^{\ i}_{jk}$, $\widetilde{R}_{ij}$, $\widetilde{R}\left(= h^{ij}\widetilde{R}_{ij}\right)$로 표기하기로 한다.

③ K_{ij}의 표현

코쉬곡면 Σ_t의 외재적 곡률 K_{ij}은 다음과 같이 표현할 수도 있다.262)

$$K_{ij} = \frac{1}{2N}\left(\dot{h}_{ij} - \widetilde{\nabla}_i N_j - \widetilde{\nabla}_j N_i\right)$$

$\|\partial_x\|^2(P_2)\,dx^2$으로서 이 경우 $ds_1^2 > ds_2^2$이므로 $\|\partial_x\|^2(P_1) > \|\partial_x\|^2(P_2)$이다.

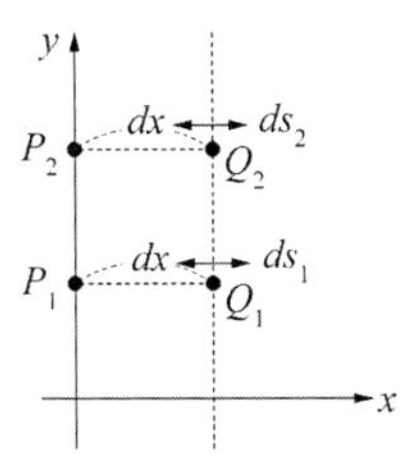

[그림 a]

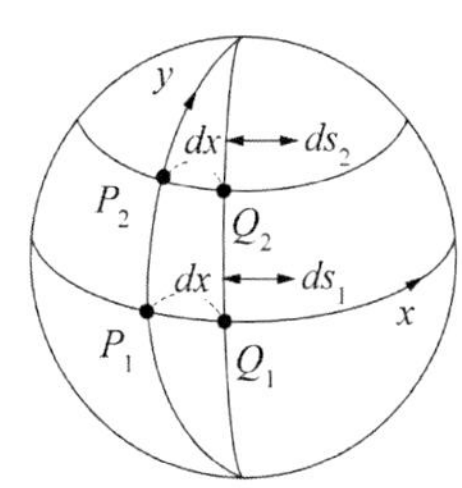

[그림 b]

261) 위 첨자 T는 Σ_t에 접하는 성분만을 취하는 것을 나타낸다. ([Baez] p. 416)

262) 증명은 [Tavakoli1] (2.18) 참고.

④ 내재적 곡률과 외재적 곡률의 제한조건(Constraints)

일반상대론의 장 방정식 $G_{\mu\nu} \equiv Ric_{\mu\nu} - \frac{1}{2}Sg_{\mu\nu} = 8\pi G\,T_{\mu\nu}$에 대하여 다음이 성립한다.[263]:

$$G_{\mu\nu}n^{\mu}n^{\nu} = -\frac{1}{2}\left(\widetilde{R} + (\mathrm{tr}\,K)^2 - \mathrm{tr}\left(K^2\right)\right), \qquad \cdots (5.4)$$

$$G_{\mu i}n^{\mu} = \widetilde{\nabla}_j K_i^j - \widetilde{\nabla}_i K_j^j \qquad \cdots (5.5)$$

(단, $\mathrm{tr}\,K = K_i^i = h^{ij}K_{ij}$, $\mathrm{tr}\left(K^2\right) = K^{ij}K_{ij} = h^{ik}h^{jl}K_{kl}K_{ij}$)

따라서 위 (5.4), (5.5)와 장 방정식 $G_{\mu\nu}n^{\mu}n^{\nu} = 8\pi GT_{\mu\nu}n^{\mu}n^{\nu}$, $G_{\mu i}n^{\mu} = 8\pi GT_{\mu i}n^{\mu}$에 의하여 Σ_t의 외재적 곡률 K_{ij}와 내재적 스칼라 곡률 $\widetilde{R}$은 주어진 물리조건 $T_{\mu\nu}$에 따라 적당한 관계식을 만족해야 하는데 이 때 이 관계식을 '**제한조건식**(constraints)'이라고 부른다.[264]

특별히 $\partial_t \equiv n$인 경우 위 (5.4), (5.5)의 좌변은 각각 G_{00}, G_{0i}가 되고 장 방정식의 나머지 6개 $G_{ij} = 8\pi GT_{ij}$는 코쉬곡면 Σ_t의 메트릭 h_{ij}와 그 정준 공액양 p^{ij}의 시간에 대한 전개(evolution)를 기술하는 다음 해밀톤의 운동방정식에 대응된다.[265]

$$\dot{h}_{ij} = \frac{\delta H}{\delta p^{ij}}\ (3\text{개}), \quad \dot{p}^{ij} = -\frac{\delta H}{\delta h_{ij}}\ (3\text{개})$$

⑤ 스칼라 곡률 S의 표현

시공간 M의 리치 곡률 $Ric_{\mu\nu}$와 스칼라 곡률 S는 각각 다음과 같이 표현할 수 있다.[266]

i) $Ric_{\mu\nu}n^{\mu}n^{\nu} = \left(K_i^i\right)^2 - K_i^jK_j^i + \nabla_{\alpha}v^{\alpha}$ (단, $v^{\alpha} := -n^{\alpha}\nabla_{\mu}n^{\mu} + n^{\beta}\nabla_{\beta}n^{\alpha}$)

$\quad = (\mathrm{tr}K)^2 - K_{ij}K^{ij} +$ 발산 항(Divergence term)

---

263) $\partial_t \equiv n$의 경우에 해당하는 증명은 [Baez] pp. 423~424 참고. 엄밀한 증명은 [Boot] p. 14 참고.

264) 이 4개의 제한조건식은 각각 '**해밀토니안 제한조건식**(1개)', '**미분동형 제한조건식**(3개)'에 해당한다.

265) [Inglima] p. 36 참고.

266) 증명은 [Boot] p. 14 또는 [Tavakoli1] pp. 7~8.

ii) $S=\widetilde{R}+K_{ij}K^{ij}-\left(K_i^i\right)^2-2\nabla_\alpha v^\alpha$

참고로 $\nabla_\alpha v^\alpha$에는 $\ddot{h}_{ij}$를 포함하는 항이 존재한다.[267)]

⑥ $\sqrt{g}$의 표현

$\sqrt{g}$는 N과 h_{ij}를 이용하여 다음과 같이 표현된다.

$$\sqrt{g}=\sqrt{-\det(g_{\mu\nu})}=\sqrt{N^2(\det h_{ij})}=N\sqrt{h}$$

이제 위 ⑤와 ⑥에 의하여 아인슈타인-힐베르트 작용 $S_{EH}[g_{\mu\nu}]$를 $h_{ij}, \dot{h}_{ij}, N, N^k$들을 이용하여 다음과 같이 다시 쓸 수 있다.

$$S_{EH}[g_{\mu\nu}]=\frac{1}{16\pi G}\int d^4x\sqrt{g}\,S=\int dt\,\mathcal{L}_G\left(h_{ij}(t), N(t), N^k(t), \dot{h}_{ij}(t)\right)$$

$$(\text{단, }\ \mathcal{L}_G:=\frac{1}{16\pi G}\int d^3\vec{x}\,N\sqrt{h}\left(\widetilde{R}+K_{ij}K^{ij}-\left(K_i^i\right)^2\right)) \qquad \cdots (5.6)$$

(위 $\mathcal{L}_G$의 적분식에서 $\widetilde{R}$는 $h_{ij}, \partial_i h_{jk}, \partial_i\partial_j h_{kl}$들의 함수이고, K_{ij}는 $\dot{h}_{ij}, N, N_k, \partial_i N_j$, $\widetilde{\Gamma}^i_{jk}$들의 함수이다. 여기서 $\widetilde{\Gamma}^i_{jk}$는 다시 $h_{ij}, \partial_i h_{jk}$들의 함수이다).

5.3 일반상대론의 해밀토니안 포말리즘

일반상대론의 라그랑지안 포말리즘에서 아인슈타인-힐베르트 작용 $S_{EH}[g_{\mu\nu}]$에는 $\ddot{g}_{\mu\nu}$가 포함되어 있어 르장드르 변환을 통한 해밀토니안 포말리즘을 적용하기에 적합하지 않다.(라그랑주 함수 $\mathcal{L}$가 $T\Sigma_t$에서 정의되고 해밀토니안 함수 $\mathcal{H}$는 $T\Sigma_t^*$에서 정의됨을 상기할 것) 그러나 $g_{\mu\nu}$ 대신 (h_{ij}, N, N^k)을 사용하면 앞 절 ⑤의 ii)에서 $\nabla_\alpha v^\alpha$에 나타나는 $\ddot{h}_{ij}$가 적분과정에서 $\nabla_\alpha v^\alpha$와 함께 사라지고 그 결과 식 (5.6)의 $\mathcal{L}_G$에는 $\dot{h}_{ij}$까지만 나타나게 된다. 즉, 다음과 같다.

267) [이철훈] p. 198 참고.

$$\mathcal{L}_G = \mathcal{L}_G\big(g_{\mu\nu}(t), \dot{g}_{\mu\nu}(t), \ddot{g}_{\mu\nu}(t)\big) = \mathcal{L}_G\big(h(t), N(t), N^k(t), \dot{h}(t)\big)$$

따라서 h_{ij}, N, N^k를 정준 변량(canonical field variables)으로 하여 해밀토니안 포말리즘을 적용할 수 있는데 이를 위해 먼저 h_{ij}, N, N^k의 정준 공액운동량(canonical conjugate momentum variables)을 구하면 다음과 같다.

$$p_N = \frac{\delta \mathcal{L}_G}{\delta \dot{N}} = 0, \qquad \cdots (5.7)$$

$$p^i_{\vec{N}} = \frac{\delta \mathcal{L}_G}{\delta \dot{N}^i} = 0, \qquad \cdots (5.8)$$

$$p^{ij} = \frac{\delta \mathcal{L}_G}{\delta \dot{h}_{ij}} = \frac{1}{16\pi G}\sqrt{h}\left(K^{ij} - h^{ij}K\right) \qquad \cdots (5.9)$$

여기서 식 (5.9)를 이용하면 $\dot{h}_{ij}$를 다음과 같이 h_{ij}, p_{ij}, N, N^i의 함수로 바꿀 수 있다.[268)]

$$\dot{h}_{ij} = \frac{16\pi GN}{\sqrt{h}}\left(2p_{ij} - p^k_k h_{ij}\right) + \left(\widetilde{\nabla}_i N_j + \widetilde{\nabla}_j N_i\right)$$

(실제로, 6×6 행렬 $\left(\dfrac{\partial p^{ij}}{\partial \dot{h}_{kl}}\right)$은 가역이다.)

한편, 위 식 (5.7)과 (5.8)에서 $p_N = p^i_{\vec{N}} = 0$은 이 시스템의 동역학을 기술하는 해밀토니안 함수 H에 p_N과 $p^i_{\vec{N}}$이 나타나지 않음을 의미한다. 이는 라그랑지안 포말리즘의 관점에서 시스템의 동역학을 기술하는 라그랑지안 함수 $\mathcal{L}_G$에 $\dot{N}, \dot{N}^i$가 나타나지 않는 것을 의미하며((5.7)과 (5.8)), 결과적으로 **네 함수 N, N^i가 동역학적 변량이 될 수 없음**을 의미한다. 그렇다면 해밀토니안 포말리즘에서 네 변량에 대한 함수 N, N^i의 의미는 어떻게 해석되어야 할까? 이에 대해서는 보다 자세한 논의가 필요하므로 이제부터 이에 대해 살펴보기로 하자.

268) [Tavakoli1] p. 9 (3.5) 참고.

5.3.1 제한조건을 갖는 해밀토니안 포말리즘[269)]

먼저 라그랑지안 포말리즘의 주된 내용을 다시 상기해 보면, 이 포말리즘의 핵심은 주어진 라그랑지안 함수 $L(q_i, \dot{q}_j)$와 작용 $S[q_i(t)] = \int L(q_i(t), \dot{q}_j(t))dt$로부터 $\delta S = 0$을 만족시키는 오일러-라그랑주 운동방정식 $\frac{d}{dt}\frac{\partial L}{\partial \dot{q}_i} - \frac{\partial L}{\partial q_i} = 0$을 찾는 것이었다.

여기서 정준 공액운동량을 $p^i \equiv \frac{\partial L}{\partial \dot{q}_i}$로 두고, 해밀토니안 함수를 $H(q_i, p^j(q_k, \dot{q}_l)) := \dot{q}_i p^i - L$로 정의하면,

$$dH = d\dot{q}_i p^i + \dot{q}_i dp^i - \left(\frac{\partial L}{\partial q_j}dq_j + \frac{\partial L}{\partial \dot{q}_j}d\dot{q}_j\right) = \dot{q}_i dp^i - \frac{\partial L}{\partial q_j}dq_j$$

로부터 해밀토니안 함수 H가 (q_i, p^j)의 함수임을 알 수 있다.[270)]

이제 오일러-라그랑주 방정식을 이용하면 위 식은 $dH = \dot{q}_i dp^i - \dot{p}^j dq_j$로 다시 쓸 수 있고 이를 $dH = \frac{\partial H}{\partial p^j}dp^j + \frac{\partial H}{\partial q_i}dq^i$에서 빼면 다음을 얻는다.

$$\left(\frac{\partial H}{\partial q_i} + \dot{p}^i\right)dq_i + \left(\frac{\partial H}{\partial p^i} - \dot{q}_i\right)dp^i = 0 \qquad \cdots (5.10)$$

만일 q_i와 함수 $L(q_i, \dot{q}_i)$로부터 정의된 $2n$개의 변량 (q_i, p^j)들이 서로 독립적으로 위상공간(phase space) $(T\mathbb{R}^n)^*$ 위를 움직이면[271)] 식 (5.10)에서 dq_i, dp^j 역시 서로 일차독립인 변량으로 볼 수 있고 이 때 다음과 같은 해밀톤의 운동방정식을 얻는다.

$$\dot{q}_i = \frac{\partial H}{\partial p^i}, \quad \dot{p}^j = -\frac{\partial H}{\partial q_j} \qquad \cdots (5.10)'$$

그러나 만일 시스템의 동역학을 기술하는 정준변량 (q_i, p^j)가 $2n$개의 서로 독립적인 변수처럼 움직이지 못하고 이에 따라 해밀토니안 함수 H가 (q_i, p^j)-위상공간의 적당한

---

269) 이 아이디어를 처음 개발한 디락의 이름을 따서 'Dirac procedure'라고 부르기도 한다. 본 절의 내용은 주로 [Tavakoli2]를 참고하였다.

270) [Avery] p. 5.

271) 주 128) 참고.

부분공간에서만 정의되는 상황이라면, 식 (5.10)에서 dq_i, dp^j 역시 서로 독립적으로 움직이지 못하고 따라서 이 경우에는 (5.10)′과 같은 해밀톤의 운동방정식을 얻을 수 없음에 유의해야 한다.

일반적으로 이처럼 위상공간의 변수들에 대한 상호 종속적인 관계 즉, '제한(constraints)'이 있는 시스템은 '라그랑주 곱함수(Lagrange multiplier)'를 이용하여 다음과 같이 수학적으로 다룰 수 있다.

먼저 라그랑지안 함수 L의 변수 $(q_i, \dot{q}_j)$을 해밀토니안 함수 H의 변수 (q_i, p^j)로 보내는 함수 $F:(q_i, \dot{q}_j) \mapsto (q_i, p^j)$의 야코비행렬 JF를 다음과 같이 표현해 보자.

$$JF = \begin{pmatrix} I & O \\ * & \dfrac{\partial p^i}{\partial \dot{q}_j} \end{pmatrix}$$

이 때, $\det(JF) = \det\left(\dfrac{\partial p^j}{\partial \dot{q}_j}\right) = \det\left(\dfrac{\partial^2 L}{\partial \dot{q}_i \partial \dot{q}_j}\right)$이므로 만일 $\det(JF) \neq 0$이면 역함수 정리에 의해 $\dim(\mathrm{Im}\, F) = 2n$이고 따라서 이 경우 dq_i, dp^j는 서로 독립적으로 움직이는 변량으로 볼 수 있다. 그러나 만일 $\det(JF) = 0$이고[272] $r := \mathrm{rank}(JF)$가 $2n$보다 작은 상수이면 다음의 '상수계수정리'(constant rank theorem)를 이용할 수 있다.

---

272) 라그랑지안 포말리즘의 관점에서 $\det(JF) = 0$의 의미는 다음과 같이 살펴볼 수도 있다.
먼저 주어진 작용 $S = \int dt L(q_i, \dot{q}_i)$에 대한 다음 오일러-라그랑주 방정식을 생각해 보자.

$$\frac{d}{dt}\frac{\partial L}{\partial \dot{q}_i} - \frac{\partial L}{\partial q_i} = \sum_j \left[\frac{\partial^2 L}{\partial \dot{q}_i \partial \dot{q}_j}\ddot{q}_j + \frac{\partial^2 L}{\partial q_j \partial \dot{q}_i}\dot{q}_j\right] - \frac{\partial L}{\partial q_i} = 0$$

이는 행렬을 이용하여 다음 형태로 다시 쓸 수 있다.

$$\left(\frac{\partial^2 L}{\partial \dot{q}_i \partial \dot{q}_j}\right)_{i,j}(\ddot{q}_j) = \left(-\frac{\partial^2 L}{\partial \dot{q}_i \partial q_j}\right)_{i,j}(\dot{q}_j) + \left(\frac{\partial L}{\partial q_i}\right)$$

여기서 만일 행렬 $JF = \left(\dfrac{\partial^2 L}{\partial \dot{q}_i \partial \dot{q}_j}\right)_{i,j}$가 가역이면 $\ddot{q}_j$는 $\dot{q}_j$와 q_j로 표현되고 따라서 초기조건 $q_i(0)$, $\dot{q}_i(0)$에 의해 q_i가 유일하게 결정된다. 그러나 만일 JF가 비가역이면 q_i는 유일하게 결정되지 않고 '미결정변량'(undetermined parameter 즉, 라그랑주 곱함수)을 포함하게 된다. 예를 들어 방정식 $\begin{pmatrix}1 & 2\\ 2 & 4\end{pmatrix}\begin{pmatrix}x\\ y\end{pmatrix} = \begin{pmatrix}1\\ 2\end{pmatrix}$에서 $x = 1-2y$로 표현되고 이 때 y는 '미결정변량'이다. 즉, y의 값이 정해져야 x가 유일하게 결정된다.

정리 5.1 ▌ 상수계수정리[273)]

차원이 각각 a, b인 두 다양체 M, N 사이에 함수 $f: M \to N$가 주어졌다고 하자. 만일 점 $p \in M$ 근방에서 Jf의 계수(rank) r이 b보다 작은 상수이면 p와 $f(p)$ 근방의 적당한 좌표계 $(U, \phi), (V, \psi)$에 대해 다음이 성립한다.

$$(\psi \circ f \circ \phi^{-1})(x^1, \cdots, x^a) = (x^1, \cdots, x^r, 0, \cdots, 0)$$ [274)]

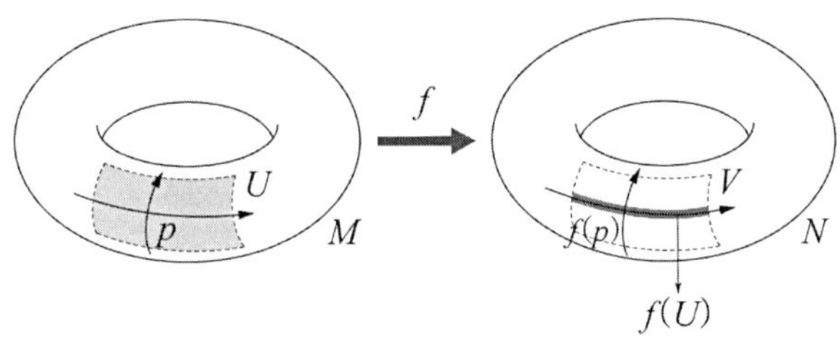

[그림 5-5]

---

273) [Tu] p. 115 참고.

274) $F: T\mathbb{R}^n \to (T\mathbb{R}^n)^*$, $(q_i, \dot{q}_j) \mapsto (q_i, p^j)$ 의 경우 $(q_i, \dot{q}_j) = (x^1, \cdots, x^{2n})$, $\psi(F(q_i, \dot{q}_j)) = (x^1, \cdots, x^r, 0, \cdots, 0)$ 이므로 $\dot{q}_k (1 \le k \le r-n)$은 $\dot{q}_k = x^{n+k} = \psi_{n+k}(q_i, p^j)$ (단, $(q_i, p^j) = F(q_i, \dot{q}_j)$)와 같이 (q_i, p^j)의 함수로 표현하는 것이 가능하다. 그러나 $\dot{q}_l (r-n+1 \le l \le n)$은 $0 = \psi_{n+l}(q_i, p^j)$ 이므로 $(q_i, p^j) \in \mathrm{Im}\, F$만으로는 결정되지 않는다. 즉, $\dot{q}_l (r-n+1 \le l \le n)$는 임의성을 갖는 미결정변량으로서 라그랑주 곱함수의 역할을 하게 된다. 요컨대, 아래 [그림]에서 F는 $\dot{q}_l$에 대한 정보를 지워버린다. 따라서 (q_i, p^j)로부터 $\dot{q}_l$가 결정될 수 없으며 $F(q_i, \dot{q}_k, \dot{q}_l) = (q_i, p^j)$인 $\dot{q}_l$는 임의성을 갖는다.

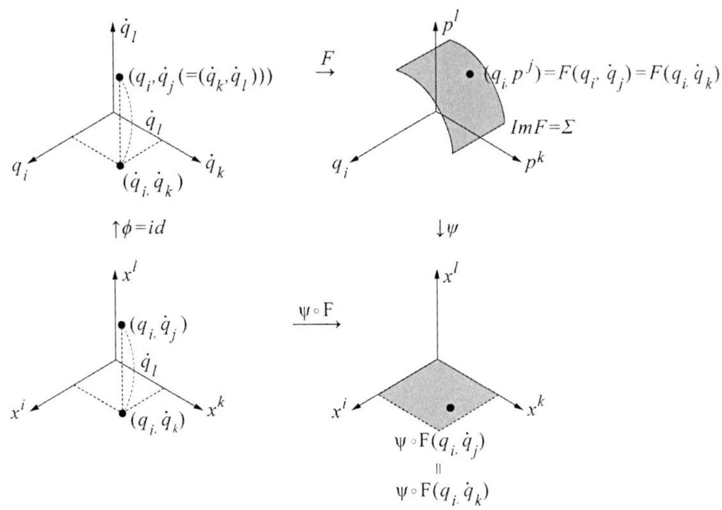

따라서 위 $F:(q_i, \dot{q}_j) \mapsto (q_i, p^j)$의 경우 국소적으로 $F(q_i, \dot{q}_j)$의 좌표 (q_i, p^j)는 적당한 좌표함수 $\psi = (\psi_s)_{1 \leq s \leq 2n}$에 대하여 다음과 같이 정의되는 $(T\mathbb{R}^n)^*$의 r-차원 부분 다양체 Σ위에서만 움직일 수 있다.

$$\Sigma \equiv \bigcap_{s=r+1}^{2n} \Sigma_s$$

$$\left(\text{단, } \Sigma_s \equiv \left\{(q_i, p^j) \in (T\mathbb{R}^n)^* \mid \psi_s(q_i, p^j) = 0\right\}\right)$$

참고로, (q_i, p^j)에 대한 제한조건

$$\psi_s(q_i, p^j) = 0 \ (s = r+1, \cdots, 2n)$$

을 '**제 1 제한조건**(primary constraints)'이라고 부르고 Σ를 '**제 1 제한곡면**'이라고 부른다.

만일 $v_s \equiv \overrightarrow{\nabla} \psi_s = \left(\dfrac{\partial \psi_s}{\partial q_i}, \dfrac{\partial \psi_s}{\partial p^j}\right)$ $(s = r+1, \cdots, 2n)$으로 두면 $v_s \in \Sigma_s^{\perp} \subset \Sigma^{\perp}$이고, Σ에 수직인 임의의 벡터 v는 적당한 함수 $\lambda^s = \lambda^s(q_i, p^j)$ $(s = r+1, \cdots, 2n)$에 대하여 $\sum_s \lambda^s v_s$의 형태로 쓸 수 있다.([그림 5-6]) 즉, $\{v_s \mid s = r+1, \cdots, 2n\}$은 $\Sigma^{\perp}$의 기저가 되는데 이 때 함수 $\lambda^s = \lambda^s(q_i, p^j)$를 '**라그랑주 곱함수**(Lagrange multipliers)'라고 부른다.

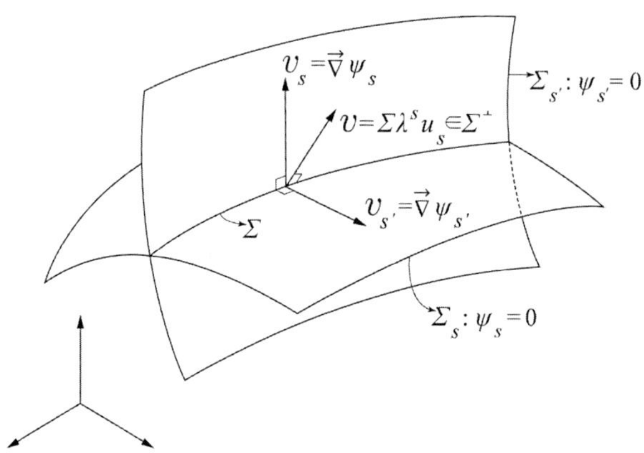

[그림 5-6]

이제 다시 앞의 식 (5.10)을 살펴보자.

$$\left(\frac{\partial H}{\partial q_i}+\dot{p}^i\right)dq_i+\left(\frac{\partial H}{\partial p^i}-\dot{q}_i\right)dp^i=0 \qquad \cdots (5.10)$$

여기서 (dq_i, dp^i)는 제 1 제한곡면 Σ의 접평면 위에서의 변량이므로

$$V\equiv\left(\frac{\partial H}{\partial q_i}+\dot{p}^i,\ \frac{\partial H}{\partial p^i}-\dot{q}_i\right)$$

이 Σ에 수직인 벡터임을 알 수 있다. 따라서 '미결정함수'인 라그랑주 곱함수 $\lambda^s=\lambda^s(q_i, p^j)$ $(s=r+1,\cdots,2n)$에 대하여 $V=\sum_s \lambda^s v_s$로 표현할 수 있고 이로부터 다음이 성립한다.

$$\dot{q}_i=\frac{\partial H}{\partial p^i}-\sum_s \lambda^s\frac{\partial\psi_s}{\partial p^i},\quad \dot{p}^i=-\frac{\partial H}{\partial q_i}+\sum_s \lambda^s\frac{\partial\psi_s}{\partial q_i}$$

만일 $H_{total}\equiv H-\lambda^s\psi_s$로 정의하고, $f\simeq g \Leftrightarrow f|_\Sigma=g|_\Sigma$로 표기하면 위 운동방정식은 다음과 같이 다시 쓸 수 있다.

$$\dot{q}_i\simeq\frac{\partial H_{total}}{\partial p^i},\quad \dot{p}^i\simeq-\frac{\partial H_{total}}{\partial q_i} \qquad \cdots (5.11)$$

위 식 (5.11)을 '**제한조건을 갖는 해밀턴의 운동방정식**'이라고 부르는데 이 운동 방정식에서 H_{total}이, 즉 λ^s들이 구체적으로 정해졌을 때[275] 그 해인 q_i, p^i가 유일하게 결정된다.[276]

5.3.2 ADM-포말리즘: 일반상대론의 해밀토니안 포말리즘과 제한조건

이제 5.3.1절에서 다룬 내용을 일반상대론의 해밀토니안 포말리즘에 적용해보자.

먼저 함수 $F:(q_i, \dot{q}_j)\mapsto(q_i, p^j)$에 해당하는 표현은 다음과 같이 나타낼 수 있다.

---

275) 일종의 'Gauge-fixing'에 해당한다.

276) 여기서 임의의 주어진 함수 $\lambda^s(s=r+1,\cdots,2n)$(상대론의 ADM-포말리즘에서는 N과 N_i들에 해당)에 대해 운동방정식 (5.11)의 해(상대론의 ADM-포말리즘에서는 h_{ij}의 시간에 따른 전개에 해당)가 항상 유일하게 존재한다는 것은 함수 $\lambda^s(s=r+1,\cdots,2n)$들의 역할이 ADM-포말리즘에서의 N과 N_i들의 역할과 '의미적'으로나 '형식적'으로 완전히 일치한다는 사실과 깊이 관련되어 있다.

$$F:\left(h_{ij},\, N,\, N^k,\, \dot{h}_{ij},\, \dot{N},\, \dot{N}^k\right)\mapsto\left(h_{ij},\, N,\, N^k,\, p^{ij},\, p_N,\, p^i_{\vec{N}}\right)$$

여기서 정준변량의 수는 $6+1+3+6+1+3=20(=2n)$임을 알 수 있다.

이 때, 20×20행렬 JF에서 (5.7), (5.8)에 의해

$$\frac{\partial(*)}{\partial \dot{N}}=\frac{\partial(*)}{\partial \dot{N}^k}=0,\ \ \frac{\partial p_N}{\partial(*)}=\ =\frac{\partial p^i_{\vec{N}}}{\partial(*)}=0$$

이고 6×6 행렬 $\left(\dfrac{\partial p^{ij}}{\partial \dot{h}_{kl}}\right)$이 가역임을 상기하면 JF의 계수가 16임을 알 수 있다.[277]

즉, $r=16$에 해당하고 이 경우 제 1 제한곡면 Σ은 다음과 같이 4개의 제한조건식으로 표현된다. ([그림 5-7])

$$\Sigma:\ p_N=0,\ p^i_{\vec{N}}=0$$

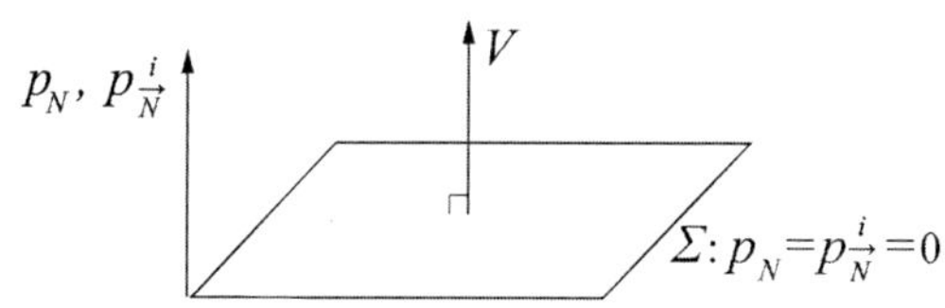

[그림 5-7]

따라서 $\left(h_{ij}, N, N^k, p^{ij}, p_N, p^i_{\vec{N}}\right)$-위상공간에서 dh_{ij}, dN, dN^k와 dp^{ij}들은 모두 독립적으로 Σ 위를 움직일 수 있으므로 식 (5.10)에서 'dq_i의 계수 $=\dfrac{\partial H}{\partial q_i}+\dot{p}_i=0$'은 여전히 성립한다. 특별히 p_N, $p^i_{\vec{N}}$에 대한 다음 운동방정식이 여전히 성립한다.[278]

---

277) JF의 17~20번째 행벡터와 17~20번째 열벡터는 모두 0벡터이므로 사실상 JF는 16×16행렬 $\begin{pmatrix} I & O \\ * & \dfrac{\partial p^{ij}}{\partial \dot{h}_{kl}}\end{pmatrix}$로 볼 수 있다. 여기서 6×6 행렬 $\left(\dfrac{\partial p^{ij}}{\partial \dot{h}_{kl}}\right)$은 가역임을 상기할 것. ([Tavakoli1] p. 9)

278) 장(field)의 해밀톤 운동방정식 $\dot{\Pi}_l(x)=-\dfrac{\delta H}{\delta\Psi^l(x)}\left(=-\dfrac{\partial\mathcal{H}}{\partial\Psi^l}(x)+\dfrac{\partial}{\partial x^i}\dfrac{\partial\mathcal{H}}{\partial(\partial\Psi^l/\partial x^i)}(x)\right)$ ([부록 1]의 식 (2.7))을 상기 할 것.([이철훈] p. 199의 식 (10.26), [Boot] p. 15 4.5절의 내용도 참고할 수 있다.)

$$\dot{p}_N = -\frac{\delta H}{\delta N}(=0),\ \dot{p}^i_{\vec{N}} = -\frac{\delta H}{\delta N^i}(=0) \qquad \cdots (5.12)$$

한편 일반상대론의 해밀토니안 포말리즘에서 밀도함수 $\mathcal{H}$를 계산하면 다음과 같다.[279)]

$$\begin{aligned}\mathcal{H} &= p^{ij}\dot{h}_{ij} - \mathcal{L}_G \\ &= \sqrt{h}\,N\left(-\widetilde{R} + h^{-1}p_{ij}p^{ij} - \frac{1}{2}h^{-1}\left(p^i_i\right)^2\right) - 2N^j\widetilde{\nabla}_i p^i_j + 2\widetilde{\nabla}_i\left(N_j p^{ij}\right) \qquad \cdots (5.13)\end{aligned}$$

(단, $16\pi G \equiv 1$, $p^i_j \equiv h_{kj}p^{ik}$)

여기서 마지막 항인 $2\widetilde{\nabla}_i\left(N_j p^{ij}\right)$은 $H = \int dx^3\mathcal{H}$의 계산에서 사라지므로 무시할 수 있다. 결과적으로 $\mathcal{H}$는 $\partial_i N$ 또는 $\partial_i N^k$에 의존하지 않는다고 할 수 있으므로 범함수의 미분법

$$\frac{\delta H}{\delta \Psi^l(x)} = \frac{\partial \mathcal{H}}{\partial \Psi^l}(x) - \frac{\partial}{\partial x^i}\frac{\partial \mathcal{H}}{\partial(\partial \Psi^l/\partial x^i)}(x)$$

에 의해 $\frac{\delta H}{\delta N} = \frac{\partial \mathcal{H}}{\partial N}$, $\frac{\delta H}{\delta N^i} = \frac{\partial \mathcal{H}}{\partial N^i}$로 쓸 수 있다. 이제 위 (5.12), (5.13)에 의해 다음을 얻을 수 있다.

$$\frac{\partial \mathcal{H}}{\partial N} = 0 \quad 즉,\ C_N \equiv \sqrt{h}\left(-\widetilde{R} + h^{-1}p_{ij}p^{ij} - \frac{1}{2}h^{-1}\left(p^i_i\right)^2\right) = 0 \qquad \cdots (5.14)$$

$$\frac{\partial \mathcal{H}}{\partial N^i} = 0 \quad 즉,\ C_{N_i} \equiv -2\widetilde{\nabla}_j p^j_i = 0 \qquad \cdots (5.15)$$

위 (5.14)와 (5.15)는 각각 5.2절의 ④에서 언급했던 $\partial_t = n$일 때의 두 제한조건식 즉, $G_{00} = 0$, $G_{0i} = 0$와 동치이다.[280)] 또 나머지 6개의 아인슈타인 방정식 $G_{ij} = 0$(2계)은 $\dot{h}_{ij}$, $\dot{p}^{ij}$에 대한 $6+6=12$개의 해밀톤의 운동방정식(1계)에 대응된다.[281)]

결과론적으로 두 식 (5.14)와 (5.15)는 운동방정식 (5.12)로부터 얻어진 것으로서,

---

279) 구체적인 계산은 [Boot] pp. 16~17 또는 [Inglima] p. 34 (3.26) 참고.
280) [Inglima] p. 36 참고. 아인슈타인-힐베르트 작용 $S_{EH}[g_{\mu\nu}]$에서는 $T_{\mu\nu} = 0$ (즉, 진공)임에 유의.
281) [이철훈] p. 199 참고.

$\dot{p}_N = 0$, $\dot{p}^i_{\vec{N}} = 0$으로 인해 시간에 대한 p_N, $p^i_{\vec{N}}$의 동역학이 사라지고 대신 (5.14), (5.15)와 같이 각 시각 t에서 Σ_t의 기하학적 형태에 대한 제한조건만 남게 된 것이다. 이 제한조건으로 인해 한 시각 t_0에서 제 1 제한조건 $p_N = 0$, $p^i_{\vec{N}} = 0$이 성립하면 모든 시각 t에서도 제 1 제한조건 $p_N = 0$, $p^i_{\vec{N}} = 0$이 성립하게 된다. 이 때 이 두 제한조건식 $\dot{p}_N = 0$, $\dot{p}^i_{\vec{N}} = 0$을 '**제 2 제한조건**(secondary constraints)'이라고 부른다.

($\dot{p}_N = 0$, $\dot{p}^i_{\vec{N}} = 0 \Leftrightarrow p_N =$ 상수, $p^i_{\vec{N}} =$ 상수 이므로 이 경우 제 1 제한조건과 제 2 제한조건의 의미는 사실상 같은 것으로 볼 수 있다.)

또 식 (5.13)에서 함수 N과 N^i이 두 제한조건 (5.14), (5.15)에 대한 라그랑주 곱함수의 역할을 하고 있음을 알 수 있다. 이것은 함수 N가 시공간 M을 층구조화하여 $\bigcup_t \Sigma_t$로 표현하는 방법(즉, 미분동형 $f: M \to \Sigma \times \mathbb{R}$를 선택하는 방법)에 따라 임의성을 갖고, $\vec{N}$이 Σ_t의 좌표계를 선택하는 방법(즉, 미분동형 $\phi: \Sigma_t \to \Sigma_t$를 선택하는 방법)에 따른 임의성을 갖는다는 사실과 각각 관련되어 있는데 이런 이유로 두 제한조건 (5.14), (5.15)를 각각 '**해밀토니안**[282] **제한조건**', '**미분동형 제한조건**'이라고 부른다. 초깃값 문제로서의 아인슈타인 방정식의 해는 함수 N과 N^i가 결정되어야 유일하게 결정된다.

이제 일반상대론의 정준양자화를 위해 $h_{ij} \mapsto \hat{h}_{ij}$, $p^{ij} \mapsto -i\hbar \dfrac{\delta}{\delta h_{ij}} \equiv \hat{p}^{ij}$로 바꾸고 포아송 괄호 $\left\{h_{ij}(x), p^{kl}(x)\right\}_{P.B} = \dfrac{1}{2}\left(\delta^k_i \delta^l_j + \delta^k_j \delta^l_i\right)\delta^3(x-y)$를 $\dfrac{1}{i\hbar}\left[\hat{h}_{ij}(x), \hat{p}^{kl}(x)\right]$로 바꾸면 해밀토니안 작용소 $\hat{\mathcal{H}} = \mathcal{H}\left(\hat{h}_{ij}, \hat{p}^{ij}\right)$를 다음과 같이 표현할 수 있다.

$$\hat{\mathcal{H}} = N\frac{\partial \hat{\mathcal{H}}}{\partial N} + N^i \frac{\partial \hat{\mathcal{H}}}{\partial N^i} \left(= N\hat{C}_N + N^i \hat{C}_{N^i}\right) \qquad \cdots (5.16)$$

이 때 제 2 제한조건 (5.14), (5.15)에 의해 $\dfrac{\partial \hat{\mathcal{H}}}{\partial N}|\Psi\rangle = 0$, $\dfrac{\partial \hat{\mathcal{H}}}{\partial N^i}|\Psi\rangle = 0$이고 따라서 $\hat{\mathcal{H}}|\Psi\rangle = 0$이 성립해야 하는데 이는 $i\dfrac{\partial}{\partial t}|\Psi\rangle = \hat{H}|\Psi\rangle$를 통해 양자상태의 시간에 따른

282) 함수 N의 선택에 따른 $\bigcup_t \Sigma_t$의 표현은 곧 초깃값 문제에서 Σ_0의 시간적 전개와 관련되고 이러한 시간적 전개는 양자역학에서 '**해밀토니안** 작용소'에 의해 기술됨을 상기할 것.

전개를 기술하는 고전적 양자역학의 해석으로는 일반상대론의 동역학을 기술할 수가 없음을 의미한다.

5.4 완전제한 시스템(Totally constrained System)

위 (5.16)에서와 같이 주어진 물리적 시스템의 해밀토니안이 제한조건식들의 일차결합으로 나타남으로 인해 시스템의 동역학을 기존의 양자해석으로는 기술할 수 없는 경우를 **'완전제한 시스템'**이라고 부른다. 이처럼 양자화된 완전제한 시스템의 동역학은 어떻게 해석하고 다루어야 할까?

이 문제를 해결하기 위해 먼저 고전역학에서 완전제한 시스템의 동역학을 어떻게 기술하는지를 살펴보기로 하자.

뉴턴의 고전역학은 절대공간에 대해 등속도 직선운동을 하는 관성계의 관찰자의 '절대시간' T에 대한 물체의 운동을 $\vec{F}=m\vec{a}$를 통해 기술하고 있다.

이 때 만일 T와는 전혀 다른 방식으로 '째깍'거리는 시계의 시간 t(이 때, $T=T(t)$는 비선형의 함수일 수도 있다.)를 가지고 동일한 물리현상을 기술하고 예측할 수 있는 이론을 만들 수 있을까? 물론 가능하다. 단지 관련된 방정식들이 다소 복잡하거나 낯설어 보일 뿐이다. 이에 대한 자세한 논의를 위해 먼저 다음과 같이 질량 m인 자유입자 시스템의 라그랑지안 L과 작용 S를 살펴보자.

$$S=\int dT L\left(x, \frac{dx}{dT}\right)=\int dt\,\dot{T}L\left(x, \frac{dx}{dt}\frac{dt}{dT}\right)=\int dt\,\dot{T}L\left(x, \frac{dx}{dt}\frac{1}{\dot{T}}\right)=\int dt\frac{m}{2}\frac{\dot{x}^2}{\dot{T}}$$

(참고로, 위 식은 $t\mapsto s=f(t)$에 의한 재매개화에 대해 불변이다.)

이 때 라그랑지안 $L(x,T,\dot{x},\dot{T})=\dfrac{m}{2}\dfrac{\dot{x}^2}{\dot{T}}$에서 x와 T에 대한 오일러-라그랑주 방정식은 각각 다음과 같이 표현된다.

$$\frac{d}{dt}\left(\frac{\partial L}{\partial\dot{x}}\right)=\frac{\partial L}{\partial x} \Leftrightarrow \frac{d}{dt}\left(\frac{\dot{x}}{\dot{T}}\right)=0 \qquad \cdots (5.17)$$

$$\frac{d}{dt}\left(\frac{\partial L}{\partial \dot{T}}\right)=\frac{\partial L}{\partial T} \Leftrightarrow \frac{d}{dt}\left(\frac{\dot{x}^2}{\dot{T}^2}\right)=0 \qquad \cdots (5.18)$$

위 (5.17)과 (5.18)은 모두 다음 관계식과 동치이다.

$$x(t)=aT(t)+b \ \ (a, b\text{는 상수}) \qquad \cdots (5.19)$$

여기서 중요한 점은, t에 대한 함수 $x(t)$는 함수 $T(t)$의 선택에 따라 얼마든지 달라질 수 있지만 두 변량 x와 T가 서로 선형의 관계가 있다는 사실은 변하지 않으며 이 불변의 선형관계가 주어진 자유입자의 계를 기술하는 동역학의 전부라는 것이다. **이것은 함수 $x(t)$ 자체가 물리적 의미를 갖는 것이 아니라, 두 함숫값 $x(t)$, $T(t)$의 '관계'가 물리적 의미를 갖는 동역학적 정보임을 말해준다.**

이제 해밀토니안 포말리즘을 통해서 이상의 내용을 다시 한 번 살펴보도록 하자.

먼저 르장드르 변환을 통해 x, T의 공액운동량 p_x, p_T를 각각 구하면 다음과 같다.

$$\begin{cases} p_x \equiv \dfrac{\partial L}{\partial \dot{x}}=m\dfrac{\dot{x}}{\dot{T}} \\ p_T \equiv \dfrac{\partial L}{\partial \dot{T}}=-\dfrac{m\dot{x}^2}{2\dot{T}^2} \end{cases}$$

이 때 p_x, p_T 사이에는 다음과 같은 관계식(제한조건)이 있음을 알 수 있다.[283]

$$\phi(p_x, p_T)=p_T+\frac{p_x^2}{2m}=0$$

또 해밀토니안 함수 $H=H(x, T, p_x, p_T)$를 구하면 다음과 같다.

$$H=p_T\dot{T}+p_x\dot{x}-L=p_T\dot{T}+p_x\dot{x}-\frac{m}{2}\frac{\dot{x}^2}{\dot{T}}=\dot{T}\ \phi(p_x, p_T)=0 \qquad \cdots (5.20)$$

여기서 $\dot{T}=\dfrac{dT}{dt}$는 dt에 대한 dT의 변화율로서 함수 $T(t)$의 선택에 따라 임의의 함

---

283) 정준양자화의 과정에서 $p_T \mapsto -i\hbar\frac{\partial}{\partial T}$이 되므로 이 제한조건식은 슈뢰딩거 방정식

$$i\hbar\frac{\partial}{\partial T}=-\frac{\hbar^2}{2m}\frac{\partial^2}{\partial x^2}$$

과 일치한다.

수가 될 수 있다.

위 (5.20)에서 알 수 있듯이 이 시스템은 일종의 완전제한 시스템으로 나타나고 따라서 이를 양자화했을 때 시간좌표 t에 의한 동역학의 기술이 불가능해 보인다.[284] 이는 일반상대론의 ADM-포말리즘과 완전히 같은 상황으로 볼 수 있다. 그러나 위에서 시간좌표 t는 물리적 의미를 갖는 동역학적 변량이 아니고 따라서 함수 $x(t)$, $T(t)$등이 그 자체로 물리적 해석을 가지는 것이 아님과 마찬가지로, 일반상대론에서도 시간좌표 t는 단지 하나의 '게이지(gauge)'일 뿐이며 따라서 메트릭 $h_{ij}(t)$에 의한 t-시간 전개도 그 자체로는 물리적 해석이나 의미가 없음에 유의해야 한다.

여기서 이 시스템에 대한 해밀토니안 포말리즘을 좀 더 진행시켜보자.

앞서 배운 제한조건을 갖는 해밀토니안 포말리즘에서의 운동방정식 (5.11)에 의해 다음을 얻을 수 있다.

$$\dot{x}=\{x, H_{tot}\}_{P.B}=N\frac{p_x}{m},\quad \dot{p}_x=0 \qquad \cdots (5.21)$$

$$\dot{T}=\{T, H_{tot}\}_{P.B}=N,\quad \dot{p}_T=0 \qquad \cdots (5.22)$$

(단, $H_{tot}\equiv N(t)\phi(x, T, p_x, p_T)$이고 이 때 $N(t)$는 라그랑주 곱 함수이다.[285])

위 (5.21)과 (5.22)에 의해 $\dot{x}=\dot{T}\frac{p_x}{m}$이고 이 때 $a:=\frac{p_x}{m}$가 상수이므로 양변을 적분하면 다음과 같이 시스템의 동역학을 기술하는 두 변량 x와 T사 이의 관계식을 얻을 수 있다.

$$x(t)=aT(t)+b$$

이것은 라그랑주 포말리즘의 오일러-라그랑주 운동방정식 (5.19)와 동일한 형태임을 알 수 있다. 이 때 여기서도 역시 식 (5.21) 즉, $\dot{x}(t)=aN(t)$으로부터, 라그랑주 곱함수 $N(t)$의 선택에 따라 함수 $x(t)$가 임의성을 갖는다는 것을 확인 할 수 있다. 즉, 물리적

284) 동역학적 변량을 나타내는 작용소 $A(t)$에 대하여 $\dot{A}(t)=\frac{1}{i\hbar}[A, H]\equiv 0$임을 상기.

285) 특별히, N을 상수로 선택하면 (5.22)에 의해 $T(t)=Nt+D$의 형태가 되고, (5.21)에 의해 $\ddot{x}(t)=0$을 얻는다. ($\dot{p}_x=0$이므로 $\frac{p_x}{m}$는 상수임에 유의할 것)

의미가 없는 시간 변수 t에 대한 $x(t)$의 값 자체는 물리적 의미를 갖지 못한다. 이 경우 물론 우리가 실험실에서 사용하는 원자시계에 의한 시간변량이 T라면 $t=t(T)$를 이용하여 $x(t(T))=\tilde{x}(T)$를 구함으로써 실험실에서의 결과를 예측할 수 있다. 중요한 것은 **물리적 시스템의 동역학은 '두 변량 x와 T사이의 관계식'을 통해 기술되는 것이지 임의의 비물리적인 시간좌표 t에 대한 두 함수 $x(t)$, $T(t)$ 각각의 t-전개를 통해 기술되는 것이 아니라는 것이다.**[286)]

한편, 두 식 (5.21), (5.22)는 $H_{tot} \equiv N(t)\phi(x, T, p_x, p_T)$을 대입하여 다음과 같이 다시 쓸 수 있다.

$$\{x, \phi\}_{P.B} = \frac{1}{N}\dot{x}(t),\ \{T, \phi\}_{P.B} = \frac{1}{N}\dot{T}(t)$$

즉, 두 변량 x, T와 제한조건식 ϕ와의 포아송 괄호에 의해 벡터장 $(\dot{x}(t), \dot{T}(t))$에 대한 정보를 얻을 수 있고 이로부터 이 벡터장의 적분곡선 $(x(t), T(t))$를 구할 수 있게 된다. 여기서 다시 t를 소거하여 두 변량(Partial Observables) x, T 사이를 관계식을 구하면 이 시스템의 동역학을 $x(T)$를 통해 기술할 수 있다.

위의 예를 좀 더 일반화하여 두 변량 x, T에 의해 정의되는 물리량 $f(x, T)$가 제한조건식 $\phi(p_x, p_T) = p_T + \frac{p_x^2}{2m}$이 생성하는 궤도를 따라 어떻게 t에 의해 전개되는지를 다음과 같이 계산해 보자.

$$\begin{aligned}\{f(x, T), \phi\} &= \frac{\partial f}{\partial x}\frac{\partial \phi}{\partial p_x} + \frac{\partial f}{\partial T}\frac{\partial \phi}{\partial p_T} = \frac{\partial f}{\partial x}\frac{p_x}{m} + \frac{\partial f}{\partial T} \\ &= \frac{1}{N}\left(\frac{\partial f}{\partial x}\dot{x} + \frac{\partial f}{\partial T}\dot{T}\right) = \frac{1}{N}\frac{d}{dt}f(x(t), T(t))\end{aligned}$$

특히, $f(x, T) = x$, $f(x, T) = T$인 경우에 각각 $\{x, \phi\} = \frac{1}{N}\dot{x}(t)$, $\{T, \phi\} = \frac{1}{N}\dot{T}(t)$를 얻을 수 있다.

결론적으로, **자유입자와 같은 완전제한 시스템에서의 동역학의 기술은 위와 같은 방식으로 제한조건식에 의해 생성되는 변량들의 궤도**(orbit, flow)**를 통해 이루어짐을 알 수 있다.**

---

286) 이 경우 두 변량 x, T를 '**Partial Observable**'이라고 부른다. 이들은 실험실에서 각각 관측되는 양이지 이론을 통해 예측되는 양이 아니다. 실험실에서 각각 관측된 이들 **Partial Observable들간의 관계를 기술하는 것이 역학이다.**([Rovelli1] pp. 118~119, [Rovelli2] p. 46, [Carrozza] p. 3, p. 9)

5.5 제한조건과 시스템의 대칭성

시스템의 동역학을 기술할 때 필요이상으로 많은 변수가 사용되는 경우가 있다. 예를 들어 길이 l인 실 끝에 매달린 추로 만들어진 단진자의 경우, 추의 운동에 대한 자유도는 1 (즉, 추의 진동에 따른 각도의 변화)이지만 2개의 변수 (x, y)를 사용하여 시스템을 기술하면, $x^2 + y^2 = l^2$이라는 '제한조건식(constraints)'을 가지게 된다.287)

일반적으로 이 제한조건식들은 '$\phi(p_i, q_i) = 0$'의 형태로 표현되며 매 순간 유지되어야 하므로 (예를 들어, $x^2(t) + y^2(t) \equiv l$, $^\forall t$) 일종의 '보존량'이다. (즉, $\phi(p_i(t), q_i(t)) \equiv 0$, $^\forall t$ 이다.)

주어진 시스템에 이와 같은 보존량 $C(t) = C(q_i(t), p_i(t))$가 존재하여 $\dot{C}(t) \equiv 0$를 만족시키면 시스템은 이로 인한 일종의 '대칭성(symmetry)'을 갖게 됨을 다음과 같이 보일 수 있다.

매개변수 λ에 대해288) 다음과 같이 정의되는(또는 생성되는) 적분곡선 (또는 '흐름

---

287) 맥스웰 이론의 경우와 같이 시스템을 기술하는 변수의 자유도가 처음부터 알려지지 않은 상태에서 이론이 전개되다가 나중에 변수들 간의 제한조건식이 등장하게 되고 이에 따라 변수의 자유도가 줄어드는 경우도 있다. 실제로, 맥스웰 이론에서는 '**시간 게이지**(temporal gauge)' $A_0(x) = 0$와 '**쿨롱 게이지**(Coulomb gauge)' $\vec{\nabla} \cdot \vec{A} = 0$에 의해 4개의 변수 $\{A^\mu(x)\}_{0 \le \mu \le 3}$의 자유도는 2로 줄어드는데, 이때의 자유도 2는 전자기파의 편광(polarization)에 대한 자유도이다. 즉, 편광은 전자기파의 진행방향에 수직인 2차원 평면상에서 일어난다. 참고로, 맥스웰이론을 양자화 했을 때의 전자기 양자장의 형태는 다음과 같다.

$$\vec{A}(x) = \int \sum_{\lambda=1}^{2} \frac{d^3\vec{k}}{\sqrt{(2\pi)^3 2k^0}} [\vec{\varepsilon}(\vec{k}, \lambda) e^{-ik \cdot x} a(\vec{k}, \lambda) + \vec{\varepsilon}^*(\vec{k}, \lambda) e^{ik \cdot x} a^+(\vec{k}, \lambda)]$$

$$(\text{단, } \varepsilon_L^\mu \equiv \vec{\varepsilon}(\vec{k}, 1) = \frac{(0, 1, i, 0)}{\sqrt{2}}, \ \varepsilon_R^\mu \equiv \vec{\varepsilon}(\vec{k}, 2) = \frac{(0, 1, i, 0)}{\sqrt{2}})$$

또, 4개의 변수 $A^\mu(x)$ 대신 $F_{\mu\nu}(=\partial_\mu A_\nu - \partial_\nu A_\mu)$를 사용하면 변수가 6개가 되지만 이 경우 4개의 맥스웰 방정식 $\partial_\mu F^{\nu\mu} = 4\pi J^\nu$에 의해 자유도가 2로 떨어진다. 한편 $\{\vec{E}, \vec{B}\}$를 사용하면 변수의 개수가 6이 되지만 이 경우 역시 $\vec{E}, \vec{B}$에 대한 4개의 맥스웰 방정식에 의해 자유도는 2가 된다. 마찬가지로 일반상대론에서 메트릭 $\{g_{\mu\nu}\}$를 사용하면 변수가 10개이고, 테트라드(tetrad) $\{e_I^\mu\}$를 사용하면 변수는 16개, 아슈테카 변수 A_a^i를 사용하면 9개가 된다. 그러나 각각의 경우에 해당하는 제한조건에 의해 자유도는 모두 2가 됨을 알 수 있다. 예를 들어 'A_a^i 9개'−'제한조건식 7개'=2개이다.(6.5절)

288) 보존량 $C(t)$가 특별히 해밀토니안 함수 $H(t)$인 경우는 λ가 시간 변수 t일 수 있지만 일반적으로 λ는 '물리적인 시간'과는 무관한 임의의 수학적인 매개변수(mathematical parameter)일 수 있다.

(flow)') $(q_i(\lambda), p_i(\lambda))$를 생각해 보자.

$$\frac{dq_i}{d\lambda} = \{q_i, C\}_{P.B}\left(= \frac{\partial C}{\partial p_i}\right), \quad \frac{dp_i}{d\lambda} = \{p_i, C\}_{P.B}\left(= -\frac{\partial C}{\partial q_i}\right) \quad \cdots (5.23)$$

이 때 $C(t)$가 보존량이면

$$\dot{C}(t) = \frac{\partial C}{\partial q_i}\frac{dq_i}{dt} + \frac{\partial C}{\partial p_i}\frac{dp_i}{dt} = \frac{\partial C}{\partial q_i}\frac{\partial H}{\partial p_i} - \frac{\partial C}{\partial p_i}\frac{\partial H}{\partial q_i} = \{C, H\}_{P.B} = 0$$

이므로 다음이 성립한다.

$$\frac{dH}{d\lambda} = \frac{\partial H}{\partial q_i}\frac{dq_i}{d\lambda} + \frac{\partial H}{\partial p_i}\frac{dp_i}{d\lambda} = \frac{\partial H}{\partial q_i}\frac{\partial C}{\partial p_i} - \frac{\partial H}{\partial p_i}\frac{\partial C}{\partial q_i} = -\{C, H\}_{P.B} = 0 \quad \cdots (5.23)'$$

즉, 매개변수 λ에 대한 해밀토니안 함수 $H(\lambda) = H(q_i(\lambda), p_i(\lambda))$는 λ에 대해 불변이고 따라서 **이 시스템은 (5.23)에 의해 생성되는 'λ-변환' $\gamma(0) \equiv (q_i(0), p_i(0)) \mapsto \gamma(\lambda) \equiv (q_i(\lambda), p_i(\lambda))$에 대해 대칭이다.** ([그림 5-8])

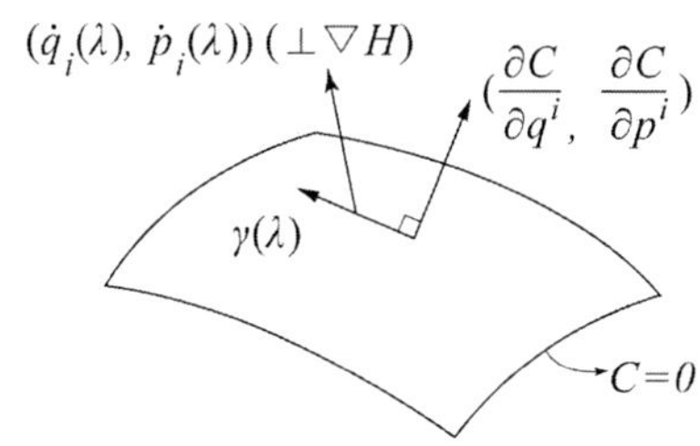

[그림 5-8]

예를 들어, 어떤 역학 시스템이 $L_z = xp_y - yp_x$ (각 운동량의 z-성분)을 보존한다고 해 보자.

즉, 다음이 성립한다.

$$\left(-\dot{L}_z = \right)\{H, L_z\} = x\frac{\partial H}{\partial y} - y\frac{\partial H}{\partial x} + p_x\frac{\partial H}{\partial p_y} - p_y\frac{\partial H}{\partial p_x} = 0$$

위 식을 적당히 적분하여 해를 구하면 H가 다음과 같은 형태로 나타남을 알 수 있다.[289)]

289) [Pullin] p. 49.

$$H = H\left(p_x^2 + p_y^2,\, x^2 + y^2,\, xp_x + yp_y,\, xp_y - yp_x\right)$$

즉 H는 z-축을 기준으로 하는 다음과 같은 회전변환에 대해 불변이다.

$$(x(0), y(0)) \mapsto \begin{pmatrix} \cos\lambda & -\sin\lambda \\ \sin\lambda & \cos\lambda \end{pmatrix}\begin{pmatrix} x(0) \\ y(0) \end{pmatrix} \equiv (x(\lambda), y(\lambda))$$

만일 위 매개변수 λ를 물리적 시간으로 해석하면 위 대칭성(symmetry)는 일정한 각속도를 가지고 z-축을 기준으로 회전하는 물체의 동역학이 회전변환에 대해 불변임을 의미하는 것으로 볼 수 있다.

이처럼, **불변하는 제한조건식**으로부터 식 (5.23)과 같이 '수학적 매개변수' λ에 대한 시스템의 '수학적 **동역학**'[290]을 기술할 수 있고 이는 다시 매개변수 λ에 대한 시스템의 **대칭성**을 보여주게 된다.

특히, 식 (5.23)에서 매개변수 λ가 고전역학에서의 '물리적 시간'과 관련된 의미를 가지는 경우 매개변수 λ에 대한 시스템의 대칭성은 곧 이 시스템의 '물리적 동역학'을 기술하는 것으로 해석할 수 있다. 예를 들어, 5.4절에서 살펴본 자유입자의 완전제한 시스템의 경우와 같이 매개변수 λ가 '물리적 시간변수' T인 경우는 (5.23)에 해당하는 방정식 $x(T) = aT + b$이 시스템의 물리적 동역학을 기술해 주고 이 때 이 시스템이 물리적 시간 T에 대해 대칭임을 알 수 있다.

여기서 유의할 점은 일반상대론에서는 고전역학의 절대시간에 해당하는 '물리적 시간'의 개념이 없다는 것이다. 시공간 M을 기술하기 위해 사용되는 시간 매개변수 t는 단지 '시간좌표'를 나타내는 '수학적 매개변수'일 뿐이다. 일반상대론에서 '시간'을 표현하기 위해 사용하는 모든 변수 T들은 일종의 'Partial Observable'(주 286) 참고)일 뿐이므로 이들에 대한 식 (5.23)과 같은 운동방정식은 엄밀하게 말해서 '수학적 매개변수' λ에 대한 시스템의 '수학적 동역학'을 기술하는 것일 뿐이며 그 자체가 물리적 의미를 갖지는 못한다.(5.4절의 주 286)과 관련된 본문내용 참고)

이제 이상의 내용을 5.3.2절에서 배운 일반상대론의 ADM-포말리즘에서의 제한조건식들과 관련지어 살펴보도록 하자.

---

290) 해밀토니안 역학에서 물체의 물리적인 운동은 $dH(\dot{q}(t), \dot{p}(t)) = 0$을 따라 일어남을 상기할 것. 즉, H를 보존하는 방식으로 운동한다. 이 때 $\dot{q}(t) = \{q, H\}_{PB}$, $\dot{p}(t) = \{p, H\}_{PB}$이다. 주 128) 참고.

일반상대론의 ADM-포말리즘에서 우리는 다음 두 종류의 제한조건식(총 4개)을 가졌었다.

i) 해밀토니안 제한조건 ($\dot{p}_N = 0$): $C_N = 0 \ \left(\Leftrightarrow Ric_{\alpha\beta}\, n^\alpha n^\beta = 0\right)$

ii) 미분동형 제한조건 ($\dot{p}^{i}_{\vec{N}} = 0$): $C_{N^i} = 0 \ \left(\Leftrightarrow Ric_{\alpha\beta}\, n^\alpha = 0\right)$

참고로, 나머지 해밀톤의 운동방정식은 아인슈타인 방정식의 Σ_t 위로의 사영에 대응된다.[291] 즉, 다음과 같다.

$$\begin{cases} \dot{h}_{ij} = \{h_{ij}, H_{ADM}\}_{P.B} \\ \dot{p}^{ij} = \{p^{ij}, H_{ADM}\}_{P.B} \end{cases} \Leftrightarrow \ h^\alpha_\mu h^\beta_\nu Ric_{\alpha\beta} = 0 \ \ (\text{단, } H_{ADM} = \int_{\Sigma_t} d^3\vec{x}\,\mathcal{H})$$

이제 '**적분된 제한조건식**(smeared constraints)' $H(N)$, $H(\vec{N})$를 각각 다음과 같이 정의하자.(아래에서 $x \equiv (t, \vec{x})$이다.)

$$H(N) := \int_{\Sigma_t} d^3\vec{x}\, N(x)\, C_N(x),$$

$$H(\vec{N}) := \int_{\Sigma_t} d^3\vec{x}\, N^i(x)\, C_{N^i}(x) \ \left(= \int_{\Sigma_t} d^3\vec{x}\, p^{ij}\left(\mathcal{L}_{\vec{N}} h\right)_{ij}\right)^{292)}$$

따라서 $H_{ADM} = H(N) + H(\vec{N})$이다.

이 때 계산을 통해 다음을 보일 수 있다.[293]

$$\{h_{ij}(x), H(N)\}_{P.B} = \left(\mathcal{L}_{Nn} h\right)_{ij}(x), \quad \cdots (5.24)$$

$$\{h_{ij}(x), H(\vec{N})\}_{P.B} = \left(\mathcal{L}_{\vec{N}} h\right)_{ij}(x) \quad \cdots (5.25)$$

---

291) [Inglima] p. 36 참고. 시공간 M 의 한 사건 p에서 T_pM의 직교분해 $T_pM = T_p\Sigma \oplus \langle (n^\mu) \rangle$를 생각하면 직교사영함수(orthogonal projection) $\vec{h} : T_pM \to T_p\Sigma$를 다음과 같이 정의할 수 있다:

$$\vec{h}(v) := v + (v \cdot n)n (\in T_p\Sigma)$$

이때 위 정의로부터 $\vec{h}(n) = 0, \vec{h}(v) = v\,(v \in T_p\Sigma)$이고 $h^\alpha_\beta = \delta^\alpha_\beta + n^\alpha n_\beta$임을 확인할 수 있다.(또는 $h^\alpha_\beta = g^{\alpha\gamma} h_{\gamma\beta} = g^{\alpha\gamma}(g_{\gamma\beta} + n_\gamma n_\beta) = \delta^\alpha_\beta + n^\alpha n_\beta$를 통해서도 확인할 수 있다.)

특히, $(h^\alpha_\mu h^\beta_\nu Ric_{\alpha\beta}) v^\mu w^\nu = Ric_{\alpha\beta}(\vec{h}(v))^\alpha (\vec{h}(w))^\beta = Ric(\vec{h}(v), \vec{h}(w))$임을 알 수 있다.

292) [Inglima] p. 37.

293) [Inglima] pp. 38~40.

위 (5.24)와 (5.25)를 더하면 다음과 같이 h_{ij}에 대한 해밀톤의 운동방정식을 얻는다.

$$\{h_{ij}(x), H_{ADM}\}_{P.B} = \left(\mathcal{L}_{\partial_t} h\right)_{ij}(x) \ \ (= \dot{h}_{ij}(x)^{294)})$$

참고로, 위 식의 두 번째 등식(앞서 식 (5.3)에서 이미 등장한 바가 있음)은 다음과 같이 확인해 볼 수 있다.(주 294)도 참고)

벡터장 ∂_t가 생성하는 미분동형의 흐름

$$\{\Phi_t : (\Sigma_0, h(0)) \to (\Sigma_t, h(t))\}$$

에 의해 $(0, \vec{x}) \mapsto (t, \vec{x})$의 변환이 이루어지고 이 때 다음을 계산할 수 있다.

$$\begin{aligned}((\Phi_t)^* h(t))_{ij} &= ((\Phi_t)^* h(t))(\partial_i(0), \partial_j(0)) \qquad (\text{단, } \partial_i(t) \equiv \left.\frac{\partial}{\partial x^i}\right|_{(t,\vec{x})}) \\ &= h(t)((\Phi_t)_*(\partial_i(0)), (\Phi_t)_*(\partial_j(0))) \\ &= h(t)(\partial_i(t), \partial_j(t)) = h_{ij}(t)\end{aligned}$$

따라서 리-미분의 정의에 의해 다음을 알 수 있다.

$$\begin{aligned}\left(\mathcal{L}_{\partial_t} h\right)_{ij}(0, \vec{x}) &= \lim_{t\to 0} \frac{((\Phi_t)^* h(t))_{ij}(0, \vec{x}) - h_{ij}(0, \vec{x})}{t} \\ &= \lim_{t\to 0} \frac{h_{ij}(t, \vec{x}) - h_{ij}(0, \vec{x})}{t} = \dot{h}_{ij}(0, \vec{x})\end{aligned}$$

여기서 $\left(\mathcal{L}_{\partial_t} h\right)_{ij}(x) = \dot{h}_{ij}(x) = \dfrac{dh_{ij}}{dt}(x)$와 같이, 벡터장 $\vec{N}$이 생성하는 미분동형의 흐름을 나타내는 적당한 매개변수 λ에 대해 $\left(\mathcal{L}_{\vec{N}} h\right)_{ij}(x) = \dfrac{dh_{ij}}{d\lambda}$로 표현할 수 있다. 이것은

294) 일반적으로 시공간 M에서 정의된 텐서 $T^{\alpha_1 \cdots \alpha_m}_{\beta_1 \cdots \beta_n}$의 '시간 t에 대한 미분' $\dot{T}^{\alpha_1 \cdots \alpha_m}_{\beta_1 \cdots \beta_n}$는 벡터장 ∂_t가 생성하는 적분곡선을 따라 이 텐서의 순간변화율을 계산하여 나타낸 것으로서 다음과 같이 정의된다.([Bojowald 2011] p.43, [Tavakoli1] p.3, [Perini] pp. 11~12)

$$\dot{T}^{\alpha_1 \cdots \alpha_m}_{\beta_1 \cdots \beta_n} = h^{\alpha_1}_{\gamma_1} \cdots h^{\alpha_m}_{\gamma_m} h^{\sigma_1}_{\beta_1} \cdots h^{\sigma_n}_{\beta_n} \mathcal{L}_{\partial_t} T^{\gamma_1 \cdots \gamma_m}_{\sigma_1 \cdots \sigma_n}$$

즉, $\dot{T}^{\alpha_1 \cdots \alpha_m}_{\beta_1 \cdots \beta_n}$는 $\mathcal{L}_{\partial_t} T^{\gamma_1 \cdots \gamma_m}_{\sigma_1 \cdots \sigma_n}$의 Σ 위로의 직교사영이다.(주 291) 참고)

특별히, $h^\alpha_\beta = \delta^\alpha_\beta + n^\alpha n_\beta$ 와 $n_i \equiv 0\,(i = 1,2,3)$임(식 (5.1))을 이용하면 $h^\alpha_i = \delta^\alpha_i$임을 알 수 있으므로 위 정의로부터 $\dot{h}_{ij} = \mathcal{L}_{\partial_t} h_{ij}$ 임을 확인할 수도 있다.

$N\vec{n}$ 에 대해서도 마찬가지이며 이 때 두 식 (5.24), (5.25)는 식 (5.23)과 같은 형태로 볼 수 있다.

결과적으로, Σ_0의 메트릭 $h_{ij}(0)(=h(\partial_i(0), \partial_j(0)))$가 ∂_t에 의한 '미분동형의 흐름'을 따라 Σ_t위의 메트릭 $h_{ij}(t)(=h((\Phi_t)_*(\partial_i(0)), (\Phi_t)_*(\partial_j(0))=h(\partial_i(t), \partial_j(t))$으로 전개되어 나갈 때, $H(N)$과 $H(\vec{N})$은 각각 ∂_t의 Nn-성분 방향과 $\vec{N}$-성분 방향의 벡터장이 생성하는 미분동형의 흐름을 따라 h_{ij}가 어떻게 변해나가는지를[295] h_{ij}와의 포아송 괄호를 통해 보여주는 역할을 한다.[296] 이 때 위에서 언급한 바와 같이 '시간좌표' t와 '공간좌표' $\vec{x}$의 함수 $h_{ij}(t,\vec{x})$자체가 물리적인 의미를 갖는 것은 아니라는 사실에 유의할 필요가 있다. 한편 계산을 통해 다음도 보일 수 있다.[297]

$$\{p^{ij}(x), H(\vec{N})\}_{P.B}=(\pounds_{\vec{N}}p)^{ij}(x) \qquad \cdots (5.25)'$$

또 $T_{\mu\nu}=0$인 경우 다음도 성립한다.

$$\{p^{ij}(x), H(N)\}_{P.B}=(\pounds_{Nn}p)^{ij}(x) \qquad \cdots (5.24)'$$

적분된 제한조건식들이 모두 보존량이라는 사실과 (즉, $H(\vec{N})=H(N)\equiv 0,\ ^\forall t$) 위 식

295) 예를 들어, 벡터장 $\vec{N}$에 의한 미분동형의 흐름을 $\{\Psi_s:\Sigma_t\to\Sigma_t\}$라 하고 $\partial_i(x)\equiv\left.\frac{\partial}{\partial x^i}\right|_{(t,x)}$ 로 표기할 때($\vec{x}$ 대신 x 사용), $((\Psi_s)^*h)_{ij}(x)=((\Psi_s)^*h)(\partial_i(x),\partial_j(x))=h((\Psi_s)_*\partial_i(x),(\Psi_s)_*\partial_j(x))$이다. 이 값은 미분동형 $x'=\Psi_s(x)$에 의한 새로운 좌표계 $(x^{i'})$로 만들어지는 접공간 $T_{\Psi_s(x)}\Sigma_t$의 새로운 좌표기저 $\{\partial_{i'}:=(\Psi_s)_*(\partial_i(x))\}_i$을 생각할 때, 메트릭 h의 성분 $h_{i'j'}$을 나타내는 것으로서 기존의 기저 $\{\partial_i(\Psi_s(x))\}_i$에 대한 메트릭 h의 성분 h_{ij}와는 다른 값이다. 그럼에도 불구하고 이 값은 동일한 메트릭 h가 $\Psi_s(x)\in M$에서 어떻게 작동하는지를 잘 보여주고 있으며 다만 이를 미분동형의 흐름을 통해 만들어진 새로운 기저 $\{\partial_{i'}\}$을 통해 보여주고 있을 뿐이다. 이처럼 미분 동형을 통한 기저의 변환은 메트릭을 기술하는데 있어 일종의 '게이지 변환'의 역할을 한다고 볼 수 있으며 이러한 게이지 변환에 대해 메트릭이 불변함에(즉, 대칭성을 가짐에) 유의할 필요가 있다. 실제로 (5.23), (5.23)$'$에서 볼 수 있듯이 이러한 기저의 변환, 즉, 게이지 변환에 대하여 해밀토니안 함수 H는 불변이다. 같은 방법으로 Nn에 의한 미분동형의 흐름 $\{\Psi_T:\Sigma_t\to\Sigma_{t+T}\}$을 따라 메트릭 h의 좌표기저에 대한 값이 어떻게 변해가는지를 $h_{ij}(t,x)\mapsto h_{i'j'}(\Psi_T(t,x))$를 통해 알 수 있고 이는 다시 식 (5.24)와 같이 제한조건식 $H(N)$과의 포아송 괄호를 통해 생성됨을 알 수 있다.

296) 일반적으로 다음이 성립함을 보일 수 있다: $\{f(h_{ij},p^{ij}),H(\vec{N})\}_{P.B}=\pounds_{\vec{N}}f(h_{ij},p^{ij})$ ([Inglima] p. 38 또는 [Doná] p. 28)

297) 식 (5.24)$'$와 (5.25)$'$의 증명은 각각 [Inglima] p. 38과 p. 41 참고.(식 (5.25), (5.25)$'$의 증명은 [Doná] p. 28을 참고할 수도 있다.)

(5.24), (5.24)′ 또는 (5.25), (5.25)′를 이용하면 **벡터장 $\vec{N}$ 또는 $N\vec{n}$이 생성하는 미분동형의 흐름에 따라 '좌표 변환'을 해도 시스템은 여전히 불변인 대칭성을 갖는다**는 것을 알 수 있다.

5.6 상대론적 해밀토니안 역학과 양자화[298)]

고전역학에서 매개변수로서의 '절대시간' T에 대한 자유입자의 위치 $x(T)(\in\mathbb{R})$의 동역학을 기술할 때, 2개의 정준변량으로 이루어진 (x, p_x)-위상공간(phase space) $(T\mathbb{R})^*$에서 해밀토니안 함수 $H(x, p_x) = \dfrac{p_x^2}{2m}$를 표현하고 이로부터 해밀톤의 운동방정식을 유도하였다. 한편 5.4절에서는 시간 T를 위치 x와 동등한 자격의 동역학적 물리량 즉, Partial Observable로 보고 $(T, x, \dot{T}, \dot{x})$를 라그랑지안 정준변량으로 간주한 뒤, 임의의 수학적 매개변수 t를 이용해 라그랑지안 함수를 $L(x, T, \dot{x}, \dot{T}) = \dfrac{m}{2}\dfrac{\dot{x}^2}{\dot{T}}$로 표현하였다. 이로부터 공액 운동량 p_T와 p_x를 구해보면 다음과 같은 제한조건이 성립함을 확인할 수 있었다.

$$\phi(p_x, p_T) \equiv p_T + \frac{p_x^2}{2m} = p_T + H(x, p_x) = 0 \qquad \cdots (5.26)$$

이것은 **제한조건이 없는 고전역학의 해밀토니안 포말리즘을 상대론적 형태로 바꾸는 과정에서 (T, x, p_T, p_x)-위상공간 $(T\mathbb{R}^2)^*$에서의 제한조건식이 위 (5.26)과 같은 형태로 새롭게 등장함을 보여주고 있다.**

이처럼 일반적으로 비상대론적 해밀토니안 포말리즘은 (T, p_T)를 포함하는 상대론적 위상공간에 위 (5.26)과 같은 제한조건을 부여함으로써 상대론적 해밀토니안 포말리즘으로 바꿀 수 있다. 예를 들어 라그랑지안 함수가 $L(x, \dfrac{dx}{dT})$인 비상대론적 시스템의 작용 S가 다음과 같이 주어졌다고 하자.

---

298) [Perez] pp. 17~18 또는 [Rovelli1] p.169, 5.2절 참고.

$$S(x, p_x) = \int dT \left[p_x \frac{dx}{dT} - H(p_x, x) \right] \quad (\text{단, } H(x, p_x) = p_x \frac{dx}{dT} - L(x, \frac{dx}{dT})) \quad \cdots (5.27)$$

이 때 만일 (T, x, p_T, p_x)-위상공간 $(T\mathbb{R}^2)^*$ 에서의 제한조건을 $C \equiv p_T + H(p_x, x) = 0$ 와 같이 부여하고 $H_{tot} \equiv N(p_T + H(x, p_x))$ (단, N은 라그랑주 곱함수)로 정의하면 위의 작용 (5.27)은 다음과 같이 상대론적 형태로 다시 쓸 수 있다.

$$S(x, T, p_x, p_T, N) \equiv \int dt \left[p_T \dot{T} + p_x \dot{x} - N(p_T + H(p_x, x)) \right] \qquad \cdots (5.28)$$

이 식 (5.28)은 재매개화 $t \mapsto f(t)$에 대해 불변임을 쉽게 알 수 있고, 제한조건 $C = 0$ 하에서 (5.27)와 같아진다는 것 또한 쉽게 확인할 수 있다.

또 5.5절에서 살펴본 바와 같이, (x, T)에 의해 정의되는 물리량 $f(x, T)$에 대해 제한조건식 C는 $f(x, T)$의 t에 대한 전개(evolution)를 생성하는 역할을 한다. 즉, 다음과 같다.

$$\begin{aligned} \{f(x, T), C\}_{P.B} &= \frac{\partial f}{\partial x}\frac{\partial C}{\partial p_x} + \frac{\partial f}{\partial T}\frac{\partial C}{\partial p_T} \\ &= \frac{\partial f}{\partial x}\frac{\partial H}{\partial p_x} + \frac{\partial f}{\partial T} = \frac{1}{N}\left(\frac{\partial f}{\partial x}\frac{\partial H_{tot}}{\partial p_x} + \frac{\partial f}{\partial T}\frac{\partial H_{tot}}{\partial p_T} \right) \\ &= \frac{1}{N}\left(\frac{\partial f}{\partial x}\dot{x} + \frac{\partial f}{\partial T}\dot{T} \right) = \frac{1}{N}\frac{d}{dt} f(x(t), T(t)) \end{aligned}$$

이제 위 시스템은 다음과 같은 단계를 통해 양자화 할 수 있다.

[1단계] 정역학적 힐베르트 공간(Kinematical Hilbert space) $\mathcal{H}_{kin}$을 정의한다.

위의 경우 $\mathcal{H}_{kin} = L^2(\mathbb{R}^2)$이고 이 때 내적은 $\langle \phi, \psi \rangle \equiv \int dX\, dT \overline{\phi(X, T)} \psi(X, T)$로 정의된다.

[2단계] 다음과 같이 위상공간의 변량 x, T, p_x, p_T들을 적당한 교환관계 (예를 들면 $[\hat{x}, \hat{p}_x] = i\hbar$)를 만족시키는 자기수반 작용소로 바꾼다.

$$x \mapsto \hat{x}, \;\; T \mapsto \hat{T}, \;\; p_x \mapsto -i\hbar \frac{\partial}{\partial x}, \;\; p_T \mapsto -i\hbar \frac{\partial}{\partial T}$$

[3단계] 위 [2단계]에 따라 시스템의 제한조건식 C를 작용소 $\hat{C}$로 바꾸고[299]

$\hat{C}|\psi\rangle=0$인 $|\psi\rangle$를 구한다. 위의 경우 $\hat{C}$ 는 다음과 같다.

$$\hat{C}=-i\hbar\frac{\partial}{\partial T}-\hbar^2\frac{\partial^2}{\partial x^2}+V(x) \qquad (\text{단, } H(p_x,x)=p_x^2+V(x))$$

따라서 $\hat{C}|\psi\rangle=0$은 고전적 슈뢰딩거 방정식과 일치하고 이 때 $|\psi\rangle$는 슈뢰딩거 방정식의 해가 됨을 알 수 있다.

[4단계] 슈뢰딩어 방정식의 물리적 해 공간 $\mathscr{H}=\{|\Psi\rangle \mid \hat{C}|\Psi\rangle=0\}$에 속하는 $|\Psi\rangle$에 대하여 $\Psi(x):=\langle x, T_0|\Psi\rangle$(단, T_0는 고정)로 정의하고 $\Psi(x)$들 사이의 내적을 다음과 같이 정의하자.

$$\langle\Phi|\Psi\rangle_{phy}\equiv\int dx\,\overline{\Phi(x)}\,\Psi(x)$$

이때 $\Psi(x)$들의 공간은 물리적 힐베르트 공간 $\mathscr{H}_{phy}=L^2(\mathbb{R})$으로 표기할 수 있다.

---

299) [2단계]에서의 시간작용소 $\hat{T}$ 는 Partial Observable T에 대한 양자작용소이다.([Rovelli1] 5.2.1절) 전통적인 양자역학에서 시간변량 t는 외부적인 매개변수이지 (complete) Observable이 아니며 실제로 만일 이에 해당하는 Hermitian 작용소 $\hat{t}$가 정의되고 (에너지에 대응하는) 그 공액작용소 $\hat{E}$와 교환관계 $[\hat{t},\hat{E}]=i\hbar$를 만족시키면, $\hat{E}$ 의 고유함수 ψ_E 에 대하여 $\exp(i\alpha\hat{t})\,\psi_E\ (\alpha\in\mathbb{R})$는 고윳값 $E-\alpha\hbar$를 갖는 $\hat{E}$의 고유함수가 된다. 결과적으로 에너지 작용소의 고윳값 스펙트럼이 음의 값을 허용하여 $(-\infty,\infty)$이 되는 문제가 발생한다.([Olkhovsky] p. 272 또는 [Isham] pp. 11~12) 그러나 위 본문에서와 같은 상대론적 양자화과정에서 $\widehat{p_T}=-i\hbar\frac{\partial}{\partial T}$(고전양자화에서는 $\hat{E}\mapsto i\hbar\frac{\partial}{\partial t}$, $\hat{p}\mapsto -i\hbar\frac{\partial}{\partial x}$ 였음에 유의. 이 차이는 식 (5.26)에서 $P_T=-H(x,P_x)$임에 기인한다.)에 대해 음의 고윳값을 갖는 고유함수 $\exp(i\alpha\hat{t})\,\psi_E$는 물리적 힐베르트 공간 $\mathscr{H}=\{|\Psi\rangle \mid \hat{C}|\Psi\rangle=0\}$에 속하지 않으므로 처음부터 배제시킬 수 있다.
참고로, 일반상대론에서는 시간 t와 공간좌표 x_i는 수학적 매개변수일 뿐 동역학적 변량이 아니므로 양자화과정에서 $\hat{t}, \widehat{x_i}$등은 나타나지 않는다. 또 한 세계선 γ에서의 고유시간 $\tau=\int\sqrt{|\dot{\gamma}_\mu(t)\,\dot{\gamma}_\nu(t)g_{\mu\nu}|}\,dt$의 경우 여기에 반드시 나타나는 $g_{\mu 0}$들이 본질적으로 라그랑주 곱함수에 해당하므로(주 345)) LQG의 넓이작용소나 부피작용소와 같이, (시)공간의 내재적 기하를 반영하는 변량 (즉, E_i 들)을 이용한 양자화를 통해 '고유시간작용소' $\hat{\tau}$가 정의되지는 않는다.
한편, 일반상대론의 경우는 위 $C\mapsto\hat{C}$에 해당하는 과정에서 (구체적으로는 '해밀토니안 제한조건'에 대한 $H(N)\mapsto\hat{H}(N)$의 과정에서) $H(N)$을 먼저 '정규화(regularize)'해야 하는 기술적인 문제를 해결해야 한다. 실제로 이 문제를 해결한 것은 LQG의 중요한 성과 중 하나이다.

5.7 맥스웰이론의 제한조건

라그랑지안 밀도함수가 $\mathcal{L}(q_i, \dot{q}_i, \partial q_i)$인 주어진 시스템에서 제한조건식이 숨어있는 경우, 이 시스템의 정준변량들 사이에 제한조건식이 있음을 암시하는 특징 중 하나는 $\mathcal{L}$이 q_i에 의존함에도 불구하고 $\mathcal{L}$의 함수식에 $\dot{q}_i$이 나타나지 않는 것이다. 이는 q_i가 동역학적 변수가 아니라 일종의 '라그랑주 곱함수'임을 의미하는데, 여기서는 이와 같은 시스템의 전형적이고 고전적인 예라고 할 수 있는 맥스웰의 전자기이론을 통해 이에 대해 자세히 알아보자.

먼저 맥스웰이론의 라그랑지안 함수가 다음과 같이 표현됨을 상기하자.

$$L = \int d^3\vec{x}\,\mathcal{L} = -\frac{1}{4}\int d^3\vec{x}\,F_{\mu\nu}F^{\mu\nu} \quad (\text{단, } F_{\mu\nu} = \partial_\mu A_\nu - \partial_\nu A_\mu)$$

위의 $\mathcal{L}$에는 $\vec{\nabla}_i A_0$같은 항들은 나타나지만 $\mu = \nu$이면 $F_{\mu\nu} = 0$이므로 **$\dot{A}_0 (= \partial_0 A_0)$이 나타나지 않는다**. 따라서 A_0의 정준공액장은 $\pi^0 \equiv \dfrac{\delta L}{\delta \dot{A}_0} = \dfrac{\partial \mathcal{L}}{\partial \dot{A}_0} = 0$이 되고 이는 위상공간 (A_μ, π^μ)에서의 **제 1 제한조건**이 된다.

또 $a = 1, 2, 3$일 때, $\pi^a = \dfrac{\delta L}{\delta \dot{A}_a} = \dot{A}_a + \partial_a A_0 = E^a$이므로 $\pi^0 = 0$는 위상공간 (A_μ, π^μ)에서의 유일한 제 1 제한조건임을 알 수 있다.

따라서 H_{tot}는 다음과 같이 표현된다.

$$H_{tot} = \int d^3\vec{x}\,(\pi^a(x)\dot{A}_a(x) - L\left[A_\mu(t)\dot{A}_\mu(t)\right] + \lambda(x)\pi^0(x))$$

(단, $\lambda(x)$는 라그랑주 곱함수)

이 때 제 1 제한조건에 의한 **제 2 제한조건**은 다음과 같이 표현된다.

$$\dot{\pi}^0(x) = -\frac{\delta H_{tot}}{\delta A_0(x)}\left(= \frac{\partial \mathcal{H}}{\partial A_0}(x) - \frac{\partial}{\partial x^i}\frac{\partial \mathcal{H}}{\partial(\partial A_0/\partial x^i)}(x)\right) = 0 \qquad \cdots (5.29)$$

$$\left(= \frac{\delta L}{\delta A_0(x)} = \frac{\partial \mathcal{L}}{\partial A_0}(x) - \frac{\partial}{\partial x_i}\frac{\partial \mathcal{L}}{\partial(\partial_i A_0)}(x)\right)$$

위 (5.29)에 의해 $\delta A_0(x)$의 값은 δH_{tot} (또는 δL)에 아무런 영향을 미치지 않는다.

이것은 이 시스템이 A_0에 대해 대칭성을 가지고 있음을 의미하고 따라서 $A_0(x)$를 임의의 함수로 잡아도 이 시스템의 동역학은 변하지 않는다. 즉, **$A_0(x)$는 동역학적 변수가 아니며 일종의 라그랑주 곱함수의 역할을 한다.**

이상을 정리하면 다음과 같다.

라그랑지안 밀도함수 $\mathcal{L}$ 이 $\dot{A}_0$ 에 의존하지 않는다.

$\Leftrightarrow\ \pi^0\left(\equiv \dfrac{\partial \mathcal{L}}{\partial \dot{A}_0}\right) = 0$ (제 1 제한조건)

$\Rightarrow\ \dot{\pi}^0(x) = -\dfrac{\delta H_{tot}}{\delta A_0} \equiv 0$ (제 2 제한조건)

$\Leftrightarrow$ 해밀토니안의 변량 δH_{tot} 가 δA_0 에 의존하지 않는다.

$\Leftrightarrow$ $A_0(x)$는 라그랑주 곱함수이다.

따라서 이 시스템의 동역학을 기술하는 변수는 $\{A_a(x), E^a(x)\}$이 된다.

이 때 다음을 확인할 수 있다.

$$\{A_a(x), E^b(y)\}_{P.B} = \delta_a^b \delta^3(x-y)$$

이제 제 1 제한조건 $\pi^0 = 0$이 이 시스템의 대칭성과 어떻게 관련 되는지를 알아보기 위해 임의의 함수 $\mu(x)$를 이용하여 다음과 같은 적분된 제한조건식 $\pi^0(\mu)$을 정의해 보자.

$$\pi^0(\mu) := \int d^3x \mu(x) \pi^0(x)$$

이 때 다음을 계산할 수 있다.

$$\{\pi^0(\mu), A_0\}_{P.B}(x) = \mu(x)$$

맥스웰이론이 임의의 함수 μ에 대하여 $A_0 \mapsto A_0 + \mu$와 같은 변환에 대해 대칭이라는 사실을 상기할 때 위 식은 다음과 같이 다시 표현할 수 있다.

$$\{\pi^0(\mu), A_0\}_{P.B}(x) = \delta A_0(x)$$

즉, 적분된 제한조건식 $\pi^0(\mu)$는 변수 A_0의 게이지 변환을 생성하고 있음을 알 수 있다.

한편, H_{tot}를 구체적으로 계산해 보면 다음과 같다.

$$H_{tot} = \int d^3x \left(E^a(x) \dot{A}_a(x) - L + \lambda \pi^0 \right)$$
$$= \int \left[\frac{1}{2} \left\{ E^a(x) E^b(x) \delta_{ab} + B^a(x) B^b(x) \delta_{ab} \right\} - A_0 \left(\partial_a E^a \right) + \lambda \pi^0 \right] d^3x$$

(단, $B^a := -\epsilon^{abc} \partial_b A_c$)

이로부터 π^0에 대한 해밀톤의 방정식을 다음과 같이 계산할 수 있다.

$$0 = \dot{\pi}^0 = \{\pi_0, H_{tot}\}_{P.B} = -\frac{\delta H_{tot}}{\delta A_0} = \partial_a E^a$$

따라서 **맥스웰이론의 제 2 제한조건은 '가우스 법칙'을 나타내고 있음**을 알 수 있다.

여기서 다시 임의의 함수 $\lambda(x)$에 대해 적분된 제한조건식 $G(\lambda)$를 다음과 같이 정의하자.

$$G(\lambda) := \int d^3\vec{x} \lambda(x) \partial_a E^a$$ 300)

이 때 다음을 계산할 수 있다.

$$\{G(\lambda), E^a\}_{P.B} = 0, \ \{G(\lambda), A_a\}_{P.B} = \partial_a \lambda \qquad \cdots (5.30)$$

만일 $\delta E^a = 0$, $\delta A_a = \partial_a \lambda$로 두었을 때, 이에 대한 δH_{tot}를 다음과 같이 계산할 수 있다.

$$\delta H_{tot} = \int d^3\vec{x} \left[\left. \frac{\delta H_{tot}}{\delta \pi^\mu(x)} \right|_A \delta \pi^\mu(x) + \left. \frac{\delta H_{tot}}{\delta A_\mu(x)} \right|_\pi \delta A_\mu(x) \right]$$
$$= \int d^3\vec{x} \left. \frac{\delta H_{tot}}{\delta A_a(x)} \right|_\pi \delta A_a(x) = \int d^3\vec{x} \, \dot{E}^a \partial_a \lambda$$
$$= -\int d\vec{x} \, \partial_t (\partial_a E^a) \lambda = 0$$

300) $^\forall \lambda, \ G(\lambda) = 0 \Leftrightarrow \partial_a E^a \equiv 0$ 이다.

따라서 위 (5.30)에서와 같이 $G(\lambda)$에 의해 생성된 E^a, A_a의 흐름을 따라 시스템은 대칭성을 갖는다. 즉. 맥스웰이론은 게이지 변환 $A_a \mapsto A_a + \partial_a \lambda$에 대해 대칭성을 갖는다.

실제로 고전적 맥스웰이론에서 $\widetilde{A_a} := iA_a$로 정의할 때, 회전변환 $U = e^{i\lambda(x)} (\in U(1))$에 대한 $\widetilde{A_a}$의 게이지 변환이 $\widetilde{A_a}' = U\widetilde{A_a}U^{-1} + (\partial_a U)U^{-1} = \widetilde{A_a} + i\partial_a \lambda$로 나타나고 이때 $\delta A_a = \partial_a \lambda$임을 확인 할 수 있다.

결론적으로, **맥스웰이론은 제 1 제한조건($\pi^0 = 0$)과 제 2 제한조건($\partial_a E^a = 0$)이 생성하는 게이지 변환에 대한 대칭성(즉, A_0의 임의성과 $A_a \mapsto A_a + \partial_a \lambda$의 임의성)과 함께 맥스웰 방정식과 동치인 A_a, E^a에 대한 다음 해밀톤 방정식에 의해 기술된다.**

$$\dot{A}_a = \{A_a, H\}_{P.B} = E_a + \partial_a A_0,$$

$$\dot{E}^a = \{E^a, H\}_{P.B} = \epsilon^{abc}\partial_b B_c$$

위 첫 번째 식에서 $\partial_a A_0$가 임의의 함수 A_0의 그래디언트이기 때문에 A_a 역시 $\partial_a A_0$만큼의 자유도를 가질 수 있다. 즉, 주어진 초기조건 (즉, $A_a(0)$)에 대해, 라그랑주 곱함수 A_0의 선택에 따라 A_a의 시간에 대한 '수학적' 전개가 달라질 수 있지만 그것이 표현하는 '물리적' 전개는 동일한 의미를 갖는다.

이와 마찬가지로 일반상대론에서도 Σ_0에서 h_{ij}, p_{ij}에 대한 초기조건이 주어졌을 때, 시공간 좌표계의 선택 즉, $N, \vec{N}$의 선택에 따라 p_{ij}, h_{ij}의 시간에 대한 '수학적' 전개는 달라질 수 있지만[301] 이들이 표현하는 '물리적' 의미는 동일하다.

301) 만일 시공간의 좌표계 하나가 선택되면(즉, 게이지의 선택이 주어지면) 메트릭의 시간적 전개도 유일해진다.

제6장 새로운 포말리즘들

6.1 게이지이론(Gauge theory)

이 절에서는 라그랑지안 포말리즘이나 ADM-포말리즘과는 다른 일반상대론의 새로운 포말리즘들을 이해하는 데 필요한 게이지이론에 대해 간단히 살펴보기로 하자.

먼저 다음 정의를 소개하자.

정의 6.1

두 미분다양체 E, M 사이의 미분가능한 함수 $\pi : E \to M$이 다음 조건을 만족할 때 (E, π, M)을 계수가 n인 '**벡터번들**(vector bundle)'이라고 부른다.

i) 각 $x \in M$에 대해 $\pi^{-1}(x) =: E_x$가 n-차원 벡터공간이다.

ii) 각 $x \in M$에 대해 적당한 근방 U와 미분동형 $\varphi : \pi^{-1}(U) \to U \times \mathbb{R}^n$이 존재하여, 모든 $y \in U$에 대해 $\varphi_y := \varphi|_{E_y} : E_y \to \{y\} \times \mathbb{R}^n$이 벡터공간 동형사상(isomorphism)이 된다. 이때 (φ, U)를 '**번들차트**(bundle chart)'라고 부른다.

자주 사용되는 벡터번들의 몇 가지 예는 다음과 같다.

예 6.1

① $\pi : TM = \bigcup_{x \in M} T_x M \to M$을 '**접번들**(tangent bundle)'이라고 부른다.

② $\pi : TM^* = \bigcup_{x \in M} T_x M^* \to M$을 '**듀얼접번들**(cotangent bundle)'이라고 부른다.

③ 두 벡터번들 (E, π, M), (F, π, M)에 대하여 다음도 벡터번들이 된다.

i) $E \oplus F = \bigcup_{x \in M} E_x \oplus F_x$,

ii) $E \otimes F = \bigcup_{x \in M} E_x \otimes F_x$,

iii) $E^* = \bigcup_{x \in M} E_x^*$

iv) $\mathrm{End}(E,F)=\bigcup_{x\in M}\mathrm{End}(E_x,F_x)$

(단, $\mathrm{End}(E_x,F_x)=\{f:E_x\to F_x \mid f\text{ 는 선형함수}\}$)

특별히, $\mathrm{End}(E,E)\equiv\mathrm{End}(E)$로 표기한다.

④ $\pi:\mathfrak{T}^n_m(M)=\bigcup_{x\in M}(\mathfrak{T}_x)^n_m(M)\to M$을 '**$(n,m)$-텐서번들**'이라고 부른다.

⑤ $\Lambda^p(TM^*)=\bigcup_{x\in M}\Lambda^p(T_xM^*)\mapsto M$을 '**$p$-외 대수**(exterior algebra) **번들**'이라고 부른다.[302)]

두 벡터번들 (E,π,M), (F,π,M)에 대하여 다음이 성립함을 쉽게 보일 수 있다.[303)]

$$E^*\otimes F\simeq\mathrm{End}(E,F)$$
$$E^*\otimes F^*\simeq(E\otimes F)^*$$

정의 6.2 ❙

주어진 벡터번들 (E,π,M)의 '**섹션**(section)'들의 공간 $\Gamma(E)$는 다음과 같이 정의된다.

$$\Gamma(E):=\{s:M\to E \mid s\text{ 는 미분가능, }\pi\circ s=id_M\}$$

이 때 $f,g\in C^\infty(M)$, $s_1,s_2\in\Gamma(E)$에 대하여 $fs_1+gs_2\in\Gamma(E)$이므로 $\Gamma(E)$는 $C^\infty(M)$-모듈의 구조를 갖는다.

예 6.2

① $\Gamma(TM)\equiv\mathfrak{X}(M)=\{M\text{상의 모든 벡터장}\}$

---

302) 일반적으로 벡터공간 V에 대하여 '**p-외 대수**'(exterior algebra) $\Lambda^p(V)$는 다음과 같이 정의된다.

$$\Lambda^p(V):=V\otimes\cdots\otimes V(p\text{개})/I_p\ \ (\text{단, }p\ge 2),\ \ \Lambda^1(V)=V,\ \Lambda^0(V)=\mathbb{R}$$

(단, I_p는 적당한 $i\neq j\in\{1,\cdots,p\}$에 대하여 $v_i=v_j$ 인 $v_1\otimes\cdots\otimes v_p$과 같은 형태의 원소들로 생성되는 $V\otimes\cdots\otimes V(p\text{개})$의 부분공간이다.) 이 때 $v_1\otimes\cdots\otimes v_p+I_p\equiv v_1\wedge\cdots\wedge v_p$로 표기한다.

303) 이 두 식은 E,F가 각각 R-모듈 (단, R은 단위원을 갖는 가환 환) 일 때도 성립한다.
이 때, $\mathrm{End}(E,F)=\{T:E\to F \mid T\text{ 는 }R-\text{선형}\}$이다.([김홍종] p. 93 참고)

② $\Gamma(\Lambda^p(TM^*)) \equiv \Omega^p(M) = \{M$상의 모든 미분 p-형식$\}$

③ $\Gamma(\mathfrak{I}^n_m(M)) = \{M$상의 모든 미분 (n, m)-텐서$\}$

$(\ni T = T^{i_1 \cdots i_n}_{j_1 \cdots j_m} \partial_{i_1} \otimes \cdots \otimes \partial_{i_n} \otimes dx^{j_1} \otimes \cdots \otimes dx^{j_m})$

한편, 두 벡터 번들 (E, π, M), (F, π, M)에 대하여 자연스러운 방식으로 다음이 성립한다.

i) $\Gamma(E) \otimes \Gamma(F) \overset{T}{\simeq} \Gamma(E \otimes F)$[304)]

$$T(s_1 \otimes s_2)(x) \equiv s_1(x) \otimes s_2(x),\ s_1 \in \Gamma(E),\ s_2 \in \Gamma(F),\ x \in M$$

ii) $\Gamma(\mathrm{End}(E, F)) \overset{T}{\simeq} \mathrm{End}_{C^\infty(M)}(\Gamma(E), \Gamma(F))$[305)]

$$:= \{T: \Gamma(E) \to \Gamma(F) \mid T\text{는 } C^\infty(M)\text{-선형}\}$$

$$T(s)(\tau)(x) \equiv s(x)(\tau(x)),\ s \in \Gamma(\mathrm{End}(E, F)),\ \tau \in \Gamma(E),\ x \in M$$

iii) $\Gamma(E^*) \overset{T}{\simeq} \Gamma(E)^* \equiv \{\Phi : \Gamma(E) \to C^\infty(M) \mid \Phi\text{는 } C^\infty(M)\text{-선형}\}$

$(Ts)(\tau)(x) \equiv s(\tau(x))$, $s \in \Gamma(E^*), \tau \in \Gamma(E), x \in M$ (예를 들어, $\Omega^1(M) \simeq \mathfrak{X}(M)^*$)

특별히, $\Omega^p(E) := \Gamma(E \otimes \Lambda^p(TM^*)) \simeq \Gamma(E) \otimes \Omega^p(M)$의 원소를 **'$E$에서 값을 갖는 미분 p-형식'**이라고 부른다.

적당한 근방 $U \subset M$에 대하여 $\pi|_U: E|_U \Rightarrow U \times \mathbb{R}^n$이므로 $\mathbb{R}^n$의 기저를 이용하면 $\pi|_U : E|_U \to U$의 **'기저섹션'**(basis section) $\{e_1, \cdots, e_n\}$ $(e_i \in \Gamma(E|_U)$을 잡을 수 있다. 즉, 각 $x \in M$에 대하여 $\{e_1(x), \cdots, e_n(x)\}$이 E_x의 기저를 이룬다. (예를 들어 $E = TM$인 경우 $e_i \equiv \dfrac{\partial}{\partial x^i}$로 잡을 수 있다.) 이 때, $\Omega^p(E|_U)$에 속하는 임의의 원소 s는 다음과

304) 여기서 $\Gamma(E)$와 $\Gamma(F)$는 각각 $C^\infty(M)$-모듈이고 따라서 $\Gamma(E) \otimes \Gamma(F)$는 $C^\infty(M)$-모듈로서의 텐서곱을 의미한다.(주 70) 참고) 증명은 [Conlon] p. 216 참고.

305) 증명은 [Petrie] p. 9 참고.

같은 형태로 표현된다.

$$e_1 \otimes \omega_1 + \cdots + e_n \otimes \omega_n \text{ (단, } \omega_i \in \Omega^p(U),\ i=1,2,\cdots,n)$$

위 표현은 간단하게 다음과 같이 다시 쓸 수도 있다.

$$(\omega_1, \cdots, \omega_n) \text{ (단, } \omega_i \in \Omega^p(U),\ i=1,2,\cdots,n)$$

정의 6.3

함수

$D: \Gamma(E) \rightarrow \Omega^1(E)(=\Gamma(E) \otimes \Gamma(T^*M) \simeq \Gamma(\mathrm{End}(TM, E)) \simeq \mathrm{End}_{C^\infty(M)}(\mathfrak{X}(M), \Gamma(E)))$

에 대하여 다음과 같이 표기하자.

$$(Ds)(V) \equiv D_V s \ (s \in \Gamma(E),\ V \in \mathfrak{X}(M))$$

만일 D가 아래 i)~iii)을 만족시키면 D를 E 상의 '**커넥션**(connection)' 또는 '**공미분**(covariant derivative)'이라고 부른다.

i) D가 V에 대해 $C^\infty(M)$-선형이다. 즉, 다음과 같다.

$$D_{V+fW}s = D_V s + f D_W s \text{ (단, } f \in C^\infty(M),\ V, W \in \mathfrak{X}(M),\ s \in \Gamma(E))$$

ii) D는 s에 대해 $\mathbb{R}$-선형이다. 즉, 다음과 같다.

$$D_V(as_1 + s_2) = aD_V s_1 + D_V s_2 \text{ (단, } a \in \mathbb{R},\ V \in \mathfrak{X}(M),\ s_1, s_2 \in \Gamma(E))$$

iii) D는 곱의 법칙을 만족한다. 즉, 다음과 같다.

$$D_V(fs) = V(f)s + fD_V s \text{ (단, } f \in C^\infty(M))$$

참고로, E 상의 커넥션 D가 주어졌을 때, 듀얼번들 E^*상의 듀얼커넥션 D^*를 다음과 같이 정의할 수 있다.

$$d(s, \tau^*) = (Ds, \tau^*) + (s, D^*\tau^*) \text{ (단, } s \in \Gamma(E),\ \tau^* \in \Gamma(E^*))$$

위 식의 표기법에서 $(v, w^*) \equiv w^*(v)$ $(v \in E_x,\ w^* \in E_x^*)$이다.

또, 두 벡터 번들 E_1, E_2 상에서의 커넥션을 각각 D_1, D_2라 할 때, 텐서번들

$E := E_1 \otimes E_2$ 상에서의 커넥션 D를 다음과 같이 정의할 수 있다.[306]

$$D(s_1 \otimes s_2) = D_1 s_1 \otimes s_2 + s_1 \otimes D_2 s_2 \ (\text{단, } s_i \in \Gamma(E_i),\ i = 1,2)$$

따라서 TM 상의 커넥션 D가 주어지면 이를 이용하여 임의의 (n,m)-텐서 번들 $\mathfrak{T}^n_m(M)$에 대한 커넥션을 정의할 수 있다.

이 때 만일 $D_\mu \partial_\nu = \Gamma^\lambda_{\mu\nu}\partial_\lambda$이면 임의의 (n,m)-텐서 $T^{(i)}_{(j)}$에 대하여 다음이 성립한다.

$$\begin{aligned} D_k T^{(i)}_{(j)} = \partial_k T^{(i)}_{(j)} - T^{(i)}_{jj_2\cdots j_q}\Gamma^j_{kj_1} - \cdots - T^{(i)}_{j_1\cdots j_{q-1}j}\Gamma^j_{kj_q} \\ + T^{ii_2\cdots i_p}_{(j)}\Gamma^{i_1}_{ki} + \cdots + T^{i_1\cdots i_{p-1}i}_{(j)}\Gamma^{i_p}_{ki} \end{aligned}$$

예를 들어 $g_{\mu\nu} \in \mathfrak{T}^0_2(M)$에 대하여 다음이 성립한다.

$$D_\lambda g_{\mu\nu} = \partial_\lambda g_{\mu\nu} - \Gamma^\rho_{\lambda\mu} g_{\rho\nu} - \Gamma^\rho_{\lambda\nu} g_{\rho\mu}$$

이로부터 다음과 같이 계산할 수 있다.

$$(D_\mu g)(V, W) = D_\mu(g(V, W)) - g(D_\mu V, W) - g(V, D_\mu W)$$

한편, 적당한 근방 $U \subset M$에서 국소적 번들 $\pi|_U : E|_U \to U$에 대한 기저섹션을 $e_1, \cdots, e_n$라 할 때, 임의의 국소적 섹션 $s : U \to E|_U$는 $s = a^i e_i$ (단, $a^i \in C^\infty(U)$)로 나타낼 수 있다.

이 때, $d(a^i e_i) := (da^i) \otimes e_i \in \Omega^1(E)$로 정의하면 $d : \Gamma(E|_U) \to \Omega^1(E|_U)$는 위 정의 6.3의 ⅰ)~ⅲ)을 만족시키므로 '국소적' 커넥션이 된다.

한편, 두 커넥션 $D, \widetilde{D} : \Gamma(E) \to \Omega^1(E)$에 대하여 $A := D - \widetilde{D}$로 정의하고 다음과 같이 표기하자.

$$A(V, s) \equiv D_V s - \widetilde{D}_V s \ (\text{단, } V \in \mathfrak{X}(M),\ s \in \Gamma(E))$$

이 때 A는 V에 대해 $C^\infty(M)$-선형일 뿐 아니라 s에 대해서도 $C^\infty(M)$-선형임을 다음과 같이 확인할 수 있다.

$$D_V(fs) - \widetilde{D}_V(fs) = V(f)s + fD_V s - V(f)s - f\widetilde{D}_V s = f(D_V s - \widetilde{D}_V s)$$

306) 자세한 내용은 [Jost] p. 106 참고.

따라서 $A:\mathfrak{X}(M)\times\Gamma(E)\to\Gamma(E)$는 다중 $C^{\infty}(M)$-선형이고 이로부터 다음과 같이 쓸 수 있다.[307)]

$$\begin{aligned}A\in \mathrm{End}_{C^{\infty}(M)}(\mathfrak{X}(M)\otimes\Gamma(E),\Gamma(E)) &\simeq \mathfrak{X}(M)^{*}\otimes\Gamma(E)^{*}\otimes\Gamma(E)\\ &\simeq \mathfrak{X}(M)^{*}\otimes \mathrm{End}_{C^{\infty}(M)}(\Gamma(E),\Gamma(E))\\ &\simeq \mathfrak{X}(M)^{*}\otimes\Gamma(\mathrm{End}(E))\\ &\simeq \Omega(M)\otimes\Gamma(\mathrm{End}(E))=\Omega^{1}(\mathrm{End}(E))\end{aligned}$$

즉, A는 $\mathrm{End}(E)$에서 값을 갖는 미분 1-형식으로 볼 수 있다.

이를 이용하여 국소적으로 $U\subset M$에서 $\omega:=D-d$라 두면 $\omega\in\Omega^{1}(\mathrm{End}(E|_{U}))$이다.

만일 $\Gamma(E|_{U})$의 기저 섹션을 $e_1,\cdots,e_n$라 할 때, $D_{\mu}e_j=\Gamma^{i}_{\mu j}e_i$라 두면 다음이 성립한다.

$$D_{\mu}s=D_{\mu}(s^{i}e_i)=(\partial_{\mu}s^{i})e_i+(\Gamma^{i}_{\mu j}s^{j})e_i \quad (\text{단, } s=s^{i}e_i\in\Gamma(E|_{U})$$

또, $(Ds)(\partial_{\mu})=ds(\partial_{\mu})+(\omega^{i}_{j}(\partial_{\mu})s^{j})e_i$ (단, $\omega=(\omega^{i}_{j})\in\Omega^{1}(\mathrm{End}(E|_{U}))$)이므로 두 식을 비교하면 다음을 얻는다.

$$\omega=(\omega^{i}_{j})=(\Gamma^{i}_{\mu j}dx^{\mu})$$

이와 같은 ω를 U에서의 '**커넥션 1-형식**'이라고 부른다. 참고로, $E=TM$인 경우 고정된 μ에 대하여 $\Gamma^{i}_{\mu j}$가 i,j에 대해 텐서처럼 변환하지 않기 때문에(식 (3.8) 참고) (ω^{i}_{j})는 M 전체에서 정의되는 (1,1)-텐서가 아니다. 즉, $\Gamma^{i'}_{\mu j'}\neq\Lambda^{i'}_{i}\Gamma^{i}_{\mu j}\Lambda^{j}_{j'}$이기 때문에 $\Gamma_{\mu}=(\Gamma^{i}_{\mu,j})_{i,j}$는 $\Gamma(\mathrm{End}(E))$의 원소가 될 수 없다. (일반적인 E의 경우는 ω가 i,j의 변환에 대해 7.1절의 식 (7.5)와 같이 게이지 변환을 하게 되므로 마찬가지로 $\boldsymbol{\Gamma_{\mu}\notin\Gamma(\mathrm{End}(E))}$임을 얻게 된다.(7.1절에서는 Γ_{μ}를 A_{μ}로 표기함에 유의))

결과적으로 $\boldsymbol{\omega\in\Omega^{1}(\mathrm{End}(E|_{U}))}$일 뿐이며 $\omega\notin\Omega^{1}(\mathrm{End}(E))$임에 유의할 필요가 있다.

---

307) 일반적으로 단위원을 갖는 가환 환 R과 R-모듈 $V_i(i=1,2,\cdots,n)$, W에 대하여 다음과 같은 R-동형사상(isomorphism) μ가 존재한다.([김홍종] p. 92)

$$\left\{\begin{matrix}\text{다중 } R-\text{선형함수}\\ \phi: V_1\times\cdots\times V_n\to W\end{matrix}\right\}\xrightarrow{\mu}\left\{\begin{matrix}R-\text{선형 함수}\\ \Phi: V_1\otimes\cdots\otimes V_n\to W\end{matrix}\right\},\ \phi(v_1,\cdots,v_n)\overset{\mu}{=}\Phi(v_1\otimes\cdots\otimes v_n)$$

그러나 **고정된** (i,j)에 대해서는 $\Gamma^i_{\mu' j} = \frac{\partial x^\mu}{\partial x^{\mu'}} \Gamma^i_{\mu j}$가 성립하고 따라서 $\Gamma^i_{\mu j} dx^\mu \in \Omega^1(M)$이다. 이것은 $v = v^\mu \partial_\mu = v^{\mu'} \partial_{\mu'}$에 대해 $(Ds)(v^\mu \partial_\mu) = (Ds)(v^{\mu'} \partial_{\mu'})$의 좌변과 우변을 정의에 따라 계산하고 비교함으로써 쉽게 확인할 수 있다. ($(Ds)(V)$가 V에 대해 $C^\infty(M)$-선형임을 상기할 것. $E = TM$인 경우는 식 (3.8)을 통해서도 확인할 수 있다.)

정의 6.4 ▌

벡터번들 $\Gamma(E)$와 커넥션 D가 주어졌을 때 '**외 공미분**(exterior covariant derivative)' d^D를 다음과 같이 정의한다.[308)]

$$d^D : \Omega^p(E)\left(= \Omega^p(M) \otimes \Gamma(E)\right) \to \Omega^{p+1}(E)$$

• $p \geq 1$일 때, $\Phi = \phi \otimes s \mapsto d^D \Phi := d\phi \otimes s + (-1)^p \phi \otimes Ds$

$$\overset{(\text{국소적으로})}{\equiv} \quad d\phi + \omega \wedge \phi = \begin{pmatrix} d\phi_1 \\ \cdot \\ \cdot \\ \cdot \\ d\phi_n \end{pmatrix} + (\omega^i_j) \wedge \begin{pmatrix} \phi_1 \\ \cdot \\ \cdot \\ \cdot \\ \phi_n \end{pmatrix}$$

• $p = 0$일 때, $d^D \equiv D : \Gamma(E) \to \Omega^1(E)$

정의 6.5 ▌

벡터번들 $\Gamma(E)$와 커넥션 D가 주어졌을 때, D의 '**곡률** (Curvature)' F는 다음과 같이 정의한다.

$$F := d^D \circ d^D : \Omega^0(E)\left(= \Gamma(E)\right) \to \Omega^2(E)$$

$$s \mapsto \boldsymbol{F}(s) \equiv (d+\omega) \circ (d+\omega)s = (d+\omega)(ds + \omega \cdot s)$$

$$= d^2 s + d(\omega \cdot s) + \omega(ds) + (\omega \wedge \omega)s$$

$$= (d\omega + \omega \wedge \omega)s \quad (\because d(\omega \cdot s) = (d\omega) \cdot s - \omega \wedge ds)$$

308) [Petrie] p. 10 참고. 관계식 $\Gamma(\mathrm{End}\,E) \simeq \Gamma(E^* \otimes E) \simeq \Gamma(E^*) \otimes \Gamma(E)$와 $D(s_1 \otimes s_2) = D_1 s_1 \otimes s_2 + s_1 \otimes D_2 s_2$를 이용하면 $\eta \in \Omega^p(\mathrm{End}E)$에 대하여 $\boldsymbol{d^D \eta = d\eta + [\omega, \eta]}$임을 보일 수 있다.([Jost] p. 106 또는 [Baez] p. 259 참고)

$$= \left[d\left(\Gamma_\mu dx^\mu\right) + \left(\Gamma_\mu dx^\mu\right) \wedge \left(\Gamma_\nu dx^\nu\right)\right] s \quad (\text{단}, \ \Gamma_\mu = (\Gamma^i_{\mu j}) \in \mathrm{End}(E|_U))$$

$$= \left[\frac{1}{2}\left(\frac{\partial \Gamma_\mu}{\partial x^\nu} - \frac{\partial \Gamma_\nu}{\partial x^\mu} + [\Gamma_\mu, \Gamma_\nu]\right) dx^\mu \wedge dx\right] s$$

$$= \left[\frac{1}{2} \boldsymbol{F_{\mu\nu} dx^\mu \wedge dx^\nu}\right] s \quad (\text{단}, \ F_{\mu\nu} \equiv \frac{\partial \Gamma_\mu}{\partial x^\nu} - \frac{\partial \Gamma_\nu}{\partial x^\mu} + [\Gamma_\mu, \Gamma_\nu])$$

여기서 $F_{\mu\nu} = F(s)(\partial_\mu, \partial_\nu)$임을 알 수 있다. 또 위 정의로부터 F가 $C^\infty(M)$-선형임을 알 수 있으므로 다음이 성립한다.

$$F \in \Omega^2(E) \otimes \Omega^0(E)^* = \Omega^2(M) \otimes \Omega^0(E) \otimes \Omega^0(E)^*$$

$$= \Omega^2(M) \otimes \Gamma(\mathrm{End}(E)) = \Omega^2(\mathrm{End}(E))$$

따라서 각 μ, ν에 대하여 $F_{\mu\nu} \in \Gamma(\mathrm{End}(E))$이다.

만일 $F(s)(\cdot, \cdot) \equiv R(\cdot, \cdot)(s)$로 표기하면 $R(\partial_\mu, \partial_\nu) = F(\cdot)(\partial_\mu, \partial_\nu) = F_{\mu\nu}$이다.

또, $R(\cdot, \cdot)(s) = F(s)(\cdot, \cdot) = (d\omega + \omega \wedge \omega)(s)$로부터 $R = (R^\alpha_\beta) \in \Omega^2(\mathrm{End}(E))$은 다음과 같이 표현된다.

$$R^\alpha_\beta = d\omega^\alpha_\beta + \omega^\alpha_\gamma \wedge \omega^\gamma_\beta \in \Omega^2(M)$$

이 때 R^α_β를 '**곡률 2-형식**(curvature 2-form)'이라고 부른다.

일반적으로 $X, Y \in \mathfrak{X}(M)$, $s \in \Gamma$일 때 다음 사실이 성립한다.[309)]

$$R(X, Y)s = D_X D_Y s - D_Y D_X s - D_{[X, Y]} s \qquad \cdots (6.1)$$

지금부터는 $E = TM$으로 가정하기로 하자. 이 때 다음을 정의할 수 있다.

정의 6.6

뒤틀림 텐서(Torsion Tensor) $T: \mathfrak{X}(M) \otimes \mathfrak{X}(M) \to \mathfrak{X}(M)$는 다음과 같은 $C^\infty(M)$-선형 함수로 정의된다.

$$T(X, Y) := D_X Y - D_Y X - [X, Y] \qquad \cdots (6.2)$$

309) 증명은 [Jost] p. 108 참고.

이 때, $T(X, Y) = -T(Y, X)$이므로 T는 TM에서 값을 갖는 2-형식으로 볼 수 있다.[310] 즉, $T \in \Omega^2(TM)$이다.

한편, 벡터번들 TM의 커넥션 D에 대하여 위 식 (6.1)은 다음과 같이 표현된다.

$$R(X, Y)Z = D_X D_Y Z - D_Y D_X Z - D_{[X, Y]} Z \quad (\text{단, } X, Y, Z \in \mathfrak{X}(M))$$

이제 $TM|_U$에서의 임의의 국소 기저섹션 $\{e_\alpha\}$와 그 듀얼 기저섹션 $\{\theta^\alpha\}$를 생각하자.

이 때 $\widetilde{\Gamma}^{\gamma}_{\alpha\beta}$, $\widetilde{\omega}^{\alpha}_{\beta}$를 각각 다음과 같이 정의한다.

$$D_{e_\alpha} e_\beta \equiv \widetilde{\Gamma}^{\gamma}_{\alpha\beta} e_\gamma, \quad \widetilde{\omega}^{\alpha}_{\beta} \equiv \widetilde{\Gamma}^{\alpha}_{\gamma\beta} \theta^\gamma$$

만일 $e_\alpha = e^\mu_\alpha \partial_\mu$로 두면 $D_{e_\alpha} e_\beta = e^\mu_\alpha D_{\partial_\mu} e_\beta = e^\mu_\alpha \Gamma^\gamma_{\mu\beta} e_\gamma = \widetilde{\Gamma}^{\gamma}_{\alpha\beta} e_\gamma$ 로부터 $e^\mu_\alpha \Gamma^\gamma_{\mu\beta} = \widetilde{\Gamma}^{\gamma}_{\alpha\beta}$를 얻는다.

따라서 $\widetilde{\omega}^{\alpha}_{\beta} \equiv \widetilde{\Gamma}^{\alpha}_{\gamma\beta}\theta^\gamma = e^\mu_\gamma \Gamma^\alpha_{\mu\beta}\theta^\gamma = \Gamma^\alpha_{\mu\beta} dx^\mu = \omega^\alpha_\beta$이고 이로부터 $\widetilde{\omega}^{\alpha}_{\beta}$ 가 D의 커넥션 1-형식임을 알 수 있다.

이 때 곡률 2-형식 R^α_β는 다음과 같이 표현된다.

$$R^\alpha_\beta = d\widetilde{\omega}^{\alpha}_{\beta} + \widetilde{\omega}^{\alpha}_{\gamma} \wedge \widetilde{\omega}^{\gamma}_{\beta} \in \Omega^2(M) \quad \cdots (6.3)$$

만일 $R^\alpha_{\beta\gamma\delta} e_\alpha \equiv R(e_\gamma, e_\delta) e_\beta \left(= \theta^\alpha\big(R(e_\gamma, e_\delta)e_\beta\big)e_\alpha\right)$로 표기하면 $R^\alpha_\beta \equiv \frac{1}{2} R^\alpha_{\beta\gamma\delta}\,\theta^\gamma \wedge \theta^\delta$가 된다.

한편, (6.2)에서 정의된 TM의 D에 대한 뒤틀림 $T(\cdot\,,\cdot) = T^\alpha(\cdot\,,\cdot)e_\alpha$에 대하여 다음이 성립한다.[311]

$$T^\alpha = d\theta^\alpha + \omega^\alpha_\beta \wedge \theta^\beta \,(= d^D \theta^\alpha) \quad \cdots (6.4)$$

만일 $T^\alpha_{\beta\gamma} \equiv T^\alpha(e_\beta, e_\gamma)\,(= \theta^\alpha(T(e_\beta, e_\gamma)))$로 표기하면 $T^\alpha \equiv \frac{1}{2} T^\alpha_{\beta\gamma}\,\theta^\beta \wedge \theta^\gamma$가 되고[312]

---

310) 일반적으로 벡터공간 V에 대하여 다음과 같은 동형사상(isomorphism) μ가 존재한다.([김홍종] pp. 96~97)

$$\Lambda^p(V^*) \xrightarrow{\mu} \left\{ \begin{matrix} \text{왜대칭 다중선형함수} \\ \phi: V \times \cdots \times V \to \mathbb{R} \end{matrix} \right\}, \quad v_1^* \wedge \cdots v_p^* \mapsto \frac{1}{p!} \sum_\sigma \mathrm{sgn}(\sigma) v^*_{\sigma(1)} \otimes \cdots \otimes v^*_{\sigma(p)},$$

311) 증명은 [Nakahara] p. 284 참고.

312) $(\theta^\beta \wedge \theta^\gamma)(e_\alpha, e_\delta) = \theta^\beta(e_\alpha)\theta^\gamma(e_\delta) - \theta^\beta(e_\delta)\theta^\gamma(e_\alpha) = \delta_{\beta\alpha}\delta_{\gamma\delta} - \delta_{\beta\delta}\delta_{\gamma\alpha}$임에 유의.

이때 $T^{\alpha}_{\beta\gamma} = -T^{\alpha}_{\gamma\beta}$ 임을 알 수 있다. 이 때 T^{α}를 **'뒤틀림 2-형식'**이라고 부른다.

계산에 의하면313), $[e_\beta, e_\gamma] = 0$인 경우에 $T^{\alpha}(e_\beta, e_\gamma) = \widetilde{\Gamma}^{\alpha}_{\beta\gamma} - \widetilde{\Gamma}^{\alpha}_{\gamma\beta}$ 이 성립하는데 이 때 만일 $T^{\alpha} \equiv 0$이면 $\widetilde{\Gamma}^{\alpha}_{\beta\gamma} = \widetilde{\Gamma}^{\alpha}_{\gamma\beta}$ 가 성립한다. 특별히 이와 같은 경우에 커넥션 D는 **'뒤틀림이 없다**(torsion free)'고 말한다.

참고로, 위 두 식 (6.3), (6.4)를 **'카르탕의 구조방정식'**이라고 부른다.

정의 6.7

벡터장 $V = V^{\mu} e_{\mu} \in \mathfrak{X}(M)$가 곡선 γ에 대하여 다음을 만족할 때, V는 γ를 따라 **'평행하다'**라고 말한다.([그림 6-1])

$$(D_{\dot\gamma} V)^{\mu} \equiv D_{\dot\gamma} V^{\mu} = \dot\gamma\,[\,V^{\mu}] + \omega^{\mu}_{\nu}(\dot\gamma)\,V^{\nu} = 0$$

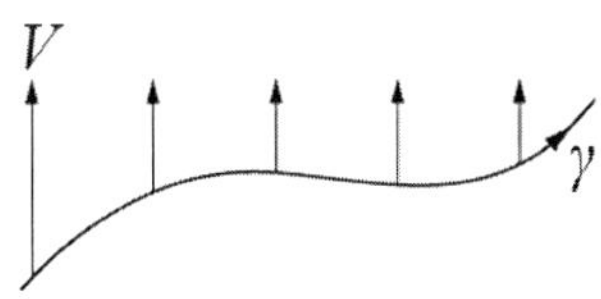

[그림 6-1]

위 정의에 의하여 곡선 γ를 따라 평행한 벡터장 V는 다음 1계 선형미분방정식을 만족한다.

$$\frac{d}{dt} V^{\mu}(\gamma(t)) = -\omega(\dot\gamma(t))^{\mu}_{\nu}\, V^{\nu}(\gamma(t)) \qquad \cdots (6.5)$$

주어진 곡선 $\gamma : [t_0, t_1] \to M$에 대하여 함수 $P_\gamma(t_0 \mapsto t_1) : T_{\gamma(t_0)}M \to T_{\gamma(t_1)}M$이 벡터 $v \in T_{\gamma(t_0)}M$을 $V(\gamma(t_0)) = v$이고 위 (6.5)를 만족시키는 벡터장 V의 $\gamma(t_1)$에서의 값 $V(\gamma(t_1))$으로 보낼 때, 함수 $P_\gamma(t_0 \mapsto t_1)$는 벡터 v를 곡선 γ를 따라 **'평행이동**(parallel transport)'시킨다고 한다. 이때 위 미분방정식 (6.5)의 선형성에 의해 함수 $P_\gamma(t_0 \mapsto t_1)$는 선형함수임을 확인할 수 있다.

벡터장의 평행이동은 다음과 같이 공미분 또는 커넥션 1-형식과 밀접한 관계가 있다.

313) [Nakahara] p. 284 참고.

① 평행이동과 공미분

위에서 정의한 바와 같이 공미분을 통해 평행이동을 정의할 수도 있지만 역으로 평행이동을 통해 공미분을 정의할 수도 있다.

이를 살펴보기 위해 먼저 $P_\gamma(t_0 \mapsto t_1): T_{\gamma(t_0)}M \to T_{\gamma(t_1)}M$을 주어진 벡터 $v \in T_{\gamma(t_0)}M$을 γ를 따라 $\gamma(t_1)$까지 평행이동시키는 함수라고 하자.

이때 위 (6.5)를 이용하여 임의의 벡터장 $V = V^\mu e_\mu \in \mathfrak{X}(M)$에 대하여 다음을 계산 할 수 있다. (단, $V(t) \equiv V(\gamma(t))$)

$$\begin{aligned}
&\lim_{\epsilon \to 0} \frac{[P_\gamma(t_0+\epsilon \mapsto t_0) V(t_0+\epsilon) - V(t_0)]^\mu}{\epsilon} \\
&= \lim_{\epsilon \to 0} \frac{V^\mu(t_0+\epsilon) + \epsilon\omega(\dot{\gamma}(t_0+\epsilon))^\mu_\nu V^\nu(t_0+\epsilon) + O(\epsilon^2) - V^\mu(t_0)}{\epsilon} \\
&= dV^\mu(\dot{\gamma}(t_0)) + \omega(\dot{\gamma}(t_0))^\mu_\nu V^\nu(t_0) = D_{\dot{\gamma}(t_0)} V^\mu \qquad \cdots (6.6)
\end{aligned}$$

따라서 식 (6.6)으로부터, 평행이동이 먼저 정의되면 이를 이용하여 공미분을 정의할 수 있음을 알 수 있다.

② 평행이동과 커넥션 1-형식

한편, TM의 커넥션 D가 다음을 만족시킬 때, D는 '**메트릭과 호환**(compatible)'이라고 부르고 이때의 D를 '**메트릭 커넥션**'이라고 부른다.

$$X\langle Y, Z\rangle = \langle D_X Y, Z\rangle + \langle Y, D_X Z\rangle \quad X, Y, Z \in \mathfrak{X}(M) \qquad \cdots (6.7)$$

이제 주어진 메트릭 커넥션 D에 대하여 곡선 γ를 따라 평행인 두 벡터장 $V(t)$, $W(t)$를 생각해 보자. 이 때

$$\dot{\gamma}(t)\langle V(t), W(t)\rangle = \langle D_{\dot{\gamma}} V, W\rangle + \langle V, D_{\dot{\gamma}} W\rangle$$

로부터 $P_\gamma(t_o \mapsto t_1)$**이 내적을 보존함**을 알 수 있다.

만일 $\{e_0(t), \cdots, e_3(t)\}$가 γ를 따라 로렌츠 정규직교인 벡터장이라 하고 $P_\gamma(t_0 \mapsto t_1)(v^\alpha e_\alpha) \equiv (G^\mu_\alpha v^\alpha)e_\mu$로 표현하면, $G = (G^\mu_\alpha)$가 내적을 보존하므로 $\eta_{\mu\nu}(G^\mu_\alpha v^\alpha)(G^\nu_\beta w^\beta) = \eta_{\alpha\beta} v^\alpha w^\beta$이 성립한다. 즉,

$$G^{\mathrm{T}}\eta G=\eta$$

이므로 $(G^{\mu}_{\alpha})\in SO(1,3)=\{A\,|\,A^{\mathrm{T}}\eta A=\eta\}$이다.

이 때 식 (6.5)를 이용하면 γ를 따라 평행인 임의의 벡터장 $V(t)=V^{\mu}(t)e_{\mu}(t)$에 대하여 다음과 같이 계산할 수 있다.

$$\lim_{\epsilon\to 0}\frac{V^{\mu}(t_0+\epsilon)-V^{\mu}(t_0)}{\epsilon}=-\omega^{\mu}_{\nu}\big(\dot{\gamma}(t_0)\big)V^{\nu}(t_0)$$

만일 $(G^{\mu}_{\alpha}(\epsilon))\equiv P_{\gamma}(t_0\mapsto t_0+\epsilon)$로 표기하면 위 식은 다음과 같이 다시 쓸 수 있다.

$$\lim_{\epsilon\to 0}\frac{G^{\mu}_{\nu}(\epsilon)V^{\nu}(t_0)-\delta^{\mu}_{\nu}V^{\nu}(t_0)}{\epsilon}=-\omega^{\mu}_{\nu}\big(\dot{\gamma}(t_0)\big)V^{\nu}(t_0)$$

즉, 다음과 같다.

$$\lim_{\epsilon\to 0}\frac{\big(G^{\mu}_{\nu}(\epsilon)-\mathrm{id}^{\mu}_{\nu}\big)V^{\nu}(t_0)}{\epsilon}=-\omega^{\mu}_{\nu}\big(\dot{\gamma}(t_0)\big)V^{\nu}(t_0)$$

여기서 $V(t_0)$는 임의의 벡터이고 $(G^{\mu}_{\alpha}(\epsilon))\in SO(1,3)$이므로 다음과 같은 결론에 도달한다.

$$\omega\big(\dot{\gamma}(t_0)\big)=-\lim_{\epsilon\to 0}\frac{G(\epsilon)-id}{\epsilon}\in so(1,3)=\{\omega\,|\,\omega^{\mathrm{T}}\eta+\eta\omega=0\}$$

즉, 다음과 같다.[314)]

$$\omega\in\Omega^{1}\big(so(1,3)|_{U}\big)$$

이 때 ω를 **'스핀 커넥션'**이라고 부른다.

참고로, 다음이 성립한다.

$$\omega=(\omega^{\mu}_{\nu})\in so(1,3)\;\Leftrightarrow\;\omega^{\mathrm{T}}\eta+\eta\omega=0$$

---

314) 참고로 $so(1,3)\simeq so(3)+so(3)\simeq su(2)+su(2)$이고 $\dim_{\mathbb{R}}so(3)=\frac{1}{2}3\cdot 2=2$, $\dim_{\mathbb{R}}su(2)=2^2-1=3$이다.

$$\Leftrightarrow \omega^{\nu}_{\mu}\eta_{\nu\alpha} + \eta_{\mu\lambda}\omega^{\lambda}_{\alpha} = 0$$

$$\Leftrightarrow \omega_{\alpha\mu} = -\omega_{\mu\alpha}$$

이상의 내용을 토대로 다음 정리를 소개하자.

정리 6.1 ▌

다음은 모두 동치이다.

① D가 메트릭과 호환이다.(즉, 식 (6.7)이 성립한다)

② 평행이동이 내적을 보존한다.

③ $D_\mu g = 0$이다.

④ ω가 스핀 커넥션이다.(즉, $(\omega^{\mu}_{\nu}) \in so(1,3)$)

[증명] 여기서는 ② ⇒ ① 만 증명해 보자.(나머지 증명은 거의 자명하다.)

주어진 벡터장 $X, Y, Z \in \mathfrak{X}(M)$와 점 $p \in M$에 대하여 $\gamma(0) = p$, $\dot{\gamma}(0) = X(0)$인 곡선 γ를 생각하자. 만일 T_pM의 한 정규직교기저 $\{e_\mu\}$에 대하여 각 e_μ를 γ를 따라 평행이동시켰을 때 얻어지는 γ 위의 벡터장을 $\{e_\mu(t)\}$라 하면 평행이동이 내적을 보존하므로 $\{e_\mu(t)\}$는 $T_{\gamma(t)}M$에서 항상 정규직교기저가 된다.

이제 $Y = y^\mu(t)e_\mu(t)$, $Z = z^\nu(t)e_\nu(t)$라 하면 $\langle Y, Z \rangle = \eta_{\mu\nu}y^\mu z^\nu$이다.

따라서 다음이 성립한다.

$$\begin{aligned} X(p)\langle Y, Z \rangle &= \eta_{\mu\nu}X(p)[y^\mu]z^\nu + \eta_{\mu\nu}y^\mu X(p)[z^\nu] \\ &= \langle X(p)[y^\mu]e_\mu, Z \rangle + \langle Y, X(p)z^\nu e_\nu \rangle \\ &= \langle D_{X(p)}Y, Z \rangle + \langle Y, D_{X(p)}Z \rangle \end{aligned}$$

■

6.2 테트라드 포말리즘

6.2.1 개요

일반상대론의 고전적인 포말리즘에서는, 시공간 (M,g)의 좌표벡터 $\partial_\mu(\mu=0,1,2,3)$을 이용하여 메트릭 $g_{\mu\nu}=g(\partial_\mu,\partial_\nu)$를 표현하고, 커넥션 $D_\mu\partial_\nu=\Gamma^\lambda_{\mu\nu}\partial_\lambda$를 이용하여 스칼라 곡률 R을 표현한 후 힐베르트-아인슈타인 작용 $S_{EH}=\dfrac{1}{16\pi G}\displaystyle\int_M R[g]dvol$에 대한 오일러-라그랑주 방정식 $\delta S_{EH}=0$으로부터 아인슈타인의 장 방정식을 얻었다.

이제 좌표벡터장 $\{\partial_\mu\}$ 대신 임의의 정규직교벡터장 $\{e_I|I=0,\cdots,3\}$ (또는 그 듀얼 벡터장 $\{e^I|I=0,\cdots,3\}$)을 이용하여 $D_\mu e_I:=\omega^J_{\mu I}e_J$로 표기하고, 이로부터 스칼라 곡률 $R=R[e,\omega]$와 팔라티니 작용 $S_P[e,\omega]=\dfrac{1}{16\pi G}\displaystyle\int R[e,\omega]\,dvol$을 표현한 뒤 (6.2.8절) 오일러-라그랑주 방정식을 구하면 다음과 같다. ([Bény] p. 2 참고)

$$\delta S|_{e\text{는 고정}}=0 \Leftrightarrow T^I=de^I+\omega^I_J\wedge e^J=0 \ \text{(즉, 뒤틀림이 없다)}$$

$$\delta S|_{\omega\text{는 고정}}=0 \Leftrightarrow Ric_{\mu\nu}-\frac{1}{2}Rg_{\mu\nu}=0 \ \text{(아인슈타인 장 방정식)}$$

이와 같은 포말리즘을 '**테트라드 포말리즘**(tetrad formalism)' 또는 '**팔라티니 포말리즘**(Palatini formalism)' 또는 '**1계 포말리즘**(first order formalism)'이라고 부른다.

만일 D가 메트릭 커넥션이어서 $\omega^I_J=\omega^I_{\mu J}dx^\mu$가 스핀 커넥션 1-형식이 되는 경우에는(정리 6.2) 위의 뒤틀림이 없다는 사실에 의해 ω^I_J 가 e_I (혹은 e^J)들로부터 유일하게 결정된다.(6.2.7절) 즉 $\omega=\omega(e)$이다. 이 때 이를 이용하여 $S_P[e]=\dfrac{1}{16\pi G}\displaystyle\int R[e,\omega(e)]dvol$로 쓸 수 있는데 여기서 $\delta S=0$을 통해 아인슈타인 방정식을 얻어내는 것을 '**2계 포말리즘**(second order formalism)'이라고 부른다.

6.2.2 테트라드(tetrad)의 정의

메트릭 커넥션이 주어진 시공간 (M,g)의 임의의 한 점 p에서 정규직교기저

$\{e_I(p) | I=0,\cdots,3\}$를 선택하자. 이 때 적당한 근방 U를 잡아서 $e_I(p)$들을 모든 방향으로 평행이동시키면 U에서 항상 $g(e_I, e_J)=\eta_{IJ}$인 정규직교기저 벡터장 $\{e_I\}$를 얻을 수 있다.[315)]

U에서 정의된 이러한 정규직교기저 벡터장 $\{e_I\}$를 '**테트라드**(tetrad)'라고 부른다.

6.2.3 기저의 변환

주어진 벡터 $v \in T_pM$를 좌표 기저 $\{\partial_\mu\}$에 대해 $v = v^\mu \partial_\mu$로 표현할 수도 있고, 테트라드 $\{e_I\}$를 이용하여 $v = v^I e_I$로 표현할 수도 있다. 이 때, 기저변환식 $e_I = e_I^\mu \partial_\mu$ 또는 $\partial_\mu = e_\mu^I e_I$를 이용하면 $v^I = v^\mu e_\mu^I$ 또는 $v^\mu = v^I e_I^\mu$로 쓸 수 있다. 즉, 두 첨자 I, μ 사이의 변환은 $\left(e_\mu^I\right)$ 또는 그 역행렬 $\left(e_I^\mu\right)$를 이용하여 표현할 수 있다.

여기서 다음과 같은 표기법을 도입하자.

좌표기저 $\{\partial_\mu\}$를 이용하여 표현한 벡터 $v = v^\mu \partial_\mu$를 기저 $\{e_I\}$에 대한 표현으로 바꿔주는 변환을 'e'로 표기한다. 즉, $e\left(v^\mu \partial_\mu\right)= v^I e_I$이다. 따라서 $e : \mathbb{R}^4 \to \mathbb{R}^4$는 다음과 같은 선형사상으로 이해할 수 있다.

$$\left(v^\mu\right) \overset{e}{\mapsto} \left(v^I\right) = \left(e_\mu^I v^\mu\right)$$

이 때 e의 역행렬은 $e^{-1} = \left(e_I^\mu\right)$이다.

6.2.4 메트릭의 표현

두 벡터 $v, w \in T_pM$의 내적 $\langle v,w \rangle$를 $\{\partial_\mu\}$-기저를 이용하여 표현하면 다음과 같다.

$$\langle v,w \rangle = g\left(v^\mu \partial_\mu, w^\nu \partial_\nu\right) = g_{\mu\nu} v^\mu w^\nu$$

이것을 만일 $\{e_I\}$-기저를 이용하여 표현하면 다음과 같이 다시 쓸 수 있다.

---

315) 이때 U를 '**정규좌표근방**(normal coordinate neighborhood)'라고 부른다. 자세한 내용은 [O'neill] pp. 59, 85, pp. 71~92 참고.

$$\langle v,w \rangle = g(v^I e_I, w^J e_J) = g_{IJ} v^I w^J = \eta_{IJ} v^I w^J \equiv \eta(v^I e_I, w^J e_J)$$

즉, 다음과 같다.

$$\langle v,w \rangle = g(v,w) = \eta(e(v), e(w))$$

한편, $g_{\mu\nu} v^\mu w^\nu = \eta_{IJ} v^I w^J$로부터 다음을 얻는다.

$$g_{\mu\nu} = \eta_{IJ}\, e^I_\mu e^J_\nu \qquad \cdots (6.8)$$

즉, 10개의 메트릭 함수 $\{g_{\mu\nu}\}$에 대한 모든 정보는 16개의 함수 $\{e^I_\mu\}$로부터 얻을 수 있다. 이때, 로렌츠군의 $\Lambda^{I'}_I \in SO(1,3)$에 의해 변환된 새로운 정규직교기저 $\{e_{I'} | e_{I'} = \Lambda^I_{I'} e_I\}$에 대하여 식 (6.8)의 우변이 불변임에 유의할 필요가 있다. 즉 다음이 성립한다.

$$e^I_\mu e^J_\nu \eta_{IJ} = e^I_\mu e^J_\nu \Lambda^{I'}_I \Lambda^{J'}_J \eta_{I'J'} = e^{I'}_\mu e^{J'}_\nu \eta_{I'J'}$$

따라서 다음과 같은 일대일 대응이 있음을 알 수 있다.

$$\{(g_{\mu\nu})\text{의 공간}\}\ (10\text{차원}) \leftrightarrow \{(e^\mu_I)\text{의 공간}\}/SO(1,3)\ (16\text{-}6=10\text{차원})$$

6.2.5 커넥션의 표현

TM 상에 주어진 한 커넥션이 적당한 근방 U에서 좌표기저 벡터장 $\{\partial_\mu\}$과 임의의 정규직교기저 벡터장 $\{e_I\}$에 대해 각각 다음과 같이 표현된다고 하자.[316)]

$$\nabla_\mu \partial_\mu = \Gamma^\alpha_{\mu\nu} \partial_\alpha \ (\Rightarrow \Gamma^\alpha_{\mu\nu} dx^\mu\text{: } U\text{에서의 커넥션 1-형식}) \qquad \cdots (6.9)$$

$$D_\mu e_I = \omega^J_{\mu I} e_J \ (\Rightarrow \omega^J_{\mu I} dx^\mu\text{: } U\text{에서의 커넥션 1-형식}) \qquad \cdots (6.10)$$

위 식 (6.9)와 (6.10)에 의해 다음과 같이 쓸 수 있다.

$$\nabla_\mu v^\nu = \partial_\mu v^\nu + \Gamma^\nu_{\mu a} v^a \qquad \cdots (6.9)'$$

316) 주어진 기저 $\{e_I\}$ 또는 $\{\partial_\mu\}$에 대하여, 64 (=4^3)개의 함수 $\{\omega^I_{\mu J}\}_{I,J,\mu}$ 또는 $\{\Gamma^\alpha_{\mu\nu}\}_{\mu,\nu,\alpha}$의 선택에 의해 TM 상의 한 커넥션이 정의된다.

$$D_\mu v^I = \partial_\mu v^I + \omega^I_{\mu J} v^J \qquad \cdots (6.10)'$$

이 때 위의 두 표현이 서로 동일한 커넥션의 정의가 되기 위해서는 다음이 성립해야 한다.

$$\nabla_\mu \left(v^\nu \partial_\nu\right) = D_\mu \left(v^I e_I\right) \quad ^{317)} \qquad \cdots (6.11)$$

식 (6.11)이 성립하기 위한 Γ와 ω의 관계식을 구하기 위해 다음 두 계산을 비교해보자.

$$\nabla_\mu (v^\nu \partial_\nu) = \left(\partial_\mu v^\nu + \Gamma^\nu_{\mu\alpha} v^\alpha\right)\partial_\nu = \left(\partial_\mu v^\nu + \Gamma^\nu_{\mu\alpha} v^\alpha\right) e^I_\nu e_I \qquad \cdots (6.12)$$

$$D_\mu \left(v^I e_I\right) = \left(\partial_\mu v^I + \omega^I_{\mu J} v^J\right) e_I = \left[\left(\left(\partial_\mu v^\nu\right) e^I_\nu + v^\nu \partial_\mu e^I_\nu\right) + \omega^I_{\mu J}\left(e^J_\alpha v^\alpha\right)\right] e_I \quad \cdots (6.13)$$

위 두 식을 비교하여 $\Gamma^\nu_{\mu\alpha}$를 구하면 다음과 같다.[318)]

$$\Gamma^\nu_{\mu\alpha} = e^\nu_I \left(\partial_\mu e^I_\alpha + \omega^I_{\mu J} e^J_\alpha\right) \left(\equiv e^\nu_I D_\mu e^I_\alpha\right) \qquad \cdots (6.14)$$

또 이 식을 다시 $\omega^I_{\mu J}$에 대해 정리하면 다음과 같다.[319)]

$$\omega^I_{\mu J} = e^I_\nu \left(\partial_\mu e^\nu_J + \Gamma^\nu_{\mu a} e^a_J\right) \left(\equiv e^I_\nu \nabla_\mu e^\nu_J\right) \qquad \cdots (6.15)$$

이제, 임의의 (1,1)-텐서 $A = A^I_\nu \partial^\nu \otimes e_I$에 대한 D_μ의 작용을 다음과 같이 계산해보자.

$$\begin{aligned} D_\mu\left(\left(A^I_\nu \partial^\nu\right) \otimes e_I\right) &= \nabla_\mu \left(A^I_\nu \partial^\nu\right) \otimes e_I + A^I_\nu \partial^\nu \otimes D_\mu e_I \\ &= \left(\partial_\mu A^I_\nu - \Gamma^\sigma_{\mu\nu} A^I_\sigma\right) \partial^\nu \otimes e_I + \left(A^J_\nu \omega^I_{\mu J}\right) \partial^\nu \otimes e_I \end{aligned}$$

따라서 다음이 성립한다.

$$(D_\mu A)^I_\nu \left(\equiv D_\mu A^I_\nu\right) = \partial_\mu A^I_\nu - \Gamma^\sigma_{\mu\nu} A^I_\sigma + \omega^I_{\mu J} A^J_\nu$$

특별히, 다음과 같이 쓸 수 있다.

---

317) 이 식의 보다 엄밀한 표현은 $\nabla_\mu v = e^{-1}(D_\mu(e(v)))$이다.

318) $\Gamma^\nu_{\mu\alpha}\partial_\alpha = \nabla_\mu \partial_\nu = D_\mu\left(e^I_\nu e_I\right) = \left(\partial_\mu e^I_\nu + w^I_{\mu J} e^J_\nu\right) e_I = \left(\partial_\mu e^I_\nu + w^I_{\mu J} e^J_\nu\right)\left(e^\alpha_I \partial_\alpha\right)$를 이용하여 직접 구할 수도 있다.

319) 식 (6.12)에서 $v^\nu = e^\nu_J v^J$, $v^\alpha = e^\alpha_J v^J$로 바꾸어서 전개한 뒤 (6.13)와 비교하여 바로 얻을 수도 있다.

$$D_\mu e^I_\nu = \partial_\mu e^I_\nu + \omega^I_{\mu J} e^J_\nu - \Gamma^\sigma_{\mu\nu} e^I_\sigma$$

한편 위 식의 좌변은 다음과 같이 다시 쓸 수 있다.

$$\left[D_\mu\left(e^J_\lambda \partial^\lambda \otimes e_J\right)\right]^I_\nu = \left[\nabla_\mu\left(\partial^\lambda \otimes \partial_\lambda\right)\right]^I_\nu = \left[\nabla_\mu\left(g_{\lambda\delta}\partial^\lambda \otimes \partial^\delta\right)\right]^I_\nu = \left[\nabla_\mu g\right]^I_\nu$$

따라서 다음이 성립함을 알 수 있다.

$$\nabla_\mu g = 0 \Leftrightarrow D_\mu e^I_\nu = 0$$

6.2.6 메트릭과의 호환 조건(Metric compatibility condition)

먼저 [정리 6.1] (① ⇔ ④)에 의하여 다음이 성립함을 상기해 보자.

$$\nabla_\mu g = 0 \Leftrightarrow \partial_\mu(g(v,w)) = g(\nabla_\mu v, w) + g(v, \nabla_\mu w)$$

여기서 $g(v,w) = \eta(e(v), e(w))$임을 이용하면 위 식은 다음과 같이 다시 표현될 수 있다.

$$D_\mu \eta = 0 \Leftrightarrow \partial_\mu(\eta(e(v), e(w))) = \eta(D_\mu(e(v)), e(w)) + \eta(e(v), D_\mu(e(w))))$$

따라서 다음을 확인할 수 있다.

$$\nabla_\mu g_{\alpha\beta} = 0 \Leftrightarrow D_\mu \eta_{IJ} = 0$$

한편, $D_\mu \eta_{IJ} = \partial_\mu \eta_{IJ} - \omega^K_{\mu I}\eta_{KJ} - \omega^K_{\mu J}\eta_{IK} = -\left(\omega_{\mu IJ} + \omega_{\mu JI}\right) = 0$으로부터 다음 정리를 얻는다.

정리 6.2 ▎

다음은 모두 동치이다.

① $\nabla_\mu g = 0$ (즉, ∇가 메트릭 g와 호환이다. 또는 g가 ∇-평행이다.)

② $D_\mu \eta = 0$ (즉, D가 메트릭 η와 호환이다. 또는 η가 D-평행이다.)

③ $D_\mu e^I_\nu = 0$ (즉, ${e^I}_\nu$가 D-평행이다.)

④ $(\omega^I_J) \in so(1,3)$ (즉, ω가 스핀 커넥션이다.)

따라서 **메트릭과 호환인 스핀 커넥션**인 경우 위 ④의 $\omega^{\mathrm{T}} = -\eta\omega\eta$ (또는 $\omega_{IJ} = -\omega_{JI}$) 로부터 행렬 (ω^I_J)가 자유도 6개를 갖게 되고 따라서 $(\omega_{\mu J}^{\;I})$는 총 $6(I,J)\times 4(\mu)=$ **24개의 자유도**를 갖는다.

다른 한편으로, $\nabla_\mu g_{\alpha\beta}=0$는 $\Gamma^\sigma_{\mu\lambda}$에 대한 $4(\mu)\times 10(g_{\alpha\beta})=40$개의 제약식이 되고 따라서 $\Gamma^\sigma_{\mu\lambda}$의 자유도가 $4^3(\sigma,\mu,\lambda)-40=24$가 된다고 볼 수도 있다.

6.2.7 뒤틀림이 없는 커넥션(Torsion-free condition)

주어진 커넥션 D에 대한 뒤틀림 2-형식 T^I는 식 (6.4)에 의해 다음과 같이 주어짐을 상기하자.

$$\begin{aligned} T^I(= d^D e^I) &= de^I + \omega^I_J \wedge e^J \\ &= \left(\partial_{[\mu} e^I_{\nu]} + \omega_{[\mu|K|}^{\;I} e^K_{\nu]}\right) dx^\mu \wedge dx^\nu \\ &\equiv \frac{1}{2} T^I_{\mu\nu}\, dx^\mu \wedge dx^\nu \end{aligned}$$

이 때, 식 (6.14)로부터 다음을 알 수 있다.

$$T^\alpha_{\mu\nu} = \Gamma^\alpha_{\mu\nu} - \Gamma^\alpha_{\nu\mu} = 2e^\alpha_J\left(\partial_{[\mu} e^J_{\nu]} + \omega_{[\mu|I|}^{\;J} e^I_{\nu]}\right) = 2e^\alpha_J T^J_{\mu\nu}$$

따라서 $\frac{1}{2}T^\alpha_{\mu\nu} = e^\alpha_J T^J_{\mu\nu}$이고 이를 이용하여 다음과 같이 T^I를 다시 쓸 수 있다.

$$T^I = \frac{1}{4} e^I_\alpha T^\alpha_{\mu\nu}\, dx^\mu \wedge dx^\nu$$

따라서 ∇에 대해 뒤틀림이 없다는 것은 (즉, $T^\alpha_{\mu\nu}=0$) D에 대해 뒤틀림이 없다는 것 (즉, $T^I_{\mu\nu}=0$)과 동치임을 알 수 있다.

이 때, $T^I_{\mu\nu} = 2\left(\partial_{[\mu} e^I_{\nu]} + \omega_{[\mu|K|}^{\;I} e^K_{\nu]}\right) = 0$은 $\{\omega_{\mu J}^{\;I}\}$에 대한 $4(I)\times 6((\mu,\nu)$-왜대칭$)=24$개의 제약식이 된다. 따라서 위 6.2.6절에 의해 **뒤틀림이 없는 스핀 커넥션 ω는 테트라드 $\{e^I_\mu\}$에 의해 유일하게 결정된다.** (즉, $\omega = \omega[e]$이다)

6.2.8 곡률과 힐베르트-팔라티니 작용

[정의 6.5]에 의하여 기저 $\{e_I\}$에 대한 커넥션 D의 곡률 F는 다음과 같이 표현된다.

$$\begin{aligned} F^{IJ} &= d\omega^{IJ} + \omega^I_K \wedge \omega^K_J \\ &= \left(\partial_{[\mu}\omega^{IJ}_{\nu]} + \omega^I_{[\mu|K|}\omega^{KJ}_{\nu]}\right)dx^\mu \wedge dx^\nu \\ &\equiv \frac{1}{2}F^{IJ}_{\mu\nu}\,dx^\mu \wedge dx^\nu \end{aligned}$$

이 때, $F^{IJ}_{\mu\nu} = F^{IJ}(\partial_\mu, \partial_\nu)$이다.

또, (6.1)에 의하여 각각의 기저 $\{e_I\}$, $\{\partial_\mu\}$에 대하여 다음이 성립한다.

$$D_\mu D_\nu e(v) - D_\nu D_\mu e(v) = \left(F^I_{J\mu\nu}v^J\right)e_I \qquad \cdots (6.16a)$$

$$\nabla_\mu \nabla_\nu v - \nabla_\nu \nabla_\mu v = (R^\alpha_{\beta\mu\nu}v^\beta)\partial_\alpha \qquad \cdots (6.16b)$$

한편, 다음과 같이 계산할 수 있다.

$$\nabla_\mu \nabla_\nu w = \nabla_\mu\left(e^{-1}(D_\nu e(w)\right) = e^{-1}\left(D_\mu\left(e \circ e^{-1}(D_\nu e(w))\right)\right) = e^{-1}(D_\mu D_\nu e(w))$$

이를 이용하면 다음을 얻는다.

$$R(u,v)w = e^{-1}(F(e(w))(u,v))$$

여기서 $u = \partial_\mu, v = \partial_\nu, w = \partial_\sigma$로 두면 다음과 같이 쓸 수 있다.

$$R^\rho_{\sigma\mu\nu}\,\partial_\rho = e^{-1}\left(F^I_{J\mu\nu}e^J_\sigma e_I\right) = F^I_{J\mu\nu}e^J_\sigma e^\rho_I\,\partial_\rho$$

결론적으로 다음을 얻는다.

$$R^\alpha_{\beta\mu\nu} = F^I_{J\mu\nu}e^J_\beta\, e^\alpha_I \qquad \cdots (6.17)$$

즉, 두 곡률 표현 $R^\alpha_{\beta\mu\nu}$, $F^I_{J\mu\nu}$ 사이의 첨자의 변환 $\{\alpha, \beta\} \leftrightarrow \{I, J\}$는 (e^I_α)를 통해 이루어진다.

이제 (6.17)을 이용하면 리치곡률 $Ric_{\beta\mu}$를 테트라드를 이용하여 다음과 같이 표현할 수 있다.

$$Ric_{\beta\mu}\left(= R^{\alpha}_{\beta\alpha\mu}\right) = e^{J}_{\beta}\, e^{\alpha}_{I}\, F^{I}_{J\alpha\mu}$$

다시 이를 이용하여 스칼라 곡률 R을 테트라드를 이용하여 다음과 같이 표현할 수 있다.

$$R\left(= g^{\beta\mu} Ric_{\beta\mu}\right) = e^{\mu}_{J}\, e^{\alpha}_{I} F^{IJ}_{\alpha\mu} \qquad \cdots (6.18)$$

마지막으로 $g_{\mu\nu} = e^{I}_{\mu} e^{J}_{\nu} \eta_{IJ}$로부터 다음을 얻는다.

$$\sqrt{|g|} = |e| := \left|\det\left(e^{I}_{\mu}\right)\right| \qquad \cdots (6.19)$$

이제 위 (6.18)과 (6.19)로부터 아인슈타인-힐베르트 작용을 테트라드 (e^{μ}_{I})와 커넥션 ω을 이용하여 다음과 같이 '**팔라티니 작용**(Palatini action)'으로 다시 쓸 수 있다.

$$S_P[e, \omega] = \frac{1}{16\pi G}\int_M e^{\mu}_{I}\, e^{\nu}_{J} F^{IJ}_{\mu\nu}(\omega)\, |e| d^4x \qquad \cdots (6.20)$$

6.3 새로운 변수들: A^i_a, E^i_a

이 절에서는 e, ω 대신 다음과 같은 새로운 변수를 도입하여 아인슈타인-힐베르트 작용을 표현하고자 한다.

- **아슈테커-바버로 커넥션**(Ashtekar – Barbero Connection): $\left(A^{i}_{a}\right)$
- **밀도 트라이어드**(Densitized Triad): $\left(E^{a}_{i}\right)$

이를 위해 먼저 5장에서 소개한 ADM-포말리즘을 테트라드를 이용하여 다시 기술해 보자.

코쉬 곡면 Σ_t에 수직인 단위벡터장 n을 e_0로 표기하고, $T\Sigma_t$의 한 국소적 정규직교기저 $\{e_i\}_{i=1,2,3}$를 선택하여 테트라드 $\{e_0, e_i\}_{i=1,2,3}$을 얻을 수 있다.([그림 6-2])

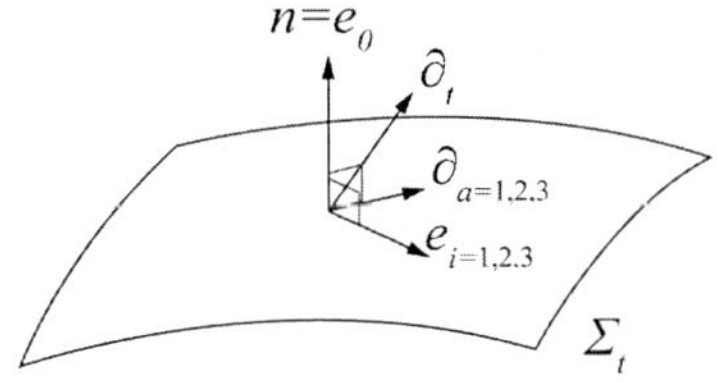

[그림 6-2]

이 때, 다음과 같이 몇 가지 사실과 표기법을 정리해 보자.

i) 첨자: $\{i,j,\cdots=1,2,3\}$는 $T\Sigma_t$의 테트라드 $\{e_i\}$를 나타내는 첨자로 사용한다. $\{a,b,\cdots=1,2,3\}$는 Σ_t의 좌표계에 의한 좌표벡터 $\{\partial_a\}$를 나타내는 첨자로 사용한다.

ii) 테트라드와 좌표벡터 사이의 변환은 다음과 같다.

$$\partial_a = e_a^i e_i,\quad e_i = e_i^a \partial_a$$

특히, $e_a^0 = e_i^0 = 0$이다.

iii) Σ_t상의 메트릭 h_{ab}는 테트라드를 이용하여 다음과 같이 표현된다.

$$h_{ab} = g_{ab} = g(\partial_a, \partial_b) = e_a^i e_b^j \delta_{ij}$$

또 $H \equiv (h_{ab})$, $\widetilde{H} \equiv (h^{ab})$(단, $h^{ab} := h(\partial^a, \partial^b)$, $h(e^i, e^j) := \delta^{ij}$)이라 하면 $\widetilde{H} = H^{-1}$임을 다음과 같이 보일 수 있다.

$$h_{ab} = h(\partial_a, \partial_b) = h(\partial_a^\#, \partial_b^\#) = h(h_{ac}\partial^c, h_{bd}\partial^d) = h_{ac}h^{cd}h_{db} \Rightarrow H = H\widetilde{H}H$$

(단, 여기서 $\# : TM \to TM^*$, $\#(v) \equiv v^\# := \langle v, \cdot \rangle$이다. 이때 $(e_i)^\# = e^i$이다.)

iv) 위 iii)의 행렬표현은 $h = e^{\mathrm{T}} e$이므로 다음이 성립한다.

$$\sqrt{h} := \sqrt{\det(h_{ab})} = \det(e_a^i)$$

v) TM 상의 한 스핀 커넥션 ω가 $D_\mu e_I = \omega^J_{\mu I} e_J$에 의해 정의될 때, $T\Sigma_t$상의 커넥션 $\widetilde{D}$를 다음과 같이 정의하자.

$$\widetilde{D}_a e_j := \omega^i_{aj}\, e_i \left(= (D_a e_j)^\top\right)$$

이 때, $(\omega^i_j) = (\omega^i_{aj} dx^a)$는 (Σ_t, h_{ab})상의 한 메트릭 커넥션이 된다. (즉, $(\omega^i_j) \in so(3)$)

vi) 식 (5.3)에 의하여 $K_{ab} = \frac{1}{2}\mathcal{L}_{e_0} h_{ab} = g(\nabla_a e_0, \partial_b)$으로 표기할 수 있다. 이 때 다음을 계산할 수 있다.

$$K^i_a = e^i_b K^b_a = e^j_a K^i_j = e^j_a e^i (D_{e_j} n) = e^i (D_{\partial_a} n) = (D_a n)^i$$

위 식의 첫 번째 등식은 $K^i_a e_i \otimes \partial^a = K^i_a e^b_i \partial_b \otimes \partial^a = K^b_a \partial_b \otimes \partial^a$로부터 유도되고, 두 번째 등식은 $e^i_b K^b_a = K^i_a = e^j_a K^i_j$로부터 자명하다. 또 세 번째 등식은 다음을 이용하여 얻는다.

$$K_{ji} = \langle \nabla_{e_j} n, e_i \rangle \Rightarrow K^i_j = (e_i)^\sharp (\nabla_{e_j} n) = e^i (\nabla_{e_j} n)$$

한편, $D_{e_i} e_j$를 다음과 같이 두 가지 방법으로 계산할 수 있다.

1) $D_{e_i} e_j = (D_{e_i} e_j)^\top + (D_{e_i} e_j)^\perp = e^a_i (\widetilde{D}_a e_j) - \langle D_{e_i} e_j, e_0 \rangle e_0 = e^a_i \omega^k_{aj} e_k + K_{ij} e_0$

2) $D_{e_i} e_j = e^\mu_i \omega^K_{\mu j} e_K = e^a_i \omega^k_{aj} e_k + e^a_i \omega^0_{aj} e_0$

위 두 식 1), 2)를 비교하여 다음을 얻을 수 있다.

$$K_{ij} = e^a_i \omega^0_{aj} \quad \text{즉,}\ K^j_i = e^a_i \omega^{0j}_a$$

따라서 다음을 얻는다.

$$K^i_a = e^j_a K^i_j = e^j_a (e^a_j\, \omega^{0i}_a) = \omega^{0i}_a$$

여기서 한 가지 언급할 것은 정규직교기저 $\{e_I\}$에서 e_0를 Σ_t에 수직인 벡터로 고정함으로써 $\{e_I\}$에 대한 $SO(1,3)$의 게이지 자유도 6이 $\{e_i\}_{i=1,2,3}$에 대한 $so(3)$ $(= su(2))$의 게이지 자유도 즉, 3으로 줄어들었다는 것이다. 이와 같은 $n \equiv e_0$의 선택을 **'시간 게이지 선택**(time gauge fixing)'이라고 부른다.

또한, 만일 위에서 $D_\mu e_I = \omega^J_{\mu I}\, e_J$로 정의된 **스핀 커넥션 $\omega^J_{\mu I}$가 뒤틀림이 없으면,** 즉, $de^I + \omega^I_J \wedge e^J = 0$ 이면 이로부터 $de^i + \omega^i_j \wedge e^j = 0$가 성립함을 유도 할 수 있다. 다시 말해서, $(\omega^i_j)_{ij}$**는 트라이어드 $\{e_i \mid k=1,2,3\}$에 대해 뒤틀림이 없는 메트릭 커넥션이 된다**.

실제로 이것은 $de^I + \omega^I_J \wedge e^J = 0$에서 $I=i$로 두고 다음과 같이 좌변을 전개해 보면 알 수 있다.

$$d(e^i_a dx^a + e^i_0 dx^0) + \left(\omega^i_{aj} dx^a + \omega^i_{0j} dx^0\right) \wedge \left(e^j_a dx^a + e^j_0 dx^0\right) + \left(\omega^i_{\mu 0} dx^\mu\right) \wedge \left(e^0_0 dx^0 + e^0_a dx^a\right) = 0$$

이 때, 식 $\partial_a = e^i_a e_i$로부터 $e^0_a = 0$임을 상기하면서 위 좌변의 전개식에서 dx^0를 포함하지 않는 항들만 모으면 정확히 $de^i + \omega^i_j \wedge e^j$이 된다. (단, $e^i = e^i_a dx^a$, $\omega^i_j = \omega^i_{aj} dx^a$)

vii) ADM 포말리즘에서 다음이 성립함을 상기하자.

$\partial_0 = Ne_o + N^i e_i$, $N^a = e^a_i N^i$ (N: 시간 경과 함수, N^i: 위치 이동벡터)

또한, $e_0 = \frac{1}{N}\left(\partial_0 - N^i e_i\right) = \frac{1}{N}\partial_0 - \frac{N^i}{N} e^a_i \partial_a$와 $e_i = e^a_i\, \partial_a$로부터 다음을 알 수 있다.

$$e^0_0 = \frac{1}{N},\quad e^a_0 = -\frac{N^a}{N},\quad e^0_i = 0$$

즉, 다음과 같이 쓸 수 있다.

$$\begin{pmatrix} e_0 \\ e_i \end{pmatrix} = \begin{pmatrix} \frac{1}{N} & -\frac{N^a}{N} \\ 0 & e^a_i \end{pmatrix} \begin{pmatrix} \partial_0 \\ \partial_a \end{pmatrix} \quad \text{또는} \quad \begin{pmatrix} \partial_0 \\ \partial_a \end{pmatrix} = \begin{pmatrix} N & N^i \\ 0 & e^i_a \end{pmatrix} \begin{pmatrix} e_0 \\ e_i \end{pmatrix}$$

정의 6.8

주어진 테트라드 $\{e_I\}$에 대하여 **'밀도 트라이어드**(Densitized triad)' E_i^a를 다음과 같이 정의한다.

$$E_i^a := \sqrt{h}\, e_i^a \left(= \frac{1}{2}\epsilon^{abc}\epsilon_{ijk}e_b^j e_c^k = \det\left(e_b^i\right)e_i^a\right)$$

이와 같이 정의된 밀도 트라이어드는 Σ_t의 내재적 기하(intrinsic geometry)를 반영하는 변수로서 다음을 만족시킨다.

$$\det(E_i^a) = \sqrt{h^3}\det(e_i^a) = \sqrt{h^3}\,\sqrt{h}^{-1} = h \quad (\because \text{ 6.3절의 iv})$$

참고로 위 식은 다음 계산을 이용하여 보일 수도 있다.

$$E_i^a E_j^b \delta^{ij} = h e_i^a e_j^b \delta^{ij} = h e_i^a e_j^b h(e^i, e^j) = h \cdot h(\partial^a, \partial^b) = h \cdot h^{ab}$$

또 $1/\sqrt{\det E} = 1/\sqrt{h}$, $E_j^b\delta^{ij} = \sqrt{h}\, e_i^b$임을 이용하여 다음을 쉽게 보일 수 있다.

$$K_a^i = \frac{1}{\sqrt{\det(E_i^a)}} K_{ab}E_i^b$$

정의 6.9

주어진 스핀 커넥션 $\omega^I{}_J$에 대하여 **'아슈테커-바버로 커넥션**(Ashitekar－Barbero connection)' A_a^i를 다음과 같이 정의한다.

$$A_a^i := \frac{1}{2}\epsilon^i{}_{jk}\omega_a^{jk} + \gamma\omega_a^{0i} \equiv \Gamma_a^i + \gamma K_a^i \quad (\text{단, } \gamma \in \mathbb{R} - \{0\})$$

위 정의에서 γ를 'Immirzi-**매개변수**'라고 부른다.

이와 같이 정의된 A_a^i는 Σ_t의 외재적 기하(extrinsic geometry)를 반영하는 변수이다.

특별히, 만일 $\epsilon_{ijk} = 1$이면 $\Gamma_a^i = \omega_a^{jk}$ 임을 알 수 있고 일반적으로 $\omega_{aj}^i = \epsilon^i{}_{jk}\Gamma_a^k$이 성립한다.

따라서 다음과 같이 쓸 수 있다.

$$de^i + \omega^i_j \wedge e^j = 0 \ \ (\{\omega^i_j\}\text{에 대한 3개의 방정식})$$
$$\Leftrightarrow de^i + \epsilon^i_{jk} \Gamma^k \wedge e^j = 0 \ \ (\{\Gamma^k\}_{k=1,2,3}\text{에 대한 3개의 방정식})$$

한편, 첨자 $\{i, j, k\}$에 대해, $A^k_i := \epsilon_{ij}{}^k A^j$로 정의하면 $A^k_i = -A^i_k$, 즉 $(A^k_i) \in so(3)$ $(= su(2))$이다. 따라서 고정된 (i, j, k)에 대하여 $\epsilon_{ijk} = 1$일 때(이 경우 $j = j(i)$, $k = k(i)$로 쓸 수 있다.)

$$A^i \tau_i = \left(\sum_{\{j', k'\} = \{j, k\}} = \frac{1}{2} \epsilon^{k'}_{ij'} A^{j'}_{k'} \right) \tau_i = A^{j(i)}_{k(i)} \tau_i (\in su(2),\ i = 1, 2, 3)$$

로 볼 수 있다.

다시 말해서, $su(2)$의 기저 $\tau_i = \frac{\sigma_i}{2i}$(단, σ_i 는 파울리 행렬)에 대해, **$A \equiv A^i \tau_i$는 $su(2)$에서 값을 갖는 1-형식**으로 볼 수 있다.

이제 $v_i \tau^i = v_i \tau_i \in su(2)$에 대하여 다음을 정의하자.[320]

$$D^{(A)}_a v_i := \partial_a v_i - A^k_{ai} v_k \left(= \partial_a v_i - \epsilon_{ij}{}^k A^j_a v_k = \partial_a v_i - [A_a, v] \right)$$
$$F^i_{ab} := \partial_a A^i_b - \partial_b A^i_a + \epsilon^i_{jk} A^j_a A^k_b$$

여기서 $D^{(A)}_a v_i$, F^i_{ab}를 각각 **$su(2)$-아슈테카 커넥션 A^i_a에 대한 '공미분'과 '곡률'**이라고 부른다.

참고로, 한 가지 언급할 것은 [정의 6.9]에서의 Γ^i_a는 밀도 트라이어드 E^i_a의 함수로 나타낼 수 있다는 것이다.[321] 즉, $\Gamma^i_a = \Gamma^i_a(E)$이다. 따라서 $K^i_a = K^i_a(A, E)$로 볼 수 있다.

---

320) [Rovelli1] p. 146 참고. 이 책의 [부록 3]도 참고할 수 있다.
321) 구체적인 표현은 다음과 같다.([Mercuri] p. 63 (또는 [Perez] p. 11)을 참고할 것.)

$$\Gamma^i_\alpha = \frac{1}{2} \varepsilon^i{}_{jk} E^{\beta k} \left[\partial_\beta E_\alpha{}^j - \partial_\alpha E_\beta{}^j + E^{\gamma j} E_{\alpha l} \partial_\beta E_\gamma{}^l \right]$$
$$+ \frac{1}{4} \varepsilon^i{}_{jk} E^{\beta k} \left[2E_\alpha{}^j \frac{\partial_\beta \left(\det[E_\gamma{}^i] \right)}{\det[E_\gamma{}^i]} - E_\beta{}^j \frac{\partial_\alpha \left(\det[E_\gamma{}^i] \right)}{\det[E_\gamma{}^i]} \right]$$

6.4 홀스트 작용(Holst action)[322]

테트라드 (e_I^{μ})와 스핀 커넥션 ω를 이용하여 아인슈타인-힐베르트 작용을 다시 표현한 팔라티니 작용 (6.20)은 다음과 같이 고쳐 쓸 수 있다.[323] (단, $16\pi G \equiv 1$)

$$
\begin{aligned}
S_P[e,\omega] &= \int d^4x\,|e|\,e_I^{\mu}\,e_J^{\rho}F_{\mu\rho}^{IJ}(\omega) \\
&= \int d^4x\,\frac{1}{4}\epsilon_{IJKL}\epsilon^{\mu\rho\alpha\beta}\,e_{\alpha}^{K}\,e_{\beta}^{L}F_{\mu\rho}^{IJ}(\omega) \\
&= \int \frac{1}{2}\epsilon_{IJKL}e^I\wedge e^J\wedge F^{KL}(\omega)
\end{aligned}
$$

여기서 e와 ω을 각각 독립변수로 취급하여 $\delta S_P|_{e:\text{고정}}=0$을 계산하면

$$d_{\omega}e^I = de^I + \omega^I_J\wedge e^J = 0 \quad (\text{즉, } \omega\text{는 뒤틀림이 없음})$$

을 얻고, $\delta S_P|_{\omega:\text{고정}}=0$을 계산하면

$$Ric_{\mu\nu} - \frac{1}{2}Rg_{\mu\nu} = 0 \quad (\text{아인슈타인 장 방정식})$$

을 얻는다.[324]

이제 다음과 같이 '**홀스트 작용**(Holst action)' $S[e,\omega]$를 정의해보자.

$$S[e,\omega] = S_P[e,\omega] + S_H[e,\omega]$$

(단, $S_P[e,\omega] = \frac{1}{2\kappa}\epsilon_{IJKL}\int e^I\wedge e^J\wedge F^{KL}(\omega)$, $S_H[e,\omega] = -\frac{1}{\kappa\gamma}\int e^I\wedge e^J\wedge F^{KL}(\omega)$, $\kappa = 16\pi G$, γ는 Immirzi 매개변수)

이 때 $\left.\frac{\delta S}{\delta\omega}\right|_{e:\text{고정}}=0$은 $de^I + \omega^I_J\wedge e^J = 0$과 동치가 되고 이처럼 뒤틀림이 없는 스핀 커넥션 ω의 경우 $\omega = \omega(e)$로 표현한 뒤 $S_P[e,\omega]$, $S_H[e,\omega]$에 각각 대입하면 다음을 얻을 수 있다.[325]

---

322) [Giesel]을 주로 참고함.
323) [Doná] p. 33 참고.
324) [Doná] p. 34 또는 [Bény] pp. 2~3 참고.
325) [Giesel] p. 5 또는 [Inglima] p. 101 참고.

$$S_P[e,\omega(e)] = S_{EH}[g(e)], \quad S_H[e,\omega(e)] = 0$$

따라서 γ의 값에 관계없이 위의 홀스트 작용 $S[e,\omega]$로부터 고전적 일반상대론을 재현해낼 수 있음을 알 수 있다.[326)]

한편, 홀스트 작용 $S[e,\omega]$는 6.3절에서 정의한 새로운 변수들을 이용하여 다음과 같이 **'아슈테카-홀스트 작용'**으로 다시 쓸 수 있다.[327)]

$$S(A, E(A,\dot{A}), N, N^a) = \frac{2}{\kappa\gamma}\int dt \int_{\Sigma_t} d^3x \left[\dot{A}_a^{\,i} E_i^a - (A_0^i G_i + NH' + N^a H_a')\right] \quad \cdots (6.21)$$

여기서 G_i, H_a', H'는 각각 다음과 같은 형태로 표현된다.

$$G_i := D_a^{(A)} E_i^a = \partial_a E_i^a - \epsilon_{ij}{}^k A_a^j E_k^a, \; (E^a = E_i^a \tau^i \in su(2), A = A_a^j \tau_j \in su(2))$$

$$H_a' := F_{ab}^j E_j^b + [\cdots]_a^i G_i,$$

$$H' := \frac{\gamma}{2}\frac{E_i^a E_j^b}{\sqrt{\det E}}\left[\epsilon^{ij}{}_k F_{ab}^k - 2(\gamma^2+1) K_{[a}^i K_{b]}^j\right] + [\cdots]_a^i G_i$$

여기서 잠깐 위 식 (6.21)과 맥스웰이론과의 유사성을 상기해 보자.

맥스웰이론을 유도하기 위한 작용은 $S[A] = -\frac{1}{4}\int dt \int d^3x F_{\mu\nu}F^{\mu\nu}$으로 표현할 수 있고 이는 다시 E, A를 이용하여 다음과 같이 다시 쓸 수 있다.

$$S = \int dt \int dx^3 \left[-E_a \dot{A}^a - \frac{1}{2}(E^2 + B^2) + A_0(\nabla \cdot E)\right]$$

이 때, 이 표현으로부터 다음 세 가지 사실을 알 수 있다.[328)]

i) A_a, $-E^a$는 정준 변량을 나타낸다.

ii) 시스템의 해밀토니안 밀도함수는 $\frac{1}{2}(E^2 + B^2)$로 주어진다.

---

326) 여기서 Immirzi 매개변수 γ는 임의의 스칼라량이 될 수 있고 이 값에 무관하게 아인슈타인 방정식이 유도되지만 일반상대론의 양자화과정에서는 중요한 역할을 하게 된다. ([Doná] p. 34 참고)

327) [Doná] p. 36 또는 [Lee] pp. 18~19

328) [Giesel] p. 4 참고

iii) A_0는 라그랑주 곱함수이고 $\nabla \cdot E = 0$이 시스템의 제한 조건이 된다.

마찬가지로 위 (6.21)로부터 $A_a^i(x)$, $\frac{2}{\kappa\gamma}E_i^a(x)\left(= \frac{\delta S}{\delta \dot{A}_a^i(x)}\right)$가 정준변량임을 알 수 있고 이 때 계산을 통해 다음을 확인 할 수 있다.[329]

$$\left\{A_a^i(x), E_j^b(y)\right\}_{P.B} = 8\pi G\,\gamma\,\delta_a^b \delta_j^i \delta^3(x-y)$$

또한 위 H_a', H'의 표현에서 G_i를 포함하는 항을 뺀 것을 각각 H_a, H라고 하면 세 개의 라그랑주 곱함수 A_0^i, N, N^a에 대해 다음 세 개의 독립적인 제한조건을 얻는다.[330]

① $G_i = 0$ ('가우스 제한조건': 공간에서의 회전이동에 대한 이론의 불변성)

② $H_a = 0$ ('미분동형 제한조건': 공간의 미분동형에 대한 이론의 불변성)

③ $H = 0$ ('해밀토니안 제한조건': 시간을 닮은 방향의 미분동형에 대한 이론의 불변성)

(여기서 $K_a^i = K_a^i(A, E)$임을 상기할 때 위 ①~③의 좌변은 모두 A, E의 함수임을 알 수 있다.[331])

참고로, $\gamma = -i$로 두면 위 ③의 표현이 매우 간단해지는데[332] 1986년에 아슈테카의 커

---

329) [Doná] p. 37 (2.34). 구체적인 계산은 [Baez] p. 432 아래 참고.
일반적으로 $\phi(x), \pi(x)$(단, $x \in \Sigma_t$)가 정준변량을 나타내는 장(field)일 때 $F[\phi,\pi](x)$와 $G[\phi,\pi](x)$에 대해, 다음과 같이 정의한다.

$$\{F(x), G(y)\}_{P.B} := \int_{\Sigma_t} \sqrt{h}\, d^3z \left(\frac{\delta F(x)}{\delta\phi(z)} \frac{\delta G(y)}{\delta\pi(z)} - \frac{\delta F(x)}{\delta\pi(z)} \frac{\delta G(y)}{\delta\phi(z)} \right)$$

330) ADM-포말리즘에 비해 A_0^i에 대한 제한조건식이 하나 더 추가 되었는데, 이는 트라이어드 $\{e_i\}$의 선택에 대한 $SU(2)$-게이지 불변성(즉, 회전이동에 대한 불변성)을 반영한 것이다. ([Giesel] p. 6)
한편, 5.2절 ④의 식 (5.4)와 주 264) 그리고 식 (5.14)에 의해, ③의 해밀토니안 제한조건에서 **시간 변수 t를 미분동형을 이용하여 t'으로 바꾸어 재매개화했을 때 생기는 새로운 층구조 $\Sigma_{t'}$에 대해서도 이론이 불변이라는 것은 이 새로운 층구조 $\Sigma_{t'}$에 대해서도 그 내재적 곡률과 외재적 곡률이 해밀토니안 제한조건이 요구하는 적당한 관계식을 항상 만족한다는 것과 같은 의미**이다. 이것은 마치 민코프스키 시공간의 경우 한 관찰자의 시간 t 대신 다른 관찰자의 시간 t'을 사용하면(재매개화) 새로운 층구조 $\Sigma_{t'}: t' = \text{const}$가 생기지만, 제한조건 $-t^2 + x^2 = -t'^2 + x'^2$을 만족하는 이상 두 좌표계에 의한 시스템의 기술은 본질적으로 동일한 것과 같은 이치이다.

331) [Chiou] p. 11 주 d) 참고.

332) [Bény] p. 6 또는 [Pullin] p. 93 참고.

넥션이 처음 정의되었을 때는 이와 같이 $\gamma=-i$을 이용하여 $A_a^i \equiv \Gamma_a^i + i K_a^i$로 표현되었다[333]. 그러나 이와 같이 복소수에서 정의된 커넥션으로 이론을 전개하면 이로부터 실수로 표현되는 물리적 해석을 이끌어 내기 위한 추가적인 제한조건(reality condition)을 부여해야하는 매우 기술적이고 복잡한 문제를 야기한다.[334] 따라서 최근 LQG에서는 대부분 실수 γ를 사용한다.

한편, 만일 위 (6.21)로부터 계산한 해밀토니안 함수를

$$H_{can} := \frac{2}{\kappa\gamma}\int_{\Sigma_t} dx^3 [A_0^i G_i + NH' + N^a H_a']$$

이라 하면, 위 제한조건식 ①~③과 두 운동방정식

$$\{A(x), H_{can}\}_{P.B} = \dot{A}(x), \quad \{E(x), H_{can}\}_{P.B} = \dot{E}(x)$$

은 정확히 아이슈타인의 장 방정식과 일치한다.[335]

이제 제한조건식 ①~③ 각각에 대한 '적분된 제한조건식'을 다음과 같이 정의하자.[336]

①′ $C_G[\lambda] := \int_{\Sigma_t} d^3x \lambda^i G_i$ (단, $\lambda = \lambda^i \tau_i \in su(2)$)

②′ $C_{Diff}[\overrightarrow{N}] := \int_{\Sigma_t} d^3x N^a E_i^b F_{ab}^i$

③′ $C[N] := \int_{\Sigma_t} d^3x N \frac{\gamma}{2} \frac{E_i^a E_j^b}{\sqrt{\det E}} \left[\epsilon^{ij}_{\ \ k} F_{ab}^k - 2(1+\gamma^2) K_{[a}^i K_{b]}^j \right]$

이 때, 계산을 통해 다음을 보일 수 있다.[337]({ }의 아랫첨자 B는 생략)

①″ $g_\epsilon = \exp(\epsilon\lambda) \in SU(2)$에 대하여 다음이 성립한다.

$$\{A_a, C_G[\lambda]\} = D_a^{(A)}\lambda = \left.\frac{d}{d\epsilon}\right|_{\epsilon=0} g_\epsilon A_a g_\epsilon^{-1} + \partial_a g_\epsilon g_\epsilon^{-1},$$

333) 자세한 설명은 [Perez] p. 15, [Chiou] p. 13, [Lee] p. 19, [Doná] p. 23 등을 참고할 것.
334) [Bény] p. 7 참고.
335) [Giesel] p. 6 또는 [Chiou] p. 12 참고.
336) [Giesel] p. 26, p. 33, p. 42 참고.
337) [Giesel] p. 6 참고.

$$\{E^a, C_G[\lambda]\} = [\lambda, E^a](= \epsilon_{ij}^k \lambda^j E_k^a) = \frac{d}{d\epsilon}\Big|_{\epsilon=0} g_\epsilon E^a g_\epsilon^{-1}$$

② $''$ $\{A_a, C_{Diff}[\vec{N}]\} = \mathcal{L}_{\vec{N}} A_a,\ \{E^a, C_{Diff}[\vec{N}]\} = \mathcal{L}_{\vec{N}} E^a$

③ $''$ $\{A_a, C[N]\} = \mathcal{L}_{Nn} A_a,\ \{E^a, C[N]\} = \mathcal{L}_{Nn} E^a$

위 ②$''$(또는 ③$''$)에 의하여 $C_{Diff}[\vec{N}]$(또는 $C[N]$)은 **벡터장 $\vec{N}$ (또는 Nn)이 생성하는 미분동형 Φ_ϵ에 따른 흐름(flow) $A_a(\epsilon), E^a(\epsilon)$을 생성함을 알 수 있다. 이 때 5.5절에서 논의한 바와 같이 A, E가 이러한 미분동형의 흐름을 따라 $A(\epsilon), E(\epsilon)$으로 변하여도 시스템은 대칭적이며 따라서 이론은 불변성을 유지한다.**

참고로, ①$''$은 다음과 같이 계산을 통해 확인해 볼 수 있다.

먼저 $A = A^i \tau_i$는 $su(2)$-커넥션이므로 공간의 회전이동[338] $g_\epsilon = \exp(\epsilon \lambda^i \tau_i) \in SU(2)$에 대해 다음과 같은 $SU(2)$-게이지 변환(guage transformation)을 한다.[339]

$$\begin{aligned} A_a \mapsto A_a(\epsilon) &= g_\epsilon A_a g_\epsilon^{-1} + (\partial_a g_\epsilon) g_\epsilon^{-1} \\ &\sim (1 + \epsilon \lambda^i \tau_i) A_a (1 - \epsilon \lambda^i \tau_i) + \epsilon (\partial_a \lambda^i) \tau_i \\ &\sim A_a - \epsilon [\lambda^i (A_a^j \tau_j) \tau_i - \lambda^i \tau_i (A_a^j \tau_j) - (\partial_a \lambda^i) \tau_i] \\ &= A_a + \epsilon [\lambda^i A_a^j [\tau_i, \tau_j] + (\partial_a \lambda^i) \tau_i] \\ &= A_a + \epsilon [-\varepsilon_{ijk} A_a^j \lambda^k \tau_i + (\partial_a \lambda^i) \tau_i]\ (\because [\tau_i, \tau_j] = \varepsilon_{ijk} \tau_k) \\ &= A_a + \epsilon (D_a^{(A)} \lambda^i) \tau_i \end{aligned}$$

따라서 $\{A_a^i, C_G[\lambda]\} = D_a^{(A)} \lambda = \frac{d}{d\epsilon}\Big|_{\epsilon=0} A_a(\epsilon)$을 얻는다. (여기서 첫 번째 등식은 [Dona] p. 36 참고)

즉, **$C_G[\lambda]$는 공간의 회전이동 $g_\epsilon = \exp(\epsilon \lambda^i \tau_i) \in SU(2)$에 대한 A_a^i의 게이지 변환의 흐름(flow) $A_a(\epsilon)$를 생성하는데 이 흐름을 따라 시스템이 대칭성을 가지므로 이 경우 역시 이론의 불변성을 유지한다.**

또 ①$''$의 두 번째 식의 E_i^a에 대해서도, 공간의 회전이동 $g_\epsilon = \exp(\epsilon \lambda^i \tau_i) \in SU(2)$에

338) $SU(2)$는 $SO(3)$의 double covering임을 상기.
339) 커넥션의 게이지 변환에 대해서는 7장에서 자세히 다룬다.

대한 $E=E_i^a\tau^i \in su(2)$의 게이지 변환이 $E \mapsto E(\epsilon)=g_\epsilon E^a g_\epsilon^{-1}$이 된다는 사실[340]과 직접 계산을 통해 $\{E^a,\, C_G[\lambda]\}=[\lambda,\, E^a]$임을 이용하면 이를 확인할 수 있다.([Dona p. 36])

즉, $C_G[\lambda]$**가 생성하는** $E^a(\epsilon)$**(즉, 공간의 회전에 의한 변환)에 대해서도 이론이 게이지 불변성을 갖는다**는 것을 알 수 있다. (단, $\tau_i=\tau^i=\dfrac{\sigma_i}{2i}$, σ_i는 파울리행렬 즉, $\sigma_1=\begin{pmatrix}0 & 1\\ 1 & 0\end{pmatrix}$, $\sigma_2=\begin{pmatrix}0 & -i\\ i & 0\end{pmatrix}$, $\sigma_3=\begin{pmatrix}1 & 0\\ 0 & -1\end{pmatrix}$이다.)

6.5 아슈테카-홀스트 작용 포말리즘의 장점

ADM-**포말리즘에서**는 (5.14)의 해밀토니안 제한조건식이 $\sqrt{h}^{-1}$를 포함하며 이로 인해 h_{ij}, p^{ij}들에 대한 다항식의 형태로 표현되지 않는다. 따라서 양자화 과정에서 이를 작용소로 바꾸는 것이 기술적으로 어려워지는 문제가 있다. 반면 적분된 제한조건식들 사이의 포아송 괄호(예를 들어, $\{H(N), H(\overrightarrow{N})\}_{P.B}$)가 다시 제한조건식들의 일차결합으로 표현되는 장점이 있다.[341] 이 경우의 제한조건식들은 '**일급**(first class) **제한조건식**'에 속한다고 말한다. 즉, 제한조건식 $\{C_1, \cdots, C_n\}$에 대해 $\{C_i, C_j\}_{P.B}=\sum_k a_k C_k$의 형태가 될 때(다시 말해서 포아송 괄호에 대해 닫혀 있을 때) $\{C_1, \cdots, C_n\}$는 일급이라고 부르는데, 이는 양자화과정에서 매우 중요한 역할을 하게 된다. 만일 제한조건식이 일급이 아니면 제한조건식이 아닌 D에 대하여 $\{C_i, C_j\}_{P.B}=D$가 성립하게 되는데, 이는 양자화과정에서

340) [Perez] p. 13 참고. 일반적으로 $\mathbb{R}^3$에서 $SO(3)$에 의한 회전이동군은 다음과 같이 표현 공간(representation space)을 $su(2)$로 바꾸어 $SU(2)$에 의한 회전이동으로 표현할 수 있다.(스핀 1/2 기약 표현([부록 4] 참고), 주 360)도 참고) 이 1:2 대응관계는 다음과 같이 구체적으로 표현할 수 있다.([Weiss] 참고. $\vec{J}$의 정의는 [부록 4] 참고)

$$\text{표현공간: } (\mathbb{R}^3 \ni)(x^i) \leftrightarrow x^i\tau_i=\frac{1}{2i}\begin{pmatrix} z & x-iy \\ x+iy & -z\end{pmatrix}(\in su(2)),$$

$$\text{회전군: } (SO(3)\ni)R=e^{\theta\vec{n}\cdot\vec{J}} \leftrightarrow \pm\, U=\pm\, e^{\theta\vec{n}\cdot\vec{\tau}}(\in SU(2)),$$

$$\text{회전군의 작용: } (\mathbb{R}^3\ni)R\cdot(x^1,x^2,x^3)^{\mathrm{T}} \leftrightarrow U\frac{1}{2i}\begin{pmatrix} z & x-iy \\ x+iy & -z\end{pmatrix}U^{-1}\ (U\in SU(2))$$

341) [Baez] p. 433 참고.

$0 = [\hat{C}_i, \hat{C}_j]\Psi = \hat{D}\Psi$ 를 의미하게 된다. 즉, $D=0$와 $\hat{D}=0$이라는 새로운 제한조건식과 양자작용소가 등장하게 되고 이로부터 계속해서 새로운 제한조건식과 양자작용소가 등장할 수 있는 문제가 발생한다.

한편, **팔라티니 포말리즘에서는** 제한조건식들이 모두 정준 변량들에 대한 다항식의 형태로 나타나지만, 포아송 괄호에 대해 '닫혀있지'가 않아서 일급이 되지 않는다.[342](이 경우 제한조건식은 '2급'(2nd class)에 속한다고 말한다.)

반면에 위에서 소개한 새로운 변수들 A_a, E^a에 의한 **아슈테카-홀스트 작용 포말리즘에서는** 제한조건식들은 그 형태가 '거의' 다항식에 가깝다. ($\gamma = i$일 때는 정확히 다항식이 된다.) 물론, 정확히 다항식이 아니기 때문에 제한조건식을 양자화하는 과정에서 문제가 발생할 수 있지만 이러한 문제를 성공적으로 다룰 수 있는 기법이 1996년 티만(T. Thiemann)에 의해 개발된 것은 고리양자중력이론의 중요한 성과 중 하나라고 할 수 있다.[343]

또 아슈테카-홀스트 작용 포말리즘에서 각각의 제한조건식으로부터 정의되는 적분된 제한조건식들($C_G[\lambda]$, $C_{Diff}[\overrightarrow{N}]$, $C[N]$)은 모두 포아송 괄호에 닫혀있는 일급이 됨을 확인 할 수 있다.[344]

참고로, 아슈테카-홀스트 작용 (6.21)의 라그랑지안에서 라그랑주 곱함수 N, N^a를 제외한 정준좌표(canonical coordinate) $\{A_a^i\}$의 개수는 $3\times 3 = 9$개이고, 위 제한조건식 ①~③은 모두 7개 (3 (①) + 3 (②) + 1 (③))이므로 $\{A_a^i\}$중 독립변수의 개수는 맥스웰 이론에서와 같이 총 $2(=9-7)$개가 된다.[345]

---

342) [Baez] p. 439 참고. 보다 자세한 내용은 [Ashtekar1] pp. 56~58 참고. 관련내용으로 [Vaid] p. 51, pp. 54~55도 참고할 수 있다.

343) [Pullin] p. 95, pp. 101~102 참고.

344) [Giesel] p. 6 (2.18)~(2.20). ([Chiou] p. 12, [Pullin] pp. 96~97도 참고)

345) 아인슈타인-힐베르트 작용 $S_{EH}[g] = \int R\,dvol$을 살펴보면 스칼라 곡률 $R=R[g,\partial g,\partial^2 g]$의 표현식에서 g_{00}, g_{0i}는 있지만 $\dot{g}_{00}, \dot{g}_{0i}$는 나타나지 않는다. 이것은 g_{00}, g_{0i}가 라그랑주 곱함수임을 의미하고 (실제로, $g_{00} = -N^2 + N_i N^i$, $g_{0i} = N_i$임을 상기) 이 4 개의 라그랑주 곱함수에 각각 대응하는 4 개의 제약조건식((5.14), (5.15))이 있게 된다. 따라서 나머지 6개의 정준변량 g_{ij}중 $2(=6-2)$개만 독립변수가 된다. ([Pullin] p. 92)

제7장 비가환 게이지 변환[346)]과 홀로노미

7.1 비가환 게이지 변환

이 절에서는 $su(2)$에서 값을 갖는 1-형식인 새로운 변수들 A, E에 대한 $SU(2)$-게이지 변환을 이해하기 위해 비가환 게이지이론을 간단히 소개하도록 하자.

정의 7.1

벡터 공간 $\mathcal{g}$에 대하여 쌍선형 함수 $[\cdot,\cdot]: \mathcal{g} \times \mathcal{g} \to \mathcal{g}$가 존재하여 다음을 만족시킨다고 하자.

i) $[x,x]=0,\ ^\forall x \in \mathcal{g}\ \ (\Rightarrow [x,y]=-[y,x])$ (왜대칭)

ii) $[x,[y,z]]+[z,[x,y]]+[y,[z,x]]=0,\ ^\forall x,y,z \in \mathcal{g}$ (야코비 등식)

이 때, $\mathcal{g}$를 **'리-대수**(Lie algebra)'라고 부르고 위 $[x,y]$를 x,y에 대한 **'리-브라켓**(Lie braket)'이라고 부른다.

위 [정의 7.1]에서 $\mathcal{g}$의 한 기저 $\{t_a\}$에 대해 $[t_a, t_b]=f_{ab}^c\, t_c$로 쓸 수 있다. 따라서 리-브라켓 $[\ \ ]$은 f_{ab}^c에 의해 완전히 결정되는데 이 때, f_{ab}^c를 **'구조상수'**(structure constant)라고 부른다.

예 7.1

리 군 $G:=SU(2)$과 그 항등원 e 대하여 $\mathcal{g}:=T_e G=su(2)$를 생각해보자.

이 때 파울리 행렬 $\sigma_1=\begin{pmatrix}0&1\\1&0\end{pmatrix}$, $\sigma_2=\begin{pmatrix}0&-i\\i&0\end{pmatrix}$, $\sigma_3=\begin{pmatrix}1&0\\0&-1\end{pmatrix}$에 대해 $\tau_i=\dfrac{\sigma_i}{2i}$로 정의하면, $\{\tau_i\}$는 $su(2)$의 기저가 된다.

여기서 만일 리-브라켓을 $[x,y]:=xy-yx,\ ^\forall x,y \in su(2)$로 정의하면 $[\tau_a,\tau_b]=\epsilon_{abc}\tau_c$이므로 이 경우 구조상수는 ϵ_{abc}가 된다.

346) [Laenen]을 주로 참고함.

이제, 계수가 n인 벡터 번들 (E, π, M)의 한 섹션 $\Psi \in \Gamma(E)$와 리 군 $G(\leq GL(n))$가 주어졌다고 하자. 이 때 각 $x \in M$에 대하여 $U(x) \in G$가 정의되고 이를 통해 $\Psi(x)$가 다음과 같이 변환하는 경우를 생각해보자.([그림 7-1])

$$(E_x \ni) \Psi(x) \mapsto \Psi'(x) = U(x)\Psi(x) (\in E_x) \qquad \cdots (7.1)$$

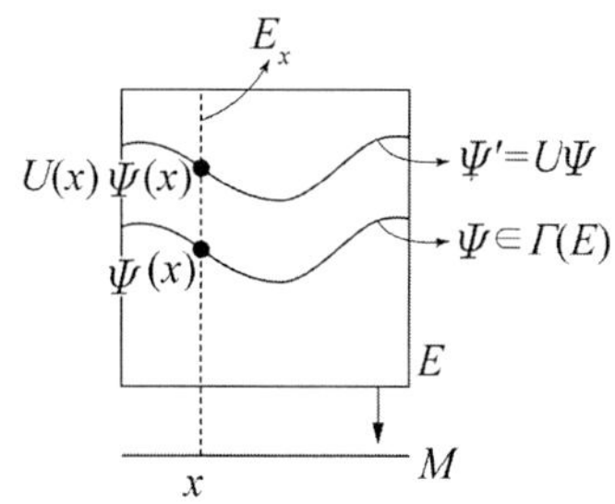

[그림 7-1]

이 경우 G를 '**게이지 군**'이라고 부르고 변환 (7.1)을 '**국소적 게이지 변환**'이라고 부른다.

전자기력이나 약력, 강력 등을 설명하는 물리이론들은 모두 각각에 해당하는 게이지 군(즉, $G = U(1), SU(2), SU(3)$)을 통해 기술되는데 이 때 해당 물리법칙들은 국소적 게이지 변환에 대해 불변임이 요구된다.347) 이는 국소적 게이지 변환에 대해 시스템의 라그랑지안이 불변임을 의미하는데 가령, $G = SU(2)$에 대해 다음 라그랑지안을 예로 들어보자.

$$\mathcal{L} = i\overline{\Psi}\gamma^{\mu}\partial_{\mu}\Psi - m\overline{\Psi}\Psi \qquad \cdots (7.2)$$

$$(\text{단, } \Psi = \begin{pmatrix} \psi_1 \\ \psi_2 \end{pmatrix},\ \psi_i : \mathbb{R}^4 \to \mathbb{C}^4\ (i = 1, 2))$$

(주 38)과 [Lahiri] p. 287 참고. $\overline{\Psi} = \Psi^{+}\gamma^0 = (\psi_1^{+}, \psi_2^{+})\gamma^0 = (\psi_1^{+}\gamma^0, \psi_2^{+}\gamma^0) = (\overline{\psi_1}, \overline{\psi_2})$이

347) 이것은 본질적으로, 길이를 측정할 때 미터(m)를 사용하든 마일(mile)을 사용하든 동일한 물리적 결과를 얻어야 한다는 사실을 의미한다. 즉, 물리법칙은 측정을 위해 사용하는 척도(guage)에 대해 불변이라야 한다. $SU(2)$-게이지 대칭 이론인 약력이론의 경우, 업쿼크와 다운쿼크를 각각 나타내는 파동함수 ψ_1, ψ_2에 대해 게이지 변환 $U\begin{pmatrix} \psi_1 \\ \psi_2 \end{pmatrix} = \begin{pmatrix} \psi_1' \\ \psi_2' \end{pmatrix}$ $(U \in SU(2))$는 시스템의 라그랑지안을 바꾸지 않는다. 따라서 이 같은 자연현상의 $SU(2)$-대칭성에 의해 업쿼크와 다운쿼크의 상호변환이 허용되는데, 이 과정에서 게이지 장 $A_{\mu}^{i}t_i \in su(2)$(즉, $W^{\pm}$, Z^0-보존)이 매개입자(messenger particle)로 관여하게 된다.

고 $\gamma^0 = \begin{pmatrix} I & 0 \\ 0 & -I \end{pmatrix}$, $\gamma^i = \begin{pmatrix} 0 & \sigma_i \\ -\sigma_i & 0 \end{pmatrix}$이다.) 약력이론의 경우 $\Psi = \begin{pmatrix} \psi_1 \\ \psi_2 \end{pmatrix}$의 $\psi_i\ (i=1,2)$는 각각 예를 들어 업쿼크와 다운쿼크(스핀-$\frac{1}{2}$의 페르미온)의 4-성분 파동함수를 나타낸다. 이때 위 식 (7.2)는 다음과 같이 쓸 수 있다.([Griffith2] p. 361)

$$\mathcal{L} = \sum_{k=1}^{2} \left(i\,\overline{\psi_k}\gamma^\mu \partial_\mu \psi_k - m\overline{\psi_k}\,\psi_k \right) \qquad \cdots (7.2)'$$

(참고로, 강력이론에서는 $\Psi = (\psi_1, \psi_2, \psi_3)^{\mathrm{T}}$로 나타내고 여기서 $\{1,2,3\} = \{R, B, G\}$는 쿼크의 '색(color)'를 의미한다.)

위 식 (7.2)에서 Ψ, $\overline{\Psi}$, $\partial_\mu \Psi$를 각각 변환식 (7.1)과 $U\overline{U}^{\mathrm{T}} = I$를 이용하여 게이지 변환시키면 다음과 같다.

$$\Psi \mapsto U\Psi$$

$$\overline{\Psi} \mapsto \overline{\Psi}\, U^{-1},$$

$$\partial_\mu \Psi(x) \mapsto (\partial_\mu \Psi(x))' = U(x)\partial_\mu \Psi(x) + (\partial_\mu U(x))\Psi(x)$$

이 때 위 (7.2)로 표현된 라그랑지안은 위 세 번째 변환식의 우변 둘째 항에 있는 $(\partial_\mu U(x))\Psi(x)$로 인해 이 게이지 변환에 대해 불변일 수가 없음을 알 수 있다. 이때 만일 ∂_μ대신 다음과 같은 변환식을 만족하는 새로운 미분 작용소 D_μ를 정의할 수 있다면 이러한 게이지 불변성의 문제를 해결할 수 있을 것이다.

$$D_\mu \Psi(x) \mapsto (D_\mu \Psi(x))' = U(x) D_\mu \Psi(x) \qquad \cdots (7.3)$$

이를 위해 먼저 미분작용소 D_μ를 다음과 같은 형태로 표현해보자.

$$D_\mu \Psi := \partial_\mu \Psi - A_\mu \Psi \ \left(\text{단, } A_\mu = A_\mu^a t_a \in \mathfrak{g} = su(2)\right)^{348)} \qquad \cdots (7.4)$$

참고로 위 정의에서 등장하는 A_μ를 '**게이지 장**(gauge field)'이라고 부른다.

---

348) 예를 들어 $\Psi = \begin{pmatrix} \psi_u \\ \psi_d \end{pmatrix}$이 스핀 1/2인 입자의 스핀에 대한 파동함수를 나타낼 때(즉, $(\langle x|\Psi\rangle =)$ $\Psi(x) = \psi_u(x)|\uparrow\rangle + \psi_d(x)|\downarrow\rangle$이고 $\psi_u(x), \psi_d(x) \in \mathbb{C}$), $su(2)$의 기저 $\{\tau_a\}$에 대해 $D_\mu \Psi$는 $\begin{pmatrix} \partial_\mu \psi_u \\ \partial_\mu \psi_d \end{pmatrix} - A_\mu^a \tau_a \begin{pmatrix} \psi_u \\ \psi_d \end{pmatrix}$과 같이 계산된다. ([Laenen] p. 413 (12.57) 참고)

이제 위와 같이 표현된 D_μ가 변환식 (7.3)을 만족하기 위해 게이지 장 A_μ가 어떤 변환식을 만족해야 하는지를 다음과 같이 조사해 볼 수 있다.

$$\begin{aligned}(A_\mu \Psi)' = A_\mu{}' \Psi' = \partial_\mu \Psi' - (D_\mu \Psi)' &= U(\partial_\mu \Psi) + (\partial_\mu U)\Psi - U(D_\mu \Psi) \\ &= \left\{ U A_\mu U^{-1} + (\partial_\mu U) U^{-1} \right\} \Psi'\end{aligned}$$

이로부터 다음이 성립할 때 위 변환식 (7.3)이 성립함을 확인 할 수 있다.

$$A_\mu \mapsto A_\mu{}' = U A_\mu U^{-1} + (\partial_\mu U) U^{-1} \qquad \cdots (7.5)$$

특별히, $U = \exp(\lambda^a t_a)$에 대하여 위 (7.5)는 다음과 같이 표현할 수 있다.[349]

$$A_\mu^a \mapsto (A_\mu^a)' = A_\mu^a + f^a_{bc} \lambda^b A_\mu^c + \partial_\mu \lambda^a + O\left((\lambda^a)^2\right) \quad (\text{단, } [t_a, t_b] = f^c_{ab} t_c)$$

이로부터 $\lambda^a \ll 1$일 때 다음이 성립함을 알 수 있다. ($\lambda^a t_a,\ A_\mu^a t_a \in \mathfrak{g}$)

$$\begin{aligned}\delta A_\mu^a = \partial_\mu \lambda^a - f^a_{bc} A_\mu^b \lambda^c &= \left(\partial_\mu \lambda - [A_\mu, \lambda]\right)^a \\ &= D_\mu^{(A)} \lambda^a \text{ 350)}\end{aligned} \qquad \cdots (7.6)$$

이제 위에서 정의한 $A_\mu = A_\mu^a t_a \in \mathfrak{g}$ 와 미분작용소 $D_\mu \Psi = \partial_\mu \Psi - A_\mu \Psi$를 이용하여 다음과 같이 '**곡률**(Curvature)' $F_{\mu\nu} = F^a_{\mu\nu} t_a \in \mathfrak{g}$ 를 정의하자.[351]

$$F_{\mu\nu} := [D_\nu, D_\mu]$$

이 때, 6.1절의 [정의 6.5]에서의 계산에 따라 다음과 같이 쓸 수 있다.

$$F_{\mu\nu} = \partial_\mu A_\nu - \partial_\nu A_\mu - [A_\mu, A_\nu] \in \mathfrak{g}$$

또는 다음과 같다.

---

349) [Laenen] p. 407 (12.20). 계산 과정은 6.4절의 끝부분에 나오는 계산식을 참고.([Das]의 p. 490의 (12.24)로부터 p. 501의 (12.72)를 얻는 과정에서 보다 이론적이고 자세한 계산이 소개되어 있다. (단, 대응하는 식들이 -부호차이가 남에 유의))

350) [정의 6.4]에서의 주 308)과 비교. 이 절에서는 $D \equiv d - A$인데 비해 6.1절에서는 $D = d + A$로 정의했었고 결과적으로 $D^{(A)}\eta = d\eta + [A, \eta]$가 성립했다.(6.1절 표기로는 $d^D \eta = d\eta + [\omega, \eta]$) 따라서 이 절에서는 부호가 바뀐 $D^{(A)}\eta = d\eta - [A, \eta]$가 성립한다. (**6.1절에서 게이지 군의 역할을 하는 것은 $G = GL(n)$이고, 따라서 $\eta(x) \in \mathrm{End}(E_x) = gl(n) = \mathfrak{g}$ 에 해당된다.**)

351) 여기서의 정의는 6.1절의 게이지이론 [정의 6.5]에서의 정의와 $-$부호차이가 난다. 이러한 차이는 기술상의 편의적 선택에 따른 차이일 뿐이다. 본문에서는 [Laenen]의 표기법에 따랐다.

$$F^a_{\mu\nu} = \partial_\mu A^a_\nu - \partial_\nu A^a_\mu - f^a_{bc} A^b_\mu A^c_\nu$$

이제 국소적 게이지 변환 $\Psi \mapsto U\Psi$(단, $U = \exp(\lambda^a t_a)$)에 따른 Ψ, A, F 등의 미소 변화량(infinitesimal change)은 다음과 같이 표현됨을 확인 할 수 있다.

$$\begin{aligned} &\delta\Psi = \lambda^a t_a \Psi \\ &\delta A^a_\mu = \partial_\mu \lambda^a - f^a_{bc} A^b_\mu \lambda^c = D_\mu \lambda^a, \\ &\delta F^a_{\mu\nu} = f^a_{bc} \lambda^b F^c_{\mu\nu} \; (\because \; F_{\mu\nu} \mapsto F_{\mu\nu}{}' = U F_{\mu\nu} U^{-1}) \end{aligned}$$ [352)]

참고로, 만일 A_μ 대신 결합상수 g를 포함시켜 gA_μ를 사용하면 위 정의들은 다음과 같이 재 정의될 수 있다.

$$D_\mu \Psi := \partial_\mu \Psi - g A_\mu \Psi, \quad g F_{\mu\nu} = [D_\nu, D_\mu]$$

이 때, 곡률 $F_{\mu\nu} = F^a_{\mu\nu} t_a$에 대한 식은 다음과 같다.

$$F_{\mu\nu} = \partial_\mu A_\nu - \partial_\nu A_\mu - g[A_\mu, A_\nu]$$

또는

$$F^a_{\mu\nu} = \partial_\mu A^a_\nu - \partial_\nu A^a_\mu - g f^a_{bc} A^b_\mu A^c_\nu \qquad \cdots (7.7)$$

특별히 맥스웰 이론의 경우, $G = U(1)$이고 따라서 $f^a_{bc} \equiv 0$이므로 위 (7.7)식 우변의 세 번째 항은 나타나지 않는데 이는 광자 장(photon field)이 자체 상호작용을 하지 않는 것으로 해석할 수 있다. 반면에 $G = SU(2)$(약력 이론) 또는 $G = SU(3)$(강력 이론)의 경우 $f^a_{bc} \neq 0$이고 따라서 이 경우 게이지 장 A_μ는 자기 자신과 자체 상호작용을 하는 새로운 '**벡터 보존**(vector boson)'으로 해석된다. 예를 들어 강력 이론인 $G = SU(3)$의 경우 게이지 장 A_μ는 핵자들의 결합에 관여하는 보존 장인 '**글루온**(gluon)'으로 해석된다.

한편, 다음 세 이중 교환자의 합이 항상 0임을 직접 전개하여 확인 할 수 있다.

$$[D_\mu, [D_\nu, D_\rho]] + [D_\nu, [D_\rho, D_\mu]] + [D_\rho, [D_\mu, D_\nu]]$$

이 때 예를 들어 다음과 같이 한 이중 교환자를 $-F_{\mu\nu} = [D_\mu, D_\nu]$를 이용하여 계산할

---

352) 증명은 [Das] p. 501 참고.

수 있다.

$$[D_\mu, [D_\nu, D_\rho]]\Psi = -D_\mu(F_{\nu\rho}\Psi) + F_{\nu\rho}D_\mu\Psi = -(D_\mu F_{\nu\rho})\Psi$$

따라서 다음과 같은 '**비앙키 등식**(Bianchi identity)'을 얻는다.

$$D_\mu F_{\nu\rho} + D_\nu F_{\rho\mu} + D_\rho F_{\mu\nu} = 0$$

여기서 다음을 상기 할 필요가 있다.353)

$$D_\mu F_{\nu\rho} = \partial_\mu F_{\nu\rho} - g[A_\mu, F_{\nu\rho}]$$

또는

$$D_\mu F^a_{\nu\rho} = \partial_\mu F^a_{\nu\rho} - g f^a{}_{bc} A_\mu^b F^c_{\nu\rho}$$

특별히, 맥스웰이론 ($G = U(1)$)의 경우 $D_\mu F_{\nu\rho} = \partial_\mu F_{\nu\rho}$이고, 이때 위 비앙키 등식은 맥스웰 방정식의 세 번째 식과 네 번째 식 즉, (2.17)과 일치한다.

한편, 맥스웰 이론과 같은 가환 게이지이론에서와 같이 비가환 게이지이론(양-밀스 이론)에서도 라그랑지안 밀도함수 $\mathcal{L}_{YM}$을 다음과 같이 정의할 수 있다.354)

$$\mathcal{L}_{YM} := -\frac{1}{4}F^i_{\mu\nu}F^{\mu\nu i}\left(= -\frac{1}{2}\mathrm{tr}\left(F_{\mu\nu}F^{\mu\nu}\right)\right)$$
$$\left(\text{단, } F_{\mu\nu} = F^i_{\mu\nu}t_i \ (i = 1, \cdots, n)\right)$$

또 '비가환 전기장 E와 자기장 B'도 다음과 같이 정의할 수 있다.355)

$$\begin{cases} -E^i_a := F^i_{0a} = \partial_0 A^i_a - \partial_a A^i_0 - g f^i_{jk} A^j_0 A^k_a \\ \epsilon_{abc} B^i_c := F^i_{ab} = \partial_a A^i_b - \partial_b A^i_a - g f^i_{jk} A^j_a A^k_b \end{cases} \quad (\text{단, } a, b, c \in \{1, 2, 3\}) \quad \cdots (7.8)$$

이 때, 맥스웰이론에서와 같이 라그랑지안 L을 $L = \int d^3x \mathcal{L}_{YM}$로 정의하면 A^i_0는 라그랑주 곱함수가 되고, $\{A^i_a, E^a_i\}$이 정준변량이 된다.

또 오일러-라그랑주 방정식은 다음과 같다.

---

353) 주 308), 350) 참고 ([Jost] p. 107)

354) [Das] p. 502의 표기를 따름.

355) [Das] p. 503. 이 책 2.3.3절에 있는 주 35)의 일반화에 해당한다.

$$\frac{\partial}{\partial x^{\mu}}\left(\frac{\partial \mathcal{L}_{YM}}{\partial A_{\nu}^{a}}\right)-\frac{\partial \mathcal{L}_{YM}}{\partial A_{\nu}^{a}}=0 \Leftrightarrow D_{\mu}F^{\mu\nu}=0$$

특히 $\nu=0$일 때 $0=D_{\mu}F^{0\mu}=D_{a}F^{0a}=D_{a}E_{i}^{a}$ (가우스 법칙)이 성립하고,[356] $\nu\neq 0$일 때는 $D_{\mu}F^{i\mu}=0$는 맥스웰 방정식의 나머지 세 식의 역할을 한다.

한편, 임의의 함수 λ와 $G(\lambda)=\int d^{3}x\lambda^{i}\left(D_{a}E_{i}^{a}\right)$에 대해 다음을 보일 수 있다.[357]

$$\left\{G(\lambda), A_{a}^{i}\right\}_{P.B.}=\partial_{a}\lambda^{i}-g\,\epsilon_{ijk}A_{a}^{j}\lambda^{k}=D_{a}^{(A)}\lambda^{i}=\delta A_{a}^{i}$$

한 가지 유의할 사실은 위의 (7.8)에서 정의된 E, B가 맥스웰이론에서와 달리 게이지 불변인 양이 아니라는 사실이다.($F_{\mu\nu}{}'=UF_{\mu\nu}U^{-1}$임을 상기) 따라서 비가환인 양-밀스 이론에서는 E, B가 물리적 관측량(observables)이 될 수 없으며, 이를 대신하여 관측량의 역할을 할 수 있는 게이지 불변량을 곡률 $F_{\mu\nu}$를 이용하여 따로 정의해야 할 필요가 있다. 다음 절에서 이에 해당하는 개념인 '홀로노미(holonomy)'를 소개 하도록 하자.

7.2 홀로노미

맥스웰이론에서 벡터 포텐셜 $\vec{A}$에 대한 순환도 $\oint_{C}\vec{A}\cdot d\vec{s}$는 스톡 정리에 의해 다음과 같이 표현할 수 있다.

$$\oint_{C}\vec{A}\cdot d\vec{s}=\int_{S}(\vec{\nabla}\times\vec{A})\cdot\vec{N}\,dS$$

(단, $\partial S=C$이고 $\vec{N}$은 곡면 S에 수직인 벡터장)

여기서 적분에 대한 평균값 정리를 적용하면 다음을 얻는다.

$$((\vec{\nabla}\times\vec{A})\cdot\vec{N})(p)=\lim_{r\to 0}\frac{1}{area(D_{r}(p))}\oint_{C}\vec{A}\cdot d\vec{s} \qquad \cdots (7.9)$$

(단, $D_{r}(p)$는 중심이 p이고 $\vec{N}(p)$에 수직이면서 반지름이 r인 원판이고 $C=\partial D_{r}(p)$이다.)

356) [Das] p. 504 또는 [Pullin] p. 65
357) [Pullin] p. 65

이로부터, **모든 고리(loop) C에 대한 $\vec{A}$의 순환도 $\oint_C \vec{A} \cdot d\vec{s}$의 값을 아는 것은 곧 모든 점에서 $\vec{B} = \vec{\nabla} \times \vec{A}$의 값을 아는 것과 같음**을 알 수 있다.

한편, $F_{ab} = \epsilon_{abc}B_c$이므로 **$\vec{B}(= \vec{\nabla} \times \vec{A})$의 값을 아는 것은 곧 F_{ab}를 아는 것과 같다.** 이상을 정리하면 다음과 같다.

➲ 맥스웰이론의 경우

순환도 $\oint_C \vec{A} \cdot d\vec{s}$ $(^\forall C)$에 대한 정보

$\Leftrightarrow$ 물리적 관측량 $\vec{B}$ (또는 $\{F_{ab}\}$)에 대한 정보

그러나 같은 논리를 비가환인 양-밀스 이론에 적용할 때는 다음과 같은 두 가지 문제점에 부딪히게 된다.

첫째, (7.8)에 나타난 B_c^i의 정의에서 $\vec{\nabla} \times \vec{A}$를 나타내는 처음 두 항 이외에도 세 번째 항으로 비선형인 부분이 등장한다. 따라서 $\vec{\nabla} \times \vec{A}$를 안다고 해서 즉, $\oint_C \vec{A} \cdot d\vec{s}$, $(^\forall C)$를 안다고 해서 $\{F_{ab}\}_{a,\,b=1,\,2,\,3}$를 아는 것은 아니다.

둘째, 맥스웰이론에서는 게이지 변환 $A_\mu \mapsto A_\mu + \partial_\mu \Psi \equiv A_\mu{}'$ 에 대해 순환도가 불변임을 쉽게 보일 수 있다. 즉, $\oint_C \vec{A}' \cdot d\vec{s} = \oint_C \vec{A} \cdot d\vec{s}$이다. 그러나 양-밀스 이론에서 게이지 변환 $A_\mu \mapsto UAU^{-1} + (\partial_\mu U)U^{-1}$은 맥스웰 이론의 경우보다 형태도 복잡할 뿐 아니라 이에 따른 순환도 $\oint_C \vec{A} \cdot d\vec{s}$이 더 이상 게이지 불변이 아니다. 이는 이 순환도가 더 이상 물리적 관측량을 나타낼 수 없음을 의미한다.

따라서 양-밀스 이론에서는 맥스웰이론의 순환도를 대신할 수 있는 게이지 불변량을 새로 정의하고[358] **이를 통해 곡률 $F_{\mu\nu}$(또는 커넥션 A)로 표현되는 물리적 관측량을 다룰**

358) 곧 정의할 $W_\gamma[A]$에 해당한다.

수 있어야 한다.

이를 위해, 먼저 주어진 $su(2)$-커넥션 $A_a \equiv A_a^i \tau_i \in su(2)$에 대한 공미분 D_a를

$$D_a \equiv \partial_a + A_a$$

로 정의하고 (+부호에 유의), 이로부터 임의의 벡터 $\vec{E} = E^a \partial_a$를 Σ 상의 한 곡선 $\gamma^a(t)$를 따라 다음과 같이 평행이동해보자.[359)]

$$D_{\dot\gamma} \vec{E} = \dot\gamma^a(t) D_a \vec{E} = 0$$

이 식은 다음과 같이 다시 쓸 수 있다. (단, $\vec{E}(t) \equiv \vec{E}(\gamma(t))$)

$$\dot\gamma^a(t) \partial_a \vec{E}(t) = -\dot\gamma^a(t) A_a(t) \vec{E}(t) \qquad \cdots (7.10)^{360)}$$

여기서 양변을 $t=0$에서 t까지 적분하면 다음을 얻는다.

$$\vec{E}(t) = \vec{E}(0) - \int_0^t ds \dot\gamma^a(s) A_a(s) \vec{E}(s)$$

이때 이 식의 우변을 적분안의 $\vec{E}(s)$에 대입하면 다음과 같다.

$$\vec{E}(t) = \vec{E}(0) - \int_0^t ds \dot\gamma^a(s) A_a(s) \vec{E}(0) + \int_0^t ds \dot\gamma^a(s) A_a(s) \int_0^s dw \dot\gamma^a(w) A_a(w) \vec{E}(w)$$

이제 위 과정을 무한히 반복하면 다음을 얻는다.

---

359) 평행이동의 정의는 이 책의 [정의 6.7]과 그 아래 식 (6.5)를 참고.

360) 이 식의 우변에 있는 $\dot\gamma^a(t) A_a$는 $A(\dot\gamma(t)) (= (A_a dx^a)(\dot\gamma(t)))$에 해당하고 ([정의6.4] 위의 표현 $\omega = (\omega^i_j) = (\Gamma^i_{\mu j} dx^\mu)$을 상기), 이 때, $(\dot\gamma^a(t) A_a(t)) \vec{E}(t) (= A(\dot\gamma(t)) \vec{E}(t))$는 엄밀하게 $A(\dot\gamma(t))$의 한 표현(representation) R에 대해 (예를 들면, $R(A(\dot\gamma(t))) \equiv \dot\gamma^a(t) A_a^i J_i$, $J_i \in so(3)$ $i = 1,2,3$ ([부록 4] 참고)) $R(A(\dot\gamma(t))) \vec{E}(t) = (R(A_a(\dot\gamma(t)))^i_j E^j$로 표현되어야 한다. 여기서는 간략하게 $A_a(t) \vec{E}(t)$로 표기하기로 한다. ([Rovelli1] p. 31 참고)
참고로, $SU(2)$의 한 원소 $U = e^{i\vec\sigma \cdot \vec n \theta}$가 $\chi = (a,b)^T$에 $U \cdot (a,b)^T$와 같이 작용할 때, 이에 대응하는 $R \in SO(3)$와 $\vec r = (x,y,z)$및 그 작용은 다음과 같이 기술될 수 있다. (주 340)도 참고)

$$R = e^{\vec J \cdot \vec n \theta}, \quad \vec r = (a\bar b + b\bar a, i(a\bar b - b\bar a), (|a|^2 - |b|^2)) \ (\text{즉, } \vec r = \langle \chi | \vec\sigma | \chi \rangle)$$

$$U \cdot (a,b)^T \leftrightarrow R \cdot (x,y,z)^T$$

$$\begin{aligned}\vec{E}(t) &= \sum_{n=0}^{\infty}\left((-1)^n \int_{t \geq t_1 \geq \cdots \geq t_n \geq 0} \dot{\gamma}^{a_1}(t_1) A_{a_1}(t_1) \cdots \dot{\gamma}^{a_n}(t_n) A_{a_n}(t_n) dt_1 \cdots dt_n\right)\vec{E}(0) \\ &= \sum_{n=0}^{\infty}\left((-1)^n \int_{t \geq t_1 \geq \cdots \geq t_n \geq 0} A(\dot{\gamma}(t_1)) \cdots A(\dot{\gamma}(t_n)) dt_1 \cdots dt_n\right)\vec{E}(0)\end{aligned}$$

위 식으로부터, γ를 따르는 A의 '**홀로노미**(holonomy)' $h_\gamma(t)$ (또는 $h_\gamma[A]$라고도 표기)를 다음과 같이 정의한다.

$$h_\gamma(t) \equiv \sum_{n=0}^{\infty}\left((-1)^n \int_{t \geq t_1 \geq \cdots \geq t_n \geq 0} A(\dot{\gamma}(t_1)) \cdots A(\dot{\gamma}(t_n)) dt_1 \cdots dt_n\right) \quad \cdots (7.11)$$

이 때 식 (7.10)에 의해 홀로노미 $h_\gamma(t)$는 다음 미분방정식의 해임을 알 수 있다.

$$\frac{d}{dt}h_\gamma(t) + A(\dot{\gamma}(t))h_\gamma(t) = 0$$

이제 홀로노미 $h_\gamma(t)$에 관한 몇 가지 사실을 살펴보기로 하자.

첫째, 다음 부등식을 계산할 수 있다.361)

$$\begin{aligned}\| h_\gamma \| &\leq \sum_{n=0}^{\infty} \int_{t \geq t_1 \geq \cdots \geq t_n \geq 0} \| (-A(\dot{\gamma}(t_1))) \cdots (-A(\dot{\gamma}(t_n))) \| dt_1 \cdots dt_n \\ &\leq \sum_{n=0}^{\infty} (-1)^n \| A \|^n \frac{t^n}{n!} \quad (\text{단, } \| A \| := \sup_{s \in [0,t]} \| A(\dot{\gamma}(s)) \|)\end{aligned}$$

따라서 (7.11)의 우변에 나타나는 급수는 수렴함을 알 수 있다.

둘째, 다음과 같이 '**경로 순서곱**(Path Ordered Product)' $P[\cdots]$를 정의하자.

$$P[A(\dot{\gamma}(t_1)) \cdots A(\dot{\gamma}(t_n))] := A(\dot{\gamma}(t_{\sigma(1)})) \cdots A(\dot{\gamma}(t_{\sigma(n)}))$$

(단, $\sigma : \{1, \cdots, n\} \to \{1, \cdots, n\}$은 일대일 대응이고, $t_{\sigma(1)} \geq \cdots \geq t_{\sigma(n)}$이다.)

경로 순서곱을 이용하면, 다음과 같이 쓸 수 있다.362)

361) [Doná] p. 38 또는 [Baez] p. 235 참고.
362) [Greiner] p. 218 의 (8.40) 또는 [Das] p. 228 (6.60) 참고.

$$\int_{t \geq t_1 \geq \cdots \geq t_n \geq 0} A(\dot{\gamma}(t_1)) \cdots A(\dot{\gamma}(t_n)))dt_1 \cdots dt_n$$
$$= \frac{1}{n!}\int_0^t \cdots \int_0^t P\left[A(\dot{\gamma}(t_1)) \cdots A(\dot{\gamma}(t_n))\right] dt_1 \cdots dt_n$$
$$\equiv \frac{1}{n!}P\left(\int_0^t A(\dot{\gamma}(s))ds\right)^n$$

따라서, 홀로노미 $h_\gamma(t)$는 경로 순서곱을 이용하여 다음과 같이 표현할 수 있다.

$$h_\gamma(t) = \sum_{n=0}^{\infty} \frac{(-1)^n}{n!} P\left(\int_0^t A(\dot{\gamma}(s))ds\right)^n$$
$$\equiv P\left[\exp(-\int_0^t A(\dot{\gamma}(s))ds)\right] \in SU(2)$$

셋째, $h_\gamma \in SU(2)$는 다음과 같은 몇 가지 성질을 갖는다.363)

i) $\alpha(t_0) = \beta(0)$인 임의의 두 곡선 α, β의 '연결' $\beta\alpha$를 다음과 같이 정의하자.364)

$$(\beta\alpha)(t) := \begin{cases} \alpha(t) & (t \in [0, t_0]) \\ \beta(t - t_0) & (t \in [t_0, t_0 + s_0]) \end{cases}$$

이 때 다음이 성립한다.

$$h_{\beta\alpha} = h_\beta h_\alpha$$

ii) $U(x) \in SU(2)$에 의한 국소적 게이지 변환 $A \mapsto A' = UAU^{-1} + (\partial U)U^{-1}$에 대하여 h_γ는 다음과 같이 변환한다.

$$h_\gamma(t) \mapsto U(\gamma(t))h_\gamma(t)U(\gamma(0))^{-1} \quad \cdots (7.12)$$

여기서 $U(\gamma(0))^{-1}$는 $\gamma(0)$에서 벡터의 기저변환을, $h_\gamma(t)$는 $\gamma(0) \mapsto \gamma(t)$로 평행이동을, $U(\gamma(t))$는 $\gamma(t)$에서 원래 기저로의 변환을 각각 나타내는 것으로 볼 수 있다.

363) 증명은 [Baez] p. 241 또는 [Doná] p. 39 참고.
364) [Baez] p. 238.

iii) 미분동형사상 $\phi: \Sigma_t \to \Sigma_t$에 대해($\Rightarrow A \mapsto A' = \phi^* A$) 다음과 같이 표현할 수 있다.

$$h_\gamma[\phi^* A] = h_{\phi(\gamma)}[A] \qquad \cdots (7.13)$$

넷째, 식 (7.12)에 의해 $h_\gamma (\in SU(2))$의 대각합(trace)

$$\mathrm{tr}[h_\gamma] = \mathrm{tr} P\left[\exp(-\int_0^t A(\dot{\gamma}(s))ds)\right]$$

는 U-변환에 대해 불변이므로 게이지 불변량이다.

특별히 맥스웰 이론과 같이 가환인 경우는 경로 순서곱 $P[\cdots]$이 필요하지 않고 따라서

$$\begin{aligned}\mathrm{tr}[h_\gamma] &= \exp(-\oint_\gamma A_a(t)\dot{\gamma}^a(t)dt) \\ &= \exp(-\oint_\gamma \vec{A} \cdot d\vec{s})\end{aligned}$$

이므로 $\mathrm{tr}[h_\gamma]$는 단순히 '$e^{\text{순환도}}$'의 형태가 된다. 마찬가지로 비가환 이론에서 **$\mathrm{tr}[h_\gamma]$는 '순환도'에 의한 게이지 불변량**이며 따라서 물리적으로 의미를 가질 수 있는 관측량(observerble)으로 해석할 수 있다.

이 때, $\mathrm{tr}[h_\gamma]$를 '**윌슨 고리**(Wilson loop)'라고 부르고 보통 $W_\gamma[A]$로 표기한다.

실제로, 커넥션 A가 주어졌을 때 **모든 고리(loop) γ에 대한 $W_\gamma[A]$의 값을 알면 A로부터 정의되는 모든 게이지 불변량에 대한 정보를 이끌어 낼 수 있음**이 알려져 있다.[365)]

뿐만 아니라, 홀로노미 $h_\gamma[A]$는 아슈테카 변수 A에 비해 게이지 변환과 미분동형에 대해 훨씬 다루기 쉬운 방식으로 변환한다는 장점이 있다. 즉, 식 (7.12)에서 본 것과 같이 $SU(2)$ 게이지 변환에 대해 A와 $h_\gamma[A]$는 각각 다음과 같이 변환한다.

$$A \mapsto A' = UAU^{-1} + (\partial U)U^{-1}, \quad h_\gamma(t) \mapsto U(\gamma(t))h_\gamma(t)U(\gamma(0))^{-1} \qquad \cdots (7.12)'$$

또 식 (7.13)에서 본 것과 같이 미분동형 $\phi: \Sigma_t \to \Sigma_t$ 에 대하여 A와 $h_\gamma[A]$는 각각 다음과 같이 변환한다.

365) 이것은 가환이론에서의 스톡정리의 역할에 해당하는 'Giles의 정리'에 의해 가능하다. ([Pullin] p. 69 또는 [Lee] p. 22)

$$A \mapsto A' = \phi^* A,\ h_\gamma[A] \mapsto h_\gamma[\phi^* A] = h_{\phi(\gamma)}[A] \qquad \cdots (7.13)'$$

위 (7.12)′, (7.13)′에서 볼 수 있듯이 홀로노미 $h_\gamma[A]$는 아슈테카 변수 A에 비해 훨씬 간단한 형태로 변환하는 장점이 있으며 수학적으로는 이러한 이유 때문에 고리양자중력이론에서 A 대신 $h_\gamma[A]$를 이용하여 힐베르트 공간을 정의하고 이에 따른 양자작용소와 동역학을 기술하게 된다.[366)]

이상을 정리하면 다음과 같다.

➲ 양-밀스 이론의 경우
홀로노미 $h_\gamma[A]$(또는 $W_\gamma[A]$) ($^\forall \gamma$: 고리)에 대한 정보
$\Leftrightarrow$ A로부터 정의되는 모든 게이지 불변량에 대한 정보

참고로, 임의의 두 벡터 $v, w \in T_p\Sigma_t$에 대해 $\partial_1|_p = v$, $\partial_2|_p = w$인 좌표계 (x^1, x^2, x^3)를 잡을 수 있고 이 때 다음과 같이 쓸 수 있음을 상기하자.(식 (3.16))

$$R(v,w)(= R(\partial_1, \partial_2) \in \mathrm{End}(T_p\Sigma_t)) = \lim_{\epsilon \to 0} \frac{h_{\gamma[\epsilon]} - I}{\epsilon} \qquad \cdots (3.16)'$$

(단, $\gamma[\epsilon]$은 Σ_t에서 v, w로 만들어지는 좌표길이 $\sqrt{\epsilon}$인 평행사변형 ([그림 7-2]))

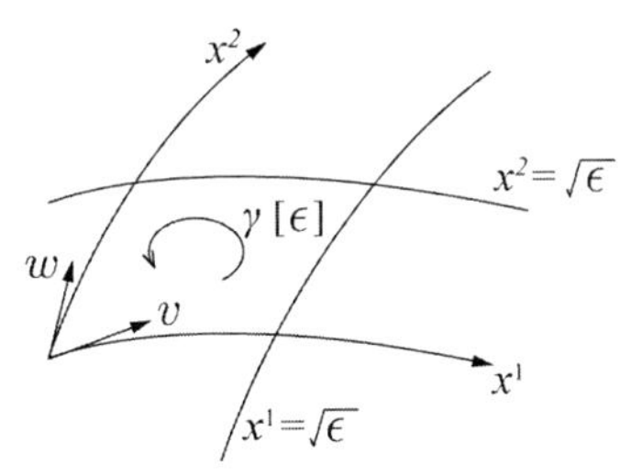

[그림 7-2]

위 (3.16)′은 모든 고리 γ에 대한 h_γ (또는 $W_\gamma[A] (= \mathrm{tr}[h_\gamma])$)의 정보가 곡률 $R(\ ,\ )$ (또는 $\mathrm{tr}[R(\ ,\ )]$)를 결정함을 보여주는데, 이것은 정확하게 맥스웰 이론에서 순환도가 곡률 텐서 F_{ab}를 결정한다는 사실에 대응한다.

366) [Chiou] p. 15.

이것을 직관적으로는 다음과 같이 이해할 수도 있다.

'주어진 공간에서 모든 고리들을 따라 벡터를 평행이동 시킨 결과(즉, 홀로노미)를 알면, 그 공간이 어떻게 휘었는지(즉, 곡률)을 알 수 있다.'

한편, 일반적으로 곡률은 그 시공간의 메트릭에 대해 다음과 같은 관계식을 만족한다.

$$R^{\lambda}_{\mu\nu\sigma} = \frac{\partial}{\partial x_{\nu}}\Gamma^{\lambda}_{\mu\sigma} - \frac{\partial}{\partial x_{\sigma}}\Gamma^{\lambda}_{\mu\nu} + \sum_{\eta=0}^{3}\Gamma^{\eta}_{\mu\sigma}\Gamma^{\lambda}_{\eta\nu} - \sum_{\eta=0}^{3}\Gamma^{\eta}_{\mu\nu}\Gamma^{\lambda}_{\eta\sigma},$$

$$\Gamma^{\lambda}_{\mu\nu} = \sum_{\sigma=0}^{3}\frac{1}{2}g^{\lambda\sigma}\left(\frac{\partial g_{\sigma\nu}}{\partial x_{\mu}} + \frac{\partial g_{\sigma\mu}}{\partial x_{\nu}} - \frac{\partial g_{\mu\nu}}{\partial x_{\sigma}}\right)$$

이로부터 다음과 같이 쓸 수 있다.[367)]

$$R_{\rho\mu\nu\lambda} = \frac{1}{2}\left(\partial_{\mu}\partial_{\lambda}g_{\rho\nu} + \partial_{\rho}\partial_{\nu}g_{\mu\lambda} - \partial_{\mu}\partial_{\nu}g_{\rho\lambda} - \partial_{\rho}\partial_{\lambda}g_{\mu\nu}\right) + g_{\alpha\beta}\left(\Gamma^{\alpha}_{\rho\nu}\Gamma^{\beta}_{\mu\lambda} - \Gamma^{\alpha}_{\rho\lambda}\Gamma^{\beta}_{\mu\nu}\right)$$

위 식에서 메트릭의 모든 2계 미분 $\{\partial_{\mu}\partial_{\nu}g_{\rho\lambda}\}$은 $100\left(=\left(\frac{4\cdot 5}{2}\right)^2\right)$개의 함수를 이루고, 곡률텐서 $\{R_{\rho\mu\nu\lambda}\}$는 $20\left(=4^2(4^2-1)/12\right)$개의 함수를 이루므로 일반적으로 단순히 곡률텐서의 정보만으로 메트릭을 결정할 수는 없다.([Berger] p. 215)

그러나 만일 p에서 정규좌표계 (x^{μ})를 이용하면 다음이 성립한다.([Berger] p. 215)

$$\partial_{\mu}\partial_{\nu}g_{\lambda\sigma} = \frac{1}{6}\left(R_{\mu\lambda\sigma\nu} + R_{\mu\sigma\nu\lambda}\right)$$

이로부터 정규좌표계가 주어진 상황에서는 곡률이 메트릭을 결정한다는 것을 알 수 있는데 실제로 p에서의 정규좌표계 $(U,(x^{\mu}))$에 대하여 다음이 성립함이 알려져 있다.([Rosenberg] p. 83)

$$g_{\mu\nu}(x) = \eta_{\mu\nu} + {}^{2}A_{\mu\nu\lambda\rho}x^{\lambda}x^{\rho} + {}^{3}A_{\mu\nu\alpha\beta;\gamma}x^{\alpha}x^{\beta}x^{\gamma} + \cdots$$

(단, ${}^{k}A_{\mu\nu\cdots}$는 곡률텐서 $R_{\mu\nu\lambda\rho}$와 그 공미분 $DR,\cdots,D^{k-2}R$들로 이루어진 다항식의 점 p에서의 값이다.)

따라서 곡률과 곡률의 모든 공미분들을 알면 정규좌표계를 통해 메트릭을 국소적으로 유일하게 결정할 수 있다.

367) [이철훈] p. 59

단, 이 때 주어진 점 p에서의 정규좌표계 $(U, (x^{\mu}))$가 주어지기 위해서는 p에서 각 방향 v로의 측지선 $\gamma_v(t)$(단, $\gamma_v(0)=p$, $\gamma_v{}'(0)=v$)에 대한 정보가 주어져야 함에 유의할 필요가 있다.(이에 관한 보다 엄밀한 증명 및 관련된 자세한 논의는 [Spivak] pp. 309~310, [Berger] pp. 213~216, p. 250, [Rosenberg] p. 83 등을 참고)

요컨대, 홀로노미 h_γ들은 곡률을 결정하고 다시 곡률은 위와 같은 의미에서 메트릭을 결정하므로 결과적으로, **홀로노미 h_γ들에 의해 공간 Σ의 기하학이 결정**된다고 할 수 있다.

제8장 LQG로 가는 길

8.1 일반상대론의 정준양자화[368)]

이 절에서는 아슈테카의 정준변량 $\{A_a^i\}, \{E_j^b\}$를 이용하여 일반상대론을 양자화하는 과정을 단계별로 간단히 살펴보기로 한다.

[1단계] Σ 위의 커넥션들의 공간 $\mathscr{M}=\{A(=A_a^i\tau_i dx^a)\}$[369)]을 적당히 완비화(completion)하여 확장한 공간 $\overline{\mathscr{M}}$ 상에 적당한 르벡척도(Lebesque measure) $d\mu_{AL}$[370)] 를 정의한 후, 다음과 같이 힐베르트 공간 $\mathscr{H}_{kin}$을 정의한다.

$$\mathscr{H}_{kin}=\mathcal{L}^2(\overline{\mathscr{M}}, d\mu_{AL})=\left\{\Psi:\overline{\mathscr{M}}\to\mathbb{C} \mid \int|\Psi(A)|^2 d\mu_{AL}<\infty\right\}$$

이 때, 이 공간 $\mathscr{H}_{kin}$에서의 내적은 다음과 같다.

$$\langle\psi,\phi\rangle:=\int\overline{\psi}(A)\phi(A)d\mu_{AL}$$

[2단계] A_a^i와 E_j^b는 각각 다음과 같이 작용소로 변환하고 적절한 교환법칙을 부여한다.

$$A_a^i \mapsto \hat{A}_a^i(\Psi(A)):=A_a^i\Psi(A)$$

$$E_j^b \mapsto \hat{E}_j^b(\Psi(A)):=-i\hbar\gamma\frac{\delta}{\delta A_b^j}\Psi(A)$$

$$\left[\hat{A}_a^i(x),\hat{E}_j^b(y)\right]=i\hbar\gamma\delta_a^b\delta_j^i\delta^3(x,y)$$ [371)]

---

368) [Perez] pp. 18~19, [Lee] p. 20 참고.

369) 엄밀하게 $\mathscr{M}$은 $\mathbb{A}/G$을 의미한다. 여기서 $\mathbb{A}$는 Σ위의 모든 커넥션들의 공간이고 G는 국소적 $SU(2)$-게이지 변환군을 의미한다. [Kiefer] pp. 183~184 참고. [Rovelli1] p. 165, [AL1] p. 3, [Chiou] p. 16 도 참고할 것.

370) 'Ashtekar-Lewandowski measure'로 불리며, $SU(2)$-게이지 변환과 미분동형에 대해 불변인 척도이다.([Perez] p. 18참고)

371) 자세한 계산은 [Doná] p. 27 참고.

[3단계][372) 위 [2단계]에 따라 세 제한조건식 G_i, H_a, H를 모두 작용소로 전환하고, 다음과 같이 **'양자화된 아인슈타인 방정식**(Quantum Einstein Equation)'[373)을 만족시키는 파동함수 $\Psi(A) = \langle A | \Psi \rangle$를 구한다.

$$\hat{G}_i|\Psi\rangle = 0, \text{ (가우스 제한조건)}$$

$$\hat{H}_a|\Psi\rangle = 0, \text{ (미분동형 제한조건)}$$

$$\hat{H}|\Psi\rangle = 0 \text{ (해밀토니안 제한조건)}$$

위 세 방정식의 해를 구함으로써 우리는 $SU(2)$-게이지 변환에 대해 불변이고, 미분동형에 대해서도 불변인(따라서 '**배경독립적인**(background independent)') 파동함수 $\Psi(A)$의 동역학을 기술할 수 있다. 이 과정은 고리양자중력이론의 핵심적인 부분에 해당하는데 이에 대해 좀 더 구체적으로 알아보자.

첫째로, 위 가우스 제한조건식을 만족시키는 파동함수 $\Psi(A)$는 $SU(2)$-게이지 변환에 대해 불변임을 다음과 같이 보일 수 있다.

먼저 적분된 제한조건식 $C_G[\lambda] = \int_\Sigma d^3x \lambda^i G_i$에 대하여 (적분된) 가우스 제한조건 $\hat{C}_G(\lambda)(\Psi(A)) = 0$의 의미를 살펴보기 위해 다음을 계산해 보자.

$$\delta\Psi(A) \equiv \Psi(A + \delta A) - \Psi(A) = \int d^3x \frac{\delta\Psi(A)}{\delta A_a^i(x)} \delta A_a^i(x)$$

$$= \int d^3x \frac{\delta\Psi(A)}{\delta A_a^i(x)} D_a\lambda^i = -\int d^3x \, D_a\left(\frac{\delta\Psi(A)}{\delta A_a^i(x)}\right)\lambda^i$$

$$= -i\,\hat{C}_G(\lambda)(\Psi(A)) \ \left(\because \hat{G}_i(\Psi(A)) = -iD_a\left(\frac{\delta\Psi(A)}{\delta A_a^i(x)}\right) (\text{단, } \hbar = \gamma \equiv 1)\right)$$

따라서 **파동함수 $\Psi(A)$가 가우스 제한조건식의 해가 되기 위한 필요충분조건은 $\Psi(A)$가 임의의 $SU(2)$-게이지 변환에 대해 불변임을 알 수 있다.** 즉, 다음과 같다.

$$\hat{G}_i(\Psi(A)) = 0 \Leftrightarrow \hat{C}_G(\lambda)(\Psi(A)) = 0, {}^\forall\lambda \Leftrightarrow \Psi(A + \delta A) = \Psi(A), {}^\forall\delta A$$

372) [Pullin] pp. 99~103 참고.
373) [Perez] p. 19.

예를 들어 $\Psi(A):=W_\gamma[A]$의 경우 $W_\gamma[A]$는 $SU(2)$-게이지 불변이므로 $\Psi(A)$는 가우스 제한조건식의 해가 된다.

둘째로, 미분동형 제한조건식의 경우도 마찬가지로 $\hat{H}_a(\Psi(A))=-i\hat{F}^i_{ab}\frac{\delta\Psi(A)}{\delta A^i_b}$로 쓸 수 있고 적분된 제한조건식에 의한 작용소 $\hat{C}_{Diff}[\overrightarrow{N}]=\int_\Sigma d^3xN^a\hat{H}_a$에 대하여 다음을 계산할 수 있다.374)

$$\Psi\left(A+\mathcal{L}_{\overrightarrow{N}}A\right)-\Psi(A)=\hat{C}_{Diff}\left(\overrightarrow{N}\right)(\Psi(A))$$

따라서 **파동함수 $\Psi(A)$가 미분동형 제한조건식의 해가 되기 위한 필요충분조건은 $\Psi(A)$가 임의의 미분동형에 대해 불변임(즉, 배경독립적임)을 알 수 있다**. 즉, 다음과 같다.

$$\hat{H}_a(\Psi(A))=0 \Leftrightarrow \hat{C}_{Diff}\left(\overrightarrow{N}\right)(\Psi(A))=0, {}^\forall\overrightarrow{N} \Leftrightarrow \Psi\left(A+\mathcal{L}_{\overrightarrow{N}}A\right)=\Psi(A), {}^\forall\overrightarrow{N}$$

마지막으로, 해밀토니안 제한조건식에 대해서 살펴보자. 앞의 두 제한조건식의 경우와 달리 $H=\frac{\gamma}{2}\frac{E^a_iE^b_j}{\sqrt{\det E}}\left[\epsilon^{ij}{}_kF^k_{ab}-2\left(\gamma^2+1\right)K^i_{[a}K^j_{b]}\right]$를 작용소 $\hat{H}$으로 변환하는 데에는 몇 가지 문제가 있다.

첫째로, H에 포함되어 있는 $E^a_iE^b_j$를 작용소로 변환하면 $\frac{\delta}{\delta A^i_a(x)}\frac{\delta}{\delta A^j_b(x)}$와 같은 미분 연산을 실행하게 된다. 그런데, 일반적으로 앞의 두 제한조건식의 해가 되는 파동함수 $\Psi(A)$는 A^i_a에 대해 $SU(2)$-게이지 불변이면서 A^i_a들의 적당한 함수를 Σ상에서 적분한 일종의 범함수(functional)의 형태임에 유의할 필요가 있다. 실제로 만일 $\Psi(A)$가 이러한 범함수의 형태가 아니면 $\hat{C}_{Diff}\left(\overrightarrow{N}\right)$를 작용했을 때 0이 되지 않고, 벡터장 $\overrightarrow{N}$에 의한 미분동형의 흐름에 따라 좌표변환이 일어나야 한다. ($\hat{C}_{Diff}\left(\overrightarrow{N}\right)(\Psi(A))=\Psi(A+\mathcal{L}_{\overrightarrow{N}}A)-\Psi(A)$임을 상기)

이러한 상황은 다음과 같은 보다 간단한 상황에서의 예를 통해 그 의미를 분명히 알 수 있다.

---

374) [Pullin] 연습문제 [7.2], [7.3] 참고.

먼저 작용소 $\hat{O}(k)$ (단, k는 상수)가 함수 ϕ에 대하여 $(\hat{O}(k)\phi)(x) \equiv \phi(x+k)$와 같이 작용할 때 함수 ϕ는 작용소 $\hat{O}(k)$에 대해 불변일 수가 없다.(즉, $\phi(x+k) \neq \phi(x)$이다.) 그러나 만일 범함수 F가 $F(\phi) = \int_{-\infty}^{\infty} \phi(x)dx$로 정의되면 $(\hat{O}(k)F)(\phi) \equiv F(\hat{O}(k)\phi) = F(\phi)$이므로 이 때 범함수 F는 작용소 $\hat{O}(k)$에 대해 불변이 된다. 여기서 만일 $\Psi(A)$가 $\phi(x)$와 같은 상황이면 ($\phi(x+k) - \phi(x) \neq 0$이듯이) $\Psi\left(A + \mathcal{L}_{\vec{N}}A\right) - \Psi(A) \neq 0$이지만, $\Psi(A)$가 $F(\phi)$와 같이 A의 적분을 통한 범함수의 형태이면 ($F(\hat{O}(k)\phi) - F(\phi) = 0$이듯이) $\Psi\left(A + \mathcal{L}_{\vec{N}}A\right) - \Psi(A) = 0$이 가능해짐을 유추할 수 있다.

이제 이같은 상황을 염두에 두고 H에 포함되어 있는 $E_i^a E_j^b$를 작용소로 변환했을 때 $\frac{\delta}{\delta A_a^i(x)} \frac{\delta}{\delta A_b^j(x)}$중 첫 번째 $\frac{\delta}{\delta A_b^j(x)}$가 $\Psi(A)$에 작용하면, 그 결과는 범함수(functional)의 형태가 아닌 보통 함수(function)의 형태가 되고, 여기에 다시 두 번째 $\frac{\delta}{\delta A_a^i(x)}$가 작용하면 디락-델타함수의 형태를 얻게 된다. 그런데 문제는 첫 번째와 두 번째 모두 같은 점 $x \in \Sigma$에 대해 작용하므로 최종적으로 얻게 되는 디락-델타함수의 형태가 $\delta(x-x)$와 같이 되어 '∞'를 초래하게 된다는 것이다.

이런 형태의 무한대가 나타나는 것은 양자장이론에서 전형적으로 일어나는 현상으로서, 고정된 시공간을 배경으로 하는 기존의 양자장이론에서는 '정규화(regularization)'라는 기법으로 이 문제를 다룰 수가 있다. 이 기법의 기본적인 아이디어는 두 작용소의 곱 $\hat{O}_1(x)\hat{O}_2(x)$와 관련된 계산을 할 때 $\lim_{\epsilon \to 0} f_\epsilon(x,y) = \delta^3(x-y)$인 함수 f_ϵ를 이용하여 $\hat{O}_1(x)\hat{O}_2(x)$ 대신 먼저 $\int d^3y \hat{O}_1(x)\hat{O}_2(y) f_\epsilon(x,y)$을 이용하여 관련된 양을 계산한 뒤 마지막에 '$\lim_{\epsilon \to 0}$'을 취하여 주는 것이다. 그 결과 만일 유의미한 유한한 값이 나오면, 우리는 관련된 양을 성공적으로 '정규화(regularize)'한 것이 된다.

그러나, 이 방법을 고정된 시공간을 배경으로 하지 않는 이론에 적용할 때는 함수 $f_\epsilon(x,y)$를 이용해 두 작용소의 곱을 표현하는 과정에서 새로 도입된 함수 $f_\epsilon(x,y)$로 인해 시공간에 대한 배경의 독립성이 깨져버리는 문제가 발생한다.[375)]

375) 예를 들어 해밀토니안 제한조건식이 미분동형에 대해 더 이상 스칼라처럼 행동하지 않는다.

둘째로, $C[N]=\int_{\Sigma} d^3xN\frac{\gamma}{2}\frac{E_i^aE_j^b}{\sqrt{\det E}}\left[\epsilon^{ij}_{\ k}F_{ab}^k-2(1+\gamma^2)K_{[a}^iK_{b]}^j\right]$에서 피적분함수가 A, E에 대한 다항식 형태로 표현되지 않는데 이는 $C[N]$을 작용소로 변환하는데 어려움을 야기한다.376) 그러나 다행히 이러한 문제를 다룰 수 있는 기법이 1996년 티만(Thiemann)에 의해 계발되었다.377)

8.2 고리변환과 고리표현(loop representation)

이상에서 우리는 아슈테카의 정준변량 $\{A_a^i\},\{E_j^b\}$를 이용한 일반상대론의 양자화 과정을 간단히 소개하였다. 이와 관련하여 다음과 같이 몇 가지 언급을 할 수 있다.

첫째, $SU(2)$-커넥션 A_a^i를 이용한 파동함수 $\Psi(A_a^i)\equiv\langle A_a^i|\Psi\rangle$을 통해 중력을 양자화하는 소위 '**커넥션 표현**(connection representation)'에서는 일반상대론의 세 가지 제한 조건식을 '무한대'를 초래하지 않고 잘 정의된 작용소로 전환하는 문제가 아직도 완전히 해결되지 않은 채 남아있다.

이처럼 게이지 불변이고 미분동형에 대해 불변인 (범)함수 $\Psi(A)$를 수학적으로 다루기가 어려운 상황에서, 로벨리와 스몰린([RS1,2] 1988, 1990)은 '고리표현(loop representation)'이라는 새로운 돌파구를 열었다.378)

앞서 언급한 바와 같이, 주어진 커넥션 A에 대한 모든 게이지 불변인 정보는 모든 고리 γ에 대한 윌슨 고리 $W_\gamma[A]$에 대한 정보로부터 얻을 수 있다. 따라서 게이지 불변인 파동함수 $\Psi(A)$ 역시 $W_\gamma[A]=\mathrm{tr}P\left[\exp(-\int_0^t A(\dot\gamma(s))ds)\right]$들을 이용하여 전개할 수 있

([Pullin] p. 101) 참고로, 역함수가 존재하는 미분가능한 함수 f에 대하여 $\delta(f(x)-f(x_0))=$ $=\frac{1}{|f'(x_0)|}\delta(x-x_0)$이 성립함을 상기.(주 207) 참고)

376) F는 A의 다항식으로 나타나지만 (식 (7,7)), $K=K(A,E)$는 분모에 $\det E$를 포함하는 형태임. (주 321)

377) [Pullin] p. 101.

378) [Pullin] p. 104.

으리라 기대할 수 있다. 즉, $\Psi(A)=\sum_{\gamma}\Psi(\gamma)W_{\gamma}[A]$과 같은 형태의 관계식을 기대할 수 있는데, 만일 $\Psi(\gamma)\equiv\langle\gamma|\Psi\rangle$, $W_{\gamma}[A]\equiv\langle A|\gamma\rangle$로 표기하면 이 관계식은 다시 다음과 같이 표현할 수 있다.

$$\Psi(A)=\sum_{\gamma}\langle A|\gamma\rangle\langle\gamma|\Psi\rangle \qquad \cdots (8.1)$$

위 (8.1)식은 고전 양자역학에서 위치 표현으로 나타낸 파동함수 $\Psi(x)$를 운동량 표현 $\tilde{\Psi}(p)$를 이용해 전개 했을 때 푸리에 변환 $\Psi(x)=\int dp\,\tilde{\Psi}(p)\,e^{ipx}$과 같이 표현되는 것과 같은 맥락에서 해석할 수 있다.

이와 같은 이유로 위 (8.1)에서 $\Psi(A)(=\langle A|\Psi\rangle)\mapsto\Psi(\gamma)(=\langle\gamma|\Psi\rangle)$를 '**고리변환**(loop transform)'이라 부르고 파동함수 $\Psi(\gamma)=\langle\gamma|\Psi\rangle$를 이용해 일반상대론을 양자화하는 포말리즘을 '**고리표현**(loop representation)'이라고 부른다.

고리표현이 고전 양자역학의 위치(혹은 운동량) 표현과 다른 한 가지 중요한 차이점은 고전양자역학의 위치 표현공간 $\mathscr{H}=\langle\{|x\rangle|x\in\mathbb{R}^3\}\rangle$에서 위치 상태벡터 $|x\rangle$들이 완전 정규직교기저를 이루는 것과는 달리 (즉, $\langle x|y\rangle=\delta(x-y)$), Σ의 모든 고리들에 의한 양자 상태벡터들의 공간 $\langle\{|\gamma\rangle|\gamma$는 Σ에서의 고리$\}\rangle$에서 $|\gamma\rangle$들은 마치 $\mathbb{R}^3$를 생성하는 벡터로 10개의 벡터들이 주어진 것과 같이 불필요하게 많이 모여 있다는 것이다.

따라서 이러한 고리 상태벡터들의 적당한 일차결합으로 표현되는 특정한 상태벡터들만 따로 모아서 '국소적 $SU(2)$-게이지 변환에 대해 게이지 불변인 파동함수들의 공간'[379]의 정규직교기저로 사용하는데, 이때의 정규직교기저들을 '**스핀네트워크 상태벡터**(spin network state)'라고 부른다. (줄여서 '**스핀네트워크**'라고 부르기도 한다.)

둘째, 고리 표현에 기반을 둔 고리양자중력 이론의 중요한 성과중 하나는 (적분된) 해밀토니안 제한조건식 H (또는 $C[N]$)를 작용소로 전환시켜 무한대를 초래하지 않도록 잘 정의하는 데에 성공 했다는 것이다.[380]

그러나 $\hat{H}|\Psi\rangle=0$의 해 공간에서의 내적을 정의하는 문제는 아직도 완전히 해결되지 못하고 있다. 이러한 내적의 정의에 대한 문제나, 해 공간을 자연스럽게 이끌어 내는 등의

379) 나중에 이 공간을 $\mathscr{H}_G$라고 부른다.

380) [Pullin] p. 121, [Perez] p. 19 (ii) 참고.

$\hat{H}$에 관한 몇 가지 문제를 해결하기 위한 시도로서 '**스핀 거품**(spin foam)'을 통한 접근방법 등이 있지만, 이러한 일관된 이론들이 '고전적인 근사(semi-classical limit)'를 통해 고전적인 일반상대론을 다시 재현해 낼 수 있는지는 아직 분명하지가 않다.[381)]

셋째, 일반상대론의 양자화과정을 간단히 정리하면, 먼저 [1단계]에서 $\mathcal{H}_{kin}$를 정의한 후 여기에 다음과 같이 세 가지 '양자 제한조건'을 차례로 부여한다.

① 먼저 $\hat{G}_i|\Psi\rangle = 0$를 만족시키는 $SU(2)$-게이지 불변인 파동함수들의 힐베르트 공간 $\mathcal{H}_G$를 정의하고,

② 다시 추가로 $\hat{H}_a|\Psi\rangle = 0$를 만족시킴으로써 $SU(2)$-게이지 변환과 미분동형에 대해 불변인 파동함수들의 힐베르트 공간 $\mathcal{H}_{inv}$를 정의한 뒤,

③ 마지막으로 다시 $\hat{H}|\Psi\rangle = 0$까지 만족시키는 파동함수들의 물리적인 힐베르트 공간 $\mathcal{H}_{phy}$[382)]를 정의하는 것이 전체적인 고리양자중력 이론의 전략이다.

즉, 다음과 같다.

$$\mathcal{H}_{kin} \xrightarrow{\hat{G}_i = 0} \mathcal{H}_G \xrightarrow{\hat{H}_a = 0} \mathcal{H}_{inv} \xrightarrow{\hat{H} = 0} \mathcal{H}_{phy}$$

여기서, $\mathcal{H}_{kin}$에 속하는 파동함수를 '**원주함수**(cylindrical function)'라고 부르고, $\mathcal{H}_G$의 정규직교기저를 이루는 상태벡터를 '**스핀네트워크**', $\mathcal{H}_{inv}$의 정규직교기저를 이루는 상태벡터를 's-**끈**(s-knot)'이라고 부른다.

381) [Perez] p. 19 (iii) 참고.
382) 이 공간 $\mathcal{H}_{phy}$가 결국 양자적 일반상대론의 동역학을 기술하는 힐베르트 공간인 셈이다.

PART 03

고리양자중력이론

제9장 고리양자중력이론의 정역학(Kinematics)

이 장에서는 힐베르트 공간 $\mathcal{H}_{kin}$, $\mathcal{H}_{G}$, $\mathcal{H}_{inv}$를 각각 보다 구체적으로 정의하고 각 공간에 속하는 상태벡터들 (원주함수, 스핀네트워크, s-끈(knot))에 대해 알아보자.

9.1 $\mathcal{H}_{kin}$의 정의

$\mathcal{H}_{kin}$의 정의는 기본적으로 8.1절에서 언급한 Ashtekar-Lewandowski 척도(measure) $d\mu_{AL}$을 사용하여 다음과 같이 표현할 수 있다.

$$\mathcal{H}_{kin} = \mathcal{L}^2(\overline{\mathcal{M}}, d\mu_{AL}) = \left\{ \Psi : \overline{\mathcal{M}} \to \mathbb{C} \mid \int |\Psi(A)|^2 d\mu_{AL} < \infty \right\} \qquad \cdots (9.1)$$

여기서 $d\mu_{AL}$은 $SU(2)$-게이지 변환과 미분동형에 대해 불변인 척도이다.

따라서 내적 $\langle \Psi, \Phi \rangle = \int \overline{\Psi}(A)\Phi(A) d\mu_{AL}$도 게이지 변환과 미분동형에 대해 불변이다. 즉, 게이지 변환 $A \mapsto A_\lambda = \lambda A \lambda^{-1} + d\lambda\lambda^{-1}$(단, $\lambda \in SU(2)$)와 미분동형 $\phi : \Sigma \to \Sigma$에 의한 변환 $A \mapsto \phi^* A$에 대해 다음이 성립한다.

$$\langle \Psi, \Phi \rangle = \int \overline{\Psi}(A_\lambda)\Phi(A_\lambda) d\mu_{AL}[A] \ = \int \overline{\Psi}(\phi^* A)\Phi(\phi^* A) d\mu_{AL}[A]$$

이제 $\mathcal{H}_{kin}$에 속하는 상태벡터 $|\Psi\rangle$들 (혹은 파동함수 $\Psi(A) = \langle A | \Psi \rangle$)의 구체적인 모습과 이에 따른 내적 $\langle \, , \, \rangle$의 구체적인 형태를 '원주함수(cylindrical function)'의 개념을 통해 보다 자세히 살펴보도록 하자.

9.1.1 원주함수의 정의

먼저 Γ를 순서(order)와 향(orientation)이 주어진 L개의 경로 $\gamma_l (1 \leq l \leq L)$들의 한 모임이라 하자. 이 때 Γ를 '**그래프**'라고 부른다.([그림 9-1])

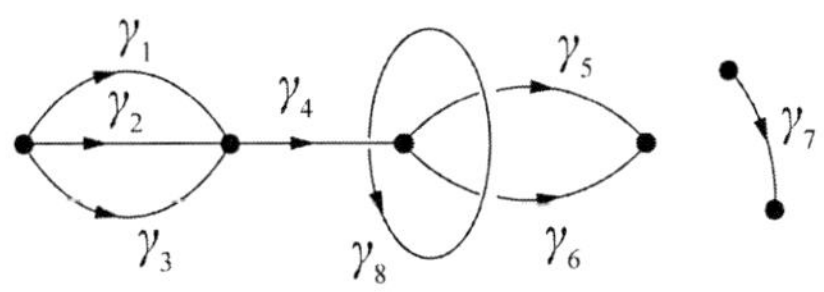

[그림 9-1: Γ의 한 예]

또, 경로 γ 상의 평행이동을 나타내는 A의 홀로노미를 $U(A,\gamma)(=h_\gamma[A])$라 하자. 즉,

$$U(A,\gamma):=P[\exp(-\oint_\gamma A(\dot{\gamma})ds)]\ \ (\in SU(2))$$

이다.

이 때 주어진 함수 $f:SU(2)^L\to\mathbb{C}$와 한 그래프 Γ에 대해 **'원주함수'** $\Psi_{\Gamma,f}$를 다음과 같이 정의한다.

$$\Psi_{\Gamma,f}(A):=f(U(A,\gamma_1),\cdots,(A,\gamma_L))$$

만일 원주함수들의 집합을 $S:=\{\Psi_{\Gamma,f}:\mathcal{M}\to\mathbb{C}\,|\,^\forall\Gamma,\ ^\forall f:SU(2)^L\to\mathbb{C}\}$라 하면 S는 적당한 위상에 대해 $C^0(\mathcal{M},\mathbb{C})=\{\Psi:\mathcal{M}\to\mathbb{C}\,|\,\Psi$는 연속$\}$의 조밀한 부분집합이 된다.[383]

9.1.2 내적의 정의

먼저 S에 속하는 두 원주함수 $\Psi_{\Gamma,f}$와 $\Psi_{\Gamma,g}$사이의 내적을 다음과 같이 정의한다.[384]

$$\langle\Psi_{\Gamma,f}|\Psi_{\Gamma,g}\rangle:=\int dU_1\cdots dU_L\overline{f(U_1,\cdots,U_L)}\,g(U_1,\cdots,U_L)\qquad\cdots(9.2)$$

(단, dU는 $SU(2)$상에 정의된 하르 척도(Haar measure)[385]이다.)

다음으로 위 정의를 확장하여 두 원주함수 Ψ_{Γ_1,f_1}, Ψ_{Γ_2,f_2}사이의 내적을 다음과 같이 정의한다.[386]

383) [Chiou] p. 16, [Rovelli1] p. 227.
384) Γ에 있는 경로의 개수만 이 내적에 기여할 뿐 이 내적이 각각의 경로 γ_i에 직접적으로 의존하지 않음에 유의. $\Psi_{\Gamma,f}(A)=f(U(A,\gamma_1),\cdots,(A,\gamma_L))$의 $U(A,\gamma_i)$는 A에 따라 $SU(2)$의 임의의 원소 U_i를 나타낼 수 있고 이러한 모든 원소 U_i에 대해 적분이 이루어진다.([AL2] p. 23, 아래 주 386) 참고)
385) 컴팩트 리-군 $SU(2)$상의 (유한) '좌우불변 척도'(Left and Right invariant measure)를 말한다.

$$\langle \Psi_{\Gamma_1, f_1} | \Psi_{\Gamma_2, f_2} \rangle := \langle \Psi_{\Gamma, F_1} | \Psi_{\Gamma, F_2} \rangle \qquad \cdots (9.3)$$

(단, 위 정의에서 $\Gamma_1 = \{\gamma_1, \cdots, \gamma_{L_1}\}$, $\Gamma_2 = \{\alpha_1, \cdots, \alpha_{L_2}\}$일 때 $\Gamma = \{\gamma_1, \cdots, \gamma_{L_1}, \alpha_1, \cdots, \alpha_{L_2}\}$ 이고, $F_1(U_1^\gamma, \cdots, U_{L_1}^\gamma, U_1^\alpha, \cdots, U_{L_2}^\alpha)) := f_1(U_1^\gamma, \cdots U_{L_1}^\gamma)$,

$F_2(U_1^\gamma, \cdots, U_{L_1}^\gamma, U_1^\alpha, \cdots, U_{L_2}^\alpha)) := f_2(U_1^\alpha, \cdots U_{L_1}^\alpha)$이다.)

참고로, 위 표기법을 이용하면, 임의의 두 원주함수 Ψ_{Γ_1, f_1}, Ψ_{Γ_2, f_2}와 $a, b \in \mathbb{C}$에 대하여 $a\Psi_{\Gamma_1, f_1} + b\,\Psi_{\Gamma_2, f_2} := \Psi_{\Gamma, aF_1 + bF_2}$가 다시 원주함수가 되고 따라서 S 가 벡터공간이 됨을 알 수 있다.[387]

9.1.3 내적의 불변성

S 상에 (9.3)과 같이 정의된 내적이 게이지 변환과 미분동형에 대해 불변임을 살펴보자.

① 게이지 불변

이를 보이기 위해 내적 (9.2)의 경우에 대해서만 살펴보면 충분하다.

먼저, 게이지 변환 $A \mapsto A_\lambda := \lambda A \lambda^{-1} + (d\lambda)\lambda^{-1}$와 경로 $\gamma : [t_0, t_1] \to \Sigma$에 대하여

$$U(A, \gamma) \mapsto \lambda(\gamma(t_1))\, U(A, \gamma)\, \lambda^{-1}(\gamma(t_0)) \equiv U(A_\lambda, \gamma)$$

임을 상기하자. 이 때 주어진 (Γ, f)에 대하여 다음과 같이 원주함수의 변환을 기술할 수 있다.

$$\begin{aligned} \Psi_{\Gamma, f}(A) \mapsto \Psi_{\Gamma, f}(A_\lambda) &= f(U(A_\lambda, \gamma_1), \cdots, U(A_\lambda, \gamma_L)) \\ &= f(\lambda(\gamma_1(t_1))\, U_1 \lambda^{-1}(\gamma_1(t_0)), \cdots, \lambda(\gamma_L(t_1))\, U_L \lambda^{-1}(\gamma_L(t_0))) \\ &\equiv f_\lambda(U(A, \gamma_1), \cdots, U(A, \gamma_L)) \end{aligned}$$

즉, 다음과 같다.

---

386) (9.3)에서 정의한 내적을 $\mathcal{H}_{kin} = \mathcal{L}^2(\overline{\mathcal{M}}, d\mu_{AL})$의 관점에서 $d\mu_{AL}$을 이용하여 나타내면 다음과 같다. ([Lee] p. 25, [Doná] p. 43)

$$\langle \Psi_{\Gamma_1, f_1} | \Psi_{\Gamma_2, f_2} \rangle \equiv \int \overline{\Psi}_{\Gamma_1, f_1}(A)\, \Psi_{\Gamma_2, f_2}(A)\, d\mu_{AL}[A]$$

387) [Giesel] p. 17에 S의 대수적 구조와 관련된 보다 자세한 언급이 있다.

$$\Psi_{\Gamma,f}(A)\mapsto\Psi_{\Gamma,f}(A_\lambda)=\Psi_{\Gamma,f_\lambda}(A)(\equiv[\hat{U}_\lambda\Psi_{\Gamma,f}](A))$$ [388]

이로부터 게이지 변환에 따른 내적의 변환을 다음과 같이 계산할 수 있다.

$$\begin{aligned}\langle\Psi_{\Gamma,f_\lambda}|\Psi_{\Gamma,g_\lambda}\rangle &= \int dU_1\cdots dU_L\overline{f_\lambda(U_1,\cdots,U_L)}\,g_\lambda(U_1,\cdots,U_L)\\ &= \int dU_1\cdots dU_L\overline{f(\lambda U_1\lambda^{-1},\cdots,\lambda U_L\lambda^{-1})}\,g(\lambda U_1\lambda^{-1},\cdots,\lambda U_L\lambda^{-1})\\ &= \int dU_1\cdots dU_L\overline{f(U_1,\cdots,U_L)}\,g(U_1,\cdots,U_L)\ ^{389)}\\ &= \langle\Psi_{\Gamma,f},\Psi_{\Gamma,g}\rangle\end{aligned}$$

따라서 내적이 게이지 변환에 대해 불변임을 알 수 있다.

② 미분동형 불변

미분동형 $\phi:\Sigma\to\Sigma$에 따른 변환 $A\mapsto A_\phi\equiv\phi^* A$에 대하여

$$U(A,\gamma)\mapsto U(\phi^* A,\gamma)=U(A,\phi(\gamma))$$

임을 상기하면((7.13)), 주어진 (Γ,f)에 대하여 다음과 같이 원주함수의 변환을 기술할 수 있다.

$$\Psi_{\Gamma,f}(A)\mapsto\Psi_{\Gamma,f}(\phi^* A)=\Psi_{\phi(\Gamma),f}(A)(\equiv[\hat{U}_\phi\Psi_{\Gamma,f}](A))$$ [390]

이로부터 미분동형 ϕ에 따른 내적의 변환을 다음과 같이 계산할 수 있다.[391]

$$\langle\Psi_{\phi(\Gamma),f}|\Psi_{\phi(\Gamma),g}\rangle=\int dU_1\cdots dU_L\overline{f(U_1,\cdots,U_L)}\,g(U_1,\cdots,U_L)=\langle\Psi_{\Gamma,f},\Psi_{\Gamma,g}\rangle$$

따라서 내적이 미분동형에 대해 불변임을 알 수 있다.

---

388) [Rovelli1] p. 232.

389) 하르 척도 dU는 $SU(2)$에 의한 좌, 우 군변환에 대해 불변임을 상기.(주 385))

390) 미분동형에 의한 원주함수의 변환이 $\Psi_{\Gamma,f}(A)\mapsto\Psi_{\phi(\Gamma),f}(\phi^* A)$이 아님에 유의.
여기서 내적(혹은 시스템)이 '미분동형에 대해 불변'이라는 것은 시스템을 기술하는 변수 A가 미분동형 ϕ에 의해 $A\mapsto A_\phi$로 변환해도 내적이(혹은 시스템이) 변하지 않음을 의미한다.
(간단히 표기하면, 미분동형 ϕ에 의한 '원주파동함수' Ψ의 변환은 $\Psi(A)\mapsto\Psi(A_\phi)$이다. 일반적으로 $U(A,\gamma)\neq U(A,\phi(\gamma))$이다.)

391) 내적 (9.2)는 Γ를 구성하는 경로 γ_i의 개수에만 의존함을 상기할 것. (주 384))

9.1.4 고리 상태벡터와 고리변환(Loop states, Loop transform)[392]

특별히, α가 한 개의 고리로 이루어진 그래프이고 tr는 $\mathrm{tr}(U)=U_i^{\,i}$인 함수일 때 $(\Gamma,f)\equiv(\alpha,\mathrm{tr})$에 대한 원주함수 $\Psi_{\Gamma,f}(\equiv\Psi_\alpha\equiv|\alpha\rangle)$를 살펴보면 다음과 같다.

$$\Psi_\alpha(A)(=\langle A|\alpha\rangle)=\mathrm{tr}\,U(A,\alpha)=\mathrm{tr}P\left[\exp(-ig\int_0^t A(\dot{\alpha}(s))ds)\right]=W_\alpha[A]$$

또한 $|\Psi_\alpha|^2=\int dU|\mathrm{tr}\,U|^2=1$임을 알 수 있다.

일반적으로 서로 교차할 수도 있는 n 개의 고리 $\{\alpha_i|1\le i\le n\}$들로 이루어진 '다중 고리' $[\alpha]=(\alpha_1,\cdots,\alpha_n)$에 대해 $\Psi_{[\alpha]}(A)$를 다음과 같이 정의하자.

$$\Psi_{[\alpha]}(A):=\Psi_{\alpha_1}(A)\cdots\Psi_{\alpha_n}(A)=\mathrm{tr}\,U(A,\alpha_1)\cdots\mathrm{tr}\,U(A,\alpha_n)$$

참고로, 식 (8.1)인 $\Psi(A)=\sum_\alpha\langle A|\alpha\rangle\langle\alpha|\Psi\rangle$에서의 고리변환

$$\Psi(A)(\equiv\langle A|\Psi\rangle)\mapsto\Psi(\alpha)(\equiv\langle\alpha|\Psi\rangle)$$

를 Ashtekar-Lewandowski 척도 $d\mu_{AL}$을 이용하여 표현하면 다음과 같다.

$$\begin{aligned}\Psi(\alpha)&=\int\mathrm{tr}\,P\left[\exp(-ig\oint_\alpha A(\dot{\alpha})ds)\right]\Psi(A)d\mu_{AL}[A]\\&=\int W_\alpha[A]\Psi(A)\,d\mu_{AL}[A]\end{aligned}$$

위 식은 A-공간에서 α-공간으로의 푸리에 변환에 해당한다고 볼 수 있다.

9.1.5 $\mathcal{H}_{kin}$와 원주함수

이제 원주함수들의 공간 S의 $\langle\ ,\ \rangle$에 대한 완비확장공간 $\overline{(S,\langle,\rangle)}$[393]을 생각할 수 있는데 이는 (9.1)에서 정의한 힐베르트 공간 $\mathcal{H}_{kin}(=\mathcal{L}^2(\overline{\mathcal{M}},d\mu_{AL}))$와 같음이 알려져 있

392) [Rovelli1] p. 228을 참고함.

393) $\overline{(S,\langle,\rangle)}$는 $\langle,\rangle$에 의해 정의되는 노름 $\|\cdot\|$에 대해 $\|\Psi_n-\Psi_m\|\to0$인 S의 모든 코쉬수열 $\{\Psi_n\}$들의 공간으로 이해할 수 있다.

다.[394] 한편, S'를 $\langle\ ,\ \rangle$에 의한 약 위상(weak topology)에 대해 S를 완비확장한 공간[395]이라 하면 다음과 같은 'kinematical rigged Hilbert space'를 얻는다.[396]

$$S \subset \mathcal{H}_{kin} \subset S'$$

9.1.6 $\mathcal{H}_{kin}$의 정규직교기저[397]

먼저 피터-바일(Peter-Weyl)에 의한 다음 정리를 소개하자.[398]

정리 9.1

힐베르트 공간 $\mathcal{H} = \mathcal{L}^2(SU(2), dU)$에서 리-군 $SU(2)$의 기약 표현(irreducible representation)에 대한 각 행렬 성분은 $\mathcal{H}$의 기저를 이룬다.

구체적으로, $SU(2)$의 각각의 기약표현들은 스핀 $j\ (j = 0, \frac{1}{2}, 1, \frac{3}{2}, \cdots)$-표현들로 나타나는데 이 때 $U \in SU(2)$의 스핀 j-표현인 $R^j(U)$에 대해, $\langle U | j, \beta, \alpha \rangle \equiv (R^j(U))^{\alpha}{}_{\beta}$으로 정의된 상태벡터 $|j, \alpha, \beta\rangle (\equiv f_{j,\alpha,\beta} : SU(2) \to \mathbb{C})$들이 $\mathcal{H} = \mathcal{L}^2(SU(2), dU)$의 정규직교기저를 이룬다.[399]

이제 주어진 그래프 $\Gamma = \{\gamma_1, \cdots, \gamma_L\}$에 대해 정의된 원주함수들의 모임을

$$S_\Gamma \equiv \{\Psi_{\Gamma,f} | f : SU(2)^L \to \mathbb{C}\}$$

$$(\text{단, } \Psi_{\Gamma,f}(A) = f(U(A,\gamma_1), \cdots, U(A,\gamma_L)))$$

이라 하고 내적 (9.3)에 의한 노름 $\|\cdot\|$ 으로 S_Γ 를 완비확장(completion) 시킨 공간을

394) [Rovelli1] p. 231, [Chiou] p. 16.

395) S'은 S상의 선형 범함수(linear functional)들의 공간으로서, 모든 $\Psi \in S$에 대해 $\langle \Psi_n | \Psi \rangle$가 수렴하는 S상의 모든 수열 $\{\Psi_n\}$들의 모임이다. 즉, 다음과 같다.([Chiou] p. 16)

$$S' = \{\lim_{n\to\infty} \langle \Psi_n | \bullet \rangle : S \to \mathbb{C} | \{\Psi_n\}: \text{모든 } \Psi \in S \text{에 대하여 } \lim_{n\to\infty} \langle \Psi_n | \Psi \rangle \text{이 존재}\}$$

396) 4.1.1절의 주 130) 참조.

397) [Giesel] pp. 19~20, [Chiou] p. 17, [Rovelli1] pp. 230~231 참고.

398) [Chiou] pp. 16~17.

399) $D^{(j)}_{\alpha\beta}(U) \equiv (R^j(U))^{\alpha}{}_{\beta}$ 는 위그너 행렬(Wigner matrices)의 (α, β)-성분에 해당한다.

$$\mathcal{H}_\Gamma \equiv \overline{S_\Gamma}^{\|\cdot\|}$$

라 하면 $\mathcal{H}_\Gamma$는 $\mathcal{L}^2(SU(2)^L, dU^L)$과 동형(isomorphic)인 $\mathcal{H}_{kin}$의 부분공간이 된다.400)

여기서 위 피터-바일의 정리를 적용하면, $\mathcal{H}_\Gamma$의 정규직교기저를 다음과 같이 정의된 함수 $f_{[j_l,\alpha_l,\beta_l]}$을 이용하여 표현할 수 있다. (단, $[j_l,\alpha_l,\beta_l] \equiv (j_1,\cdots,j_L,\alpha_1,\cdots,\alpha_L,\beta_1,\cdots,\beta_L)$이다.)

$$f_{[j_l,\alpha_l,\beta_l]} : SU(2)^L \to \mathbb{C}\,,\ f_{[j_l,\alpha_l,\beta_l]}(U_1,\cdots,U_L) \equiv \prod_{1\le l\le L} R^{j_l}(U_l)^{\alpha_l}{}_{\beta_l}$$

이 때 $(\Gamma, f_{[j_l,\alpha_l,\beta_l]})$에 의한 원주함수 $\Psi_{\Gamma,f_{[j_l,\alpha_l,\beta_l]}}$는 다음과 같이 표현된다.

$$\Psi_{\Gamma,f_{[j_l,\alpha_l,\beta_l]}}(A) = \prod_{l=1,\cdots,L} R^{j_l}(U(A,\gamma_l))^{\alpha_l}{}_{\beta_l}\ \ (\in S_\Gamma \subset \mathcal{H}_\Gamma \subset \mathcal{H}_{kin})$$ 401)

만일 $\langle A|\Gamma,j_l,\alpha_l,\beta_l\rangle \equiv \Psi_{\Gamma,f_{[j_l,\alpha_l,\beta_l]}}(A)$ $(|\Gamma,j_l,\alpha_l,\beta_l\rangle \equiv |\Gamma,j_1,\cdots,j_L,\alpha_1,\cdots,\alpha_L,\beta_1,\cdots,\beta_L\rangle)$로 표기하면 이상의 내용을 다음과 같이 정리 할 수 있다.

정리 9.2 ▌

주어진 그래프 $\Gamma = \{\gamma_1,\cdots,\gamma_L\}$에 대하여 다음 상태벡터들은 $\mathcal{H}_\Gamma$의 정규직교기저가 된다.402)

$$\left\{ |\Gamma,j_l,\alpha_l,\beta_l\rangle \,|\, 1 \le \alpha_l,\beta_l \le 2j_l+1,\ j_l = 0,\frac{1}{2},1,\frac{3}{2},\cdots \right\}$$

---

400) [Chiou] p. 16, [Giesel] p. 19.

401) 경로 $\gamma : [0,t] \to \Sigma$에 대해, 평행이동 $U(A,\gamma) \in SU(2)$의 스핀 j-표현 $R^j(U(A,\gamma))$의 표현공간을 $\mathcal{H}_j$로 표기한다. 즉, $R^j(U(A,\gamma)) : \mathcal{H}_j \to \mathcal{H}_j$이다. 이 때, 왼 쪽의 $\mathcal{H}_j$에 있는 벡터를 v^β로, 오른쪽 $\mathcal{H}_j$에 있는 벡터를 v^α로 표기한다. 즉, $v^\alpha = R^j(U(A,\gamma))^\alpha{}_\beta v^\beta$이다. 이런 이유로 β를 '**나가는 첨자**', α를 '**들어오는 첨자**'라고 부른다.(아래 그림 참고)

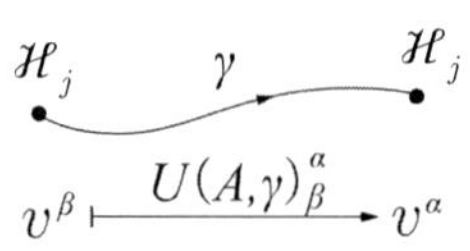

402) [Giesel] p. 19 (3.23). [Doná] p. 43 (3.10)~(3.12).

일반적으로 $\Gamma \neq \Gamma'$일 때 내적공간 $\mathcal{H}_{kin}$의 두 부분공간 $\mathcal{H}_{\Gamma}$, $\mathcal{H}_{\Gamma'}$에 대하여 $\mathcal{H}_{\Gamma} \perp \mathcal{H}_{\Gamma'}$이 성립하지 않는다. 그러나 $\mathcal{H}_{\Gamma}$에 속하는 $\Psi_{\Gamma,f}$들 중에 $|\Gamma, j_l, \alpha_l, \beta_l\rangle$(단, $j_l \neq 0$)들의 일차결합으로 표현되는 상태벡터들만 모아서 $\mathcal{H}_{\Gamma}'$라 하면, $\mathcal{H}_{\Gamma_1}' \perp \mathcal{H}_{\Gamma_2}'(\Gamma_1 \neq \Gamma_2)$이 성립하게 된다.403)

결론적으로 다음과 같은 $\mathcal{H}_{kin}$의 직교분해가 얻어진다.

$$\mathcal{H}_{kin} = \oplus_{\Gamma} \mathcal{H}_{\Gamma}'$$

이것은 마치 $\mathbb{R}^3$의 표준기저 $\{e_1, e_2, e_3\}$에 대해, $H_1 = \langle\{e_1, e_3\}\rangle$, $H_2 = \langle\{e_1, e_2\}\rangle$, $H_3 = \langle\{e_2, e_3\}\rangle$일 때 $H_1' = \langle\{e_1\}\rangle$, $H_2' = \langle\{e_2\}\rangle$, $H_3' = \langle\{e_3\}\rangle$로 다시 정의하면 $\mathbb{R}^3 = \oplus_i H_i'$가 되는 것과 같은 상황이다.404)
(단, $\oplus_{\Gamma}$에는 $\Gamma = \varnothing$도 포함된다. 이때 $\mathcal{H}_{\varnothing}'$는 $\Psi(A) \equiv 1$인 상태벡터 $|\Psi\rangle(\equiv |\varnothing\rangle)$로 생성되는 1차원 힐베르트 공간이다.)

이상을 종합하면, $\mathcal{H}_{kin}$의 정규직교기저를 다음과 같이 표현할 수 있다.

$$\left\{ \ |\Gamma, j_l, \alpha_l, \beta_l\rangle \,|\, \Gamma\text{는 } \Sigma\text{상의 그래프},\ j_l = \frac{1}{2}, 1, \frac{3}{2}, \cdots,\ 1 \le \alpha_l, \beta_l \le 2j_l + 1 \ \right\}$$

참고로, 게이지 변환 $A \mapsto A_\lambda = \lambda A \lambda^{-1} + (d\lambda)\lambda^{-1}$ $(\lambda : \Sigma \to SU(2))$에 대해 $|\Gamma, j_l, \alpha_l, \beta_l\rangle$은 다음과 같이 변환된다.405) (단, $\Gamma = \{\gamma_l : [t_0, t_1] \to \Sigma \,|\, 1 \le l \le L\}$)

$$\begin{aligned} |\Gamma, j_l, \alpha_l, \beta_l\rangle &\mapsto \hat{U}_\lambda |\Gamma, j_l, \alpha_l, \beta_l\rangle \\ &\equiv R^{j_1}(\lambda^{-1}(\gamma_1(t_1)))^{\alpha_1}{}_{\alpha_1'} R^{j_1}(\lambda(\gamma_1(t_0)))^{\beta_1'}{}_{\beta_1} \cdots \\ &\quad R^{j_L}(\lambda^{-1}(\gamma_L(t_1)))^{\alpha_L}{}_{\alpha_L'} R^{j_L}(\lambda(\gamma_L(t_0)))^{\beta_L'}{}_{\beta_L} |\Gamma, j_l, \alpha_l', \beta_l'\rangle \end{aligned} \quad \cdots (9.4)$$

403) 자세한 설명은 [Giesel] p. 20, [Rovelli1] pp. 230~231 참고.
404) [Rovelli1] p. 230 아랫부분 참고.
405) [Chiou] p. 17 또는 [Rovelli1] p. 232 참고.

9.2 $\mathcal{H}_G$의 정의(스핀네트워크)

이제 $\mathcal{H}_{kin}$에 속하는 상태벡터 $|\Psi\rangle$중에서 $SU(2)$-게이지 불변인 것들로 이루어진 부분공간 $\mathcal{H}_G$를 찾아보자. 즉,

$$\Psi(A) = \Psi(A_\lambda) = [\hat{U}_\lambda \Psi](A) \quad (^\forall \lambda \in SU(2))$$

을 만족시키는 상태벡터 $|\Psi\rangle$를 찾아보자.406)

가장 먼저 생각할 수 있는 것은 9.1.4절에서 소개한 고리 상태벡터 $|\Psi_\alpha\rangle$일 것이다.

실제로, 고리 $\alpha : [t_0, t_1] \to \Sigma$ (단, $\alpha(t_0) = \alpha(t_1)$)에 대하여 다음을 계산할 수 있다.

$$\Psi_\alpha(A_\lambda) = \mathrm{tr}\, U(A_\lambda, \alpha) = \mathrm{tr}(\lambda(\alpha(t_1))\, U \lambda^{-1}(\alpha(t_0))) = \mathrm{tr}\, U(A, \alpha) = \Psi_\alpha(A)$$

같은 방법으로 다중고리 $[\alpha] = (\alpha_1, \cdots, \alpha_n)$에 대해 $\Psi_{[\alpha]}(A_\lambda) = \Psi_{[\alpha]}(A)$임을 알 수 있다.

고리양자중력이론의 초창기에는 이러한 다중고리 $[\alpha]$에 대한 파동함수 $\Psi_{[\alpha]}$들의 집합 $\mathcal{L} \equiv \{\Psi_{[\alpha]} | [\alpha]$는 Σ 상의 다중고리$\}$를 힐베르트 공간 $\mathcal{H}_G$의 기저로 사용하였다.

그러나 실제로 $\mathcal{L}$은 완비공간을 생성하는데 필요이상으로 많은 파동함수들을 포함하고 있어(overcomplete) 이론을 전개하는 데 여러가지 어려움을 야기시켰는데, 오늘날에는 $\mathcal{L}$ 대신에 $\mathcal{H}_G$의 진정한 기저라고 할 수 있는 스핀네트워크 상태벡터들로 생성된 공간을 완비확장함으로써 $\mathcal{H}_G$를 정의하고 있다. 다시 말해서, $\mathcal{H}_G$는 스핀네트워크 상태벡터들의 모든 유한 일차결합들의 집합인 S_G를 내적 $\langle\ ,\ \rangle$에 대해 완비확장한(completion) 공간으로 정의한다.407)

나중에 좀 더 자세히 언급하겠지만, 스핀네트워크 상태벡터들은 다중고리 상태벡터들의 적당한 일차결합으로 표현할 수 있으며, 고리 상태벡터 역시 일종의 스핀네트워크 상태벡터임을 보일 수 있다.

이제 스핀네트워크 상태벡터를 엄밀하게 정의하기 위해 먼저 **인터트와이너**(intertwiner)의 개념을 소개하자.

---

406) 이것은 Ψ가 $\mathcal{M} = \mathbb{A}/G$ (주 369))에서 잘 정의된다는 것과 동치이다.

407) [Rovelli1] p. 234.

9.2.1 인터트와이너(intertwiner)의 정의

주어진 $U_i \in SU(2)\,(i=1,2,\cdots,N)$에 대한 N개의 스핀 기약 표현을 $j_1(U_1),\cdots,j_N(U_N)$라 하고 각각의 표현공간을 $\mathcal{H}_{j_1},\cdots,\mathcal{H}_{j_N}$라 하자. 이 때 이들의 텐서곱 표현(tensor product representation)을 다음과 같이 쓸 수 있다.

$$j_1(U_1)\otimes\cdots\otimes j_N(U_N):\ \mathcal{H}_{j_1}\otimes\cdots\otimes\mathcal{H}_{j_N}\to\mathcal{H}_{j_1}\otimes\cdots\otimes\mathcal{H}_{j_N}(\equiv\mathcal{H}_{j_1,\cdots,j_N}),$$
$$v_{j_1}\otimes\cdots\otimes v_{j_N}\mapsto\left(j_1(U_1)v_{j_1}\right)\otimes\cdots\otimes\left(j_N(U_N)v_{j_N}\right)$$

이제 스펙트럴 정리에 의해, $\mathcal{H}_{j_1,\cdots,j_N}$의 적당한 기저 $\mathcal{B}$를 선택하여 $j_1(U_1)\otimes\cdots\otimes j_N(U_N)$를 다음과 같은 형태의 대각행렬로 나타낼 수 있다.

$$\begin{pmatrix} J_{k_1} & & & 0 \\ & J_{k_2} & & \\ & & \ddots & \\ 0 & & & I \end{pmatrix}_{\mathcal{B}}:\mathcal{H}_{k_1}\oplus\mathcal{H}_{k_2}\oplus\cdots\oplus\mathcal{H}_0\to\mathcal{H}_{k_1}\oplus\mathcal{H}_{k_2}\oplus\cdots\oplus\mathcal{H}_0$$

여기서, $\mathcal{H}_{j_1,\cdots,j_N}\left(=\mathcal{H}_{j_1}\otimes\cdots\otimes\mathcal{H}_{j_N}\right)=\mathcal{H}_{k_1}\oplus\cdots\oplus\mathcal{H}_0$이고 각 J_{k_i}의 표현공간 $\mathcal{H}_{k_i}$들은 $j_1(U_1)\otimes\cdots\otimes j_N(U_N)$의 기약 표현공간이다. 즉, 다음과 같다.

$$J_{k_1}\oplus J_{k_2}\oplus\cdots\oplus I:\mathcal{H}_{k_1}\oplus\mathcal{H}_{k_2}\oplus\cdots\oplus\mathcal{H}_0\to\mathcal{H}_{k_1}\oplus\mathcal{H}_{k_2}\oplus\cdots\oplus\mathcal{H}_0$$

특히 $\mathcal{H}_0$는 $j_1(U_1)\otimes\cdots\otimes j_N(U_N)$에 의해 불변인 벡터들로 생성된 (즉, 고윳값 1에 대응하는) 고유공간이다.

이때 힐베르트 공간 $\mathcal{H}_0$의 한 정규직교기저에 속하는 각 벡터들을 '표현 $j_1(U_1)\otimes\cdots\otimes j_N(U_N)$에 대한 인터트와이너(intertwiner)'라고 부른다.

보다 구체적으로, $\mathcal{H}_{j_1,\cdots,j_N}$의 표준기저 $\left\{e_{\alpha_1}\otimes\cdots\otimes e_{\alpha_N}\right\}$에 대하여 $i\in\mathcal{H}_{j_1,\cdots,j_N}$을

$$\sum i^{\alpha_1\cdots\alpha_N}e_{\alpha_1}\otimes\cdots\otimes e_{\alpha_N}$$ [408)]

408) 이 표현에서 $i^{\alpha_1\cdots\alpha_N}$은 일반화된 Clebsch-Gordan 계수로 볼 수 있다.([Chiou] p. 19 식 (51)) 이 관점에서 이론을 기술할 때는 위첨자 α_i를 아래첨자로 내려 표기한다.

[참고: 스핀의 합성] 일반적으로 스핀이 각각 s_1, s_2로 주어진 두 입자가 결합했을 때 이 결합입자의 전체 스핀 s는 어떤 값을 취할 수 있을까? 고전양자역학에 의하면 s가 가질 수 있는 값들은

로 표현하면 다음이 성립한다.

$$(j_1(U_1)\otimes\cdots\otimes j_N(U_1))(i)=\sum(R^{j_1}(U_1)^{\alpha_1}{}_{\beta_1}\cdots R^{j_N}(U_N)^{\alpha_N}{}_{\beta_N}i^{\beta_1\cdots\beta_N})e_{\alpha_1}\otimes\cdots\otimes e_{\alpha_N} \quad \cdots (9.5)$$

따라서, 다음이 성립한다.

$$i\in\mathcal{H}_0\Leftrightarrow i^{\alpha_1\cdots\alpha_N}=R^{j_1}(U_1)^{\alpha_1}{}_{\beta_1}\cdots R^{j_N}(U_N)^{\alpha_N}{}_{\beta_N}i^{\beta_1\cdots\beta_N} \quad \cdots (9.6)$$

즉, 인터트와이너는 위 (9.6)의 등식을 만족시키는 정규직교[409] 벡터들 $\{v_i\}$에 해당한다.

이상의 논의를 좀 더 확장하기 위해 먼저 $\mathcal{H}_j$에서의 스핀 기약표현(spin irreducible representation) j에 대해, 쌍대공간 $\mathcal{H}_j^*$의 스핀 쌍대표현(spin dual representation) j^*를 다음과 같이 정의하자.

$$j^*:SU(2)\rightarrow GL(\mathcal{H}_j^*),$$
$$U\mapsto j^*(U)(f)(v)\equiv f(j(U^{-1})v)$$

이 때, n개의 스핀 쌍대표현 $j_1^*,\cdots,j_n^*$와 m개의 스핀표현 $j'_1,\cdots,j'_m$에 대해 다음과 같은 텐서곱 표현 $(j_1^*\otimes\cdots\otimes j_n^*)\otimes(j'_1\otimes\cdots\otimes j'_m)$을 생각할 수 있다.

$$\left(\bigotimes_{1\le i\le n}j_i^*\right)\otimes\left(\bigotimes_{1\le k\le m}j'_k\right):\left(\bigotimes_{1\le i\le n}\mathcal{H}_{j_i}^*\right)\otimes\left(\bigotimes_{1\le k\le m}\mathcal{H}_{j'_k}\right)\rightarrow\left(\bigotimes_{1\le i\le n}\mathcal{H}_{j_i}^*\right)\otimes\left(\bigotimes_{1\le k\le m}\mathcal{H}_{j'_k}\right)$$

여기서 텐서곱 표현 $(j_1^*\otimes\cdots\otimes j_n^*)\otimes(j'_1\otimes\cdots\otimes j'_m)$에 대해 불변인 벡터들로 이루어

$s_1+s_2,\ s_1+s_2-1,\ s_1+s_2-2,\cdots,|s_1-s_2|$이다. 구체적으로 이 중 한 값 s를 스핀으로 갖는 결합입자의 양자상태 $|s,m\rangle$는 다음과 같이 표현된다.([Griffith] p. 167)

$$|s,m\rangle=\sum_{m_1+m_2=m}C^{s_1s_2s}_{m_1m_2m}|s_1,m_1\rangle\otimes|s_2,m_2\rangle$$

또는 역으로 두 양자상태 $|s_1,m_1\rangle$, $|s_2,m_2\rangle$가 결합된 양자상태 $|s_1,m_1\rangle\otimes|s_2,m_2\rangle$를 다음과 같이 나타낼 수 있다.([Griffith] p. 168)

$$|s_1,m_1\rangle\otimes|s_2,m_2\rangle=\sum_{s=|s_1-s_2|}^{s=s_1+s_2}\hat{C}^{s_1s_2s}_{m_1m_2m}|s,m\rangle\ (\text{단}, m=m_1+m_2)$$

409) $\sum_{\alpha_i}\overline{v_k^{\alpha_1\cdots\alpha_N}}v_l^{\alpha_1\cdots\alpha_N}=\delta_{kl}$을 의미한다.

진 텐서곱 표현공간 $(\bigotimes_{1\le i\le n}\mathcal{H}^{*}_{j_i})\otimes(\bigotimes_{1\le k\le m}\mathcal{H}_{j'_k})$의 한 부분공간 $\mathcal{H}_0$의 한 기저에 속하는 각 벡터를 '표현 $(j_1^*\otimes\cdots\otimes j_n^*)\otimes(j'_1\otimes\cdots\otimes j'_m)$에 대한 **인터트와이너**(intertwiner)'로 정의한다.

이 경우 식 (9.6)에서와 같이 인터트와이너 i는 다음을 만족하는 공변함수(covariant map) $i:\bigotimes_{1\le i\le n}\mathcal{H}_{j_i}\to\bigotimes_{1\le k\le m}\mathcal{H}_{j'_k}$ 로 볼 수 있다.

$$i^{\beta_1\cdots\beta_m}{}_{\alpha_1\cdots\alpha_n}=j'_1(U_{1'})^{\beta_1}{}_{\beta_1'}\cdots j'_m(U_{m'})^{\beta_m}{}_{\beta_m'}\,j_1^*(U_1)^{\alpha_1'}{}_{\alpha_1}\cdots j_n^*(U_n)^{\alpha_n'}{}_{\alpha_n}\,i^{\beta_1'\cdots\beta_m'}{}_{\alpha_1'\cdots\alpha_n'}\quad\cdots(9.6)'$$

9.2.2 스핀네트워크의 정의

힐베르트 공간 $\mathcal{H}_{kin}$를 생성하는 정규직교기저 $|\Gamma,j_l,\alpha_l,\beta_l\rangle$의 게이지 변환식 (9.4)를 살펴보면 각 경로 $\gamma_l:[t_0,t_1]\to\Sigma$의 양 끝점에서만 표현 $j_l(\lambda(\gamma_l(t_0)))$ 또는 $j_l(\lambda^{-1}(\gamma_l(t_1)))$이 작용함을 알 수 있다. 이제 이를 인터트와이너가 만족시키는 식 (9.6)′과 비교해보면 기저 $|\Gamma,j_l,\alpha_l,\beta_l\rangle$들을 어떤 방법으로 일차결합시켜야 게이지 변환에 대해 불변이 될지에 대한 힌트를 얻을 수 있다. 이를 구체적으로 살펴보기로 하자.

먼저, 주어진 그래프 Γ를 구성하는 각 경로 γ_l에 향(orientation)과 순서(order)가 주어져 있을 때 이를 '**링크**(link)'라고 부르고 각 링크의 양 끝점을 '**노드**(node)'라고 부른다. 이 때 일반성을 잃지 않고 각각의 링크들은 양 끝점에서만 만날 수 있다고 하자. ([그림 9-2])

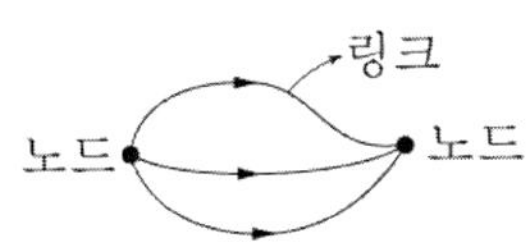

[그림 9–2]

이제, 각 링크 γ_l를 따르는 평행이동 $U_l\equiv U(A,\gamma_l)\in SU(2)$의 스핀 기약표현 $j_l(\neq 0)$을 선택하여 링크 γ_l 위에 표기하자. 만일 노드 $n(1\le n\le N)$으로 들어오는 링크가 $\gamma_1,\cdots,\gamma_p$이고, 나가는 링크가 $\gamma_{p+1},\cdots,\gamma_{p+q}$라면 이 노드 n에 표현 $(j_1\otimes\cdots\otimes j_p)\otimes$

$(j^*_{p+1} \otimes \cdots \otimes j^*_{p+q})$의 텐서곱 표현공간 $(\bigotimes_{1 \le i \le p} \mathcal{H}_{j_i}) \otimes (\bigotimes_{1 \le k \le q} \mathcal{H}^*_{j_{p+k}})$의 한 인터트와이너 i_n을 부여하면 다음과 같이 $j(U)$-변환에 대한 공변성을 만족시킨다.

$$i_n{}^{\beta_1 \cdots \beta_q}{}_{\alpha_1 \cdots \alpha_p} = j^*_{p+1}(U_{p+1})^{\beta_1}{}_{\beta_1'} \cdots j^*_{p+q}(U_{p+q})^{\beta_q}{}_{\beta_q'}\, j_1(U_1)^{\alpha_1'}{}_{\alpha_1} \cdots j_p(U_p)^{\alpha_p'}{}_{\alpha_p}\, i^{\beta_1' \cdots \beta_q'}{}_{\alpha_1' \cdots \alpha_p'} \qquad \cdots (9.6)''$$

한 가지 유의할 것은, 위 식에서 i_n의 위아래 첨자를 표기할 때

$$(\bigotimes_{1 \le i \le p} \mathcal{H}_{j_i}) \otimes (\bigotimes_{1 \le k \le q} \mathcal{H}^*_{j_{p+k}}) \simeq (\bigotimes_{1 \le i \le p} (\mathcal{H}^*_{j_i})^*) \otimes (\bigotimes_{1 \le k \le q} \mathcal{H}^*_{j_{p+k}}),\ j_i \simeq (j_i^*)^*$$

을 이용하여 (9.6)′과 같이 $j_i(\simeq (j_i^*)^*)$-첨자(α)를 아래에, j^*_{p+k}-첨자(β)를 위에 표기했다는 것이다.

따라서 **α-첨자**는 노드 n으로 **'들어오는'** 링크 $\gamma_i (1 \le i \le p)$에 대한 표현 $j_i(U_i)$ $(\equiv R^{j_i}(U_i(A, \gamma_i)))$의 행렬표현에 사용되는 첨자이고, **$\beta$-첨자**는 노드 n에서 **'나가는'** 링크 $\gamma_i (p+1 \le i \le p+q)$에 대한 표현 $j^*_{p+k}(U_{p+k}) (1 \le k \le q)$의 행렬표현에 사용되는 첨자이다.(주 401)과 비교)

주어진 그래프 Γ의 각 링크와 노드에 각각 $j_l(\neq 0)$과 i_n을 표기한 것을 그래프 Γ의 **'컬러링(coloring)'**이라고 한다.([그림 9-3]) 여기서 $j_l(\neq 0)$과 i_n는 일종의 **양자수**(quantum number)의 역할을 하는 것으로 볼 수 있다.

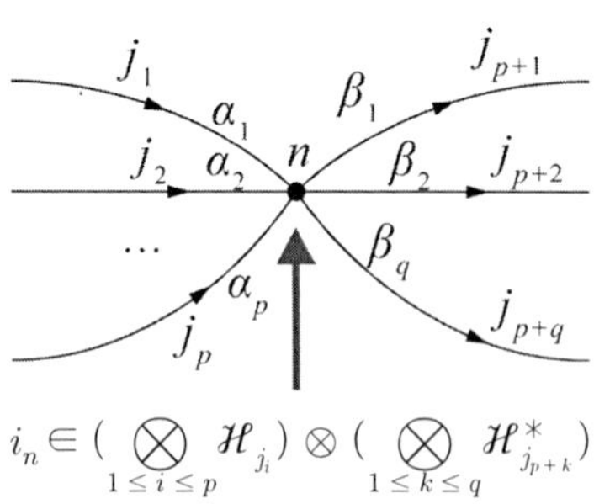

[그림 9-3]

이제, 이처럼 컬러링된 그래프 Γ에 대응하는 스핀네트워크 상태벡터 $|S\rangle (\in S_\Gamma \subset S)$를 다음과 같이 정의한다.[410)]

$$|S\rangle \equiv |\Gamma, j_l, i_n\rangle = \sum_{\alpha_l, \beta_l}\left[\left(\prod_{n=1}^{N} i_n{}^{\beta_1^n \cdots \beta_{q(n)}^n}{}_{\alpha_1^n \cdots \alpha_{p(n)}^n}\right)|\Gamma, j_l, \alpha_l, \beta_l\rangle\right] \quad \cdots (9.7)$$

$$\left(= \sum_{\alpha_l, \beta_l}\left[\left(\prod_{n=1}^{N} i_n{}^{\beta_1^n \cdots \beta_{q(n)}^n}{}_{\alpha_1^n \cdots \alpha_{p(n)}^n}\right)\Psi_{\Gamma, f_{[j_l, \alpha_l, \beta_l]}}\right]\right)$$

이 때 9.1.6절에서의 정의 $\langle A|\Gamma, j_l, \alpha_l, \beta_l\rangle = \prod_l R^{j_l}(U(A,\gamma_l))^{\alpha_l(\text{들어오는 첨자})}{}_{\beta_l(\text{나가는 첨자})}$을 식 (9.7)에 대입하면 다음과 같이 표현할 수 있다.

$$\Psi_S(A)(\equiv \langle A|S\rangle) = \left(\bigotimes_{\gamma_l} R^{j_l}(U(A,\gamma_l))\right) \bullet \left(\bigotimes_n i_n\right)$$

단, 위 식에서

$$\bigotimes_{\gamma_l} R^{j_l}(U(A,\gamma_l)) \in \bigotimes_{\gamma_l}\left(\mathcal{H}_{j_l}{}^* \otimes \mathcal{H}_{j_l}\right),$$

$$\bigotimes_n i_n \in \bigotimes_{\gamma_l}\left(\mathcal{H}_{j_l} \otimes \mathcal{H}_{j_l}^*\right)$$

이고, 따라서 • 의 좌우에 있는 $\mathcal{H}_{j_l}{}^* \otimes \mathcal{H}_{j_l}$와 $\mathcal{H}_{j_l} \otimes \mathcal{H}_{j_l}^*$의 원소의 개수가 같음을 알 수 있다.([그림 9-4] 참고) 이 때 '•'은 좌우의 대응하는 $\mathcal{H}_{j_l}$과 $\mathcal{H}_{j_l}^*$ (또는 $\mathcal{H}_{j_l}^*$과 $\mathcal{H}_{j_l}$) 사이의 모든 축약(contraction)을 나타낸다. 예를 들면 다음과 같은 축약을 포함한다.

$$R^{j_l}(U(A,\gamma_l))^{\alpha_l}{}_{\beta_l}\, i_n{}^{\cdots \beta_l \cdots}{}_{\cdots \alpha_l \cdots}$$

위 표현에서 들어오는 첨자 α끼리 서로 축약이 일어나고, 나가는 첨자 β끼리 서로 축약이 일어남을 알 수 있고 따라서 $|\Gamma, j_l, \alpha_l, \beta_l\rangle$의 게이지 변환식 (9.4)와 인터트와이너 i_n의 공변성(covariance)을 나타내는 식 (9.6)$''$을 이용하면 식 (9.7)에서 정의된 **스핀네트워크 $|S\rangle$가 $SU(2)$-게이지 불변**이라는 것을 쉽게 확인할 수 있다.[411] ([그림 9-5])

410) 정의 (9.7)의 표기에서 각 노드에서의 i_n은 $\dim \mathcal{H}_0$만큼의 자유도를 가짐에 유의.([Rovelli Ⅰ] p. 199)

411) [Rovelli1] p. 235. 이것은 본질적으로, $\mathbb{R}^n$의 미분 1-형식 $\omega = \omega_i dx^i$와 벡터장 $V = V^j \partial_j$에서 좌표변환에 대한 ω_i, V^j의 공변성으로 인해 둘 사이의 축약 $\omega(V) = \omega_i V^i$이 좌표변환에 대해 불변이 되는 것과 같은 상황이라고 볼 수 있다.

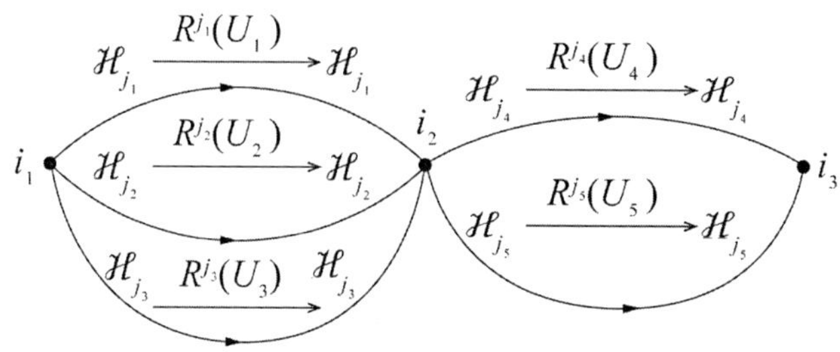

[그림 9-4]

예를 들어 [그림 9-4]에서

$$i_1 \in \mathcal{H}^*_{j_1} \otimes \mathcal{H}^*_{j_2} \otimes \mathcal{H}^*_{j_3}$$

$$i_2 \in \mathcal{H}_{j_1} \otimes \mathcal{H}_{j_2} \otimes \mathcal{H}_{j_3} \otimes \mathcal{H}^*_{j_4} \otimes \mathcal{H}^*_{j_5},\ i_3 \in \mathcal{H}_{j_4} \otimes \mathcal{H}_{j_5}$$

이다. 또, 각 $l(=1, \cdots, 5)$에 대해 $R^{j_l}(U_l) \in \mathcal{H}^*_{j_l} \otimes \mathcal{H}_{j_l}$이므로 $\bigotimes_l R^{j_l}$에서의 $\mathcal{H}^*_{j_l} \otimes \mathcal{H}_{j_l}$의 개수와 $\bigotimes_n i_n$에서의 $\mathcal{H}^*_{j_l} \otimes \mathcal{H}_{j_l}$의 개수는 일치한다. 이 때 대응하는 것끼리 • 에 의해 축약이 이루어진다.

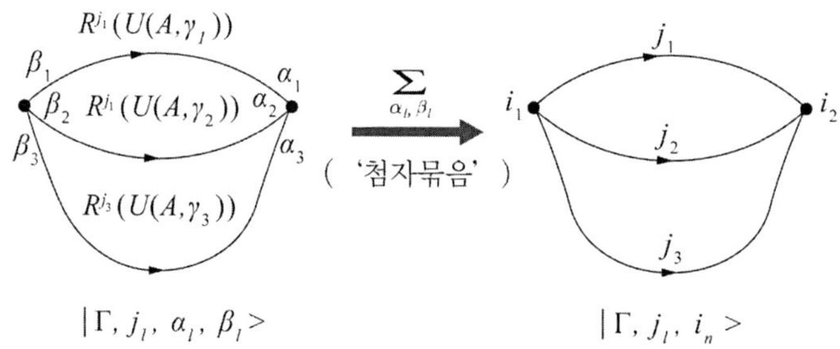

[그림 9-5]

참고로, 표현

$$j_i(U_i) = e^{-\frac{i}{\hbar}\theta_i \vec{J} \cdot \vec{n_i}} (1 \le i \le p),\ j^*_{p+k}(U_{p+k}) = e^{\frac{i}{\hbar}\theta_{p+k}\vec{J}_{p+k} \cdot \vec{n}_{p+k}} (1 \le k \le q)$$

에 대해 인터트와이너 $i_n^{\cdots}{}_{\cdots}$는 다음과 같은 표현에 나타나는 'Clebsch-Gordon 계수'로 볼 수 있다.[412)]

$$i_n \equiv |J=0, M=0\rangle = \sum_{m_i} i_n^{m_{p+1}\cdots m_{p+q}}{}_{m_1\cdots m_p}(|j_1,m_1\rangle \otimes \cdots \otimes |j_p,m_p\rangle \otimes |j_{p+1},-m_{p+1}\rangle \otimes \cdots \otimes |j_{p+q},-m_{p+q}\rangle)$$

따라서 노드 n에서의 인터트와이너 $i_n^{\beta_1\cdots\beta_q}{}_{\alpha_1\cdots\alpha_p}$는 이 노드로 평행이동하여 들어오는 스피너(spinor)들의 스핀 $j_1,\cdots,j_p$와 이 노드로부터 평행이동하여 나가는 스피너들의 스핀 $j_{p+1},\cdots,j_{p+q}$ 들에 대한 스핀 $-j_{p+1},\cdots,-j_{p+q}$ 413)들의 합성을 통해 얻어지는 스핀을 갖는 노드 n에서의 스피너들의 힐베르트 공간 $(\bigotimes_{1\le i\le p}\mathcal{H}_{j_i})\otimes(\bigotimes_{1\le k\le q}\mathcal{H}^*_{j_{p+k}})$에서 스핀이 0인 (즉, $(j_1+\cdots+j_n)-(j_{p+1}+\cdots+j_{p+q})=0$인) 스피너들의 부분공간 $\mathcal{H}_0$에 속하는 것으로 볼 수 있다.([그림 9-6])

이것은 링크를 따라 평행이동하여 노드 n에 들어오는 스피너들의 스핀 합과 노드 n으로부터 평행이동하여 나가는 스피너들의 스핀 합이 항상 같음을 의미한다고 해석할 수 있다. 즉, **인터트와이너는 스핀(일종의 각운동량)의 보존법칙을 반영하고 있는 양자수라고 볼 수 있다.**414)

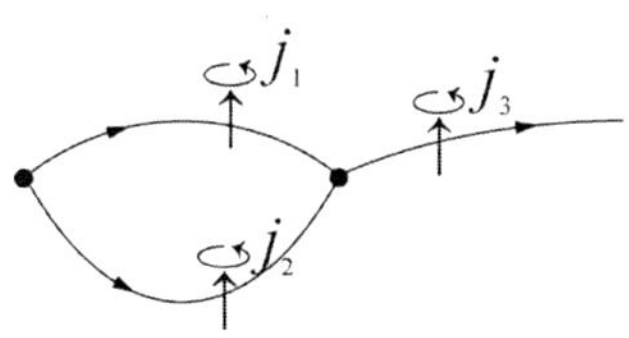

[그림 9-6]

9.2.3 $S_G \hookrightarrow \mathcal{H}_G \hookrightarrow S_G'$의 정의

이제 S_G를 스핀네트워크들의 모든 유한 일차결합들로 구성된 S의 부분공간으로 정의하고 이를 내적 $\langle , \rangle$에 대해 완비확장한 공간을 $\mathcal{H}_G \equiv \overline{(S_G,\langle\ ,\ \rangle)}$라 하자. 또 S_G의 쌍대공간을 S_G'로 표기한다.

412) 본문 주 408)과 [Chiou] p. 19 참고. $\{|j_1,m_1\rangle\otimes\cdots\}$이 표준기저 $\{e_{\alpha_1}\otimes\cdots\otimes e_{\alpha_N}\}$의 역할을 한다.

413) $(\mathcal{H}_{j_{p+k}}, j_{p+k})$ 대신 $(\mathcal{H}^*_{j_{p+k}}, j^*_{p+k})$를 사용함에 유의.

414) [Vaid] p. 73 참고.

이 때 집합 $\{|\Gamma, j_l, i_n\rangle | \Gamma: \text{그래프}, (j_l, i_n): \Gamma\text{의 컬러링}\}$은 $\mathcal{H}_G$의 정규직교기저가 된다.[415)]

참고로, **고리 상태벡터가 일종의 스핀네트워크임**을 다음과 같이 확인해 볼 수도 있다.[416)]

먼저 [그림 9-7]의 노드 n에서의 인터트와이너 $i_n(\in \mathcal{H}_j \otimes \mathcal{H}_j^*)$를 $id: \mathcal{H}_j \to \mathcal{H}_j$, 즉 ${i_n}^{\beta}{}_{\alpha} = \delta^{\beta}_{\alpha}$로 잡는다. 이 때, 스핀네트워크 $|S\rangle \equiv \sum_{\alpha,\beta} {i_n}^{\beta}{}_{\alpha} |\gamma, \alpha, \beta\rangle$ 에 대하여 다음이 성립한다.

$$\langle A|S\rangle = \sum_{\alpha,\beta} {i_n}^{\beta}{}_{\alpha} \langle A|\gamma, \alpha, \beta\rangle = \sum_{\alpha,\beta} \delta^{\beta}{}_{\alpha} R^j(U(A,\gamma))^{\alpha}{}_{\beta}$$
$$= R^j(U(A,\gamma))^{\alpha}{}_{\alpha} = \mathrm{tr}(R^j(U(A,\gamma))) = \Psi_{\gamma}(A)$$

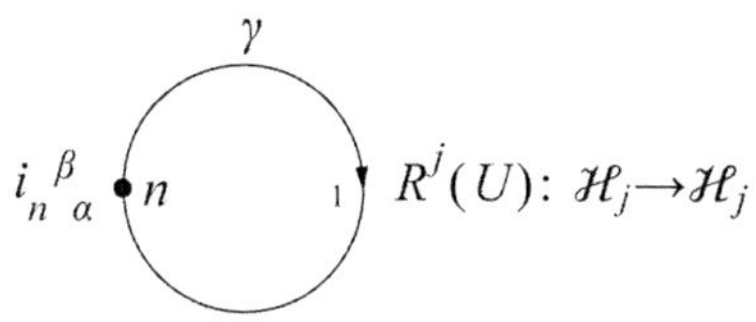

[그림 9-7]

또, 스핀네트워크는 다중 고리상태벡터들의 선형결합으로 나타낼 수 있다.

가령, 예를 들면 [그림 9-8 (a)]로 표현된 스핀네트워크는 [그림 9-8 (b)]와 같은 다중고리들에 의한 상태벡터의 일차결합으로 표현된다. 즉, 다음과 같다. [417)]

$$\Psi_S(A) = \frac{1}{2}[\Psi_{[\alpha_1,\alpha_2]}(A) + \Psi_{\beta}(A)]$$

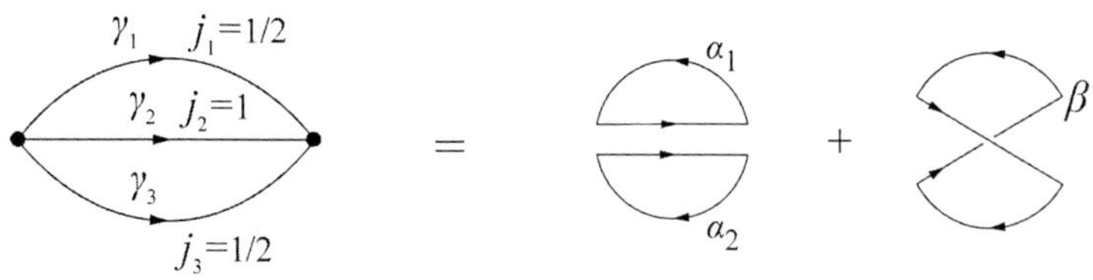

[그림 9-8 (a)] [그림 9-8 (b)]

415) [Rovelli1] p. 236.
416) [Rovelli1] p. 228.
417) 자세한 사항은 [Rovelli1] p. 237 참고.

9.3 $\mathcal{H}_{inv}$의 정의와 s-끈(knot)

이 절에서는 상태벡터 $|\Psi\rangle$중에서 $SU(2)$-게이지 변환뿐 아니라 미분동형에 대해서도 불변인 상태벡터를 기술함으로써 가우스 제한조건과 미분동형 제한조건의 해로 구성된 힐베르트 공간 $\mathcal{H}_{inv}$을 정의해보자.

앞서 우리는 미분동형 $\phi:\Sigma\to\Sigma$에 대한 원주함수 $\Psi_{\Gamma,f}$의 변환이 다음과 같이 표현됨을 살펴보았다.

$$|\Psi_{\Gamma,f}\rangle \mapsto |\Psi_{\phi(\Gamma),f}\rangle (\equiv \hat{U}_{\phi}|\Psi_{\Gamma,f}\rangle)$$

따라서 $\Psi_{\Gamma,f}$가 미분동형에 대해 불변이기 위해서는 다음이 성립해야 한다.

$$\Psi_{\Gamma,f} = \Psi_{\phi(\Gamma),f} \quad {}^{\forall}\phi:\Sigma\to\Sigma \qquad \cdots (9.8)$$

위 (9.8)식의 표기법에서 한 가지 유의해야 할 것은, 비록 ϕ가 $\phi(\Gamma)=\Gamma$를 만족시킨다고 하더라도 Γ의 각 경로들의 향이나 순서 등이 ϕ에 의해 뒤 바뀔 수 있고 이에 따라 Γ 위의 컬러링이 바뀔 수 있는데 이 경우에 $\Psi_{\Gamma,f}\neq\Psi_{\phi(\Gamma),f}$일 수 있다는 것이다. 이것은 식 (9.8)을 다음과 같이 보다 구체적으로 표현해 보면 자명해진다.

$$\begin{aligned}\Psi_{\Gamma,f}(A)&(=f(U(A,\gamma_1),\cdots,U(A,\gamma_L)))\\ &=\Psi_{\phi(\Gamma),f}(A)(=f(U(A,\phi(\gamma_1)),\cdots,U(A,\phi(\gamma_L)))),\ {}^{\forall}\phi:\Sigma\to\Sigma \qquad \cdots (9.8)'\end{aligned}$$

예를 들어 주어진 커넥션 A에 대한 평행이동(홀로노미) $U(A,\gamma)$는 경로 γ의 기하학적 형태 뿐 아니라 이 경로에 부여된 향(orientation)에 따라 달라지므로 $\phi(\Gamma)=\Gamma$ 즉, $\phi(\cup\{\gamma_i\})=\cup\{\gamma_i\}$이라 하더라도 각 i에 대해 $\phi(\gamma_i)=\gamma_i$일 필요가 없고, 만일 $\phi(\gamma_i)=\gamma_i$라 하더라도 ϕ에 의해 γ_i의 향이 바뀔 수 있으므로 위 식 (9.8)′의 $f(U(A,\gamma_1),\cdots,U(A,\gamma_L))$과 $f(U(A,\phi(\gamma_1)),\cdots,U(A,\phi(\gamma_L)))$의 값이 서로 다를 수 있다. 또 $\Psi_{\Gamma,f_{j_l,\alpha_l,\beta_l}}(A)=\langle A|\Gamma,j_l,\alpha_l,\beta_l\rangle\left(=\prod_{1\le l\le L}R^{j_l}(U(A,\gamma_l))^{\alpha_l}{}_{\beta_l}\right)$의 경우 ϕ에 의해 각 γ_l에 부여된 j_l이 달라질 수 있을 뿐 아니라 향이 달라짐에 따라 $R^{j_l}(U)^{\alpha_l}{}_{\beta_l}$의 첨자 위치가 달라져 결과적으로 $\Psi_{\Gamma,f_{j_l,\alpha_l,\beta_l}}(A)$의 값이 달라질 수 있다.[418]

이제 (9.8)′에서, 평행이동 $U(A,\gamma)\in SU(2)$는 커넥션 A와 미분동형 ϕ에 의한 경로 γ

의 변환에 따라 임의적으로 달라진다는 것을 고려하면 주어진 스핀네트워크

$$|S\rangle \equiv |\Gamma, j_l, i_n\rangle = \sum_{\alpha_l, \beta_l} \left(\prod_{n=1}^{N} i_n{}^{\beta_1^n \cdots \beta_q^n}{}_{\alpha_1^n \cdots \alpha_p^n} \right) \Psi_{\Gamma, f_{[j_l, \alpha_l, \beta_l]}}$$

가 모든 ϕ에 대해 불변이 될 수 있으리라고 기대하기는 어렵다.419)

실제로 $\mathcal{H}_{kin} = \oplus_{\Gamma} \mathcal{H}_{\Gamma}'$이고 $\mathcal{H}_{\Gamma_1}' \perp \mathcal{H}_{\Gamma_2}'(\Gamma_1 \neq \Gamma_2)$임을 상기하면 위 (9.8)을 만족시키는 상태벡터 $|\Psi_{\Gamma,f}\rangle$는 0뿐임을 알 수 있다. 따라서 $\mathcal{H}_{kin}$는 '물리적' 상태벡터로서 미분동형에 대해 불변인 원소를 갖고 있지 않다고 말할 수 있다. 그렇다면 우리가 찾는 미분동형에 불변이면서 '물리적'인 상태벡터는 어디에서 찾아야 할까? 이 상황은 고전 양자역학에서 $\hat{x}|x\rangle = x|x\rangle$를 만족시키는 상태벡터 $|x\rangle$가 $\mathcal{H} = \mathcal{L}^2(\mathbb{R}, dx)$에 존재하지 않는 것과 같은 상황이라고 볼 수 있다. 이 때 'rigged 힐베르트 공간' $\Phi \subset \mathcal{H} \subset \Phi'$를 통해 상태벡터 $|x\rangle$가 살고 있는 확장된 공간 Φ'를 기술할 수 있었던 것을 상기해보면, 우리가 찾는 $SU(2)$-게이지 변환과 미분동형에 대해 불변인 물리적 상태벡터가 살고 있는 공간 역시 $\mathcal{H}_{kin} = \overline{(S, \langle , \rangle)}$가 아닌 $\mathcal{H}_G = \overline{(S_G, \langle\ ,\ \rangle)}$의 rigged 힐베르트 공간 $S_G \hookrightarrow H_G \hookrightarrow S_G'$의 S_G'에서 기술될 수 있으리라고 기대해 볼 수 있다. 이제 이에 대해 보다 구체적으로 살펴보자.

9.3.1 $\mathcal{H}_{inv}$의 정의

먼저 공간 $S_G' = \left\{ \lim_{n \to \infty} \langle \Psi_n | \cdot \rangle : S_G \to \mathbb{C} \mid \text{모든 } \Psi \in S_G \text{에 대하여 } \lim_{n \to \infty} \langle \Psi_n | \Psi \rangle \text{이 존재} \right\}$에 속하는 **범함수 Φ의 게이지변환 $\hat{U}_{\lambda}\Phi$**은 다음과 같이 정의된다.420)

---

418) 이에 해당하는 구체적인 예는 [Rovelli1] p. 238에 제시되어 있는데, 여기서 $\phi(\Gamma) = \Gamma$인 미분동형에 대해 스핀네트워크 $|S\rangle = |\Gamma, j_l, i_n\rangle (= \Psi_S)$의 ϕ에 의한 변환 $\hat{U}_{\phi}|\Gamma, j_l, i_n\rangle (= \hat{U}_{\phi}\Psi_S)$이 $\hat{U}_{\phi}\Psi_S(A) = -\Psi_S(A)$를 만족시킬 수 있음을 보여주고 있다.

419) 본문에서의 논의에 의하면 $f \equiv c$(상수)인 경우를 제외하고는 조건 $(9.8)'$을 만족하는 $\Psi_{\Gamma,f}$를 기대하기는 어렵다. 더욱이 $|S\rangle$에 나타나는 각 $\Psi_{\Gamma, f_{[j_l, \alpha_l, \beta_l]}}(A)$에서의 $f_{[j_l, \alpha_l, \beta_l]}$는 $f_{[j_l, \alpha_l, \beta_l]} : SU(2)^L \to \mathbb{C}$, $f_{[j_l, \alpha_l, \beta_l]}(U_1, \cdots, U_L) \equiv \prod_{1 \le l \le L} R^{j_l}(U_l)^{\alpha_l}{}_{\beta_l}$와 같이 정의되며 이 때 $\Psi_{\Gamma, f_{[j_l, \alpha_l, \beta_l]}}(A) = \prod_{l=1,\cdots,L} R^{j_l}(U(A, \gamma_l))^{\alpha_l}{}_{\beta_l}$ 임을 상기하면 $|S\rangle$가 모든 ϕ에 대해 불변임을 기대하기는 어렵다.

420) 일반적으로 $\Phi_{\Gamma, f_1} \in S$에 대하여 $\Phi_{\Gamma, f_1} \equiv \langle \Phi_{\Gamma, f_1}, \cdot \rangle \in S'$로 표기할 수 있다. 이 때, $\Psi_{\Gamma, f_2} \in S$에

$$(\hat{U}_\lambda \Phi)(\Psi) \equiv \Phi(\hat{U}_{\lambda^{-1}}\Psi)\,(\text{단},\ \Psi \in S_G)$$

이 때, $\Psi \in S_G$이므로 $\big((\hat{U}_\lambda \Phi)(\Psi) =\big)\Phi(\hat{U}_{\lambda^{-1}}\Psi) = \Phi(\Psi),\ ^\forall \lambda \in SU(2)$이고 따라서 **범함수 $\Phi \in S_G{}'$는 게이지 변환에 대해 불변**임을 알 수 있다.

한편 **범함수 Φ의 미분동형 ϕ에 의한 변환 $\hat{U}_\phi \Phi$**은 다음과 같이 정의된다.[421)]

$$(\hat{U}_\phi \Phi)(\Psi) \equiv \Phi(\hat{U}_\phi \Psi)\,(\text{단},\ \Psi \in S_G)$$

따라서 범함수 $\Phi \in S_G{}'$가 미분동형에 대해 불변이기 위해서는 모든 미분동형 ϕ와 $\Psi \in S_G$에 대하여 다음이 성립해야 한다.

$$\big((\hat{U}_\phi \Phi)(\Psi) =\big)\Phi(\hat{U}_\phi \Psi) = \Phi(\Psi) \qquad \cdots (9.9)$$

이제 이 조건을 만족하는 즉, **미분동형에 불변인 S_G상의 범함수들의 공간을 $\mathcal{H}_{inv}$로 표기**하고 이 공간 $\mathcal{H}_{inv}$에 속하는 범함수의 형태를 보다 구체적으로 기술해 보자.

먼저 사상 $P_{diff} : S_G \to S_G{}'$을 다음과 같이 정의하자.

$$(P_{diff}\Psi)(\Psi') := \sum_{\Psi'' = \hat{U}_\phi \Psi} \langle \Psi'', \Psi' \rangle \qquad \cdots (9.10)$$

(단, 여기서 $\sum$는 적당한 $\phi \in Diff(\Sigma)$에 대해 $\Psi'' = U_\phi \Psi$인 '모든 Ψ''에 대한 합'이며 이는 '모든 $\phi \in Diff(\Sigma)$에 대한 합' 즉, $\sum_\phi \langle \hat{U}_\phi \Psi, \Psi' \rangle$과는 다른 표현임에 유의할 것.)

이 때 이 정의와 관련하여 다음 네 가지 사실에 주목할 필요가 있다.

첫째, 9.1.2절에서의 정의 $a\Psi_{\Gamma_1, f_1} + b\,\Psi_{\Gamma_2, f_2} \equiv \Psi_{\Gamma,\, aF_1 + bF_2}\Psi_1$을 이용하면 $\Psi_2 \in S_G$와 a,

---

대하여 $(\hat{U}_\lambda \Phi_{\Gamma, f_1})(\Psi_{\Gamma, f_2}) = \langle \Phi_{\Gamma, (f_1)_\lambda}, \Psi_{\Gamma, f_2} \rangle = \langle \Phi_{\Gamma, f_1}, \Psi_{\Gamma, (f_2)_{\lambda^{-1}}} \rangle = \Phi_{\Gamma, f_1}(\hat{U}_{\lambda^{-1}}\Psi)$이 성립한다. (여기서 두 번째 등식은 내적의 정의 (9.2)에서 하르(Haar) 척도 dU가 변수변환 $\lambda U_i \lambda^{-1} \equiv U_i{}'$에 대해 불변임을 이용한 것이다. f_λ의 정의는 9.1.3절의 ①참조)

421) 주 420)과 마찬가지 방법으로 $\Psi_{\Gamma, f_2} \in S$에 대하여 다음이 성립한다.

$$(\hat{U}_\phi \Phi_{\Gamma, f_1})(\Psi_{\Gamma, f_2}) = \langle \Phi_{\phi(\Gamma), f_1}, \Psi_{\Gamma, f_2} \rangle = \langle \Phi_{\Gamma, f_1}, \Psi_{\phi(\Gamma), f_2} \rangle = \Phi_{\Gamma, f_1}(\hat{U}_\phi \Psi)$$

(여기서 두 번째 등식은 원주함수들 사이의 내적 (9.2)에서, Γ에 나타난 경로의 개수 이외에 ϕ에 의한 컬러링의 변화가 아무런 영향을 미치지 않음을 이용한 것이다.)

$b \in \mathbb{C}$에 대하여 $P_{diff}(a\Psi_1 + b\Psi_2) = a(P_{diff}\Psi_1) + b(P_{diff}\Psi_2)$임을 쉽게 확인 할 수 있다. 즉, P_{diff}는 선형사상이다.

둘째, 위의 정의 (9.10)에서 $\sum$는 '유한 합'으로서 잘 정의되고 있다. 이를 확인하기 위해 우선 Ψ와 Ψ'이 S_G의 원소이므로 '유한한' 개수의 스핀네트워크들의 일차 결합으로 나타남에 유의하자. 이 때 $\langle \Psi'', \Psi' \rangle \neq 0$인 Ψ''는 Ψ'가 갖고 있는 유한개의 스핀네트워크의 각각에 등장하는 $\Gamma_i (i = 1, \cdots, N)$들 중 일부 또는 전부를 갖고 있어야 하며,[422] 따라서 실제로 $\langle \Psi'', \Psi' \rangle \neq 0$인 $\Psi'' = \hat{U}_\phi \Psi$의 개수는 미분동형 ϕ에 의해 그래프 $\Gamma \equiv \bigcup_{i=1}^{N} \Gamma_i$의 컬러링만 재배치되는 경우의 수($< \infty$)를 넘지 못한다. ((9.10)의 $\sum$가 'ϕ에 대한 합'이 아니라 'Ψ''에 대한 합'임을 상기할 것.)

셋째, 두 $\Psi_1, \Psi_2 \in S_G$가 미분동형 ϕ에 대하여 $\Psi_2 = \hat{U}_\phi \Psi_1$일 때(예를 들어 [그림 9-9]) 다음이 성립한다.

$$P_{diff}\Psi_1 = P_{diff}\Psi_2$$

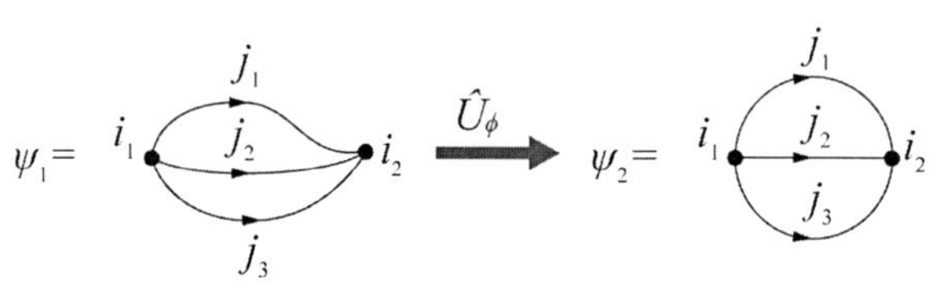

[그림 9-9]

이것은 다음 계산으로부터 쉽게 확인 할 수 있다.

$$[P_{diff}(\hat{U}_\phi \Psi_1)](\Psi') = \sum_{\Psi'' = \hat{U}_\xi(\hat{U}_\phi \Psi_1)} \langle \Psi'' | \Psi' \rangle = \sum_{\Psi'' = \hat{U}_\eta \Psi_1} \langle \Psi'' | \Psi' \rangle = (P_{diff}\Psi_1)(\Psi')$$

(위 두 번째 등식에서 $\hat{U}_\xi \hat{U}_\phi = \hat{U}_{\xi \circ \phi} \equiv \hat{U}_\eta$를 이용하였다.)

---

422) $\Psi' = \sum_{i=1}^{N} a_i |S_i\rangle = \sum_{i=1}^{N} a_i \Psi_{\Gamma_i, f_i} \equiv \Psi'_{\Gamma, f}$로 표현가능하고, 직교분해 $\mathcal{H}_{kin} = \oplus_\Gamma \mathcal{H}_\Gamma'$에서 $\mathcal{H}_{\Gamma_k}' \perp \mathcal{H}_{\Gamma_l}'$ (단, $\Gamma_k \neq \Gamma_l$)임을 상기할 것.

넷째, $P_{diff}\Psi(\in S_G')$는 미분동형에 의해 불변임을 다음 계산을 통해 확인 할 수 있다.

$$\begin{aligned}\hat{U}_\phi(P_{diff}\Psi)(\Psi') \equiv (P_{diff}\Psi)(\hat{U}_\phi\Psi') &= \sum_{\Psi''=\hat{U}_\xi\Psi}\langle\Psi'',\hat{U}_\phi\Psi'\rangle = \sum_{\Psi''=\hat{U}_\xi\Psi}\langle\hat{U}_\phi{}^{-1}\Psi'',\Psi'\rangle \\ &= \sum_{\Psi'''=\hat{U}_{\phi^{-1}}(\hat{U}_\xi\Psi)}\langle\Psi''',\Psi'\rangle \quad \left(\Leftarrow \hat{U}_\phi{}^{-1}\Psi''\equiv\Psi'''\right) \\ &= \sum_{\Psi'''=U_\eta\Psi}\langle\Psi''',\Psi'\rangle = (P_{diff}\Psi)(\Psi')\end{aligned}$$

즉, 모든 미분동형 ϕ에 대하여 $\hat{U}_\phi(P_{diff}\Psi) = P_{diff}\Psi$이다.

또, 모든 게이지 변환 $\lambda\in SU(2)$에 대하여 $\hat{U}_\lambda(P_{diff}\Psi)(\Psi') = (P_{diff}\Psi)(\hat{U}_\lambda\Psi') = (P_{diff}\Psi)(\Psi')$이므로 $P_{diff}\Psi(\in S_G')$는 $SU(2)$-게이지 변환에 대해서도 불변이다.

따라서 $P_{diff}[S_G] \equiv \{P_{diff}\Psi | \Psi\in S_G\}(\leq S_G')$는 게이지 변환과 미분동형에 대해 불변인 S_G'의 부분공간이 됨을 알 수 있다.

이제 이 공간 $P_{diff}[S_G]$에 내적 $\langle\ ,\ \rangle$을 다음과 같이 정의하자.

$$\langle P_{diff}\Psi, P_{diff}\Psi'\rangle := (P_{diff}\Psi)(\Psi') \qquad \cdots (9.11)$$

만일 $\Psi'' = \hat{U}_\phi\Psi'$인 경우 식 (9.11)의 좌변에서 $P_{diff}\Psi'$대신 $P_{diff}\Psi''$을 사용할 수도 있지만 $P_{diff}\Psi$가 미분동형에 대해 불변이므로 $(P_{diff}\Psi)(\Psi') = (P_{diff}\Psi)(\Psi'')$이 성립하고 따라서 식 (9.11)의 우변에 변화를 초래하지 않는다. 일반적으로 정의 (9.11)은 Ψ, Ψ'의 선택에 무관하게 잘 정의됨이 알려져 있다.([Chiou] p. 21 또는 [AL2] p. 55)

최종적으로, 이 내적 $\langle\ ,\ \rangle$에 대한 노름 $\|\cdot\|$으로 벡터공간 $P_{diff}[S_G]$를 완비확장한 공간 $\overline{P_{diff}[S_G]}^{\|\cdot\|}$**을 $\mathscr{H}_{inv}$으로 정의할 수 있다.**[423]

9.3.2 $\mathscr{H}_{inv}$의 정규직교기저: 스핀-끈(또는 s-끈(s-knot))

이 절에서는 스핀네트워크 상태벡터 $|S\rangle(\in S_G)$에 대한 $P_{diff}S$들 간의 내적에 대해 좀 더 자세히 살펴보고 이를 통해 $\mathscr{H}_{inv}$의 정규직교기저에 해당하는 벡터들을 보다 구체적으로 기술해보자.

423) [Rovelli1] p. 239, [Chiou] p. 21.

먼저 미분동형 ϕ에 대해 다음이 성립함에 유의하자.

$$\hat{U}_\phi|S\rangle = \hat{U}_\phi|\Gamma, j_l, i_n\rangle \equiv |\phi(\Gamma), j_l', i_n'\rangle$$
$$= \begin{cases} |\Gamma, j_l, i_n\rangle \text{와 수직} \ (\Leftarrow \phi(\Gamma) \neq \Gamma) & \cdots (\text{i}) \\ |\Gamma, j_l', i_n'\rangle \ (\Leftarrow \phi(\Gamma) = \Gamma) & \cdots (\text{ii}) \end{cases}$$

여기서 위 (ii)의 경우에 주목하여 $|S\rangle = |\Gamma, j_l, i_n\rangle$에서 Γ를 구성하는 링크들의 향과 순서를 재배치하는 임의의 미분동형 ϕ에 의해 얻어지는 모든 새로운 스핀네트워크 상태벡터의 집합을 $\{g_k|S\rangle | k=1,\cdots,N\}$이라 하면, 집합 $G_\Gamma \equiv \{g_k | k=1,\cdots,N\}$는 이산적인 유한군(finite discrete group)을 이룬다.

이 때 두 스핀네트워크 상태벡터 $|S\rangle = |\Gamma, j_l, i_n\rangle$, $|S'\rangle = |\Gamma', j_l', i_n'\rangle$에 대하여 다음이 성립한다.

$$\langle P_{diff}S | P_{diff}S'\rangle = (P_{diff}S)(S') = \sum_{S''=U_\phi S} \langle S'', S'\rangle$$
$$= \begin{cases} 0 \quad (\Leftarrow \text{모든 } \phi \in Diff(\Sigma)\text{에 대하여 } \phi(\Gamma) \neq \Gamma') & \cdots (\text{iii}) \\ \sum_{g_k \in G_\Gamma} \langle S | g_k | S'\rangle \quad (\Leftarrow \text{어떤 } \phi \in Diff(\Sigma)\text{에 대하여 } \phi(\Gamma) = \Gamma') & \cdots (\text{iv}) \end{cases}$$

일반적으로 향이 부여되지 않은 Σ 상의 그래프들의 집합에서 두 그래프 Γ, Γ'사이의 동치관계 $\sim$를 다음과 같이 정의할 수 있다.

$$\Gamma \sim \Gamma' \Leftrightarrow \text{어떤 } \phi \in Diff(\Sigma)\text{에 대하여 } \phi(\Gamma) = \Gamma'\text{이다.}$$

이 때 이와 같은 미분동형에 의한 동치류(equivalence class) $[\Gamma]$를 '**끈**(knot)'이라고 부른다. 위 (iii)은 두 스핀네트워크 $|S\rangle = \Psi_{\Gamma, f}$, $|S'\rangle = \Psi_{\Gamma', f'}$에서 Γ와 Γ'이 '같은'(즉, 같은 동치류($[\Gamma] = [\Gamma']$)인) 끈이 아닌 경우에 해당하고 이때 각각을 $\mathcal{H}_{inv}$로 보낸 $P_{diff}S$와 $P_{diff}S'$이 $\mathcal{H}_{inv}$에서 서로 직교한다는 것을 보여준다. 따라서 H_{inv}의 직교기저를 나열하는 첫 번째 첨자는 끈을 나타내는 K라고 할 수 있다.

즉 $\mathcal{B} = \{v_{K_1^1}, v_{K_2^1}, \cdots, v_{K_n^1}, v_{K_1^2}, \cdots, v_{K_m^2}, \cdots\}$과 같은 형태로 $\mathcal{H}_{inv}$의 직교기저를 표현할 수 있다. 여기서 $\{v_{K_1^i}, v_{K_2^i}, \cdots, v_{K_n^i}\}$는 같은 끈 $K^i = [\Gamma]$ 위에 서로 다른 컬러링을 갖는 적당한 스핀네트워크들을 P_{diff}로 보내서 서로 수직인 벡터가 된 집합을 의미하고, $i \neq j$일

때 $K^i \neq K^j$이다. (참고로, 일반적으로 두 스핀네트워크 $|S\rangle = \Psi_{\Gamma,f}$, $|S'\rangle = \Psi_{\Gamma',f'}$가 같은 끈 $K=[\Gamma]=[\Gamma']$를 공유할 때 이들의 컬러링이 다르다고 해서 각각을 $P_{diff}S$, $P_{diff}S'$으로 보냈을 때 $\mathcal{H}_{inv}$에서 항상 서로 직교하는 것은 아니다.)

만일 $\mathcal{H}_{kin}$에서 $\mathcal{H}_{\Gamma} \equiv \overline{S_{\Gamma}}^{\|\cdot\|}$를 정의했을 때와 같은 방법으로 주어진 끈 $K=[\Gamma]$에 대하여

$$\mathcal{H}_{inv}(K) \equiv \overline{\{P_{diff}[(S_G)_{\phi(\Gamma)}] | \phi \in Diff(\Sigma)\}}^{\|\cdot\|} (< \mathcal{H}_{inv})$$

로 정의하면, 위 (ⅳ)의 $\sum_{g_k \in G_\Gamma} \langle \cdot | g_k | \cdot \rangle$을 대각원소 1로 대각화할 수 있는 고유백터 $\{v_{K_1}, v_{K_2}, \cdots, v_{K_n}\}$들이 $\mathcal{H}_{inv}(K)$의 정규직교기저가 된다.

(이 때 $v_{K_m} \equiv P_{Diff}(|\Gamma, j_l^{(m)}, i_n^{(m)}\rangle)$으로 표기할 수 있다.)

이렇게 해서 얻어진 $\mathcal{H}_{inv}$의 정규기저벡터들을 $|s\rangle \equiv |K, c\rangle$으로 표기하고 '**$s$-끈(knot)**'이라고 부른다. 여기서 K는 그래프 Γ의 미분동형에 의한 동치류를 나타낸다. 또 c는 '끈 K 위의 컬러링'을 나타내는데 위 v_{K_m}의 표기법에 의하면 Γ의 컬러링 $c \equiv (j_l^{(m)}, i_n^{(m)})$)에 해당한다.[424)]

s-끈에 대한 물리적 해석은 다음 절에서 다루는 기하학적 작용소를 정의하고 다루는 과정에서 보다 분명하게 드러난다. (9.4.3절 참고) 여기서는 간단히 그 결과만 먼저 소개하도록 하자.

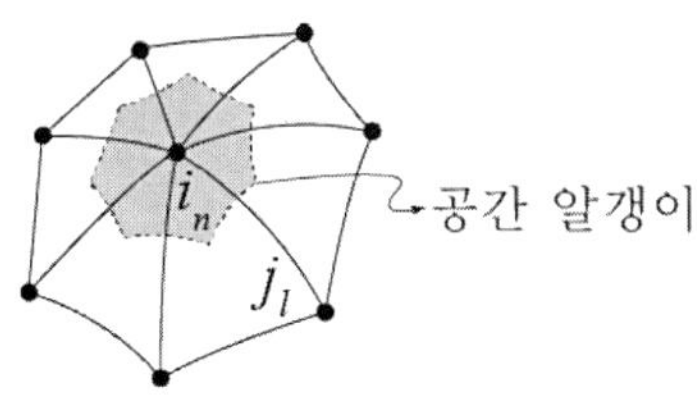

[그림 9-10]

위 [그림 9-10] 에 나타난 s-끈에서 각 노드 n은 '양자화된 공간'의 최소단위에 해당하는 '**공간 알갱이**' $\mathcal{R}(n)$으로 해석할 수 있는데 그 부피를 결정하는 양자수가 i_n이다.

또 노드 n에 연결된 각 링크 γ_l은 $\mathcal{R}(n)$을 둘러싼 각 면들에 대응하고 이 각각의 면들

---

424) [Chiou] p. 22 의 내용도 참고 할 것.

의 넓이를 나타내는 양자수가 바로 j_l이다. 구체적으로, 양자수 j_l인 한 링크 γ_l에 대응하는 면의 넓이는 $8\pi G\gamma\hbar\sqrt{j_l(j_l+1)}$으로 나타난다.

참고로 세 공간 $\mathcal{H}_{kin}$, $\mathcal{H}_G$, $\mathcal{H}_{inv}$의 정규직교기저와 그 기하학적 의미를 비교하여 나타내면 다음과 같다.

<$\mathcal{H}_{kin}$의 정규직교기저>	<$\mathcal{H}_G$의 정규직교기저>	<$\mathcal{H}_{inv}$의 정규직교기저>
$\lvert\Gamma, j_l, \alpha_l, \beta_l\rangle$ $(=\Psi_{\Gamma, f_{[j_l,\alpha_l,\beta_l]}}(A))$ $= \prod_{l=1,\cdots,L} R^{j_l}(U(A,\gamma_l))^{\alpha_l}{}_{\beta_l}$: 게이지 불변이 아님.	$\lvert\Gamma, j_l, i_n\rangle$: 스핀네트워크 $(j_l \neq 0)$: 게이지 불변이지만 미분동형에 대해서는 불변 아님.	$\lvert K,c\rangle(=\lvert[\Gamma], j_l, i_n\rangle)$: s-끈 : 게이지 변환과 미분동형에 대해 불변.
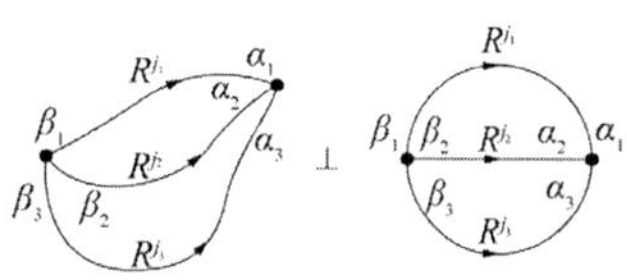 [그림 9-11]	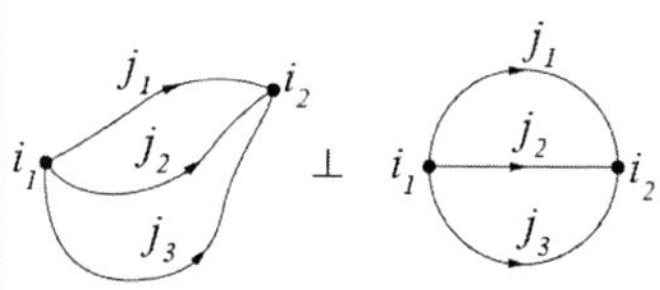 [그림 9-12]	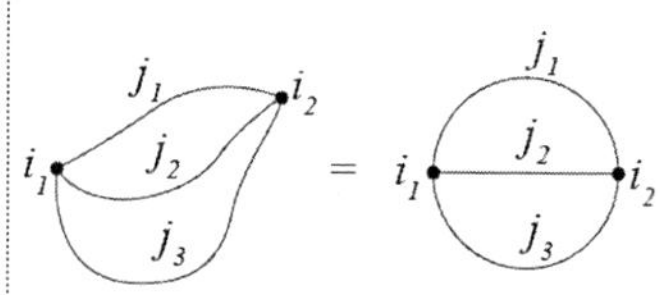 [그림 9-13]
각 링크들을 따라 스피너 벡터($\in\mathcal{H}_{j_l}$)가 어떻게 평행이동 되는지를 통해 공간에 대한 기하학적 정보를 제공한다.	각 노드 n은 i_n에 의해 계산되는 특정한 부피 V_{i_n}를 갖는 공간의 양자알갱이를 나타내고, 이 알갱이들 사이의 각 접촉면의 넓이는 양자수 j_l에 의해 주어진다.	s-끈 $\lvert K,c\rangle$는 스핀네트워크 $\lvert\Gamma, j_l, i_n\rangle$에 부여된 컬러링 $c=(j_l, i_n)$에 대한 정보와 Γ의 미분동형에 의한 동치류 $K=[\Gamma]$에 의해 결정된다.

9.3.3 $\mathcal{H}_{inv}$상에서의 작용소

작용소 $\hat{\theta}:\mathcal{H}_{kin}\rightarrow\mathcal{H}_{kin}$가 $SU(2)$-게이지 불변이고 (즉, 모든 $\lambda\in SU(2)$에 대하여 $\hat{U}_\lambda$와 가환이고[425]) 미분동형에 대해 불변일 때 (즉, 모든 $\phi\in Diff(\Sigma)$에 대하여 $\hat{U}_\phi$와 가환일 때), 작용소 $\hat{\theta}^*\mathcal{H}_{inv}\rightarrow\mathcal{H}_{inv}$를 다음과 같이 정의하자.

$$[\hat{\theta}^*(P_{diff}\Psi)](\Phi):=(P_{diff}\Psi)(\hat{\theta}^+\Phi)\quad({}^\forall\Psi,\Phi\in S_G)$$

(단, $\hat{\theta}^+:\mathcal{H}_{kin}\rightarrow\mathcal{H}_{kin}$는 $\hat{\theta}$의 수반작용소(adjoint operator)이다.)

이 때 다음을 쉽게 확인 할 수 있다.

$$[\hat{\theta}^*(P_{diff}\Psi)](\hat{U}_\lambda\Phi)=[\hat{\theta}^*(P_{diff}\Psi)](\Phi),\ {}^\forall\Phi\in S_G \qquad \cdots(9.12)$$

또 만일 $\hat{\theta}^+$도 $\hat{U}_\phi$와 가환이면 다음이 성립한다.

$$[\hat{\theta}^*(P_{diff}\Psi)](\hat{U}_\phi\Phi)=(P_{diff}\Psi)(\hat{\theta}^+(\hat{U}_\phi\Phi))=(P_{diff}\Psi)(\hat{U}_\phi\hat{\theta}^+\Phi)=\hat{\theta}^*(P_{diff}\Psi)(\Phi)$$
$$\cdots(9.13)$$

(위 (9.13)의 세 번째 등식에서 $(P_{diff}\Psi)(U_\phi\Phi)=(P_{diff}\Psi)(\Phi)$를 이용하였다.)

위 (9.12), (9.13)에 의하여 $\hat{\theta}^*(P_{diff}\Psi)\in\mathcal{H}_{inv}$임을 확인할 수 있다. 즉, $\hat{\theta}^*:\mathcal{H}_{inv}\rightarrow\mathcal{H}_{inv}$이다. 이 때 $\hat{\theta}$가 $\mathcal{H}_{kin}$상의 헤르미트 작용소 (Hermitian operator)인 것은 $\hat{\theta}^*$가 $\mathcal{H}_{inv}$상의 헤르미트 작용소이기 위한 필요충분조건임이 알려져 있다.[426]

---

425) 예를 들어, 기저 $\mathcal{B}=\{e_i\}$에 의해 생성된 벡터공간 $V=V_{\mathcal{B}}=\{v^ie_i|i=1,\cdots,n\}$의 벡터 v를 다른 기저 $\mathcal{B}'=\{e_i'\}$의 일차결합으로 표현해주는 '기저 변경사상' $\lambda:V_{\mathcal{B}}\rightarrow V_{\mathcal{B}'}$을 생각해보자.
이 때 $\boldsymbol{\lambda}(\boldsymbol{v})=\lambda(v^ie_i)\equiv v^{i'}e_i'=\boldsymbol{v}$의 의미로 v는 λ-불변이고 $\boldsymbol{\lambda}(\boldsymbol{V})=\boldsymbol{V}$의 의미로 V는 λ-불변인 공간이다. 또, 선형 함수 $f:V\rightarrow V$와 다이어그램 $\begin{array}{ccc} V_{\mathcal{B}} & \xrightarrow{f_{\mathcal{B}}} & V_{\mathcal{B}} \\ \downarrow\lambda & & \downarrow\lambda \\ V_{\mathcal{B}'} & \xrightarrow{f_{\mathcal{B}'}} & V_{\mathcal{B}'} \end{array}$ 에서 $\boldsymbol{f_{\mathcal{B}}}\circ\boldsymbol{\lambda}=\boldsymbol{\lambda}\circ\boldsymbol{f_{\mathcal{B}'}}$이고 이 때 f는 λ-불변이라고 부른다. 이와 마찬가지로 위 다이어그램에서 $V_{\mathcal{B}}, V_{\mathcal{B}'}$ 대신 $\mathcal{H}_{kin}$를, f 대신 $\hat{\theta}$를, λ 대신 $\hat{U}_\lambda$를, v 대신 $\Psi(A)$를 사용하여 $\hat{\theta}\circ\hat{U}_\lambda=\hat{U}_\lambda\circ\hat{\theta}$, ${}^\forall\lambda\in SU(2)$가 성립하면 $\hat{\theta}$는 $SU(2)$-불변이라고 한다.

426) [Chiou] p. 21.

9.4 기하학적 작용소(Geometric Operators)

9.4.1 넓이 작용소(Area Operator)

3차원 공간 Σ의 메트릭에 대한 정보를 갖고 있는 E_i^a를 이용하여[427] Σ에 있는 한 곡면 S의 넓이를 표현해 보자.

먼저 곡면 S의 매개화된 표현 $X: U(\subset \mathbb{R}^2) \to S$를

$$X(u_1, u_2) = (X^1(u_1, u_2), \cdots, X^3(u_1, u_2))$$

로 나타내자. 이때 $\dfrac{\partial X^a}{\partial u_1} \equiv X^a_{u_1}, \dfrac{\partial X^b}{\partial u_2} \equiv X^b_{u_2}$로 표기하면 S의 넓이 $A(S)$는 다음과 같이 계산된다.

$$\begin{aligned}
A(S) &= \int_U du_1 du_2 \sqrt{\det(X^* h)} = \int_U du_1 du_2 \sqrt{\det\begin{pmatrix} h_{u_1u_1} & h_{u_1u_2} \\ h_{u_2u_1} & h_{u_2u_2} \end{pmatrix}} \\
&= \int_U du_1 du_2 \sqrt{\det\begin{pmatrix} h_{ab}X^a_{u_1}X^a_{u_1} & h_{ab}X^a_{u_1}X^a_{u_2} \\ h_{ab}X^a_{u_2}X^a_{u_1} & h_{ab}X^a_{u_2}X^a_{u_2} \end{pmatrix}} \\
&= \int_U du_1 du_2 \sqrt{\det(h) n_a n_b h_{ab}} \quad (\text{단, } n^a := \epsilon^a_{\ bc} X^b_{u_1} X^c_{u_2}) \ ^{428)} \\
&= \int_U du_1 du_2 \sqrt{E_i^a E^{bi} n_a n_b}
\end{aligned}$$

여기서 만일 $E_i^a(x) \to \hat{E}_i^a(x) \equiv -i\hbar\gamma \dfrac{\delta}{\delta A_a^i(x)}$를 통해 E_i^a를 작용소로 변환하면, 위 $A(S)$에 포함된 $E_i^a E^{bi}$로 인해, 8.1절에서 언급한 '무한대의 문제'가 발생함을 알 수 있다. 즉, 첫 번째 $\hat{E}(x)$가 '범함수' $\Psi(A)$에 작용했을 때 얻어지는 '함수'에 대해 같은 점에서 두 번째 $\hat{E}(x)$가 작용하여 '$\delta(x-x)$' 즉, 무한대를 만나게 된다.

---

427) $E_i^a E_j^b \delta^{ij} = h e_i^a e_j^b \delta^{ij} = h e_i^a e_j^b h(e^i, e^j) = h \cdot h(\partial^a, \partial^b) = h \cdot h^{ab}$이 성립함에 유의할 것. (6.3절 iii) 도 참조)

428) [Doná] p. 35 또는 [Giesel] p. 21 참고. 만일 $S \subset \mathbb{R}^3$ 이고 S 가 $\mathbb{R}^3$의 유클리드 메트릭을 그대로 이어받아 $h_{ab} = \delta_{ab}$이면 $\det h = 1$이고, 따라서 $\sqrt{(\det h) n^a n^b h_{ab}} = \| n \| \left(= \| X_{u_1} \times X_{u_2} \|\right)$가 된다.

이 문제를 해결하기 위해 우리는 다음 2가지 사실을 주의 깊게 관찰할 필요가 있다.

관찰 I

$\frac{\delta}{\delta A_a^i(x)}$가 스핀네트워크 상태벡터 $\Psi_{\Gamma, j_l, i_n} \equiv |\Gamma, j_l, i_n\rangle$에 어떻게 작용하는지를 알아보자. 식 (9.7)에 의해 $\Psi_{\Gamma, j_l, i_n}[A] = \sum_{\alpha_l, \beta_l}\left[(*)\prod_l U^{(j_l)}(A, \gamma_l)^{\alpha_l}{}_{\beta_l}\right]$[429] 이므로 미분의 선형성과 곱의 법칙에 의해 $\frac{\delta U^{(j_l)}(A, \gamma_l)}{\delta A_a^i(x)}$에 대해 살펴보면 충분하다.

먼저 곡선 $\gamma_l : [t_i, t_f] \to \Sigma$를 매개변수 t를 이용하여 $\gamma_l(t)$로 나타낸 후 적당한 새로운 좌표함수 $\widetilde{X}(t, u_1, u_2) = (\widetilde{X}^a(t, u_1, u_2)) \in \Sigma$를 선택하여 $\gamma_l(t) = \widetilde{X}(t, 0, 0)$이고 $\widetilde{X} = (\widetilde{X}^a)$의 야코비 행렬식의 절댓값 $\left|\epsilon_{abc}\frac{\partial \widetilde{X}^a}{\partial t}\frac{\partial \widetilde{X}^b}{\partial u_1}\frac{\partial \widetilde{X}^c}{\partial u_2}\right| (>0)$이 항상 1이 되도록 할 수 있다.[430] 이 때, 실제로 홀로노미 $U^{(j_l)}(A, \gamma_l)$의 정의에 따라 $\frac{\delta U^{(j_l)}(A, \gamma_l)}{\delta A_a^i(x)}$를 계산하면 다음과 같은 결과를 얻는다.[431] ([그림 9-14])

---

429) 여기서 $U^{(j_l)}(A, \gamma_l)$는 스핀 j_l-표현 $R^{(j_l)}(U(A, \gamma_l))$을 줄여 쓴 것이다. 이하 마찬가지.

430) [Rovelli1] p. 245 또는 [RSP] p. 5, [LNR] 참고. 구체적으로 곡선 γ_l과 한 점 $x^a \equiv 0 (a = 1,2,3)$에서 교차하여 만나는 곡면의 매개화가 $x^a(u_1, u_2)\,(a = 1,2,3)$일 때 $\widetilde{X}^a(t, u_1, u_2) \equiv x^a(u_1, u_2) + \gamma_l^a(t)$로 정의할 수 있다.([Rovelli1] p. 245) 이 때 $\widetilde{X}$의 야코비행렬식의 절댓값을 항상 1로 만들 수 있는 것은 기본적으로 다음과 같은 사실에 기인한다: 임의의 정규곡선 $\gamma(s)$와 주어진 함수 $h(t) > 0$에 대하여 적당한 함수 $s = s(t)$를 이용하면 $\|d\gamma(s(t))/dt\| = h(t)$가 되도록 할 수 있다. 실제로, $s(t) \equiv \int^t h(s)/\|\gamma'(s)\| ds$로 잡으면 주어진 조건을 만족함을 확인할 수 있다. 특별히 $h \equiv 1$인 경우는 호의 길이에 의한 재매개화에 해당한다.

431) $\widetilde{X}$의 야코비행렬식의 절댓값을 1로 만들었기 때문에 (9.14)의 델타함수를 x^a의 함수로 표현하는 대신 u_i의 함수로 표현할 수 있음에 유의.([LNR]의 p. 4648, [Perez] pp. 29~30)
(9.14)의 증명은 [Doná] p. 40과 [Pullin] p. 113 또는 [Rovelli] p. 243 및 [LNR]의 p. 4648 등을 참고. [Thiemann2] p. 441의 식 (13.3.7)은 위 (9.14)를 통합하여 나타낸 식으로 다음과 같다.

$$\frac{\delta h_\gamma(A)}{\delta A_a^i(x)} = \int_{t_i}^{t_f} dt\left[\frac{1}{2}\delta^{(3)}(\gamma(t^+), x)\dot{\gamma}(t^+)h_\gamma(t, t_f)\tau_i h_\gamma(t_i, t) + \frac{1}{2}\delta^{(3)}(\gamma(t^-), x)\dot{\gamma}(t^-)h_\gamma(t, t_f)\tau_i h_\gamma(t_i, t)\right]$$

(One-sided derivatives and δ-distribution([Thiemann2] p. 442), $t^\pm \equiv \lim_{s \to t\pm} s$로 이해.)

$$\frac{\delta U^{(j_l)}(A,\gamma_l)}{\delta A_a^i(x)}$$

$$= \begin{cases} \frac{1}{2}\dot{\gamma}^a(t_f)\tau_i^{(j_l)} U^{(j_l)}(A,\gamma_l)\delta(u_1)\delta(u_2) \ \ (x=\widetilde{X}(t_f,u_1,u_2)) \\ \frac{1}{2}\dot{\gamma}^a(t_i)\, U^{(j_l)}(A,\gamma_l)\tau_i^{(j_l)}\delta(u_1)\delta(u_2) \ \ (x=\widetilde{X}(t_i,u_1,u_2)) \\ \dot{\gamma}^a(t)\, U^{(j_l)}(A,\gamma_l|_t^{t_f})\tau_i^{(j_l)} U^{(j_l)}(A,\gamma_l|_{t_i}^{t})\delta(u_1)\delta(u_2) \ (x=\widetilde{X}(t,u_1,u_2), t\in(t_i,t_f)) \end{cases}$$

$\cdots (9.14)$

(단, $\tau_k^{(j_l)}$는 $su(2)$의 기저행렬 $\tau_k = \frac{\sigma_k}{2i}$의 스핀-$j_l$ 표현이다.)

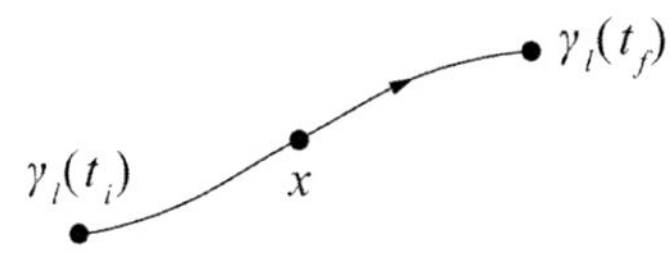

[그림 9-14]

위 결과에 의하면 $\frac{\delta U^{(j_l)}(A,\gamma_l)}{\delta A_a^i(x)}$는 2차원 디락-델타 함수의 형태이므로 $\frac{\delta U^{(j_l)}(A,\gamma_l)}{\delta A_a^i(x)}$를 다시 (u_1,u_2)에 대한 2차원 적분을 하면 디락-델타 함수가 사라지고 $U^{(j_l)}(A,\gamma_l|\colon)$형태의 A에 대한 범함수들만 나타나게 된다. 따라서 여기에 다시 $\frac{\delta}{\delta A_a^i(x)}$를 작용시킨 후 똑같은 2차원 적분을 해도 그 결과는 $U^{(j_l)}(A,\gamma_l|\colon)$형태의 범함수들로 나타나게 될 뿐 무한대는 나타나지 않을 것이다.

이제 다음 [관찰 Ⅱ]를 통해 양자화된 $A(S)$에서 $\frac{\delta}{\delta A_a^i(x)}$를 작용시킨 후 우리가 취해야 할 (u_1,u_2)에 대한 2차원 적분의 형태에 대해 살펴보자.

(9.14)의 처음 두 경우와 같이 x가 $\gamma_l(t)$의 양 끝점 중 하나에 해당하는 경우는 $\int_0^1 \delta(x)dx = ?$를 정규화해야 하는 문제를 내포하고 있는데 이에 대한 자세한 논의는 [Rovelli1] p. 253을 참고.

관찰 Ⅱ

고전적인 의미에서 $X(\vec{u})$(단, $\vec{u}=(u_1,u_2)\in U\subset \mathbb{R}^2$)에 의해 매개화된 Σ상의 한 곡면 S의 면적 $A(S)$는 $U(\subset \mathbb{R}^2)$의 충분히 세밀한 한 분할 $U=\bigcup_{k=1}^{N} U_k$ $(A(U_k)\equiv \epsilon^2)$에 대해 다음과 같이 표현할 수 있다.

$$
\begin{aligned}
A(S) &= \sum_{k=1}^{N}\int_{U_k} du_1 du_2 \sqrt{E_i^a E^{bi} n_a n_b} \\
&\simeq \sum_{k=1}^{N} \epsilon^2 \sqrt{E_i^a E^{bi} n_a n_b} \\
&= \sum_{k=1}^{N} \sqrt{(\epsilon^2 E_i^a n_a)(\epsilon^2 E^{bi} n_b)} \\
&\cong \sum_{k=1}^{N} \sqrt{E_i(S_k) E_j(S_k)\delta^{ij}} \quad (\text{단, } E_i(S_k)\equiv \int_{U_k} n_a E_i^a d^2u)
\end{aligned}
$$ [432)]

위 식으로부터 E_i^a에 의해 표현된 $A(S)$가 적분식 $E_i(S_k)$에 의해 다시 표현될 수 있음을 알 수 있다.

이제 위 [관찰 Ⅰ], [관찰 Ⅱ]를 종합하면 $A(S)$를 양자화하기 위해 E_i^a 대신 $E_i(S_k)$를 다음과 같이 적분된 작용소(smeared operator) $\hat{E}_i(S_k)$로 정의하는 것이 적절함을 알 수 있다.

$$
\begin{aligned}
\hat{E}_i(S_k) &:= -i\hbar\gamma \int_{U_k} du_1 du_2 n_a(\vec{u}) \frac{\delta}{\delta A_a^i(X(\vec{u}))} \\
&= \gamma \int_{U_k} n_a \hat{E}_i^a d^2u \quad (\text{단, } 8\pi G \equiv 1)
\end{aligned}
\qquad \cdots (9.15)
$$

일반적으로 위의 정의 (9.15)는 임의의 곡면 S에 대하여도 같은 식으로 적용될 수 있다. 이 때 $\hat{E}_i(S)$를 정의하는 식 (9.15)의 적분식은 중력이론에서의 '전기장'이라고 할 수 있는 '연산자 벡터장' $\hat{E}_i$가 곡면 S를 빠져나가는 유속(flux)으로 해석할 수 있으며 이는

---

432) 여기서 $E_i(S_k)$는 곡면 $S_k=X(U_k)$를 통과하는 '벡터장 E_i의 유속(flux)'에 해당한다.

곡면 S의 매개화 방식에 의존하지 않는다.[433] 이런 이유로 $\hat{E}_i(S)$를 '**유속 작용소**(flux operator)'라고 부른다. ([그림 9-15])

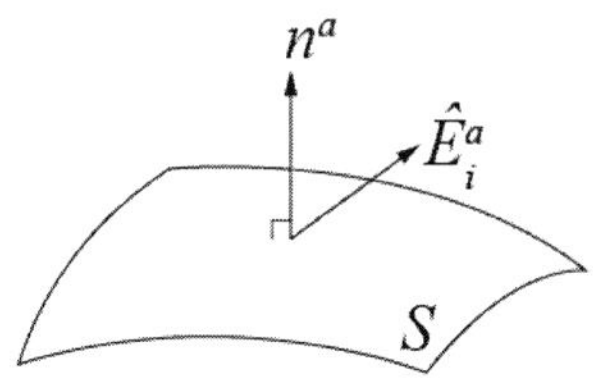

[그림 9-15: 곡면 S를 가로지르는 중력전기장 $\overrightarrow{E_i}$의 유속]

한편, 정준변수 A^i_a를 작용소로 바꾸어 $\hat{A}^i_a U(A,\gamma) := A^i_a U(A,\gamma)$로 정의하면 이는 $\mathcal{H}_{kin}$에 대해 닫혀있는 작용소가 되지 않는데 이는 고전 양자역학에서 $\hat{x}\,\Psi(x) := x\Psi(x)$로 정의했을 때 $x\Psi(x)$가 $L^2(\mathbb{R}^2)$에 속하지 않는 것과 같은 상황이다.

이 같은 문제는 $\hat{A}^i_a$ 대신 다음과 같이 곡선 γ를 따라 적분된 작용소인 '**홀로노미 작용소**(holonomy operator)'를 정의함으로써 해결할 수 있다.

$$\hat{A}(\gamma) \equiv \hat{U}(A,\gamma)\left(= P\exp\left(\int_\gamma A\right)\right)$$

예를 들어 $\hat{A}(\gamma)\,U(A,\tilde{\gamma}) = U(A,\gamma)U(A,\tilde{\gamma}) = U(A,\gamma\cup\tilde{\gamma})$이다. 만일 이 정의를 스핀네트워크 $|S\rangle$에 확장하면 작용소 $\hat{S}$를 다음과 같이 정의할 수 있다.[434]

$$\hat{S}\,|S'\rangle := |S\cup S'\rangle$$

(단, $\langle A|S\cup S'\rangle \equiv \langle A|S\rangle\langle A|S'\rangle = \Psi_S(A)\Psi_{S'}(A)$이다.)

이제 곡면 S와 곡선 γ가 주어졌을 때 식 (9.14)를 이용하여 $\hat{E}_i(S)U(A,\gamma)$를 다음 경우에 따라 계산해보자.

i) γ가 곡면 S를 가로질러 한 점 $\gamma(t_0)$에서 만날 때 ([그림 9-16]):

---

433) 이는 $du = \frac{\partial u}{\partial \bar{u}} d\bar{u} + \cdots$ 과 $\frac{\partial X}{\partial u_1} = \frac{\partial X}{\partial \bar{u}_1}\partial \bar{u}_1 + \cdots$를 이용한 전형적인 계산을 통해 쉽게 확인 할 수 있다.

434) [Chiou] p. 23 참고.

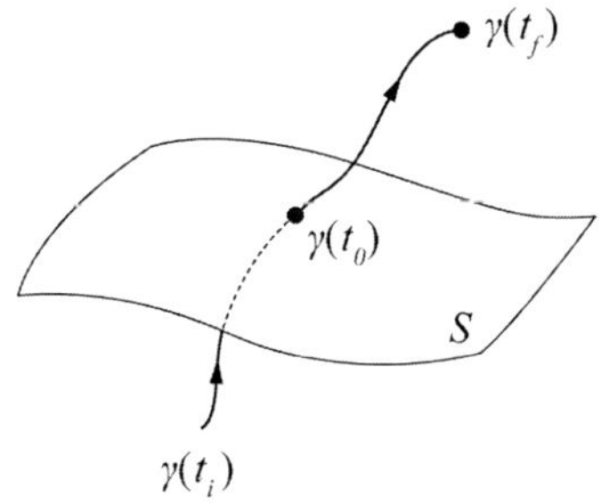

[그림 9-16]

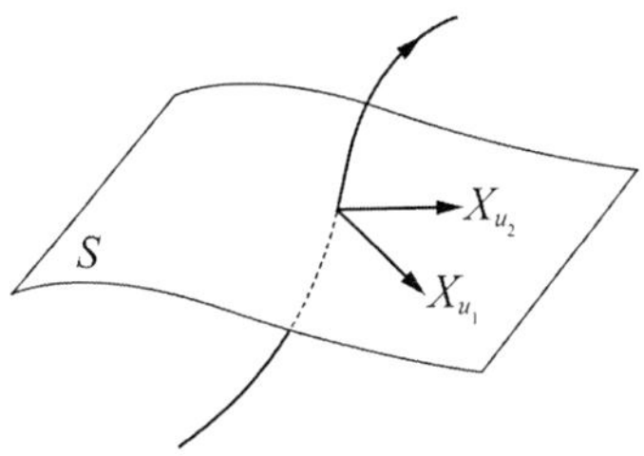

[그림 9-16-1]

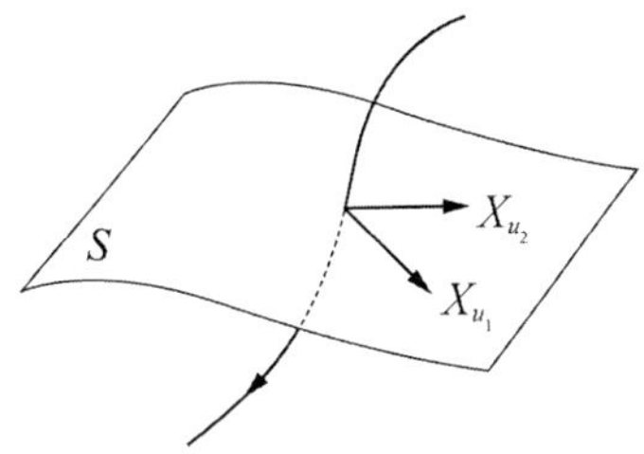

[그림 9-16-2]

이 경우는 곡면 S의 매개화 $X(u_1,u_2)$를 적당히 선택하여 고정된 t_0에 대해 $\widetilde{X}(t_0,u_1,u_2)=X(u_1,u_2)\in S$이고 $\widetilde{X}(t,0,0)=\gamma(t)$를 만족시키는 Σ의 좌표함수 $\widetilde{X}(t,u_1,u_2)$의 야코비 행렬식의 절댓값이 1이 되도록 할 수 있다.(앞의 [관찰 I]참고) 이 때 위 (9.14)의 세 번째 식을 이용하여 다음을 계산할 수 있다.

$$\begin{aligned}
&\widehat{E}_i(S)\,U(A,\gamma)\\
&=-i\hbar\gamma\int_U du_1du_2n_a\frac{\delta U(A,\gamma)}{\delta A_a^i(x(\overrightarrow{u}))}\\
&=-i\hbar\gamma\int_U du_1du_2\left(\epsilon_{abc}\frac{\partial\widetilde{X}^b}{\partial u_1}\frac{\partial\widetilde{X}^c}{\partial u_2}\right)\frac{\partial\widetilde{X}^a}{\partial t}\,\delta(u_1)\delta(u_2)\,U(A,\gamma|_{t_0}^{t_f})\tau_i U(A,\gamma|_{t_i}^{t_0})\\
&=\mp\, i\hbar\gamma U(A,\gamma|_{t_0}^{t_f})\tau_i U(A,\gamma|_{t_i}^{t_0})
\end{aligned}$$

(단, 위 세 번째 등식에서 (그림 9-16-1)일 때 $-$, (그림 9-16-2)일 때 $+$이다.)

위 두 번째 등식에서 n_a의 정의와 $\dot{\gamma}(t)=\dfrac{\partial\widetilde{X}}{\partial t}(t,0,0)$임을 이용하였고, 세 번째 등

식에서는 $\left|\epsilon_{abc}\frac{\partial\widetilde{X}^a}{\partial t}\frac{\partial\widetilde{X}^b}{\partial u_1}\frac{\partial\widetilde{X}^c}{\partial u_2}\right|=1$임과 $\int_U du_1 du_2\,\delta(u_1)\delta(u_2)=1$임을 이용하였다.

ii) γ가 S에 접하거나 $\gamma\cap S=\varnothing$일 때:

이 경우는 (9.14)와 (9.15)에 의해 $\widehat{E}_i(S)U(A,\gamma)=0$임을 쉽게 알 수 있다.

위 i)의 경우 $U^{(j)}(A,\gamma)$에 $\widehat{E}_i(S)$를 두 번 연속으로 작용시키면 미분의 곱의 법칙과 (9.14)의 처음 두 식을 이용하여 다음이 성립함을 쉽게 알 수 있다.

$$\widehat{E}_i(S)\widehat{E}_i(S)\,U^{(j)}(A,\gamma)=-\hbar^2\gamma^2\,U^{(j)}(A,\gamma|_{t_0}^{t_f})\tau_i^{(j)}\tau_i^{(j)}\,U^{(j)}(A,\gamma|_{t_i}^{t_0})$$

여기서, $\tau_i^{(j)}\tau_i^{(j)}=-j(j+1)$임을 이용하면 다음을 알 수 있다.

$$\widehat{E}_i^{\,2}(S)\,U^{(j)}(A,\gamma):=\widehat{E}_i(S)\widehat{E}_i(S)\,U^{(j)}(A,\gamma)=\hbar^2\gamma^2 j(j+1)\,U^{(j)}(A,\gamma)\quad\cdots(9.16)$$

물론, 위 ii)의 경우에는 $\widehat{E}_i^{\,2}(S)\,U^{(j)}(A,\gamma)=0$이다.

이제 앞에서 살펴 본 [관찰 Ⅱ] 에 근거하여 곡면 S의 **'넓이 작용소(area operator)'** $\widehat{A}(S)$를 다음과 같이 정의하자.

$$\widehat{A}(S):=\lim_{N\to\infty}\sum_{k=1}^{N}\sqrt{\widehat{E}^{\,2}(S_k)}\quad\cdots(9.17)$$

(단, $\widehat{E}^{\,2}(S_k)\equiv\widehat{E}_i(S_k)\widehat{E}_j(S_k)\delta^{ij}$이고, $S=\bigcup_{k=1}^{N}S_k$는 곡면 S의 충분히 세밀한 분할이다.)

정의 (9.17)에서 $\widehat{E}^{\,2}(S_k)\Psi_\Gamma$는 곡면 S_k와 그래프 Γ 사이의 교점에서만 작용하기 때문에 N이 충분히 크면 $A_N(S)\Psi_\Gamma\equiv\left[\sum_{k=1}^{N}\sqrt{\widehat{E}^{\,2}(S_k)}\right]\Psi_\Gamma$의 값은 더 이상 N에 따라 변하지 않는다. 따라서 (9.17)에서의 ' $\lim_{N\to\infty}$ '가 잘 정의됨을 알 수 있다.

이제 정의 (9.17)을 이용하여 주어진 스핀네트워크 Ψ_{Γ,j_l,i_n}에 대해 $\widehat{A}(S)$를 작용시켜보자.(단, Γ의 노드들은 곡면 S 위에 놓여 있지 않다고 가정한다.)

충분히 큰 N에 대하여 S_k들은 Γ와 한 개 이상의 점에서 만날 수 없다는 사실과 (9.16)의 계산 결과를 이용하면 다음을 얻는다.([그림 9-17])

$$\hat{A}(S)\Psi_{\Gamma, j_l, i_n} = \left[\hbar\gamma \sum_{p \in S \cap \Gamma} \sqrt{j_p(j_p+1)}\right]\Psi_{\Gamma, j_l, i_n} \quad \cdots (9.18)$$

(단, j_p는 곡면 S와 점 p에서 만나는 링크 γ에 부여된 j-스핀 표현이다.)

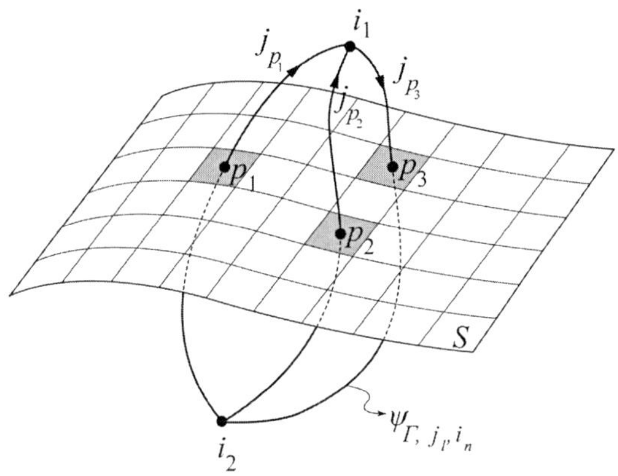

[그림 9–17]

이상의 논의로부터 다음 몇 가지 사실을 확인 할 수 있다.

① 스핀네트워크 상태벡터들은 넓이 작용소 $\hat{A}(S)$의 고유 상태벡터이다.

② 넓이 작용소 $\hat{A}(S)$는 $\mathcal{H}_G$에서 잘 정의된 $SU(2)$-게이지 불변인 작용소이다.
($\because \hat{A}(S)(U_\lambda|\tilde{S}\rangle) = \hat{A}(S)|\tilde{S}\rangle = [\ast]|\tilde{S}\rangle = U_\lambda([\ast]|\tilde{S}\rangle) = U_\lambda \hat{A}(S)|\tilde{S}\rangle$)
한편, $\hat{A}(S)$는 미분동형에 대해 불변인 작용소는 아니다.435) 이는 주어진 미분동형 ϕ에 대한 다음 계산을 통해 확인 할 수 있다.

$$\hat{A}(S)\left(U_\phi|\tilde{S}\rangle\right) = \hat{A}(S)\Psi_{\Gamma', j_l', i_n'} = \left[\hbar\gamma \sum_{S\cap\Gamma'} \sqrt{\ast'}\right]\Psi_{\Gamma', j_l', i_n'} \ (\text{단}, \Gamma' = \phi(\Gamma))$$
$$\neq \left[\hbar\gamma \sum_{S\cap\Gamma} \sqrt{\ast}\right] U_\phi \Psi_{\Gamma, j_l, i_n} = U_\phi \hat{A}(S)|\tilde{S}\rangle$$

③ $\hat{A}(S)$의 고윳값들은 모두 실수이므로 $\hat{A}(S)$는 자기수반(self-adjoint) 작용소이다.

435) 예를 들어, $\Gamma \cap S = \{p\}$인 경우에 $\phi(\Gamma) \cap S = \varnothing$이 될 수도 있음을 생각하면 자명하다.

참고로, 식 (9.18)에서 $8\pi G$와 $c=3\times10^{8}\,m/s$를 부활시키면 다음과 같이 다시 쓸 수 있다.

$$\hat{A}(S)\Psi_{\Gamma,\,j_l,\,i_n}=\left[8\pi l_P^2\gamma\sum_{p\in S\cap\Gamma}\sqrt{j_p(j_p+1)}\right]\Psi_{\Gamma,\,j_l,\,i_n}$$

$$(\text{단, } l_P=\sqrt{G\hbar/c^3}=10^{-33}\text{cm})$$

이로써, 3차원 공간 Σ의 한 곡면 S에 대하여 'S의 넓이'라는 관측량을 나타내는 양자작용소 $\hat{A}(S)$의 고윳값이 이산적임을 보였고, 특히 여기에 Immirzi 매개변수 γ 의 값이 포함되어 있음을 알 수 있다.

특별히, $\Gamma\cap S=\{p\}$이고 $j_p=\dfrac{1}{2}$인 경우 즉, $\hat{A}(S)$가 가질 수 있는 고윳값의 최솟값을 계산해 보면 $8\pi l_P^2\gamma\sqrt{\dfrac{1}{2}\cdot\dfrac{3}{2}}=4\sqrt{3}\,\pi\gamma l_P^2$ 을 얻는다.436) 이것이 **곡면의 넓이가 가질 수 있는 최솟값**이라 할 수 있으며 만일 실험을 통해 이 최솟값을 구할 수 있다면 γ의 값도 확정지을 수 있을 것이다. 현재로서는 아직 이 값을 확정지을 수 있는 실험이 이루어지지 않았지만 고리양자중력이론을 이용하여 블랙홀의 엔트로피를 계산한 뒤, 이것이 베켄슈타

---

436) $\gamma\equiv1$일 때 이 값은 약 10^{-66}cm^2이 된다. ([Rovelli1] p. 249) 이처럼 플랑크 스케일에서 넓이(혹은 길이)가 최솟값을 갖는다는 사실은 언뜻 특수상대론의 길이수축과 모순되는 것처럼 보일 수 있다. 즉, 서로에 대해 v의 속도로 움직이는 두 관찰자 O, O'에 대하여 O가 관찰한 플랑크 스케일의 최소길이 L_0는 O'에게 $\sqrt{1-v^2}\,L_0$로 관찰되어야할 뿐만 아니라 이는 O가 관찰한 다른 길이에 대해서도 마찬가지이므로 결과적으로 길이작용소의 고윳값은 관찰자에 따라 달라져야 한다는 주장을 할 수가 있다. 그러나 이것은 양자중력이론에서 '길이'의 개념이 더 이상 고전적 물리량이 아닌 '양자작용소'로 이해되어야 한다는 사실을 간과한데서 비롯된 것이다. 결론부터 말하자면 각 관찰자의 길이작용소 $\hat{L},\hat{L}'$는 서로 호환(commute)되지 않고([Rovelli1] p. 317) 따라서 두 관찰자가 동시에 서로 다른 길이의 고윳값을 관찰할 수 없다. 또 길이수축 현상은 길이작용소에 대한 '기댓값'을 통해 나타나는 것이지 길이작용소의 각 고윳값을 통해 나타나는 것이 아니다. 즉, 각 관찰자는 모두 동일한 길이작용소의 고윳값 스펙트럼을 가지며 만일 관찰자 O가 어떤 시스템의 길이를 L_0로 관찰했다면 이 때 관찰자 O'에 대한 그 시스템의 길이는 양자중첩상태로 존재하게 된다. 이 때 실제로 O의 관찰 직 후 O'이 길이를 측정하는 실험을 충분히 반복해서 얻는 평균값은 길이수축현상에 따라 계산된 값과 일치하게 된다. 예를 들어 O가 최소길이 L_0를 측정한 후 O'이 측정을 하는 실험을 5회 반복했을 때 얻은 값이 $0, 0, L_0, 0, L_0$이면 이 때 평균은 $(2/5)L_0$가 된다.(일반적으로 넓이 작용소의 고윳값에는 0도 포함되어 있고 이는 해당 곡면이 스핀네트워크의 어느 링크와도 만나지 않는 양자상태에 있을 때에 해당한다.([Barbero] p. 4)) 이 경우 두 관찰자의 길이작용소의 고윳값 스펙트럼은 동일하게 $0<L_0<\cdots$ 이지만 그 기댓값은 얼마든지 달라질 수 있음을 확인할 수 있다. 이것은 고전 양자역학에서의 각운동량에 대한 논의와 본질적으로 같은 것으로 볼 수 있는데 이에 대한 보다 자세한 논의는 [Rovelli1] pp. 316~318 또는 [RSP]을 참고.

인과 호킹의 고전적인 계산결과[437]와 일치하기 위해 γ가 가져야 할 값을 계산하면 다음을 얻을 수 있음이 알려져 있다.[438]

$$\gamma = \frac{\ln 2}{\pi\sqrt{3}} = 0.127384\cdots$$

양자장이론에서 우리는 단순조화진동자(Simple Harmonic Oscillator)시스템을 양자화했을 때 이 시스템이 가질 수 있는 에너지 값이 $E_n = \left(n + \frac{1}{2}\right)\hbar\omega\,(n = 0, 1, 2, \cdots)$로 양자화되어 있음을 이론을 통해 유도해 낼 수 있었다. 마찬가지로 지금까지 살펴 본 바와 같이 고리양자중력이론에서는 플랑크스케일에서 '공간의 양자화'가 **'가정'**되어야 할 것이라는 종래의 양자중력이론의 믿음을 실제로 이론을 통해 **'유도'**해 낼 수가 있는데 이는 고리양자중력이론의 가장 큰 성과 중 하나로 손꼽힌다.[439]

참고로, 지금까지 우리는 Γ의 노드들이 곡면 S위에 놓여있지 않은 경우에 대해서만 살펴보았는데 만일 Γ의 노드가 곡면 S의에 놓여 있는 경우라면 식 (9.18)이 다소 복잡한 형태로 바뀌게 된다. 이를 좀 더 구체적으로 기술하기 위해 먼저 노드 p가 곡면 S 위에 놓여 있을 때 이 노드의 위쪽과 아래쪽 링크의 스핀 j-표현을 각각 j_p^u, j_p^d로 나타내고, 곡면 S위에 놓인 링크의 스핀 j-표현은 j_p^t로 나타내기로 하자. ([그림 9-18], Rovelli1 p. 255)

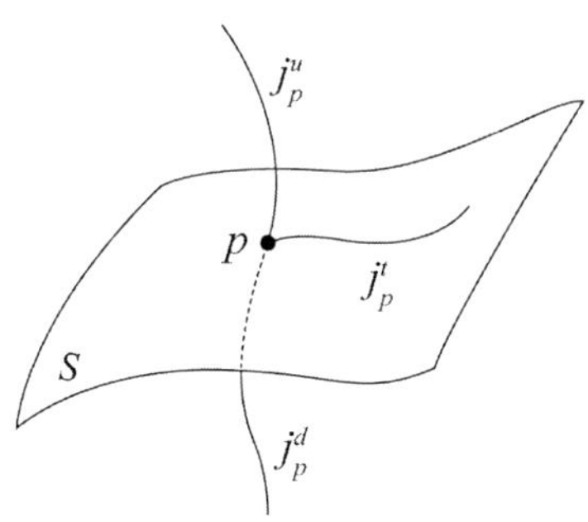

[그림 9-18]

이 때 식 (9.18)에 해당하는 결과는 다음과 같이 표현된다.

---

437) 자세한 내용은 [Rovelli1] pp. 301~303에 소개되어 있다.
438) [Chiou] p. 55.
439) [Chiou] p. 25.

$$\widehat{A}(S)\Psi_{\Gamma, j_l, i_n} = \left[\frac{\hbar\gamma}{2}\sum_{p\in S\cap\Gamma}\sqrt{j_p^u(j_p^u+1)+j_p^d(j_p^d+1)-j_p^t(j_p^t+1)}\right]\Psi_{\Gamma, j_l, i_n}$$

특별히, 모든 p에 대하여 $j_p^t=0, j_p^u=j_p^d$인 경우 위 식은 (9.18)과 같음을 알 수 있다.

9.4.2 부피 작용소(Volume Operator)

고리양자중력이론에서는 공간에서의 '넓이 작용소'뿐 아니라 '부피 작용소'도 정의할 수 있는데 여기서는 개략적인 소개만 하도록 하자.[440]

3차원 공간 (Σ, h)상의 한 영역 R의 부피 $V(R)$는 면적의 경우와 마찬가지로 E_i^a를 이용하여 다음과 같이 표현할 수 있다.

$$V(R) = \int_R \sqrt{h}\,dx^3 = \int_R \sqrt{|\det E|}\,dx^3 = \int_R \sqrt{\frac{1}{3!}\left|\epsilon_{abc}\epsilon^{ijk}E_i^a E_j^b E_k^c\right|}\,d^3x$$

이제 이에 대응하는 양자 작용소 $\widehat{V}(R)$를 정의하기 위해 먼저 다음을 정의하자.

$$\begin{aligned} T^{abc}(x,r,s,t) := \frac{1}{3!}\epsilon_{ijk}R^{(1)}(U(A,\gamma_{xr}))^{il}E_l^a(r) \\ \times R^{(1)}(U(A,\gamma_{xs}))^{jm}E_m^b(s) \\ \times R^{(1)}(U(A,\gamma_{xt}))^{kn}E_n^c(t) \end{aligned} \quad \cdots (9.19)$$

(단, r, s, t는 x가 아니면서 x에 가까운 서로 다른 세 점이고, $\gamma_{xx'}$는 x와 x'을 잇는 경로)

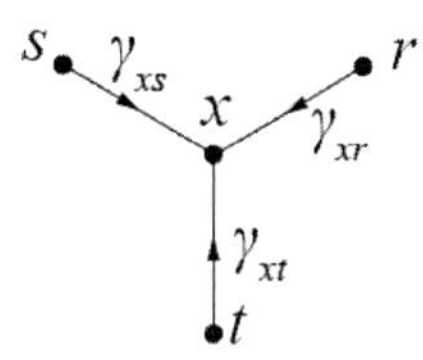

[그림 9-19]

만일 $r, s, t \to x$이면 $R^{(1)}(U(A,\gamma_{x\,\cdot}))^{il} \to \delta^{il}$이므로 다음을 얻는다.

$$T^{abc}(x,r,s,t) \xrightarrow{r,s,t\to x} \frac{1}{3!}\epsilon_{ijk}E^{ai}(x)E^{bj}(x)E^{ck}(x) = \frac{1}{3!}\epsilon^{abc}\det E(x) \quad \cdots (9.20)$$

440) 자세한 내용은 [Rovelli1] pp. 259~262 참고.

이제 T^{abc}를 이용하여 주어진 **닫힌곡면** $S=\widetilde{X}(U)$에 대한 $E^3(S)$를 다음과 같이 정의한다.

$$E^3(S) := \int_U d^2u \int_U d^2u' \int_U d^2u'' \,|n_a(u)\, n_b(u')\, n_c(u'')\, T^{abc}(x,u,u',u'')| \quad \cdots (9.21)$$

여기서 x는 곡면 S로 둘러싸인 영역의 한 점으로서 그 정확한 위치는 중요하지 않다. 왜냐하면 실제로 이 정의 (9.21)이 사용되는 경우 S는 충분히 작은 영역의 표면으로 나타나기 때문이다. 참고로 S가 충분히 작은 곡면일 때 정의 (9.21)은 9.4.1절에서 정의한 곡면 S를 가로지르는 중력전기장 $\overrightarrow{E}_i$의 유속의 제곱인 $E^2(S)$의 자연스러운 확장으로 볼 수 있다. (자세한 내용은 [Rovelli1] pp. 250~253 참고)

이제 Σ의 좌표함수 $\widetilde{X}(u_1,u_2,u_3)$에 대하여 주어진 영역 R를 '좌표부피(coordinate volume)'가 ϵ^3으로 충분히 작은 '좌표 정육면체(coordinate cube)' $R_i\,(i=1,\cdots,N)$들의 합으로 분할하여 근사시키고 ($R \subseteq \bigcup_{i=1}^{N} R_i$) 각 i에 대하여 R_i의 표면을 $\partial R_i = \widetilde{X}(U_i)$라 하자.

이 때 다음을 정의한다.

$$W_i := \frac{1}{8\epsilon^6} E^3(\partial R_i) \overset{\epsilon \ll 1}{\backsim} \frac{1}{8\epsilon^6 3!} |\det E(x_i)| \int_{U_i} d^2u \int_{U_i} d^2u' \int_{U_i} d^2u'' \left| n_a(u) n_b(u') n_c(u'') \epsilon^{abc} \right|$$

$$= \frac{1}{8\epsilon^6 3!} |\det E(x_i)| \,((2\epsilon^2)^3 3!) \quad (\Leftarrow |n^a| = |\epsilon^{a}_{\ bc} \widetilde{X}^b_{u_1} \widetilde{X}^c_{u_2}| \equiv 1)$$

$= |\det E(x_i)|$[441] (단, x_i는 R_i내부에 있는 임의의 고정된 점이다.)

따라서 주어진 영역 R의 부피 $V(R)$은 충분히 작은 $\epsilon > 0$에 대한 R의 분할 $\{R_{i(\epsilon)}\}_{i(\epsilon)}$을 이용하여 다음과 같이 표현할 수 있다.

$$V(R) = \lim_{\epsilon \to 0} V_\epsilon(R) \equiv \lim_{\epsilon \to 0} \sum_{i(\epsilon)} \epsilon^3 \sqrt{|\det E(x_{i(\epsilon)})|}$$

$$= \lim_{\epsilon \to 0} \sum_{i(\epsilon)} \epsilon^3 \sqrt{W_{i(\epsilon)}} = \lim_{\epsilon \to 0} \sum_{i(\epsilon)} \frac{1}{2\sqrt{2}} \sqrt{E^3(\partial R_{i(\epsilon)})}$$

이로부터 다음과 같이 양자 부피작용소를 정의한다.

441) [Rovelli1] p. 260 또는 [Doná] p. 51의 식 (3.57) 위.

$$\hat{V}(R) \equiv \frac{1}{2\sqrt{2}} \lim_{\epsilon \to 0} \sum_{i(\epsilon)} \sqrt{\hat{E}^3(\partial R_{i(\epsilon)})} \qquad \cdots (9.22)$$

(여기서 임의의 닫힌곡면 S에 대해 작용소 $\hat{E}^3(S)$는 (9.19)에서 $E_i^a \mapsto \hat{E}_i^a$로 바꾸어 $\hat{T}^{abc}$를 정의하고 다시 이를 통해 (9.21)에서 $E^3(S) \mapsto \hat{E}^3(S)$로 바꾼 것이다.)

이제 $\hat{V}(R)$의 스핀네트워크 Ψ_{Γ, j_l, i_n}에 대한 작용을 생각해보자. 이를 위해서는 (9.22)에 의해 $\hat{E}^3(\partial R_{i(\epsilon)})$가 Ψ_{Γ, j_l, i_n}에 어떻게 작용하는지를 생각해보면 충분하다.

만일 ∂R_i가 Γ의 링크들과 한 점 또는 두 점에서만 만나는 경우([그림 9-20])는 (9.19)의 $\hat{T}^{abc}(x_{i(\epsilon)}, u, u', u'')$에 나타나는 세 개의 $\hat{E}_i^a(\cdot)$ 중 적어도 하나에 대해 $\hat{E}_i^a(\cdot)\Psi_{\Gamma, j_l, i_n} = 0$이 된다.(9.4.1절의 식 (9.14)와 ii)를 상기)

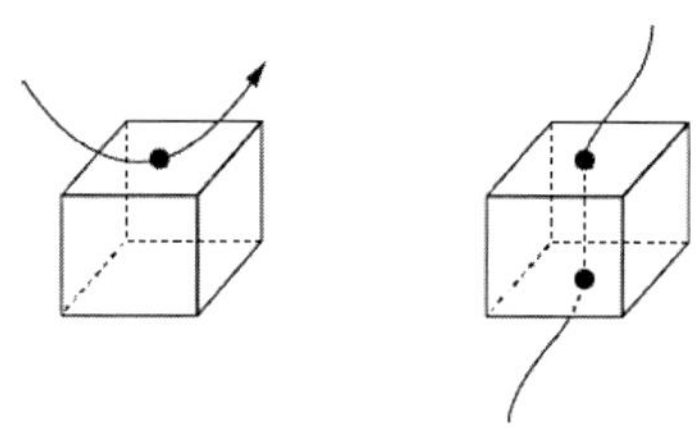

[그림 9-20]

따라서 $\hat{E}^3(\partial R_{i(\epsilon)})\Psi_{\Gamma, j_l, i_n}$가 0이 되지 않기 위해서는 $\partial R_{i(\epsilon)}$가 Γ의 링크들과 적어도 세 점에서 만나야 하는데 충분히 작은 ϵ에 대해 항상 이것이 가능하기 위해서는 $\partial R_{i(\epsilon)}$가 그 내부에 노드를 하나 포함하고 있어야 한다.([그림 9-21])

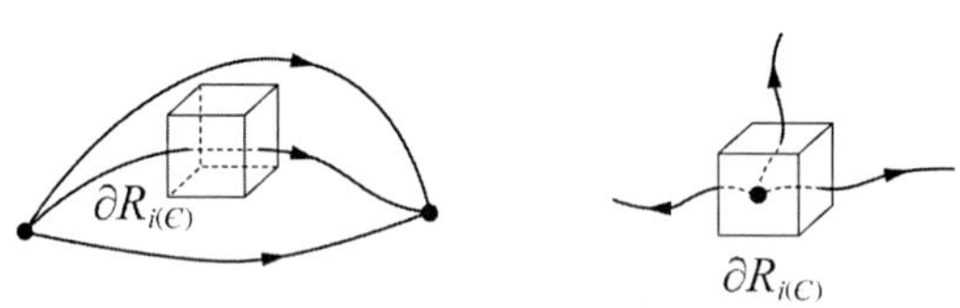

[그림 9-21]

결론적으로 (9.22)의 $\sum_{i(\epsilon)}$에서는 내부에 노드를 하나 포함하고 있는 $\partial R_{i(\epsilon)}$들에 대한 값들만 계산된다고 할 수 있으므로 $\hat{V}(R)\Psi_{\Gamma, j_l, i_n}$는 다음과 같이 표현할 수 있다:

$$\hat{V}(R)\Psi_{\Gamma, j_l, i_n} = \frac{1}{2\sqrt{2}} \lim_{\epsilon \to 0} \sum_{n \in \Gamma \cap R} \sqrt{\hat{E}^3(\partial R_{i_n}(\epsilon))}\, \Psi_{\Gamma, j_l, i_n}$$

(단, $R_{i_n}(\epsilon)$은 노드 n을 포함하는 극소 정육면체)

여기서 좀 더 계산을 진행하면 스핀네트워크 $\Psi_{\Gamma, j_l, i_n} = |\Gamma, j_1, \cdots, j_L, i_1, \cdots, i_N\rangle$에 대해 다음과 같은 결과를 얻는다.442)

$$\hat{V}(R)\Psi_{\Gamma, j_l, i_n} = \left[(16\pi\hbar G\gamma)^{\frac{3}{2}} \sum_{n \in \Gamma \cap R} V_{i_n} \right] \Psi_{\Gamma, j_l, i_n} \ (V_{i_n} \in \mathbb{R}) \qquad \cdots (9.23)$$

따라서 스핀네트워크 Ψ_{Γ, j_l, i_n}은 $\hat{V}(R)$의 고유벡터가 되고, 이 때 고윳값은 R에 포함된 Γ의 각 노드 n에 대한 $V_{i_n}(\in \mathbb{R})$의 값들의 합에 비례한다. 결과적으로 Ψ_{Γ, j_l, i_n}은 $\hat{A}(S)$와 $\hat{V}(R)$의 공통 고유상태벡터(common eigen states)라고 할 수 있다.443)

참고로 다음 2가지를 언급할 수 있다.

i) 보다 자세한 계산을 해보면 (9.23)의 $\sum_{n \in \Gamma \cap R}$에 나타나는 노드 n 중에서 적어도 4개의 링크에 연결된 노드들에 대해서만 $V_{i_n} \neq 0$임을 알 수 있다.444) ([그림 9-22])

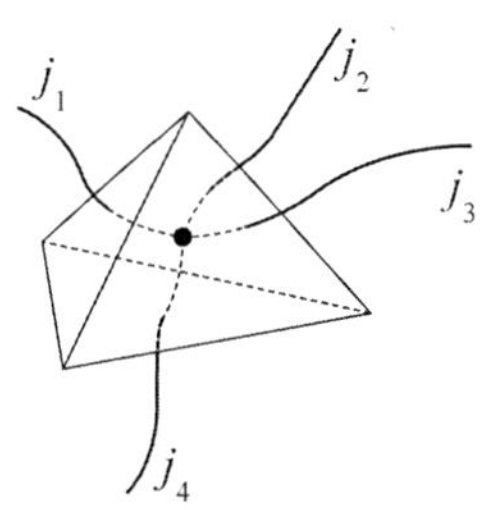

[그림 9-22]

ii) 3차원 공간 Σ상의 한 곡선 $\gamma : [0, 1] \to \Sigma$ 의 길이 $l(\gamma) = \int_0^1 \sqrt{h_{ab}(\gamma(t))\dot{\gamma}^a(t)\dot{\gamma}^b(t)}\, dt$

---

442) 이 결과에서 V_{i_n}의 값들은 '재결합이론(recoupling theory)'를 통해 계산할 수 있다.([Rovelli1] p. 262)

443) [Chiou] p. 27.

444) 부피를 갖는 다면체중 면의 개수가 가장 작은 것은 사면체임을 상기하면 이 결과는 매우 자연스럽다. [Rovelli1] p. 262.

에 대한 '**길이 작용소**(length operator)'를 정의하기 위해서는 다음과 같이 표현되는 h_{ab}를 작용소로 바꾸어 양자화 해야 한다.[445)]

$$h_{ab} = \frac{1}{4\det(E)}\epsilon_{acd}\epsilon_{bef}\epsilon_{ijk}E_j^c E_k^d E_e^m E_f^n$$

그러나 이것은 변수 E_i^a들의 다항식 형태가 아니므로 $\hat{A}(S)$나 $\hat{V}(R)$처럼 적분을 통한 적절한 정규화(smeared regularization)를 할 수가 없다. 사실 고리양자중력이론에서 길이 작용소를 정의하는 것은 대단히 복잡하고 어려운 작업에 속한다. 그럼에도 불구하고 몇 가지 버전의 길이 작용소가 도입되었고 그 고윳값들이 이산적임이 알려졌지만 고윳값들의 구체적인 계산 등을 포함하여 아직 알려지지 않은 부분이 많은 상황이다.[446)]

9.4.3 양자 기하학(Quantum Geometry)

① 스핀네트워크의 물리적 해석

지금까지 살펴본 바에 의하면 주어진 스핀네트워크 Ψ_{Γ, j_l, i_n}의 각 노드 n에 대하여, n을 둘러싼 작은 영역 R을 생각하면 다음이 성립한다.

$$\hat{V}(R)\Psi_{\Gamma, j_l, i_n} \propto V_{i_n}\Psi_{\Gamma, j_l, i_n}$$

즉, 각 노드 n은 '**부피 양자수**' i_n으로 양자화된 '**공간 알갱이**'를 나타낸다고 볼 수 있다.

또 스핀네트워크 Ψ_{Γ, j_l, i_n}의 각 링크 γ_l에 대해 $\gamma_l \cap S = \{p\}$인 작은 곡면 S를 생각하면 다음이 성립한다.

$$\hat{A}(S)\Psi_{\Gamma, j_l, i_n} \propto j_l(j_l+1)\Psi_{\Gamma, j_l, i_n}$$

즉, 링크 γ_l은 '**넓이 양자수**' j_l로 양자화된 '**곡면 알갱이**'를 나타낸다고 볼 수 있다.

예를 들어 아래 [그림 23]과 같은 스핀네트워크에서 각 노드는 양자화된 공간의 알갱이를 나타내고, 서로 다른 두 공간 알갱이들은 각각에 해당하는 두 노드를 연결하는 하나의 링크로 표현되는 한 접촉면을 가진다. 이 때 각 공간 알갱이들의 부피는 양자수 i_n

445) [Giesel] p. 25.

446) [Giesel] p. 25, [Chiou] p. 27 참고. 관련 연구결과로는 [Thiemann3], [Bianchi] 참고.

에 의해 $(16\pi\hbar G\gamma)^{3/2} V_{i_n}$ 으로 주어지고 각 접촉면의 넓이는 양자수 j_l에 의해 $8\pi c^{-3}\hbar G\gamma\sqrt{j_l(j_l+1)}$ 로 주어진다.

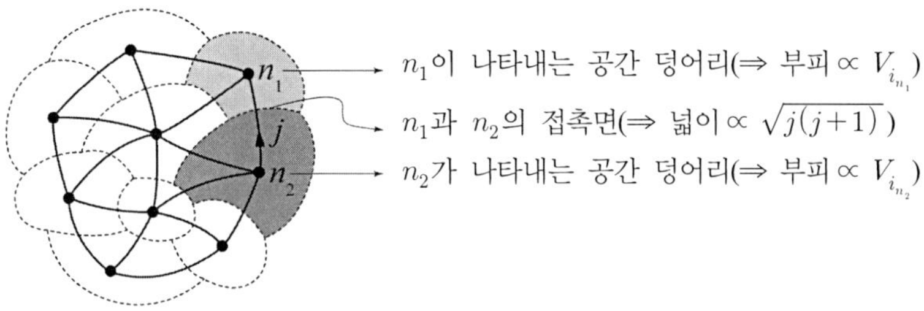

[그림 9-23: Ψ_{Γ, j_l, i_n} 의 물리적 해석]

평면상에서 세변의 길이가 주어진 삼각형은 유일하게 결정되고 따라서 넓이도 자동으로 결정된다. 그러나 공간에서는 각 면의 넓이가 주어졌다고 다면체의 부피가 결정되지는 않는데 이는 적당한 변형을 통해 각 면의 넓이를 유지하면서 부피를 바꿀 수 있기 때문이다.[447] 이 같은 고전적 현상은 양자 기하학에서 각 면의 넓이가 양자수 j_l들에 의해 주어지고 추가로 부피가 양자수 i_n에 의해 주어졌을 때 그 공간의 알갱이에 대한 기하학적 정보가 결정된다는 사실로 재현된다고 볼 수 있다.

이 같은 **관점에서 스핀네트워크의** Γ**와 그 컬러링** $c=(j_l, i_n)$**은** 3**차원 공간** Σ**의 '양자화된 메트릭**(metric)'을 표현한 것으로 볼 수 있다. 그러나 일반상대론의 관점에서 3차원 공간 Σ의 기하학적 구조(geometry)는 특정한 메트릭 함수 $h=(h_{ab})$에 의해 기술되기 보다는 h의 미분동형에 의한 동치류 $[h]$에 의해 기술되어야 한다. 이는 '미분동형에 대한 시공간의 기하학적 정보의 불변성'이 양자기하학 이론에 반영되어야 함을 의미하는데, 고리양자중력이론에서는 스핀네트워크를 P_{diff}를 통해 보내서 얻어지는 s-끈을 통해 이러한 미분동형에 대한 불변성을 구현하고 있다.[448]

② s-끈의 물리적 해석

주어진 끈 $K=[\Gamma]$와 Γ위의 컬러링 (j_l, i_n)에 의해 정의되는 s-끈 $|s\rangle = |K, c\rangle$는 이에 해당하는 스핀네트워크 $|S\rangle = |\Gamma, j_l, i_n\rangle$를 사상 P_{diff}를 통해 보낸 $P_{diff}|S\rangle \in \mathcal{H}_{inv}$

447) [Vaid] p. 73.
448) [Rovelli1] p. 263.

로 이해 할 수 있다. (9.3.2절) 이때 $|S\rangle$를 $|s\rangle(=|[\Gamma], j_l, i_n\rangle)$으로 보내는 과정에서 $|S\rangle$의 Σ에서의 '좌표 위치(coordinate position)'에 대한 정보만 제외하고 $|S\rangle$가 가진 컬러링 (j_l, j_n)에 대한 모든 정보는 그대로 $|s\rangle$에 반영되어 있다. 따라서 $|s\rangle$는 각 노드 n이 나타내는 공간의 알갱이들이 어떤 부피를 가지고 서로 어떻게 인접해있고 각 접촉면들의 넓이는 어떻게 되는지에 대한 정보를 통해 각 노드에서의 메트릭에 대한 정보를 미분동형에 대해 불변인 방식으로 보여주는 양자상태로 볼 수 있다. 즉, s-끈 $|s\rangle = |K, c\rangle$는 3차원 공간 Σ의 '양자화된 기하학적 구조(geometry)'를 표현한 것으로서,[449] 각 공간 알갱이의 **Σ에 '대한'** 좌표위치의 정보 없이 알갱이들 **서로가 서로에 대해** 어떤 모습으로 연결되어 있는지를 각 알갱이의 부피와 접촉면의 넓이를 통해서만 보여주고 있다. 이와 같은 의미에서 **s-끈은 배경독립적**(background independent)**이고 내재적**(intrinsic)**이면서 관계적**(relational)**인 방식으로 Σ의 기하학적 정보를 기술하는 양자상태**라고 할 수 있다.

③ 작용소의 미분동형 불변성

한편, 상태벡터에 작용하는 작용소로서 앞서 정의했던 넓이 작용소 $\hat{A}(S)$와 부피 작용소 $\hat{V}(R)$은 미분동형에 대해 불변인 작용소가 아니다.(즉, $\hat{U}_\phi$에 대해 가환이 아니다.) 이것은 이들 작용소를 적분을 이용해 정의할 때((9.15), (9.21) 참고) 곡면 S나 영역 R의 좌표계에 의한 표현을 이용하고 있음에 기인한다. 이 경우 유일하게 미분동형 $\phi: \Sigma \to \Sigma$에 대해 불변인 영역의 부피는 Σ자신 밖에는 없다. 이것은 고전적으로 아래 [그림 9-24]와 같이 $\Sigma = S^2$인 경우 북반구는 팽창시키고 남반구는 수축시키는 미분동형 $\phi: S^2 \to S^2$에 의해 북반구의 한 영역 D가 $\phi(D)$로 옮겨지면 그 넓이가 $A(D)$에서 $A(\phi(D))$로 증가하지만 $A(S^2)$는 여전히 변하지 않아 $A(S^2) = A(\phi(S^2))$인 것과 같은 이치라고 할 수 있다.

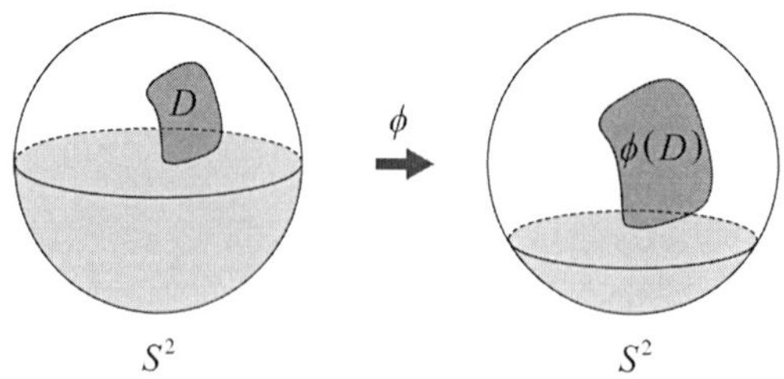

[그림 9-24]

449) [Rovelli1] p. 263.

이 같은 문제를 다루기 위해 우선 곡면 S 또는 영역 R을 좌표계와 무관하게 표현하는 방법을 위 ②의 s-끈과 같은 맥락에서 생각해보자. 가령 그래프 Γ의 미분동형 동치류로 표현되는 끈 K에 대해 (즉, $K=[\Gamma]$) s-끈 $|K,c\rangle$의 노드의 한 부분집합으로서 Σ의 한 영역 $\widetilde{R}$을 다음과 같이 정의 할 수 있다.

$$\widetilde{R} \equiv \{n_1, n_2, \cdots n_N\}_K \,(\text{단, } \{n_1, \cdots, n_N\} \subset \{K\text{의 노드들}\})$$

또 영역 $\widetilde{R}$의 표면을 이루는 곡면 $S=\partial\widetilde{R}$도 s-끈 $|K,c\rangle$의 링크 γ_l중 $\{n_1, n_2, \cdots, n_N\}_K$에 포함된 노드 중 한 개와만 연결된 링크 (즉, $\gamma_l \cap \{n_1, n_2, \cdots, n_N\} = \{n_k\}\ (k \in \{1, \cdots, N\})$) 들의 모임으로 정의한다. ([그림 9-25], [Rovelli1] p. 265)

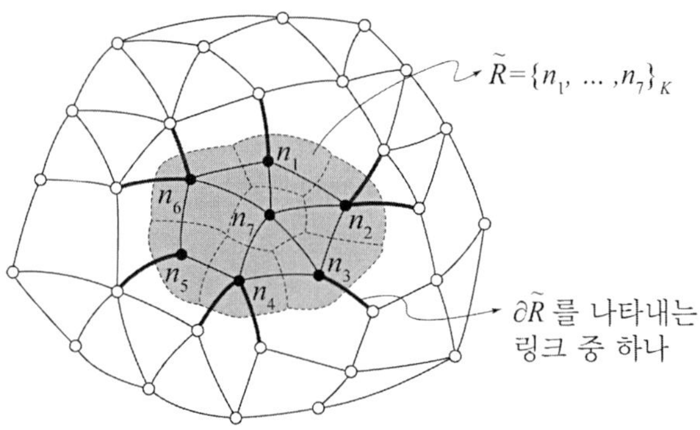

[그림 9–25: s–끈 상에 정의된 영역 $\widetilde{R}$과 곡면 $\partial\widetilde{R}$]

이제 영역 $\widetilde{R}$ 과 그 표면 $S=\partial\widetilde{R}$의 부피 및 넓이를 각각 나타내는 양자 작용소 $\widehat{V}(\widetilde{R})$, $\widehat{A}(\partial\widetilde{R})$를 다음과 같이 **'정의'**한다.[450]

$$\widehat{V}(\widetilde{R})\Psi_{\Gamma',\cdots} \equiv \begin{cases} 0 & ([\Gamma'] \neq K) \\ \left[(16\pi\hbar G\gamma)^{3/2} \sum_{k=1}^{N} V_{i_{n_k}}\right]\Psi_{\Gamma',\cdots} & ([\Gamma'] = K) \end{cases}$$

$$\widehat{A}(\partial\widetilde{R})\Psi_{\Gamma',\cdots} \equiv \begin{cases} 0 & ([\Gamma'] \neq K) \\ \left[\sum_{j_l \in \partial\widetilde{R}} 8\pi c^{-3} G\hbar\gamma\sqrt{j_l(j_l+1)}\right]\Psi_{\Gamma',\cdots} & ([\Gamma'] = K) \end{cases}$$

450) [Chiou] p. 27.

위 두 작용소는 미분동형에 대해 불변이므로 9.3.3절에 의해 H_{inv}상의 s-끈들에 대해 잘 정의된 작용소 $\widehat{V}^*(\widetilde{R})$, $\widehat{A}^*(\partial\widetilde{R})$를 정의할 수 있다. 이 때 적어도 이론적으로는 물리적인 곡면의 넓이와 영역의 부피에 대한 관측값들이 이 양자 작용소들의 고윳값들을 통해 나타난다고 할 수 있다.

제10장

고리양자중력이론의 동역학(Dynamics)

이제 양자적 일반상대론의 세 번째 제한조건식인 (적분된) 해밀토니안 제한조건식 $H[N]$[451]에 해당하는 양자작용소 $\widehat{H}[N]$을 정의해보자.

먼저 6.4절에서 $H[N]$의 형태가 다음과 같이 표현되었음을 상기하자.

$$H[N]=\int_{\Sigma}d^3xN\frac{\gamma}{2}\frac{E_i^aE_j^b}{\sqrt{\det E}}\left[\epsilon^{ij}_{\ k}F^k_{ab}-2(1+\gamma^2)K^i_{[a}K^j_{b]}\right]$$

이 때 위 적분식을 두 부분으로 나누어 다시 쓸 수 있다.

$$H[N]\equiv H^E(N)-2(1+\gamma^2)T(N)$$

여기서 $H^E(N)$과 $T(N)$은 각각 다음과 같다.

$$H^E(N)=\int_{\Sigma}d^3xN\frac{\gamma}{2}\frac{E_i^aE_j^b}{\sqrt{\det E}}\epsilon^{ij}_{\ k}F^k_{ab},$$

$$T(N)=\int_{\Sigma}d^3xN\frac{\gamma}{2}\frac{E_i^aE_j^b}{\sqrt{\det E}}K^i_{[a}K^j_{b]}$$

$H[N]$의 적분식의 분모에 있는 $\sqrt{\det E}$로 인해 $H[N]$이 E_i^a들에 대한 다항식 형태가 될 수 없다는 사실은 ADM-포말리즘에서와 마찬가지로 $H[N]$를 잘 정의된 작용소로 변환하는데 어려움을 야기한다.[452] 그럼에도 불구하고 이를 해결할 수 있는 새로운 해법이 1996년 티만(T. Thiemann)에 의해 처음 제시되었다.[453]

이에 의하면, 먼저 E_i^a들에 대한 범함수 $V=V(\Sigma)=\int_{\Sigma}d^3x\sqrt{|\det E|}$와 $A_a^{\ k}$의 포아송 괄호가 다음과 같음에 유의한다.

$$\frac{E_i^aE_j^b}{\sqrt{\det E}}\epsilon^{ijk}\epsilon_{abc}=\frac{4}{\gamma}\{A_a^{\ k},\ V\}_{P.B}$$

451) 많은 문헌의 용례에 따라 지금부터는 6.4절에서 $C[N]$으로 표기한 것을 $H[N]$으로 바꾸어 표기한다.
452) 구체적으로 발생할 수 있는 문제들에 대해서는 [Perez] p. 37 참고.
453) [Thiemann1] p. 257.

이제 이를 이용하면 위 $H^E(N)$을 다음과 같이 다시 쓸 수 있다.

$$H^E(N) = c_1 \int_\Sigma d^3x\, N \epsilon^{abc} \delta_{ij} F^i_{ab} \{A^{ij}_c, V\}_{P.B} \qquad \cdots (10.1)$$

(여기서 c_1는 상수로서, 편의상 지금부터는 라그랑주 곱함수 N에 흡수시킨다.)

한편, $\overline{K} := \int_\Sigma d^3x\, K^i_a E^a_i$ 로 정의하면 계산을 통해 다음을 확인할 수 있다.

$$K^i_a = \frac{1}{\gamma}(A^i_a - \Gamma^i_a(E)) = \frac{1}{\gamma}\{A^i_a, \overline{K}\}_{P.B}$$

$$\overline{K} = \frac{1}{\gamma^{3/2}}\{H^E(N \equiv 1), V\}_{P.B}$$

이를 이용하면 위 $T(N)$을 다음과 같이 다시 쓸 수 있다.

$$T(N) = c_2 \int_\Sigma d^3x\, \frac{N}{\gamma^{3/2}} \epsilon^{abc} \epsilon_{ijk} \{A^i_a, \overline{K}\}_{P.B} \{A^j_b, \overline{K}\}_{P.B} \{A^k_c, V\}_{P.B} \quad (c_2\text{는 상수}) \qquad \cdots (10.2)$$

$H^E(N)$과 $T(N)$에 대한 위 (10.1)와 (10.2)와 같은 표현의 장점은 $H(N)$의 분모 $\sqrt{\det E}$에 의한 문제가 포아송괄호 속으로 숨어 들어가도록 했다는 것이다. 이것은 정준양자화과정에서 포아송괄호 $\{\ ,\ \}_{P.B}$가 교환자 $\frac{1}{i\hbar}[\ ,\ ]$로 대치될 수 있음을 상기할 때, $H^E(N)$과 $T(N)$를 양자 작용소로 변환하는데 있어 중요한 의미를 갖는다고 말할 수 있다.

이제 위 (10.1)와 (10.2)에 나타난 $H^E(N)$과 $T(N)$을 홀로노미 $h_\gamma[A](\equiv R^{(1/2)}(U(A,\gamma)))$와 '중력전기장(gravitational electric field)' E^a_i (또는 부피 V)를 이용해 적당히 다시 표현한 후[454], 이들을 각각 9.4.1절에서 정의한 홀로노미 작용소 $\hat{A}(\gamma)$와 유속작용소 $\hat{E}^i(S)$ (또는 부피작용소 $\hat{V}$)로 바꿈으로써 양자작용소 $\hat{H}^E(N)$과 $\hat{T}(N)$을 정의하고자 한다.

454) 이 과정을 '**정규화과정**(regularization process)'이라고 한다. 사실 이러한 정규화과정은 여러 가지 버전이 가능한데 이러한 다양성이 양자중력이론의 모호성(ambiguity)을 야기한다. ([Chiou] p. 31)

10.1 정규화과정(Regularization Process)

먼저 x를 출발하여 x^a-축을 따라 ϵ만큼 평행이동시키는 홀로노미를 경로 e^a([그림 10-1])을 이용하여 $h_{e_a}[A]$로 표기하면 다음이 성립한다.(식 (7.10)참고)

$$h_{e_a}[A] = 1 + \epsilon A_a^i \tau_i + O(\epsilon^2)$$

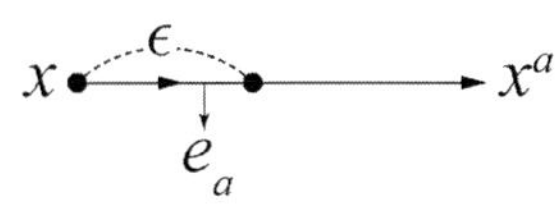

[그림 10-1]

이를 이용하면, 다음을 계산할 수 있다.

$$\begin{aligned} h_{e_a}^{-1}\{h_{e_a}, V\}_{P.B} &= (1 - \epsilon A_a^i \tau_i)\{(1 + \epsilon A_a^i \tau_i), V\}_{P.B} + O(\epsilon^2) \\ &= (1 - \epsilon A_a^i \tau_i)\{\epsilon A_a^i \tau_i, V\}_{P.B} + O(\epsilon^2) \\ &= \epsilon\{A_a^i, V\}_{P.B}\tau_i + O(\epsilon^2) \qquad \cdots (10.3) \end{aligned}$$

한편, 아래 [그림 10-2]와 같이 $x^a x^b$-평면상의 한 점 x에서 출발하여 세 개의 링크로 이루어진 충분히 작은 삼각고리(triangular loop) $\alpha_{ab} \equiv \alpha_{ab}^3 \alpha_{ab}^2 \alpha_{ab}^1$를 따라 평행이동하는 홀로노미를 $h_{\alpha_{ab}}$라 하면 다음이 성립한다.455)

$$h_{\alpha_{ab}} = 1 + \frac{1}{2}\epsilon^2 F_{ab}^i \tau_i + O(\epsilon^3)$$

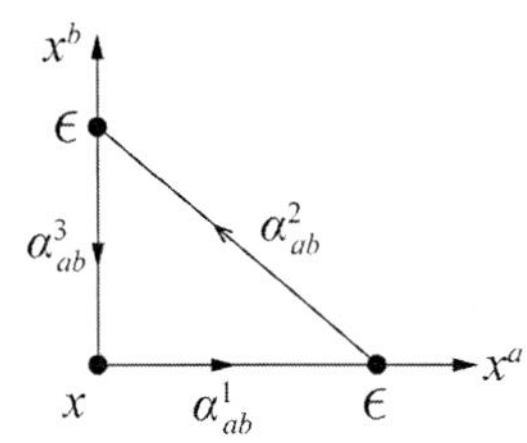

[그림 10-2]

455) [Rovelli1] p. 277. 또는 [Pullin] p.123 의 problem 6.

이로부터 다음을 얻는다.

$$h_{\alpha_{ab}} - h_{\alpha_{ab}}^{-1} = \epsilon^2 F_{ab}^i \tau_i + O(\epsilon^3) \qquad \cdots (10.4)$$

따라서 위 (10.3)과 (10.4)를 종합하면 다음을 얻는다.(지금부터는 $\{\ \}_{P.B}$ 에서 $P.B$를 생략한다.)

$$\mathrm{tr}\left[(h_{\alpha_{ab}} - h_{\alpha_{ab}}^{-1})h_{e_c}^{-1}\{h_{e_c}, V\}\right] \overset{\epsilon \ll 1}{\cong} \epsilon^3 F_{ab}^i \{A_c^i, V\} = \epsilon^3 \mathrm{tr}\left[F_{ab}\{A_c, V\}\right] \qquad \cdots (10.5)$$

이제 [그림 10-3]과 같이 Σ를 좌표부피가 $\epsilon^3(=\epsilon\times\epsilon\times\epsilon)$으로 충분히 작은 육면체 C_I 들로 분할한 후, 각 육면체 C_I 내에서 임의로 선택된 한 점 x_I 에서 각 좌표축 방향으로 세 변을 갖는 작은 사면체 Δ_I 를 생각하자.

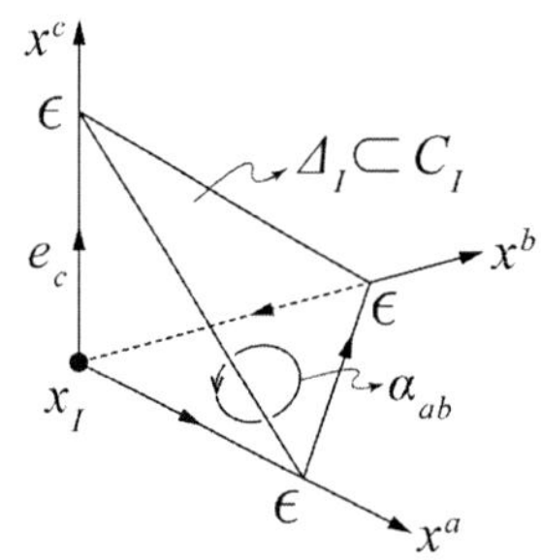

[그림 10-3]

이 때 (10.1)의 $H^E(N)$의 적분식을 분할 $\{C_I\}$에 대한 리만합으로 표현한 후, 각 $x_I \in C_I$ 에서의 사면체 Δ_I 에서 [그림 10-3]과 같이 나타나는 α_{ab}, e_c대해 (10.3)과 (10.4)에서와 같은 계산을 하면 다음을 얻는다.[456)]

$$H^E(N) = \lim_{\epsilon\to 0}\sum_I N(x_I)\,\epsilon^3\,\epsilon^{abc}\,\mathrm{tr}\left[F_{ab}(A)\{A_c, V(C_I)\}\right] \quad \text{((10.1)의 리만합 표현)}$$

$$= \lim_{\epsilon\to 0}\sum_I N(x_I)\,\epsilon^{abc}\,\mathrm{tr}\left[\left(h_{\alpha_{ab}^I}[A] - h_{\alpha_{ab}^I}^{-1}[A]\right)h_{e_c^I}^{-1}[A]\left\{h_{e_c^I}[A], V(C_I)\right\}\right] \cdots (10.6)$$

456) [Perez] p. 38.

10.2 해밀토니안 작용소의 정의

이제 (10.6)의 $H^E(N)$은 홀로노미들과 부피 V로 표현되었고 이들을 모두 양자작용소로 변환하면 다음과 같은 형태의 양자작용소 $\hat{H}^E(N)$를 얻는다.

$$\begin{aligned}\hat{H}^E(N) &= \lim_{\epsilon\to 0}\hat{H}^E_\epsilon(N)\\ &\equiv \lim_{\epsilon\to 0}\sum_I N(x_I)\epsilon^{abc}\mathrm{tr}\left[\left(\hat{h}_{\alpha^I_{ab}}[A]-\hat{h}^{-1}_{\alpha^I_{ab}}[A]\right)\hat{h}^{-1}_{e^I_c}[A]\left[\hat{h}_{e^I_c}[A],\,\hat{V}(C_I)\right]\right]\end{aligned} \quad \cdots (10.7)$$

그러나 여기서 위 (10.7)의 표현이 양자화된 중력이론의 해밀토니안 작용소의 정의가 되기에는 해결되어야 할 다음 몇 가지 문제들을 내포하고 있음에 유의할 필요가 있다.

첫째, 각 육면체 C_I 내에서 한 점 x_I의 위치를 어떻게 선택하고 기술할 것인가?
고전적 리만합인 (10.6)에서는 x_I의 좌표위치가 어떻게 선택되든 중요하지 않지만 양자화된 중력이론에서는 더 이상 3차원 공간 Σ상의 좌표위치는 의미가 없고 이를 대신하여 의미를 갖는 것은 오로지 s-끈의(또는 스핀네트워크의) 노드와 링크 그리고 여기에 부여된 컬러링뿐임을 상기할 필요가 있다.

둘째, 점 x_I에서 각 '좌표축' 방향의 세 변을 갖는 사면체 Δ_I를 어떻게 Σ의 좌표계에 의존하지 않는 방식으로 기술 할 것인가?
즉, 좌표계에 무관한 방식으로 스핀네트워크에 대한 정보만을 이용하여 Δ_I의 세 변을 기술할 필요가 있다.

셋째, 위 (10.7)에서 $\lim_{\epsilon\to 0}$는 잘 정의되는가?

넷째, 최종적으로 정의된 해밀토니안 작용소는 미분동형과 게이지변환에 대해 불변인 방식으로 잘 작동하는가?

위의 문제들 중 먼저 첫 번째와 두 번째 문제의 핵심은 정의 (10.7)에서 x_I의 위치 또는 좌표축 방향의 세 변에 의한 α_{ab}, e_c등의 표현이 모두 Σ의 **좌표계**에 의존하고 있다는 사실이다. 양자중력이론의 관점에서는 이러한 좌표계의 물리적 의미가 모두 사라지고 Σ의 양자기하학적 정보는 오직 **스핀네트워크**(또는 s-끈)의 노드와 링크들의 관계적 구조에 의해 주어진다는 것을 상기해 보면, 정의 (10.7)에서의 x_I의 위치 또는 좌표축 방향의 세 변에 의한 α_{ab}, e_c등의 표현 역시 좌표계 대신 스핀네트워크의 노드 및 링크와 관련지어 자연스럽게 기술되도록 수정하는 것이 필요하다.

이 문제를 다루기 위해서 우선 (10.7)의 $\hat{H}^E(N)$이 스핀네트워크 $|\Gamma, j_l, i_n\rangle$에 작용할 때 각 육면체 C_I에 대하여 이 육면체가 $|\Gamma, j_l, i_n\rangle$의 어느 한 노드를 포함하지 않으면 $\left[\hat{h}_{e_c^I}[A],\ \hat{V}(C_I)\right]|\Gamma, j_l, i_n\rangle$이 0이 됨에 유의할 필요가 있다. 이것은 부피작용소 $\hat{V}(C_I)$가 네 개 이상의 링크와 연결된 노드에 대해서만 0이 아닌 값을 준다는 사실과(9.4.2절의 i)), $h_{e_c^I}[A]$가 $|\Gamma, j_l, i_n\rangle$에 작용하여 기존의 그래프 Γ에 링크 e_c^I 한 개가 추가된다 하더라도 여전히 네 개 이상의 링크와 연결된 노드가 생성되지는 않으므로 여기에 부피작용소가 작용하면 여전히 0이 된다는 사실로부터 자명하다.([그림 10-4])

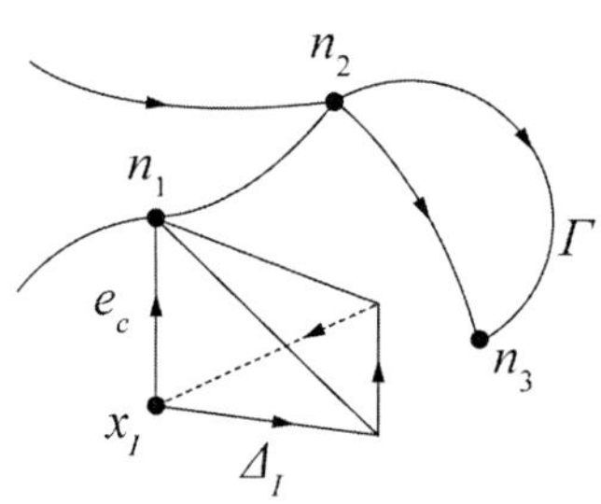

[그림 10-4]

따라서 주어진 스핀네트워크 $|S\rangle \equiv |\Gamma, j_l, i_n\rangle$에 대해 위 (10.7)의 $\hat{H}^E(N)$이 작용할 때 '$\sum_I$'는 사실상 각 노드 n을 포함하는 각각의 C_{I_n}(줄여서 C_n으로 표기)에 대한 합을 의미하는 것으로 볼 수 있다. 즉, '$\sum_{C_n (n \in \{\Gamma\text{의 노드}\})}$' 또는 '$\sum_{n \in |S\rangle}$'로 표기할 수 있다.

이 때, 가령 세 개의 링크와 연결된 $|S\rangle$의 노드 n에 대하여 이를 포함하는 C_n에서 **가장 자연스러운 x_I의 위치는 바로 노드 n이고 이 때 이 x_I에서 뻗어나가는 사면체 Δ_I의 세 변에 대한 가장 자연스러운 선택은 노드 n에 연결된 세 링크 l, l', l''과 이 세 변이 각각 겹쳐지도록 하는 것이다.**(이 때 사면체 Δ_I의 x_I에서의 세 변은 각각 좌표길이

(coordinate length)가 ϵ이 되도록 하고(즉, $\gamma_l[0,\epsilon]$, $\gamma_{l'}[0,\epsilon]$, $\gamma_{l''}[0,\epsilon]$) 나머지 세 변은 좌표계상으로 대응하는 두 꼭짓점을 잇는 직선에 해당하도록 한다.([그림 10-5], [Rovelli1] p. 279)

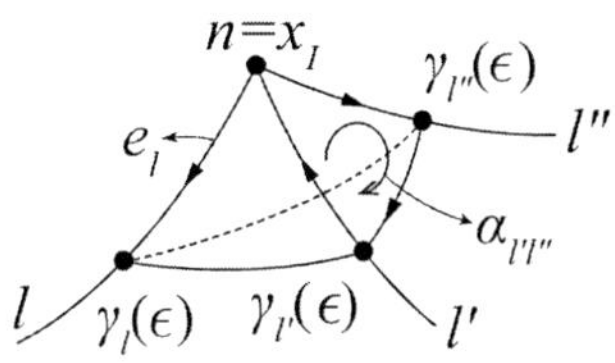

[그림 10-5]

만일 노드 n에 연결된 링크가 4개 이상일 때는 $\hat{H}^E_\epsilon(N)|\Gamma, j_l, i_n\rangle$의 값이 미분동형에 의한 변환에 대해 공변적이 되도록 이들 중 서로 다른 세 링크 (l, l', l'')의 선택에 따른 모든 조합을 계산에 포함시킨다.([그림 10-6]) 즉 정의 (10.7)의 완성된 형태는 다음과 같다.457)

$$\begin{aligned}
&\hat{H}^E(N)|\Gamma, j_l, i_n\rangle \\
&= \lim_{\epsilon\to 0} \hat{H}^E_\epsilon(N)|\Gamma, j_l, i_n\rangle \\
&= \lim_{\epsilon\to 0} \sum_{n\in|S\rangle} N(x_n) \sum_{l,l',l''} \epsilon^{ll'l''} \mathrm{tr}\left[\left(\hat{h}_{\alpha_{l'l''}} - \hat{h}_{\alpha^{-1}_{l'l''}}\right)\hat{h}^{-1}_{e_l}\left[\hat{h}_{e_l}, \hat{V}(C_n)\right]|\Gamma, j_l, i_n\rangle\right]
\end{aligned} \quad \cdots (10.7)'$$

---

457) (10.7)에서는 $|\Gamma, j_l, i_n\rangle$에 관계없이 $\hat{H}^E_\epsilon(N)$의 정의를 Σ의 좌표계를 이용하여 표현하고 있지만 (10.7)′에서 $\hat{H}^E_\epsilon(N)|\Gamma, j_l, i_n\rangle$는 작용소 $\hat{H}^E_\epsilon(N)$자체의 정의라기보다 이 작용소의 $|\Gamma, j_l, i_n\rangle$에 대한 값의 정의를 $|\Gamma, j_l, i_n\rangle$의 노드와 링크를 사용해서 나타낸 것이다. 비유하자면 리만 곡률텐서 R에 대해 좌표벡터 ∂_i들에 대한 $R(\partial_i, \partial_j, \partial_k)^l = R^l_{kij}$의 값을 정의한 것이다. 이 때 R이 좌표계의 선택에 의존하지 않는다는 것이 좌표벡터 ∂_i들의 변환에 대해 R^l_{kij}이 공변적으로(covariantly) 변환한다는 것을 의미하듯이, $\hat{H}^E_\epsilon(N)$가 미분동형에 대하여 불변이라는 것은 $|\Gamma, j_l, i_n\rangle$가 미분동형에 의해 변환했을 때 위에서 정의한 $\hat{H}^E_\epsilon(N)|\Gamma, j_l, i_n\rangle$의 값이 공변적으로 변환한다는 것을 의미한다.

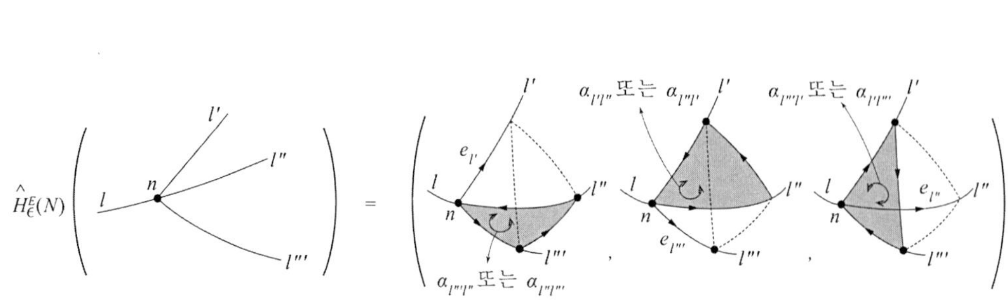

들이 각각 $\epsilon^{l'l''l'''}$등과 곱해져서 (10.7)′의 두 번째 $\sum$에서 계산되고 다른 세 링크들의 조합(예를 들어 $(l,\ l',\ l'')$)들에 대해서도 마찬가지로 $\sum$에 포함시켜 계산한다.

[그림 10–6]

이제 $\widehat{H}^E(N)=\lim_{\epsilon\to 0}\widehat{H}_\epsilon^E(N)$과 관련한 위 세 번째와 네 번째 문제를 살펴보자.

이 두 문제는 양자작용소 $\widehat{H}^E(N)$을 스핀네트워크들의 공간 $\mathcal{H}_G$가 아닌 $\mathcal{H}_{inv}$ $(\subset S_G{}')$상에서 작용하도록 재정의함으로써 해결의 실마리를 찾을 수 있다.

구체적으로, 먼저 $\Psi(=P_{diff}|S\rangle)\in\mathcal{H}_{inv}$에 대해 $\widehat{H}_\epsilon^E(N)\Psi(\in S_G{}')$를 다음과 같이 정의하자.

$$(\widehat{H}_\epsilon^E(N)\Psi)(\Phi):=\Psi\left(\widehat{H}_\epsilon^E(N)\Phi\right)\ \ {}^\forall\Phi\in S_G$$

이제 $\left[\widehat{H}^E(N)\Psi\right](\Phi)$를 위 정의를 이용하여 $\Psi\left(\widehat{H}^E(N)\Phi\right)$ 즉, $\Psi\left(\lim_{\epsilon\to 0}\widehat{H}_\epsilon^E(N)\Phi\right)$로 정의하면 엄밀한 의미에서 $\lim_{\epsilon\to 0}\widehat{H}_\epsilon^E(N)\Phi$이라는 작용소로 이루어진 수열의 극한 (또는 상태벡터들의 극한)에 대한 정확한 기술이 요구되는데 일반적으로 이는 잘 정의되는 개념이 아니다.[458]

따라서 우리는 이 문제를 피해가기 위해 대신 다음과 같은 정의를 사용한다.

$$\left[\widehat{H}^E(N)\Psi\right](\Phi):=\lim_{\epsilon\to 0}\Psi\left(\widehat{H}_\epsilon^E(N)\Phi\right) \qquad \cdots (10.8)$$

이 정의 (10.8)에서 $\Psi\left(\widehat{H}_\epsilon^E(N)\Phi\right)\in\mathbb{C}$이고 따라서 $\lim_{\epsilon\to 0}$는 복소수열의 극한임에 유의하자.

458) [Rovelli1] p. 280.

이제 $\mathcal{H}_{inv}$에서 (10.8)에 의해 정의된 $\hat{H}^E(N)$가 제대로 작동하는지를 살펴보기 위해 먼저 $\Psi \in \mathcal{H}_{inv}$가 미분동형에 대해 불변임을 상기하자. 즉 다음이 성립한다.(9.3.1절)

$$\Psi(S) = \Psi(U_\phi S) \ \forall S \in S_G, \ \phi \in Diff(\Sigma) \qquad \cdots (10.9)$$

한편, (10.8)의 $\hat{H}_\epsilon^E(N)\Phi$에 대해 살펴보기 위해 $\hat{H}_\epsilon^E(N)$가 스핀네트워크 $\Phi = |\Gamma, j_l, i_n\rangle$의 그래프 Γ 에 작용했을 때 Γ 와 그 컬러링은 다음과 같이 바뀐다는 사실에 유의하자.([그림 10-7], [Rovelli1] p. 282)

i) (그래프의 모양) Γ 의 각 노드 n에서 만나는 링크들 중에 선택할 수 있는 세 링크의 모든 순서쌍 (l, l', l'') 각각에 대하여 다음과 같은 작용을 한다.
: $\hat{H}_\epsilon^E(N)$의 $\hat{h}_{\alpha_{l', l''}}$에 의해 노드 n에서의 두 링크 l', l''에 두 개의 새로운 노드 n', n''를 추가하고 이 두 노드 n', n''을 연결하는 $j = 1/2$ 인 새로운 링크(이를 '**호**(arc)'라고 부름) 하나를 추가한다. ($\hat{H}_\epsilon^E(N)$의 $\hat{V}(C_n)$ 은 스핀네트워크의 그래프를 바꾸지 않고 $\hat{h}_{e_l}$ 역시 $\hat{h}_{e_l}^{-1}$과 함께 그래프를 바꾸지 않는다.)

ii) (그래프의 컬러링) 두 노드 n, n'을 잇는 링크의 양자수와 n, n'' 을 잇는 양자수는 원래 양자수에서 $+1/2$ 또는 $-1/2$ 씩 바뀐다. 또 n에서의 인터트와이너 i_n도 새로운 링크의 양자수에 따라 바뀐다.

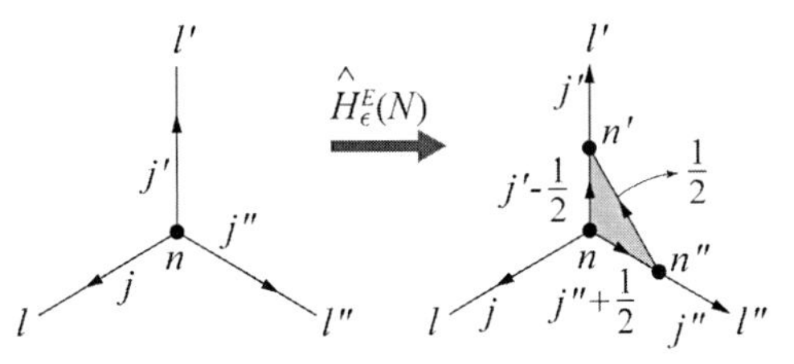

[그림 10-7 (a)]

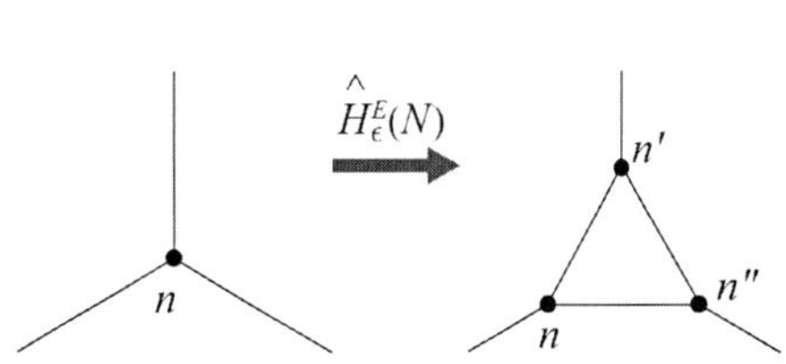

[그림 10-7 (b)]

위 i), ii) 는 해밀토니안 작용소에 의한 동역학적 전개의 과정에서 기존의 양자 공간알갱이들의 분포에서 새로운 공간알갱이(노드)가 생성되고 이에 따라 인접한 공간알갱이와의 접촉면(링크)이 생성되는 것으로 해석할 수 있다.

이 때 만일 새로 생성되는 호(arc)가 $|\Gamma, j_l, i_n\rangle$이 기존에 가지고 있던 노드들과 더 이

상 만나지 않을 만큼 ϵ이 충분히 작아지면 ([그림 10-8]) 이 상태에서 ϵ을 더 작게 하는 것은 $|\Gamma, j_l, i_n\rangle$의 미분동형 동치류의 수준에서 아무런 변화를 일으키지 않는다. 따라서 위 (10.9)에 의해, 충분히 작은 $\epsilon < \epsilon_m$에 대하여 (10.8)의 '$\lim_{\epsilon\to 0}$'은 더 이상 의미가 없음을 알 수 있다. 즉, 이 경우 (10.8)의 $\lim_{\epsilon\to 0}\Psi\left(\hat{H}_\epsilon^E(N)\Phi\right)$은 $\Psi\left(\hat{H}_{\epsilon_m}^E(N)\Phi\right)$으로 대치할 수 있다.[459)]

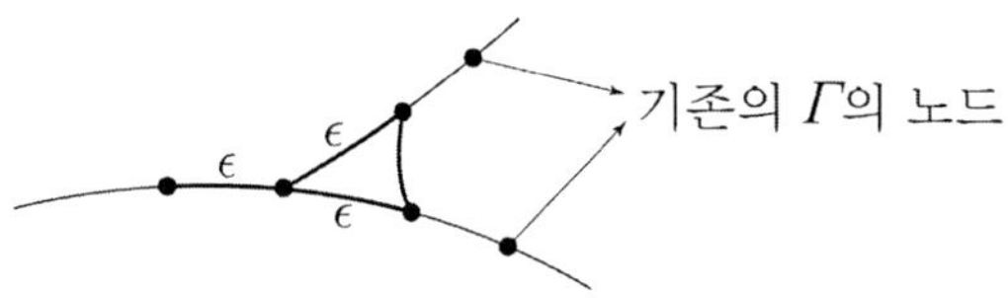

[그림 10-8]

결론적으로 정의 (10.8)에 의해 $\hat{H}^E(N)$이 $\mathcal{H}_{inv}$에서 작용할 때는 ϵ을 $\hat{H}^E(N)$에 의해 새로 생성되는 삼각고리들의 호가 기존의 스핀네트워크의 노드들과 만나지 않을 만큼 작은 값까지만 고려하여 '$\lim_{\epsilon\to 0}$'을 대신할 수 있음을 알 수 있다.

한편, 불행하게도 이처럼 잘 정의된 $\hat{H}^E(N)\Psi\,(\in S_G{}')$은 다시 $\mathcal{H}_{inv}(< S_G{}')$에 속하지 않는다는 것이 알려져 있다. 즉 $\hat{H}^E(N)\Psi$은 미분동형에 대해 불변이 아니다.[460)] 그럼에도 불구하고, 지금까지의 논의를 $T(N)$에 대해서도 비슷한 방식으로 적용하여 얻은 해밀토니안 작용소 $\hat{H}(N) = \hat{H}^E(N) - 2(1+\gamma^2)\,\hat{T}(N)$은([Chiou] p. 34 참고. 본질적으로 $\hat{T}(N)$ 역시 스핀네트워크의 그래프와 컬러링에 대해 $\hat{H}^E(N)$와 같은 방식(즉, 위의 i) ii))으로 작동한다.) 그 정의역을 다시 **해밀토니안 제한조건을 만족시키는 $\mathcal{H}_{inv}$의 부분공간**으로 제한함으로써 미분동형과 게이지 변환에 불변인(즉, $\hat{U}_\phi$와 $\hat{U}_\lambda$에 대해 가환인) 방식으로 양자중력이론의 동역학을 기술하게 할 수가 있다.

구체적으로 이것은 다음과 같이 **'물리적인 힐베르트 공간'** $\mathcal{H}_{phy}$을 정의함으로써 가능하다.

---

459) [Rovelli1] p. 281, [Chiou] p. 33.

460) 다시 말해서 $\hat{U}_\phi\left(\hat{H}^E(N)\Psi\right)(\Phi)\left(\equiv\left(\hat{H}^E(N)\Psi\right)\left(\hat{U}_\phi\Phi\right)\right) \neq \left(\hat{H}^E(N)\Psi\right)(\Phi)$, $\phi \in Diff(\Sigma)$, $\Phi \in S_G$이다. 이에 대한 자세한 논의는 [Rovelli1] p. 283 또는 [Chiou] pp. 34~35를 참조할 것.

$(\mathcal{H}_{phy}, \langle\,,\,\rangle)$:=내적공간 $(\mathcal{H}_{inv}, \langle\,,\,\rangle)$의 부분공간 $\ker\widehat{H}(N)=\{\Psi\in\mathcal{H}_{inv}|\widehat{H}(N)\Psi=0\}$을 내적 $\langle\,,\,\rangle$에 의한 노름 $\|\cdot\|$ 으로 완비화(completion) 시킨 공간.

즉, 다음과 같이 정의된다.461)

$$\mathcal{H}_{phy} \equiv \overline{\ker\widehat{H}(N)}^{\|\cdot\|} \;(<\mathcal{H}_{inv})$$

실제로, 물리적인 힐베르트 공간에서의 **'휠러-드윗 방정식**(wheeler-DeWitt equation)' $\widehat{H}(N)\Psi=0$을 통해 고리양자중력 이론의 동역학을 기술할 수 있는데 이 때, 이 방정식은 미분동형에 대해 불변이다. 즉, $\widehat{H}(N)\Psi=0$이면 임의의 $\phi\in Diff(\Sigma)$에 대해 $\widehat{H}(N)(\widehat{U}_\phi\Psi)=0$임을 다음과 같이 확인할 수 있다.

$$\left[\widehat{H}(N)(\widehat{U}_\phi\Psi)\right](\Phi)=(\widehat{U}_\phi\Psi)(\widehat{H}(N)\Phi)=\Psi(\widehat{U}_\phi(\widehat{H}(N)\Phi))=\Psi(\widehat{H}(N)\Phi)=0,\ \ ^\forall\Phi\in S_G$$

여기서 첫 번째 등식은 정의 (10.8)을, 두 번째 등식은 $\widehat{U}_\phi\Psi$의 정의 (9.3.1절)를 각각 이용하였고, 세 번째 등식은 $\Psi\in\mathcal{H}_{inv}$이므로 $\Psi|S\rangle=\Psi(\widehat{U}_\phi|S\rangle)$이 성립함을 이용하였다.

이로부터 $\Psi\in\mathcal{H}_{phy}$에 대해 $(0=)\widehat{U}_\phi\widehat{H}(N)\Psi=\widehat{H}(N)(\widehat{U}_\phi\Psi)(=0)$ 즉, $\widehat{H}(N)$이 $\widehat{U}_\phi$와 가환임을 알 수 있다.

또 $\Psi\in\mathcal{H}_{inv}$이면 Ψ는 게이지 불변이고 (즉, $\widehat{U}_\lambda\Psi=\Psi$) 따라서 $\widehat{H}(N)\Psi=0$ 일 때 $\widehat{H}(N)(\widehat{U}_\lambda\Psi)=0$임은 자명하다. 마찬가지로 이로부터 $\Psi\in\mathcal{H}_{phy}$에 대해 $(0=)\widehat{U}_\lambda\widehat{H}(N)\Psi=\widehat{H}(N)(\widehat{U}_\lambda\Psi)(=0)$ 즉, $\widehat{H}(N)$이 $\widehat{U}_\lambda$와 가환임을 알 수 있다.

10.3 몇 가지 언급

① 고리양자중력이론의 '배경독립성(background independence)'은 본질적으로 Σ의 미분동형에 대한 이론의 불변성을 통해 구현된다. 이러한 미분동형에 대한 불변성은 다시 (10.8), (10.9)에서 볼 수 있듯이 '$\lim\limits_{\epsilon\to 0}$'의 작용을 충분히 작은 그러나 유한한 값을 갖는

461) [Chiou] p. 37.

ϵ_m에서 멈출 수 있게 하는데 이는 기존의 양자장이론이 안고 있는 무한대의 재난을 자연스럽게 피해가는 것에 해당한다. 뿐만 아니라 이것은 **'플랑크 스케일 이하에서의 작은 변화는 물리적으로 아무런 의미를 갖지 않는다'**462)라는 심오한 물리적 의미를 시사한다.463)

② 무한대의 문제를 수반하지 않고 해밀토니안 작용소 $\hat{H}(N)$를 성공적으로 정의한 것은 고리양자중력이론의 주요성과 중 하나로 꼽힐 수 있다.464)

그러나 $\hat{H}(N)$의 정의에는 일종의 '임의성(ambiguity)'의 문제가 남아있음에 유의할 필요가 있다. 예를 들어, 정의 (10.6)에서 홀로노미 $h_\gamma[A] = R^{(1/2)}(U(A,\gamma))$ 대신 임의의 스핀-j 표현의 $h_\gamma^{(j)}[A] = R^{(j)}(U(A,\gamma))$를 이용할 수 있고 이 때 서로 다른 j-표현마다 서로 다른 계산결과를 포함하는 서로 다른 동역학을 기술하게 된다.465)

이러한 j-표현의 선택 외에도 몇 가지 $\hat{H}(N)$의 변형이론이 존재하며, 이들은 모두 고전적 이론으로 근사시켰을 때 동일한 결과를 주는 것으로 보인다. 실제로 이들 중 어떤 이론이 살아남을지 현재로서는 분명치 않지만 결국 실험에 의해 선택을 받게 될 것이다.466)

③ 물리적 힐베르트 공간 $\mathcal{H}_{phy}$에 속하는, 즉, 휠러-드윗 방정식 $\hat{H}(N)|\Psi\rangle = 0$을 만족시키는 해들을 구체적으로 완벽하게 기술하는 일은 아직 완성단계는 아니지만 무한히 많은 해들(예를 들어, 고리상태벡터(loop state) Ψ_α나 다중고리상태벡터 $\Psi_{[\alpha]}$들467))이 알려져 있다.468)

이처럼 고리양자중력 이론에서 상태벡터들의 동역학을 기술하기 위한 물리적 힐베르트 공간 $\mathcal{H}_{phy}$가 엄밀히 정의되고 그 해들에 대해서도 어느 정도 알려져 있지만 상태벡터들의 '시간적 전개(time evolution)'의 관점에서는 여전히 모호한 측면이 남아있다.

이를 보다 구체적으로 설명하자면, '1+3 분해'에 바탕을 둔 양자중력이론의 해밀토니

---

462) 충분히 작은 ϵ에 대해서는 모두 미분동형임을 상기.
463) 실제로, 티만(T. Thiemann)은 전통적인 양자장이론에서 발생하는 무한대의 문제는 양자시공간의 이산적인(discrete) 구조를 무시한 결과라고 설명한다.([Rovelli1] p. 291) [Rovelli1] p. 282, [Chiou] p. 33도 참고.
464) [Rovelli1] p. 284, [Pullin] p. 121.
465) [Rovelli1] p. 284 (7.24).
466) [Rovelli1] p. 285.
467) [Chiou] p. 35, [Rovelli1] p. 276.
468) 이에 대한 보다 자세한 논의는 [Chiou] pp. 35~37 (6.3절)을 참고 할 것.

안 포말리즘에서 시공간의 층구조(foliation)를 위해 사용되었던 좌표시간(coordinate time) t에 대한 상태벡터 $|\Psi(t)\rangle$(또는 작용소 $\hat{O}(t)$)의 전개는 다음과 같은 형태로 표현된다.

$$\frac{d}{dt}\langle\Psi|\hat{O}(t)|\Psi\rangle = \frac{\hbar}{i}\langle\Psi|[\hat{O}(t), \hat{H}]|\Psi\rangle \qquad \cdots (10.10)$$

(단, $\hat{H} := \frac{1}{8\pi G\gamma}\left(\hat{C}_G[\lambda] + \hat{C}_{Diff}[\overrightarrow{N}] + \hat{C}[N]\right)$이고 $\hat{O}(t)$는 좌표시각 t에 측정된 한 관측량에 대응하는 작용소이다.)

이 때, (10.10)의 우변이 0이 되고 결과적으로 좌변의 $\langle\Psi|\hat{O}(t)|\Psi\rangle$이 좌표시간 t에 대해 완전히 '얼어버려' 정지해 있는 상황이 벌어진다. 이러한 문제상황은 물론 양자중력이론의 배경독립성으로 인해 전통적인 양자역학에서의 좌표시간 t가 더 이상 물리적 의미와 역할을 갖지 않는다는 사실에 기인하며 보통 '**시간의 문제**(Problem of time)'라고 부른다. 실제로, 배경독립적인 양자중력이론의 관점에서 (10.10)에 사용된 t는 물리적 의미를 갖는 변수가 아니라 이론을 기술하기 위한 일종의 수학적 변수일 뿐이며 그런 의미에서 하나의 게이지에 불과하다. 따라서 물리적 시스템의 동역학은 변수 t에 대한 전개를 통해 기술되는 것이 아님을 상기할 필요가 있으며 우리는 앞서 5.4절 ~ 5.6절에서 이러한 '완전제한 시스템'에서 어떻게 동역학이 기술될 수 있는지를 간단한 고전역학 시스템과 그 양자화과정을 통해 살펴본 바가 있다. 이보다 훨씬 복잡한 형태인 양자중력이론의 경우에 이처럼 상태벡터의 '시간적 전개'가 겉으로 드러나지 않는 상황에서 시스템의 동역학을 기술 할 수 있는 적절한 해석(Interpretation)을 제시하는 것은 그리 쉬운 일이 아니며 아직도 이에 대한 이론이 완전히 정립된 상태는 아니다.[469] 그럼에도 불구하고 여러 가지 다양한 시도들이 이루어지고 있으며, 소위 '**시간 없는 양자역학의 기술**(timeless description of Quantum mechanics)'도 이러한 시도들 중 하나이다.[470] 여기서는 'Partial observable'의 개념을 통한 '**관계론적 해석**(relational interpretation)'으로 이 문제의 해결을 제시하고 있으며 그 외에도 다양한 시도들이 이루어지고 있다.[471]

469) [Pullin] p. 163.
470) [Rovelli1] pp. 29~31, [Rovelli2] 2장.
471) [Pullin] pp. 163~166에서 3가지 시도에 대해 간단히 설명하고 있다. 보다 자세한 설명을 위해 [Carrozza]를 참고할 수 있고, 그 외의 관련 자료로서 [Anderson], [Isham], [Kuchar]등이 있다.

④ 양자역학에서의 정준양자화과정이 해밀토니안 포말리즘을 이용하는데 비해 경로적분을 이용한 공변적(covariant) 양자화과정은 라그랑지안 포말리즘을 이용한다. 마찬가지로 중력의 양자이론에서도 지금까지의 논의와 같은 정준양자화과정이 아닌 라그랑지안 포말리즘을 사용하는 공변적 포말리즘(sum-over-histories)이 있는데, 이를 **'스핀거품이론**(spin foam theory)'이라고 부른다.

두 포말리즘은 서로 밀접하게 연결되어 있지만 둘 사이의 관계가 아직도 완전하게 밝혀진 것은 아니며, 정준양자화 포말리즘으로부터 공변적 포말리즘을 유도해 낸 것도 아니다.[472)]

그럼에도 불구하고 두 포말리즘을 통합한 소위 **'공변적 고리양자중력이론**(covariant loop quantum gravity)'은 기존의 고리양자중력 이론이 발전해 나갈 새로운 방향을 열어주고 있다.[473)]

10.4 물질과의 상호작용(Matter Coupling)

일반상대론에서의 시공간은 곧 중력장을 의미하고, 이는 물질장(matter field)과 상호작용을 할 수 있다. 따라서 시공간의 동역학은 물질장과의 상호작용과 함께 기술되어야 한다.

여기서는 대표적이고 간단한 물질장인 스칼라장의 경우만 간단히 살펴보도록 하자.

우선 민코브스키 시공간에서 스칼라장 ϕ의 라그랑지안은 다음과 같이 표현됨을 상기하자.[474)]

$$L_\phi(t) = -\int dx^3 \left(\frac{1}{2}\eta^{\mu\nu}\partial_\mu\phi\partial_\nu\phi + \frac{1}{2}m^2\phi^2 \right)$$

이 때 다음을 각각 계산할 수 있다.

$$\frac{\partial\mathcal{L}}{\partial\phi(x)} = -m^2\phi(x),\quad \frac{\partial\mathcal{L}}{\partial\partial_\mu\phi(x)} = -\partial^\mu\phi(x),\quad p_\phi = \frac{\partial\mathcal{L}}{\partial(\partial_0\phi)} = \dot{\phi}$$

이를 이용하면 다음과 같은 오일러-라그랑주 방정식을 얻는다.

---

472) [Chiou] p. 69.

473) [Chiou] p. 69 12.6절 참고.

474) 여기서 $\eta^{\mu\nu} = (-,+,+,+)$의 부호를 따름. [Carroll] p. 386.

$$\left(\frac{\partial \mathcal{L}}{\partial \phi(x)} - \partial_\mu \frac{\partial \mathcal{L}}{\partial(\partial_\mu \phi(x))} = \right)(\partial_\mu \partial^\mu - m^2)\phi(x) = 0$$

일반적으로, 휘어진 시공간 $M = \Sigma \times \mathbb{R}$에서 스칼라장 ϕ의 라그랑지안은 다음과 같이 주어진다.

$$L_\phi(t) = -\int_\Sigma dx^3 \sqrt{g}\left(\frac{1}{2}g^{\mu\nu}\partial_\mu \phi \partial_\nu \phi + \frac{1}{2}m^2\phi^2\right)$$

이 때 같은 방법으로 다음을 계산할 수 있다.475)

$$p_\phi = \frac{\partial \mathcal{L}}{\partial(\partial_0 \phi)} = \sqrt{g}\,\partial_0 \phi$$

이제 ADM-포말리즘에서의 N, N^a, h_{ab}등을 이용하여 스칼라장의 해밀토니안을 표현하면 다음과 같다.476)

$$H_\phi(t) = -\int_{\Sigma_t} dx^3 \left[\frac{N}{2}\left(\frac{p_\phi^2}{\sqrt{h}} + \sqrt{h}\,(h^{ab}\partial_a \phi\, \partial_b \phi + m^2\phi^2)\right) + N^a p_\phi\, \partial_a \phi\right] \quad \cdots (10.11)$$

참고로, 시공간 M이 편평하면(즉, 민코브스키 시공간이면) 위 식은 다음과 같이 다시 쓸 수 있다.((10.11) 에서 $n = \partial_t$이므로 $N^a \equiv 0$이고 $N \equiv 1$임에 유의)

$$H_\phi(t) = \int_{\mathbb{R}^3} dx^3 \frac{1}{2}(\dot{\phi}^2 + (\partial_a \phi)^2 + m^2\phi^2) = \int_{\mathbb{R}^3} \mathcal{H}\, dx^3$$

한편, 아슈테카 변수를 사용하여 위 (10.11)을 다시 표현하면 다음과 같다.477)

$$H_\phi(t) = \int dx^3 \left[\frac{N}{2\sqrt{h}}\left(p_\phi^2 + E_i^a E^{bi}\partial_a \phi\, \partial_b \phi + h\, m^2\phi^2\right)\right) + N^a p_\phi \partial_a \phi\right]$$

이로부터 스칼라장 ϕ가 전체 라그랑지안 밀도 $\mathcal{L}_{tot} = \mathcal{L}_{중력장} + \mathcal{L}_{스칼라장}$ (또는 $H_{tot} = H_{중력장} + H_{스칼라장}$)에 기여하는 (적분된) 미분동형 제한조건식과 해밀토니안 제한조건식은 다음과 같다. ($D\phi = \partial\phi$임에 유의)

475) [Carroll] p. 395.
476) [Date] p. 4와 [Pullin] p. 98.
477) [Pullin] p. 98.

$$\begin{cases} H(\overrightarrow{N})_{\text{스칼라장}} = \int d^3x N^a p_\phi D_a \phi \\ H(N)_{\text{스칼라장}} = \int d^3x \frac{N}{2\sqrt{h}}(p_\phi^2 + E_i^a E^{bi} D_a \phi D_b \phi + h m^2 \phi^2) \end{cases}$$

이 때 $\mathcal{L}_{tot}$에 의한 시스템 전체의 동역학을 기술할 때의 제한조건식들은 다음과 같이 표현된다.

$$H(\overrightarrow{N})_{tot} = H(\overrightarrow{N})_{\text{중력장}} + H(\overrightarrow{N})_{\text{스칼라장}},\ H(N)_{tot} = H(N)_{\text{중력장}} + H(N)_{\text{스칼라장}}$$

참고로, 그 외 양-밀스 장(Yang-Mills field), 페르미온 장(fermionic field), 힉스 장(Higgs field)등에 의한 해밀토니안은 각각 다음과 같이 표현된다.478)

$$\mathcal{H}_{YM} = \frac{h_{ab}}{2g_{YM}^2\sqrt{h}}(E_i^a E_i^b + B_i^a B_i^b)$$ (단, g_{YM}은 양-밀스 장의 결합상수)

$$\mathcal{H}_{Dirac} = \frac{E_i^a}{2\sqrt{h}}(i\Pi\tau_i D_a \Psi + D_a(\Pi\tau_i\Psi) + \frac{i}{2}K_a^j \Pi\Psi + (\cdots))$$

(단, Ψ는 디락(페르미온)장, Π는 공액운동량 장을 나타내고 D_a는 $SU(2)\times G_{YM}$ 상의 공미분을 나타낸다. 여기서 G_{YM}은 양-밀스 게이지군이다.)

$$\mathcal{H}_{Higgs} = \frac{1}{2}\left[\frac{p^i p^i}{G\sqrt{h}} + \sqrt{h}\left(h^{ab}(D_a\phi_i)(D_b\phi_i)/G + P(\phi_i\phi_i)/(hG^2)\right)\right]$$

(단, ϕ_i는 힉스 장을, p^i는 공액운동량 장을 나타낸다.)

따라서 일반적으로 중력장이 물질장과 상호작용을 하는 시스템의 전체 해밀토니안은 위 표현들을 이용하여 다음과 같이 표현될 수 있다.

$$\mathcal{H} = \mathcal{H}_{EH} + \mathcal{H}_{YM} + \mathcal{H}_{Dirac} + \mathcal{H}_{Higgs}$$

478) [Lee] p. 35. 여기에 나타난 여러 기호들에 대한 자세한 설명은 [Rovelli1] p. 290을 참조할 것.

제11장 고리양자 우주론(LQC)

11.1 고전적 프리드만 모델

이 절에서는 간단하게 고전적 프리드만 모델에 대해 살펴보기로 한다.

일반적으로, 균질하고(homogeneous) 등방적(isotropic)인 우주는 다음과 같은 메트릭을 갖는 '프리드만-워커 시공간'으로 표현된다. (3.6.2절 참고)

$$ds^2 = -dt^2 + a(t)^2\left(\frac{dr^2}{1-kr^2} + r^2(d\theta^2 + \sin^2\theta\, d\phi^2)\right) \quad (k = 0, \pm 1)$$

또, 이 프리드만-워커 시공간이 에너지 밀도가 $\rho = \rho(t)$이고 압력이 $p = p(t)$인 완전유체(perfect fluid)로 채워져 있을 때[479] 이에 해당하는 에너지-운동량 텐서 $T_{\mu\nu}$는 3.4.2절의 (3.33)에 의해 다음과 같이 표현된다.

$$T_{\mu\nu} = pg_{\mu\nu} + (p+\rho)U_\mu U_\nu \quad (\text{단, } (x^\mu) = (t, r, \theta, \phi)\ )$$

여기서 U^μ는 관찰자에 대한 완전유체의 4-속도벡터인데 위 메트릭의 (t,r,θ,ϕ)-관찰자의 관점에서 완전유체는 정지해 있으므로 $U^\mu = (1,0,0,0)$ (즉, $U = \partial_t + 0 \cdot \partial_r + 0 \cdot \partial_\theta + 0 \cdot \partial_\phi$)이다. 이때 $U_\mu = (-1,0,0,0)$과 $(g_{\mu\nu}) = \mathrm{diag}(-1,\ a(t)^2/(1-kr^2),\ a(t)^2 r^2, a(t)^2\sin^2\theta)$을 이용하여 $T_{\mu\nu}$를 다음과 같이 나타낼 수 있다.

$$T_{\mu\nu} = \begin{pmatrix} \rho & 0 & 0 & 0 \\ 0 & pg_{11} & 0 & 0 \\ 0 & 0 & pg_{22} & 0 \\ 0 & 0 & 0 & pg_{33} \end{pmatrix}$$

이로부터 $T^\mu{}_\nu = \mathrm{diag}(-\rho, p, p, p)$ 및 $T \equiv T^\mu{}_\mu = 3p - \rho$를 얻는다.

한편, 아인슈타인의 장 방정식 $Ric_{\mu\nu} - \frac{1}{2}Rg_{\mu\nu} = 8\pi G T_{\mu\nu}$의 양변에 tr를 취하면 $S = -8\pi GT$를 얻는데 이를 이용하면 다음과 같은 장 방정식의 다른 표현을 얻는다.

---

479) 균질하고 등방적인 우주에서의 물질의 분포는 에너지-운동량 텐서의 형태가 ρ, p에 의해 완전히 결정되는 완전유체로 나타난다.([Bojowald 2011] p. 8)

$$Ric_{\mu\nu} = 8\pi G(T_{\mu\nu} - \frac{1}{2} g_{\mu\nu} T) \qquad \cdots (3.37)'$$

이제 위 프리드만-워커 시공간의 메트릭

$$(g_{\mu\nu}) = \mathrm{diag}(-1, a(t)^2/(1-kr^2), a(t)^2 r^2, a(t)^2 \sin^2\theta)$$

로부터 $\Gamma^{\mu}_{\nu\lambda}$를 계산하고(예를 들면, $\Gamma^{2}_{33}(=\Gamma^{\theta}_{\phi\phi}) = \frac{1}{2} g^{22}(\partial_3 g_{32} + \partial_3 g_{23} - \partial_3 g_{33}) = -\sin\theta\cos\theta$) 다시 이를 이용하면 $Ric_{0i} = Ric_{ij} = 0\,(i,j=1,2,3,\, i \neq j)$과 나머지 $Ric_{\mu\mu}(\mu=0,1,2,3)$의 값을 알 수 있다.([Carroll] p. 333)

따라서 이상의 결과를 위 장 방정식 (3.37)′의 양변에 대입하면 다음을 얻는다.[480)]

$$\begin{cases} \left(\frac{a'(t)}{a(t)}\right)^2 + \frac{k}{a(t)^2} = \frac{8\pi G}{3}\rho(t) & (\text{프리드만 방정식}) \\ \frac{a''(t)}{a(t)} = -\frac{4\pi G}{3}(\rho + 3p) & (\text{Raychaudhuri 방정식}) \end{cases}$$

또 완전유체의 에너지 보존법칙으로부터 $\frac{\rho'}{\rho} = -3(1+\omega)\frac{a'}{a}$ (단, $\omega = \frac{p(t)}{\rho(t)}$)를 얻는데 여기서 만일 ω가 시간에 의존하지 않는 상수이면 이로부터 다음을 유도할 수 있다.[481)]

$$\rho(t) = \rho_0 a(t)^{-3(1+\omega)} \ (\text{단, } \rho_0\text{는 상수}) \qquad \cdots (11.1)$$

특별히 $p=0$인 경우(즉, 먼지유체의 경우)는 $\omega = 0$이므로, 위 (11.1)에 의하여 $\rho(t)a^3(t) = \rho_0$(일정)이 성립한다.[482)] 따라서 이 경우 프리드만-방정식의 양변에 $a(t)^2$을

---

480) [O'Neill] p. 346 정리 11 참고. 구체적으로 아인슈타인 방정식에서 $(\mu,\nu)=(0,0)$인 경우에 프리드만 방정식을 얻고, $(\mu,\nu)=(i,i)$인 경우에 $-8\pi Gp = 2\frac{a''}{a} + \left(\frac{a'}{a}\right)^2 + \frac{k}{a^2}$를 얻는데 이를 프리드만 방정식과 연립하여 k를 소거하면 Raychaurhuri 방정식을 얻는다. 한편, $(\mu,\nu)=(0,i)$ 또는 $(i,j)\,(i \neq j)$일 때는 아인슈타인 방정식의 양변이 모두 0이다.([O'Neill] p. 345 Corollary 10 또는 [Carroll] p. 336)

참고로 이 두 식은 [Bojowald 2011]의 p. 9 (2.29), (2.30)에서 $N \equiv 1$로 두면 바로 얻을 수 있다.

481) [O'Neill] pp. 346~347 Corollary 13과 그 뒤의 논의.

482) 이것은, $\rho(t)a^3(t)$를 한 변의 길이가 $a(t)$인 정육면체 안에 포함된 먼지유체의 에너지 총량으로 해석하고 우주 팽창 또는 수축에 의해 $a(t)$가 변해도 여기에 포함된 먼지유체의 총 에너지는 불변이라는 사실로부터 직관적으로 받아들일 수 있다. 보다 엄밀한 고전역학적인 증명 또는 수학적인 증명은 [O'Neill] pp. 346~347 Corollary 13과 그 뒤의 논의를 참조할 것. 참고로 먼지유체가 아닌 $p=\rho/3$(복사(radiation))인 경우는 'ρa^4 =일정'이 되고 $p=-\rho$인 경우(진공에너지(vacuum energy))

곱하고 식을 정리하면 다음을 얻는다.

$$a'(t)^2 + k = \frac{M}{a(t)} \quad (\text{단, } M = \frac{8\pi G}{3}\rho_0)$$

여기서 $k=0, \pm 1$인 경우에 각각 이 방정식의 해를 구하면 다음 [그림 11-1]과 같다:483) (참고로 $k=0$일 때 $a(t) = Ct^{2/3}$ (단, $C = \sqrt[3]{9M/4}$)이다.)

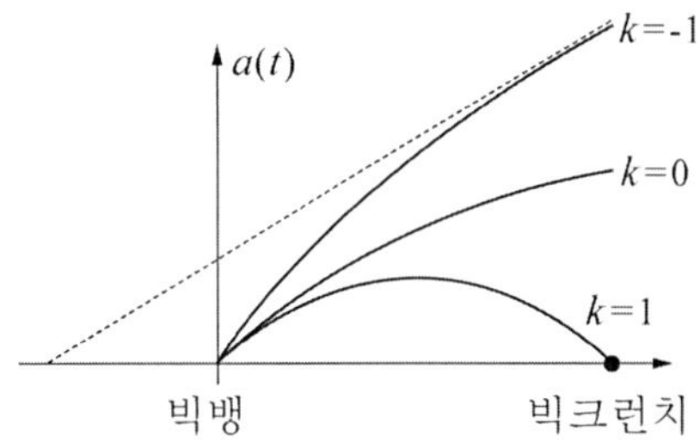

[그림 11-1]

이로부터 먼지유체로 가득 찬 프리드만 우주모델은 필연적으로 '빅뱅'을 예측하고 있음을 알 수 있는데, 1970년대 초에 스티븐 호킹(S. Hawking)은 이 같은 빅뱅이 보다 일반적인 우주 모델에서도 필연적으로 나타나는 것임을 처음 밝혀냈다.484)

일반적으로 $p \neq 0$인 경우에 대해서도 $\omega = p/\rho$(단, $\rho > 0$)가 상수인 완전유체로 가득 찬 프리드만 우주가 '**강한 에너지조건**(strong energy condition)'485)을 만족시키는 경우 다음과 같이 빅뱅 특이점의 존재를 쉽게 보일 수 있다.486)

먼저 '**허블 매개함수**(Hubble parameter)' H를 $H(t) \equiv \frac{a'(t)}{a(t)}$로 정의하면 Raychaudhuri

---

는 '$\rho(t)=$일정'이 된다.

483) [O'Neill] pp. 351~352.

484) [Hawking]

485) '강한 에너지조건(SEC)'은 시간을 닮은 벡터 v^μ에 대하여 항상 $Ric_{\mu\nu}v^\mu v^\nu \geq 0$이 성립함을 의미하며 '시간을 닮은 수렴조건(timelike convergence condition)'이라고도 부른다. 이는 본질적으로 중력의 '인력'에 기인하는 물리적 조건이다.([O'Neill] p. 340) 완전유체의 경우 이 조건을 에너지-운동량 텐서의 관점에서 기술하면 $\rho+3p \geq 0, \rho+p \geq 0$과 동치가 된다. 만일 '약한 에너지 조건(WEC)', 즉, 모든 시간을 닮은 벡터 v^μ에 대하여 항상 $T_{\mu\nu}v^\mu v^\nu \geq 0$이 성립하면 이는 '모든' 관찰자에 대해 에너지 밀도가 0 이상임을 의미하며 $\rho \geq 0$, $\rho+p \geq 0$와 동치가 된다. 일반적으로 특별한 언급이 없으면 등방우주인 프리드만 우주를 채우고 있는 완전유체는 $\omega = p/\rho$가 시간에 의존하지 않는 상수이고 WEC나 SEC과 같이 물리적으로 타당해 보이는 에너지조건들을 만족하는 것으로 가정한다.([Bojowald 2011] pp. 10~11) 이 경우 $\omega \geq -1/3$이다.

486) [Bojowald 2011] p. 19.

방정식과 강한 에너지조건으로부터 다음을 얻는다.

$$H' = \left(\frac{a'}{a}\right)' = \frac{a''}{a} - \left(\frac{a'}{a}\right)^2 = -\frac{4\pi G}{3}(\rho + 3p) - H^2 \le -H^2$$

따라서 $\frac{d}{dt}\left(\frac{1}{H(t)}\right) \ge 1$ 이 성립하고 이 식의 양변을 구간 $[t_0, t]$에서 적분하면 다음을 얻는다.

$$\frac{1}{H(t)} - \frac{1}{H(t_0)} \ge t - t_0$$

여기서 $H_0 \equiv H(t_0) = \frac{a'(t_0)}{a(t_0)} < 0$이라고 가정해 보자.

이 때 $\frac{1}{H(t)} \ge t - t_0 - \frac{1}{|H_0|}$ 로부터 $t > t_0 + \frac{1}{|H_0|}$ 일 때 $\frac{1}{H(t)} > 0$임을 알 수 있다. 그런데 $\frac{1}{H(t_0)} < 0$이므로 사잇값정리에 의해 적당한 시각 t_1 (단, $t_0 < t_1 \le t_0 + \frac{1}{|H_0|}$)에 대하여 $\frac{1}{H(t_1)} = 0$이 되어야 하고 이는 곧 $\lim_{t \to t_1 -} H(t) = \lim_{t \to t_1 -} \frac{a'(t)}{a(t)} = -\infty$ 임을 의미한다. 따라서 만일 미분가능한 함수 $a(t)$에 대하여 $\lim_{t \to t_1 -} a(t) \equiv a_1 \in (0, \infty]$라고 가정하면 (11.1)에 의하여 $\lim_{t \to t_1 -} \rho(t) \equiv \rho_1 \ge 0$이므로 프리드만 방정식의 양변에 $\lim_{t \to t_1 -}$ 을 취하면 좌변은 ∞ 이지만 우변은 유한한 값이 나오는 모순이 발생한다. 따라서 $\lim_{t \to t_1 -} a(t) = 0$임을 알 수 있다.

결과적으로, 어느 한 시점에서 우주가 수축하고 있다면 (즉, $H(t_0) < 0$) 유한한 시간 이후에(즉, t_1일 때) 우주가 한 점으로 붕괴하는 일이 벌어지는데, 이것을 시간의 방향을 바꾸어 말하면 어느 시점에서 우주가 팽창하고 있다는 것은 이로부터 유한한 시간 이전에 이 우주에는 빅뱅이 있었음을 의미한다.

11.2 프리드만-워커 시공간에서의 ADM-포말리즘

이 질에서는 균질하고 등방적인 우주를 채우고 있는 완전유체가 질량 m인 스칼라 상 ϕ 뿐일 때, 여기에 ADM-포말리즘을 적용하여 해밀토니안 제약조건식을 이끌어내고 이로부터 휠러-드윗(Wheeler-DeWit) 방정식을 기술해보자.

먼저, 시간경과함수(Lapse function) $N(\tau)$를 이용하여 프리드만-워커 시공간의 메트릭을 다음과 같이 표현해 보자.

$$ds^2 = -N(\tau)^2 d\tau^2 + a(\tau)^2 d\sigma_k^2 \text{ (단, } d\sigma_k^2 = \frac{dr^2}{1-kr^2} + r^2(d\theta^2 + \sin^2\theta d\phi^2))$$

참고로, 여기서 만일 $t = t(\tau) := \int N(\tau)d\tau$로 두면 $dt = N(\tau)d\tau$가 되고 이를 위 식에 대입하면 11.1절에서의 메트릭과 같은 모습이 된다. 이것은 프리드만-워커 시공간을 기술하는 두 정지관찰자(comoving observer)는 각자 서로 다른 시간 좌표 (즉, t와 τ)를 사용하여 동일한 우주를 기술할 수 있음을 의미한다. 즉, 시간좌표에는 절대적인 선택의 기준이 없고 다만 상대적인 시간의 흐름만 (즉, $t = t(\tau)$ 또는 $\tau = \tau(t)$) 물리적인 의미를 가진다는 사실을 상기할 때,[487] 함수 $N(\tau)$는 임의의 양의 함수가 될 수 있고 좌표시간의 '게이지 변환'을 나타내는 일종의 라그랑주 곱함수(Lagrange multiplier)로 볼 수 있다.

이제 우리가 고려하고 있는 우주의 중력장에 의한 라그랑지안 밀도와 스칼라장에 의한 라그랑지안 밀도를 각각 $\mathcal{L}_G\left(= \frac{1}{16\pi G}\sqrt{g}R[g]\right)$, $\mathcal{L}_\phi$로 표기하고 이에 따른 작용 $S_{EH}^\phi[g]$를 다음과 같이 표현하자.

$$S_{EH}^\phi[g] = \int dx^4 (\mathcal{L}_G + \mathcal{L}_\phi) \equiv S_G + S_\phi$$

여기서 먼저 S_G에 ADM-포말리즘을 적용해보자. 우선 계산을 통해 다음을 확인할 수 있다.[488]

$$R[g] = R[a, N] = 6\left(\frac{\ddot{a}}{N^2 a} + \frac{\dot{a}^2}{N^2 a^2} - \frac{\dot{a}\dot{N}}{aN^3} + \frac{k}{a^2}\right) \text{ (단, } \dot{} \text{ 은 } \tau\text{에 대한 미분)}$$

487) 이 때, t, τ는 각각 'partial observable'이고, $t(\tau)$ 또는 $\tau(t)$가 'complete observable'이 된다.
488) [Bojowald 2011] p. 5.

또, $\det g(\tau, r, \theta, \phi) = -\dfrac{r^4 \sin^2\theta N^2(\tau) a(\tau)^6}{1-kr^2}$ 이므로 이를 위 $R[g]$와 함께 S_G에 대입하면 다음을 얻는다.

$$\begin{aligned} S_G[a,N] &= \frac{3V_0}{8\pi G}\int d\tau N a^3\left(\frac{\ddot{a}}{N^2 a} + \frac{\dot{a}^2}{N^2 a^2} - \frac{\dot{a}\dot{N}}{aN^3} + \frac{k}{a^2}\right) \\ &= -\frac{3V_0}{8\pi G}\int d\tau\left(\frac{a\dot{a}^2}{N} - kaN\right) \end{aligned} \quad \cdots (11.2)$$

(단, $V_0 := \int_\Sigma \dfrac{r^2 \sin\theta}{\sqrt{1-kr^2}} dr d\theta d\phi = \int_\Sigma dx^3$ 이다. 여기서 Σ가 컴팩트하지 않으면 $V_0 = \infty$가 될 수도 있다. 그러나 우리가 다루는 시공간은 균질한 우주이므로 적당히 제한된 컴팩트 영역으로 관심을 국한시킬 수 있고, 따라서 Σ가 컴팩트하다고 가정할 수 있다. 즉, 적당한 범위의 Σ와 적당한 단위를 사용하면 일반성을 잃지 않고 $V_0 \equiv 1$로 둘 수 있다.)

참고로, $dvol = \sqrt{\det g(\tau, r, \theta, \phi)}\, d\tau dr d\theta d\phi = \sqrt{\det g(x)}\, dx^4$(단, $x^0 = \tau$)에 대해

$$\sqrt{\det g(\tau, r, \theta, \phi)} = \frac{r^2 \sin\theta}{\sqrt{1-kr^2}} N a^3,$$

$$\sqrt{\det g(x)} = N\sqrt{h(x)}$$ [489)]

이고 $dx^3 = \dfrac{r^2 \sin\theta}{\sqrt{1-kr^2}} dr d\theta d\phi$ 이므로 결과적으로 $\sqrt{h(x)} = a^3$이 성립함을 알 수 있다. (이는 $k=0$인 경우 $ds^2 = -N^2 d\tau^2 + a^2(\tau)(dx^2 + dy^2 + dz^2)$으로부터 쉽게 확인하고 그 의미를 이해할 수 있다.)

이제 위 (11.2)로부터 다음과 같이 표현할 수 있다.

$$\mathcal{L}_G = -\frac{3}{8\pi G}\left(\frac{a\dot{a}}{N} - kaN\right),\ L_G = V_0 \mathcal{L}_G \left(= \int_\Sigma \mathcal{L}_G dx^3\right)$$

여기서 $\mathcal{L}_G$의 표현에 $a, \dot{a}$이 나타나는데 반해 $\dot{N}$이 나타나지 않는다는 사실에 유의할 필요가 있는데, 이는 곧 N이 라그랑주 곱함수임을 의미한다.

이제 $a(\tau)$와 $N(\tau)$의 공액 운동량 P_a와 P_N을 각각 구해보면 다음과 같다.

489) 5.2절 ⑥ 참고.

$$P_a = \frac{\partial \mathcal{L}_G}{\partial \dot{a}} = -\frac{3}{4\pi G}\frac{a\dot{a}}{N},\ P_N = \frac{\partial \mathcal{L}_G}{\partial \dot{N}} = 0$$

따라서 르장드르 변환을 통해 해밀토니안 H_G를 구하면 다음과 같다.

$$H_G = \int_\Sigma (\dot{a}P_a + \dot{N}P_N)dx^3 - L_G = \left[-\frac{2\pi G}{3}\frac{P_a^2}{a} - \frac{3}{8\pi G}ka\right]NV_0 \quad \cdots (11.3)$$

다음으로 스칼라 장 ϕ에 의한 작용 S_ϕ에 ADM-포말리즘을 적용해보자. 먼저 S_ϕ는 다음과 같이 표현됨을 상기하자.(10.4절)

$$S_\phi = \int \mathcal{L}_\phi dx^4 = -\int dx^4 \sqrt{g}\left(\frac{1}{2}g^{\mu\nu}\partial_\mu\phi\partial_\nu\phi + \frac{1}{2}m^2\phi^2\right)$$

여기서 우리가 다루는 프리드만-워커 시공간은 균질하므로 ϕ의 값은 공간좌표에 무관하게 일정하고 따라서 $\partial_i\phi = 0\,(i=1,2,3)$이다. 또 $\sqrt{g} = Na^3$, $g^{00} = -\frac{1}{N^2}$임을 이용하면 다음과 같이 표현할 수 있다.

$$\mathcal{L}_\phi = \frac{a^3}{2N}\dot{\phi}^2 - Na^3\frac{1}{2}m^2\phi^2,\ L_\phi = V_0\mathcal{L}_\phi\left(=\int_\Sigma \mathcal{L}_\phi dx^3\right)$$

이로부터 ϕ의 공액 운동량 P_ϕ는 다음과 같이 표현된다.

$$P_\phi = \frac{\partial \mathcal{L}_\phi}{\partial \dot{\phi}} = \frac{a^3\dot{\phi}}{N}$$

따라서 르장드르 변환을 통해 해밀토니안 H_ϕ를 구하면 다음과 같다.[490)]

$$H_\phi(a, P_a, N, P_N, \phi, P_\phi) = \int_\Sigma \dot{\phi}P_\phi dx^3 - L_\phi(\phi, P_\phi)$$

$$= \left[\frac{P_\phi^2}{2a^3} + \frac{a^3}{2}m^2\phi^2\right]NV_0 \quad \cdots (11.4)$$

이제 5.3.1절에서의 제 1 제한조건(primary constraints) ψ_s가 $P_N = 0$으로 표현된다는 사실과 함께 위 (11.3), (11.4)를 이용하여 H_{tot}를 다음과 같이 표현할 수 있다.

---

490) 10.4절의 식 (10.11)를 이용해도 같은 결과를 얻는다.

$$H_{tot} = H_G + H_\phi + \lambda^s \psi_s$$
$$= \left(-\frac{2\pi G}{3}\frac{P_a^2}{a} - \frac{3}{8\pi G}ka + \frac{P_\phi^2}{2a^3} + \frac{a^3}{2}m^2\phi^2\right)NV_0 + \lambda(t)P_N \quad \cdots (11.5)$$

이 때 H_{tot}에 대한 운동방정식을 구하면 다음과 같다.[491]

$$\begin{cases} \dot{N} = \dfrac{\partial H_{tot}}{\partial P_N} = \lambda & \cdots (11.6) \\ \dot{P}_N = -\dfrac{\partial H_{tot}}{\partial N} = \left(\dfrac{2\pi G}{3}\dfrac{P_a^2}{a} + \dfrac{3}{8\pi G}ka\right)V_0 - \dfrac{\partial H_\phi}{\partial N} & \cdots (11.7) \end{cases}$$

$$\begin{cases} \dot{a} = \dfrac{\partial H_{tot}}{\partial P_a} = -\dfrac{4\pi G}{3}\dfrac{NP_a}{a}V_0 & \cdots (11.8) \\ \dot{P}_a = -\dfrac{\partial H_{tot}}{\partial a} = \left(-\dfrac{2\pi G}{3}\dfrac{P_a^2}{a^2} + \dfrac{3}{8\pi G}k\right)NV_0 - \dfrac{\partial H_\phi}{\partial a} & \cdots (11.9) \end{cases}$$

$$\begin{cases} \dot{\phi} = \dfrac{\partial H_\phi}{\partial P_\phi} = \dfrac{NP_\phi}{a^3}V_0 & \cdots (11.10) \\ \dot{P}_\phi = -\dfrac{\partial H_\phi}{\partial \phi} = -a^3 m^2 \phi N V_0 & \cdots (11.11) \end{cases}$$

특히 위의 (11.6)으로부터 N은 임의의 함수가 될 수 있는 라그랑주 곱함수임을 확인할 수 있다.

이제 위 운동방정식들로부터 다음 세 가지 방정식을 유도해 보자.

① 프리드만 방정식 (해밀토니안 제한조건식)

위 (11.7)에서 $\dot{P}_N = 0$이므로 다음과 같은 '해밀토니안 제한조건'(제 2 제한조건)이 성립한다.

$$-\frac{2\pi G}{3}\frac{P_a^2}{a} - \frac{3}{8\pi G}ka + \frac{1}{V_0}\frac{\partial H_\phi}{\partial N} = 0 \quad \left(\text{단, } H_\phi = \left[\frac{P_\phi^2}{2a^3} + \frac{a^3}{2}m^2\phi^2\right]NV_0\right) \quad \cdots (11.12)$$

여기서 만일 (11.8)를 이용하여 P_a를 소거하면 다음을 얻는다.

491) 5.3.1절의 식 (5.11)을 상기. [Bojowald 2011] p. 6 참고.

$$\left(\frac{\dot{a}}{aN}\right)^2 + \frac{k}{a^2} = \frac{8\pi G}{3}\frac{1}{V_0 a^3}\frac{\partial H_\phi}{\partial N} \quad \cdots (11.13)$$

이 때 이 식의 좌변에서 $\frac{\dot{a}}{N} = \frac{1}{N}\frac{da}{d\tau} = \frac{da}{dt} = a'(t)$로 바꿔 쓸 수 있다.

또, 우변에서 $\frac{1}{V_0 a^3}\frac{\partial H_\phi}{\partial N} = \frac{1}{V_0 a^3}\left(\frac{H_\phi}{N}\right)$이고 여기서 $H_\phi(t) := \frac{H_\phi(\tau)}{N(\tau)}$은 t-관찰자에 의해 관측된 Σ상의 총 에너지에 해당하므로[492] 이것을 $V_0 a^3$ $(= \int \sqrt{h}\, dx^3 = \mathrm{vol}(\Sigma))$으로 나눈 값은 t-관찰자에 의한 우주의 에너지 밀도 $\rho = \rho(t)$로 볼 수 있다.

따라서 위 (11.13)는 다음과 같이 쓸 수 있다.

$$\left(\frac{a'(t)}{a(t)}\right)^2 + \frac{k}{a^2(t)} = \frac{8\pi G}{3}\rho \quad \cdots (11.13)'$$

이것은 11.1절에서 소개한 프리드만 방정식과 일치함을 알 수 있다.

참고로 (11.4)에 의하여 다음을 계산할 수 있다.

$$\rho = \frac{1}{V_0 a^3}\left(\frac{H_\phi}{N}\right) = \frac{P_\phi^2}{2a^3} + \frac{a^3}{2}m^2\phi^2$$

② Raychaudhuri 방정식

만일 (11.8)에서 P_a를 구하여 (11.9)의 좌변에 대입한 후, (11.12)와 (11.13)을 이용하여 정리하면 다음을 얻는다.

$$\frac{(\dot{a}/N)^{\cdot}}{aN} = -\frac{4\pi G}{3}\left(\frac{1}{V_0 a^3}\frac{\partial H_\phi}{\partial N} - \frac{1}{Na^2 V_0}\frac{\partial H_\phi}{\partial a}\right) \quad \cdots (11.14)$$

위 ①에서 t-관찰자에 의한 우주의 에너지 밀도 $\rho = \rho(t)$가 $V := vol(\Sigma)(= V_0 a^3)$에

---

492) 이것은 $\frac{\partial}{\partial t} = \frac{1}{N}\frac{\partial}{\partial \tau}$임에 유의하면 자명하다. 실제로 $dt = N(\tau)d\tau$인 t를 사용하면 본문에서의 모든 식에서 $N \equiv 1$을 대입한 형태가 나타나고(예를 들어, $P_\phi(t) = \frac{a^3\dot{\phi}(\tau)}{N(\tau)} = a^3\phi'(t)$) 특히 식 (11.4)에서 $H_\phi(t) = H_\phi((\tau(t))/N(\tau(t))$임을 알 수 있다.

대해 $\frac{H_\phi(t)}{V}$로 표현된 것처럼, 완전유체인 스칼라장 ϕ에 의한 압력 $p(t)$는 다음과 같이 정의된다.[493)]

$$p(t) := -\frac{\partial H_\phi(t)}{\partial V} = -\frac{1}{3Na^2 V_0}\frac{\partial H_\phi}{\partial a} \qquad \cdots (11.15)$$

따라서 위 (11.14)는 다음과 같이 다시 쓸 수 있다.

$$\frac{(\dot{a}/N)^{\cdot}}{aN} = -\frac{4\pi G}{3}(\rho(t)+3p(t)) \qquad \cdots (11.14)'$$

이것은 11.1절에서 소개한 Raychaudhuri 방정식에 해당함을 알 수 있다.

참고로 (11.4)에 의하여 다음을 계산할 수 있다.

$$p = -\frac{1}{3Na^2 V_0}\frac{\partial H_\phi}{\partial a} = \frac{P_\phi^2}{2a^6} - \frac{1}{2}m^2\phi^2$$

③ 클라인-고든 방정식

위 (11.10)과 (11.11)을 연립하여 ϕ에 대한 2계 미분방정식을 구하면 다음과 같다.

$$\frac{1}{N}\left(\frac{\dot{\phi}}{N}\right)^{\cdot} - 3\frac{\dot{a}}{Na}\frac{\dot{\phi}}{N} + m^2\phi = 0 \qquad \cdots (11.16)$$

여기서 만일 $N \equiv 1$로 게이지를 고정하면 (또는 t-관찰자의 좌표계로 바꾸어 $\frac{\dot{\phi}(\tau)}{N} \mapsto \phi'(t)$, $\frac{\dot{a}(\tau)}{N} \mapsto a'(t)$로 변환하면) 다음을 얻는다.

$$\phi''(t) - 3\frac{a'(t)}{a(t)}\phi'(t) + m^2\phi(t) = 0 \qquad \cdots (11.17)$$

균질한 공간에서의 스칼라 장 $\phi = \phi(t)$에 대하여 $\partial_i\phi = 0$이므로 만일 (11.17)에서 $a'(t) \equiv 0$ (즉, $a(t)$가 상수)이면 이 식은 다음과 같은 형태로 다시 쓸 수 있다.

$$\left(-\frac{d^2}{dt^2} + \frac{d^2}{dx_i^2}\right)\phi - m^2\phi = 0$$

493) [Bojowald 2011] p. 8.

즉, $(\partial_\mu \partial^\mu - m^2)\phi = 0$이고, 이것은 고정된 민코브스키 시공간에서의 스칼라 장에 대한 클라인-고든 방정식임을 알 수 있다.

한편, 식 (11.13)에서 $\dfrac{\partial H_\phi}{\partial N}$이 a, ϕ, $\dot{\phi}$ 그리고 N에 대한 함수로 표현된다는 사실에 유념하여 두 미분방정식 (11.13)과 (11.16)을 연립하여 풀면 (적어도 이론적으로) 함수 $a(\tau)$와 $\phi(\tau)$를 각각 구할 수 있다. 이때 $a(\tau)$와 $\phi(\tau)$는 각각 라그랑주 곱함수 $N(\tau)$의 선택에 따라 임의의 함수가 될 수 있는데[494] 이것은 a와 ϕ의 τ에 대한 전개 자체가 물리적 의미를 갖지 못하고 시간좌표 t에 대한 게이지 $N(\tau)$의 선택에 따라 얼마든지 달라질 수 있음을 의미한다.

그러나 만일 $a(\tau)$와 $\phi(\tau)$에서 τ를 소거하여 a와 ϕ의 관계식을 구하면, 즉 $\phi = \phi(a)$를 구하면 이는 두 Partial Observable a, ϕ의 상관관계를 나타내는 식이 되고 이를 통해 ϕ의 동역학을 물리적으로 기술하는 것이 된다. 이 때 **a는 '물리적 시간 변수**(physical time variable 또는 cosmological time)'로 해석할 수 있고[495], 동역학적 변수 ϕ의 a에 대한 전개 즉 $\phi(a)$(이는 고전역학에서의 표현 $x(t)$에 해당)에 의해 프리드만-워커 시공간의 동역학적 기술이 가능하다고 할 수 있다. 여기서 $a \sim \sqrt[3]{V}$이고 이 때 우주의 '부피'를 나타내는 V의 값이 고리양자중력이론의 부피작용소에 의해 양자화된다는 사실을 상기하면 우주의 물리적 시간의 흐름을 나타내는 **a의 값 역시 양자화된다**고 할 수 있다. 즉, 고리양자중력이론에 의하면 **우주의 물리적 시간은 연속적으로 흘러가는 것이 아니라 이산적으로 띄엄띄엄 진행된다**고 할 수 있다.

11.3 휠러-드윗(Wheeler-DeWitt) 양자화

고전 양자역학에서 입자의 1차원 운동을 기술하는 파동함수를 $\Psi(t, x)$로 표현하듯이, 프리드만-워커 우주의 동역학을 파동함수 $\Psi(a, \phi)$를 통해 양자적으로 기술하기 위해서는 해밀토니안 제한조건 (11.12)에서의 a, P_a, ϕ, P_ϕ 등을 양자 작용소로 바꾸어야 한다. 예를

---

494) 이는 5.4절의 식 (5.21)에서 $\dot{x}(t) = N\dfrac{p_x}{m}$, $\dot{p}_x \equiv 0$으로부터 $x(t)$가 임의의 함수가 될 수 있었던 것과 같은 상황이다.

495) [Rovelli1] p. 298.

들면 다음과 같다.

$$\hat{a}\Psi(a,\phi) \equiv a\Psi(a,\phi),\ \widehat{\left(\frac{1}{a}\right)}\Psi(a,\phi) = \frac{1}{a}\Psi(a,\phi)$$

$$\hat{P}_a \mapsto -i\hbar\frac{\partial}{\partial a},\ \hat{P}_\phi \mapsto -i\hbar\frac{\partial}{\partial \phi}$$

이를 (11.12)에 적용하면 다음과 같은 형태의 휠러-드윗 방정식을 얻는다.[496]

$$\left(\frac{2\pi G}{3}\hat{P}_a^2\widehat{\left(\frac{1}{a}\right)} + \frac{3}{8\pi G}k\hat{a}\right)\Psi(a,\phi) = \frac{1}{N}H_\phi(\hat{a},\hat{p}_a,\hat{\phi},\hat{P}_\phi)\Psi(a,\phi) \quad \cdots (11.18)$$

이 때, 위 (11.18)의 좌변의 첫째항에서 세 작용소 $\frac{1}{a}, \frac{\partial}{\partial a}, \frac{\partial}{\partial a}$에 대한 순서가 임의적일 수 있으며, 이에 따라 위 휠러-드윗 방정식은 유일하게 결정되지 않는 임의성의 문제가 발생한다.[497]

더욱이 위 휠러-드윗 방정식에서는 곱 작용소 $\widehat{a^{-1}}$이 여전히 유계되어 있지 않고 이로 인한 특이점의 문제가 그대로 남아있게 된다.[498] 이와 같은 문제는 위 휠러-드윗 방정식에서 작용소 $\hat{a}$ (또는 $\widehat{a^{-1}}$)의 고윳값이 연속스펙트럼을 갖는다는 사실과 관련되어 있다. 실제로, 고전적으로 $a \sim \sqrt[3]{V}$ (단, V는 컴팩트한 Σ의 부피 즉, $\int_\Sigma dx^3\sqrt{h} = a^3 V_0$)라는 사실과 고리양자중력이론에 의해 이 부피 V의 고윳값이(따라서 $\hat{a}$의 고윳값이) 양자화되어 있음이 유도된다는 사실(즉, 공간의 이산적인 구조)에 반해, 위 휠러-드윗 방정식은 이러한 공간의 양자적 구조에 대한 정보가 전혀 반영되어 있지 않다는 점에 유의할 필요가 있다.

아직 수학적으로 잘 정의된 완성된 ADM-포말리즘의 휠러-드윗 양자화이론은 존재하지 않으며 그 가능성 역시 알 수 없는 상태이다.[499] 이에 대한 새로운 대안을 제시하고 있는 것이 다음에 소개할 아슈테카-홀스트 작용 포말리즘을 이용한 고리양자 우주론이라 할 수 있다.

---

496) [Bojowald 2011] p. 259, [Bojowald 2006] pp. 9~11.
497) [Bojowald 2003] p. 10 또는 [Rovelli1] p. 299 의 식 (8.11).
498) [Bojowald 2003] p. 10 또는 [Rovelli1] p. 299.
499) [Bojowald 2003] p. 12.

11.4 아슈테카-홀스트 작용 포말리즘

이제 균질하고 등방적인 프리드만-워커 시공간의 메트릭 변수들을 아슈테카 변수들로 변환하고 이를 통해 해밀토니안 제한조건식을 다시 표현해 보자.

우선 11.1절에 나타난 프리드만-워커 시공간($N \equiv 1, N^a = 0$)에 대한 아슈테카 변수 A_a^i, E_i^a는 다음과 같이 표현됨이 알려져 있다.[500)]

$$\begin{cases} A_a^i(x)\tau_i dx^a = (\tilde{c}\,\delta_I^i)\,\omega_a^I\,\tau_i dx^a \equiv (\tilde{c}\,\omega^i)\,\tau_i \quad \left(\text{단, } \tilde{c} = \dfrac{1}{2}(k+\gamma\dot{a}) \equiv \tilde{\Gamma} + \gamma\,\dot{\tilde{a}},\ k = 0, \pm 1\right) & \cdots (11.19) \\ E_i^a(x)\tau^i\partial_a = (\tilde{p}\,\delta_i^I)\,X_I^a\tau^i\partial_a \equiv (\tilde{p}\,X_i)\,\tau^i \quad \left(\text{단, } \tilde{p} = \pm\dfrac{a^2}{4} \equiv \pm\,\tilde{a}^{\,2}\right) & \cdots (11.20) \end{cases}$$

위 표현에서 벡터장 $X_I = X_I^a\partial_a$는 프리드만-워커 시공간의 대칭군(symmetry group) $S = N \rtimes F$ (단, F은 회전군을, N는 병진이동(translation)군을 각각 나타낸다[501)])에 대한 좌불변(left invariant) 벡터장이고, 그 듀얼 1-형식 $\omega^I = \omega_a^I dx^a$는 대칭군 S에 대한 좌불변 형식이다.[502)] 이 때, $\omega^I(X_J) = \delta_J^I$이다.[503)]

특별히 $k = 0$인 경우는 $X_I = \partial_I$, $\omega^I = dx^I$ (즉, $X_I^a = \omega_a^I = \delta_{aI}$)로 잡을 수 있는데 이 때 위 (11.19), (11.20)은 다음과 같이 간단한 형태로 표현된다.

$$A_a^i = \tilde{c}\,\delta_a^i,\quad E_i^a = \tilde{p}\,\delta_i^a \qquad \cdots (11.21)$$

또, (11.20)에서 $\pm$는 $\{E_i\}_{i=1,2,3}$의 향이 양일 때 $+$, 음일 때 $-$이다.[504)]

위 (11.19), (11.20)에서 나타난 좌불변 벡터 X_I와 좌불변 형식 ω^I은 시공간의 대칭군에 따라 주어지므로 실제로 **아슈테카 변수 A_a^i, E_i^a에 각각 대응하는 동역학적 변수는**

---

500) [Bojowald 2002-1] pp. 3~7에 자세한 설명이 소개되고 있다. 그 외 [Bojowald 2011] pp. 142~144, [Bojowald 2006] pp. 13~14, [Bojowald 2004] pp. 4~5, [Bojowald 2003] p. 19 등도 참고. 참고로, 이 책 본문에서는 [Bojowald 2004] p. 4에서의 $\Lambda_i^I \in SO(3)$를 δ_i^I로 게이지 고정시켰다.

501) 특별히 $k = 0$인 경우 즉, 유클리드 공간인 경우는 $S = SO(3) \rtimes \mathbb{R}^3$이다. 또 $k = 1$인 경우는 $F = SU(2)$가 된다.(([Bojowald 2002-1] p. 3)

502) 즉, 모든 $g \in S$에 대하여 $(L_g)_* X_I = X_I$이고 $(L_g)^* \omega^I = \omega^I$ 이다.

503) [Bojowald 2011] p. 142

504) [Bojowald 2003] p. 19.

$\tilde{c}, \tilde{p}$ **라고 할 수 있다.**[505] 이 때 공간의 균질성에 의해 $\tilde{c}, \tilde{p}$는 공간좌표 x에 의존하지 않고 오직 시간 변수 t에만 의존한다. 즉, $\tilde{c} = \tilde{c}(t)$, $\tilde{p} = \tilde{p}(t)$이다.

여기서 만일 편의상 $c \equiv V_0^{1/3}\,\tilde{c}$, $p \equiv V_0^{3/2}\,\tilde{p}$, $\Gamma \equiv V_0^{1/3}\,\tilde{\Gamma}$ (단, $V_0 = \int_\Sigma dx^3$)로 재정의하면 다음을 확인 할 수 있다.[506]

$$\{c, p\}_{P.B} = \frac{8\pi G}{3}\gamma \qquad \cdots (11.22)$$

한편, 위 (11.19), (11.20)과 같이 표현되는 아슈테카 변수 A_a^i, E_i^a에 대하여 가우스 제한조건과 미분동형 제한조건(6.4절)은 자동으로 만족시키므로(공간의 등방성과 균질성을 상기할 것) 우리가 고려해야할 유일한 제한조건은 해밀토니안 제한조건이다.[507]

실제로 동역학적 변수 c와 p를 이용하여 해밀토니안 제한조건을 다시 쓰면 다음과 같다.[508]

$$\begin{aligned} H = H_G + H_{matter} &= \frac{1}{\sqrt{\det E}}(\epsilon_i^{\,jk} F_{ab}^i E_j^a E_k^b - 2(1+\gamma^2) K_{[a}^i K_{b]}^j E_i^a E_j^b) + H_{matter} \\ &= -\frac{3}{8\pi G}\left(\frac{(c-\Gamma)^2}{\gamma^2} + \Gamma^2\right)\sqrt{|p|} + H_{matter} = 0 \qquad \cdots (11.23) \end{aligned}$$

특별히 $k=0$이고 $H_{matter} = H_\phi$인 경우, 전체 해밀토니안 제한조건은 다음과 같다.

$$H = H_G + H_\phi = -\frac{3}{8\pi G\gamma^2}c^2\sqrt{|p|} + H_\phi = 0 \ \left(\text{단, } H_\phi = \frac{P_\phi^2}{2|p|^{3/2}} + |p|^{3/2}\frac{1}{2}m^2\phi^2\right)$$

추가로 만일 $m=0$이면 $H = H(c, p, \phi, P_\phi)$는 다음과 같이 보다 간단한 형태가 된다.

$$H = H_G + H_\phi = -\frac{3}{8\pi G\gamma^2}c^2\sqrt{|p|} + \frac{1}{2}\frac{P_\phi^2}{|p|^{3/2}} = 0 \qquad \cdots (11.24)$$

이 경우 편의상 $p > 0$이라 하고 위 (11.24)의 고전적인 해 $p(t)$를 다음과 같이 직접 구할 수 있다.[509]

---

505) [Bojowald 2004] p. 4.
506) [Bojowald 2011] pp. 142, 144, pp. 261~262.
507) [Mokhta] p. 29, [Pullin] pp. 125~126.
508) [Bojowald 2006] p. 14 참고. 그 외에도 [Mokhta] p. 29, [Pullin] p. 126이 있음,

먼저 운동방정식 $\dot{P}_{\phi} = -\frac{\partial H}{\partial \phi} = 0$으로부터 $P_{\phi} \equiv w$는 상수임을 알 수 있다. 이 때, 위 식 (11.24)로부터 c를 구하면 다음과 같다.

$$c = \gamma \sqrt{\frac{4\pi G}{3}} \frac{w}{p}$$

이 식과 p에 대한 운동방정식을 이용하여 다음을 계산할 수 있다.

$$\dot{p} = \{p, H\}_{P.B} \sim \frac{\partial H}{\partial c} \sim c\sqrt{p} \sim \frac{w}{\sqrt{p}} \quad \cdots (11.25)$$

(단, $\sim$는 적당한 상수곱을 무시했을 때 서로 같음을 의미한다.)

따라서 위 (11.25)를 변수분리하여 적분하면 다음을 얻는다.

$$p(t) \sim (t - t_0)^{2/3} \quad \cdots (11.26)$$

따라서 $p(t) \sim a(t)^2$과 위 식 (11.26)으로부터 (11.24)의 고전적 해는 $t = t_0$에서 특이점을 가짐을 알 수 있다.

11.5 고리양자 우주론[510]

11.5.1 빅 바운스(Big Bounce) Vs 빅뱅

① 부피 양자작용소 $\hat{V}$의 정의

식 (11.22)를 만족시키는 두 동역학적 변수 c, p를 양자화 할 때 $p \mapsto \hat{p} \sim -i\hbar \frac{\partial}{\partial c}$의 형태가 된다. 이 때, 각 $n \in \mathbb{Z}$에 대하여 양자 상태 $|n\rangle$을 c-표현(representation)을 이용하여 다음과 같이 정의하자.[511]

$$\langle c | n \rangle := \frac{\exp(inc/2)}{\sqrt{2}\sin(c/2)}$$

509) [Bojowald 2002] p. 3 또는 [Bojowald 2011] p. 265.
510) 이 절의 내용은 주로 [Bojowald 2002] pp. 3~4 와 [Bojowald 2003] pp. 19~21을 참고하였다.
511) [Bojowald 2002-1] p. 4 또는 [Bojowald 2003] p. 19.

그러면 양자상태 $|n\rangle$는 작용소 $\hat{p}$ 의 고유벡터로서 정규직교기저를 이룬다는 것을 보일 수 있다. 구체적으로 다음이 성립한다.[512]

$$\hat{p}|n\rangle = \frac{1}{6}\gamma l_P^2 n |n\rangle \ \ (\text{단, } l_P \equiv \sqrt{8\pi G\hbar}\,) \qquad \cdots (11.27)$$

여기서 작용소 $\hat{p}$의 고윳값이 이산적(discrete)이라는 사실은 작용소 $\hat{a}(\sim \sqrt{|\hat{p}|})$의 고윳값 역시 이산적이라는 것을 의미하는데 실제로 구체적인 $\hat{a}$의 정의와 계산에 의해 다음과 같이 쓸 수 있다.[513]

$$\hat{a}|n\rangle \sim a_n|n\rangle \ (\text{단, } a_n = \sqrt{\frac{1}{6}\gamma l_P^2 n}\,) \qquad \cdots (11.27)'$$

또한 이는 앞서 11.2절에서 언급한 바와 같이 $a^3 \sim V$ 즉, 부피의 값이 양자화 된다는 사실과도 일관됨을 보여준다.

한편 부피 $V = a^3 = |p|^{3/2}$(단, $\int_\Sigma dx^3 \equiv 1$)을 적당히 정규화한 후에 작용소 $\hat{p}$를 이용하여 양자 작용소 $\hat{V}$로 변환할 수 있는데,[514] 이 때 양자상태 $|n\rangle$은 부피 작용소 $\hat{V}$의 고유벡터가 된다는 것을 보일 수 있다. 구체적으로 다음이 성립한다.[515]

$$\hat{V}|n\rangle = \left(\frac{1}{6}\gamma l_P^2\right)^{3/2} \sqrt{(|n|-1)|n|(|n|+1)}\,|n\rangle =: V_{(|n|-1)/2}|n\rangle \qquad \cdots (11.28)$$

(위 $V_{(|n|-1)/2}$의 정의에 의하면 $V_0 = V_{-1/2} = 0$임에 유의할 것.)

만일 양자수 n이 충분히 크면 $V_{(|n|-1)/2} \sim \left(\sqrt{\gamma l_P^2 n/6}\right)^3$이고 이는 위 (11.27)에서 $|\hat{p}|^{3/2}(\sim \hat{a}^3)$의 고윳값들에 해당한다. 즉, 두 작용소 $\hat{V}$ 와 $\hat{p}^{3/2}$는 모두 고전적인 근사를 했을 때 같은 물리량 즉, '부피'에 대응하는 양자작용소라고 할 수 있다.[516] 일반적으

512) [Bojowald 2003] p. 20 또는 [Bojowald 2011] p. 262.

513) [Rovelli1] p. 299. 식 (10.27)′에서 $|0\rangle$은 고전적인 특이점 상태에 해당하는 양자상태로 볼 수 있다.([Bojowald 2003] p. 20) 고전적으로는 이 때 a^{-1}이 무한대가 되고 이에 따라 에너지 밀도가 무한대가 되는 등 '특이점'의 문제가 발생하지만, 고리양자 우주론에서는 $|0\rangle$에서도 양자작용소 $\widehat{a^{-1}}$의 고윳값이 발산하지 않도록 $\widehat{a^{-1}}$을 잘 정의할 수 있고 이에 의해 $\hat{a}(\sim\sqrt{\hat{p}})$, $\widehat{a^{-3}}$ 등을 포함하는 해밀토니안 작용소가 우주의 동역학을 $|0\rangle$를 포함하는 **모든 '양자시간' $|n\rangle(n\in\mathbb{Z})$에 대해 잘 작용하도록 할 수 있다.**

514) [Bojowald 2000] pp. 3~4, pp. 16~17, [Bojowald 2002-1] pp. 4~5, [Mokhta] pp. 32~33.

515) [Bojowald 2002-1] p. 5.

로 한 고전적 물리량을 작용소로 양자화하는 방법은 여러 가지가 존재한다. 이는 본질적으로 고전적 근사를 통해 (즉, 양자수가 충분히 클 때) 이 작용소의 고윳값들의 분포가 원래의 고전적 물리량의 그것에 충분히 가까워 질수만 있으면 되기 때문이다.[517]

이 같은 고전적인 관측량(Observable)에 해당하는 양자작용소의 선택에 관한 '임의성(ambiguity)'은 주로 '인수배열의 임의성(factor ordering)'을 통해 나타난다.[518] 이 때 서로 다른 작용소의 선택은 물리현상에 대한 서로 다른 기술로 이어질 수 있는데[519] 실제로 프리드만-워커 시공간의 고전적인 휠러-드윗 양자화에서는 빅뱅 특이점을 피할 수 없는 반면, 고리양자중력 이론에서의 양자화를 통해서는 빅뱅 특이점을 피할 수 있다.

② 양자작용소 $\widehat{a^{-1}}$의 정의

얼핏 보기에 위 (11.28)에서 양자상태 $|0\rangle$ 또는 $|1\rangle$에서는 부피작용소의 고윳값이 0이 되므로 이 때 $\widehat{a^{-1}}\left(\sim 1/\sqrt[3]{V_{(|n|-1)/2}}\right)$ 의 고윳값이 ∞가 될 것이 예상되고 결과적으로 고리양자중력이론에서도 작용소 $\widehat{a^{-1}}$가 잘 정의되지 않을 것 같아 보인다. 그러나 고전적으로(즉, 충분히 큰 양자수 n에서) 동일한 관측량에 근사하는 양자작용소 $\widehat{a^{-1}}$의 고윳값이 충분히 작은 양자수 n에 대해서도 반드시 $1/\sqrt[3]{V_{(|n|-1)/2}}$와 같아야 할 이유는 없으므로, 수학적으로 잘 정의되고 고전적 근사를 만족시키는 양자작용소 $\widehat{a^{-1}}$이 존재하여 그 고윳값이 유계가 될 가능성은 열려있다고 볼 수 있으며 실제로 고리양자중력이론에서 이를 구현하고 있다.[520]

이러한 양자작용소를 구체적으로 정의하기 위해서는 먼저 고전적 물리량 a^{-1}을 적절하게 정규화해야 하는데 이 때 사용되는 기법은 본질적으로 $\frac{1}{\sqrt{\det E}}$로 인해 해밀토니안 제한조건식의 양자화가 어려운 상황에서 $\frac{E_i^a E_j^b}{\sqrt{\det E}}\epsilon^{ijk}\epsilon_{abc} = \frac{4}{\gamma}\left\{A_c^k, V\right\}$를 이용해 $\frac{1}{\sqrt{\det E}}$

516) 참고로 [Mokhta] p. 33 (4.26)에서는 $\hat{V} \equiv |\hat{p}|^{3/2}$의 정의를 사용하고 있다.
517) [Bojowald 2003] p. 20.
518) 예를 들면 [Bojowald 2003] p. 10의 식 (13)을 참고.
519) 그럼에도 불구하고 고리양자중력이론 내에서 많은 경우에 임의성에 의한 서로 다른 작용소의 선택과 관계없이 이 작용소들을 통해 양자화된 이론들은 본질적인 특징을 공유하고 있다.([Bojowald 2003] p. 21의 주 14) 또는 [Mokhta] p. 35 2-3째줄 참고)
520) [Bojowald 2003] pp. 21~22.

를 $\{A_c^k, V\}$ 속에 감춘 뒤 $\{\ ,\ \} \mapsto \frac{1}{i\hbar}[\ ,\ ]$를 통해 양자화를 진행하는 것과 같은 기법으로 볼 수 있다.521) 구체적으로, a^{-1}는 다음과 같이 정규화 시킬 수 있다.522)

$$a^{-1} = \left(\frac{1}{2\pi\gamma G}\{c, |p|^{3/4}\}\right)^2 = \left(\frac{1}{3\pi\gamma G}\sum_i \mathrm{tr}\left(\tau_i h_i(c)\{h_i(c)^{-1}, \sqrt{V}\}^2\right)\right)^2$$
$$= \left((2\pi\gamma Gj(j+1)(2j+1))^{-1}\sum_i \mathrm{tr}(\tau_i h_i(c)\{h_i(c)^{-1}, \sqrt{V}\})\right)^2\Big\} \quad \cdots (11.29)$$

단, 여기서 $h_i(c)$는 $\dot{\gamma}(t) = X_i(\gamma(t))$를 만족하는 곡선 $\gamma: [0,1] \to \Sigma$를 따르는 홀로노미로서 다음과 같이 계산된다.523)

$$h_i(c) = P\left[\exp(\int_0^1 A(\dot{\gamma}(t))dt)\right] = P\left[\exp(\int_0^1 X_i^a A_a^k \tau_k ds)\right]$$
$$= \exp(\tilde{c}\,\tau_i) = \cos\frac{\tilde{c}}{2}I + 2\sin\frac{\tilde{c}}{2}\tau_i$$

(위 계산의 세 번째 등식에서 $X_i^a A_a^k = A^k(X_i) = \tilde{c}\,\omega^k(X_i) = \tilde{c}\,\delta_i^k$ 임을 이용하였다.)

또, (11.29)에서 j는 홀로노미 $h_i(c)$가 스핀 j-표현을 통해 정의되었음을 나타내는데 이는 임의적으로 선택할 수 있는 값으로서 일종의 '임의성'을 야기한다. 이처럼 서로 다른 양자수 j가 (또는 (11.29)와는 다른 a^{-1}의 여러 가지 다른 정규화들이) 선택될 수 있지만 그럼에도 불구하고 그 각각의 양자이론은 본질적인 부분에서 중요한 차이를 초래하지 않는다.524)

참고로 (11.29)의 첫째 줄에서처럼 홀로노미 $h_i(c)$의 스핀 j-표현이 명시되지 않을 때는 기본적인 스핀 $j = 1/2$을 사용한 것으로 한다.

이제 a^{-1}의 정규화된 표현 (11.29)에서 양자화 과정 $h_i(c) \mapsto \hat{h}_i(c)$, $V \mapsto \hat{V}$ 그리고 $\{\ ,\ \} \mapsto \frac{1}{i\hbar}[\ ,\ ]$를 통해 양자작용소 $\widehat{a^{-1}}$얻을 수 있는데 이 때 다음이 성립한다.525)

---

521) [Rovelli1] p. 300.
522) [Bojowald 2003] p. 21, [Bojowald 2008] p. 50.
523) [Bojowald 2011] p. 261, [Bojowald 2004] p. 5, [Bojowald 2003] p. 19, [Mokhta] p. 29.
524) [Bojowald 2003] p. 21의 주 14), [Rovelli1] p. 300 의 (8.18) 아래, [Bojowald 2002] p. 4 등을 참고.
525) [Bojowald 2003] p. 21.

$$\widehat{a^{-1}}|n\rangle = 16(\gamma l_P^2)^{-2}\left(\sqrt{V_{|n|/2}} - \sqrt{V_{|n|/2-1}}\right)^2 |n\rangle \qquad \cdots (11.30)$$

$$(\text{단, } V_{-1} \equiv 0 (= V_{-1/2} = V_0))$$

여기서 $\widehat{V}$의 고윳값이 0이 되는 양자상태 $|0\rangle, |1\rangle$에 대해 다음을 확인할 수 있다.

$$\widehat{a^{-1}}|0\rangle = 0, \ \widehat{a^{-1}}|1\rangle = (*)|1\rangle$$

따라서 고전적 특이점에 해당하는 두 양자상태 $|0\rangle, |1\rangle$는 더 이상 양자작용소 $\widehat{a^{-1}}$에서 문제를 일으키지 않는다. 실제로 위 작용소 $\widehat{a^{-1}}$의 고윳값은 위로 유계되어 있음을 보일 수 있는데 구체적으로 다음이 성립한다.526)

$$n = 2\text{일 때 } (a^{-1})_{\max} = \frac{32(2-\sqrt{2})}{3l_P}$$

여기서 만일 $\hbar \mapsto 0$를 통한 고전적 근사를 생각하면 $(a^{-1})_{\max} \to \infty$이고, 이는 빅뱅 특이점이 다시 재현됨을 의미한다.

아래 [그림 11-2]에서 볼 수 있듯이, $\widehat{a^{-1}}$의 고윳값들은 (+표시는 $j=5$일 때, ×표시는 $j=10$일 때) 충분히 큰 양자수 n에 대하여 고전적인 값들에 잘 근사하고 있는 반면, 양자수가 충분히 작을 때 고전적인 값들(점선)이 발산하는 것과는 달리 위로 유계되어 있는 모습을 확인 할 수 있다. 이는 **곧 고리양자 우주론이 특이점이 없는 이론임을 의미하며**

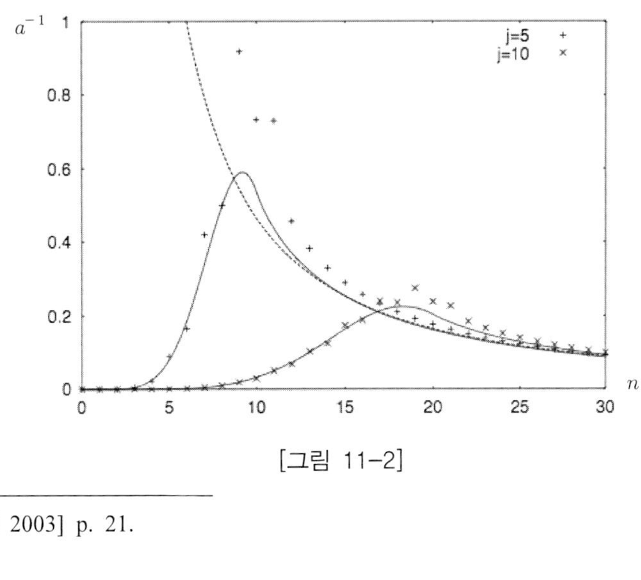

[그림 11-2]

526) [Bojowald 2003] p. 21.

고윳값 $(a^{-1})_{\max}$에 해당하는 양자상태에서 '빅 바운스(big bounce)'가 있었음을 시사하고 있다.[527)]

11.5.2 휠러-드윗 계차방정식과 고전적 근사

이 절에서는 간단한 경우, 즉 편평한 우주공간(즉, $k=0$)에 질량이 없는(즉, $m=0$) 스칼라장이 가득 찬 경우에 해당하는 휠러-드윗 방정식이 계차방정식의 형태로 양자화 될 수 있음을 살펴보고 이에 대한 고전적 근사가 고전적인 휠러-드윗 미분방정식 $\hat{H}|\Psi\rangle=0$이 된다는 것을 확인해보자.

먼저 (11.24)에서 $H=H_G+H_\phi=-\dfrac{3}{8\pi G\gamma^2}c^2\sqrt{|p|}+\dfrac{1}{2}\dfrac{P_\phi^2}{|p|^{3/2}}$임을 상기하고 여기서 양자화과정 $P_\phi \mapsto \hat{P}_\phi :=-ih\dfrac{d}{d\phi}$, $|p|^{-3/2}\mapsto|\hat{p}|^{-3/2}:=\left(\widehat{a^{-1}}\right)^3$을 거치면 다음과 같이 H_ϕ를 양자화 할 수 있다.

$$\hat{H}_\phi=-\frac{\hbar^2}{2}(\widehat{a^{-1}})^3\frac{d^2}{d\phi^2}$$

한편 고전적 휠러-드윗 양자화에서의 파동함수 표현 $\Psi(a,\phi)$[528)]는 고리양자우주론에서 (11.27)′에서와 같이 우주시간 a가 양자화 된다는 사실을 고려하여 $\Psi(n,\phi)\equiv\langle n,\phi|\Psi\rangle$으로 표현할 수 있다. (여기서 $|n,\phi\rangle=|n\rangle\otimes|\phi\rangle$로 표기할 수도 있다.)

이 때 만일 $\langle n|\Psi(\phi)\rangle\equiv\Psi_n(\phi):=\langle n,\phi|\Psi\rangle$으로 표기하면 임의의 상태함수 $|\Psi\rangle$에 대하여 다음과 같이 표현할 수 있다.[529)]

$$|\Psi(\phi)\rangle=\sum_{n=-\infty}^{n=\infty}\Psi_n(\phi)|n\rangle \qquad \cdots (11.31)$$

따라서 (11.30)을 이용하여 다음과 같이 계산할 수 있다.

---

527) [Bojowald 2003] p. 22.

528) 고전양자역학에서의 표현 $\Psi(t,x)$에 해당한다. $\Psi(t,x)$는 시공간 좌표계에 의존하는 표현이지만 $\Psi(a,\phi)$는 시공간 좌표계에 의존하지 않는 형태임에 유의.

529) [Bojowald 2002] p. 4의 (10).

$$\hat{H}_\phi |\Psi(\phi)\rangle = \sum_{n=-\infty}^{\infty}\left(-\frac{\hbar^2}{2}(\widehat{a^{-1}})^3\right)|n\rangle \frac{d^2}{d\phi^2}\Psi_n(\phi)$$
$$= \sum_{n=-\infty}^{\infty}\left(-\frac{\hbar^2}{2}16^3(\gamma l_p^2)^{-6}\right)\left(\sqrt{V_{|n|/2}}-\sqrt{V_{|n|/2-1}}\right)^6|n\rangle \frac{d^2}{d\phi^2}\Psi_n(\phi) \quad \cdots (11.32)$$

한편 H_G에 나타나는 c^2과 $\sqrt{|p|}$ 역시 적절한 방법으로 양자화시켜 작용소로 바꿀 수 있는데 예를 들어 c^2은 $\frac{\sin^2(\delta c)}{\delta^2}\left(\overset{\delta \ll 1}{\sim} c^2\right)$으로 정규화 한 뒤에 작용소 $\widehat{\sin}(\delta c)$를 이용하여 양자화할 수 있다. 이 때 작용소 $\widehat{\sin}(\delta c)$의 작용은 다음 홀로노미의 작용으로부터 쉽게 얻을 수 있다.530)

$$\langle c|h_i(c)|n\rangle = \langle c|\cos(c/2)I + 2\tau_i \sin(c/2)|n\rangle$$
$$= \frac{1}{2}(\langle c|n+1\rangle + \langle c|n-1\rangle) - \frac{1}{2}i\tau_i(\langle c|n+1\rangle - \langle c|n-1\rangle)$$

즉, 이로부터 $\widehat{\sin}(c/2)|n\rangle \equiv -\frac{1}{4}i(|n+1\rangle - |n-1\rangle)$임을 알 수 있고 (11.31)을 이용하여 다음과 같이 쓸 수 있다.

$$\widehat{\sin}(c/2)|\Psi(\phi)\rangle = -\frac{1}{4}i\sum_n \Psi_n(\phi)(|n+1\rangle - |n-1\rangle) = \frac{1}{4}i\sum_n(\Psi_{n+1}-\Psi_{n-1})(\phi)|n\rangle$$

또한 $\sqrt{|p|}$ 역시 간단하게 (11.27)을 이용하여 곱 작용소로 정의하거나 다음과 같은 고전적 관계식을 이용하여 정규화한 후 이를 통해 양자화를 할 수도 있다.531)

$$\mathrm{sgn}(p)|p|^{r/2-1} = \frac{1}{2\pi\gamma G r}\mathrm{tr}\left(\sum_{i=1}^{3}\tau_i e^{\delta c \tau_i}\{e^{-\delta c\tau_i}, V^{r/3}\}\right)$$

따라서 작용소 $\hat{H}_G = -\frac{1}{8\pi G\gamma^2}\frac{\widehat{\sin}(\delta c)^2}{\delta^2}\sqrt{|\hat{p}|}$를 정의할 수 있고 이 때 양자상태 $|n\rangle$

---

530) [Bojowald 2003] p. 25 참고. 예를 들어 다음과 같이 계산된다.([Bojowald 2002-1] p. 5)

$$\cos(c/2)|n\rangle = \frac{1}{2}(e^{ic/2}+e^{-ic/2})\frac{e^{icn/2}}{\sqrt{2}\sin(c/2)}$$
$$= \frac{1}{2\sqrt{2}\sin(c/2)}\left(e^{ic(n+1)/2}+e^{ic(n-1)/2}\right) = \frac{1}{2}(|n+1\rangle + |n-1\rangle)$$

531) 어느 쪽을 선택해도 이론의 본질적인 부분은 다르지 않다. ([Mokhtar] pp. 33, 35.)

에 대한 $\hat{H}_G$의 작용은 다음과 같다.532)

$$\hat{H}_G|n\rangle = \frac{3}{\gamma^2}\frac{1}{\left(16\pi G\gamma\, l_p^2\right)}\mathrm{sgn}(n)\left(V_{|n|/2} - V_{|n|/2-1}\right)\left(|n+4\rangle - 2|n\rangle + |n-4\rangle\right)$$

$$\cdots (11.33)$$

위 (11.33)에 의하면, 고전적으로 연속적인 값을 갖는 우주시간 a에 대해 $\hat{P}_a \equiv -ih\dfrac{\partial}{\partial a}$로 정의하여 얻은 고전적인 휠러-드윗 방정식 (11.18)이 고리양자우주론에서는 더 이상 $\Psi(a,\phi)$의 a에 대한 미분방정식이 아닌 $\Psi(n,\phi) = \Psi_n(\phi)$에 대한 계차방정식으로 바뀌게 됨을 알 수 있다.

즉 (11.32), (11.33)에 의하여 $\hat{H} = \hat{H}_G + \hat{H}_\phi$에 의한 휠러-드윗 방정식

$$\hat{H}|\Psi\rangle = 0 \;\; (\Leftrightarrow \langle n,\phi|\hat{H}|\Psi\rangle = 0 \;\Leftrightarrow\; \hat{H}\Psi(n,\phi) = \hat{H}\Psi_n(\phi) = 0) \;\; ^{533)}$$

는 다음과 같이 표현된다.534)

$$\begin{aligned}&\left(V_{|n+4|/2} - V_{|n+4|/2-1}\right)\Psi_{n+4}(\phi) - 2\left(V_{|n|/2} - V_{|n|/2-1}\right)\Psi_n(\phi)\\ &+\left(V_{|n-4|/2} - V_{|n-4|/2-1}\right)\Psi_{n-4}(\phi) = 2\alpha\hbar^2\left(\sqrt{V_{|n|/2}} - \sqrt{V_{|n|/2-1}}\right)^6\frac{d^2}{d\phi^2}\Psi_n(\phi)\end{aligned}$$

$$\cdots (11.34)$$

$$(\text{단},\; \alpha := \frac{2048}{3}(8\pi G)\gamma^2\left(\gamma\, l_P^2\right)^{-5}\;)$$

이제 위 계차방정식 (11.34)의 고전적 근사를 생각해 보자. 다시 말해서, 파동함수 $\Psi_n(\phi)$를 고전적인 연속 변수 $p(=a^2)$를 이용하여 $\Psi(p,\phi)$ (단, $n(p) = 6p/(\gamma l_P^2)$)535) 로

532) [Bojowald 2002] p. 4의 식 (9). 일반적으로 $k = 0, \pm 1$에 해당하는 식에 대해서는 [Bojowald 2008] p. 52를 참고. 본문의 식 (11.33), (11.34)의 우변은 [Bojowald 2002]에서와 인수가 다르게 표현되어 있다. 이에 대해서는 [Bojowald 2006] p. 14 식 (22) 아래 언급을 [Bojowald 2002] p. 3의 식 (2)(또는 [Bojowald 2001] p. 2 식 (3), [Bojowald 2002-1] p. 7, [Bojowald 2004] p. 5 등)와 비교하여 참고할 것. ([Rovelli1] p. 300의 식 (8.16)도 참고 할 수 있다.)

533) [송희성] p. 381 $\langle q|F(\hat{p})|\Psi\rangle = F\left(\dfrac{\hbar}{i}\dfrac{\partial}{\partial q}\right)\Psi(q)$를 상기.

534) [Bojowald 2002] p. 5 식 (13). 일반적으로 $k = 0, \pm 1$에 해당하는 식에 대해서는 [Bojowald 2008] p. 52 또는 [Bojowald 2003] p. 25 또는 [Rovelli1] p. 300의 식 (8.16)을 참고.

535) (11.27)에서 $\hat{p}|n(p)\rangle = p|n(p)\rangle$임을 상기.

다시 쓰고, 충분히 큰 양자수 n (즉 $\widehat{V}$의 고윳값[536] 이 l_P^3에 비해 충분히 크고, (11.34)에서 양자시간 n의 불연속적 전개 $(|n-4\rangle \mapsto |n\rangle \mapsto |n+4\rangle)$도 거의 연속적인 전개로 볼 수 있을 만큼)에 대해 위 계차방정식 (11.34)를 다시 미분방정식의 형태로 근사시켜 보자.[537]

먼저 $n>0$에 대해 다음을 정의한다.

$$t_n(\phi) := \left(\gamma l_P^2\right)^{-1}\left(V_{n/2} - V_{n/2-1}\right)\Psi_n(\phi)$$

$$\overset{n \gg 1}{\sim} \frac{1}{2}\sqrt{p(n)}\,\Psi(p(n),\,\phi) =: \widetilde{\Psi}(p(n),\,\phi)$$

이 때 $t_n(\phi)$에 대해 위 계차방정식 (11.34)는 다음과 같이 다시 쓸 수 있다.

$$t_{n+4}(\phi) - 2t_n(\phi) + t_{n-4}(\phi) = 2\alpha\hbar^2 \frac{\left(\sqrt{V_{n/2}} - \sqrt{V_{n/2-1}}\right)^6}{V_{n/2} - V_{n/2-1}} \frac{d^2}{d\phi^2} t_n(\phi) \qquad \cdots(11.35)$$

여기서 n이 충분히 클 때 성립하는 다음 세 가지 근사를 생각하자.

i) $V_{n/2} - V_{n/2-1} \sim 24^{-1/2}\left(\gamma l_p^2\right)^{3/2} n^{1/2} = \dfrac{1}{2}\gamma l_P^2 \sqrt{p(n)}$

ii) $\left(\sqrt{V_{n/2}} - \sqrt{V_{n/2-1}}\right)^6 \sim \left(\dfrac{3}{128}\right)^{3/2}\left(\gamma l_P^2\right)^{9/2} n^{-3/2} = \left(\dfrac{1}{4}\gamma l_P^2\right)^6 p(n)^{-3/2}$

iii) $t_{n+4}(\phi) - 2t_n(\phi) + t_{n-4}(\phi) \sim 16\dfrac{\partial^2}{\partial n^2}\widetilde{\Psi}(p,\phi) = \dfrac{4}{9}\left(\gamma l_p^2\right)^2 \dfrac{\partial^2}{\partial p^2}\widetilde{\Psi}(p,\phi)$

따라서 위 i) ~ iii)의 근사를 식 (11.35)에 적용하면 다음을 얻는다.[538]

$$\left[\frac{2l_P^4}{3(8\pi G)\hbar^2} p^2 \frac{\partial^2}{\partial p^2} - \frac{\partial^2}{\partial \phi^2}\right]\widetilde{\Psi}(p,\,\phi) = 0$$

$$\left(\Leftrightarrow \left[\frac{l_P^4}{3(8\pi G)\hbar^2} \frac{\partial^2}{\partial p^2}\sqrt{p} - \frac{1}{2p^{3/2}} \frac{\partial^2}{\partial \phi^2}\right]\Psi(p,\,\phi) = 0\right)$$

---

536) $\widehat{V}$의 고윳값은 $V_{(|n|-1)/2} \sim \left(l_P\sqrt{\gamma n/6}\right)^3$ (n이 충분히 클 때)임을 상기.(식 (11.28))

537) [Bojowald 2002] p. 7.

538) [Bojowald 2002] p. 7. [Bojowald 2001] 의 pp. 1~4도 참고할 수 있다.

이 때, 이 미분방정식은 해밀토니안 제한조건

$$H(c, p, \phi, P_\phi) = H_G + H_\phi$$
$$= -\frac{3}{8\pi G\gamma^2}c^2\sqrt{p} + \frac{1}{2}\frac{P_\phi^2}{p^{3/2}} = 0 \left(\Leftrightarrow -\frac{3}{8\pi G\gamma^2}p^2 c^2 + \frac{1}{2}P_\phi^2 = 0\right)$$

을 고전적 휠러-드윗 양자화과정인

$$c \mapsto \hat{c} := -\frac{1}{3}\gamma l_P^2 i\frac{\partial}{\partial p} \ (\Leftarrow \{c, p\}_{P.B} = \frac{8\pi G\gamma}{3}),$$

$$p \mapsto \hat{p}\,(\text{곱 작용소}),\ P_\phi \mapsto \hat{P}_\phi = -i\hbar\frac{\partial}{\partial\phi}$$

를 이용하여 얻는 휠러-드윗 미분 방정식 $H(\hat{c}, \hat{p}, \hat{\phi}, \hat{P}_\phi)\Psi(p, \phi) = 0$와 정확히 일치한다.

11.5.3 급팽창이론

작용소 $\widehat{a^{-3}}$의 $|n\rangle$에 대한 고윳값을 d_n이라 하면 (11.30)에 의해 다음과 같이 쓸 수 있다.

$$d_n = 16^3\left(\gamma l_p^2\right)^{-6}\left(\sqrt{V_{|n|/2}} - \sqrt{V_{|n|/2-1}}\right)^6$$

한편 식 (11.27)′에서 우주시간을 나타내는 a의 양자작용소 $\hat{a}$의 고윳값 a_n이 다음과 같이 표현되었음을 상기하자.

$$a_n = \sqrt{\frac{1}{6}\gamma l_P^2 n}$$

이로부터 다음과 같은 두 경우의 근사를 생각할 수 있다.

i) 양자수 n이 충분히 클 때: $d_n \sim a_n^{-3}$

ii) 양자수 n이 충분히 작을 때: $d_n \sim a_n^{12}$ $\cdots$ (11.36)

양자수 n이 충분히 클 때의 고전적 근사에서는 $\widehat{a^{-3}}$의 고윳값이 a_n^{-3}에 충분히 가깝다는 사실은 자연스럽다. 그러나 앞에서도 언급한 바와 같이 $\widehat{a^{-3}}$의 고윳값이 충분히 작은

n 값들에 대해서도 a_n^{-3}과 일치할 필요는 없다.

특별히, (11.36)에 의하면 충분히 작은 양자수 n에 해당하는 초기 우주에 대해서는 (11.24)에서 $H_\phi = \dfrac{P_\phi^2}{2|p|^{3/2}} = \dfrac{1}{2}P_\phi^2 a^{-3}$의 a^{-3} 대신 a^{12}을 사용하는 것이 더 적절하다고 할 수 있다.

실제로 (11.24)에서 a^{-3} 대신 a^{12}을 사용하여 프리드만 방정식의 고전적인 해를 구해 보면 (12.26) 대신 다음과 같은 형태로 나타난다.

$$a(t) \sim (t_0 - t)^{-2/9} \; (0 < t < t_0)$$

이로부터 $0 < t < t_0$일 때 $a(t)$가 가속적으로 급팽창하고 있음을 알 수 있는데, 이 같은 현상은 $m \neq 0$인 일반적인 스칼라장의 경우에도 본질적으로 달라지지 않는다는 것을 휠러-드윗 계차 방정식 또는 Raychaudhuri 방정식을 수치해석적인 방법으로 분석하여 확인할 수 있다.[539] 이처럼 고리양자 우주론은 '인플라톤 장(inflaton field)'과 같은 추가적인 요소 없이 이론 내에서 자연스럽게 우주의 '급팽창'을 보여주고 있다.[540]

11.6 블랙홀 엔트로피

11.6.1 고전적 배경

1972년 스티븐 호킹(S. Hawking)은 아인슈타인 방정식을 이용하여 블랙홀의 사건 지평선의 넓이가 감소할 수 없음을 증명하였고 이를 통해 블랙홀이 열역학적 성질을 가질 수 있음을 처음으로 제시하였다. 곧이어 바딘(Bardeen), 카터(Carter), 호킹 등은 블랙홀이 열역학의 법칙들과 매우 흡사한 일련의 법칙들을 따른다는 사실을 보였고[541], 이러한 발견들을 바탕으로 1973년에 베켄슈타인(J. Bekenstein)은 슈바르츠쉴트 블랙홀의 사건지평선의 넓이가 A일때 다음과 같은 엔트로피 S_{BH}를 갖는다고 제안하였다.[542]

539) $k=0$인 경우 [Bojowald 2002-2] pp. 1, 3 참고. [Bojowald 2008] p. 24에서는 $k=0, \pm 1$에 대해 일반적으로 인플레이션이 일어남을 보이고 있다.
540) [Bojowald 2008] p. 27, [Rovelli1] p. 301.
541) [Rovelli1] p. 301.
542) J. Bekenstein, Black holes and entropy, Physical Review D 7, 1973.

$$S_{BH} = a\frac{k_B c^3}{\hbar G}A \qquad \cdots (11.37)$$

(단, $a(\sim 1)$는 상수, k_B는 볼츠만 상수, c는 빛의 속도)

또한 베켄슈타인은 이러한 블랙홀 엔트로피를 이용해 다음과 같은 주장을 하였다 :

> "시간에 따라 감소하지 않는 우주의 총 엔트로피는 기존의 블랙홀 외부의 엔트로피와 블랙홀의 엔트로피를 모두 포함한다. 즉, $\frac{dS}{dt} = \frac{d}{dt}(S_{\text{ext}} + S_{BH}) \geq 0$이다."

베켄슈타인이 이 주장을 뒷받침하는 몇 가지 논의를 제시했을 때 학계의 반응은 대체로 부정적이었는데 이는 다음과 같은 이유에서였다.

블랙홀 열역학이론에 의하면 슈바르츠쉴트 블랙홀의 표면적이 A일 때, 이 블랙홀의 에너지 E는 다음과 같이 계산된다.[543)]

$$E = \sqrt{\frac{A}{16\pi G^2}}$$

따라서 만일 위 S_{BH}의 식이 맞다면 열역학의 잘 알려진 공식 $\frac{1}{T} = \frac{dS}{dE} = \frac{d}{dE}S(A(E))$에 의해 블랙홀의 온도 T가 $T = \frac{\hbar}{32\,a\pi k_B G E}$를 만족시켜야 한다. 따라서 블랙홀은 이 온도에 해당하는 열복사를 하게 되는데 이것은 빛이 블랙홀의 사건지평선을 빠져나올 수 없다는 종래의 지식에 위배된다.

그러나, 베켄슈타인의 위 주장이 있고 난 뒤 곧바로 스티븐 호킹은 전혀 다른 관점에서 접근하여 블랙홀의 열복사 즉, '호킹 복사(Hawking radiation)'를 이론적으로 증명해내었다. 그의 계산에 의하면 블랙홀의 온도는 $T = \frac{\hbar}{8\pi k_B G E}$였고, 이에 따르면 베켄슈타인의 공식(11.37)에서 $a = \frac{1}{4}$이 된다. 즉 다음과 같다.[544)]

---

543) [Carroll] pp. 270~271.

544) 이때 이후로 아래 첨자 BH는 BlackHole이 아닌 'Bekenstein-Hawking'을 의미하게 되었다.

$$S_{BH}=\frac{k_B}{4\hbar G}A \ \ (\text{단, } c\equiv 1) \qquad \cdots (11.38)$$

호킹 이후 많은 사람들의 다양한 방법에 의해 블랙홀의 열복사를 재확인하게 되었으며 이는 오늘날 블랙홀 열역학의 정설로 자리 잡았다.

그러나, 이러한 호킹의 블랙홀 복사는 다음과 같이 몇 가지 의문을 제기하고 있다.

첫째, 호킹의 유도과정에는 '중력의 양자적 성질'이 배제되었다. 만일 이러한 중력의 양자적 성질이 고려되었을 때 호킹의 결과에 어떤 영향을 끼치게 될까?

둘째, 우리는 통계역학적 관점에서 거시적 엔트로피의 개념을 시스템의 미시적 상태가 가질 수 있는 '자유도'의 관점에서 이해하고 있다.[545] 이러한 관점에서 블랙홀의 엔트로피는 미시적 스케일에서 어떤 형태의 자유도에 기인하는 것일까?

위 (11.37)의 S_{BH}의 공식에는 $\hbar$와 G가 나타나고 이는 위와 같은 질문들이 결국에는 양자중역이론의 관점에서 해결될 것이라는 것을 암시한다고 볼 수 있는데 실제로 이와 같은 질문에 얼마나 충실히 답할 수 있는지가 주어진 양자중력이론을 테스트하는 중요한 척도가 될 수도 있다.

11.6.2 블랙홀 엔트로피의 계산

이제 고리양자중력이론을 이용하여 블랙홀의 엔트로피를 유도하는 과정을 살펴보고 이를 통해 고리양자중력이론이 위 질문들을 어떻게 해결하고 있는지를 간단히 살펴보자.[546]

먼저 통계역학의 관점에서 사건지평선(이하, 블랙홀의 '표면'이라 부른다) S의 표면적이 A일 때 블랙홀의 엔트로피는 다음과 같이 표현할 수 있다.

$$S_{BH}=k_B\ln N(A) \qquad \cdots (11.39)$$

여기서 $N(A)$는 거시적 상태로서 표면적이 A인 블랙홀의 표면이 미시적 상태 즉, 양

545) 즉, $S=k_B\ln N$ (단, N은 시스템의 주어진 거시적 상태(macroscopic state, 온도, 압력, 부피 등)에 대응하는 미시적 상태(microscopic configurations, 개개 분자의 속도분포, 운동에너지의 분포, 힘의 분포 등)의 모든 경우의 수)이다.

546) 이하 내용은 [Rovelli 1996], [Rovelli1] pp. 303~307, p. 309, [Vaid] p. 82 등을 참고.

자 기하학적으로 취할 수 있는 양자상태(quantum state)의 모든 경우의 수이다.(주 545) 참고)

이제 S가 놓여있는 3차원 공간 Σ의 양자 상태가 s-끈 $|s\rangle$에 의해 표현된다고 하면 사건지평선 S의 기하학적 정보를 담고 있는 양자상태는 이에 해당하는 $|s\rangle$의 링크와 그 컬러링 등에 의해 기술될 수 있다. (9.4.3절 ③의 [그림 9-25]참고)

이때 사건지평선 영역 S와 $|s\rangle$와의 교점은 [그림 11-3]과 같이 다음 두 경우로 나누어 볼 수 있다.

i) $|s\rangle$의 링크 (의 일부) 또는 노드가 S 상에 놓여있는 경우
ii) $|s\rangle$의 링크가 S상의 한 점을 지나는 경우

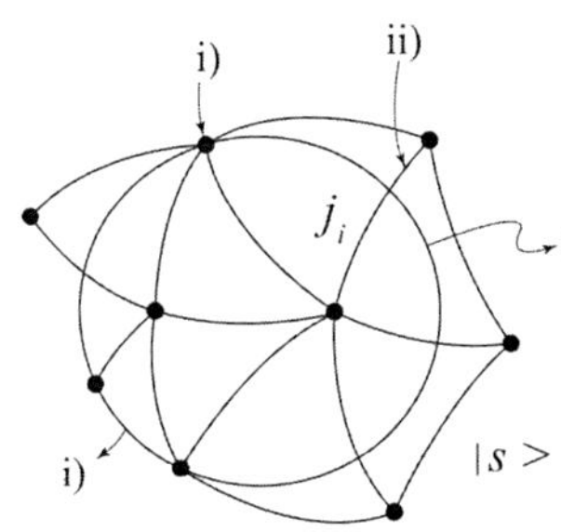

[그림 11-3]

그런데 우리의 관심은 S의 외부에서 관측하는 S의 양자상태이고 이는 S를 둘러싸는 곡면을 S에 한없이 가까이 수렴시켜가면서 그 양자상태가 어떻게 수렴해 가는지를 살펴보는 방식으로 접근해 볼 수 있는데, 이 같은 방식을 취하면 위 i)의 경우를 배제할 수 있다.

따라서 위 ii)의 경우만 고려하여 $|s\rangle$와 S의 교점을 $i=1,\cdots,n$으로 나타내고, 각 교점 i에 해당하는 링크에 부여된 컬러링(즉 스핀 j-표현)을 $j_i(i=1,\cdots,n)$라 하면 S의 면적 A는 고리양자중력 이론에 의해 다음과 같이 계산된다.

$$A=8\pi\gamma\hbar G\sum_{i=1}^{n}\sqrt{j_i(j_i+1)} \quad \cdots (11.40)$$

만일 $j_i \equiv \dfrac{m_i}{2}(m_i \in \mathbb{Z})$로 표기하면 위 (10.38)은 다음과 같이 다시 쓸 수 있다.

$$A = 4\pi\gamma\hbar G\sum_i \sqrt{m_i(m_i+1)} \quad \cdots (11.40)'$$

이제 블랙홀 외부의 관찰자의 입장에서 표면적이 A인 블랙홀 사건지평선 S가 가실 수 있는 기하학적 양자상태의 모든 경우의 수는 위 (11.40)′을 만족시키는 모든 n-벡터 $(m_1, \cdots, m_n)$ ($n \in \mathbb{N}$, $m_i \in \mathbb{Z}$)의 수와 같다고 말할 수 있다. 우리가 구하는 이 수를 $N(A)$로 표기하고 실제로 대수적으로 구해보면 다음과 같음을 알 수 있다.547)

$$\ln N(A) = d\frac{A}{4\pi\gamma\hbar G} \quad (\text{단, } \ln\frac{1+\sqrt{5}}{2} < d < \ln 2)$$

따라서 이 식을 (11.39)에 대입하면 다음을 얻는다.

$$S_{BH} = d\frac{k_B A}{4\pi\gamma\hbar G}$$

또 이것을 기존의 결과인 (11.38)과 비교하면 다음을 얻는다.548)

547) [Rovelli 1996] 참고.

548) 참고로 [Ashtekar 2000]에서는 약간 다른 관점에 따른 접근방법으로 블랙홀의 엔트로피를 계산하고 있다. 요컨대, 이 논문에서는 블랙홀 표면의 엔트로피는 순전히 외부 관찰자에게 접근 가능한 정보의 자유도만을 고려해야 하고 이에 따라 경우의 수를 계산해야 한다는 것이다.([Ashtekar 2000] p. 58) 이를 위해 블랙홀 표면에서의 상태벡터들의 힐베르트 공간 $\mathcal{H}_S^{BH}$을 엄밀하게 정의하고 그 차원(dimension)을 이용하여 $N(A)$를 계산하고 있다. [Rovelli1] pp. 309~310에 이러한 논의에 대해 간단히 소개하고 있는데 요약하면 다음과 같다.

만일 플랑크 스케일 l_P^2보다 충분히 큰 A의 값에 대해 가능한 컬러링 $(j_1, \cdots, j_n)$들 중 $j_i \equiv 1/2\,(i=1,\cdots,n)$인 경우가 S가 가질 수 있는 총 양자상태의 경우의 수 $N(A)$의 대부분을 차지한다는 '합리적인 가정'을 전제한다면, 각 $j_i = 1/2$의 링크가 나타내는 면적 $A_{1/2}$은 $4\pi\gamma\hbar G\sqrt{3}$이므로 S와 $|s\rangle$의 총 교점의 수 n은 $A/A_{1/2} = A/(4\pi\gamma\hbar G\sqrt{3})$가 된다. 한편, 각 $j_i = 1/2$의 링크는 블랙홀 외부 관찰자가 접근할 수 없는 블랙홀 내부에서 끝나는 노드를 갖고 있고 이는 S와의 교점이 나타내는 '열린 끝(open end)'으로 표현될 수 있다. 이 블랙홀 내부의 노드 (또는 열린 끝)에 대한 자유도는 블랙홀 바깥의 노드에서의 힐베르트 공간 $\mathcal{H}_j$의 한 스피너가 홀로노미 $R^j(U):\mathcal{H}_j \to \mathcal{H}_j$를 따라 다른 한쪽의 노드에서의 힐베르트 공간 $\mathcal{H}_j$의 어떤 스피너 벡터로 대응되는지에 따른 자유도로 볼 수 있으므로 각 '열린 끝'은 총 $\dim\mathcal{H}_j = 2j+1 = 2$의 기하학적 양자상태의 자유도가 있다고 할 수 있다. 따라서 주어진 충분히 큰 표면적 A에 대해 S가 가질 수 있는 총 양자상태의 경우의 수 $N(A)$는 다음과 같다.

$$N(A) = 2^n = 2^{\frac{A}{4\pi\gamma\hbar G\sqrt{3}}}$$

따라서 블랙홀의 엔트로피는 $S_{BH} = k_B \ln N(A) = \frac{1}{\gamma}\frac{\ln 2}{4\pi\sqrt{3}}k_B\frac{A}{G\hbar}$가 되고 이것이 (11.38)의 결과와 일치하려면 γ는 다음과 같아야 한다.

$$0.1528\cdots = \frac{1}{\pi}\ln\frac{1+\sqrt{5}}{2} < \gamma\left(=\frac{d}{\pi}\right) < \frac{\ln 2}{\pi} = 0.2197\cdots$$

이와 같은 방법으로 고리양자중력이론은 기존에 알려진 블랙홀 엔트로피의 값을 시공간의 양자적 성질과 사건지평선의 양자상태가 가질 수 있는 자유도를 이용하여 재현해 내고 있음을 알 수 있다.

$$\gamma = \frac{\ln 2}{\pi\sqrt{3}} \sim 0.127384\cdots$$

한편, [Domagala]에서는 위 논문의 '합리적인 가정'이 오류임을 지적하고 $j=1/2$이상의 스핀들의 효과를 고려하여 계산을 다시 진행한 결과 $\gamma \sim 0.23753295\cdots$임을 제시하고 있다.

제12장 결론: 양자 시공간

12.1 뉴턴의 시간과 공간

뉴턴의 고전역학에서 공간과 시간은 그 자체로는 볼 수도, 만질 수도, 측정할 수도 없지만 세상의 모든 물질을 담고 있고 모든 물체의 운동이 그에 따라 진행되는 상호독립적인 두 물리적 실체로 여겨졌다. 공간은 그 속의 어떤 물질과도 상호작용을 하지 않으며 따라서 움직이지 않는 절대성을 가진다. 또 시간은 공간의 모든 위치에서 동일한 흐름을 유지하는 절대성(global flow)을 가지며 그 자체의 직접적인 측정은 불가능하지만 물체의 운동과 변화에 대한 측정을 통해 간접적으로 그 존재를 드러낸다.[549] ([그림 12-1])

실제로 뉴턴은 자신의 저서 '프린키피아'에서 다음과 같이 말하고 있다.

> Absolute, true and mathematical time, of itself, and from its own nature flows equably without regard to anything external, and by another name is called duration: relative, apparent and common time, is some sensible and external (whether accurate or unequable) measure of duration by the means of motion, which is commonly used instead of true time ...
>
> Absolute space, in its own nature, without regard to anything external, remains always similar and immovable. Relative space is some movable dimension or measure of the absolute spaces; which our senses determine by its position to bodies: and which is vulgarly taken for immovable space ... Absolute motion is the translation of a body from one absolute place into another: and relative motion, the translation from one relative place into another ...

---

549) 시간에 대한 '간접적 측정'의 한 예는 진자시계라고 할 수 있다. 그러나 본질적으로 이는 '진자의 운동이 반복되는 횟수를 세는 것'이지 시간자체를 측정하는 것은 아니다. 실제로 극지방과 적도지방에서 진자의 진동이 달라지는 것은 뉴턴이 말한 절대시간의 속성이 아니며 이는 진자시계가 실제로 뉴턴의 '절대시간' 자체를 '직접 측정'하는 것은 아님을 말해준다. 물리적으로 시간을 재는 모든 장치는 '**반복적으로 일어나는 운동의 횟수를 세는 것**'이라고 할 수 있다. 이 때 운동의 반복성이 정교하고 안정적일수록 이 운동을 일으키는 소재로 만든 시계의 가격은 높아진다. 예를 들어 진자시계는 비교적 불안정하고(위도에 따라 반복패턴이 조금씩 달라짐) 정교하지도 않지만 쿼츠시계는 상당히 안정적이며 진자시계보다 더 정교하게 반복운동을 한다. 원자시계는 이 보다도 훨씬 더 안정적이면서 정교하게 움직이는데 세슘 원자시계의 경우 약 3천~3만년에 1초 정도의 오차를 보인다.

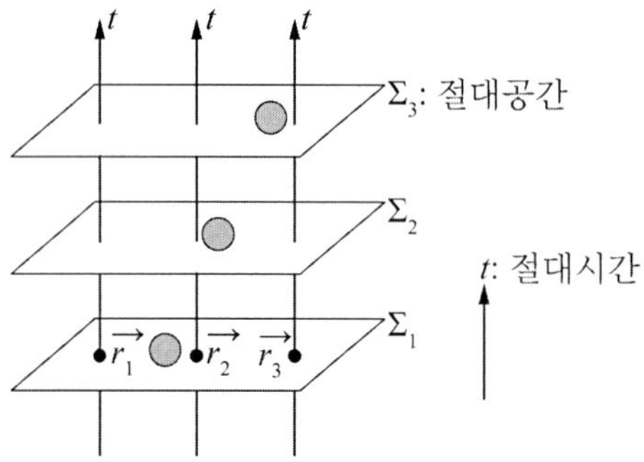

[그림 12-1: 뉴턴의 시간과 공간]

12.2 아인슈타인의 시공간

아인슈타인의 상대성이론에서는 공간과 시간이 더 이상 상호독립적이지 않으며 중력장이라는 매끄러운 동역학적 장의 형태로 물질장과 상호작용할 수 있는 물리적 실체로 간주된다.[550] 이에 따라 각 관찰자의[551] 시간은 공간적 위치에 따라 저마다의 흐름이 달라질 수 있으며(local flow), 공간 역시 물질의 분포에 따라 그 기하학적 형태가 달리 '결정'되는데 이와 같은 시공간의 기하학적 형태는 중력현상을 통해 발현되고 측정될 수 있다. ([그림 12-2])

이 때 각 관찰자의 위치에서 흘러가는 고유시간의 의미는 본질적으로 뉴턴의 시간개념을 크게 벗어나지 않는다. 즉, 적어도 그 관찰자에게 있어서는 뉴턴적 의미에서의 '시간'이라는 물리적 실체의 흐름이 존재하고 이를 예를 들어 '빛 시계', 원자시계 등으로 간접 측정하여 얻은 값을 소위 '고유 경과시간(proper time)' $\Delta\tau$로 나타낸다. 이 때 빛 시계의 경우 $\Delta\tau$는 본질적으로 빛이 일정한 거리를 왕복하는 횟수를 센 후 이를 이용하여 얻어낸 값이며, 세슘 원자시계의 경우는 세슘원자의 전자가 외부에서 들어오는 특정 주파수(resonant frequency)의 전자기파에 의한 공명으로 들뜬 상태와 바닥상태를 오가는 **횟수**

550) 어떤 의미에서, 고전역학적인 공간과 시간의 개념은 사라지고 중력장이라는 물리적 실체가 이를 대신하게 되었다고 말할 수도 있다.

551) 시공간 M이 대역적 쌍곡(globally hyperbolic) 즉, $M \simeq \mathbb{R} \times \Sigma_t$ 임을 가정했을 때 코쉬곡면 Σ_t상에 정의되는 관찰자 벡터장(observer field) ∂_t의 각 벡터는 이 순간 Σ_t에 존재하는 한 관찰자에 대응한다고 말한다고 할 수 있다.

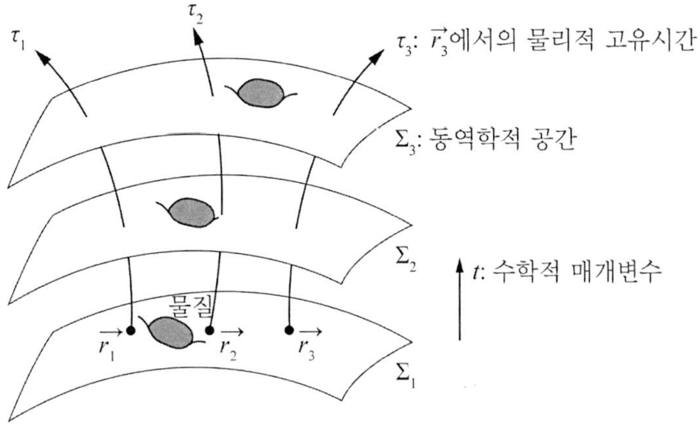

[그림 12-2: 아인슈타인의 시공간]

를 세어서 이 진동횟수가 9,192,631,770(약 90억으로서 이를 세슘-133 원자의 '고유진동수'라고 한다.)일 때를 '1초'로 정의하여 얻어낸 값이다. (참고로, 일반적인 손목시계에 사용되는 쿼츠시계의 경우는 얇은 석영결정조각에 전극을 연결한 후 건전지를 통해 일정한 전압을 걸면 석영결정조각이 일정한 주기를 가지고 진동을 하게 되는데 이 때 이 진동하는 **횟수를 세어서** 그 값이 32,768회가 되는 시간이 '1 초'가 된다.) 결국 정밀한 원자시계로 두 사건 사이의 고유 경과시간 **$\Delta\tau$ 를 측정한 것**은 두 사건 사이에 세슘원자의 **진동이 몇 번 일어났는지를 세는 것**이고 이 같은 방법으로 뉴턴적 의미의 '시간 그 자체'의 경과를 간접측정한 것이라고 할 수 있다.

상대성이론에서 이와 같은 고유 경과시간은 수학적 시간변수 t를 이용하여 다음과 같이 표현된다.

$$\Delta\tau = \int_{t_0}^{t_1} \sqrt{|g_{\mu\nu}\dot{\gamma}^{\mu}(t)\dot{\gamma}^{\nu}(t)|}\, dt$$

또 이 수학적 시간변수 t를 이용하여 시공간의 동역학을 해밀토니안(ADM) 포말리즘을 따라 기술하면 4개의 제한조건식 ($\Leftrightarrow G_{0\nu} = 0$ (단, $\nu = 0,1,2,3$))

$$\begin{cases} -\widetilde{R} + h^{-1}p_{ij}p^{ij} - \frac{1}{2}h^{-1}(p_i^i)^2 = 0 \text{ (해밀토니안 제한조건)} \\ \widetilde{\nabla}_j p_i^j = 0 \ (i = 1,2,3) \qquad \text{(미분동형 제한조건)} \end{cases} \quad \cdots (12.1)$$

과 12개의 해밀턴 운동방정식 ($\Leftrightarrow G_{ij} = 0$)

$$\begin{cases} \dot{h}_{ij} = \{h_{ij}, H_{ADM}\}_{P.B} \\ \dot{p}^{ij} = \{p^{ij}, H_{ADM}\}_{P.B} \end{cases} \quad \cdots (12.2)$$

(단, $ij = 1,2,3$이고 $H_{ADM} = H(N) + H(\overrightarrow{N})$이다.)

으로 나타난다.(5.5절의 ⅰ), ⅱ))

이 때 위의 운동방정식 (12.2)는 코쉬곡면 Σ_t의 중력장 h_{ij}가 수학적 매개변수 t에 따라 어떻게 전개되는지를 표현한다는 점에서 기본적으로 뉴턴의 운동방정식의 표현방식을 그대로 따르고 있다. 사실 이와 같은 표현 방식은 시간변수 t에 따른 상태벡터의 변화를 나타내는 슈뢰딩거 방정식에서도 그대로 나타나고 있으며, 이들은 모두 '실제로 흘러가는 시간의 존재'를 전제로 이를 '시계'라고 불리는 적당한 장치를 사용하여 (간접)측정한 후 그 값을 수학적 변수로서의 t[552)]로 사용하여 $x(t), h_{ij}(t), \hat{A}(t), |\Psi(t)\rangle$등과 같이 시스템의 동역학을 표현하고 있다는 점에서 시간에 대한 '뉴턴적 프레임(Newtonian frame)'에서 본질적으로 벗어나지 않고 있다.

12.3 양자공간과 그 동역학

12.3.1 시간의 사라짐과 양자공간

한편, 고리양자중력이론에서 시간, 그리고 공간의 기술은 어떻게 달라질까?

우선 가장 먼저 드러나는 차이점은 중력장의 정준양자화 과정에서 $\hat{H}(N) = \hat{H}(\overrightarrow{N}) = 0$이 되므로 위 운동방정식 (12.2)의 우변에 대응하는 작용소(예를 들어 $[\hat{h}_{ij}, \hat{H}_{ADM}]$)가 모두 0이 된다는 사실이다. 즉, 시간변수 t에 따른 중력장 작용소 $\hat{h}_{ij}$와 p^{ij}의 전개가 사라

552) 이 때 시계를 바꾸어 절대시간의 스케일링을 바꾸는 것은 수학적으로 재매개화를 통해 다른 변수 $T(t)$를 사용하는 것에 해당한다.(5.4절 참고) 이와 같이 여러 가지 서로 다른 시계에 의한 시간의 서로 다른 스케일링에 대한 선택 중에서 우리가 일상적으로 사용하는 (특정 스케일링에 해당하는) 't'는 소위 '**열 시간**(thermal time)'으로 이해 할 수 있다. 열 시간이란, 주어진 시스템이 열적 평형상태에서 갖는 해밀토니안(즉, 총에너지)을 $H = H(q_i, p^i)$라 할 때 이 시스템에서 관측 가능한 임의의 물리적 변량 $A(q_i, p^i)$의 동역학이 H 에 의해 $A'(t) = \{A(t), H\}_{P.B}$ (단, $A(t) = A(q_i(t), p^i(t))$)와 같이 표현되도록 하는 매개변수 t를 말한다.(보다 자세한 설명은 [Rovelli1] p. 142, [Rovelli3] 9장 참조)

지고 오직 (12.1)에서의 4가지 제한조건만 남는다는 것이다. 특히 해밀토니안 제한조건 $\hat{H}(N)=0$에서는 시간변수 t가 나타나지 않고(explicitly) 오로지 공간 Σ_t에서의 동역학적 변량들인 A, E (또는 h_{ij}, p^{ij})[553]에 대한 '관계식'만 나타날 뿐이다. 이 같은 관계식은 마치 길이 l인 진자 시스템에서 동역학적 변량 $x(t), y(t)$가 항상 제한조건식 $x(t)^2+y^2(t)=l^2$을 만족하는 것과 비교될 수 있다.

다시 한 번 강조하면 고리양자중력이론에서의 '**휠러-드윗 방정식**' $\hat{H}|\Psi\rangle=0$**에서는 시간변수 t가 사라지고 공간적 변량들에 대한 관계식만 남아있다.**[554]

따라서 중력장을 양자화한 플랑크 스케일에서의 기본방정식(fundamental equation)은 더 이상 시간변수 t를 통한 시공간의 동역학적 전개를 기술하지 않으며 오로지 중력장의 공간성분 A, E가 서로 만족해야 하는 상관관계를 기술할 뿐이다.

이 때 양자화된 공간의 중력장(spatial gravitational field) $\hat{E}$ 를 이용하여 부피 작용소

$$\hat{V}(R) \equiv \frac{1}{2\sqrt{2}} \lim_{\epsilon \to 0} \sum_{i(\epsilon)} \sqrt{\hat{E}^3(\partial R_{i(\epsilon)})}$$

를 정의하면 이 작용소의 고유벡터에 해당하는 양자상태벡터 즉, '스핀네트워크'를 만나게 된다.

---

553) ADM-포말리즘에서 시간변수 t를 포함하는 중력장의 성분 $g_{\mu 0}$ 들은 모두 다음과 같이 라그랑주 곱함수 N, N_i 들로 표현된다는 사실을 상기: $(g_{\mu\nu})=\begin{pmatrix} -N^2+N_iN^i & N_j \\ N_i & h_{ij} \end{pmatrix}$ 따라서 동역학적 변량으로서의 중력장은 오로지 $h_{ij}(=g_{ij})$와 그 공액장(conjugate field)인 p^{ij}뿐이다.(주 345) 참고) 이 때 h_{ij}와 p^{ij}는 각각 Σ의 내재적 기하와 Σ의 외재적 기하에 의해 결정된다.(5.2절 ② 와 식 (5.9) 참고. p^{ij} 는 $\dot{h}_{ij}$에도 의존하는 함수이다.) 실제로 4개의 제한조건식은 Σ의 내재적 기하와 외재적 기하에 대한 제한조건으로 해석할 수 있었음을 상기(5.2절 ④). 특히 **해밀토니안 제한조건에 해당하는 식 (5.4)는 Σ_t의 내재적 곡률과 외재적 곡률이 적당한 관계식을 만족시켜야 함을 의미하고 있다.** 한편 아슈테카-홀스트 작용 포말리즘에서는 밀도 트라이어드(densitized triad) $E_i^a=\sqrt{h}\,e_i^a$ 가 Σ_t의 내재적 기하(intrinsic geometry)를 반영하는 변량이고 A_a^i가 외재적 기하를 반영하는 변량이다.([정의 6.8], [정의 6.9] 참고)

554) 슈뢰딩거 방정식 $i\hbar\frac{\partial}{\partial t}|\Psi(t)\rangle=\hat{H}|\Psi(t)\rangle$은 양자가설중 하나로 다루었음을 상기할 것(4.1.1절의 ③). 또는 5.6절의 [3단계]에서는 해밀토니안 제한조건 $C\equiv p_T+H(p_x, x)=0$에서 p_T가 남아있어 이를 양자화하는 과정에서 $p_T\leftrightarrow i\hbar\frac{\partial}{\partial T}$이 되고 이로부터 얻는 휠러-드윗 방정식(즉, 슈뢰딩거 방정식)을 통해 Partial Observable T에 대한 상태함수의 전개가 가능하였음에 유의. 그러나 상대론의 해밀토니안 제한조건 $H(A,E)$에는 p_T와 같은 항이 없다.

이는 마치 전통적인 양자장이론에서 주어진 양자장을 이용하여 정의된 수 작용소 (number operator) $\hat{N}_i$ 에 대해

$$\hat{N}_i | n_0, \cdots, n_i, \cdots \rangle = n_i | n_0, \cdots, n_i, \cdots \rangle$$

을 만족하는 고유벡터 $| n_0, \cdots, n_i, \cdots \rangle$를 만나게 되는 것에 비교될 수 있다.

여기서 주어진 양자장의 양자상태가 $| n_0, \cdots, n_i, \cdots \rangle$일 때 수 작용소 $\hat{N}_i$의 고윳값 n_i는 이 양자장을 이루는 양자알갱이(quanta of the quantum field)들 중 에너지가 E_i인 것들의 수를 나타내듯이, 고리양자중력이론에서도

$$\hat{V}(R)\Psi_{\Gamma, j_l, i_n} = \left[(16\pi\hbar G\gamma)^{\frac{3}{2}} \sum_{n \in \Gamma \cap R} V_{i_n} \right] \Psi_{\Gamma, j_l, i_n} \quad \cdots (12.3)$$

을 만족하는 **스핀네트워크 Ψ_{Γ, j_l, i_n}는** 양자화된 공간에서의 중력장 $\hat{E}$[555] 즉, 공간의 메트릭(이하 '**양자공간**(quantum space)'으로 부르기로 한다.)**의 한 양자상태**로 볼 수 있고, 이때 각 노드 n은 이 공간의 양자장를 구성하는 양자알갱이(quanta of spatial gravitational field), 즉 **양자공간의 알갱이**로 해석할 수 있다. 또 수 작용소 $\hat{N}_i$의 고윳값 n_i와 마찬가지로 위 (12.3)에서의 고윳값 $(16\pi\hbar G\gamma)^{\frac{3}{2}} \sum_{n \in \Gamma \cap R} V_{i_n}$ 는 영역 R에 포함된 이 양자공간 알갱이들의 부피의 총합으로 해석할 수 있다. ([그림 12-3], [Huggett] p. 6)

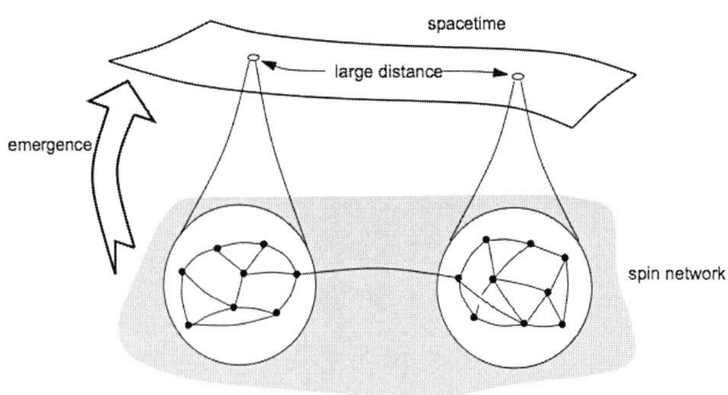

[그림 12-3]

555) $E_i^a = \sqrt{\hbar}\, e_i^a$ 가 Σ_t의 내재적 기하를 반영하는 변량이었음을 상기할 것.

한 가지 유의할 점은 스핀네트워크 Ψ_{Γ, j_l, i_n}가 그 자체로 하나의 물리적 실체(physical entity)를 나타내는 것은 아니라는 것이다. 스핀네트워크는 양자공간이 취할 수 있는 하나의 '양자상태(quantum state)'일 뿐이며, 일반적으로 상호작용에 의한 측정 또는 관찰이 이루어지지 않을 때의 **양자공간은 여러 스핀네트워크의 양자중첩상태**에 머물러 있다.

구체적으로, 양자공간의 상태벡터 $|\Psi\rangle$는 스핀네트워크 $\{|S_\alpha\rangle\}_\alpha$들의 중첩상태로서 다음과 같이 표현된다.

$$|\Psi\rangle = \sum_\alpha \langle S_\alpha|\Psi\rangle|S_\alpha\rangle \qquad \cdots (12.4)$$

만일 영역 R의 부피작용소 $\hat{V}(R)$에 대하여

$$\hat{V}(R)|S_\alpha\rangle = V_\alpha|S_\alpha\rangle \qquad \cdots (12.5)$$

이면 양자공간의 상태벡터가 $|\Psi\rangle$일 때 영역 R의 부피에 대한 기댓값은 다음과 같이 계산된다.

$$\langle \hat{V}(R)\rangle_\Psi \equiv \langle\Psi|\hat{V}(R)|\Psi\rangle = \sum_\alpha |\langle S_\alpha|\Psi\rangle|^2 V_\alpha$$

서로 다른 두 관찰자에 대한 길이수축 효과로 인해 주어진 영역의 부피가 다르게 측정되는 것은 위 기댓값이 다르기 때문일 뿐이며, 각 관찰자의 양자공간이 가지는 양자구조는 모두 동일하게 (12.4), (12.5)와 같은 형태로 기술될 수 있다.(주 436) 참고)

이상의 논의에서 살펴본 바와 같이 양자공간은 뉴턴적 의미에서의 '절대적 실체성'보다는 물질장(matter field)과의 상호작용에 의한 관측을 통해서만 스핀네트워크라는 양자상태로 모습을 드러내는 '조건적 실체성'을 갖는다.

다시 말해서 양자공간은 더 이상 뉴턴의 절대공간과 같이 그 안에 모든 물질을 담고 있으면서 물질들과 어떤 상호작용도 하지 않는 특별하고 절대적인 위치에 있는 것이 아닐 뿐만 아니라 아인슈타인의 시공간에서의 3차원공간 Σ_t와 같이 부드럽고 매끄러우면서 한 가지로 결정되는 메트릭 구조를 갖지 않는다. **양자공간은 물질장과 동등한 위치에 있는 또 하나의 양자장으로서 다른 물질장들과의 상호작용을 통해서만 그 존재를 드러내는 '양자적 실체**(quantum reality)'**이다.**

12.3.2 상관관계로서의 동역학

이제 이러한 양자공간의 동역학이 시간 변량 t 없이 어떻게 기술될 수 있는지에 대해 알아보자. 먼저 전통적인 양자장이론에서 주어진 양자장의 상태벡터 $|n_0, \cdots, n_i, \cdots\rangle$에 대한 파동함수 $\Phi^{(N)}_{[n_0, n_1, \cdots]}$를 다음과 같이 정의할 수 있음을 상기해보자.(4.2.2절의 ③)

$$\Phi^{(N)}_{[n_0, n_1, \cdots]}(x_1, x_2, \cdots, x_N) = \langle x_1, x_2, \cdots, x_N | n_0, n_1, \cdots \rangle$$

이 때 이 파동함수 $\Phi^{(N)}_{[n_0, n_1, \cdots]}$는 시간변수 t에 따라 다음과 같이 슈뢰딩거 방정식(일종의 휠러-드윗 방정식(5.6절))을 만족하면서 전개한다.

$$i\hbar \frac{\partial}{\partial t} \Phi^{(N)}_{[n_0, n_1, \cdots]}(x_1, \cdots, x_N, t) = \sum_i \left(-\frac{\hbar^2}{2m} \overrightarrow{\nabla}_i^2 + V(x_i) \right) \Phi^{(N)}_{[n_0, n_1, \cdots]}(x_1, \cdots, x_N, t)$$

그러나 12.3.1절에서 언급한 바와 같이 양자 상대론에서의 일반적인 휠러-드윗 방정식은 더 이상 시간변수 t를 포함하지 않고 다만 공간에서의 양자중력장과 그 공액장 $\hat{E}$, $\hat{A}$ 및 물질장 $\hat{\Phi}$와 그 공액장 $\hat{P}_\Phi$들이 만족시켜야할 다음과 같은 관계식으로 나타날 뿐이다.

$$H(\hat{E}, \hat{A}, \hat{\Phi}, \widehat{P_\Phi}) |\Psi\rangle = 0 \qquad \cdots (12.5)$$

양자중력이론에서의 동역학 방정식인 위의 휠러-드윗 방정식이 시간변수 t를 포함하지 않는다는 것은 우리를 소위 '**시간의 문제**(problem of time)'라고 불리는 매우 어려운 난관에 봉착하게 한다. 그러나 과연 시간변수 t가 없는 방정식으로는 시스템의 동역학에 대한 기술이 불가능한 것일까?

앞서 뉴턴에서부터 시작된 '실체적' 시간개념의 흔적이 아인슈타인의 고전적인 일반상대론에까지 남아있어서 공간의 각 위치에서 저마다의 '실체적 고유시간' τ의 흐름이 연속적으로 이어지고 있음을 언급한 바가 있다. 그러나 여기서 우리는 수학적으로만 표현 가능한 이 시간 τ의 간접적 또는 물리적 측정이 실제로는 반복적 운동을 일으키는 물질현상을 적절히 선택하여[556] 그 박자를 세는 것을 통해 가능했음을 상기할 필요가 있다. 왜냐하면 이 사실이 우리에게 다음과 같이 시간의 문제를 자연스럽게 해결할 수 있는 중요한 단서를 제공하기 때문이다.

556) 예를 들어 심장박동, 진자의 진동, 석영결정의 진동 혹은 세슘원자의 고유진동수 등이 있다.

즉, 만일 '뉴턴의 실체적 시간개념' 대신 **'우리가 살고 있는 세상이 영속성**(permanence)**을 갖는 실체**(entity)**로서의 물질 및 공간입자들의 집합체가 아니라, 생성과 소멸에 의한 변화를 본질적인 속성으로 갖는 '사건**(event)**'들 혹은 '과정**(process)**'들의 집합체**'라는 양자적 세계관을 받아들이면[557] 굳이 시간변수를 이용하지 않고도 이처럼 변화하는 사건들 중 반복적으로 일어나는 한 사건 A를 선택하여 관찰하고자 하는 두 사건 사이에 사건 A가 몇 번 반복되었는지를 셈으로써 그 두 사건 사이의 '물리적 경과시간'('수학적 경과시간' Δt가 아닌)을 표현할 수 있다.

본질적으로 이것은 변화하는 두 과정 A, B에 대하여 고전적인 시간변수 t를 사용한 $A(t)$, $B(t)$의 표현 대신 두 과정의 상대적인 상관관계 $A(B)$ 또는 $B(A)$를 통해 t 없이 세상의 동역학적 전개를 기술할 수 있음을 의미한다.

세상을 구성하는 것은 '존재론적인 물질'이 아니라 '과정으로서의 사건들'이라는 의미에서 시간의 흐름은 본질적으로 이 세계를 구성하는 모든 사건들(공간입자들의 생멸도 포함한)에 본래부터 내재되어 있으며 이에 따른 양자적 동역학(quantum dynamics)을 기술하기 위해 굳이 일렬로 흘러가는 특정한 변량 t를 필요로 하지 않는다.

양자적 스케일에서는 모든 사건들이 동등한 자격으로 각자의 박자를 가지고 변해나가고 있으며 **이 박자들 사이의 상관관계가 곧 이 세상의 동역학이 된다.**[558] 다시 말해서 **이 세상을 구성하는 양자사건들은 '시간'이라 불리는 특별한 자격을 가진 한 변량의 흐름을 따라 일렬로 진행되는 것이 아니라 서로간의 상관관계 속에서 저마다의 박자를 가지고 일어나고 사라지는 방식으로 전개되며 여기저기에서 일어나는 이러한 양자사건들의 박자의 상관관계가 모든 동역학의 본질**이라고 할 수 있다.

실제로 우리가 일상생활에서 일련의 사건들을 통해 경험하는 '시간의 흐름'이란 엄청난 규모의 많은 변량으로 구성된 복잡한 미시현상을 거시적 스케일에서 평균적으로 인지하는 과정에서 생겨나는 일종의 창발현상(emergent phenomena)일 뿐이다.[559]

---

557) 이에 대한 자세한 논의는 [Rovelli3] 6장을 참고.

558) [Rovelli1] p. 3.2.4절: "Mechanics is about relations between partial observables."

559) **일상적 경험에서 '시간의 흐름'을 보여주는 모든 현상은 항상 열의 발생을 수반한다.** 미시적 스케일의 관점에서 열은 시스템을 구성하는 분자들의 평균 운동에너지의 개념으로 이해될 수 있는데 예를 들어 포물선을 그리며 날아가서 땅에 떨어지는 공의 경우, 허공을 날아가면서 수많은 공기분자들과 충돌하며 이들의 운동에너지를 증가시키고 땅에 떨어지면서 다시 지면을 이루는 분자들과의 충돌을 통해 열을 발생시킨다. 텅 빈 우주공간의 작은 먼지 하나도 우주배경복사와 끊임없이 상호작용을 하며 열을 발생시키고 달의 운동으로 일어나는 조수 역시 바다를 미미하게나마 데우면서 열을 발생시킨다. 그런데 이와 같은 열의 발생은 항상 시스템의 전체적인 엔트로피를 증가하는 방식으로 일어난

12.4 프리드만의 양자우주

이제 지금까지의 논의에 대한 구체적인 예를 살펴보기 위해 스칼라장 ϕ를 유일한 물질장으로 갖는 프리드만 우주를 다시 생각해보자. 이 경우 아슈테카 변량 A, E 는 다음과 같이 표현된다.(11.4절 참고)

$$A_a^i = \frac{1}{2}(k+\gamma\dot{a})\delta_a^i,\ \ E_i^a = \frac{1}{4}a^2\delta_i^a$$

(단, $k=0,\pm1$ 이고 a는 프리드만 우주의 스케일 함수)

여기서 $c \equiv \frac{1}{2}(k+\gamma\dot{a})\,V_0^{1/3}$, $p \equiv \frac{a^2}{4}\,V_0^{3/2}$ (단, $V_0 \equiv \int_\Sigma dx^3$)으로 두면 이 우주의 해밀토니안은 다음과 같이 표현된다.(식 (11.24))

$$H = H_G + H_\phi = -\frac{3}{8\pi G\gamma^2}c^2\sqrt{|p|} + \frac{1}{2}\frac{P_\phi^2}{|p|^{3/2}}$$

따라서 이 경우 위 해밀토니안을 적절하게 양자화 했을 때의 휠러-드윗 방정식은 다음과 같은 형태로 나타난다.

$$H(\hat{p}, \hat{c}, \hat{\phi}, \hat{P}_\phi)\Psi(a,\phi) = 0 \qquad \cdots (12.5)'$$

다. 실제로, 낮은 엔트로피에서 시스템의 미시상태가 취할 수 있는 경우의 수(즉, 정보의 수)가 높은 엔트로피의 경우보다 적으므로 통계적으로 시스템이 한 미시 상태에서 다음 미시 상태로 전개될 때 엔트로피가 증가하게 될 확률이 절대적으로 높다. 예를 들어 공기방울 하나에 들어 있는 기체분자 즉 100만×10억×10억 개의 분자들이 저절로 한 자리에 모여드는 일이 일어나기를 기다리는 데에는 우주의 나이보다 긴 시간이 필요하다. 따라서 통계적으로 물질현상의 전개는 항상 열을 발생시켜 엔트로피를 증가시키는 방향으로 일어난다.
엄청난 규모의 물질 분자나 광자 등의 상호작용으로 이루어진 일상적 경험을 기술하는 역학은 결국 통계적 열역학일 수밖에 없고 따라서 열역학 제 2법칙인 엔트로피 증가의 '법칙'(우주의 나이만큼의 시간을 기다려도 일어나기 '힘든' 현상은 '일어나지 않는' 것으로 간주한다는 의미에서의 '법칙', [그린] pp. 235~236)을 따른다. **이러한 물질현상들의 특정한 방향성은 우리의 일상적 경험이 수많은 분자들의 변화과정을 통계적으로 다루어 그 거시적 평균값들과만 상호작용을 하는 데에 기인하여 창발된 것이며 물질현상에 본질적으로 내재된 것은 아니다.** 예를 들어 조그만 용기 안의 윗부분에 놓인 기체분자 2개가 용기 안을 이리저리 움직이는 영상의 필름을 거꾸로 돌려도 별로 이상해 보이지 않지만, 기체분자 10^{24}개가 용기 안의 윗부분에 놓여 있다가 용기 전체로 퍼져 나가는 영상의 필름을 거꾸로 돌려보면 필름이 거꾸로 돌아가고 있다는 느낌을 받게 되는 것과 같은 이치이다.([Rovelli3] 9장, [그린] p. 237) 즉, **기체분자의 수가 2개에서 10^{24}개로 바뀌면서 '시간의 흐름'이 창발된 것이다.** 이처럼 '창발된' 시간의 1차원적 흐름은 주 552)에서 소개한 열 시간(thermal time) t를 이용하여 스케일링되고 이를 통해 고전적 물리량 A의 '시간전개'를 '$A(t)$'와 같이 나타내는 것이다.

이 때, **위 휠러-드윗 방정식** (12.5)$'$**은 두 동역학적 변량 a와 ϕ가 만족시켜야 할 상관관계를 제시하고 있으며 이 상관관계가 곧 프리드만 우주의 동역학이 된다.**

실제로, 양자 작용소 $\hat{p}$가 다음과 같이 이산적 고윳값을 가짐을 보일 수 있고(식 (11.27))

$$\hat{p}|n\rangle = \frac{1}{6}\gamma l_P^2 n|n\rangle \quad (\text{단, } l_P \equiv \sqrt{8\pi G\hbar},\ n \in \mathbb{Z})$$

이로부터 작용소 $\hat{a}(\sim \sqrt{|\hat{p}|})$의 고윳값 역시 이산적임을 예상할 수 있는데 구체적으로 다음과 같이 쓸 수 있다.(식 (11.27)$'$)

$$\hat{a}|n\rangle \sim a_n|n\rangle (\text{단, } a_n = \sqrt{\frac{1}{6}\gamma l_P^2 n}\,)$$ 560)

따라서 작용소 $\hat{a}$의 고윳값, 즉, a의 측정값이 이산적 양자상태 $|n\rangle$에 따라 $a_n(\equiv a(n))$으로 주어지므로 파동함수 $\Psi(a,\phi)$는 $\Psi(n,\phi)$와 같이 다시 표기할 수 있다.

이 때 위 휠러-드윗 방정식을 만족시키는 n과 ϕ 사이의 관계식 $\phi=\phi(n)$(또는 $\phi=\phi(a)$)는 스칼라장 ϕ에 대한 동역학을 '스케일 함수 a에 대하여' 표현한 것이 된다.561) (이 때 $\phi=\phi(n)$는 전통적인 양자장의 표현 $\phi(t,x)$와 같이 시공간 좌표계에 의존하지 않는 즉, '**공변 양자장**(covariant quantum field)'의 형태임에 유의)

이 경우, n이 커져감에 따라 계속해서 커져가는 것으로 관측되는 a_n의 값을 '**양자화된 우주시간**(cosmological time)'이라고 부른다.

여기서 유의할 점은 양자화된 우주시간이 더 이상 뉴턴의 t-시간변수처럼 연속적으로 흘러가는 것이 아니라 a_n의 이산적인 변화를 따라 불연속적으로 진행한다는 것이다. 즉 **플랑크 스케일에서의 '시간'은 양자 구조를 갖게 된다.**

사실 이와 같은 시간의 양자적 구조는 앞서 언급한 바와 같이 플랑크 스케일에서의 양자 동역학의 기술이 이산적 속성을 갖는 양자사건들간의 상관관계에 의해 이루어진다는 사실로부터 필연적으로 예견될 수 있는 것이다.

또 한 가지 유의할 점으로서, 스케일 함수 a의 양자상태는 일반적으로 양자중첩상태에

---

560) [Rovelli1] p. 299. 고리양자 우주론에서는 $|0\rangle$에서도 양자 작용소 $\widehat{a^{-1}}$의 고윳값이 발산하지 않도록 $\widehat{a^{-1}}$을 잘 정의할 수 있고 이에 의해 $\hat{a}(\sim\sqrt{\hat{p}})$, $\widehat{a^{-3}}$ 등을 포함하는 해밀토니안 작용소가 우주의 동역학을 $|0\rangle$을 포함하는 **모든 '양자시간' $|n\rangle(n\in\mathbb{Z})$에 대해 잘 작용하도록 할 수 있음**을 상기.(주 513))

561) 대신에 'ϕ에 대한 a의 변화'를 통해 프리드만 우주의 동역학을 기술할 수도 있다.([Rovelli1] p. 298)

서 확률적으로 존재하는데 이는 **'양자시간' 역시 양자공간과 마찬가지로 비결정론적인 양자중첩상태로 존재하고 관측에 의한 상호작용을 통해서만 특정 값으로 나타나는 양자적 특성을 따른다는 것을 의미한다.** ([그림 12-4])

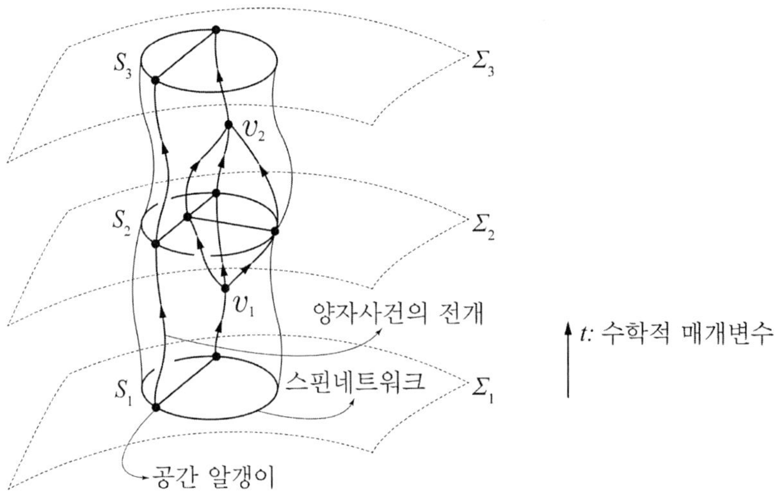

[그림 12-4: 양자적 시공간]

12.5 시간과 공간의 양자적 실재

지금까지 살펴본 바와 같이 고리양자중력이론에 의한 플랑크 스케일에서의 시간과 공간의 본질은 그 이전의 거시적 스케일에서의 그것과 매우 다르다.

모든 물질을 그 안에 담고 있으면서 그 자신은 어떤 물질과도 상호작용을 하지 않는 절대공간의 개념이나, 결정론적 장 방정식을 따라 부드럽고 매끄러운 모습으로 물질들과의 상호작용을 하는 동역학적 실체로서의 공간은 플랑크 스케일에서 더 이상 나타나지 않는다.

또 공간에서 일어나는 모든 물질의 운동이 동일하게 그것의 연속적 흐름을 따라 일어나는 절대시간의 개념이나, 공간과 서로 얽혀 각 공간의 위치마다 서로 다른 흐름을 가지면서 역시 동역학적이고 결정론적 방정식을 따르는 연속적이고 물리적인 실체로서의 시간도 플랑크 스케일에서는 더 이상 찾아 볼 수 없다.

플랑크 스케일에서의 양자공간은 스핀네트워크로 불리는 양자상태들의 중첩을 통해 확률적으로 존재하며 각 스핀네트워크는 이산적인 부피 값을 갖는 공간알갱이들로 구성된 일종의 양자상태이다. 공간의 양자 중력장 $\hat{E}$ 의 양자 (quanta)인 공간알갱이들은 공간을 구성하는 이산적 최소단위들이며 물질장을 구성하는 양자들과의 상호작용에 의한 관측을 통해 존재를 드러낸다.

플랑크 스케일에서의 양자시간은 세상을 구성하는 모든 양자장[562]에 내재된 변화(change)와 과정(process)의 상관관계에서 창발된다. 양자장에 의한 과정(process)들이 이산적이며 확률적이라는 사실은 양자시간 역시 본질적으로 이산적이며 확률적인 양자적 특성을 보일 수 밖에 없음을 의미한다. 이와 같이 **양자시간은 고전적 시간개념처럼 더 이상 1차원적인 선형구조를 가지면서 '미래'라고 불리는 특정방향[563]을 따라 흐르는 것이 아니라, 3차원 공간의 여기저기에 띄엄띄엄 흩어져 있는 서로 다른 양자사건(즉, 공변 양자장)들 간의 상호관계 속에서 일어나는 변화의 상대적인 박자일 뿐**이다.([그림 12-5]) 만일 거시계인 시스템에서 특정한 박자 하나를 기준으로 선택하여(예를 들어 세슘원자의 진동) 해밀톤의 운동방정식을 만족시키도록[564] 스케일링을 한 후 (즉, '1초'에 해당하는 박자 수를 정한 후[565]) 이 시스템의 동역학을 통계적으로 기술하면 고전적인 시간 t의 흐름이 창발된다.

562) 모든 물질장과 힘장 (주 3))뿐만 아니라 공간 자신의 양자장까지도 포함한다. 세상은 결국 이처럼 뉴턴의 시간, 공간개념에 의존하지 않는 배경독립적인 양자장 즉, '**공변 양자장**(covariant quantum field)'으로 이루어져 있고, 이들의 끊임없는 상호작용과정에서 항상 만족되어야 할 상호관계, 즉 휠러-드윗 방정식이라는 기본방정식에 의해 그 동역학이 기술될 수 있다.

563) 플랑크 스케일에서의 기본방정식인 휠러-드윗 방정식에서는 유리잔 조각이 깨어지는 사건의 진행과 깨진 유리잔 조각이 다시 원래대로 결합하는 사건의 진행이 똑같이 허용된다. 즉 사건의 진행에 특정한 방향성(우리가 '미래'라고 부르는)을 부여하지 않는다. 단지 거시적 규모의 사건의 진행을 통계적으로 다루어야 하는 상황에서 확률적으로 거의 항상 유리잔 조각이 깨어지는 방식으로 사건이 진행될 뿐이고(엔트로피의 증가, 주 559) 참고) 이와 같은 특정방향으로의 비가역적(확률에 의한)인 사건의 진행을 통해 '시간의 흐름'이라는 개념이 창발되는 것이다.

564) 주 552) 참고.

565) 이로써 약 $\frac{1}{90\text{억}}$ 초 간격의 눈금이 매겨질 수 있고 그 사이의 시간간격은 선형으로 이어서 연속적인 t의 스케일링이 이루어질 수 있다. 예를 들어 $\frac{1}{180\text{억}}$ 초는 세슘 원자가 1/2번 진동하는데 걸리는 '시간'이다.

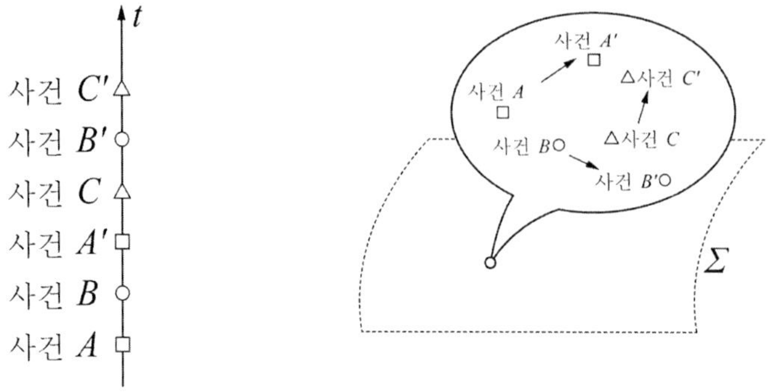

〈고전적 시간개념: $A(t), B(t), \ldots$〉 〈양자 시간의 개념: $A(B), A(C), B(A), \ldots$〉

[그림 12-5]

12.6 양자시공간: 스핀거품의 양자중첩상태

고전적 상대론에서 매끄러운 3차원 코쉬곡면 Σ_t가 시간변수 t를 따라 동역학적으로 전개되어 나가는 과정은 4차원 시공간(spacetime) $M \simeq \mathbb{R} \times \Sigma_t$이라는 구조물(structure)을 통해 이해할 수 있었다. 그렇다면 플랑크 스케일에서의 양자공간의 동역학적 전개과정에 해당하는 양자시공간은 어떤 구조물을 통해 이해할 수 있을까?

양자공간의 고유상태가 스핀네트워크로 표현된다는 점을 상기할 때 양자공간의 전개과정을 표현하는 구조물은 곧 스핀네트워크의 동역학적 전개로 도식화하여 나타낼 수 있으리라 짐작할 수 있다. 실제로 이러한 스핀네트워크의 전개경로를 도식화하여 나타낸 것이 [그림 12-6]의 '**스핀거품**(spin foam)'이라는 구조물이다.

한 가지 유의할 점은, 양자공간에서의 스핀네트워크와 마찬가지로 양자시공간으로서의 스핀거품 역시 그 자체로 하나의 물리적 실체인 것은 아니며 일반적으로 양자시공간은 자신의 고유양자상태들인 여러 스핀거품들의 양자중첩상태로 이해되어야 한다.

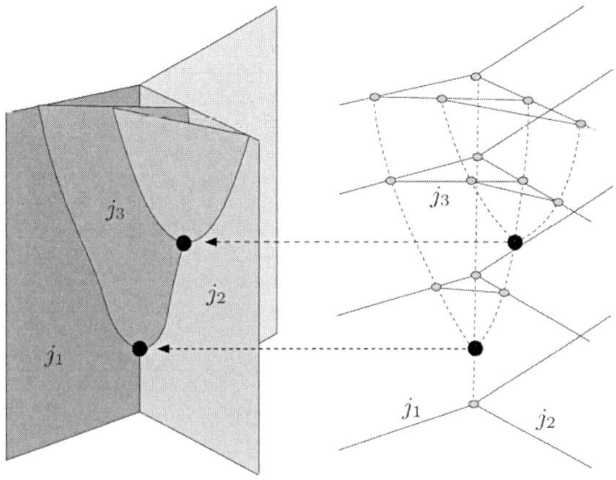

[그림 12-6]

고리양자중력이론에서는 공간의 처음 양자상태가 한 스핀네트워크 $|S\rangle$일 때 일정한 양자시간 후(예를 들어, 프리드만 양자우주모델에서 양자수 n이 증가) 공간의 양자상태가 스핀네트워크 $|S'\rangle$가 될 확률진폭 $W(S,S')$을 파인만의 경로적분 포말리즘에서와 같이 두 양자상태 $|S\rangle$와 $|S'\rangle$ 사이에 가능한 모든 스핀네트워크의 전개로 이루어진 스핀거품들에 대한 합의 형태로 다음과 같이 계산할 수 있다.566)

$$W(S,S')=\sum_{\sigma}A(\sigma)\quad (\text{단, } A(\sigma)=\prod_{v}A_v(\sigma)\ )$$

여기서 $\sigma=(S,S_N,\cdots,S_1,S')$은 두 양자상태 $|S\rangle$와 $|S'\rangle$ 사이에 가능한 스핀네트워크 상태의 이산적 전개(discrete evolution)를 나타내며 하나의 스핀거품에 해당한다. 또 v는 이러한 이산적 전개의 각 단계를 나타내는데, 실제로 스핀네트워크를 동역학적으로 전개시키는 해밀토니안 작용소의 역할이 스핀네트워크의 각 노드에서의 변화로 나타나므로([그림 12-7]) 결과적으로 스핀거품의 '꼭짓점' v들이 그 스핀거품에 나타난 이산적 전개의 각 단계를 나타내게 된다.567) 따라서 $A_v(\sigma)$는 스핀거품 σ의 각 단계 v에 해당하는 확률진폭을 나타내는 것임을 알 수 있다.

566) 보다 구체적인 설명은 [Rovelli1] p. 28, pp. 323~327을 참고할 것.
567) [Rovelli1] p. 325.

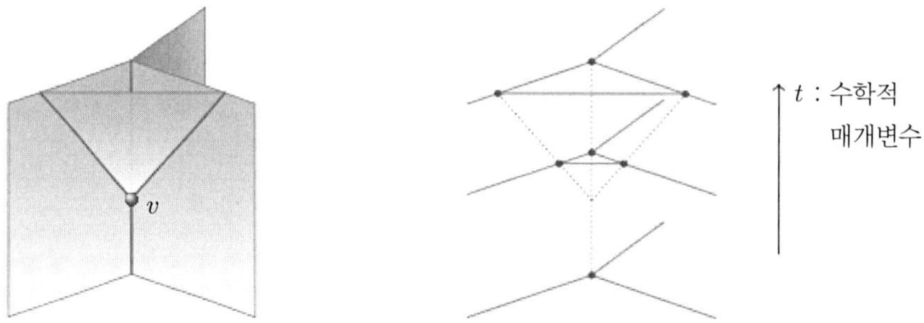

[그림 12-7]

[부록 1]
다양체와 미분동형

일반적으로 중력이 존재하는 시공간의 전체적인 모습을 임의의 한 관찰자의 좌표계 (x^{μ})를 이용하여 $\mathbb{R}^4 = \{(x^{\mu}) | x^{\mu} \in \mathbb{R}\}$와 같이 기술할 수 있을까?

일반상대론의 시공간에서 정의된 여러 가지 형태의 텐서들, 예를 들어 $v^{\mu}, w_{\mu}, D_{\mu}v^{\nu}, \cdots$ 등은 한 좌표계 $(x^{\mu}) \in \mathbb{R}^4$와 다른 좌표계 $(x^{\mu'}) \in \mathbb{R}^4$ 사이의 좌표변환에 대해 그 형태가 변하지 않는다.[568](예를 들어 $v = v^{\mu}\partial_{\mu} = v^{\mu'}\partial_{\mu'}$) 이것은 각 관찰자가 자신의 주변의 시공간을 $\mathbb{R}^4$로 인식하고 있으며 자신의 좌표계 (x^{μ})로 표현된 한 텐서가 다른 관찰자의 좌표계 $(x^{\mu'})$로 표현될 때, 그 형태가 바뀌지 않는다는 것을 의미하지만 이것이 곧 시공간의 전체적인 모습이 $\mathbb{R}^4$임을 의미하지는 않는다.([그림 1-1]) 따라서 시공간의 전체적인 모습을 수학적으로 기술하면서 이러한 좌표변환에 대한 일반적 공변성(general covariance)을 일관성 있게 서술하기 위해서는 '다양체'라는 보다 확장된 시공간 개념이 필요하다.

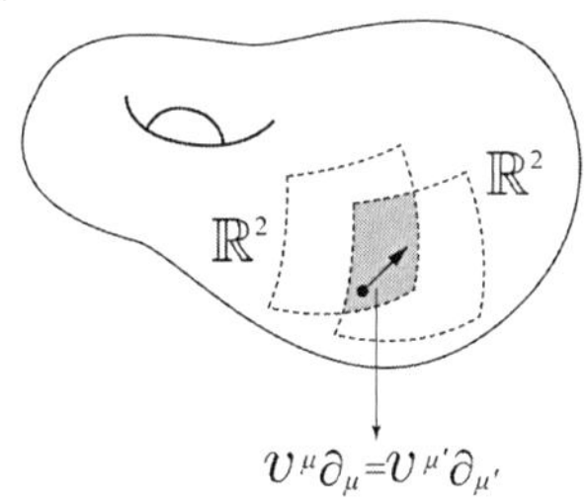

[그림 1-1]

정의 1.1

하우스도르프 위상공간 M에 대하여, 각 점 $p \in M$ 마다 적당한 열린집합 $U(p)$와 위상동형 $\phi_p : U(p) \to \mathbb{R}^n$이 존재하고, $U(p) \cap U(q) \neq \varnothing$일 때 함수

$$\phi_q \circ \phi_p^{-1} : \phi_p(U(p) \cap U(q)) \to \phi_q(U(p) \cap U(q))$$

이 무한 번 미분가능하다고 하자.

---

568) 즉, '일반적 공변성(general covariance)'을 준수하는 방식.

이때 M을 '**미분 다양체**'라고 부르고, 각 함수 $\phi_p : U(p) \to \mathbb{R}^n$을 p 근방의 '**좌표함수**'라고 부른다.

또 $(U(p), \phi_p = (x^1, \cdots, x^n))$을 p 근방의 '**좌표계**'라고 부른다. (단, 여기서 $x^i = r^i \circ \phi$이고 $(r^1, \cdots, r^n)$은 $\mathbb{R}^n$의 표준 좌표함수들이다.)

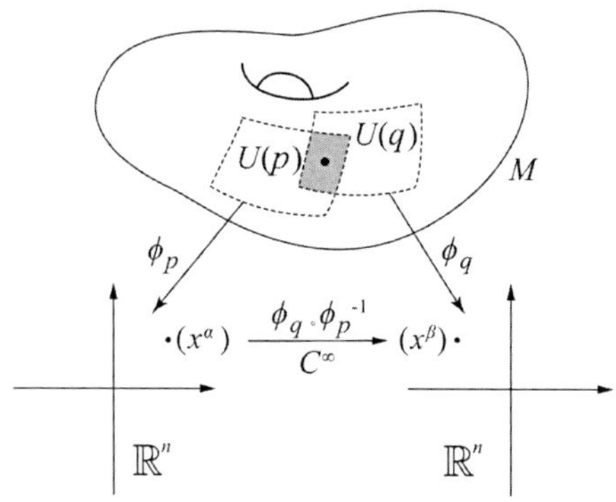

[그림 1-2]

다양체 M 상의 각 좌표계 $(U(p), \phi_p = (x^1, \cdots, x^n))$에 대하여 각 '**좌표벡터**' $\frac{\partial}{\partial x^i}(i = 1, \cdots, n)$은 다음을 만족시키는 미분작용소로 정의된다.

'임의의 함수 $f : U(p) \to \mathbb{R}$에 대하여 $\dfrac{\partial f}{\partial x^i} := \dfrac{\partial (f \circ \phi_p^{-1})}{\partial r_i}$ 이다.'

또 각 점 p에서의 '**접공간**' T_pM은 다음과 같이 정의된다.

$$T_pM := \left\{ \sum_{i=1}^{n} v^i \frac{\partial}{\partial x_i}\bigg|_p \mid v^i \in \mathbb{R}, i = 1, \cdots, n \right\}$$

한편 각 좌표계 (x^i)에서 $v^i \frac{\partial}{\partial x^i}$로 정의된 벡터장이 다른 좌표계 $(x^{i'})$에 대하여 $v^{i'} = \frac{\partial x^{i'}}{\partial x^i} v^i$를 만족시키면 $v^i \frac{\partial}{\partial x^i} = v^{i'} \frac{\partial}{\partial x^{i'}}$가 성립한다. 따라서 $V \equiv v^i \frac{\partial}{\partial x^i}$는 M 전체에서 정의된 '**벡터장**'이 된다. 이때 M에서 정의된 모든 벡터장들의 집합을 $\mathfrak{I}_0^1(M)$으로 표기한다. 또 만일 M상의 곡선 γ가 $\gamma'(t) = V(\gamma(t))$를 만족시키면 γ를 벡터장 V의 '**적분곡선**(integral curve)'이라고 부른다.

(정의 1.2)

미분다양체 M에서 정의된 함수 $f: M \to \mathbb{R}$가 있다고 하자. 만일 각 좌표함수 ϕ_p에 대하여 항상 $f \circ \phi_p^{-1}: \mathbb{R}^n \to \mathbb{R}$이 무한 번 미분가능하면, 함수 $f: M \to \mathbb{R}$를 **'미분가능한 함수'**라고 부른다. 이때 M에서 정의된 모든 미분가능한 함수들의 모임을 $C^{\infty}(M)$으로 표기한다.

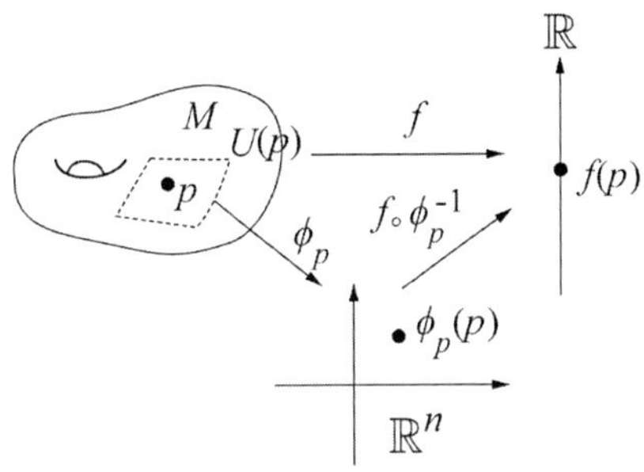

[그림 1-3]

(정의 1.3)

미분다양체 M, N과 함수 $f: M \to N$이 주어졌다고 하자. 만일 각 좌표함수 ϕ_p, $\psi_{f(p)}$에 대하여 항상 $\psi_{f(p)} \circ f \circ \phi_p^{-1}: \mathbb{R}^n \to \mathbb{R}^n$이 무한 번 미분가능하면 함수 $f: M \to N$를 **'미분가능한 함수'**라고 부른다. 만일 f가 일대일 대응이고 $f^{-1}: N \to M$ 도 미분가능하면 f를 **'미분동형'**이라고 부른다.

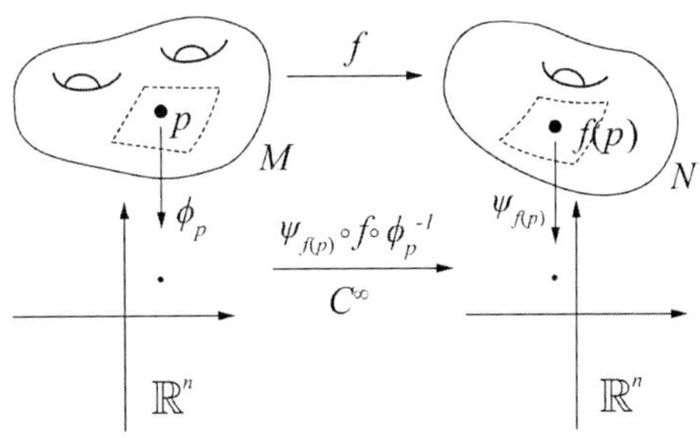

[그림 1-4]

정의 1.4

미분가능한 함수 $F: M \to N$과 N에서 정의된 함수 $\phi \in C^\infty(N)$에 대하여 F에 의한 ϕ의 '**풀-백**(pull-back)' $F^*\phi \in C^\infty(M)$과, F에 의한 M 상의 벡터장 $V = (V^i) \in \mathfrak{I}_0^1(M)$의 '**푸쉬-아웃**(push-out)' $F_*[V]$를 각각 다음과 같이 정의한다.

$$[F^*\phi](p) := \phi(F(p)) \ (p \in M),$$
$$F_*(V)[f] := V[F^*(f)] \ (= V[f \circ F]) \ (\text{단, } f: N \to \mathbb{R}\text{은 미분가능한 함수})$$

또, 임의의 텐서 $(\omega_{i_1 \cdots i_n}) \in \mathfrak{I}_n^0(N)$ (즉, n-미분형식)는 다음과 같이 정의되는 $C^\infty(N)$-선형함수 ω로 볼 수 있다.

$$\omega : \mathfrak{I}_0^1(N) \times \cdots \times \mathfrak{I}_0^1(N) \to C^\infty(N), \quad \omega(\partial_{i_1}, \cdots, \partial_{i_n}) := \omega_{i_1, \cdots, i_n}$$

좌표계를 이용하면 다음과 같이 표현된다.

$$\omega = \sum \omega_{i_1 \cdots i_n} dx^{i_1} \otimes \cdots \otimes dx^{i_n}$$

이 때 $F^*\omega \in \mathfrak{I}_n^0(M)$은 다음과 같이 정의된다.

$$(F^*\omega)(V_1, \cdots, V_n) := \omega(F_* V_1, \cdots, F_* V_n) \ (\text{단, } V_i \in \mathfrak{I}_0^1(M))$$

이를 좌표계를 이용하여 표현하면 다음과 같다.

$$F^*\omega = \sum (F^*\omega_{i_1 \cdots i_n}) dy^{i_1} \otimes \cdots \otimes dy^{i_n} \ (\text{단, } y^{i_k} \equiv x^{i_k} \circ F)$$

만일 특별히 $F: M \to N$가 미분동형인 경우는 N 상의 벡터장 $V = (V^i) \in \mathfrak{I}_0^1(N)$에 대하여 F^*V를 $(F^{-1})_* V \in \mathfrak{I}_0^1(M)$으로 정의한다.

일반적으로 $F: M \to N$가 미분동형인 경우, 임의의 텐서 $T = (T_{i_1 \cdots i_n}^{j_1 \cdots j_m}) \in \mathfrak{I}_n^m(N)$에 대하여 $T = \sum T_{i_1 \cdots i_n}^{j_1 \cdots j_m} \partial_{j_1} \otimes \cdots \otimes \partial_{j_m} \otimes dx^{i_1} \otimes \cdots \otimes dx^{i_n}$로 표기하면 $F^*T \in \mathfrak{I}_n^m(M)$을 다음과 같이 정의할 수가 있다.

$$F^*T := \sum_{i_k, j_l} (F^* T_{i_1 \cdots i_n}^{j_1 \cdots j_m})(F^{-1})_* \partial_{j_1} \otimes \cdots \otimes (F^{-1})_* \partial_{j_m} \otimes F^* dx^{i_1} \otimes \cdots \otimes F^* dx^{i_n}$$

위 [정의 1.4]에서 벡터장 V를 p 근방의 좌표계 (x^i)에 대한 좌표벡터 $\frac{\partial}{\partial x^i}$를 이용하여 $V = V^i \frac{\partial}{\partial x^i}$로 나타내면 $F_*(V)[f]$는 다음과 같이 계산할 수 있다.

$$F_*(V)[f] = V[f \circ F] = V^i \frac{\partial}{\partial x^i}(f \circ F) = V^i \frac{\partial f}{\partial y^k}\frac{\partial y^k}{\partial x^i} \equiv W^k \frac{\partial f}{\partial y^k}$$

(단, (y^k)는 $F(p)$근방의 좌표함수)

여기서 $W := W^k \frac{\partial}{\partial y^k}$로 두면 $W(F(p)) = F_*|_p(V(p))$로 쓸 수 있고[569] 이때

$$W^k(F(p)) = \left.\frac{\partial y^k}{\partial x^i}\right|_p V^i(p)$$

임을 알 수 있다. 즉, $F_*|_p$는 함수 F의 야코비행렬이 나타내는 선형사상으로 이해할 수 있다.

한편, M 상의 미분가능한 곡선 $\gamma : (a,b) \to M$에 대하여 $\phi_p \circ \gamma(t) = (\gamma^1(t), \cdots, \gamma^n(t))$이면 $\gamma'(t) := \gamma_*(\left.\frac{d}{dt}\right|_t) = \frac{d\gamma^i(t)}{dt}\left.\frac{\partial}{\partial x^i}\right|_{\gamma(t)}$ 으로 표기할 수 있으므로[570] 곡선 γ가 벡터장 V에 대한 적분곡선이 되기 위한 조건 $\gamma'(t) = V(\gamma(t))$는 $\frac{d\gamma^i}{dt} = v^i(\gamma(t))\,(i = 1, \cdots, n)$로 다시 쓸 수 있다. 따라서 초기조건 $\gamma(0) = p$를 만족하는 벡터장 V의 적분곡선은 상미분방정식의 해의 존재성과 유일성에 의해 국소적으로 항상 유일하게 존재함을 알 수 있다.

정의 1.5

집합 $\{\Phi_t : M \to M \mid t \in \mathbb{R}\}$에서 각 Φ_t가 미분동형이고 모든 $t, s \in \mathbb{R}$에 대해

$$\Phi_t \circ \Phi_s = \Phi_{t+s}$$

를 만족시키면 집합 $\{\Phi_t : M \to M \mid t \in \mathbb{R}\}$를 '**1-파라미터 미분동형군**'이라고 부른다. (이

569) 실제로 F가 미분동형일 때, W는 N 상의 벡터장이 됨을 보일 수 있다.([Gallot] p. 23 참고)

570) 함수 $f : M \to \mathbb{R}$에 대해 $\gamma'(t)[f] = \gamma_*(\left.\frac{d}{dt}\right|_t)[f] = \frac{d}{dt}(f \circ \phi_p^{-1} \circ \phi_p \circ \gamma) = \frac{d\gamma^i(t)}{dt}\left.\frac{\partial f}{\partial x^i}\right|_{\gamma(t)}$ 이다.

때, $\Phi_t(x)=\Phi_0 \circ \Phi_t(x)$이므로 모든 $x\in M$에 대해 $\Phi_0(x)=x$이다.)

정리 1.1[571]

다양체 M 위에서 정의된 벡터장 V가 주어졌다고 하자. 이 때 각 점 $p\in M$에 대하여 p의 적당한 열린 근방 $U(p)$와 양수 $\epsilon(p)>0$을 선택하면 미분 가능한 함수

$$\Phi : (-\epsilon,\epsilon)\times U\to M,\ \Phi(t,x):=\gamma_x(t)$$

(단, 각 $x\in U$에 대하여 γ_x는 $\gamma_x(0)=x$인 벡터장 V의 적분곡선)

가 다음을 만족하게 할 수 있다.

> '각 $t\in(-\epsilon,\epsilon)$에 대하여 $\Phi_t(x):=\Phi(t,x)(=\gamma_x(t))$로 정의하면 함수 $\Phi_t : U\to\Phi_t(U)$이 M의 두 열린집합 $U, \Phi_t(U)$사이의 미분동형이 되고, 이 때 $\Phi_t^{-1}=\Phi_{-t}$이다.'

위 [정리 1.1]에서 벡터장 V는 U 상의 각 점들이 미분동형 Φ_t를 따라 움직이는(또는 흘러가는) 일종의 '흐름(flow)'을 생성하는 역할을 하는 것으로 볼 수 있다. 즉, 벡터장 V는 일종의 '**미분동형의 흐름**' $\{\Phi_t | t\in(-\epsilon,\epsilon)\}$을 생성하며 U 상의 각 점 x는 이 흐름을 나타내는 적분곡선 γ_x를 따라 '$x\mapsto\Phi_t(x)=\gamma_x(t)$' 와 같이 움직인다.

한편, 위 [정리 1.1]에서 각 점 $x\in M$에 대해 항상 $\epsilon=\infty$로 잡을 수 있는 경우 (이 경우 벡터장 V를 '**완비벡터장**'이라고 부른다) $\Phi_t(x):=\gamma_x(t)(t\in\mathbb{R})$로 정의하면 $\{\Phi_t : M\to M\}$는 자연스럽게 1-파라미터 미분동형군이 된다.

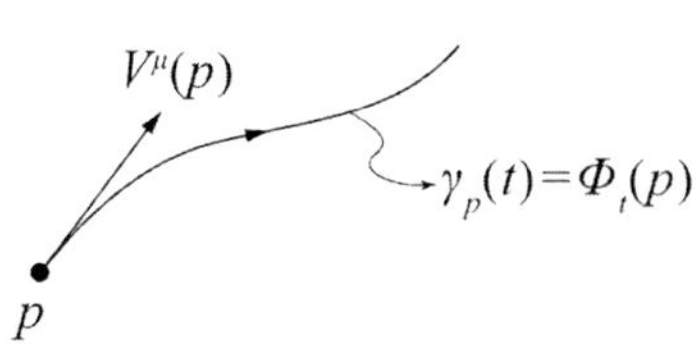

[그림 1-5]

571) 증명은 [Warner] p. 37 참고.

정의 1.6

미분다양체 M에서 정의된 미분가능한 벡터장 V가 있다고 하자. 이 때 M에서 정의된 (m,n)-텐서 T의 $p \in M$에서의 **'리-미분'** $(\mathcal{L}_V T)(p)$는 다음과 같이 정의된다.

$$(\mathcal{L}_V T)(p) \equiv \lim_{t \to 0} \frac{(\Phi_t^* T)(p) - T(p)}{t}$$

(단, 충분히 작은 t에 대하여 $\Phi_t : U(\ni p) \to \Phi_t(U)$는 위 [정리 1.1]에서 정의된 미분동형이다.)

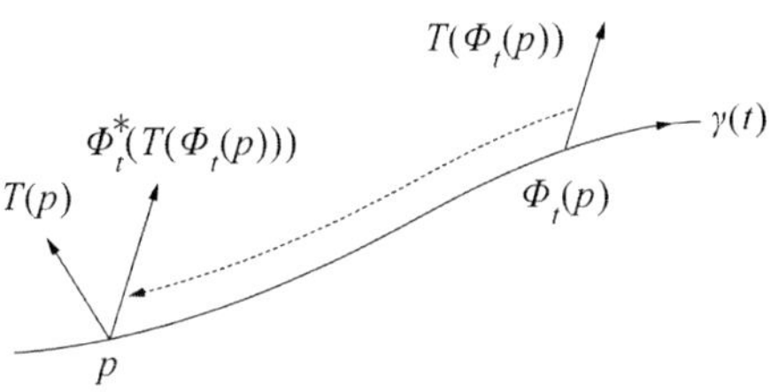

[그림 1–6]

리-미분은 벡터장 V가 생성하는 '미분동형의 흐름'을 따라 다양체 M 상의 점들이 변환될 때, M에서 정의된 물리적 시스템의 불변성(즉, M의 대칭성)을 기술하는데 매우 유용한 개념이다. (본문 5.5절 참조)

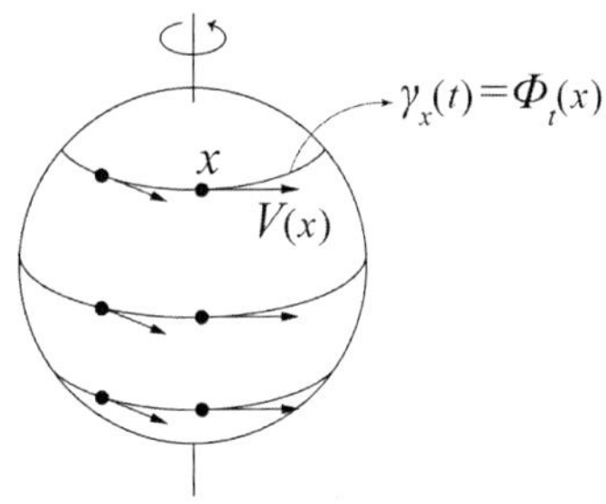

[그림 1–7]

참고로, 함수 $f : M \to \mathbb{R}$와 두 벡터장 V, W에 대하여 $[V, W][f] := V(W(f)) - W(V(f))$로 정의하면 다음이 성립한다.572)

$$\mathcal{L}_V W = [V, W]$$

572) 증명은 [Warner] p. 70 참고.

A·P·P·E·N·D·I·X

[부록 2] 동역학적 장의 운동방정식

2.1 범함수의 미분

적당한 경계조건을 만족시키는 미분가능한 함수들의 공간 M에 대하여 새로운 함수 $F: M \to \mathbb{C}$ (또는 $\mathbb{R}$)가 정의될 때 F를 M 상의 '**범함수**(functional)'라고 부른다. 이때, $\dfrac{\delta F[\phi]}{\delta\phi(x)}$는 함수 ϕ가 x에서 약간 변화했을 때 $F[\phi]$가 얼마나 변화하는지를 나타내는 양으로서 다음과 같은 관계식으로 정의된다.

$$\delta F[\phi] = \int dx \frac{\delta F[\phi]}{\delta\phi(x)} \delta\phi(x) \ (\text{단}, \delta F[\phi] \equiv F[\phi + \delta\phi] - F[\phi]) \qquad \cdots [\text{정의 } 1]^{573)}$$

이는 보통의 함수 $f(x_1, \cdots, x_n)$에 대한 $df = \sum_{i=1}^{N} \frac{\partial f}{\partial x_i} dx_i$에 해당하는 표현으로 볼 수 있으며,574) 이산적인 변수 $x_i (1 \le i \le n)$ 대신 연속적인 변수 $\phi_x \equiv \phi(x)$ $(x \in \mathbb{R})$를 사용하고 있다는 것이 차이점이라고 할 수 있다.

위 [정의1]에서 특별히 $\delta\phi(x) = \epsilon\delta(x-y)$로 두면 다음이 성립함을 알 수 있다.

$$\delta F[\phi] = F[\phi + \epsilon\delta(x-y)] - F[\phi] = \int dx \frac{\delta F[\phi]}{\delta\phi(x)} \epsilon\delta(x-y) = \epsilon \frac{\delta F[\phi]}{\delta\phi(y)}$$

---

573) 어떤 양 x앞에 δ를 붙여 δx라고 표기한 것은 소위 '**무한소 변량**(infinitesimal variation)'을 나타내는데 그 양이 충분히 작아서 $(\delta x)^n (n > 1)$들은 모두 무시하고(즉 0으로 볼 수 있고) 오직 δx의 일차항만을 고려하여 계산에 포함시킨다. 이는 수학에서 '외 미분(exterior derivative)'이라는 형식화된 개념을 도입하여 dx라고 쓰는 것과 같은 개념이라고 할 수 있다. 예를 들어 $y = x^2$일 때, 다음과 같이 계산된다.

$$\delta y = y(x + \delta x) - y(x) = (x + \delta x)^2 - x^2 = 2x\,\delta x.$$

즉, $\dfrac{\delta y}{\delta x}\left(= \dfrac{dy}{dx}\right) = 2x$이다. 만일 $\delta x = \epsilon$으로 두고 $\epsilon^n (n \ge 2)$항들을 포함하여 계산하면

$$\delta y = y(x+\epsilon) - y(x) = (x+\epsilon)^2 - x^2 = 2x\,\epsilon + O(\epsilon^2)$$

이 되고 양변을 ϵ으로 나눈 후 $\lim_{\epsilon \to 0}$을 취하면 $\lim_{\epsilon \to 0} \dfrac{y(x+\epsilon) - y(x)}{\epsilon} = 2x$을 얻는다.

574) 이 때 $\dfrac{\delta F[\phi]}{\delta\phi(x)}$와 $\dfrac{\partial f}{\partial x_i}$이 서로 대응된다고 볼 수 있다.

이로부터 $\dfrac{\delta F[\phi]}{\delta\phi(x)}$를 다음과 같이 정의할 수도 있음을 알 수 있다.

$$\frac{\delta F[\phi]}{\delta\phi(y)}=\lim_{\epsilon\to 0}\frac{F[\phi+\epsilon\,\delta(x-y)]-F[\phi]}{\epsilon} \qquad \cdots [\text{정의 } 2]$$

만일 [정의1]에서 $\delta\phi(x)=\epsilon\,\eta(x)$로 두고 양변을 ϵ으로 나눈 뒤 $\lim\limits_{\epsilon\to 0}$을 취하면 다음과 같은 관계식을 얻는다.

$$\int dx\,\frac{\delta F[\phi]}{\delta\phi(x)}\,\eta(x)=\left.\frac{dF[\phi+\epsilon\eta]}{d\epsilon}\right|_{\epsilon=0} \qquad \cdots [\text{정의 } 3]$$

위 [정의3]에서 $\eta(x)=\delta(x-y)$로 두면 위 [정의2]와 같은 표현을 얻는다.

한편, 두 함수 ϕ,ψ에 대한 범함수 $F=F[\phi,\psi]$인 경우는 다음과 같이 위의 [정의 1]을 확장할 수도 있다.

$$\int dx\left(\left.\frac{\delta F[\phi,\psi]}{\delta\phi(x)}\right|_{\psi}\delta\phi(x)+\left.\frac{\delta F[\phi,\psi]}{\delta\psi(x)}\right|_{\phi}\delta\psi(x)\right)\equiv\delta F[\phi,\psi] \qquad \cdots [\text{정의 } 1]'$$

(단, $\delta F[\phi,\psi]=F[\phi+\delta\phi,\psi+\delta\psi]-F[\phi]$ 이고,

$|_\phi$ 와 $|_\psi$는 각각 ϕ와 ψ를 변화없이 고정시킴을 의미)

이제 $F=F(x)$일 때 (예를 들어 $F(x)=x^\alpha\,(\alpha\in\mathbb{R})$) 범함수 $F_t[\phi]:=F(\phi(t))$를 생각해 보자.

이 때 다음을 계산할 수 있다.

$$\begin{aligned}\frac{\delta F_t[\phi]}{\delta\phi(s)}\left(\equiv\frac{\delta F(\phi(t))}{\delta\phi(s)}\right)&=\lim_{\epsilon\to 0}\frac{F_t[\phi+\epsilon\delta(t-s)]-F_t[\phi]}{\epsilon}\\&=\lim_{\epsilon\to 0}\frac{F(\phi(t)+\epsilon\delta(t-s)]-F(\phi(t))}{\epsilon}\\&=\lim_{\epsilon\to 0}\frac{1}{\epsilon}\{F(\phi(t))+F'(\phi(t))\,\epsilon\,\delta(t-s)-F(\phi(t))\}\\&=F'(\phi(t))\,\delta(t-s) \qquad \cdots (*)\end{aligned}$$

예를 들어 $F(x)=x^\alpha\,(\alpha\in\mathbb{R})$이면 다음이 성립한다.

$$\frac{\delta F(\phi(t))}{\delta\phi(s)}=\alpha\,(\phi(t))^{\alpha-1}\,\delta(t-s) \qquad \cdots (**)$$

여기서 만일 $\alpha=1$이면 $\dfrac{\delta\phi(t)}{\delta\phi(s)}=\delta(t-s)$임을 알 수 있다.

예 1

라그랑지안 밀도 $\mathcal{L}\,(x(t),\,\dot{x}(t),\,t)$에 대하여 다음과 같이 계산할 수 있다.

$$\begin{aligned}\delta\mathcal{L}\,&(\equiv \mathcal{L}\,(x(t)+\delta x(t),\,\dot{x}(t)+\delta\dot{x}(t),\,t)-\mathcal{L}\,(x(t),\,\dot{x}(t),\,t))\\ &=\int\left[\frac{\delta\mathcal{L}}{\delta x(s)}\bigg|_{\dot{x}}\delta x(s)+\frac{\delta\mathcal{L}}{\delta\dot{x}(s)}\bigg|_{x}\delta\dot{x}(s)\right]ds \qquad (\leftarrow [\text{정의 } 1]')\\ &=\int\left[\frac{\partial\mathcal{L}}{\partial x}(t)\,\delta x(s)+\frac{\partial\mathcal{L}}{\partial\dot{x}}(t)\,\delta\dot{x}(s)\right]\delta(t-s)\,ds \qquad (\leftarrow (*))\\ &=\frac{\partial\mathcal{L}}{\partial x}(t)\,\delta x(t)+\frac{\partial\mathcal{L}}{\partial\dot{x}}(t)\,\delta\dot{x}(t)\end{aligned}$$

예 2

$F[\phi]=\displaystyle\int dx\,(\phi(x))^n$인 경우 다음 두 가지 방법으로 $\dfrac{\delta F[\phi]}{\delta\phi(x)}$를 구할 수 있다.

i) $$\begin{aligned}\frac{\delta F[\phi]}{\delta\phi(x)}&=\lim_{\epsilon\to0}\frac{1}{\epsilon}\left\{\int dt\,(\phi(t)+\epsilon\,\delta(t-x))^n-\int dt\,(\phi(t))^n\right\}\\ &=\int dt\,n\,(\phi(t))^{n-1}\delta(t-x)=n\,(\phi(x))^{n-1}\end{aligned}$$

ii) $$\begin{aligned}\delta F[\phi]&=\int dx\,\delta[\phi(x)^n]\\ &=\int dx\int\frac{\delta[\phi(x)^n]}{\delta\phi(y)}\,\delta\phi(y)dy\\ &=\int dx\int\frac{d[\phi^n]}{d\phi}(x)\,\delta(x-y)\,\delta\phi(y)dy \qquad (\leftarrow (**))\\ &=\int dx\,(n\phi(x)^{n-1})\delta\phi(x)\end{aligned}$$

따라서 [정의 1]에 의하여 $\dfrac{\delta F[\phi]}{\delta\phi(x)} = n(\phi(x))^{n-1}$이다.

2.2 동역학적 장의 라그랑지안 포말리즘(Lagrangian Formalism)575)

시공간 상의 각 사건 $x=(t, \vec{x})$에서 정의되는 동역학적 장(dynamical field) $\Psi=(\Psi^l)$에 대하여 '라그랑지안' L과 '작용' S가 각각 다음과 같이 정의된다고 하자.

$$L[\Psi(t),\dot{\Psi}(t)] \equiv \int d^3\vec{x}\, \mathcal{L}\,(\Psi(t,\vec{x}), \vec{\nabla}\Psi(t,\vec{x}), \dot{\Psi}(t,\vec{x}))\ \ (\text{단, } \vec{\nabla}=(\partial_i)_{i=1,2,3}\ )$$

$$S[\Psi] \equiv \int d^4x\, \mathcal{L}\,(\Psi(x), \partial_\mu\Psi(x)) \left(= \int_{-\infty}^{\infty} dt\, L[\Psi(t), \dot{\Psi}(t)]\right)$$

이 때, $\Psi^l(x)$의 무한소 변량 $\delta\Psi^l(x)$과 그에 따른 $\delta(\partial_\mu\Psi^l)(=\partial_\mu(\delta\Psi^l))$576) 에 대하여 δL과 δS는 각각 다음과 같이 계산된다.

$$\begin{aligned}\delta L &= \int d^3\vec{x}\left[\frac{\partial\mathcal{L}}{\partial\Psi^l}(x)\delta\Psi^l(x) + \frac{\partial\mathcal{L}}{\partial(\partial_i\Psi^l)}(x)\partial_i\delta\Psi^l(x) + \frac{\partial\mathcal{L}}{\partial\dot{\Psi}^l}(x)\delta\dot{\Psi}^l(x)\right]\ \ (\text{[예1] 참고})\\ &= \int d^3\vec{x}\left[\left(\frac{\partial\mathcal{L}}{\partial\Psi^l}(x) - \frac{\partial}{\partial x_i}\frac{\partial\mathcal{L}}{\partial(\partial_i\Psi^l)}(x)\right)\delta\Psi^l(x) + \frac{\partial\mathcal{L}}{\partial\dot{\Psi}^l}(x)\delta\dot{\Psi}^l(x)\right] \qquad \cdots (2.1)\end{aligned}$$

$$\begin{aligned}\delta S[\Psi] &= \int_{-\infty}^{\infty} dt \int d^3\vec{x}\left[\frac{\delta L}{\delta\Psi^l(x)}\delta\Psi^l(x) + \frac{\delta L}{\delta\dot{\Psi}^l(x)}\delta\dot{\Psi}^l(x)\right]\\ &= \int_{-\infty}^{\infty} d^4x\left[\frac{\delta L}{\delta\Psi^l(x)} - \frac{d}{dt}\frac{\delta L}{\delta\dot{\Psi}^l(x)}\right]\delta\Psi^l(x)\ \ (t\to\pm\infty\text{일 때 } \delta\Psi^l(x)\to 0\text{임을 가정})\\ &\qquad \cdots (2.2)\end{aligned}$$

---

575) [Weinberg2] p. 300 참고.

576) 예를 들어 일차함수 $f(x)$에 대해 $\hat{f}(x) \equiv f(x) + \delta f(x)$일 때, $\delta f(x) = \epsilon\phi(x)$로 두면 다음을 얻는다. ([Lanczos] pp. 56~57 참고)

$$\frac{d}{dx}(\delta f(x)) = \frac{d}{dx}(\epsilon\phi(x)) = \epsilon\phi'(x) = (f'(x)+\epsilon\phi'(x)) - f'(x) = \hat{f}'(x) - f'(x) = \delta\frac{d}{dx}f(x)$$

또는 다음과 같이 보일 수도 있다.

$$\frac{d}{dx}(\delta f(x)) = \frac{d}{dx}(f'(x)\delta x) = f''(x)\delta x,\quad \delta\left(\frac{d}{dx}f(x)\right) = \delta(f'(x)) = f''(x)\delta x$$

위 식 (2.1)으로부터 다음을 얻는다.

$$\begin{cases} \dfrac{\delta L}{\delta \Psi^l}(x) = \dfrac{\partial \mathcal{L}}{\partial \Psi^l}(x) - \dfrac{\partial}{\partial x_i}\dfrac{\partial \mathcal{L}}{\partial(\partial_i \Psi^l)}(x) \\ \dfrac{\delta L}{\delta \dot{\Psi}^l}(x) = \dfrac{\partial \mathcal{L}}{\partial \dot{\Psi}^l}(x) \end{cases} \quad \cdots \ (2.3)$$

또 최소작용의 원리에 의해 위 식 (2.2)에서 모든 $\delta\Psi^l(x)$에 대해 $\delta S[\Psi] = 0$이 성립하기 위해서는 다음이 성립해야 함을 알 수 있다.

$$\frac{\delta L}{\delta \Psi^l}(x) - \frac{d}{dt}\frac{\delta L}{\delta \dot{\Psi}^l}(x) = 0 \quad \cdots \ (2.4)$$

여기서 위 식 (2.3)을 이용하여 식 (2.4)를 다시 쓰면 다음을 얻는다.

$$\frac{\partial}{\partial x^\mu}\frac{\partial \mathcal{L}}{\partial(\partial \Psi^l / \partial x^\mu)} = \frac{\partial \mathcal{L}}{\partial \Psi^l} \quad \cdots \ (2.4)'$$

위 식 (2.4)′는 동역학적 장 Ψ가 만족해야하는 운동방정식으로서 '**오일러-라그랑주 방정식**'이라고 부른다.

➲ 참고 1

만일

$$\Pi_l(x) := \frac{\delta L[\Psi(t), \dot{\Psi}(t)]}{\delta \dot{\Psi}^l(x)} \left(= \frac{\partial \mathcal{L}}{\partial \dot{\Psi}^l}(x) \right)$$

로 정의하면 위 식 (2.4)는 다음과 같이 다시 쓸 수 있다.

$$\dot{\Pi}_l(x) = \frac{\delta L[\Psi(t), \dot{\Psi}(t)]}{\delta \Psi^l(x)} \quad \cdots \ (2.4)''$$

(예 3) $S[x] = \int_0^\tau L(x(t), \dot{x}(t))dt$의 경우 :

$$\delta S=\int_0^\tau \delta L(x(t),\dot{x}(t))dt$$
$$=\int_0^\tau\int\left(\frac{\delta L(x(t),\dot{x}(t))}{\delta x(s)}\delta x(s)+\frac{\delta L(x(t),\dot{x}(t)}{\delta\dot{x}(s)}\delta\dot{x}(s)\right)dsdt$$
$$=\int_0^\tau\int\left(\frac{\partial L}{\partial x}(t)\delta x(s)+\frac{\partial L}{\partial\dot{x}}(t)\delta\dot{x}(s)\right)\delta(t-s)dsdt \quad (\leftarrow \text{2.1절 예 1})$$
$$=\int_0^\tau\left(\frac{\partial L}{\partial x}(t)\delta x(t)+\frac{\partial L}{\partial\dot{x}}(t)\delta\dot{x}(t)\right)dt=\int_0^\tau\left(\frac{\partial L}{\partial x}(t)-\frac{d}{dt}\left(\frac{\partial L}{\partial\dot{x}}\right)\right)\delta x(t)dt$$

따라서 [정의 1]에 의해 $\frac{\delta S[x]}{\delta x(t)}=\frac{\partial L}{\partial x}(t)-\frac{d}{dt}\left(\frac{\partial L}{\partial\dot{x}}\right)$이고, 오일러-라그랑주 방정식은 다음과 같다.

$$\frac{\partial L}{\partial x}(t)-\frac{d}{dt}\left(\frac{\partial L}{\partial\dot{x}}\right)=0$$

예 4 $S[x]=\int_0^\tau L(x(t))dt$인 경우:

위 [예 3]에서의 계산을 $\dot{x}(t)$에 관련된 계산 없이 똑같이 진행하면 다음과 같다.

$$\delta S=\int_0^\tau\frac{\partial L[x(t)]}{\partial x(t)}\delta x(t)dt$$

따라서 $\frac{\delta S[x]}{\delta x(t)}=\frac{\partial L}{\partial x}(t)$이고 이 때 오일러-라그랑주 방정식은 다음과 같다.

$$\frac{\partial L}{\partial x}(t)=0$$

예를 들어, $S[\phi]=\int_0^\tau(\phi(x))^n dx$이면 $\frac{\delta S[\phi]}{\delta\phi(y)}=n(\phi(y))^{n-1}$이다.

예 5 $S[x]=\int_0^\tau L(\dot{x}(t))dt$의 경우:

위 [예 3]에서의 계산을 $x(t)$에 관련된 계산 없이 똑같이 진행하면 다음과 같다.

$$\delta S = \int_0^{\tau}\left(-\frac{d}{dt}\left(\frac{\partial L}{\partial \dot{x}}\right)\right)\delta x(t)dt$$

따라서 $\dfrac{\delta S[x]}{\delta x(t)} = -\dfrac{d}{dt}\left(\dfrac{\partial L}{\partial \dot{x}}\right)$이고 이 때 오일러-라그랑주 방정식은 다음과 같다.

$$\frac{d}{dt}\left(\frac{\partial L}{\partial \dot{x}}\right) = 0$$

예를 들어, $S[\phi] = \int_0^{\tau}(\phi'(x))^n dx$이면, $\dfrac{\delta S[\phi]}{\delta \phi(y)} = -n\dfrac{d}{dx}(\phi'(x))^{n-1}|_y$이다.

2.3 동역학적 장의 해밀토니안 포말리즘(Hamiltonian Formalism)577)

앞서 2.2절에서 정의된 라그랑지안 L에 대하여 [참고1]에서와 같이,

$$\Pi_l(x) := \frac{\delta L[\Psi(t), \dot{\Psi}(t)]}{\delta \dot{\Psi}^l(x)}\left(= \frac{\partial \mathcal{L}}{\partial \dot{\Psi}^l}(x)\right) \qquad \cdots (2.5)$$

로 정의한 후 다음과 같이 **'르장드르 변환'**을 통해 **'해밀토니안'** H를 정의한다.

$$\begin{aligned} H &:= \int d^3\vec{x}\,\Pi_l(x)\dot{\Psi}^l(x) - L[\Psi(t)\dot{\Psi}(t)] \qquad \cdots (2.6) \\ &= \int d^3\vec{x}\left\{\Pi_l(x)\dot{\Psi}^l(x) - \mathcal{L}\left[\Psi(x), \vec{\nabla}\Psi(x), \dot{\Psi}(x)\right]\right\} \\ &\equiv \int d^3\vec{x}\,\mathcal{H} \quad (\text{단, } \mathcal{H} := \Pi_l(x)\dot{\Psi}^l(x) - \mathcal{L}\left[\Psi(x), \vec{\nabla}\Psi(x), \dot{\Psi}(x)\right]) \end{aligned}$$

일반적으로 $\dot{\Psi}^l(t)$가 항상 식 (2.5)에 의해 Π_l과 Ψ^l의 함수로 표현되는 것은 아니지만 그럼에도 불구하고 위에서 정의한 H는 항상 Π_l과 Ψ^l의 함수로 볼 수 있음을 다음 계산을 통해 알 수 있다.

$$\delta H = \int d^3\vec{x}\left(\delta\Pi_l(x)\dot{\Psi}^l(x) + \Pi_l(x)\delta\dot{\Psi}(x)\right) - \int d^3\vec{x}\left(\frac{\delta L}{\delta \Psi^l(x)}\delta\Psi^l(x) + \frac{\delta L}{\delta \dot{\Psi}^l(x)}\delta\dot{\Psi}^l(x)\right)$$

---

577) [Weinberg2] p. 301 참고.

$$= \int d^3\vec{x} \left[\dot{\Psi}^l(x)\,\delta\Pi_l(x) - \dot{\Pi}_l(x)\,\delta\Psi^l(x) \right]$$

$$\left(\equiv \int d^3\vec{x} \left[\left.\frac{\delta H}{\delta \Pi_l(x)}\right|_{\Psi} \delta\Pi_l(x) + \left.\frac{\delta H}{\delta \Psi^l(x)}\right|_{\Pi} \delta\Psi^l(x) \right] \right)$$

(위 두 번째 등식에서 (2.5)와 (2.4)″을 이용하였다.)

특별히 위 세 번째 등식과 (2.4)″을 이용하면 다음을 얻는다.578)

$$\begin{cases} \dot{\Pi}_l(x) \left(= \left.\dfrac{\delta L}{\delta \Psi^l(x)}\right|_{\dot{\Psi}} \right) = - \left.\dfrac{\delta H}{\delta \Psi^l(x)}\right|_{\Pi} \\ \dot{\Psi}^l(x) = \left.\dfrac{\delta H}{\delta \Pi_l(x)}\right|_{\Psi} \end{cases} \quad \cdots (2.7)$$

위 식 (2.7)을 **'해밀톤의 운동방정식'**이라고 부른다.

한편, 식 (2.5)에 의해 모든 $\dot{\Psi}^l$가 Π_l과 Ψ^l의 함수로 나타나는 경우, 즉 $\dot{\Psi}^l = \dot{\Psi}^l(\Psi^l, \Pi_l)$인 경우는 이를 대입하여 $\mathcal{H} = \mathcal{H}(\Psi^l, \Pi_l, \vec{\nabla}\Psi^l)$와 같이 쓸 수 있고, 이 때

$$H(\Psi^l, \Pi_l) = \int d^3\vec{x}\,\mathcal{H}\left(\Psi^l(x,t), \Pi_l(x,t), \nabla\Psi^l(x,t)\right)$$

에 대하여 (2.1)과 같은 계산을 진행하면 다음을 얻을 수 있다.

$$\begin{cases} \dfrac{\delta H}{\delta \Psi^l(x)} = \dfrac{\partial \mathcal{H}}{\partial \Psi^l}(x) - \dfrac{\partial}{\partial x^i}\dfrac{\partial \mathcal{H}}{\partial(\partial\Psi^l/\partial x^i)}(x) \; (= -\dot{\Pi}_l(x)) \\ \dfrac{\delta H}{\delta \Pi_l(x)} = -\dfrac{\partial \mathcal{H}}{\partial \Pi_l}(x)\,(= \dot{\Psi}^l(x)) \end{cases} \quad \cdots (2.8)$$

예 6

시공간에서 정의되고 실수 값을 갖는 스칼라장 $\phi = \phi(x)$에 대하여 라그랑지안 밀도 $\mathcal{L}$이 다음과 같이 주어졌다고 하자.

---

578) [Weinberg2] p. 301 에서는 H의 정의인 식 (2.6)과 Π의 정의인 (2.5)를 이용하여 직접 $\left.\dfrac{\delta H}{\delta \Psi^l}\right|_{\Pi}$, $\left.\dfrac{\delta H}{\delta \Pi_l}\right|_{\Psi}$을 계산함으로써 식 (2.6)을 유도하고 있다.

$$\mathcal{L} = -\frac{1}{2}\partial_\mu\phi\,\partial^\mu\phi - \frac{m^2}{2}\phi^2$$

이 때 다음과 같다.

① 라그랑지안 포말리즘

i) 식 (2.4)′에 의해 오일러-라그랑주 방정식을 구하면 다음과 같다.

$$(\partial_\mu\partial^\mu - m^2)\phi = 0$$

ii) 식 (2.5)에 의해 $\Pi \equiv \frac{\partial\mathcal{L}}{\partial\dot{\phi}} = \dot{\phi}$이다.

② 르장드르 변환

식 (2.6)에 의해 해밀토니안은 다음과 같이 계산된다.

$$H = \int d^3\vec{x}(\Pi\dot{\phi} - \mathcal{L}) = \int d^3\vec{x}\left[\frac{1}{2}\Pi^2 + \frac{1}{2}(\nabla\phi)^2 + \frac{1}{2}m^2\phi^2\right]\left(= \int d^3\vec{x}\,\mathcal{H}\right)$$

③ 해밀토니안 포말리즘

식 (2.7)과 (2.8)에 의해 해밀톤의 운동방정식은 다음과 같다.

$$\dot{\Pi}(x) = -\frac{\delta H}{\delta\phi(x)} = -\left(\frac{\partial\mathcal{H}}{\partial\phi}(x) - \frac{\partial}{\partial x^i}\frac{\partial\mathcal{H}}{\partial(\partial\phi/\partial x^i)}(x)\right) = \nabla^2\phi(x) - m^2\phi(x)$$

$$\dot{\phi}(x) = \frac{\delta H}{\delta\Pi(x)} = \frac{\partial\mathcal{H}}{\partial\Pi}(x) = \Pi(x)$$

여기서 위 두 식을 연립하면 다음과 같이 오일러-라그랑주 방정식을 얻는다.

$$(\partial_\mu\partial^\mu - m^2)\phi = 0$$

[부록 3] $D_a^{(A)}v^i$ (단, $v=v^ie_i\in T\Sigma_t$)의 정의

리-대수 $su(2)$의 기저 $\tau_i = \dfrac{\sigma_i}{2i}(i=1,2,3)$(단, σ_i는 파울리 행렬)는 각각 $so(3)$의 기저 J_i에 대응시킬 수 있는데 여기서 J_i는 $\mathbb{R}^3$에서 i번째 축을 기준으로 하는 회전이동을 생성하는 생성자(generator)들로서 예를 들면 다음과 같다.(J_2, J_3는 [부록 4]를 참고)

$$J_1 = \frac{d}{d\theta}\bigg|_{\theta=0}\begin{pmatrix}1 & 0 & 0\\ 0 & \cos\theta & \sin\theta\\ 0 & -\sin\theta & \cos\theta\end{pmatrix} = \begin{pmatrix}0 & 0 & 0\\ 0 & 0 & 1\\ 0 & -1 & 0\end{pmatrix}$$

이때 2×2행렬 $A^i\tau_i(\in su(2),\ A^i=\sum_a A_a^i\,dx^a,\ i=1,2,3)$에 대응하는 3×3행렬 $A=A^iJ_i(\in so(3))$의 (j,k)-성분 A^j_k를 다음과 같이 구할 수 있다.

$$A^j_k = (A^iJ_i)^j_k = A^i(J_i)^j_k = \epsilon_{ijk}A^i$$

따라서 벡터장 $v=v^ie_i\in T\Sigma_t$에 대하여 다음과 같이 정의하고 쓸 수 있다.(6.3절 끝부분)

$$D_a^{(A)}v^i := \partial_a v^i - \epsilon_{ijk}A^jv^k = \partial_a v^i + A^i_k v^k \qquad \cdots (3.1)^{579)}$$

한편, 각 벡터 $v=v^ke_k\in T\Sigma_t$는 다음과 같이 $so(3)$의 원소로서 v 방향을 기준으로 하는 회전이동의 생성자로 대응시킬 수 있다.

$$v \mapsto \bullet \times v \equiv v(\bullet)$$

예를 들어,

$$e_1(e_1)=(0,0,0),\quad e_1(e_2)=-e_3=(0,0,-1),\quad e_1(e_3)=e_2=(0,1,0)$$

이고 따라서 기저 $\{e_i\}$에 대한 $e_1\in so(3)$의 행렬표현이 J_1이 된다.

일반적으로 다음과 같은 대응관계를 생각할 수 있다.

---

579) 7.1절의 식 (7.4)와 같은 비가환 게이지 이론의 일반적인 정의에서 $\Psi=\begin{pmatrix}\psi_u\\ \psi_d\end{pmatrix}$에 대한 $D_a\Psi := \partial_a\Psi - A_a\Psi$ 와 부호차이가 나는데 (주 348), 주 360) 참고) 이는 $\{e_i\}$의 향을 바꾸었을 때 얻는 (3.2)를 따른 것일 뿐으로 본질적인 차이는 없다.

$$v = v^k e_k \, (\in T_p \, \Sigma_t) \leftrightarrow v^k J_k \, (\in so(3)) \leftrightarrow v^k \tau_k (\in su(2))$$

이 때, 위 (3.1)의 $D_a^{(A)} v^i$에서 v^i를 $v^i J_i \in so(3)$의 계수로 보고 $\partial_a v^i - \epsilon_{ijk} A^j v^k$을 다시 쓰면 다음과 같이 된다.

$$(D_a^{(A)} v)^i J_i = (\partial_a v)^i J_i - \epsilon_{ijk} A^j v^k J_i = (\partial_a v)^i J_i - [J_j, J_k] A^j v^k$$

즉, 다음이 성립한다.

$$D_a^{(A)} v^i = \partial_a v^i - [A, v]^i \ (\text{단, } A = A^i J_i, \ v = v^k J_k)$$

참고로, 만일 $\{e_i\}$(또는 $\{J_i\}$)의 향이 바뀌면, 위 (3.1)은

$$D_a^{(A)} v^i := \partial_a v^i - \epsilon_{ijk} A^j v^k = \partial_a v^i - A^i_k v^k \qquad \cdots (3.2)$$

로 바뀌고 따라서

$$D_a^{(A)} v^i = \partial_a v^i - \epsilon_{ijk} A^j v^k = \partial_a v^i + [A, v] \ \ (\because [J_i, J_j] = -\epsilon_{ijk} J_k)$$

가 된다. (저자에 따라 표기의 선택이 다름에 유의)

[부록 4] 스핀 기약표현(spin irreducible representation)

3차원 공간 $\mathbb{R}^3$상의 각 좌표축을 기준으로 θ만큼 시계 방향으로 회진이동하는 변환 $R_x(\theta), R_y(\theta), R_z(\theta)$는 각각 다음과 같이 나타낼 수 있다.

$$R_x(\theta)=\begin{pmatrix}1 & 0 & 0\\ 0 & \cos\theta & \sin\theta\\ 0 & -\sin\theta & \cos\theta\end{pmatrix}=e^{\theta J_x}\ \ (\text{단, } J_x=\frac{d}{d\theta}\Big|_{\theta=0}R_x(\theta)=\begin{pmatrix}0&0&0\\0&0&1\\0&-1&0\end{pmatrix})\ \cdots(4.1)$$

$$R_y(\theta)=\begin{pmatrix}\cos\theta & 0 & -\sin\theta\\ 0 & 1 & 0\\ \sin\theta & 0 & \cos\theta\end{pmatrix}=e^{\theta J_y}\ \ (\text{단, } J_y=\frac{d}{d\theta}\Big|_{\theta=0}R_y(\theta)=\begin{pmatrix}0&0&-1\\0&0&0\\1&0&0\end{pmatrix})\ \cdots(4.2)$$

$$R_z(\theta)=\begin{pmatrix}\cos\theta & \sin\theta & 0\\ -\sin\theta & \cos\theta & 0\\ 0 & 0 & 1\end{pmatrix}=e^{\theta J_z}\ \ (\text{단, } J_z=\frac{d}{d\theta}\Big|_{\theta=0}R_z(\theta)=\begin{pmatrix}0&1&0\\-1&0&0\\0&0&0\end{pmatrix})\ \cdots(4.3)$$

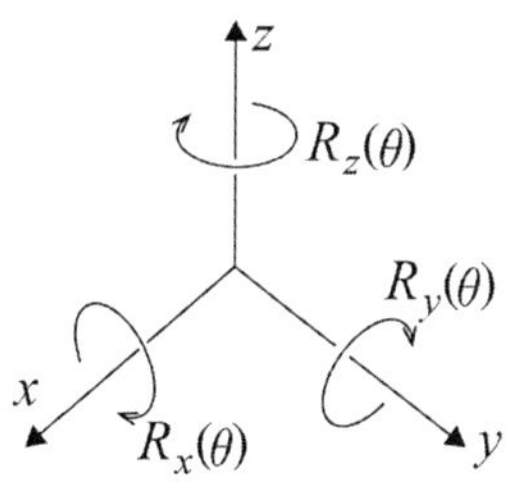

[그림 4-1]

이 때 $\{R_x(\theta), R_y(\theta), R_z(\theta)\}$와 $\{J_x, J_y, J_z\}$는 각각 $SO(3)$와 $so(3)$의 기저를 이루고, 특히 $\{J_x, J_y, J_z\}$는 다음 교환 관계식을 만족한다.

$$[J_i, J_j]=-\epsilon_{ijk}J_k\ \ (\text{단, } (i,j,k)=(x,y,z))\qquad\cdots(4.4)$$

참고로 여기서 만일 $\widetilde{J}_k := iJ_k$ 또는 $\widehat{J}_k := -J_k (k=x,\ y,\ z,\ i=\sqrt{-1})$로 정의하면 다음이 성립한다.

$$[\widetilde{J}_i,\ \widetilde{J}_j]=i\,\epsilon_{ijk}\widetilde{J}_k\cdots(4.4)'$$

$$[\widehat{J}_i,\ \widehat{J}_j]=\epsilon_{ijk}\widehat{J}_k\cdots(4.4)''$$

일반적으로 3차원 공간 $\mathbb{R}^3$의 한 단위 벡터 $\vec{n}$을 기준으로 θ만큼 시계 방향으로 회전이동하는 변환 $R_{\vec{n}}(\theta)$는 다음과 같이 표현할 수 있다.[580)]

$$R_{\vec{n}}(\theta) = e^{\theta \vec{n} \cdot \vec{J}} \; (= e^{-i\theta \vec{n} \cdot \vec{\mathcal{J}}}) \; (\text{단, } \vec{J} = (J_x, J_y, J_z))$$

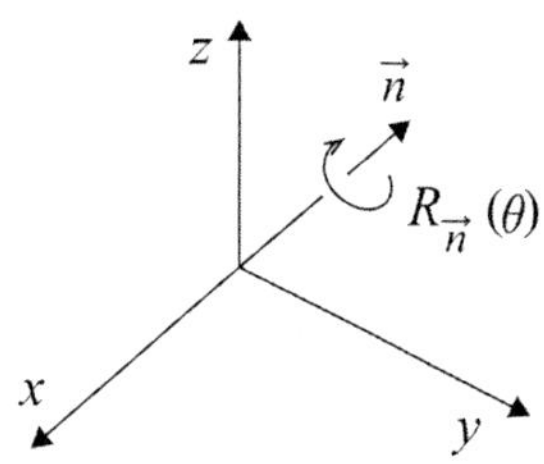

[그림 4-2]

이제 행렬 $\tau_i = \dfrac{\sigma_i}{2i} \in su(2)$를 이용하여 선형사상 $\phi^{(1/2)} : SO(3) \to SU(2)$를 다음과 같이 정의해 보자.[581)]

$$R_{\vec{n}}(\theta)^{(1/2)} \equiv \phi^{(1/2)}(e^{\theta \vec{n} \cdot \vec{J}}) := e^{-\theta \vec{n} \cdot \vec{\tau}} \in SU(2)$$

여기서 $\{\tau_i\}_{i=1,2,3}$는 $su(2)$의 기저를 이루고 다음 교환 관계식을 만족한다는 것을 상기하자.

$$[\tau_i, \tau_j] = \epsilon_{ijk}\tau_k \qquad \cdots (4.5)$$

따라서 위 (4.4)″와 (4.5)를 이용하면 위 $\phi^{(1/2)}$가 군 준동형사상(group homomorphism)임을 보일 수 있고[582)] 따라서 3차원 공간의 회전변환군 $SO(3)$의 한 표현(representation)으

---

580) [Sakurai] p. 157.

581) 참고로, $e^{-\theta\tau_i} \in SU(2)$의 형태는 다음과 같다.

$$e^{-\theta\tau_x} = \begin{pmatrix} \cos(\theta/2) & i\sin(\theta/2) \\ i\sin(\theta/2) & \cos(\theta/2) \end{pmatrix}, \; e^{-\theta\tau_y} = \begin{pmatrix} \cos(\theta/2) & \sin(\theta/2) \\ -\sin(\theta/2) & \cos(\theta/2) \end{pmatrix}, \; e^{-\theta\tau_z} = \begin{pmatrix} e^{i\theta/2} & 0 \\ 0 & e^{-i\theta/2} \end{pmatrix}$$

따라서 회전군 $SO(3)$의 표현공간인 $\mathbb{R}^3$에서의 회전이동은 $\theta = 2\pi$일 때 항등사상이 되지만, $SU(2)$의 표현공간 $\mathcal{H}_{1/2}$에 살고있는 1/2-스피너들의 양자상태는 $\theta = 4\pi$의 회전을 했을 때 비로소 원래 양자상태 동일하게 된다.

582) 이는 다음과 같은 베이커-컴벨-하우스도르프(Baker-Campbell-Hausdorff) 공식을 이용하여 직접 확인해 볼 수 있다([Lahiri] p. 291): 주어진 리-군 G의 리-대수 $\mathfrak{g}$에 속하는 두 원소 A, B에 대하여 다음이 성립한다.

로 볼 수 있다. 즉 3차원 공간의 한 단위 벡터 $\vec{n}$을 기준으로 θ만큼 회전이동하는 변환 $R_{\vec{n}}(\theta)(=e^{\theta\vec{n}\cdot\vec{J}})$는 2차원 복소공간 $\mathcal{H}_{1/2}(\simeq\mathbb{C}^2)$에서 정의된 유니타리(Unitary) 변환

$$R_{\vec{n}}(\theta)^{(1/2)}:\mathcal{H}_{1/2}\to\mathcal{H}_{1/2}$$

로 볼 수가 있다. 즉, $R_{\vec{n}}(\theta)^{(1/2)}\in SU(2)$이다.

일반적으로 이와 같은 $SO(3)$의 유니타리 표현은 $SU(2)$뿐만 아니라 $SU(n)$ $(n\geq 2)$에 대해서도 다음과 같은 형태로 확장하여 기술될 수 있다.

$$R_{\vec{n}}(\theta)^{(j)}:\mathcal{H}_j\to\mathcal{H}_j,\ \ R_{\vec{n}}(\theta)^{(j)}\in SU(n) \quad\cdots(4.6)$$

$$(\text{단}, n=\dim\mathcal{H}_j=2j+1,\ j=0,\frac{1}{2},1,\frac{3}{2},\cdots)$$

이와 같이 정의된 표현

$$\phi^{(j)}:SO(3)\to SU(\mathcal{H}_j),\ \ \phi^{(j)}(R_{\vec{n}}(\theta))\equiv R_{\vec{n}}(\theta)^{(j)}\in SU(\mathcal{H}_j)$$

를 $SO(3)$의 **'스핀 j-기약 표현**(spin j-irreducible representation)'이라고 부른다.[583)]

실제로 (4.6)의 $R_{\vec{n}}(\theta)^{(j)}$는 그 물리적 의미를 통해 구체적으로 다음과 같이 기술할 수 있다.

고전 양자역학에서 스핀 j인 입자 즉 j-스피너의 양자상태는 자기 양자수(magnetic quantum number) $m_j(m_j=-j,-j+1,\cdots,j-1,j)$에 의해 완전히 결정되고 이를 $|j,m_j\rangle$로 표기한다. 따라서 j-스피너들이 살고 있는 힐베르트 공간 $\mathcal{H}_j$는 $2j+1$개의 기저 상태벡터 $|j,m_j\rangle$들의 양자중첩으로 이루어진 모든 상태벡터들의 모임으로서 $\dim\mathcal{H}_j=2j+1$이다.

이 때 3차원 공간에서의 회전변환 $R_{\vec{n}}(\theta)=e^{\theta\vec{n}\cdot\vec{J}}$에 의해 $\mathcal{H}_j$의 한 j-스피너 χ는 또 다른 j-스피너 χ'로 변환하게 되고[584)] 이 변환은 $R_{\vec{n}}(\theta)^{(j)}\chi=\chi'$로 표현될 수 있다.

$$\exp(A)\exp(B)=\exp\left(A+B+\frac{1}{2}[A,B]+\frac{1}{12}([A,[A,B]]-[B,[A,B]])+\cdots\right)$$

583) $n\times n$ 복소행렬 $R_{\vec{n}}(\theta)^{(j)}$를 더 작은 블록들로 대각화할 수 없다는 의미에서 $R_{\vec{n}}(\theta)^{(j)}$는 '기약'이다. ([Sakurai] p. 193)

584) 회전변환에 의해 입자의 스핀 j는 변하지 않는다.

여기서 $n \times n$행렬 $R_{\vec{n}}(\theta)^{(j)} \equiv e^{-i\theta\vec{n}\cdot\vec{J}}(\hbar \equiv 1)$ 585)의 성분들은 기저 $\{|j, m_j\rangle\}$에 대하여 다음과 같이 표현된다.

$$D^{(j)}_{m_j, m_j'}(R) \equiv \langle j, m_j' | \exp(-i\theta\vec{n} \cdot \vec{J}) | j, m_j \rangle$$

참고로 위 $D^{(j)}_{m_j, m_j'}(R)$를 '**위그너 함수**(Wigner functions)'라고 부른다. 이 값은 다음과 같이 J-작용소들의 기저 $|j, m_j\rangle$(줄여서 $|j, m\rangle$로 표기)에 대한 작용으로부터 계산할 수 있다.586)

$$J_z |j,m\rangle = m|j,m\rangle$$

$$J_{\pm} |j,m\rangle = \sqrt{(j \mp m)(j \pm m + 1)}\,|j, m \pm 1\rangle \quad (\text{단, } J_{\pm} := J_x \pm iJ_y)$$

585) $e^{-i\theta\vec{n}\cdot\vec{J}}$에서 위첨자 (j)를 생략하였다.

586) [Sakurai] pp. 187~ 192.

참고문헌

[강주상] 강주상, 양자물리학, 청문각, 2004.

[권영헌] 권영헌, 알기쉬운 상대론 입문, 경문사, 2000.

[김홍종] 김홍종, 윤옥경, 미분다양체론 입문, 서울대학교 수학연구소 · 대역해석학연구센터, 1993.

[송희성] 송희성, 양자역학, 교학연구사, 2006.

[그린] 브라이언 그린 지음, 박병철 옮김, 우주의 구조, 승산, 2008.

[윤종국] 윤종국, 로렌츠변환의 선형성에 대한 고찰, 교육과학연구. 2호, 20권, 2018.

[이철훈] 이철훈, 일반상대론, 대우학술총서 자연과학 38, 민음사, 1986.

[AL1] A. Ashtekar and J. Lewandowski, Representation Theory of Analytic Holonomy C^*-Algebras, 1993, gr-qc/9311010v2.

[AL2] A. Ashtekar and J. Lewandowski, Background Independent Quantum Gravity: A Status Report, Class. Quant. Grav. 21:R53, 2004, gr-qc/0404018v2.

[Anderson] E. Anderson, The Problem of Time in Quantum Gravity, 2012 gr-qc/1009.2157v3.

[Antoine] J.-P. Antoine, Quantum Mechanics beyond Hilbert space, Lecture Notes in Physics, Springer, 1998.

[Ashtekar1] A. Ashtekar, Lectures on Nen-Perturbative Canonical Gravity, World Scientific, 1991.

[Ashtekar2] A. Ashtekar and J. C. Baez and K. Krasnov, Quantum Geometry of Isolated Horizons and Black Hole Entropy, Adv. Theor. Math. Phys. 4 (2000) 1-94, gr-qc/0005126v1.

[Atkinson] D. Atkinson, P. Johnson, Quantum Field Theory, Rinton Press, 2002.

[Avery] S. Avery, Dirac Brackets, based on Dirac's Lectures on Quantum Mechanics published in Belfer Graduate School of Science Monographs Series No. 2 (1964)

[Baez] J. Baez and J. Muniain, Gauge Fields, Knots and Gravity, World Scientific, 1994.

[Baird] L. C. Baird, Linearity of the Lorentz transformation, Amer. J. of Phys. 44, 167, 1976.

[Barbero] J. Barbero and Margalef-Bentabol and E. Villaseñor, On the distribution of the eigenvalues of the area operator in loop quantum gravity, Classical and Quantum Gravity, 35 2018, gr-qc/1712.06918v1.

[Bianchi] E Bianchi, The length operator in Loop Quantum Gravity, Nucl. Phys. B807:591-624, 2009, gr-qc/0806.4710v2.

[Beem] J. Beem, P. Ehrlich, K. Easley, Global Lorentzian Geometry, Marcel Dekker, 1996.

[Bény] C. Bény, The Ashtekar Hamiltonian for General Relativity, 2005

[Berger] M. Berger, A Panoramic View of Riemannian Geometry, Springer, 2003.

[Bohm] D. Bohm, Quantum Theory, Dover Publications, 1979.

[Bojowald 2000] M. Bojowald, Loop Quantum Cosmology II: Volume Operators, Class. Quant. Grav. 17:1509-1526, (2000) gr-qc/9910104v1.

[Bojowald 2001] M. Bojowald, The Semiclassical Limit of Loop Quantum Cosmology, gr-qc/0105113.

[Bojowald 2002] M. Bojowald and Franz Hinterleitner, Isotropic Loop Quantum Cosmology with Matter, gr-qc/0207038.

[Bojowald 2002-1] M. Bojowald, Isotropic Loop Quantum Cosmology, Class. Quant. Grav. 19 (2002) 2717-2742, gr-qc/0202077v1.

[Bojowald 2002-2] M. Bojowald, Inflation from Quantum Geometry, Phys. Rev. Lett. 89, (2002), gr-qc/0206054.

[Bojowald 2003] M. Bojowald and Hugo A. Morales-Tecotl, Cosmological applications of loop quantum gravity, 2003, gr-qc/0306008v1.

[Bojowald 2004] M. Bojowald, Loop Quantum Cosmology: Recent Progress, Pramana 63, (2004), gr-qc/0402053v1.

[Bojowald 2006] M. Bojowald, Loop Quantum Cosmology, gr-qc/0601085

[Bojowald 2008] M. Bojowald, Loop Quantum Cosmology, Living Rev. Relativity, 11, 2008, 4, http://www.livingreviews.org/lrr-2008-4

[Bojowald 2011] M. Bojowald, Canonical Gravity and Applications, Cambridge University Press, 2011.

[Boot] T. Boot, The Road to Loop Quantum Gravity, Bachelor Thesis, University of Groningen, 2008.

[Cardy] J. Cardy, Introduction to Quantum Field Theory, Lecture Note, 2010.

[Carroll] S. Carroll, An Introduction to General Relativity, Addison Wesley, 2004.

[Carrozza] S. Carrozza, The Problem of Time in Quantum Gravity: Some Perspectives in finite-dimensional models.

[Chiou] D-W. Chiou, Loop Quantum Gravity, Int. J. Mod. Phys. D, Vol. 24, No. 1, 2015, gr-qc/1412.4362.

[Coleman] P. Coleman, Introduction to Many-Body Physics, Cambridge University Press, 2016.

[Conlon] L. Conlon, Differentiable manifolds: A first course, Springer Science+Business Media, 1993.

[Das] A. Das, Lectures on Quantum Field Theory, World Scientific, 2008.

[Date] G. Date and G. Hossain, Matter in Loop Quantum Gravity, SIGMA 8 (2012), 010, p. 26.

[Domagala] M. Domagala and J. Lewandowski, Black hole entropy from Quantum Geometry, 2004, gr-qc/0407051v2.

[Doná] P. Doná and S. Speziale, Introductory lectures to loop quantum gravity, 2010, gr-qc/1007.0402v1.

[Dubrovin] B. Dubrovin, A. Fomenko, S. Novikov, Modern Geometry Ⅰ, Springer, 1984.

[Eric] E. Gourgoulhon, 3+1 formalism in General Relativity, International Summer School on Computational Methods in Gravitation and Astrophysics, 2008.

[Feynman] R. Feynman, R. Leighton, M. Sands, The Feynman Lectures on Physics, vol 2, Addison-Wesley, 1963.

[Firk] F. Firk, Introduction to Relativistic Collisions, Lecture Note.

[Fowles] G. Fowles, Analytical Mechanics, 4th Edition, CBS College Publishing, 1977.

[Gallot] S. Gallot, D. Hulin, J. Lafontaine, Riemannian Geometry, Springer-Verlag, 1987.

[Giesel] K. Giesel and H. Sahlmann, From Classical To Quantum Gravity: Introduction to Loop Quantum Gravity, 3rd Quantum Gravity and Quantum Geometry School, February 28 – March 13, 2011 Zakopane, Poland.

[Göckeler] M. Göckeler and T. Schücker, Differential Geometry, gauge theories, and gravity, Cambridge University Press, 1987.

[Green] B. Green, The Fabric of The Cosmos, Vintage, 2004.

[Greiner] W. Greiner and J. Reinhardt, Field Quantization, Springer, 1996.

[Griffith] D. Griffith, Introduction to Quantum Mechanics, Prentice Hall, 1995.

[Griffith2] D. Griffith, Introduction to Elementary Particles, Wiley-VCH, 2008.

[Gu] Ying-Qiu Gu, Some Paradoxes in Special Relativity, Adv. in Appl. Clif. Alg. v 21(1), pp. 103-119, (2011), physics.gen-ph/0902.2032v2.

[Hawking] S. Hawking, G. Ellis, The large scale structure of spacetime, Cambridge University Press, 1973.

[Huang] K. Huang, Quantum Field Theory, A Wiley-Interscience Publication, 1998.

[Huggett] N. Huggett and C. Wuthrich, Is Science Without Spacetime Possible? http://arxiv.org/pdf/1206.6290v1.

[Inglima] S. Inglima, Topics in Canonical Gravity, Imperial College London, 2012.

[Isham] C. J. Isham, Canonical Quantum Gravity and the Problem of Time, Lecture Note, Imperial/TP/91-92/25, 1992.

[D'Inverno] R. D'Inverno, Introducing Einstein's Relativity, Oxford University Press, 1992.

[Jackiw] R. Jackiw, Schrödinger Picture for Boson and Fermion Quantum Field Theory, Canadian Mathematical Society Conference Proceedings, Vol 9, 1998.

[Jost] J. Jost, Riemannian Geometry and Geometric Analysis, 2nd ed., Springer, 1998.

[Kaplunovsky] V. Kaplunovsky, Fermionic algebra and Fock Space, Lecture Note, 2011.

[Kiefer] C. Kiefer, Qantum Gravity, Oxford University Press, 2007.

[Klauber1] R. Klauber, New Perspectives on the Relativistically Rotating Disk and Non-time-orthogonal Reference Frames, Phys. Lett. 11 (1998) 405-443, gr-qc/0103076v1.

[Klauber2] Curvature and Geodesics: Acceleration vs. Gravity, Lecture Note.

[Kleinert] H. Kleinert, Particles and Quantum Fields, World Scientific, 2016.

[Kuchar] K. Kuchar, Time and Interpretations of Quantum Gravity, Proceedings of the 4th Canadian Conference on General Relativity and Relativistic Astrophysics, World Scientific, Singapore, 1992.

[Laenen] Nonabelian Gauge Theory, Lecture Note Ch 12, https://www.nikhef.nl/~t45/ftip/

[Lahiri] A. Lahiri and P. Pal, A first book of Quantum Field Theory, Alpha Science International Ltd., 2005.

[Lanczos] C. Lanczos, The Variational Principles of Mechanics, Dover Publications, Inc., 1970.

[Landau] L. Landau and E. Lifschtz, The classical theory of Fields, Elsevier Ltd. 1975.

[Lee] C. K. Lee, Essential Quantum Physics Ⅰ, Chungbum Publishing Co., 2000.

[LNR] J. Lewandowski and E. T. Newman and C. Rovelli, Variations of the parallel propagator and holonomy operator and the Gauss law constraint, J. Math. Phys. 34 (10), 1993.

[Longair] M. Longair, Theoretical Concepts in Physics, 2nd ed., Cambridge University Press, 2003.

[Lovelock] D. Lovelock, J. Math. Phys. 13, 874 (1972).

[Mackenzie] R. Mackenzie, Path Integral Methods and Applications, 2000, arXiv:quant-ph/0004090v1.

[Madrid] R. Madrid, The role of the rigged Hilbert space in Quantum Mechanics, Eur. J. Phys. 26 (2005) 287-312, quant-ph/0502053v1.

[Marsden] Marsden, A. Tromba, Vector Calculus, 4th ed., Freeman, 1996.

[Mercuri] S. Mercuri, Introduction to Loop Quantum Gravity, 5th International School on Field Theory and Gravitation, April 20-24, 2009, Cuiabá city, Brazilgr-qc/1001.1330v1.

[Mokhta] W. Mokhta, An Introduction to Loop Quantum Gravity with Application to Cosmology, Master of Science DISSERTATION, Department OF Physics Imperial College London, 2014.

[MTW] C. Misner, K. Thorne, J. Wheeler, Gravitation, Freeman, 1973.

[Munoz] G. Munoz, P. Jones, The equivalence principle, uniformly accelerated reference frames, and the uniform gravitational field, American Journal of Physics 78, p. 377, (2010), gr-qc/1003.3022v1.

[Nakahara] M. Nakahara, Geometry, Topology, and Physics, Taylor & Francis Group, 2003.

[Olkhovsky] V. Olkhovsky, E. Recami, Time Operator in Quantum Mechanics, IL Nuovo Cimento, 22A, No. 2, 1974.

[O'Neill] B. O'neill, Semi-Riemannian Geometry, Academic Press, 1983.

[Perez] A. Perez, Introduction to Loop Quantum Gravity and Spin Forms, Proceedings of the II International Conference on Fundamental Interactions Pedra Azul, Brazil, June 2004, gr-qc/0409061v3.

[Perini] C. Perini, Semiclassical analysis of Loop Quantum Gravity, Doctorate thesis, Roma Tre University, 2009.

[Peskin] M. Peskin, D. Schtoeder, An Introduction to Quantum Field Theory, Westview Press, 1995.

[Petkov] V. Petkov, Propagation of light in non-inertial reference frames, Relativity and the Nature of Spacetime, 2nd ed., Chap. 7, Springer, 2009, gr-qc/9909081v7.

[Petrie] T. Petrie and J. Randall, Connections, Definite Forms, and Four-manifolds, Clarendon

Press, 1990.

[Pullin] R. Gambini and J. Pullin, A First Course in Loop Quantum Gravity, Oxford University Press, New York 23 (2011).

[Rindler] W. Rindler, Relativity, Oxford University Press, 2003.

[Rosenberg] S. Rosenberg, The Laplacian on a Riemannian Manifold, Cambridge University Press, 1997.

[Rovelli1] C. Rovelli, Quantum Gravity, Cambridge University Press, 2004.

[Rovelli2] C. Rovelli and F. Vidotto, Covariant Loop Quantum Gravity, Cambridge University Press, 2014.

[Rovelli3] C. Rovelli, The Order of Time, Simon Carnell and Erica Segre, 2017.

[Rovelli 1996] C. Rovelli, Black Hole Entropy from Loop Quantum Gravity, Phys. Rev. Lett. 77:3288-3291, 1996, gr-qc/9603063v1.

[RS1] C. Rovelli and L. Smolin, Phys. Rev. Lett. 61, (1988) 1155.

[RS2] C. Rovelli and L. Smolin, Nucl. Phys. B133, (1990) 80.

[RSP] C. Rovelli, S. Speziale, Reconcile Planck-scale discreteness and the Lorentz-Fitzgerald contraction, Phys. Rev. D67 (2003), gr-qc/0205108v1.

[Sakurai] J. J. Sakurai, Modern Quantum Mechanics, Addison-Wesley Publishing Company, Inc., 1994.

[Sanchez] A. Bernal and M. Sanchez, On smooth Cauchy hypersurfaces and Geroch's splitting theorem, Commun. Math. Phys. 243 (2003) 461-470.

[Schiff] L. Schiff, Quantum Mechanics, McGraw-Hill, Inc., 1968.

[Schmidt] A. Schmidt-May, Lecture Note on Renormalization, 2013. (http://homepages.physik.uni-muenchen.de/~a.schmidtmay/renormalization.pdf)

[Shankar] R. Schankar, Principles of Quantum Mechanics, 2nd ed., Springer, 1994.

[Spivak] M. Spivak, A Comprehensive Introduction to Differential Geometry, Vol. Ⅱ, Publish or Perish, 1975.

[Stetz] A. Stetz, A Very Short Introduction to Quantum Field Theory, 2007.

[Tavakoli1] Y. Tavakoli, Lecture II: Hamiltonian formulation of general relativity, Courses in Canonical Gravity, 2014.

[Tavakoli2] Y. Tavakoli, Lecture I: Constrained Hamiltonian systems, Courses in Canonical

Gravity, 2014.

[Thiemann1] T. Thiemann, Anomaly-free formulation of non-perturbative, four dimensional Lorentzian quantum gravity, Phys. Lett. B 380 (1996), gr-qc/9606088.

[Thiemann2] T. Thiemann, Modern Canonical Quantum General Relativity, Cambridge University Press, 2007.

[Thiemann3] T. Thiemann, A length operator for canonical quantum gravity, J. Math. Phys. 39 (1998) 3372-3392, gr-qc/9606092v1.

[Tom] T. Lancaster, S. Blundell, Quantum Field Theory for the Gifted Amateur, Oxford University Press, 2014.

[Tong] D. Tong, Quantum Field Theory, University of Cambridge Part III Mathematical Tripos, Lecture Note, 2007. http://www.damtp.cam.ac.uk/user/tong/qft.html.

[Tu] L. Tu, An Introduction to Manifolds, 2nd Ed., Springer, 2011.

[TW] E. Taylor, J. Wheeler, Spacetime Physics, W. H. Freeman, 1966.

[Vaid] D. Vaid, S. B.-Thompson, LQG for the Bewildered, Springer, 2017, gr-qc/1402.3586v2.

[Wald] R. Wald, General Relativity, The University of Chicago Press, 1984.

[Warner] F. W. Warner, Foundations of Differentiable Manifolds and Lie Groups, Scott, Foresman and Company, 1971.

[Weinberg1] S. Weinberg, Gravitation and Cosmology, John Wiley & Sons, Inc., 1972.

[Weinberg2] S. Weinberg, The Quantum Theory of Fields Vol. Ⅰ, Cambridge University Press, 2005.

[Weiss] M. Weiss, Lie Groups and Quantum Mechanics, math.ucr.edu/home/baez/lie/lie. html, 2001

[Wit] B. de Wit, Introduction to Quantum Field Theory, Lecture Note, Institute for Theoretical Physics Utrecht University, 2008.

[Zagermann] M. Zagermann, Theory of Fundamental Interactions, Lecture Note, 2011.

[Zee] A. Zee, Quantum Field Theory In a Nutshell, Princeton University Press, 2003.

I·N·D·E·X

찾아보기

윤 종 국

서울대학교(이학사)

서울대학교 대학원(이학석사, 이학박사)

현재 한국교원대학교 수학교육과 교수

양자중력으로 가는 길 고리양자중력이론 입문

초판3쇄발행 2023년 6월 15일

지은이 윤종국
펴낸이 오판근
펴낸곳 (주)교우
주 소 서울시 동대문구 약령시로 8 교우빌딩 2층 (주)교우
전 화 02-925-2861 / **팩 스** 070-7966-8610, **편집부** 02-925-2825
홈페이지&북스토어 www.kyowoo.co.kr / **이메일** kyowoo@kyowoo.co.kr

등 록 1994년 3월 24일 제1994-000013호
IS BN 979-11-251-0300-4 (93420)

Published by Kyowoo Co., Ltd. Printed in Korea

값 35,000원

교우미디어는 (주) 교우의 Imprint 사입니다.
수학정원·과학정원은 (주) 교우의 새로운 브랜드명입니다.

잘못된 책은 구입하신 서점에서 교환해 드립니다.